国外电子与通信教材系列

# 射频电路设计
## ——理论与应用

### （第二版）

# RF Circuit Design
## Theory and Applications
### Second Edition

［美］ Reinhold Ludwig
Gene Bogdanov     著

王子宇　王心悦　等译

电子工业出版社
**Publishing House of Electronics Industry**
北京·BEIJING

## 内容简介

本书从低频电路理论到射频、微波电路理论的演化过程出发，讨论以低频电路理论为基础，结合高频电压、电流的波动特征来分析和设计射频、微波系统的方法——微波等效电路法，使不具备电磁场理论和微波技术背景的读者也能了解和掌握射频、微波电路的基本设计原则和方法。全书共 10 章，涵盖传输线、匹配网络、滤波器、混频器、放大器和振荡器等主要射频微波系统单元的理论分析和设计问题，以及电路分析工具（圆图、网络参量和信号流图）。书中例题非常有实用价值。全书大多数电路都经过 ADS 仿真，并提供标准 MATLAB 计算程序。

本书适合作为电子信息类相关专业的射频电路设计课程用书，也适合工程技术人员参考。

Authorized translation from the English language edition, entitled RF Circuit Design: Theory and Applications, Second Edition, 9780131471375 by Reinhold Ludwig, Gene Bogdanov, published by Pearson Education, Inc., Copyright © 2009 Pearson Education Inc.

CHINESE SIMPLIFIED language edition published by PUBLISHING HOUSE OF ELECTRONICS INDUSTRY。Copyright © 2021.

版权贸易合同登记号　图字：01-2008-2492

**图书在版编目（CIP）数据**

射频电路设计：理论与应用：第二版／（美）赖因霍尔德·路德维格（Reinhold Ludwig），（美）吉恩·波格丹诺夫（Gene Bogdanov）著；王子宇等译. —北京：电子工业出版社，2021.8
（国外电子与通信教材系列）
书名原文：RF Circuit Design: Theory and Applications, Second Edition
ISBN 978-7-121-41789-4

Ⅰ. ①射…　Ⅱ. ①赖…　②吉…　③王…　Ⅲ. ①射频电路-电路设计-高等学校-教材　Ⅳ. ①TN710.02

中国版本图书馆 CIP 数据核字（2021）第 166194 号

责任编辑：马　岚　　文字编辑：袁　月
印　　刷：三河市鑫金马印装有限公司
装　　订：三河市鑫金马印装有限公司
出版发行：电子工业出版社
　　　　　北京市海淀区万寿路 173 信箱　邮编　100036
开　　本：787×1092　1/16　　印张：28　　字数：717 千字
版　　次：2002 年 5 月第 1 版
　　　　　2021 年 8 月第 2 版
印　　次：2025 年 1 月第 5 次印刷
定　　价：79.00 元

# 译 者 序

近年来，由于科学技术特别是通信技术（包括移动通信、卫星通信、光通信）和计算机技术的迅猛发展，电子系统的工作频率日益提高，射频和微波电路得到了空前广泛的应用。目前，国内外都严重缺乏从事射频和微波电路设计的专业人才，而且国内大专院校采用的微波教材多是从电磁场理论出发的，讨论波导系统的基本原理，极少涉及面向应用的各种射频和微波电路。电子工业出版社于 2002 年引进出版了本书第一版的中文版，受到了读者的热烈欢迎。鉴于上述原因，我们决定继续翻译出版本书第二版。

本书第二版是 Reinhold Ludwig 教授和 Gene Bogdanov 根据第一版修订出版的，是美国伍斯特技术学院电气与计算机工程系的本科生和研究生教科书。

本书的主要特点是避开了经典电磁场理论方法，采用微波等效电路方法讨论射频和微波电路的设计问题。这种方式的好处是只要读者具备基本的电路知识，就可以理解本书的内容，并掌握射频和微波电路的基本设计原则和方法。然而必须说明：这种方法不涉及电磁场的空间分布特征——模式，因此只能分析并讨论工作在单模状态下的射频与微波电路及系统。

本书的另一个重要特点是面向实际应用。书中讲述的主要概念和方法都尽量通过具有实际应用价值的设计实例加以解释和说明，并以较大篇幅详细介绍它们的求解方法，使读者能够举一反三，独立解决射频和微波电路设计中的实际问题。这也是我们希望将此书翻译出来介绍给国内读者的主要原因之一。

我们尽量使书中主要概念的名称与国内习惯相符，以免给读者造成不便。例如原文中的 **ABCD** 矩阵就译为在国内通常所说的 **A** 参量矩阵。但是，在便于理解的前提下，个别字母和符号的正斜体形式尽量遵从了原著，以便于读者阅读时参考原著。

全书共 10 章，由北京大学王子宇教授、王心悦讲师、李小寒研究员翻译和校对；Jenny Wang 博士、Marc Thomas 博士参与了译文的讨论和修改工作。本书使用或参考了北京大学张肇仪教授、徐承和教授等人在本书第一版中的相关译文。

由于译者水平所限，译文不妥之处在所难免，希望广大读者批评指正。

# 前　言

　　由于对射频及微波产品的大量需求，高频电路设计一直受到制造业的特别关注。新型的半导体器件，新型的板材及先进的制造技术，使大量生产高速数字系统和模拟系统成为可能，这对于无线通信、全球定位、雷达、遥感及相关的电气和计算机工程领域都产生了深远影响，也导致了对训练有素的、具备高频电路设计理论知识的工程师和专家的市场需求。自从本书第一版于2000年1月出版以来，由于对训练有素的射频专家的需求急剧增加，目前出版关于高频电路基础的教科书仍是非常必要的。

　　本书第二版的目标仍然是，在尽量少涉及电磁场理论的情况下，介绍射频电路设计方面的基本概念及分布电路的基本理论。本书的写作风格是，读者不必掌握大学一年级物理课程中关于场和波之外的电磁场理论知识。掌握了基本电路理论和/或微电子学知识的学生与应用工程师就能够阅读本书，并能够通过本书全面掌握高频电路原理，包括无源和有源分立器件、传输线、滤波器、放大器、混频器、振荡器及其设计步骤。烦琐的数学推导安排在附录或例题中，从而将枯燥的理论细节与正文分开。虽然忽略理论细节会在一定程度上影响分析的精确性，但却增加了本书的可读性，并突出了电路的基本原理。

　　本书第二版与第一版的区别何在？除了力图减少排版错误及不妥的内容，第二版在几个重要方面都有改进。首先，每章最后增加了应用讲座单元。在这些单元中，详细讨论了设计方法的关键点和测试步骤。介绍了诸如衰减器的构造、微带滤波器，以及对具有偏置网络和匹配网络的低噪声射频放大器的仿真方法等，就像在授课的同时附带做了实验。配备了相关仪器和仿真软件的读者，可根据应用讲座轻松地制作这些器件。其次，重要的内容、有用的定义，以及值得注意的现象，都作为旁注与正文区别开。除了要突出它们的重要性，这种方式使我们能强调并更好地解释那些不宜直接放入正文描述的问题。例如，锁相环系统的全面知识就超出了本书的讨论范围。然而，对锁相环的简要介绍使读者有了掌握高频电路理论内涵的线索和欲望。这将进一步激励读者自发探索有关问题。第三，更加注重非线性设计原理，特别是振荡器及其相关的谐振器。

　　为了向读者提供丰富的线性、非线性电路设计经验，我们在书中安排了大量的例题，这些例题相当详细地分析了各种设计方法的基本原理和难点，许多例题的篇幅甚至多达好几页。虽然线性散射参量的仿真方法在特定条件下是合理的，但更加完善的电路设计则需要非线性仿真方法，例如谐波平衡分析法。非线性电路仿真特别适合振荡器、混频器及放大器的设计。当然，仿真工具的功能、精度、计算速度甚至成本，都可能成为合理运用仿真工具必须考虑的问题。多年来，电路仿真软件和射频工具软件的功能一直在不断扩展。确实经常有人向本书作者咨询在特殊条件下具有独特性能的电路仿真软件。我们无意评估或推荐某个特定的电路仿真软件(对于所有电路仿真软件的供应商，本书作者与之既无商业的，也无技术方面的关系)。通常，专业的高频仿真软件非常昂贵，而且必须熟悉它们才能有效地利用。经过充分评估，美国伍斯特技术学院的电气与计算机工程系采用是德科技公司的先进设计系统(Advanced Design Systems, ADS)作为研究生和本科生的首选高频电路仿真软件，并编写了大量的标准

MATLAB m 文件①。MATLAB 是非常流行而且价格相对低廉的数学工具，可以分析本书中讨论的许多例题，并能迅速将结果用图形显示。特别是，在史密斯圆图上进行的阻抗变换计算一定能吸引读者。

由于本书的主要目标是通常的电路，所以有意略去了高频数字电路及编码与调制方面的内容。虽然这些内容都很重要，但需增加很多篇幅. 这与本书计划在一到两个学期内讲完射频电路设计基础知识的初衷差距较大。在伍斯特技术学院的电气与计算机工程系，这样做并未产生不利影响，因为上述内容中的大多数都已在通信系统工程的专业课中讲授过了。

本书编排方式如下：

第 1 章　概要解释了为什么随着工作频率的提高，当波长可与电路尺度相比拟时，基本电路理论必须进行修正。

第 2 章　提出了传输线理论的基本概念。

第 3 章　引入作为通用工具的史密斯圆图，用于处理以反射系数为基础的周期性阻抗现象。

第 4 章　介绍了网络和信号流图表示方法，以及如何利用所谓散射参量描述终端条件。

第 5 章　将上述这些网络模型及其散射参量表达方式用于研究无源射频滤波器电路。

第 6 章　为了讨论有源器件，回顾了一些与半导体器件有关的重要基础知识。

第 7 章　给出了有源器件的电路模型。

第 8 章　讨论了阻抗匹配，以及双极晶体管和场效应晶体管的偏置网络。

第 9 章　讨论了一些重要的高频放大器电路及其在低噪声和高功率应用中的设计难点。

第 10 章　介绍了非线性系统及其设计方法，包括振荡器和混频器电路。

本书是伍斯特技术学院电气与计算机工程系的标准课时为 7 周（每周 5 课时）的射频电路设计（电气与计算机工程系 3113，射频电路设计基础）课程的指定教科书。该课程的主要对象是具有微电子学基础的本科三四年级学生。本课程不包括附加的实验，但总共向学生介绍了6 个实用电路（所有应用讲座），引导学生自己利用网络分析仪进行测试。另外，ADS 仿真并不作为正规授课内容的一部分。本书的各章都是相对独立的，目的是为了能灵活地安排课程的内容。在伍斯特技术学院，大约 3 学期的内容被压缩在 7 周内讲授（共 28 ~ 29 次课）。电气与计算机工程系的讲授内容如下表所示。

EE 3113　射频电路设计基础

| 第 1 章　引言 | 1.1 节 ~ 1.6 节 |
|---|---|
| 第 2 章　传输线理论 | 2.1 节 ~ 2.12 节 |
| 第 3 章　史密斯圆图 | 3.1 节 ~ 3.5 节 |
| 第 4 章　单端口网络和多端口网络 | 4.1 节 ~ 4.5 节 |
| 第 7 章　射频有源器件模型 | 7.1 节 ~ 7.2 节 |
| 第 8 章　匹配网络和偏置网络 | 8.1 节 ~ 8.4 节 |
| 第 9 章　射频晶体管放大器设计 | 9.1 节 ~ 9.4 节 |

---

① 读者登录华信教育资源网（www.hxedu.com.cn）可注册并免费下载本书相关文件等资料。——编者注

其余内容则在第 2 学期(7 周)讲授,其中包括更深入的内容,诸如微波滤波器、等效电路模型、振荡器和混频器。授课内容安排见下表。

**高级射频电路设计方法**

| 第 5 章 | 射频滤波器设计 | 5.1 节 ~ 5.5 节 |
|---|---|---|
| 第 6 章 | 射频有源器件 | 6.1 节 ~ 6.6 节 |
| 第 7 章 | 射频有源器件模型 | 7.3 节 ~ 7.5 节 |
| 第 9 章 | 射频晶体管放大器设计 | 9.5 节 ~ 9.8 节 |
| 第 10 章 | 振荡器和混频器 | 10.1 节 ~ 10.4 节 |

显然,整个课程的安排仍需根据总课时、学生的基础及其他相关课程的进度来安排。撰写本书时,学校正在规划一个新的研究生课程,该课程将包括本书第 5 章至第 10 章的射频电路内容,以及研究生传统的电磁场理论课程。

## 致谢

作者感谢一起工作的各位同事、学生和实验操作工程师。感谢电气与计算机工程系主任 Fred Looft 教授为网络版 ADS 仿真资源和最新配备的网络分析仪提供的系主任基金。作者感谢 NXP 公司(前飞利浦半导体)的 Korné Vennema 和 Scott Blum 提供的射频专业技术支持,给予的学生课题资助,以及在测量仪器方面提供的帮助。感谢 Sergey N. Makarov 教授通过学术讨论给予的技术支持。Brian Foley, Peter Serano, Shaileshkumar Raval, Rostislav Lemdiasov 博士, Aghogho Obi, Souheil Benzerrouk 和 Funan Shi 博士是在读的或已毕业的研究生,他们非常赞赏伍斯特技术学院图像与遥感中心(Center for Imaging and Sensing, CIS)的学术环境和给予的支持,并提出了一些有见解的崭新观点。特别要感谢伍斯特技术学院金属处理研究院院长 Diran Apelian 教授和通用汽车公司的 Scott Biederman 为作者介绍了微波成像的重要意义,以及用射频进行材料处理的机理。Reinhold Ludwig 感谢本书第一版的合作者 Pavel Bretchko 博士,他的杰出贡献和辛勤工作促成了本书的第一版,并奠定了第二版的基础。感谢本书第一版的策划出版人 Tom Robbins 在过去 7 年中给予的一贯支持和文字编辑方面的建议。学术出版业正是依靠像 Robbins 先生这样的专家才得以延续发展。

感谢 Prentice Hall 的工作人员,特别是 Alice Dworkin, Rose Kernan 及印度钦奈 Laserwords 私人有限公司的资深项目经理 G. Muthukumar 为本书的出版所给予的支持。

# 目　　录

# 第1章 引 言

近几年，模拟和数字电路设计工程师们一直在不断地开发和改进电路，以适应其日益提高的工作频率。无线通信系统中，覆盖从吉赫兹频段的低端到高端的模拟电路、微处理器、存储芯片、大型计算机外围设备、工作站及个人计算机中的时钟频率的快速提高，都是这种趋势的代表。全球定位系统所用的工作频段是 1227.60～1575.42 MHz，无线局域网和高性能无线局域网 HiperLAN① 工作在 2.4 GHz，光通信信道可传输高达每秒 40 吉比特(Gbps)的数据。个人通信系统(personal communication system，PCS)中的低噪声放大器一般工作在 1.9 GHz，它可安装于尺度为 10 美分大小的电路板上。C 波段卫星广播系统包括 4 GHz 的上行信道和 6 GHz 的下行信道。总的来说，由于无线通信的快速扩张，工作频率在 1 GHz 以上，集成度更高的放大器、滤波器、混频器正在不断地被设计出来并投入使用。毫无疑问，这种趋势将会持续下去，这不仅将导致具有独特性能的电子系统的问世，也将带来在传统低频系统设计中不曾遇到的挑战。

本章回顾了电路由低频到高频演变过程的意义，讨论了导致设计、优化高频电路的新型工程技术方法的动机和实际原因。移动电话中的电路被作为研究对象，以描述本书的目标、研究对象和内容安排，电路中的各种元件将在随后章节中更仔细地讨论。

本章首先简要回顾、讨论并解释电路从直流到高频工作模式的转变。随着工作频率的提高，当电磁波的相应波长可与分立电路中的元件尺度相比拟时，电阻、电容、电感的电学特性将逐渐偏离它们的理想频率响应。本章的目的在于，使读者正确评价和理解高频无源元件的特性。特别是，由于高级的复杂测试设备的应用，设计工程师更应准确理解为什么电路的高频响应与低频响应不同。如果没有这些知识，则实现和理解高性能系统的特殊要求是不可能的。

---

**集中参数理论**

　　电路元件的空间分布尺度为零(点状)。

**分布参数理论**

　　电路元件相对于工作波长，具有有限的空间分布尺度。

---

## 1.1 射频电路设计的重要性

最初的电子线路设计大约要追溯到 18 世纪末和 19 世纪初，当时能够可靠工作的电池已经问世。以发明者伏特(A. Volta，1745—1827)命名的伏打电池能够为早期的原始电路提供可靠的直流(direct current，DC)驱动能量。然而，人们很快就发现低频交流电源(alternating current，AC)能更有效地传输电能，且长距离传输的损耗更小。传输低频交流电能的有效方法

---

① HiperLAN，即 High Performance Local Area Network，是欧洲提出的一种无线局域网标准。——译者注

是，使用依据法拉第（Faraday）电磁感应定律工作的变压器。由于查尔斯·施泰因梅茨（Charles Steinmetz），托马斯·爱迪生（Thomas Edison），维尔纳·西门子（Werner Siemens）和尼古拉·特斯拉（Nikola Tesla）等著名工程师的开拓性工作，发电和送变电工业得到了快速发展并渗入了我们的日常生活。麦克斯韦（James Maxwell，1831—1879）在 1864 年撰写并在伦敦皇家科学院发表的一篇论文中提出了电磁场相互耦合的概念，这种通过空间的耦合可导致波的传播。1887 年赫兹（Heinrich Hertz）通过实验证明了电磁能量通过空间的辐射和接收。这个发现确立了无线通信这一快速发展的领域，其中包括分别在 20 世纪 20 年代和 30 年代问世的无线电广播和电视传输，以及分别在 20 世纪 80 年代和 90 年代问世的移动电话和全球定位系统（Global Positioning System，GPS）。根据新千年中的重大事件，第三代移动电话系统和高速光通信，可以预见高频及超高频元器件、模块与系统将得到快速增长。遗憾的是，设计、开发能够适应当前信息技术领域实际应用的高频电路并非易事。正如下面将要详细讨论的，仅向电子工程专业的本科一二年级学生讲授的，基于基尔霍夫（Kirchhoff）经典电压、电流定律的分析方法，只能用于分析直流电路及包含电阻、电容和电感网络的低频集中参数系统，而不能用于受电磁波传播特性制约的高频电路。

　　本书的主要目的是从理论和实践两方面，向读者提供当工作频率扩展到射频（radio frequency，RF）和微波（microwave，MW）频段时，模拟电路的设计方法。在此频段内，通常认为从数百千赫开始，电信号的相应波长缩短到了与电路的典型尺度相当的临界点，并开始影响电路的功能。此时，基于基尔霍夫理论的经典电路分析原理就失效了。从应用的角度来看，电路设计工程师将面临如下问题：

- 在什么频率以上，经典电路分析理论就需要修正？
- 什么原因造成了电子元器件的高频特性与低频特性的巨大区别？
- 是什么样的"新"理论替代了经典的基尔霍夫理论？
- 如何将这个新理论应用于实际的高频模拟电路设计？

---

**移动电话元件**

　　移动电话的关键元件包括：

（a）天线

（b）射频开关

（c）功率放大器（power amplifier，PA）

（d）低噪声放大器（lower-noise amplifier，LNA）

（e）混频器

（f）压控振荡器（voltage-controlled oscillator，VCO）

（g）滤波器（带通，低通）

（h）数模转换器（digital-to-analog converter，DAC）和模数转换器（analog-to-digital converter，ADC）

（i）数字基带信号处理器

---

本书力图全面回答这些问题，不仅从理论方面，还将通过大量实例和项目设计介绍具体的应用。

　　为了更清楚地确定将要讨论的问题，下面先分析图 1.1 所示的典型射频系统。

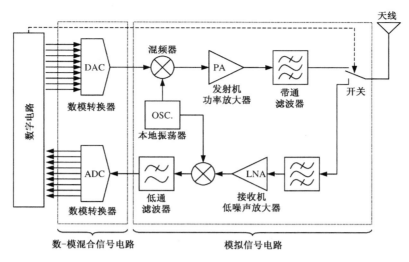

图 1.1　典型射频系统框图

这个系统的典型应用是移动电话和**无线局域网**(Wireless Local Area Network，WLAN)。图 1.1 所示的整个系统框图可称为**收发器**(transceiver)，因为它包括了共用一个天线进行通信的发射电路和接收电路。在这个系统中，输入信号(声音或计算机产生的数字信号)首先进行数字处理。如果信号是声音，如移动电话中的情况，那么信号将先被转换为数字模式，然后进行压缩以减少传输时间，最后采用适当的编码以减少噪声和传输误码。

完成了输入信号的数字处理后，再通过数-模转换电路恢复为模拟形式。这个低频模拟信号与本地振荡器产生的高频载波信号混频，混频信号再经过**功率放大器**放大，然后到达天线。天线的任务是将经过编码处理的信息以电磁波的形式发送到自由空间。

首先重点讨论图 1.1 所示系统框图的发射电路中的功率放大器。它可以是移动电话中工作频率为 2 GHz 的功率放大器，很可能是一个双级放大器，其中第一级功率放大器的详细电路框图如图 1.2(a)所示。

---

**移动电话单片集成收发器**

尽管进行了大量的研发，片上系统(System-on-Chip，SoC)方案仍然是个难题。关键的困难是要将数字与模拟混合信号电路及高性能滤波器集成在一个基片上。

---

注意，信号是通过隔直电容耦合到**输入匹配网络**(input matching network)的，该网络使工作在共发射极模式的晶体管(恩智浦半导体公司的 BFG425W)的输入阻抗与其前面混频器的输出阻抗相匹配。为了确保有效的功率传输并消除使性能恶化的反射，必须实现这种匹配。**级间匹配网络**(interstage matching network)必须使第一级晶体管的输出阻抗与功率放大器中第二级晶体管的输入阻抗相匹配。匹配网络的关键元件是微带线，即图 1.2(a)中用阴影标注的矩形。在高频电路中，这些分布参数元件呈现出与低频集中参数元件截然不同的独特电学特性。可以看到，一些附加网络为晶体管的输入、输出端口提供直流偏置。高频信号与直流偏置的分离是借助两个射频扼流电路实现的，它们的特征是所谓的**射频扼流圈**(radio frequency choke，RFC)。

　　图1.2(b)是一个实际的双级放大器电路板,其中微带线就是特定长度和宽度的敷铜带。贴装在微带线上的是贴片式的电容、电阻和电感。

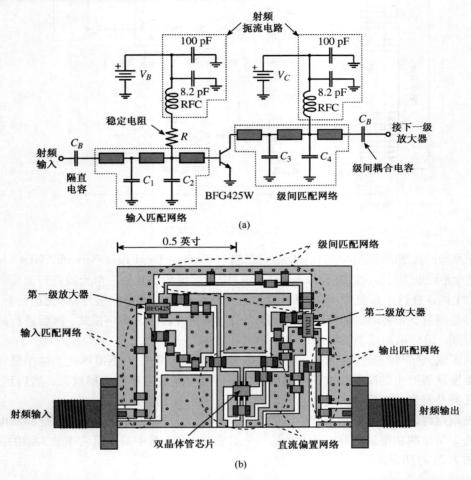

图 1.2　(a) 移动电话中 2 GHz 功率放大器第一级的简化电路图;(b) 功率放大器的印刷电路板布局

　　了解、分析及最终制造这种功率电路,需要许多至关重要的射频知识,本书将讨论这些知识:

- 微带线的阻抗特性将在第 2 章传输线理论中讨论,它的定量分析方法将在第 3 章史密斯圆图中介绍。

- 单端口网络和多端口网络,即把复杂电路化简为输入-输出都用双端口网络描述的基本单元的方法,将在第 4 章中讨论。

- 设计特定的阻抗与频率响应之间对应关系的常用策略,如在滤波器设计中遇到的问题。在第 5 章射频滤波器设计中,简述了分立元件或分布参数元件滤波器的基础理论;第 8 章中的匹配网络将深入研究实现类似于图 1.2(b)的电路的详细步骤。

- 第 6 章射频有源器件从物理本质的角度分析了高频双极晶体管、场效应晶体管及射频二极管。随后是第 7 章射频有源器件模型,分析了射频有源器件的大信号和小信号模型。

- 对信号放大的基本要求,如增益、线性度、噪声和稳定性等,是第 9 章射频晶体管放大器设计的基本内容。

- 除放大器之外，第 10 章振荡器和混频器重点讨论重要的、如图 1.1 所示的射频电路系统。

一个成功的射频设计工程师应当明白上述概念并能将其用于设计、制造并测试具体的射频电路。正如前述例子所暗示的，本书主要关注射频模拟电路的理论和应用。书中有意回避了混频信号和数字信号，以及有关的调制和编码技术，因为涉及它们的问题已超出了本书的篇幅和领域。

## 1.2　量纲和单位

为了理解所谓上限频率，超过这个频率就不能再用传统的电路理论，我们应该回忆一下电磁波的表达式。在自由空间，沿 $z$ 轴正方向传播的平面电磁（electromagnetic，EM）波可写成正弦波的形式：

$$E_x = E_{0x}\cos(\omega t - \beta z) \tag{1.1a}$$

$$H_y = H_{0y}\cos(\omega t - \beta z) \tag{1.1b}$$

其中，$E_x$ 和 $H_y$ 是图 1.3 中定性描述的 $x$ 方向的电场矢量和 $y$ 方向的磁场矢量；$E_{0x}$ 和 $H_{0y}$ 为分别以 V/m 和 A/m 为单位的恒定振幅系数。

---

**复数**

　　谐波信号可以用指数函数的实部表示为

$$E_x = \mathrm{Re}\left(E_{0x}\mathrm{e}^{-\mathrm{j}\beta z}\mathrm{e}^{\mathrm{j}\omega t}\right)$$

　　其中，与经典电路理论不同的是，相位因子 $E_{0x}\mathrm{e}^{-\mathrm{j}\beta z}$ 与空间参数有关。

---

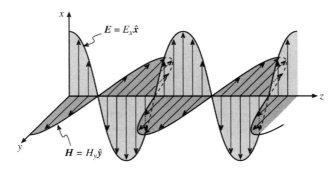

图 1.3　在自由空间传播的电磁波。图中显示的是某一瞬时的，以距离为
自变量的电场和磁场（$\hat{x}$、$\hat{y}$ 是 $x$ 方向和 $y$ 方向的单位矢量）

这种电磁波具有角频率 $\omega$ 和传播常数 $\beta$，传播常数定义了电磁波相对于**波长**（wavelength）$\lambda$ 在空间的延伸程度，即 $\beta = 2\pi/\lambda$。基于麦克斯韦方程组的经典场理论指出：电场和磁场分量的比由所谓的**特性阻抗**（intrinsic impedance）$Z_0$ 确定如下：

$$\frac{E_x}{H_y} = Z_0 = \sqrt{\mu/\varepsilon} = \sqrt{(\mu_0\mu_r)/(\varepsilon_0\varepsilon_r)} = 377\ \Omega\sqrt{\mu_r/\varepsilon_r} \tag{1.2}$$

磁导率 $\mu = \mu_0 \mu_r$ 和介电常数 $\varepsilon = \varepsilon_0 \varepsilon_r$ 均与材料有关,其中 $\mu_0$ 和 $\varepsilon_0$ 是自由空间的磁导率和介电常数(其数值已在附录 A 中列出),而 $\mu_r$ 和 $\varepsilon_r$ 则为相对值。

还要指出,电场和磁场是相互正交的,并且都垂直于传播方向。这就是人们熟知的**横电磁**(transverse electromagnetic,TEM)模式。因为笔者专门研究射频,所以本书只涉及这种模式。TEM 模式的传播特性与各种**横电**(transverse electric,TE)模式、**横磁**(transverse magnetic,TM)模式大不相同。TE 和 TM 模式是微波和光通信技术的基本概念。对于 TE 和 TM 模式,场矢量就不再与传播方向垂直。

---

### TEM 模式

这种模式对应于自由空间或微波传输线中的行波,其传播速度取决于介质特性(例如同轴电缆)或几何结构(例如微带线)。微带线中的电磁波被归类于准 TEM 模式(非严格的 TEM 模式,但具有与 TEM 模式类似的特性)。

### TE 和 TM 模式

这些模式存在于微波波导或光纤中。这类模式可被想象成在波导壁上来回反射所形成的电磁波。如果工作频率低于 TE 或 TM 模式的截止频率,相应的模式就不能传播。传输 TEM 模式的传输线也可以传输 TE 和 TM 模式,但是它们的截止频率通常远远高于系统的工作频率。

---

在非磁性介质($\mu_r = 1$)中,横电磁模式的波的相速 $v_p$ 可表示为

$$v_p = \frac{\omega}{\beta} = \frac{1}{\sqrt{\varepsilon \mu}} = \frac{1}{\sqrt{\varepsilon_0 \mu_0}} \cdot \frac{1}{\sqrt{\varepsilon_r}} = \frac{c}{\sqrt{\varepsilon_r}} \tag{1.3}$$

其中 $c$ 为光速。

本书使用的有关物理量、单位和符号都已列在附录 A 的表 A.1 和表 A.2 中。虽然此处只给出了较抽象的电磁波概念,但是通过观测电场 $\boldsymbol{E}$,就能立即将式(1.1)和电路参量联系起来,电场就如其单位 V/m 所表示的,可直观地理解为归一化的电压波。同理,以 A/m 为单位的磁场 $\boldsymbol{H}$ 可以被视为归一化的电流波。

### 例 1.1 特性阻抗、相速和波长

分别计算自由空间中的和介电常数为 4.6 的印刷电路板材料中的电磁波的本征波阻抗、相速和波长。频率 $f = 30$ MHz,3 GHz。

**解:** 自由空间的相对磁导率和介电常数等于 1,所以由式(1.2)可知,自由空间的特征阻抗为

$$Z_0 = \sqrt{\frac{\mu}{\varepsilon}} = \sqrt{\frac{\mu_0}{\varepsilon_0}} = \sqrt{\frac{4\pi \times 10^{-7}}{8.85 \times 10^{-12}}} = 377 \ \Omega$$

根据式(1.3),自由空间中的相速为

$$v_p = \frac{1}{\sqrt{\varepsilon \mu}} = \frac{1}{\sqrt{\varepsilon_0 \mu_0}} = 2.999 \times 10^8 \ \text{m/s}$$

它恰巧是光速 $v_p = c$。对于 $\varepsilon_r = 4.6$ 的电路板材料,$v_p = c/(\sqrt{\varepsilon_r}) = 1.4 \times 10^8$ m/s。波长用下面的表达式计算:

$$\lambda = \frac{2\pi}{\beta} = \frac{2\pi v_p}{\omega} = \frac{v_p}{f} \tag{1.4}$$

其中，$f$ 是工作频率。根据式（1.4），可以求出在自由空间传播的电磁波波长，当频率为 30 MHz 时，$\lambda = 10 \text{ m}$；当频率为 3 GHz 时，波长仅为 $\lambda = 10 \text{ cm}$。在介质材料中，频率为 30 MHz 和 3 GHz 时，波长将分别减小为 4.67 m 和 4.67 cm。

这个例子揭示了一个现象，即波长是如何作为频率的函数而变化的。随着频率的升高，波长将减小到可与电路板甚至单个分立元件的尺度相比拟。这些现象的含义将在第 2 章中讨论。

---

**印刷电路板（printed circuit board，PCB）材料**

以玻璃为基础材料的板材可以在高达 150℃ ~ 250℃ 的温度下使用。可选的介质材料有：

- FR4，介电常数 $\varepsilon_r = 4.6$
- 环氧材料，介电常数 $\varepsilon_r = 3.9$
- 聚酰亚胺，介电常数 $\varepsilon_r = 4.5$

另外，以聚四氟乙烯（polytetrafluoroethylene，PTFE）为基础的材料具有最低的介电常数，并且工作温度可达 300℃ 以上，其中

- PTFE，介电常数 $\varepsilon_r = 2.1$
- 热固的 PTFE，介电常数 $\varepsilon_r = 2.8$
- 玻璃纤维化的 PTFE，介电常数 $\varepsilon_r = 2.4$

当代 PCB 加工技术可以制作 40 层或更多层的电路板，并通过所谓**过孔**（vias）建立层间连接。

遗憾的是，大多数印刷电路板的板材的典型热导率都小于 0.5 W/m℃，非常差。

---

## 1.3 频谱

由于微波电路的广泛应用，工程师们要研究的电路的工作频率必然分布在很宽的频谱内。多年来，人们对频谱进行了多次划分。第一次是由美国国防部在第二次世界大战期间和战后初期针对工业部门和政府机构提出的；然而，当今最通用的频谱划分法是由电气和电子工程师学会提出的。在美国，联邦通信委员会负责对所有私人及商业应用分配和管理频谱资源。表 1.1 选择性地列出了一些频段及其典型应用领域。

表 1.1　频段划分及其用途

| 频　段 | 频　率 | 典 型 应 用 |
|---|---|---|
| VHF（甚高频） | 88 ~ 108 MHz | 调频广播 |
| UHF（特高频） | 824 ~ 894 MHz | CDMA 移动电话服务 |
| | 810 ~ 956 MHz | GMS 移动电话服务 |
| UHF（特高频） | 2400 MHz | 无线局域网 |
| SHF（超高频） | 5000 ~ 5850 MHz | 不必审批的美国国家信息基础设备 |
| SHF（超高频） | 6425 ~ 6523 MHz | 有线电视传输 |
| SHF（超高频） | 3700 ~ 4200 MHz | 卫星通信固定地面站 |
| X 波段 | 8 ~ 12.5 GHz | 海上、空中雷达 |
| Ku 波段 | 12.5 ~ 18 GHz | 遥感探测雷达 |
| K 波段 | 18 ~ 26.5 GHz | 雷达 |
| Ka 波段 | 26.5 ~ 40 GHz | 遥感探测雷达 |

根据表 1.1 和例 1.1 的计算, 可注意到在 VHF/UHF 波段, 即典型的电视设备工作的波段, 波长已经开始与电子系统的实际尺度相当。在这种情况下, 必须考虑电流信号和电压信号的波动性质。显然, 在 SHF、X 和 Ka 波段, 问题将更加严重。虽然没有严格的规定, 但通常认为射频频率覆盖 VHF 到 SHF 波段, 微波频段的范围则与工作在 X 波段及更高频率的雷达系统的频率范围相对应。

---

**移动通信系统中的频率复用**

对于必须考虑电磁场的辐射效率和方向图的天线设计者来说, 工作频率是个需要重点关注的问题。

为了有效地通信, 信息必须首先被调制到单频载波或一个频带上。

在移动通信系统中频率是被复用的, 以便多个用户共同使用。目前有三种复用技术被广泛使用:

- TDMA(时分多址复用)
- FDMA(频分多址复用)
- CDMA(码分多址复用)

---

## 1.4　无源元件的射频特性

根据传统的交流电路分析可知, 电阻 $R$ 与频率无关, 理想电容 $C$ 和理想电感 $L$ 可用它们的电抗 $X_C$ 和 $X_L$ 直接表示如下:

$$X_C = -\frac{1}{\omega C} \tag{1.5a}$$

$$X_L = \omega L \tag{1.5b}$$

从式(1.5)不难看出, 在低频下, $C = 1$ pF 的电容, $L = 1$ nH 的电感, 分别对应于开路和短路状态。这很容易证明, 假设频率为 60 Hz, 则有

$$|X_C(60 \text{ Hz})| = \frac{1}{2\pi \cdot 60 \cdot 10^{-12}} = 2.65 \times 10^9 \ \Omega \approx \infty \tag{1.6a}$$

$$|X_L(60 \text{ Hz})| = 2\pi \cdot 60 \cdot 10^{-9} = 3.77 \times 10^{-7} \ \Omega \approx 0 \tag{1.6b}$$

---

**电抗**

电容的电抗遵循基本的电压-电流关系:

$$v_c = \frac{1}{C}\int i(t)\,\mathrm{d}t$$

或以复数表示为

$$V_C = \frac{1}{C}\left(\frac{I}{\mathrm{j}\omega}\right) = \mathrm{j}X_C I$$

同样, 对于电感:

$$v_L = L\left(\frac{\mathrm{d}i}{\mathrm{d}t}\right)$$

由此可导出一个复数

$$V_L = L\mathrm{j}\omega I = \mathrm{j}X_L I$$

注意, 电容的电抗是负值, 而电感的电抗是正值。

必须指出，电阻、电感和电容并不都像在典型的低频电子系统中的情况，仅用导线、线圈和平板制成。甚至单根直导线或**印刷电路板**上的一段敷铜带，也都具有与频率有关的电阻和电感。例如，一个半径为 $a$，长度为 $l$，电导率为 $\sigma_{cond}$ 的圆柱形铜导体，具有以下直流电阻：

$$R_{DC} = \frac{l}{\pi a^2 \sigma_{cond}} \qquad (1.7)$$

在直流状态下，电流均匀地分布于整个导体横截面。在交流状态下，情况就变复杂了。由于交变的带电粒子流形成了一个交变磁场，该磁场会激发一个电场（根据法拉第电磁感应定律），与此电场相伴的电流与初始电流的方向相反。在 $r=0$ 的中心处，这种效应最强，所以此处的电阻明显增大了。其结果是，随着频率的提高，电流趋向于导体外表面。正如在附录 B 中推出的，$z$ 方向的电流密度 $J_z$ 幅值可近似表示为

$$J_z \approx \frac{pI}{2\pi a j \sqrt{r}} \exp\left(-(1+j)\frac{a-r}{\delta}\right) \qquad (1.8)$$

其中，$p^2 = -j\omega\mu\sigma_{cond}$，$I$ 是在导体中的总电流。式（1.8）中指数部分的最重要因子是所谓**趋肤深度**（skin depth）$\delta$

$$\delta = \frac{1}{\sqrt{\pi f \mu \sigma_{cond}}} \qquad (1.9)$$

它描述了电流密度作为频率 $f$、磁导率 $\mu$ 和电导率 $\sigma_{cond}$ 的函数在空间的衰落。这可以等效为厚度是 $\delta$（表层）的、均匀分布的一层电流，从而简化阻抗的计算。进一步计算可以得出高频条件下（$f \geqslant 500$ MHz）的归一化电阻和内部电感的表达式：

$$R/R_{DC} \approx a/(2\delta) \qquad (1.10)$$

和

$$(\omega L_{in})/R_{DC} \approx a/(2\delta) \qquad (1.11)$$

顾名思义，内部电感来源于导线内部的磁场。若使式（1.10）和式（1.11）成立，则必须有 $\delta \ll a$。通常情况下，导体的相对磁导率等于 1（即 $\mu_r = 1$）。由于趋肤深度 $\delta$ 反比于频率的平方根，所以在低频时趋肤深度很大，而随着频率的提高则迅速减小。图 1.4 给出了铜（Cu）、铝（Al）、金（Au）及铅锡焊料（solder）的趋肤深度与频率的关系曲线。

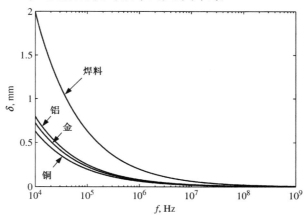

图 1.4　铜、铝、金及典型焊料的趋肤深度特性，$\sigma_{Cu} = 64.5 \times 10^6$ S/m，
$\sigma_{Al} = 40.0 \times 10^6$ S/m，$\sigma_{Au} = 48.5 \times 10^6$ S/m，$\sigma_{Solder} = 6.38 \times 10^6$ S/m

假如考虑铜导体，就能根据式（1.8）给出用直流电流密度 $J_{z0} = I/(\pi a^2)$ 归一化的，如图 1.5(a) 的轴对称导线内部的交流电流密度所示的定性描述。

对于具有确定半径的导线，假定半径 $a = 1$ mm，则可画出在不同频率下，$|J_z|/J_{z0}$ 与半径 $r$ 的函数关系，如图 1.5(b) 所示。该图实际使用了附录 B 得出的确切理论结果，即使 $\delta > a$，该结果也是精确的。

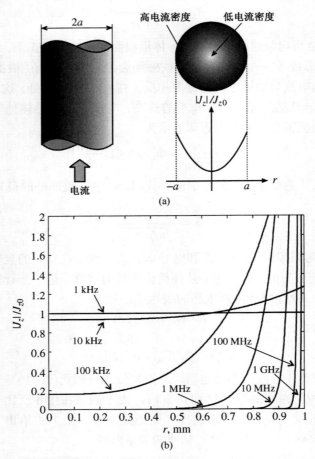

图 1.5　(a) 以直流电流密度归一化的交流电流密度在导体横截面上的定性分
布图；(b) 半径 $a = 1$ mm 的铜线中，归一化交流电流密度的频率特性

我们注意到，即使对于频率小于 1 MHz 的中频信号，在导线的外边缘，电流也明显提高。在频率等于 1 GHz 附近，电流几乎完全限制在导线表面，其径向分布可以忽略。考察式(1.8) 与图 1.5(a) 可见，趋肤深度 $\delta$ 有明确的物理意义。它表示电流密度降低到导体表面值的 $1/e$ 倍(约 37%)时的深度。如果将式(1.10) 稍加改写，则可得

$$R = R_{\mathrm{DC}} \frac{a}{2\delta} = R_{\mathrm{DC}} \frac{\pi a^2}{2\pi a \delta} \tag{1.12}$$

如图 1.6 中虚线所示，这个方程表明，电阻以横截面内的趋肤面积的反比增加。图 1.6 还根据在附录 B 中导出的更严谨的趋肤方程，画出了圆柱导体的电阻特性。

尽管内部电感可以相当大，但在大多数电路设计中，电路或元件的电感特性主要由外部电感 $L_{\mathrm{ex}}$ 形成。为了求出外部电感 $L_{\mathrm{ex}}$，必须确定导线外产生电感的磁场。对于半径为 $a$ 且长度为 $l$ 的圆柱形导线，可以导出一个实用的近似公式

$$L_{ex} \approx \frac{\mu_0 l}{2\pi}\left[\ln\left(\frac{2l}{a}\right) - 1\right] \tag{1.13}$$

具体步骤可在本章最后的阅读文献中找到。为了了解内部电感与外部电感的相对大小，例1.2给出了它们之间的近似比值。为了简化分析过程，假设式(1.13)给出的外部电感随频率的变化可以忽略。

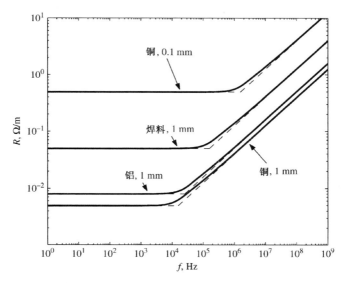

图1.6　不同材料、半径的圆形导线的单位长度的电阻与频率的理论关系。虚线为基于直流和趋肤深度概念的近似计算结果

**电感的定义**

内部电感 $L_{in}$ 由携带电流的导体内部的磁场产生。外部电感 $L_{ex}$ 则与携带电流的导体外部的磁场有关。两者之和是总电感。

在大多数电路中，人们还必须考虑电感之间的耦合，即某电感的磁场与邻近的一个或多个电感相互耦合。在这种情况下，必须引入互感的概念，即一个电感的电流诱发了邻近的电感中的电流。互感在交调分析和信号完整性研究方面扮演了重要的角色。

**例1.2　内部电感与外部电感的对比**

一段 AWG 26 铜线的长度是 2 cm。求在 100 MHz、2 GHz 和 5 GHz 频率下的内部电感和外部电感。

**解**：根据附录 A，可知 AWG 26 铜线的直径 $d = 16$ mil[①]。因此以 mm 为单位的半径是

$$a = 8 \text{ mil} = 8 \times (2.54 \times 10^{-5} \text{ m}) = 0.2032 \text{ mm}$$

然后根据式(1.11)计算内部电感

$$L_{in} \approx \frac{a}{2\delta}\frac{R_{DC}}{\omega}$$

①　1 mil(密耳)＝0.001 英寸＝0.0254 mm。——编者注

其中，$R_{DC} = l/(\pi a^2 \sigma_{cond}) = 2.39 \times 10^{-3}\ \Omega$，根据式(1.13)计算外部电感

$$L_{ex} = \frac{\mu_0 l}{2\pi}\left[\ln\left(\frac{2l}{a}\right) - 1\right] = 17.1\ nH$$

电感计算结果汇总于表1.2。

表1.2　不同频率下的外部电感与内部电感

| $f$, GHz | $\delta$, μm | $L_{in}$, nH | $L_{in}$, nH | $L_{in}/L_{ex}$ |
|---|---|---|---|---|
| 0.1 | 6.266 | 17.1 | 0.0617 | $3.60 \times 10^{-3}$ |
| 2 | 1.40 | 17.1 | 0.0138 | $8.05 \times 10^{-4}$ |
| 5 | 0.886 | 17.1 | 0.008 72 | $5.09 \times 10^{-4}$ |

表1.2的实例清楚地表明，外部电感的量值通常要比内部电感的大两个数量级以上。

## 1.4.1　高频电阻

在低频电子学中，最普通的电路元件是电阻，它的用途是通过将一些电能转换成热从而产生电压降。若将它们视为分立元件，就能划分出几种类型的电阻：

- 高密度颗粒介质的碳素电阻
- 采用镍或其他柔性金属丝的线绕电阻
- 采用温度稳定材料的金属膜电阻
- 采用铝或铍基材料的薄膜贴片式电阻

在这些电阻中，目前在射频和微波电路中应用的主要是**薄膜贴片式电阻**(surface-mounted device, SMD)。其原因是，它具有良好的射频特性，尺寸能够做得非常小，如图1.7所示。

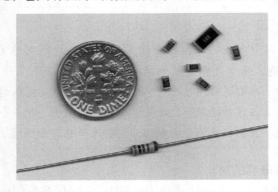

图1.7　常规的1/4 W 电阻与 1 W、1/4 W 薄膜贴片式电阻的对比

正如上一节所述，即使是一根直导线也具有电感。所以，标称阻值为 $R$ 的高频电阻的等效电路模型比较复杂，同时还必须根据其引线长度和寄生电容进行修正。如图1.8所示。

在图1.8中，两个电感 $L$ 模拟引线，电容用于等效实际的引线布局；电容 $C_a$ 用于模拟电荷分离效应；$C_b$ 用于模拟内部引线电容。相对于标称电阻 $R$，引线电阻常常被忽略。对于线绕电阻，等效电路模型更加复杂，如图1.9所示。

此处，除了引线电感 $L_2$ 和接触电容，必须引入电阻线圈的电感 $L_1$，以及线圈的寄生电容 $C_1$。而内部引线电容 $C_2$(或图1.8中的 $C_b$)通常远小于线圈的寄生电容，在许多情况下完全可被忽略。

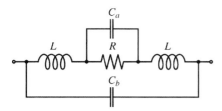

图 1.8　高频电阻的等效电路模型

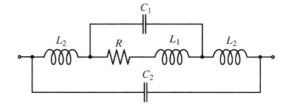

图 1.9　高频线绕电阻的等效电路模型

---

**电路模型的准确性**

　　根据上述讨论可知,阻抗与工作频率有关。所以,尽管图 1.8 和图 1.9 的电路模型是普遍采用的,但可能还需要进一步修正,例如 $R = R(f)$。

　　根据不同的实验条件和可用的设备,元件生产商们提出了许多精致的电阻模型。

---

**例 1.3　金属膜电阻的射频阻抗响应**

　　求出用长 2.5 cm,AWG 26 铜线连接的 2 kΩ 金属膜电阻(见图 1.8)的高频阻抗特性,寄生电容 $C_a$ 为 5 pF。设铜的电导率 $\sigma_{Cu} = 64.5 \times 10^6\ \Omega^{-1} \cdot m^{-1}$。

　　**解**:在例 1.2 中,已经求出 AWG 26 线的半径 $a = 2.032 \times 10^{-4}$ m。按照式(1.13),该直导线在高频下的电感近似等于

$$L_{ex} = \frac{\mu_0 l}{2\pi}\left[\ln\left(\frac{2l}{a}\right) - 1\right] = 52.0\ \text{nH}$$

其中 $l = 2 \times$(单根导线的长度),对应于两条引线。

　　必须注意,上述计算引线电感的公式只适用于高频,此时的趋肤深度远小于导线的半径,即 $\delta = 1/\sqrt{\pi f \mu \sigma} \ll a$,或者直接用频率表示,即 $f \gg 1/(\pi \mu \sigma_{Cu} a^2) = 95$ kHz。

　　知道了引线电感,就能计算出整个电路的阻抗:

$$Z = j\omega L_{ex} + \frac{1}{j\omega C_a + 1/R}$$

图 1.10 为计算结果,图中描绘了电阻器阻抗的绝对值与频率的关系。

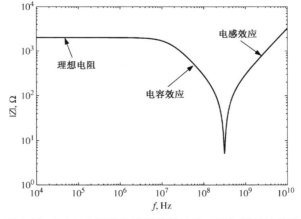

图 1.10　2 kΩ 金属膜电阻器的阻抗绝对值与频率的关系

正如图 1.10 中所见，在低频时电阻器的阻抗是 $R$，然而当频率升高并超过 5 MHz 时，寄生电容的影响逐渐明显，并引起电阻器的阻抗下降；当频率超过约 300 MHz 的谐振点时，由于引线电感的原因，总的阻抗又上升了。

这个例子强调的是：当涉及常见的似乎与频率无关的电阻器时，需要特别小心。因为并不是所有电阻都会具有与图 1.10 完全相同的响应。然而，当工作频率进入 GHz 频段后，通常会出现一个谐振点，而更常见的是多个谐振点。

### 1.4.2　高频电容

在许多射频电路中，贴片式电容在滤波器调谐、匹配网络，以及类似晶体管的有源器件的偏置电路中得到了广泛应用。所以了解它们的高频特性是很重要的。当平行板的尺度大于其间隔时，常规电路分析理论对平行板电容器的电容定义如下：

$$C = \frac{\varepsilon A}{d} = \varepsilon_0 \varepsilon_r \frac{A}{d} \tag{1.14}$$

其中，$A$ 是平板的表面积，$d$ 代表平板的间隔，理想情况下，平板间没有电流。然而，在高频时，电介质变得有损耗了(即有传导电流存在)。所以，电容器的阻抗必须表示成电导 $G_e$ 和电纳 $\omega C$ 的并联组合：

$$Z = \frac{1}{G_e + \mathrm{j}\omega C} \tag{1.15}$$

在这个表达式中，直流电流起源于电导 $C_e = \sigma_{\mathrm{diel}} A / d$，其中 $\sigma_{\mathrm{diel}}$ 是介质的电导率。目前习惯于引入**损耗角正切**(loss tangent)：$\tan\Delta = \sigma_{\mathrm{diel}}/(\omega\varepsilon)$，将其代入 $C_e$ 的表达式可得

$$G_e = \frac{\sigma_{\mathrm{diel}} A}{d} = \frac{\omega\varepsilon A}{d}\tan\Delta = \omega C\tan\Delta \tag{1.16}$$

附录 A 的表 A.3 汇总了一些常用材料的损耗角正切值。考虑了寄生引线电感 $L$、对应于引线欧姆损耗的串联电阻 $R_s$，以及介质损耗电阻 $R_e = 1/G_e$ 的等效电路如图 1.11 所示。

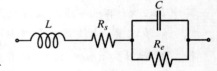

图 1.11　高频电容的等效电路

#### 例 1.4　电容器的射频阻抗响应

计算一个 47 pF 电容器的高频阻抗，电容器的电介质是损耗角正切为 $10^{-4}$(假定与频率无关)的氧化铝($Al_2O_3$)，电容器的引线是长 1.25 cm 的 AWG 26 铜线($\sigma_{Cu} = 64.516 \times 10^6\ \Omega^{-1}\cdot m^{-1}$)。

**解**：与例 1.3 相似，与引线相对应的电感由下式给出：

$$L_{\mathrm{ex}} = \frac{\mu_0 l}{2\pi}\left[\ln\left(\frac{2l}{a}\right) - 1\right] = 22.5\ \mathrm{nH}$$

其中 $l = 2 \times 1.25$ cm，并考虑了两段引线的长度：$a = 2.032 \times 10^{-4}$ m。根据式(1.12)可求得引线的串联电阻：

$$R_s = R_{\mathrm{DC}}\frac{a}{2\delta} = \frac{1}{2\pi a \sigma_{Cu}}\sqrt{\pi f \mu_0 \sigma_{Cu}} = \frac{l}{2a}\sqrt{\frac{\mu_0 f}{\pi \sigma_{Cu}}}$$

$$= 4.84\sqrt{\frac{f}{\mathrm{Hz}}}\ \mu\Omega$$

最后，根据式(1.16)得出并联泄漏电阻：

$$R_e = \frac{1}{G_e} = \frac{1}{2\pi f C \tan\Delta} = \frac{3.39 \times 10^7}{f/\text{Hz}} \ \text{M}\Omega$$

根据式(1.15)可得出电容器的阻抗频率响应的绝对值,如图 1.12 所示。

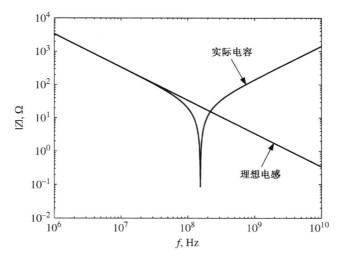

图 1.12　电容器的阻抗绝对值与频率的关系

在计算并联旁路电阻 $R_e$ 的过程中,曾假定损耗角正切 $\tan\Delta$ 与频率无关。然而,事实上这个系数与工作频率密切相关。遗憾的是,技术手册中通常只给出低频下的损耗角正切,该数值并不能正确反映其射频性能。

因为损耗角正切也能定义为**等效串联电阻**(equivalent series resistance, ESR)与电容的电抗之比,所以许多技术手册给出的是等效串联电阻,而非 $\tan\Delta$,等效串联电阻的阻值由下式给出:

$$\text{ESR} = \frac{\tan\Delta}{\omega C}$$

这说明当 $\tan\Delta$ 趋于零时,等效串联电阻也趋于零。

与例 1.3 中电阻的情况类似,由于存在介质损耗和引线电感,电容器也呈现出谐振特性。

图 1.13 是表面安装陶瓷电容器的结构图。该电容器是立方体形状的陶瓷介质块,其中像三明治似地交叠着一层层金属电极。这种封装形式的目的是增大电极面积,以提高单位体积的电容量。电容量的范围为 0.47 pF ~ 100 nF[①],工作电压范围为 16 ~ 63 V。损耗角正切通常由制造商列表给出,如当测量频率为 1 MHz 时,$\tan\Delta \leqslant 10^{-3}$。而当频率达到吉赫范围时,损耗角正切可能明显提高。

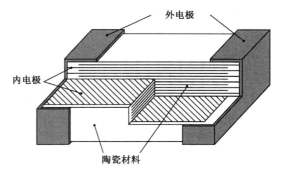

图 1.13　表面安装多层陶瓷
电容器的实际结构图

---

① 目前这种电容的容量已接近 50 000 nF。——译者注

除电容量和损耗角正切之外，制造商还会给出额定电压，即在特定的工作温度(例如 $T \leqslant$ 85℃)下的最大工作电压。另外，电容量与温度有关，这将在本章的习题里进一步讨论。

### 1.4.3 高频电感

电感器不像电阻器和电容器那样被广泛应用，通常它被用于晶体管的偏置网络，例如电感器可作为**射频扼流圈**(RFC)将晶体管与直流电压相连接。因为线圈通常是将导线绕在圆柱体上制成的，根据前面的讨论可知，线圈除了具有与频率有关的导线电阻，还具有电感。另外，相邻的导线形成了间隔恒定的移动电荷，所以增强了如图 1.14 所示的寄生电容效应。

电感器的等效电路模型如图 1.15 所示。并联寄生电容 $C_s$ 和串联电阻 $R_s$ 分别代表分布电容 $C_d$ 和电阻 $R_d$ 的综合效应。

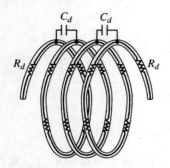

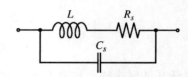

图 1.14　电感线圈中的分布电容和串联电阻　　　　图 1.15　高频电感器的等效电路

**例 1.5　射频扼流圈的射频阻抗响应**

根据要求导出一个射频扼流圈的频率响应。已知：射频扼流圈直径为 0.1 英寸(空气芯)，$N = 3.5$ 匝，由 AWG 36 铜线绕成，假设线圈的长度为 0.05 英寸[①]。这个射频扼流圈的并联寄生电容约为 0.3 pF。

**解：**线圈的尺寸示于图 1.16 中。根据附录 A 中的表 A.4，可知 AWG 36 铜线的半径 $a = 0.0025$ 英寸 $= 63.5$ μm，线圈的半径 $r = 0.05$ 英寸 $= 1.27$ mm，线圈的长度 $l = 0.05$ 英寸 $= 1.27$ mm。

估算线圈的电感时，不能采用众所周知的空气芯长螺线管的电感公式 $L = \pi r^2 \mu_0 N^2 / l$，因为 $r \ll l$ 不成立。由于 $l > 0.8r$，可以采用空气芯短螺线管的电感公式：

$$L = \frac{10\pi r^2 \mu_0 N^2}{9r + 10l} \tag{1.17}$$

式(1.17)并不能给出电感量的精确值，但能给出相当好的近似值。将已知量代入式(1.17)，可得 $L = 32.3$ nH。根据导线的直流电阻，在忽略趋肤效应的条件下，计算串联电阻 $R_s$：

$$R_s = \frac{l_{\text{wire}}}{\sigma_{\text{Cu}} \pi a^2} = \frac{2\pi r N}{\sigma_{\text{Cu}} \pi a^2} = 0.034 \ \Omega$$

射频扼流圈阻抗的频率响应如图 1.17 所示。

---

① 1 英寸 = 2.54 cm。——编者注

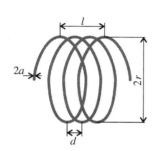

图 1.16　空气芯线圈电感器的结构尺寸

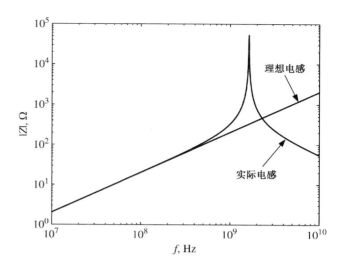

图 1.17　射频扼流圈阻抗的频率响应

射频扼流圈已在射频偏置电路中得到了广泛应用。然而，正如图 1.17 所示，在包含其他元件的射频系统中，射频扼流圈的频率响应可能形成复杂的谐振状态。有些匹配电路甚至采用射频扼流圈作为调谐元件。

如图 1.17 所示，在高频频段，射频扼流圈的特性偏离了理想电感的预期特性。当工作频率接近谐振点时，射频扼流圈的阻抗迅速提高；当工作频率继续提高时，寄生电容 $C_s$ 的影响则成为主导，同时线圈的阻抗开始下降。

假如射频扼流圈的串联电阻为零，那么谐振时的总阻抗则趋于无穷大，但是由于 $R_s$ 不为零，所以总阻抗的最大值是有限的。通常采用品质因数 $Q$ 描述线圈串联电阻的影响。

$$Q = \frac{|X|}{R_s} \tag{1.18}$$

其中，$X$ 是电抗，$R_s$ 是线圈的串联电阻。这个关于品质因数的定义只有对纯粹的集中参数元件电路才是精确的。第 5 章将更全面地讨论品质因数这一重要概念。品质因数描述了无源电路的电阻性损耗。为了实现调谐的目的，通常希望品质因数尽可能更高。随着工作频率的上升，电感的品质因数通常会先提高，然后保持不变，随后在接近自谐振频率点时下降。生产高品质电感器的厂家通常会在技术手册中提供实测的 $Q$ 值与频率的关系曲线。

## 1.5　贴片元件及电路板

印刷电路板上的无源或有源元件，通常以贴片元件的形式安装在特别制作的塑料或陶瓷板上。在早期的印刷电路板制作过程中，"印刷"一词是指在铜箔构成的底板上形成具有特定图形的隔离材料的过程，腐蚀掉未被隔离材料覆盖的铜箔，留下的就是电路的走线。今天，更精密的照相制版工艺被用于加工线宽极窄且误差要求很严格的电路走线。

下面讨论 3 种最常用的贴片式无源元件的尺寸及其电特性。

### 1.5.1　贴片式电阻

额定功率为 0.05 W 的贴片式电阻的尺寸甚至可小到 40 mil × 20 mil；当额定功率为 500 W

时，主要用于射频功率放大器，其尺寸则增加到 1 英寸×1 英寸。表 1.3 列举了电路中最通用的，功率可高达几百瓦的贴片式电阻的结构尺寸。

表 1.3　贴片式电阻的标准尺寸

| 几何形状 | 尺寸代码 | 长($L$), mil | 宽($W$), mil |
|---|---|---|---|
| 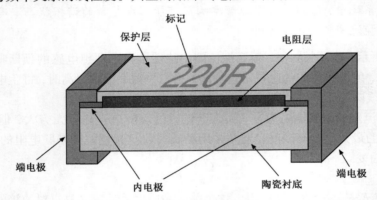 | 0402 | 40 | 20 |
| | 0603 | 60 | 30 |
| | 0805 | 80 | 50 |
| | 1206 | 120 | 60 |
| | 1812 | 180 | 120 |

由已知尺寸代码确定贴片式元件尺寸的简单方法是：在代码中，前两位数字代表以 10 mil 为单位的元件长度 $L$；后两位数字代表元件的宽度 $W$。贴片式电阻的厚度没有标准化，取决于实际元件的类型。

电阻值的范围从 1/10 欧一直到数兆欧。高阻值的电阻不仅难以制造，而且误差很高。典型的电阻值误差范围从 ±5% 到 ±0.01%。另一个问题是，高阻值的电阻器易于产生寄生场，从而影响电阻与频率关系的线性度。典型的贴片式电阻的结构如图 1.18 所示。

图 1.18　典型的贴片式电阻的横截面图

金属膜(通常是镍铬合金)电阻层是沉积在陶瓷体(通常是氧化铝)上的，通过减少它的长度和插入内部电极的方法，可将电阻值调整到所希望的标称值。电阻的两端都有端电极，以便将该元件焊接到电路板上。为了避免环境的影响，电阻膜上还涂有保护层。

## 1.5.2　贴片式电容

贴片式电容有如图 1.19 所示的单平板结构和多层结构(见图 1.13)两种。

通常，单平板电容器有 2 个或 4 个单元，它们共用一个电介质和共同的电极，如图 1.20 所示。

电容器的标准尺寸，从最小的单层结构的 15 mil 见方，直到大电容量时的 400 mil × 425 mil。市场上的电容器的典型电容量从 1/10 皮法到几微法，误差为 ±2% 至 ±50%。小容量的电容器的误差值通常用 pF 表示，而不用百分数。例如，常见电容器的标称值为(0.5 ±0.25) pF。

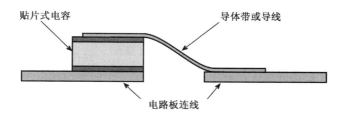

图 1.19　与电路板相连接的典型单平板电容器横截面图

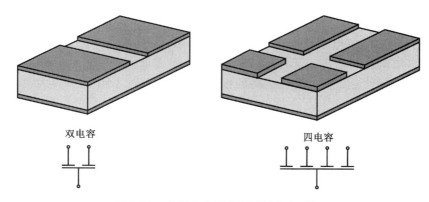

图 1.20　共用电介质的单平板电容器组

### 1.5.3　表面安装电感器

最常用的表面安装电感器仍旧是线绕线圈,这种具有空气芯的电感器的典型例子如图 1.21所示。近代制造技术能够制造出超小型电感器。它们的尺寸可以与贴片式电阻器、电容器相比拟。典型的表面安装线绕电感的尺寸为 60 mil ×30 mil 至 180 mil ×120 mil,电感量从 1 nH至 1000 μH。

对于一些厚度受到严格限制的电路,通常采用平面电感器,这种电感器能与微带传输线集成在一起。平面电感线圈的一般结构如图 1.22 所示。尽管这种薄导线线圈的电感相对较小,大约在 1 ~ 500 nH 量级,但频率在吉赫波段时其电抗可超过 1 kΩ。平面电感线圈的实际结构能小到 2 mm ×2 mm。

图 1.21　空气芯线绕射频电感的典
型尺寸(Coilcraft公司授权)

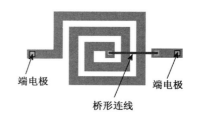

图 1.22　平面线圈的结构,其中桥形
连线用导线或导电带构成

　　平面线圈电感常用于集成电路和**混合集成电路**（hybrid circuits）中。混合集成电路与普通电路的区别是，将分立的半导体芯片（裸芯）单元安装在介质基片上，并采用金属线热压焊的方法将芯片与电路板上的导体相连。整个电路装配完成后，再装到一个壳体内，以便保护它免受环境的影响。在混合集成电路中，电阻器和电容器可用金属膜沉积法直接制作在电路板上。这种工艺方法可大幅度缩小电路的尺寸。

## 1.6　射频电路制作方法

　　尽管电路制作技术取得了长足的进步，但由于成本低并且排版工具是现成的，所以许多射频电路仍然在传统的印刷电路板上制作。环氧基**阻燃**（fire retardant，FR）玻璃材料，如 FR4，是制作单层或多层基片的原料。目前，导线宽度的分辨力最窄可达 5 mil，线间距也可达到基本相同的精度。遗憾的是，FR4 具有较高的损耗角正切（在 1 GHz 时为 0.03），因此不能用于 2 GHz 以上的频率。

　　由于采用了损耗角正切远小于 0.001 的陶瓷，如氧化铝（$Al_2O_3$）、氮化铝（AlN）和氧化铍（BeO），更先进的混合**微波集成电路**（Microwave Integrated Circuit，MIC）能够工作在相当高的频率（高达 20 GHz）。此外，高绝缘强度（通常超过 25 kV/mm）、低热膨胀系数（通常小于 $5 \times 10^{-6}℃^{-1}$）的介质材料也有利于设计高集成度的电路。有源和无源的电路元器件可通过导线连接到陶瓷基片上，或直接固定到金属走线上。金属走线的宽度可小于 1 mil，同时线间距也具有相同尺度。

　　微波集成电路制作工艺的许多研究热点之一是所谓的陶瓷共烧结技术。特别是，**低温共烧结陶瓷**（low-temperature cofired ceramics，LTCC）和**高温共烧结陶瓷**（high-temperature cofired ceramics，HTCC）技术，即通过在未烧的陶瓷原料带（生带）上打过孔或用丝网印刷方法制作无源器件（$R$，$L$ 和 $C$）。将多个陶瓷原料带对齐并一层层叠起来，然后在 900℃（对于 LTCC）或 1500℃（对于 HTCC）温度下烧结。这种方法可制作出超过 20 层的三维电路结构；这种电路又称为**多芯片陶瓷组件**（MultiChip Modules-Ceramic，MCMs-C）。由于熔化温度不同，由金、铜或

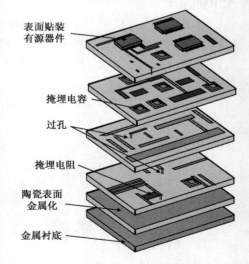

银金属化形成的导线只能在 900℃ 下烧制，而具有较高熔点的钨（也称为 wolfram）可在 1500℃ 烧制。图 1.23 展示了制备多层陶瓷构成的三维电路组件的基本概念，以及作为热沉的金属化衬底材料。

　　最高的集成度可以用**微波单片集成电路**（Microwave Monolithic Integrated Circuit，MMIC）工艺实现，电路中的器件放置和相互连接都是直接在基片上进行的。从使用硅基片开始，到使用砷化镓或磷化铟基片，采用半导体制作工艺步骤，通过离子注入或外延生长技术，结合常常多达几十层的掩膜照相制版工艺，可制作出晶体管、二极管、电阻器、电容器和电感器。显然，在低噪声的前提下，微波单片集成电路达到了很高的工作频率。由于高度复杂和昂贵的微电子加工流程，通常只有大批量的电路加工才适合这种工艺的制作成本。

表面贴装
有源器件

掩埋电容

过孔

掩埋电阻

陶瓷表面
金属化

金属衬底

图 1.23　三维 LTCC/HTCC 组件的结构，由多层陶瓷带对齐、叠层并烧结而成（Lamina Ceramics 公司授权）

半导体材料基片的制作

将数英尺长的半导体材料(硅或砷化镓)磨成直径为 200 mm(6 英寸)或 300 mm (8 英寸)的圆棒并切割成数微米厚的薄片,即基片。

这种圆形的基片将经过后续化学处理,即根据一套掩膜中的图形腐蚀出电路结构。在电路上面的数层金属形成了电路元件之间互连的通道。

经过在特殊工厂进行的称为基片加工的处理后,基片将被切割为一个个裸芯。裸芯经过导线压焊、封装并组装为芯片。具有正常功能的裸芯的数量决定了基片的成品率。

## 应用讲座:线圈电感的测量

如果最高频率不太高,通常在低于 25 MHz 的情况下,则可用常规的 LCR 测试仪测量电阻器、电容器和电感器的电特性。

图 1.24 是用 LCR 测试仪(HP 4192A)测试塑芯环形电感器的阻抗和品质因数的测量结果。由图 1.24 可见,在低频段,导线的阻抗占主导。然后,在 5 kHz 到 1 MHz 之间,线性电感($\omega L$)的特征占主导。在 2 MHz 附近,虚部趋于零并出现自谐振(总电抗为零)。随后,由线圈电容效应主导的阻抗急速下降。线圈的品质因数($Q = \omega L/R$)几乎是线性增加的,一直到自谐振点,达到约 30,随后在频率接近 1 MHz 时急剧下降。图 1.25 是 LCR 测试仪和环形线圈。在 100 kHz 频率下(右边的数码管显示值),仪表显示的电感量为 63.58 μH(左边的数码管显示值),品质因数为 20.0(中间的数码管显示值)。

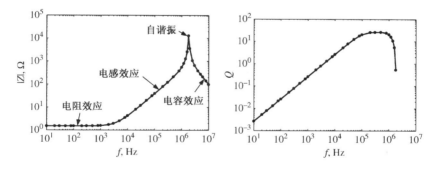

图 1.24 采用 HP 4192A LCR 测试仪测量的无磁芯电感器的阻抗和品质因数特性

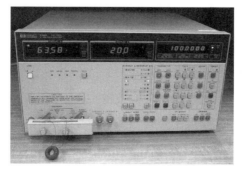

图 1.25 LCR 测试仪和连接在实验夹具上的无磁芯电感器,测试频率 100 kHz

电感量为 1 nH 至 60 nH 量级,经过特殊设计的射频空气芯电感,可在 3～5 GHz 频段出现自谐振频率点,品质因数可高达300。

## 1.7　小结

本章讨论了低频系统到高频系统的演化发展过程,并说明了演化过程的历史顺序。在涉及高频应用时,一个重要的概念是电磁波的特性开始取代基尔霍夫电流和电压定律而占据主导地位,从而体现了传播常数和相速度:

$$\beta = 2\pi / \lambda, \qquad v_p = \frac{\omega}{\beta} = \frac{1}{\sqrt{\varepsilon\mu}} = \frac{c}{\sqrt{\varepsilon_r}}$$

的重要性。

趋肤效应是由电磁场的波动性引起的,它迫使电流在靠近导体的表面流动。从导体表面向内的渗透深度可由趋肤效应的公式求出:

$$\delta = \frac{1}{\sqrt{\pi f \mu \sigma}}$$

根据趋肤深度的概念,可以近似评估元件在射频频段的电阻及电抗的频率特性。例如,孤立的圆柱形导线呈现的电阻和电感都是频率的函数:

$$R \approx R_{DC}\frac{a}{2\delta}, \qquad X = \omega L_{in} \approx R_{DC}\frac{a}{2\delta}$$

这些导线及相应的 $R$ 和 $C$、内部电感 $L_{in}$、外部电感 $L_{ex}$ 元件可构成实际电路,这些元件的性能明显与理想元件的特性不同。随后发现,在低频时具有恒定阻值的电阻器,到高频时阻值就不再恒定了,反而显示出具有谐振型极小值的二阶系统响应。在高频时,电容器中的介质材料出现了损耗(即出现了微小的传导电流)。损耗程度由损耗角正切定量描述,一些工程材料的损耗角正切已有数据表可查。因此,只有在低频时,电容器才呈现出与频率成反比的阻抗特性。最后,在低频频段,电感器的阻抗响应随着频率的增加而线性增加,达到谐振峰值之后开始偏离理想特性,然后则呈现电容性。

电容器和电感器的一个重要参数是品质因数 $Q$。它与损耗角正切或耗散系数直接相关,并成反比,即品质因数 $Q$ 越高,损耗角正切越低。这种反比关系可以从简单的电路模型导出。例如,对于极板面积为 $A$、间距为 $d$ 的电容器,根据基本的电路理论,其电容量为 $C = \varepsilon A / d$,并联电阻为 $R_p = d/(\sigma A) = 1/G_p$。所以,作为并联电路可得

$$Q = \frac{B}{G_p} = \frac{\omega C}{G_p} = \frac{\omega\varepsilon}{\sigma} = \frac{1}{\tan\Delta}$$

读者可以采用类似的方法,证明电感器也完全符合这样的反比关系。

无源射频元件的制造商总是试图将电阻器、电容器和电感器的尺寸制作得尽可能小。这是因为高频电压波和电流波的波长变得越来越小,达到了高频电路元件的特征尺度。考虑到这个原因,同时为了减小封装尺寸和功耗,人们正在研究和开发制造电路板的新方法,包括微波混合集成电路和微波单片集成电路,努力追求实现更小的电路元件。正如后续几章所要深入讨论的,当波长和分立的电子元件的尺度可以相比拟时,基本电路分析法就不再适用了。

# 阅读文献

J. Israelsohn, "The ABCs of Integrated Ls and Cs," *EDN Magazine*, July 11, 2002, pp. 51-60.

B. Beker, C. Cokkinides, and M. Sechrest, "Field, Circuit, and Visualization based Simulation Methodology of Passive Electronic Components," *IEEE Proceedings of 33rd Annual Simulation Symposium*, 2000, pp. 157-164.

V. F. Perna, "A Guide to Judging Microwave Capacitors," *Microwaves*, Vol. 9, 1970, pp. 40-42.

R. G. Arnold and D. J. Pedder, "Microwave Lines and Spiral Inductors in MCM-D Technology," *IEEE Trans. on Components, Hybrids, Manufact. Tech.*, Vol. 15, 2001, pp. 1038-1043.

S. Chaki, S. Andoh, Y. Sasaki, N. Tanino, and O. Ishihara, "Experimental Study on Spiral Inductors," *IEEE MTT-S Digest*, 1995, pp. 753-756.

F. Zandman, P. -R. Simon, and J. Szwarc, *Resistor Theory and Technology*, Scitech Publishing, Park Ridge, NJ, 2001.

I. Bohl and P. Bhartia, *Microwave Solid State Design*, John Wiley, New York, 1988.

C. Bowick, *RF Circuit Design*, Newmes, Newton, MA, 1982.

D. K Chen, *Fundamentals of Engineering Electromagnetics*, Addison-Wesley, Reading, MA, 1993.

R. A. Chipman, *Transmission Lines*, Schaum Outline Series, McGraw-Hill, New York, 1968.

L. N. Dworsky, *Modern Transmission Line Theory and Applications*, Robert E. Krieger, Malabar, FL, 1988.

M. F. Iskander, *Electromagnetic Fields and Waves*, Prentice Hall, Upper Saddle River, NJ, 1992.

T. S. Laverghetta, *Practical Microwaves*, Prentice Hall, Upper Saddle River, NJ, 1996.

K. F. Sander, *Microwave Components and Systems*, Addison-Wesley, 1987.

K. F. Sander and G. A. L. Read, *Transmission and Propagation of Electromagnetic Waves*, 2nd ed. Cambridge University Press, Cambridge, UK, 1986.

W. Sinnema, *Electronic Transmission Line Technology*, 2nd ed., Prentice Hall, Upper Saddle River, NJ, 1988.

F. T. Ulaby, *Fundamentals of Applied Electromagnetics*, Prentice Hall, Upper Saddle River, NJ, 1997.

F. W. Grover, *Inductance Calculations*, *Working Formulas and Tables*, Van Nostrand Company, 1946.

# 习题

1.1 计算在 FR4 印刷电路板中的相速度和波长,电路板的相对介电常数是 4.6,工作频率是 1.92 GHz。

1.2 一个微带线中(假定无限长,无损耗)的电流表达式为 $i(t) = 0.6 \times \cos(9 \times 10^9 t - 500z)$ A。求:
   (a)相速。
   (b)频率。
   (c)波长。
   (d)电流的相位表达式。

1.3 在 960 MHz 时,一个无损耗同轴线中的电磁场的波长 $\lambda = 20$ cm,求同轴线内绝缘材料的相对介电常数。

1.4 在相对介电常数 $\varepsilon_r = 4$ 的电路板材料中,有一个沿正 $z$ 轴方向传播的频率为 5 GHz 的行波电场,表达式为

$$E_x = E_{0x}\cos(\omega t - kz) \text{ V/m}$$

（a）若 $E_{0x} = 10^6$ V/m，求磁场。

（b）求相速和波长。

（c）计算在时间间隔 $t_1 = 3$ μs 和 $t_2 = 7$ μs 之间，行波在空间前进的距离。

1.5　求出下面并联和串联 $LC$ 电路阻抗幅度的频率响应：

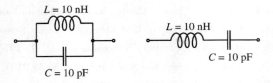

将图中的理想电感改为该电感和一个 $5$ Ω 电阻相串联的电路，重新计算并将两个结果进行
比较，假定电路工作在 $30 \sim 3000$ MHz 的 VHF/UHF 频段。

1.6　推出下图所示电路的谐振频率，并画出谐振频率随电阻 $R$ 的变化。

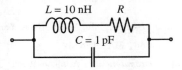

1.7　将习题 1.6 的电路用下图所示电路替换，重新计算并画图。

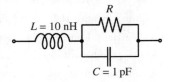

1.8　对右图所示的电路，选择 $R \ll ((\sqrt{L/C})/2)$，求出 $|V_0/V_i|$
与频率的函数关系，并分别标出在低频、中频和高频起主要
作用的电路单元。

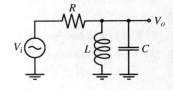

1.9　（a）计算一个用 10 圈 AWG 26 铜线绕成的、直径和长度均为
　　　　5 mm 的空气芯电感线圈的频率特性。

（b）假设一个直流等效电阻，求工作频率为 $1.98$ GHz 时线圈的品质因数。

1.10　在一个高频电路中，某电阻的引线由 AWG 14、总长度为 5 cm 的直铝线（$\sigma_{Al} = 40.0 \times 10^6$ S/m）
制成。

（a）计算直流电阻。

（b）求出在工作频率分别为 100 MHz、1 GHz 及 10 GHz 时的射频电阻和电感。

1.11　计算铜（$\sigma_{Cu} = 64.5 \times 10^6$ S/m），铝（$\sigma_{Al} = 40.0 \times 10^6$ S/m）和金（$\sigma_{Au} = 48.5 \times 10^6$ S/m）在 1 GHz
和 10 GHz 时的趋肤深度，并求出直径为 1 mm 且长为 10 cm 的导线的电阻。

1.12　计算并画出单位长度（m）AWG 36 铜线在 100 kHz ~ 1 GHz 频段内的电阻。相对于直流近似或趋
肤深度近似方法，其精度如何？采用附录 B 给出的如下表达式描述导线中的电流密度分布：

$$J_z(r) = \frac{pI}{2\pi a} \frac{J_0(pr)}{J_1(pa)}$$

其中 $p^2 = -j\omega\mu\sigma$，$r$ 是电流截面半径，$a$ 是导线半径。提示：采用功率耗散关系和 MATLAB
数值积分。在 MATLAB 的帮助菜单中查找"besselj"和"quadl"。

1.13　典型的印刷电路板基片由 $Al_2O_3$ 构成，氧化铝的相对介电常数为 10，10 GHz 下的损耗角正切

为 0.0004。求该基片的电导率。

1.14 对于串联的 *RLC* 电路，已知 $R = 1\ \Omega$，$L = 1\ \text{nH}$，$C = 1\ \text{pF}$。将电路视为理想集中参数元件，计算谐振频率点及谐振频率点 ±10% 附近的品质因数。电阻的存在对谐振频率有影响吗？

1.15 在一个工作频率为 10 GHz 的电路中，有一个 4.7 pF 的电容器，其相对介电常数为 4.6，损耗角正切为 0.003。电容器的铜引线长为 1 cm，直径为 0.5 mm，求：

(a)引线的电阻和电抗。

(b)引线的电导和总阻抗。已知铜的电导率 $\sigma_{\text{Cu}} = 64.5 \times 10^6\ \text{S/m}$。

1.16 目前介电常数最高的材料之一是钛酸钡(BaTiO$_3$)，即 $\varepsilon_r = 1200$。遗憾的是，其损耗角正切及温度稳定性很差。例如，在 100 MHz 时，$\tan\Delta = 0.03$；在 1 GHz 时，$\tan\Delta = 0.1$。估计阻抗变化的百分比是多少？

1.17 根据某制造商的技术手册，一个电容器的损耗角正切在 5 GHz 时为 $10^{-4}$。总的平板面积为 $10^{-2}\ \text{cm}^2$，平板间的间隔为 0.01 mm，相对介电常数为 10。求电导。

1.18 复阻抗的一般表达式为 $Z = R + jX$，必须根据 $Y = 1/Z$ 转换为对应的导纳，即 $Y = G + jB$，试推导出用电阻 $R$ 和电抗 $X$ 表示的电导 $G$ 和电纳 $B$。

1.19 某并联电路由 $R_p$ 与 $C_p$ 构成，品质因数为 $Q_p = \omega C_p R_p$，求其串联等效电路的 $R_s$ 和 $C_s$ 作为 $Q_p$ 的函数的表达式。即 $R_s = f(R_p, Q_p)$ 和 $C_s = f(C_p, Q_p)$。

1.20 较完善的电容器模型可用右图所示电路表示，其中损耗角正切包括两部分：电导 $Y_p = 1/R_p + j\omega C$ 和并联电路的损耗角正切 $\tan\Delta_p = |\text{Re}\{Y_p\}/\text{Im}\{Y_p\}|$，阻抗 $Z_s = R_s + 1/(j\omega C)$ 和串联电路的损耗角正切 $\tan\Delta_s = |\text{Re}\{Z_s\}/\text{Im}\{Z_s\}|$(注意 $R_s$ 不同于例 1.4)。求证：对低损耗电容，可近似得到 $\tan\Delta \approx \tan\Delta_s + \tan\Delta_p$，其中 $\tan\Delta = |\text{Re}\{Z\}/\text{Im}\{Z\}|$，$Z$ 是总阻抗。

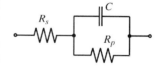

1.21 在谐振频率点 $\omega_0 = 1/\sqrt{LC}$，并联 *RLC* 电路具有最大阻抗。根据这个角频率表达式及谐振时的品质因数 $Q = \omega_0 CR = R/\sqrt{C/L}$。求：

(a)作为 $\omega_0$ 和 $Q$ 函数的 3 dB 角频率 $\omega_{1,2}$(此处电纳等于电导)。

(b)证明，用公式 $Q = \omega_0/(\omega_2 - \omega_1)$ 和公式 $Q = \omega_0 CR = R/\sqrt{C/L}$ 计算出的品质因数是相同的。

1.22 求解 3 dB 频率点为 2 GHz 和 5 GHz 的串联 *LC* 谐振电路的元件值。电路连接在可忽略内阻的电压源和阻抗为 50 $\Omega$ 的负载之间。画出电路阻抗的幅度及相位的曲线。

1.23 根据习题 1.7 的电路原理图，若电阻 $R = 2\ \text{k}\Omega$，画出这个电阻的频率响应。若电阻增加到 200 $\text{k}\Omega$，会出现什么情况？

1.24 用测量仪器测量电容时，用户经常要选择一种合适的电路形式。对于串联电路，仪器要设法预测 $R_s$ 和 $C_s$，而对于并联电路，则要测量 $R_p$ 和 $C_p$。假如要测量大于 100 μF 的大电容，应该选择哪种电路形式？这种方式也适合于测量小于 10 μF 的电容吗？回答并说明原因。

1.25 以容量表示的电容器存储电荷的能力与工作温度有关。该特性可以定量地表示为 $C = C_0[1 + \alpha(T - 20℃)]$，此处 $C_0$ 是标称的电容量，$\alpha$ 是温度系数，可正可负。如果电容 $C$ 在 $T = 20℃$ 时，读数值为 4.6 pF，在 $T = 40℃$ 时提高到 4.8 pF，试问温度系数 $\alpha$ 是多少？并求出在 0℃ 和 80℃ 时的电容量。

1.26 在低频下测量阻抗时，用一对导线连接测量仪器和待测器件(device under test, DUT)，并认为该仪器的读数反映了待测器件的阻抗。本章讨论的情况表明，在高频时必须考虑寄生参数的影响。测量系统的典型电路形式如下图所示。其中,夹具和电缆用等效电路代替,包括导线阻抗 $R_s + j\omega L_s$ 和分布导纳 $G_p + j\omega C_p$。在理想情况下,我们希望测量参考面在器件上,然而由于夹具的存在,测量参考面偏离了待测器件。

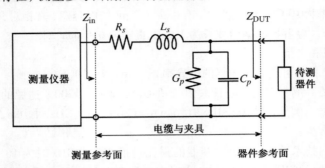

为了精确地测量待测器件的阻抗,必须考虑连接电缆及夹具的影响。多数厂商采用的方法是通过开路和短路校准方法,补偿与夹具有关的不利影响。第一步,用短路线替代待测器件,并记录阻抗的测量结果。由于夹具的影响,测得的阻抗不为零;第二步,用开路线替代短路线,再次记录阻抗的测量结果。由这两次测量值便能定量地确定夹具的寄生效应。

校准以后,即可连接待测器件并测量输入阻抗,在这种情况下等效电路如右图所示。知道了寄生器件($Z_s$ 和 $Y_p$)的值,就能计算出待测器件的准确阻抗了。

用所有必要的公式解释上述步骤,并详细说明在什么条件下,这种校准方法是可行的。然后,导出用于计算待测器件不含夹具影响的阻抗表达式。

1.27　某无源器件阻抗的扫频测量结果如下图所示。根据该图呈现的阻抗响应曲线,设计一个电路,使其能够等效地替换这个待测器件。该器件可能是电阻器、电感线圈还是电容器?

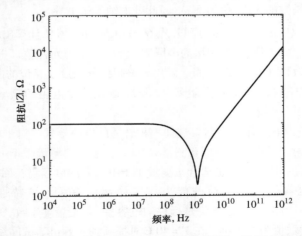

1.28　在射频波段,测量无源器件的阻抗是个十分复杂的问题。常用的技术,如桥式电路和谐振方法,当频率超过几兆赫时就失效了。仪器制造商研究开发的一种测量技术是根据以下电路原理图的电流-电压记录法。其中,电压采用可测量电压振幅和相位的矢量电压表测量。试解释待测器件的阻抗是如何确定的,并讨论变压器和运算放大器的作用。

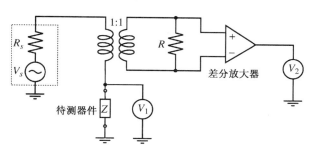

1.29 某高频扼流圈采用 AWG 38 铜线在一直径为 2 mm、长为 1 mm 的陶瓷芯上($\mu_r = 1$)绕 4 圈制成。根据例 1.5，估算其电感、寄生电容、电阻和谐振频率。此高频扼流圈的分布电容为 0.2 pF。分析中，可设一个与频率无关的直流等效电阻。

1.30 若器件的阻抗在直流条件下是 1 Ω，在 100 GHz 时是 12.5 Ω，谐振频率是 1.125 GHz，利用前面习题中采用的数据和等效电路图，求出该等效电路的各参量值。

1.31 图 1.20 所示的 4 电极电容器由 4 个尺寸相等、面积分别为 25 mil × 25 mil、间隔为 5 mil 的电极、一个公共接地板和相对介电常数为 11 的电介质组成。求：单个电容器和整个电容器所能达到的电容量。

1.32 考虑下图所示的二极管电路。第 6 章还会看到它，一个反偏的二极管能表示为电阻 $R_s$ 和结电容 $C$ 的串联组合，结电容 $C$ 的电容量与偏压有关，其值近似由下面的表达式给出：

$$C = C_0 \left( 1 - \frac{V_{\text{bias}}}{V_{\text{diff}}} \right)^{-1/2}$$

假定高频扼流圈和隔直电容 $C_B$ 均为无穷大，求出电路谐振频率为 1 GHz 时的偏置电压。该二极管特征参数为：$C_0 = 10$ pF，$R_s = 3$ Ω，导通电压 $V_{\text{diff}} = 0.75$ V。

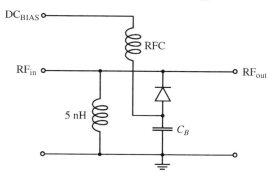

# 第2章　传输线理论

正如第1章所讨论的，频率的提高意味着波长的减小。对于射频电路来说，随之而来的是，当波长可与分立电路元件的几何尺寸相比拟时，电压和电流都将随着空间位置不同而变化，即必须把它们看成传输的波。因为基尔霍夫电压和电流定律都没有考虑到这种空间变化，所以必须对传统的集中电路理论进行重大修正。

本章的目的是完成由集中电路模型向分布电路模型的过渡，同时推导出一个最有用的公式：与空间坐标相关的，任意几何结构的射频传输线阻抗表达式。将该方程用于分析和设计高频电路，将是后面几章的核心重点。本章在阐述传输线基本理论的过程中，有意减少了（虽然不是排除）对电磁场理论的依赖。有兴趣更深入地研究电磁波理论基本概念的读者，可参阅本章末尾列出的大量经典参考书。

## 2.1　传输线理论的实质

首先考察电压波的表达式 $V(z, t) = V_0\sin(\omega t - \beta z)$，该电压波沿 $z$ 轴的正方向传播。这个电压波以特定方式把空间和时间结合在一起，使正弦函数的空间特征由沿 $z$ 轴的波长 $\lambda$ 描述。此外，正弦函数的时间特性可用沿着时间轴的周期 $T = 1/f$ 表征。从数学角度讲，这就是相对于时间的空间变化，也就是运动速度，对于我们讨论的情况，就是以 $v_p$ 表示的恒定相速度：

$$v_p = \frac{\omega}{\beta} = \lambda f = \frac{1}{\sqrt{\varepsilon\mu}} = \frac{c}{\sqrt{\varepsilon_r\mu_r}} \tag{2.1}$$

如果设 $f = 1$ MHz，介质参数 $\varepsilon_r = 10$，$\mu_r = 1$（$v_p = 9.49 \times 10^7$ m/s），则可得波长 $\lambda = 94.86$ m。此时，电压波随空间和时间的变化画在图 2.1 中。

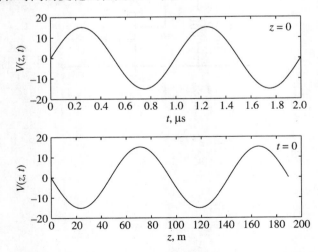

图 2.1　作为时间（$z = 0$ 时）和空间（$t = 0$ 时）函数的电压分布

下面分析一个简单的电路，该电路由内阻为 $R_G$ 的正弦电压源 $V_G$ 通过 1.5 cm 长的铜导线与负载电阻 $R_L$ 连接组成。假定导线方向与 $z$ 轴方向一致，且导线的电阻可忽略。如果正弦电压源的频率设定为 1 MHz，那么按前面的计算，波长是 94.86 m。连接信号源和负载的导线长度是 1.5 cm，在如此小的尺度内，电压的空间变化是不明显的。

当频率提高到 10 GHz 时，情况就明显不同了，此时波长降低到 $\lambda = v_p/10^{10} = 0.949$ cm，近似为导线长度的 2/3。此时，如果沿着 1.5 cm 长的导线测量电压，空间位置就成为确定信号相位值的决定因素。这个事实很容易观察到，假如用示波器测量起始点（位于 $A$ 点）和终点（位于 $B$ 点），或在导线的任意位置，沿 $z$ 轴 $AB$ 间隔为 1.5 cm 处测量，如图 2.2 所示。

---

**示波器测量**

　　双通道示波器可以记录瞬时信号响应的空间分布，方法如下：用连接通道 1 的探针测量 $A$ 点的信号，例如 10 GHz 载波信号的波形。通过将探针从 $A$ 点移到 $B$ 点，连接在通道 2 的探头就可以捕捉此信号的空间变化，此变化导致了波的传播。由于两个测量通道的时间基准是相同的，示波器的屏幕上将显示相对位移了的两个正弦波信号。

---

现在面临一个难题。在图 2.2 所示的简单电路里，用长度为 $l$ 的双导线将源阻抗为 $R_G$ 的电压源 $V_G$ 和负载电阻 $R_L$ 连接。如果双导线的电阻可忽略，则连接源和负载的导线上不存在电压的空间变化，即低频电路的情况，才能用基尔霍夫电压定律：

$$\sum_{i=1}^{N} V_i = 0 \tag{2.2}$$

在式（2.2）中，$V_i (i = 1, 2, 3, \cdots, N)$ 代表 $N$ 个分立元件上的电压降。当频率高到必须考虑电压和电流的空间分布时，基尔霍夫电路定律不能直接应用。可是，这种情况能补救，假设该双导线能细分为短小的单元（数学上称为无限小），在每个小单元上，假设电压和电流保持恒定值，如图 2.3 所描绘的情况。

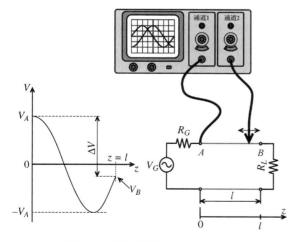

图 2.2　波源至负载间传输线上任意点的电压振幅测量。参考点为 $A$ 点，信号频率为 10 GHz

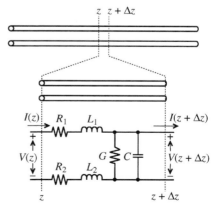

图 2.3　分割成小单元 $\Delta z$ 的导线，在该小单元上可以应用恒定电压和电流的基尔霍夫定律

对每个长度为 $\Delta z$ 的单元,能够导出其等效电路模型。根据第 1 章中的讨论,可以断定每段导线都具有相应的串联电阻和串联电感。另外,由于两根导线靠得比较近,因此也存在电容效应。因为现实中并不存在理想的绝缘体,所以介质中存在微小的电流。关于这些效应的更严格分析将在 2.2 节中给出。此处必须明确,这些简化的等效元件只代表导线的一个小单元段。为了建立整个导线的完整模型,必须将 $\Delta z$ 段的等效重复很多次。所以,在一般情况下传输线不能用集中参数描述,而必须用分布参数 $R$、$L$、$C$ 和 $G$ 表示。此时所有电路参数都是单位长度传输线的相应量。

---

**集中参数理论与分布参数理论**

　　当电路元件的特征尺寸超过电磁波波长的 1/10 左右时,基尔霍夫电路理论(集中参数)必须由分布参数的波动理论替代。

---

一段导线或一个分立元件在什么情况下必须作为传输线看待?这个问题很难给出一个准确答案。从满足基尔霍夫定律的集中参数电路分析方法,过渡到涉及电压波和电流波的分布电路理论,取决于波长与电路元件平均尺度的相对关系。这种过渡是在波长逐步变得可与电路元件尺度相比拟的过程中逐渐发生的。根据经验,当分立电路元件平均尺度 $l_A$ 大于波长的 1/10 时,应该采用传输线理论($l_A \geqslant \lambda/10$)。例如对于 1.5 cm 长的导线,能够估算出发生上述过渡变化的频率:

$$f = \frac{v_p}{10l} = \frac{9.49 \times 10^7 \text{ m/s}}{0.15 \text{ m}} = 633 \text{ MHz}$$

在 700 MHz 时,射频设计工程师们能把图 2.2 所示的简单电路当成集中元件电路处理吗?也许可以。基尔霍夫电路理论能应用于工作在 1 GHz 的电路吗?回答是肯定的,但应注意到分析精度方面的巨大代价。后面几章将进一步揭示必须采用传输线理论的其他原因。

---

**数字用户线(digital subscriber line,DSL)**

　　国际电话公司多年来铺设的铜质双线电话线是一笔巨大的遗产。为了更有效地将这些线路用于宽带互联网服务,人们开发了一些特殊的调制解调器,以便通过现有的铜质双线电话线传输高速的数字信号。在 2 Mbps 和更高的速率下,异步数字用户线(asymmetric digital subscriber line,ADSL)系统可以传输比常规电话线(64 kb-ps)更多的数据。

---

## 2.2　传输线实例

### 2.2.1　双线传输线

　　2.1 节讨论的双线传输线系统是能将高频电能从一点传送到另一点的实例。遗憾的是,对于传送高频电压波和电流波,这也许是最不合适的方法。正如图 2.4 所示,间距固定的双导体存在的缺点是,由导体辐射的电力线和磁力线延伸到了无限远,因此会影响到附近的其他电子设备。

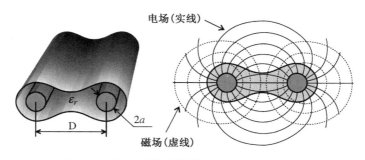

图 2.4　平行双导体传输线的几何结构和场分布

此外，由于导线对的作用像一个大天线，辐射损耗非常高。所以，双导体传输线在射频领域的应用是有限的(例如，用于民用电视接收机与天线的连接)。然而，它却广泛用于 50 ~ 60 Hz 的电力传输线和局域电话连接线。虽然电力传输线和电话线的工作频率较低，但长度却常常超过几千米，因而使导线的尺度可与工作波长相比拟(例如，60 Hz 电磁波在空气中的波长 $\lambda = c/f = 3 \times 10^8/60 = 5000$ km)。此时，也许应该考虑电路的分布参数特性。减小串扰和辐射的常用方法是采用双绞线，即将两条导线按螺旋状拧在一起。

## 2.2.2　同轴传输线

更常见的传输线实例是同轴线。几乎所有射频系统或测试设备的外部连接线都是同轴线，其工作频率可高达 40 GHz。如图 2.5 所示，典型的同轴线由半径为 $a$ 的圆柱形内导体、半径为 $b$ 的外导体及其之间填充的电介质构成。外导体完全封闭了电磁场，所以辐射损耗和电磁干扰都很小。最常用的几种介质材料是聚苯乙烯(在 10 GHz 时，$\varepsilon_r = 2.5$，$\tan \Delta = 0.0003$)、聚乙烯(在 10 GHz 时，$\varepsilon_r = 2.3$，$\tan \Delta = 0.0004$)、或者聚四氟乙烯(在 10 GHz 时，$\varepsilon_r = 2.1$，$\tan \Delta = 0.0004$)。

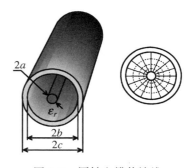

图 2.5　同轴电缆传输线

---

**同轴电缆**

1887 年，赫兹(Heinrich Hertz)就使用同轴电缆演示过驻波现象。今天，典型的同轴电缆 RG-58A 已具有较低的损耗，在 10 MHz 频率下，损耗小于 1 dB/100 英尺。即使在 1 GHz 频率下，损耗也不大，约为 20 dB/100 英尺。

---

## 2.2.3　微带传输线

电子系统常常采用平面印刷电路板(PCB)来实现。当涉及射频电路时，必须考虑刻蚀在平面印刷电路板上的导带的高频特性，如图 2.6 所定性地描绘的。

携带电流的导带下面的接地平面可阻止过多的电磁场泄漏，从而降低辐射损耗。用平面印刷电路板可简化无源元件及有源器件在电路板上的连接，并降低生产成本。另外，采用平面印刷电路板即可方便地通过改变元件的位置，或人工调节可调电容和可调电感来对电路进行调整。

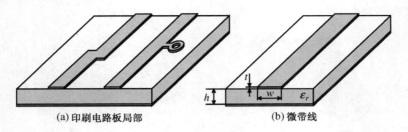

(a) 印刷电路板局部　　　　　　　(b) 微带线

图 2.6　微带传输线示意图

单层平面印刷电路板的缺点之一是,它有较高的辐射损耗及邻近导带之间容易出现"串音"(干扰)。根据图 2.7 可定性地显示聚四氟乙烯环氧树脂($\varepsilon_r = 2.55$)和氧化铝($\varepsilon_r = 10.0$)介质中的电力线,可见场泄漏的严重程度与相对介电常数有关。电位移[①]$D = \varepsilon_0 \varepsilon_r E$,等于电场乘以介质的材料特性。

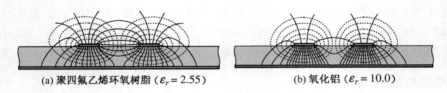

(a) 聚四氟乙烯环氧树脂($\varepsilon_r = 2.55$)　　　　　(b) 氧化铝($\varepsilon_r = 10.0$)

图 2.7　电场泄漏与介电常数的对应关系

---

**微带线传输**

　　在高频下,微带线的总传输损耗是非常大的,损耗通常包括导体欧姆损耗、介质损耗和辐射损耗。

　　许多无源器件都是采用微带线实现的,如滤波器、谐振器、匹配网络及双工器。

---

直接比较图 2.7 中的电力线可见,为了实现元件的高密度布局,必须采用高介电常数的基片,因为这样可减小场的泄漏及交叉干扰。

降低辐射损耗和干扰的另一种方法是采用多层布线技术,从而实现均衡的电路板设计,此时微带线被"夹"在两个接地板之间,形成图 2.8 所示的带状传输线结构。

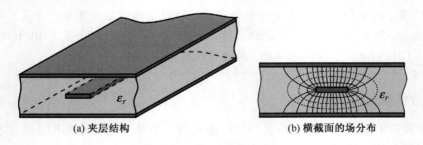

(a) 夹层结构　　　　　　　　　(b) 横截面的场分布

图 2.8　带状传输线结构

---

①　原文中称为"通量密度"。——译者注

　　一种主要用于低阻抗、高功率场合的微带线是平行板结构的微带线。在平行板传输线中，电流和电压被限制在用电介质分开的两个平板间。这种结构和对应的场分布如图 2.9 所示。

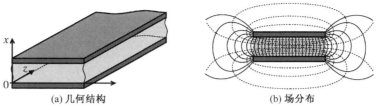

(a) 几何结构　　　　　　　　　　　　　　(b) 场分布

图 2.9　平行板传输线

　　目前，已有很多种结构的传输线，以便适应众多的特殊应用要求。然而，详尽地讨论所有可能形式的传输线的优缺点，已超出了本书的目的。

　　以上列举的传输线具有一个共性，在导体之间的电场分量和磁场分量都在横截面方向上（即偏振的）。换言之，它们形成一个类似于图 1.3 所示的横电磁（TEM）模式。正如第 1 章中所述，TEM 模式的特性与波导模式完全不同，波导模式的电磁场是通过导体平板之间或光纤中介质分界处的反射和折射实现传播。分析波导模式需要将其分解为通常所说的横磁（TM）模式和横电（TE）模式。这些工作模式主要用于微波频段，如卫星通信、雷达和遥感技术。由于它们的工作频率非常高，远高出射频范围，所以波导和光纤需要专门的电磁理论来分析，本书就不再继续讨论。但是，本章末尾为读者列出了一系列参考书。

---

**多层电路板**

　　增加接地板可以降低介质材料上的微带线的辐射损耗和泄漏/干扰效应。在多层电路板中间插入地板可以形成夹层结构，并导致第 1 章提到的低温共烧结陶瓷（LTCC）和高温共烧结陶瓷（HTCC）技术。

---

## 2.3　等效电路模型

　　如上所述，在我们关心的几何尺度上，电压和电流不再与空间位置无关。因此，基尔霍夫电压和电流定律不能应用在较长的导线上。然而，可采用巧妙的办法解决这个问题，即将传输线分割为较短的线段（极限情况下是无穷小）。这些线段仍将长得足以包含传输线的所有相关电特性，诸如损耗、电感和电容效应。将导线分割为微小线段的主要优点是，可引入分布参数的概念，而且在微观尺度上又可采用基尔霍夫定律对其进行分析。除了能提供一个直观的图像，这种方法也可用于分析第 4 章所讨论的双端口网络。

　　为了建立一个电路模型，再次考察双线传输线。如图 2.10 所示，该传输线沿 $z$ 轴延伸，并分割成长度为 $\Delta z$ 的小单元。

　　假如把注意力集中在位于 $z$ 和 $z+\Delta z$ 之间的一小段上，可注意到每段导体（1 和 2）是用电阻和电感（$R_1$、$L_1$ 和 $R_2$、$L_2$）的串联来描述的。另外，由导体 1 和导体 2 引起的电荷分离导致的电容效应由 $C$ 表示。考虑到所有介质都有损耗（见 1.4.2 节的讨论），还必须引入电导 $G$。另外，需要注意一个事实，即给出的所有电路参数 $R$、$L$、$C$ 和 $G$ 都是单位长度的值。

　　与双线传输线相似，图 2.11 所示的同轴电缆也可视为采用集中参数表示的双导体系统。

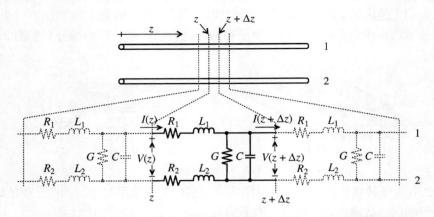

图 2.10　分割为可用集中参数分析的单元长度为 $\Delta z$ 的双线传输线

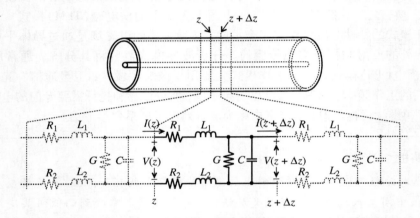

图 2.11　分割为可用集中参数分析的单元长度为 $\Delta z$ 的同轴电缆

**同轴电缆的电感和电容**

　　常用的 RG-58A 同轴电缆的外径为 0.193 英寸，介质的芯径为 0.116 英寸。当群速为光速的 66% 时，其电容为 30.8 pF/英尺。采用形式为 $\nu_p = 1/\sqrt{LC}$ 的相速度定义，可得其电感为 77 nH/英尺。

　　聚乙烯介质材料击穿电压的均方根(root mean square，RMS)值是 1400 V。

　　等效电路的一般形式如图 2.12 所示，其中两个导体的电阻和电感分别组合为一个元件。这种表示法并不适用于所有类型的传输线。例如，当涉及瞬态信号的传播及感性、容性串扰产生的信号完整性问题时，通常需要采用图 2.11 所示的参数表示法并增加一个电感(接地)。对于我们讨论的传输线，以后将只采用图 2.12 所示的模型。

　　回顾第 1 章的讨论可知，上述 $R$、$L$、$C$ 和 $G$ 元件的参数都与频率相关，它们会随工作频率及采用的传输线类型产生明显

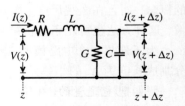

图 2.12　传输线等效电路的一般表示法

变化。而且，$L$ 不仅包括导线的内部电感和外部电感(见 1.4.3 节)，还要考虑导线之间的互感。一般情况下，内部电感远小于总电感，因此可被忽略。等效电路表示法的优点可归纳如下：

- 提供了一个清楚直观的物理图像；
- 可用于标准的双端口网络模型；
- 可采用基尔霍夫电压和电流定律进行分析；
- 提供从微观向宏观形式过渡的基础。

但是，等效电路表示法也有几个明显的缺点值得注意：

- 实质上是一维分析方法，没有考虑场在垂直于传播方向的平板上的边缘效应，所以不能预测与其他电路元件的相互干扰；
- 由于磁滞效应引起的与材料相关的非线性被忽略了；
- 不适合直接进行时域分析。

尽管有这些缺点，但等效电路法仍是一个描述传输线特性的有效数学模型。恰当地使用这个模型，就能着手推导具有一般性的传输线方程。

## 2.4　理论基础

### 2.4.1　基本定律

要考虑的下一个问题是：假如已经知道传输线的实际尺寸及其电特性，那么如何确定它的分布电路参数呢？答案是可以利用电磁学的两个核心定律：法拉第定律和安培(Ampère)定律求得。

根据实验观察，法拉第定律和安培定律确定了能将电场和磁场联系起来的两个基本关系式。因此，通过确定所谓的源-场关系，这两个定律奠定了麦克斯韦理论的基础。换句话说，时变的电场作为源激发了一个旋转的磁场；反过来，作为源的时变磁场会产生时变的电场，该电场与磁场的变化率成正比。电场和磁场的相互联系，是导致波的传播和射频电路中的行波电压、行波电流的主要原因。

---

**麦克斯韦方程组**

在微分形式下，麦克斯韦方程组为以下形式：

1) 法拉第定律

$$\nabla \times \boldsymbol{E} = -\frac{\partial(\mu \boldsymbol{H})}{\partial t}$$

2) 安培定律

$$\nabla \times \boldsymbol{H} = \boldsymbol{J} + \frac{\partial(\varepsilon \boldsymbol{E})}{\partial t}$$

3) 电通量的散度

$$\nabla \cdot (\varepsilon \boldsymbol{E}) = \rho$$

4) 磁通量的连续性

$$\nabla \cdot (\mu \boldsymbol{H}) = 0$$

其中，$\rho$ 为电荷密度。这四个方程可以根据积分理论转换为积分形式。

---

　　根据积分或微分形式的法拉第定律和安培定律，至少在原则上，我们已拥有计算传输线的电路参数 $R$、$L$、$C$ 和 $G$ 的必要工具。这些电路参数都是表征各种传输线系统所必需的。通过后面的计算，便可知如何从抽象的理论定律出发，推导出用于特定类型的传输线的实际电路参数。

**安培定律**

　　这个基本定律表明，用电流密度 **J** 表示的运动电荷在其周围引起的旋转磁场 **H** 可用积分关系表示如下：

$$\oint \mathbf{H} \cdot \mathrm{d}l = \iint \mathbf{J} \cdot \mathrm{d}\mathbf{S} \tag{2.3}$$

其中，线积分沿着定义了表面 **S** 边界的微分线元 $\mathrm{d}l$ 积分，路径走向使表面 **S** 在其左侧[1]。在方程式(2.3)中，总的电流密度可以写成 $\mathbf{J} = \sigma\mathbf{E} + \partial(\varepsilon\mathbf{E})/\partial t$。它包括：(a)传导电流密度 $\sigma\mathbf{E}$，它是由导体中的电场 **E** 引起的，是造成传导损耗的主要原因；(b)位移电流密度 $\partial(\varepsilon\mathbf{E})/\partial t$，它是造成辐射损耗和电容效应的主要原因。此处及下面的方程式中，均用黑体表示矢量，如：

$$\mathbf{E}(\boldsymbol{r}, t) = E_x(x, y, z, t)\hat{\boldsymbol{x}} + E_y(x, y, z, t)\hat{\boldsymbol{y}} + E_z(x, y, z, t)\hat{\boldsymbol{z}}$$

其中，$E_x$、$E_y$、$E_z$ 是矢量的分量，$\hat{\boldsymbol{x}}$、$\hat{\boldsymbol{y}}$、$\hat{\boldsymbol{z}}$ 是笛卡儿坐标系中 $x$、$y$、$z$ 方向上的单位矢量。图 2.13 给出了式(2.3)的意义。

　　安培定律的微分形式也许不如积分关系直观，但却完全等同于式(2.3)：

$$(\nabla \times \mathbf{H}) \cdot \mathbf{n} = \lim_{\Delta S \to 0} \frac{1}{\Delta S}\oint \mathbf{H} \cdot \mathrm{d}l = \lim_{\Delta S \to 0} \frac{1}{\Delta S}\iint\limits_{\Delta S} \mathbf{J} \cdot \mathrm{d}\mathbf{S} = \mathbf{J} \cdot \mathbf{n} \tag{2.4}$$

其中，$\nabla \times$ 是旋度算符，**n** 是垂直于表面元 $\Delta S$ 的单位矢量。微分算符在笛卡儿坐标系中的矢量分量表示，可写为矩阵形式：

$$\nabla \times = \begin{bmatrix} 0 & -\dfrac{\partial}{\partial z} & \dfrac{\partial}{\partial y} \\[2mm] \dfrac{\partial}{\partial z} & 0 & -\dfrac{\partial}{\partial x} \\[2mm] -\dfrac{\partial}{\partial y} & \dfrac{\partial}{\partial x} & 0 \end{bmatrix} \tag{2.5}$$

所以，完成旋度对矢量场 **H** 的运算，可得

$$\nabla \times \mathbf{H} = \begin{bmatrix} 0 & -\dfrac{\partial}{\partial z} & \dfrac{\partial}{\partial y} \\[2mm] \dfrac{\partial}{\partial z} & 0 & -\dfrac{\partial}{\partial x} \\[2mm] -\dfrac{\partial}{\partial y} & \dfrac{\partial}{\partial x} & 0 \end{bmatrix} \begin{Bmatrix} H_x \\ H_y \\ H_z \end{Bmatrix} = \begin{Bmatrix} J_x \\ J_y \\ J_z \end{Bmatrix} \tag{2.6}$$

其中，$H_x$、$H_y$、$H_z$ 和 $J_x$、$J_y$、$J_z$ 分别是磁场矢量 **H** 和电流密度 **J** 在 $x$、$y$ 和 $z$ 方向上的分量。

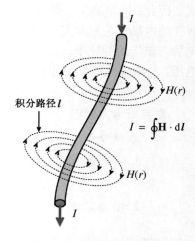

积分路径 $l$

$I = \oint \mathbf{H} \cdot \mathrm{d}l$

$H(r)$

图 2.13　描述电流与磁场
关系的安培定律

---

① 即线积分路径方向与表面 **S** 方向符合右手螺旋法则。——译者注

**例 2.1  导体中恒定电流产生的磁场**

有一个半径 $a = 5$ mm、沿 $z$ 方向延伸的无限长导线，通过 5 A 直流电流，假定周围的介质是空气，试画出导线内部和外部的径向磁场 $H(r)$。

**解：** 这是积分形式安培定律式 (2.3) 的典型应用，导体内部电流密度 **J** 是均匀的，它等于 $\mathbf{J} = I/(\pi a^2)\,\hat{z}$，所以根据式 (2.3) 可得以下结果：

$$H2\pi r = \frac{I}{\pi a^2}\pi r^2 \qquad \Rightarrow \qquad H = \frac{Ir}{2\pi a^2}$$

其中 $0 \leq r \leq a$。在导体外部电流密度等于零，而且式 (2.3) 的面积分给出流过导体的总电流 $I$，所以可求得导线外面磁场 $H$ 为

$$H2\pi r = I \qquad \Rightarrow \qquad H = \frac{I}{2\pi r}$$

其中 $r \geq a$。所以，无限长导线内部和外部的总磁场为

$$H(r) = \begin{cases} \dfrac{Ir}{2\pi a^2}, & r \leq a \\[2mm] \dfrac{I}{2\pi r}, & r \geq a \end{cases} = \begin{cases} 31.83r & \text{kA/m}^2, r \leq 5 \text{ mm} \\[2mm] 0.796/r & \text{A}, r \geq 5 \text{ mm} \end{cases}$$

导线径向的磁场分布如图 2.14 所示。

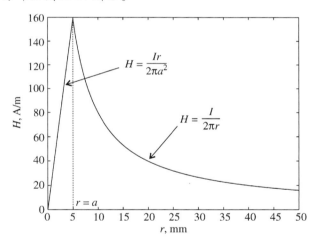

图 2.14  半径 $a = 5$ mm，通过电流为 5 A 的无限长导线内部和外部的磁场分布

通过观察可发现，从中心到其外圆，导线内部的磁场呈线性增加，这是由于越来越多的电流参与了对磁场的贡献。

**法拉第定律**

该定律的含义是，磁通密度 $\mathbf{B} = \mu\mathbf{H}\,(\mu = \mu_0\mu_r)$ 的时变速率作为源激发了旋转电场

$$\oint \mathbf{E} \cdot \mathrm{d}l = -\frac{d}{dt}\iint \mathbf{B} \cdot \mathrm{d}\mathbf{S} \tag{2.7}$$

线积分仍沿着表面 **S** 的边界进行，与前面在安培定律中所描述的相同。沿着导线环对电场的积分，如图 2.15 所示，将产生的感应电压为

$$V = -\oint \mathbf{E} \cdot \mathrm{d}\boldsymbol{l} = \frac{d}{\mathrm{d}t}\left(\iint \mathbf{B} \cdot \mathrm{d}\mathbf{S}\right)$$

与安培定律相似，式（2.7）可转换成微分形式：

$$\nabla \times \mathbf{E} = -\frac{\partial \mathbf{B}}{\partial t} \tag{2.8}$$

式（2.8）清楚地表明，从时变的磁感应强度[①]可以得到电场。同时，根据安培定律，该电场又将产生磁场。

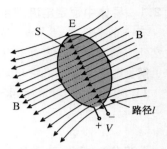

图 2.15　时变的磁感应强度激发的电场

### 例 2.2　静止导线环中的感应电压

一个细导线环的半径 $a = 5\ \mathrm{mm}$，放置于存在时变磁场 $H = H_0\cos(\omega t)$ 的空气中，其中 $H_0 = 5\ \mathrm{A/m}$，工作频率 $f = 100\ \mathrm{MHz}$。求该细导线环上的感应电压。

**解：** 在环中感应电压等于电场 $\mathbf{E}$ 沿环的线积分，应用法拉第定律式（2.7）可得

$$V = -\oint \mathbf{E} \cdot \mathrm{d}\boldsymbol{l} = \frac{d}{\mathrm{d}t}\iint \mathbf{B} \cdot \mathrm{d}\mathbf{S}$$

因为周围的介质是空气，其相对磁导率 $\mu_r = 1$，且磁通密度 $\mathbf{B} = \mu_0\mathbf{H} = \mu_0 H_0 \cos(\omega t)\,\hat{z}$。将 $\mathbf{B}$ 代入前面的积分，可得到环中的感应电压表示式：

$$\begin{aligned} V &= \frac{d}{\mathrm{d}t}\iint \mathbf{B} \cdot \mathrm{d}\mathbf{S} = \frac{d}{\mathrm{d}t}\mu_0 H_0 \cos(\omega t)\pi a^2 \\ &= -\pi a^2 \omega \mu_0 H_0 \sin(\omega t) \end{aligned}$$

进一步简化可得：$V = -0.31\sin(6.28 \times 10^8 t)$ V。

本例题的结论也被视为变压器形式的法拉第定律，即利用主线圈产生的时变场，在次级线圈中激发感应电压。

## 2.5　平行板传输线的电路参数

我们的目的是计算图 2.16 所示的一段传输线的电路参数 $R$、$L$、$C$ 和 $G$。为了避免符号的混淆，用 $\sigma_{\mathrm{cond}}$ 和 $\sigma_{\mathrm{diel}}$ 分别表示在导体中和电介质中的电导率。

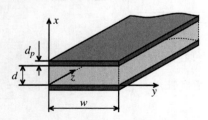

图 2.16　平行板传输线的几何结构，平行板的宽度 $w$ 大于板间距 $d$

为了应用一维分析方法，必须假定平板宽度 $w$ 远大于平板之间的距离 $d$。另外，为了简化推导，还要假定趋肤深度 $\delta$ 小于板的厚度 $d_p$。在这些条件下，可以假设导体平板中电场和磁场的形式为

$$\mathbf{E} = \hat{z}E_z(x, z)\mathrm{e}^{\mathrm{j}\omega t} \tag{2.9a}$$

$$\mathbf{H} = \hat{y}H_y(x, z)\mathrm{e}^{\mathrm{j}\omega t} \tag{2.9b}$$

其中，$\mathrm{e}^{\mathrm{j}\omega t}$ 代表正弦电场和正弦磁场与时间的关系，而 $E_z(x, z)$ 和 $H_y(x, z)$ 则表示空间分布。因为假设平板很宽，所以电磁场沿 $y$ 轴的变化不明显。对下面的导体板应用微分形式的法拉第定律和安培定律：

---

① 原文为"磁通量密度"。——译者注

$$\nabla \times \mathbf{E} = -\mu \frac{\partial \mathbf{H}}{\partial t} \qquad (2.10)$$

$$\nabla \times \mathbf{H} = \sigma_{\text{cond}} \mathbf{E} \qquad (2.11)$$

得出两个微分方程:

$$\begin{bmatrix} 0 & -\dfrac{\partial}{\partial z} & \dfrac{\partial}{\partial y} \\[2mm] \dfrac{\partial}{\partial z} & 0 & -\dfrac{\partial}{\partial x} \\[2mm] -\dfrac{\partial}{\partial y} & \dfrac{\partial}{\partial x} & 0 \end{bmatrix} \begin{Bmatrix} 0 \\ 0 \\ E_z \end{Bmatrix} = -\frac{\partial E_z}{\partial x} \hat{y} = -\mu \frac{d}{dt} \begin{Bmatrix} 0 \\ H_y \\ 0 \end{Bmatrix} = -\mu \frac{dH_y}{dt} \hat{y} = -\mathrm{j}\omega\mu H_y \hat{y} \qquad (2.12)$$

和

$$\begin{bmatrix} 0 & -\dfrac{\partial}{\partial z} & \dfrac{\partial}{\partial y} \\[2mm] \dfrac{\partial}{\partial z} & 0 & -\dfrac{\partial}{\partial x} \\[2mm] -\dfrac{\partial}{\partial y} & \dfrac{\partial}{\partial x} & 0 \end{bmatrix} \begin{Bmatrix} 0 \\ H_y \\ 0 \end{Bmatrix} = \frac{\partial H_y}{\partial x} \hat{z} = \sigma_{\text{cond}} \begin{Bmatrix} 0 \\ 0 \\ E_z \end{Bmatrix} = \sigma_{\text{cond}} E_z \hat{z} \qquad (2.13)$$

将式(2.13)对 $x$ 微分,并代入式(2.12)可得

$$\frac{\mathrm{d}^2 H_y}{\mathrm{d}x^2} = \mathrm{j}\omega\sigma_{\text{cond}}\mu H_y = p^2 H_y \qquad (2.14)$$

其中, $p^2 = \mathrm{j}\omega\sigma_{\text{cond}}\mu$。二阶常微分方程(2.14)的通解是 $H_y(x) = A\mathrm{e}^{-px} + B\mathrm{e}^{px}$。系数 $A$ 和 $B$ 是积分常数。于是可以进行以下计算:

$$p = \sqrt{\mathrm{j}\omega\sigma_{\text{cond}}\mu} = \sqrt{\mathrm{j}}\sqrt{\omega\sigma_{\text{cond}}\mu} = (1+\mathrm{j})\sqrt{(\omega\sigma_{\text{cond}}\mu)/2} = (1+\mathrm{j})/\delta \qquad (2.15)$$

其中, $\delta = \sqrt{2/(\omega\sigma_{\text{cond}}\mu)}$ 称为趋肤深度。因为 $p$ 有正的实数分量,而在下平板内的负 $x$ 区域,磁场幅度必须是衰减的,所以常数 $A$ 必须为零,以满足实际情况;类似的理由,在上平板区域,必须取常数 $B = 0$,所以在下导体平板内,磁场为简单的指数形式解:

$$H_y = H_0 \mathrm{e}^{px} = H_0 \mathrm{e}^{(1+\mathrm{j})x/\delta} \qquad (2.16)$$

其中, $B = H_0$ 是一个待定常数因子,因此电流密度可表示为

$$J_z = \sigma_{\text{cond}} E_z = \frac{\partial H_y}{\partial x} = \frac{(1+\mathrm{j})H_0}{\delta} \mathrm{e}^{(1+\mathrm{j})x/\delta} \qquad (2.17)$$

现在可以求解下平板内的电流密度 $J_z$ 与总电流 $I$ 的关系:

$$I = \iint\limits_S J_z \mathrm{d}x\mathrm{d}y = w\int_{-d_p}^{0} J_z \mathrm{d}x = wH_0 \mathrm{e}^{(1+\mathrm{j})x/\delta}\Big|_{-d_p}^{0} = wH_0(1 - \mathrm{e}^{-(1+\mathrm{j})d_p/\delta}) \qquad (2.18)$$

其中, $S$ 是下平板的横截面积, $d_p$ 是平板的厚度。因为假定 $d_p \gg \delta$,所以式(2.18)中的指数项可忽略,同时 $I = wH_0$,因此可得出 $H_0 = I/w$。在导体的表面( $x = 0$ )电场可表示为

$$E_z(0) = \frac{J_z(0)}{\sigma_{\text{cond}}} = \frac{(1+\mathrm{j})H_0}{\sigma_{\text{cond}}\delta} = \frac{1+\mathrm{j}}{\sigma_{\text{cond}}\delta} \frac{I}{w} \qquad (2.19)$$

消去式(2.19)中的电流 $I$,可得出单位长度平行板传输线的阻抗 $Z_s$:

$$Z_s = E_z(0)/I = \frac{1}{w\sigma_{\text{cond}}\delta} + \frac{j}{w\sigma_{\text{cond}}\delta} = R_s + j\omega L_s \tag{2.20}$$

则单位长度平行板传输线的电阻和内部电感可表示为

$$R_s = \frac{1}{w\sigma_{\text{cond}}\delta} \tag{2.21}$$

$$L_s = \frac{1}{w\sigma_{\text{cond}}\omega\delta} \tag{2.22}$$

两式均与趋肤深度 $\delta$ 有关。必须指出,式(2.21)和式(2.22)只适用于单个导体。因为我们的系统中有两个导体(上平板和下平板),所以单位长度平行板传输线的总的串联电阻和电感分别是 $R_s$ 和 $L_s$ 的两倍。

---

**z 方向电场①**

　　严格地讲,引入沿 z 方向的电流密度及相伴随的纵向电场,违背了 $E_z = 0$ 的理想导体边界条件,也与射频传输线中传输 TEM 模式的概念相矛盾,因为 TEM 模式电磁场与其传播方向相垂直。但从工程的角度讲,这样做是合理的,因为电导率 $\sigma_{\text{cond}}$ 很高(铜的电导率:$5.8\times10^7 \sim 6.4\times10^7$ S/m),所以纵向电场分量很小。

---

　　为了获得单位长度平行板传输线的电容和电感特性,必须应用电容和电感的定义:

$$C = \frac{Q}{V} = \frac{\oint \mathbf{D}\cdot\mathrm{d}\boldsymbol{l}}{V} = \frac{\varepsilon\int E_x\mathrm{d}y}{\int E_x\mathrm{d}x} = \frac{\varepsilon E_x w}{E_x d} = \frac{\varepsilon w}{d} \tag{2.23}$$

和

$$L = \frac{\oint \mathbf{B}\cdot\mathrm{d}\boldsymbol{l}}{I} = \frac{\int \mu H_y\mathrm{d}x}{I} = \frac{\mu H_y d}{H_y w} = \frac{\mu d}{w} \tag{2.24}$$

此处已用到式(2.18)的结论来计算电流 $I = wH_y$。式(2.23)和式(2.24)给出的是单位长度平行板传输线的电容和电感。

　　最后,采用与推导式(2.23)类似的方法,可得出单位长度平行板传输线的电导 $G$ 的表达式:

$$G = \frac{\oint \mathbf{J}\cdot\mathrm{d}\boldsymbol{l}}{V} = \frac{\sigma_{\text{diel}}\int E_x\mathrm{d}y}{\int E_x\mathrm{d}x} = \frac{\sigma_{\text{diel}} E_x w}{E_x d} = \frac{\sigma_{\text{diel}} w}{d} \tag{2.25}$$

至此已导出了平行板传输线的所有相关参数。实际上,在射频频段,$L_s$ 的值远小于 $L$,所以可以忽略。

**例2.3　平行板传输线的电路参数**

　　工作频率为 1 GHz 的平行铜板传输线,其 $w = 6$ mm,$d = 1$ mm,$\varepsilon_r = 2.25$,$\sigma_{\text{diel}} = 0.125$ mS/m。求:单位长度的电路参数 $R$、$L$、$G$ 和 $C$。

---

① 即国内教科书中的"纵向电场"。——译者注

**解：**铜的电导率 $\sigma_{\text{cond}} = 64.5 \times 10^{6}\ \Omega^{-1} \cdot \text{m}^{-1}$，在工作频率为 1 GHz 时，铜的趋肤深度 $\delta = 1/\sqrt{\pi\,\sigma_{\text{cond}}\mu_0 f} = 1.98\ \mu\text{m}$，它远小于导体的厚度。因此每个平板的表面电阻可由式（2.21）确定。因为有两个平板，所以总的电阻是 $R = 2R_s = 2/(w\sigma_{\text{cond}}\delta) = 2.6\ \Omega/\text{m}$。由于趋肤效应引起的串联电感 $L_s = 2/(w\sigma_{\text{cond}}\omega\delta) = 0.42\ \text{nH/m}$，其中系数 2 是考虑到两个平板而引入的。平板间的互感由式（2.24）决定，对于本例题来说，$L = 209.4\ \text{nH/m}$。可见，串联电感远小于互感，所以完全可忽略。由式（2.23）得出传输线电容 $C = (\varepsilon_0\varepsilon_r w)/d = 119.5\ \text{pF/m}$。最后用式（2.25）给出电导 $G = 0.75\ \text{mS/m}$。

在一般情况下，由趋肤深度现象引起的射频电阻明显大于直流电阻。

## 2.6　传输线结构小结

前面的计算是针对比较简单的平行板传输线的。类似的分析也可用于较复杂的几何形状，诸如同轴电缆和双绞线。表 2.1 总结了三种常用的传输线类型。

表 2.1　三种类型的传输线参数

| 参　数 | 双线传输线 | 同轴传输线 | 平行板传输线 |
| :---: | :---: | :---: | :---: |
| $R$ <br> ($\Omega$/m) | $\dfrac{1}{\pi a \sigma_{\text{cond}}\delta}$ | $\dfrac{1}{2\pi\sigma_{\text{cond}}\delta}\left(\dfrac{1}{a}+\dfrac{1}{b}\right)$ | $\dfrac{2}{w\sigma_{\text{cond}}\delta}$ |
| $L$ <br> (H/m) | $\dfrac{\mu}{\pi}\operatorname{arcosh}\left(\dfrac{D}{2a}\right)$ | $\dfrac{\mu}{2\pi}\ln\left(\dfrac{b}{a}\right)$ | $\mu\dfrac{d}{w}$ |
| $G$ <br> (S/m) | $\dfrac{\pi\sigma_{\text{diel}}}{\operatorname{arcosh}(D/(2a))}$ | $\dfrac{2\pi\sigma_{\text{diel}}}{\ln(b/a)}$ | $\sigma_{\text{diel}}\dfrac{w}{d}$ |
| $C$ <br> (F/m) | $\dfrac{\pi\varepsilon}{\operatorname{arcosh}(D/(2a))}$ | $\dfrac{2\pi\varepsilon}{\ln(b/a)}$ | $\varepsilon\dfrac{w}{d}$ |

双绞线（$D$、$a$）、同轴线（$a$，$b$）和平行板（$w$，$d$）传输线的几何尺寸如图 2.4、图 2.5 和图 2.16 所示。对于更复杂的传输线结构，需要进行复杂的数学运算，这样也使数值分析方法常常成为唯一的解决方案。讨论微带传输线（见 2.8 节）时将用到数值分析方法。

## 2.7　传输线方程

### 2.7.1　基尔霍夫电压、电流定律

根据 2.4.1 节奠定的法拉第定律和安培定律的基础，完全可以从电路的角度来使用这两个定律。这等同于将基尔霍夫电压定律（Kirchhoff's Voltage Law，KVL）和基尔霍夫电流定律（Kirchhoff's Current Law，KCL）应用于图 2.17 所示的回路和节点 $a$。

采用复数表示，由基尔霍夫电压定律可得出：

$$(R + j\omega L)I(z)\Delta z + V(z + \Delta z) = V(z) \qquad (2.26)$$

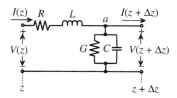

图 2.17　传输线单元的电压<br>回路和电流节点

将该式化为微分方程，即将微分传输线段两端的电压降组合成微商形式：

$$\lim_{\Delta z \to 0}\left(-\frac{V(z+\Delta z)-V(z)}{\Delta z}\right) = -\frac{\mathrm{d}V(z)}{\mathrm{d}z} = (R+\mathrm{j}\omega L)I(z) \tag{2.27}$$

或

$$-\frac{\mathrm{d}V(z)}{\mathrm{d}z} = (R+\mathrm{j}\omega L)I(z) \tag{2.28}$$

其中，$R$ 和 $L$ 是双线的总电阻和总电感，对图 2.17 中的节点 $a$ 应用基尔霍夫电流定律可得

$$I(z) - V(z+\Delta z)(G+\mathrm{j}\omega C)\Delta z = I(z+\Delta z) \tag{2.29}$$

该式也能化为与式(2.27)相似的微分方程，即

$$\lim_{\Delta z \to 0}\frac{I(z+\Delta z)-I(z)}{\Delta z} = \frac{\mathrm{d}I(z)}{\mathrm{d}z} = -(G+\mathrm{j}\omega C)V(z) \tag{2.30}$$

式(2.28)和式(2.30)是一对相互联系的一阶微分方程组。它们也能从更基本的理论推导出来，这样有助于理解 $R$、$G$、$C$ 和 $L$ 的定义，正如例 2.4 将要讨论的以前分析过的平行板传输线。

---

**传输线理论参数的合理性**

    虽然这些传输线的参数已被广泛引用，但只有当传输线的几何结构符合特定条件时，这些参数的近似精度才较高。例如，当平行板传输线的宽度-高度比变小时，边缘场效应就不能被忽略。另外，当导线间距非常小时，根据均匀电流密度假设导出的双线传输线的电阻是不正确的。

---

### 例2.4   推导平行板传输线方程

    建立平行板导体的传输线方程。

**解**：本例题的目的在于演示传输线方程式(2.28)和方程式(2.30)是如何从法拉第定律、安培定律这些基本物理概念推导出来的。

首先考察法拉第定律式(2.7)。进行线积分和面积分运算的表面元是如图 2.18 所示的阴影区域。

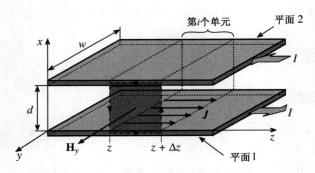

图 2.18   应用法拉第定律的积分表面元

式(2.7)的线积分是沿着阴影区的边界，积分方向按图 2.18 中的箭头所示。线积分结果的表达式如下：

$$\oint_i \mathbf{E} \cdot \mathrm{d}\boldsymbol{l} = \mathbf{E}^1 \cdot \hat{z}\Delta z + \mathbf{E}(z + \Delta z) \cdot \hat{x}d + \mathbf{E}^2 \cdot (-\hat{z})\Delta z + \mathbf{E}(z) \cdot (-\hat{x})d$$

其中，$E_z^1 = \mathbf{E}^1 \cdot \hat{z}$ 和 $E_z^2 = \mathbf{E}^2 \cdot (-\hat{z})$ 分别是下平板(用标注 1 表示)和上平板(用标注 2 表示)的电场；而 $E_x(z) = \mathbf{E}(z) \cdot \hat{x}$ 和 $E_x(z + \Delta z) = \mathbf{E}(z + \Delta z) \cdot \hat{x}$ 是位于 $z$ 与 $z + \Delta z$ 之间电介质中的电场。需要注意的是：上导体中的电场方向与下导体中的电场方向是相反的；然而，无论在什么位置，介质中的电场方向都是相同的。单位矢量前面的负号表示积分沿递时针方向进行。综合各项可得

$$\oint_i \mathbf{E} \cdot \mathrm{d}\boldsymbol{l} = E_z^1\Delta z + E_z^2\Delta z + E_x(z + \Delta z)d - E_x(z)d$$

因为假定了介质中的磁场是均匀的，所以由式(2.7)给出的面积分为

$$\iint \mu\mathbf{H} \cdot \mathrm{d}\mathbf{S} = \mu H_y \Delta z d$$

将这两个积分代入式(2.7)可得

$$E_z^1\Delta z + E_z^2\Delta z + E_x(z + \Delta z)d - E_x(z)d = -\frac{d}{dt}\mu H_y \Delta z d$$

在 2.5 节的类似讨论中，介质中的磁场表示为 $H_y = I/w$，导体中的电场在高频时与趋肤效应有关：$E_z^1 = E_z^2 = I/(w\sigma_{\text{cond}}\delta) + \mathrm{j}I/(w\sigma_{\text{cond}}\delta) = E_z$。在低频时，趋肤效应不影响电场特性。电场只由平板的直流电阻率和电流 $I$ 决定：$E_z = I/(w\sigma_{\text{cond}}d_p)$。因为我们关心的主要是高频性能，所以必须假定趋肤深度 $\delta$ 远小于平板的厚度，这样必须用 $\delta$ 取代 $d_p$。将 $H_y$ 和 $E_z$ 的表达式合起来，并考虑到平板间的电压 $V = E_x d$，可得

$$2\left(\frac{I}{w\sigma_{\text{cond}}\delta} + \frac{\mathrm{j}I}{w\sigma_{\text{cond}}\delta}\right)\Delta z + V(z + \Delta z) - V(z) = -\mu\frac{d\Delta z}{w}\frac{dI}{dt} = -\mathrm{j}\omega\mu\frac{d\Delta z}{w}I$$

或

$$2R_s I + \mathrm{j}\omega I(L + 2L_s) = -\frac{V(z + \Delta z) - V(z)}{\Delta z} = -\frac{\partial V}{\partial z}$$

其中，$R_s = I/(w\sigma_{\text{cond}}\delta)$ 是平板的表面电阻，$L_s = I/(w\sigma_{\text{cond}}\omega\delta)$ 是平板的高频自感，$L = \mu d/w$ 是两平板导体间的互感。

应用安培定律式(2.3)时，采用了图 2.19 所示的表面元。

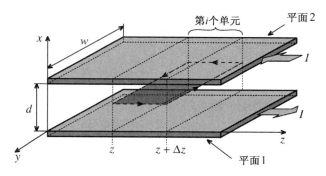

图 2.19　应用安培定律的表面元

在电介质中,电流密度 **J** 的面积分结果如下:

$$\iint \mathbf{J} \cdot \mathrm{d}\mathbf{S} = J_x \Delta z w = \sigma_{\mathrm{diel}} E_x w \Delta z + \varepsilon \frac{\partial E_x}{\partial t} w \Delta z$$

其中,$\sigma_{\mathrm{diel}} E_x w \Delta z$ 表示介质中的传导电流,$\varepsilon(\partial E_x / \partial t) w \Delta z$ 是位移电流的贡献。磁场的线积分为

$$\oint \mathbf{H} \cdot \mathrm{d}l = -H_y(z + \Delta z)w + H_y(z)w = -I(z + \Delta z) + I(z)$$

考虑到在 $z$ 与 $z + \Delta z$ 之间的电场与电压降的关系 $E_x = V/d$,可将两个积分表达式组合起来:

$$\frac{\sigma_{\mathrm{diel}} w}{d} V + \frac{\varepsilon w}{d} \frac{\mathrm{d}V}{\mathrm{d}t} = -\frac{I(z + \Delta z) - I(z)}{\Delta z}$$

或采用微商形式:

$$-\frac{\partial I}{\partial z} = \frac{\sigma_{\mathrm{diel}} w}{d} V + \frac{\varepsilon w}{d} \frac{\mathrm{d}V}{\mathrm{d}t} = \frac{\sigma_{\mathrm{diel}} w}{d} V + \frac{\varepsilon w}{d} \mathrm{j}\omega V$$

$$= (G + \mathrm{j}\omega C) V$$

至此导出了描述平行板传输线的方程。为了得到电压和电流沿传输线的分布,必须求解以下的一阶微分方程组:

$$\begin{cases} -\dfrac{\partial V}{\partial z} = [2R_s + \mathrm{j}\omega(L + 2L_s)]I \\ -\dfrac{\partial I}{\partial z} = (G + \mathrm{j}\omega C)V \end{cases}$$

通常,由于趋肤效应引起的自感 $L_s$ 远小于互感 $L$,所以可忽略。

本例题着重说明了导出平行板传输线方程的解析表达式的过程和必要的假设。然而,如果 $w$ 与 $d$ 的尺度相当,那么这种处理方法就失效了,必须求助于数值仿真。

### 2.7.2 电压波和电流波

如果式(2.28)和式(2.30)这两个一阶微分方程能互相分离,就会比较容易求解。通过将式(2.28)两边对空间求导,再代入电流对空间的导数式(2.30),即可得到标准的二阶微分方程:

$$\frac{\mathrm{d}^2 V(z)}{\mathrm{d}z^2} - \gamma^2 V(z) = 0 \tag{2.31}$$

即用复数描述电压特性,其中系数 $\gamma$ 是已知的复传播常数:

$$\gamma = \alpha + \mathrm{j}\beta = \sqrt{(R + \mathrm{j}\omega L)(G + \mathrm{j}\omega C)} \tag{2.32}$$

它与传输线类型有关。对于简单的传输线结构,表2.1 给出了具体的参数。若将顺序倒过来,先对式(2.30)求导,然后代入式(2.28),即可求出描述电流的类似微分方程:

$$\frac{\mathrm{d}^2 I(z)}{\mathrm{d}z^2} - \gamma^2 I(z) = 0 \tag{2.33}$$

式(2.31)和式(2.33)这两个独立方程的解都是指数函数,对于电压:

$$V(z) = V^+ \mathrm{e}^{-\gamma z} + V^- \mathrm{e}^{+\gamma z} \tag{2.34}$$

对于电流:

$$I(z) = I^+ e^{-\gamma z} + I^- e^{+\gamma z} \tag{2.35}$$

我们知道，式(2.34)和式(2.35)是沿 $z$ 轴取向的传输线的通解。第一项代表向+$z$ 方向传播的波，而第二项代表沿-$z$ 方向传播的波。这是有实际意义的，因为 $\alpha \geqslant 0$，所以 $\beta$ 前面的负号保证了沿+$z$ 方向行进的波的幅度将逐渐减小。同样，沿 -$z$ 方向行进的波由于递减的指数项而逐渐衰减。

### 2.7.3　特性阻抗

如果将式(2.34)代入式(2.28)，则可以看出式(2.35)与式(2.34)是相关联的。完成微分运算并加以整理，即可得到电流的表达式：

$$I(z) = \frac{\gamma}{R + j\omega L}(V^+ e^{-\gamma z} - V^- e^{+\gamma z}) \tag{2.36}$$

因为电压和电流常常通过阻抗联系起来，所以引入通常所说的**特性阻抗**(characteristic impedance) $Z_0$，其定义为

$$Z_0 = \frac{R + j\omega L}{\gamma} = \sqrt{\frac{R + j\omega L}{G + j\omega C}} \tag{2.37}$$

将电流表达式(2.35)代入式(2.36)左边可得

$$Z_0 = \frac{V^+}{I^+} = -\frac{V^-}{I^-} \tag{2.38}$$

利用特性阻抗，可以将电流表达式(2.36)化为简洁的形式：

$$I(z) = \frac{1}{Z_0}(V^+ e^{-\gamma z} - V^- e^{+\gamma z}) \tag{2.39}$$

读者在接下来的几节里将更清楚地看到 $Z_0$ 的重要性。值得注意的是，$Z_0$ 不是常规电路意义上的阻抗，它的定义基于正向和反向行进的电压波和电流波。这种定义与基于总电压、总电流概念定义的常规电路的阻抗完全不同。

### 2.7.4　无损耗传输线模型

一般情况下，用式(2.37)定义的特性阻抗是一个复数量，即已考虑了损耗，因为实际的传输线总是有损耗的。然而，对于较短的线段，如在射频和微波电路中经常遇到的情况，这时忽略损耗不会引起明显的误差。这意味着 $R = G = 0$，则特性阻抗式(2.37)可简化为

$$Z_0 = \sqrt{L/C} \tag{2.40}$$

因为 $Z_0$ 与频率无关，所以电流波和电压波都只由一个比例常数确定。将特定类型的传输线参数代入上式可得相应结果。假如从表 2.1 中选择参数为 $L$ 和 $C$ 的平行板传输线，就能求出 $Z_0$ 的简洁表达式：

$$Z_0 = \sqrt{\frac{\mu}{\varepsilon} \frac{d}{w}} \tag{2.41}$$

其中，平方根项称为波阻抗，在自由空间($\mu = \mu_0$，$\varepsilon = \varepsilon_0$)该值约为 377 $\Omega$。这是辐射系统的典型值，即天线向自由空间发射电磁能量的情况。然而，与电磁场辐射到自由空间不同，传输线引入了空间约束，由平行板传输线结构中的 $w$ 和 $d$ 表达。无损耗传输线的传播常数是纯虚数 $\gamma = j\beta$，其中 $\beta = \omega\sqrt{LC}$。

## 2.8　微带传输线

正如图 2.6 和图 2.7 所示,将微带线作为平行板电容器,以便计算表 2.1 中的 $C$ 这种简化处理方法,在一般情况下是不适用的。如果微带线基片厚度 $h$ 增加,或者导体宽度 $w$ 减小,场的边缘效应就非常明显,在数学模型中已不能忽略。近年来,研究人员已提出了一些计算微带线特性阻抗的近似模型,其中考虑了导体宽度和厚度。正如工程中常常遇到的问题,我们必须在计算的复杂性和精度之间尽力寻求平衡。能较精确地描述微带线的表达式是采用**保角变换**(conformal mapping)导出的,但这些表达式也很复杂,需要大量的计算工作。为了能迅速且较可靠地估算微带线参数,较简单的经验公式更为有利。

作为一级近似,假定构成微带线的导体的厚度 $t$ 与基片厚度 $h$ 相比可忽略($t/h < 0.005$)。在这种情况下,能够利用经验公式,它们只与微带线结构($w$ 和 $h$)及介电常数 $\varepsilon_r$ 有关。它们需要两个不同的应用条件,即根据比值 $w/h$ 是大于 1 还是小于 1 而定。对于窄的微带线($w/h < 1$),其特性阻抗为

$$Z_0 = \frac{Z_f}{2\pi\sqrt{\varepsilon_{\text{eff}}}}\ln\left(8\frac{h}{w} + \frac{w}{4h}\right) \tag{2.42}$$

其中,$Z_f = \sqrt{\mu_0/\varepsilon_0} = 376.8\ \Omega$ 是在自由空间中的波阻抗,$\varepsilon_{\text{eff}}$ 是由下式给出的**等效介电常数**(effective dielectric constant):

$$\varepsilon_{\text{eff}} = \frac{\varepsilon_r + 1}{2} + \frac{\varepsilon_r - 1}{2}\left[\left(1 + 12\frac{h}{w}\right)^{-1/2} + 0.04\left(1 - \frac{w}{h}\right)^2\right] \tag{2.43}$$

对于宽的微带线($w/h > 1$),必须采用不同的特性阻抗表示式:

$$Z_0 = \frac{Z_f}{\sqrt{\varepsilon_{\text{eff}}}\left(1.393 + \frac{w}{h} + \frac{2}{3}\ln\left(\frac{w}{h} + 1.444\right)\right)} \tag{2.44}$$

其中,

$$\varepsilon_{\text{eff}} = \frac{\varepsilon_r + 1}{2} + \frac{\varepsilon_r - 1}{2}\left(1 + 12\frac{h}{w}\right)^{-1/2} \tag{2.45}$$

必须注意,由式(2.42)和式(2.44)给出的特性阻抗只是近似值,而且在 $w/h$ 的取值范围内不是连续的函数。特别是,我们注意到当 $w/h = 1$ 时,按照式(2.42)和式(2.44)计算出的特性阻抗有点不连续。由于不连续引起的误差小于 0.5%,仍然可以利用上述表达式计算微带线的特性阻抗及等效介电常数,如图 2.20 和图 2.21 所示。在这些图中,$Z_0$ 和 $\varepsilon_{\text{eff}}$ 作为 $w/h$ 和 $\varepsilon_r$ 的函数画出,$w/h$ 和 $\varepsilon_r$ 的数值覆盖了典型的实际取值范围。

在前面的公式中,等效介电常数被视为充满微带线周围空间的均匀介质的介电常数,该均匀介质替代了介质基片和周围的空气。用等效介电常数的概念能计算微带线的相速度 $v_p = c/\sqrt{\varepsilon_{\text{eff}}}$,由此可导出波长的表示式:

$$\lambda = \frac{v_p}{f} = \frac{c}{f\sqrt{\varepsilon_{\text{eff}}}} = \frac{\lambda_0}{\sqrt{\varepsilon_{\text{eff}}}}$$

与以前一样,此处 $c$ 是光速,$f$ 是工作频率,$\lambda_0$ 是电磁波在自由空间的波长。

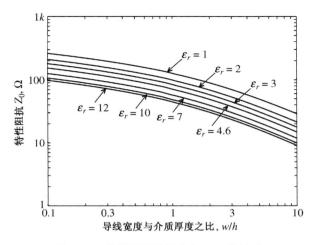

图 2.20　微带线特性阻抗与 $w/h$ 的关系

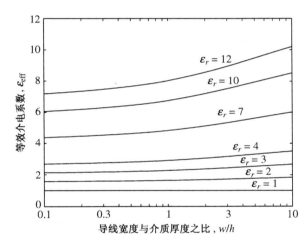

图 2.21　不同介电常数的等效介电常数与 $w/h$ 的关系

---

**微带线的介质材料**

　　总的来说，微带线的介质材料可以分为软材料和硬材料两类。

　　软材料如 RT Duroid 5870 和 5880，其加工成本较低，但热稳定性差。

　　硬材料包括石英、蓝宝石和氧化铝，它们的热膨胀系数低，但加工困难。

---

　　为了实现设计目标，我们希望有一个关系式，用于根据给定的特性阻抗 $Z_0$ 和基片的介电常数 $\varepsilon_r$ 计算 $w/h$ 值。假定微带线的导体无限薄，对于 $w/h \leqslant 2$，可写出（见本章末阅读文献中 Sobol 的文章）：

$$\frac{w}{h} = \frac{8e^A}{e^{2A} - 2} \tag{2.46a}$$

其中系数 $A$ 为

$$A = 2\pi \frac{Z_0}{Z_f} \sqrt{\frac{\varepsilon_r + 1}{2}} + \frac{\varepsilon_r - 1}{\varepsilon_r + 1}\left(0.23 + \frac{0.11}{\varepsilon_r}\right)$$

对于 $w/h \geqslant 2$,可得

$$\frac{w}{h} = \frac{2}{\pi}\left\{B - 1 - \ln(2B - 1) + \frac{\varepsilon_r - 1}{2\varepsilon_r}\left[\ln(B - 1) + 0.39 - \frac{0.61}{\varepsilon_r}\right]\right\} \quad (2.46b)$$

其中系数 $B$ 为

$$B = \frac{Z_f\pi}{2Z_0\sqrt{\varepsilon_r}}$$

### 例2.5　微带线的设计

一个实际的射频电路需要微带线具有 50 Ω 的特性阻抗。选定的印刷电路板板材是 FR4,其相对介电常数为 4.6,厚度为 40 mil。求:导体带的宽度、相速度及 2 GHz 时的波长。

**解:** 首先,用图 2.20 确定 $w/h$ 的近似值。选择对应于 $\varepsilon_r = 4.6$ 的曲线,读出 $Z_0 = 50$ Ω 时,$w/h$ 约为 1.9。所以,在式(2.46)中必须选择 $w/h \leqslant 2$,由此可导出

$$A = 2\pi\frac{Z_0}{Z_f}\sqrt{\frac{\varepsilon_r + 1}{2}} + \frac{\varepsilon_r - 1}{\varepsilon_r + 1}\left(0.23 + \frac{0.11}{\varepsilon_r}\right) = 1.5583$$

将该结果代入式(2.46a)中可得

$$\frac{w}{h} = \frac{8e^A}{e^{2A} - 2} = 1.8477$$

然后,根据式(2.45)得到等效介电常数:

$$\varepsilon_{\text{eff}} = \frac{\varepsilon_r + 1}{2} + \frac{\varepsilon_r - 1}{2}\left(1 + 12\frac{h}{w}\right)^{-1/2} = 3.4575$$

可以用传输线特性阻抗表达式(2.44)验算结果:

$$Z_0 = \frac{Z_f}{(\varepsilon_{\text{eff}})^{1/2}\left(1.393 + \frac{w}{h} + \frac{2}{3}\ln\left(\frac{w}{h} + 1.444\right)\right)} = 50.2243 \ \Omega$$

它是很接近于 50 Ω 的目标阻抗,这表明我们的结果是正确的。

利用求出的 $w/h$ 值,可计算出导体带的宽度 $w = 73.9$ mil。最后,已求出的等效介电常数可用于估算微带线的相速度:

$$v_p = c/\sqrt{\varepsilon_{\text{eff}}} = 1.61 \times 10^8 \ \text{m/s}$$

以及在 2 GHz 时的等效波长:

$$\lambda = v_p/f = 80.67 \ \text{mm}$$

严格地说,本例题仅适用于无限长的孤立导体带。事实上,相邻导体带的靠近和导体带的弯曲都是实际中的重要问题,这些很容易用射频/微波计算机辅助设计(Computer Aided Design, CAD)软件计算。

对于许多应用,假定导体带的厚度为零也许是不正确的,因此必须对上述公式进行修正。因为有更强的边缘场效应,非零厚度的铜导体带可近似为导体带**有效宽度**(effective width)$w_{\text{eff}}$ 的增加。换句话说,实际的导体带厚度可用有效宽度来等效,即直接将式(2.42)至式(2.45)中的导体带宽度替换为如下的有效宽度:

$$w_{\text{eff}} = w + \frac{t}{\pi}\left(1 + \ln\frac{2x}{t}\right) \quad (2.47)$$

其中 $t$ 是导体带的厚度，如果 $w > h/(2\pi) > 2t$，则 $x = h$；如果 $h/(2\pi) > w > 2t$，则 $x = 2\pi w$。

对于 $h = 25$ mil 的标准 FR4 基片，非零厚度对特性阻抗的影响如图 2.22 所示。由图可见，对于窄的导体带，这个影响很显著，而当导体带宽度大于介质的厚度时，影响几乎可以忽略。

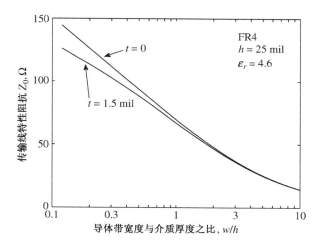

图 2.22　导体带厚度对微带线特性阻抗的影响，电路板材为 FR4，厚度为 25 mil

## 2.9　终端加载的无损耗传输线

### 2.9.1　电压反射系数

高频电路可视为有限长的传输线段与各种分立的有源、无源器件的集合。所以，首先研究一个简单的结构，即连接了负载的长度为 $l$ 的传输线段，如图 2.23 所示。这个系统使我们能够研究沿正 $z$ 方向传播的输入电压波是如何与代表传输线任意终端条件的负载阻抗相互作用的。

对于一般情况，可假定负载位于 $z = 0$ 处，电压波从 $z = -l$ 处耦合入传输线。我们知道，一般情况下，传输线上任意处的电压由式（2.34）给出。式（2.34）第二项的物理意义是，在 $z < 0$ 的区间，终端负载阻抗产生的反射。引入**反射系数**（reflection coefficient）$\Gamma_0$，它是反射电压波与入射电压波在负载端 $z = 0$ 处的比值：

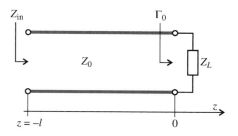

图 2.23　传输线的终端负载位置在 $z = 0$ 处

$$\Gamma_0 = \frac{V^-}{V^+} \qquad (2.48)$$

根据这个定义，电压波和电流波又可用反射系数表示为

$$V(z) = V^+(e^{-\gamma z} + \Gamma_0 e^{+\gamma z}) \qquad (2.49)$$

和

$$I(z) = \frac{V^+}{Z_0}(e^{-\gamma z} - \Gamma_0 e^{+\gamma z}) \qquad (2.50)$$

假如用式(2.50)除式(2.49)，可得沿着 $z$ 轴 $-l \leqslant z \leqslant 0$ 区间内任意点处，作为空间函数的阻抗 $Z(z)$ 的表达式。例如，在 $z = -l$ 处的总输入阻抗记为 $Z_{in}$，而在 $z = 0$ 处，阻抗等于负载阻抗：

$$Z(0) = Z_L = Z_0 \frac{1 + \Gamma_0}{1 - \Gamma_0} \tag{2.51}$$

由式(2.51)可求出反射系数 $\Gamma_0$：

$$\Gamma_0 = \frac{Z_L - Z_0}{Z_L + Z_0} \tag{2.52}$$

此式比式(2.48)更有用，因为它只含已知电路参数，而与特定的电压波幅度之比无关。

　　我们知道，对于开路传输线($Z_L \to \infty$)，反射系数为1，这意味着反射电压波与入射电压波有同样的相位；相反，对于短路传输线($Z_L = 0$)，反射电压波具有反相的振幅，所以 $\Gamma_0 = -1$。当负载阻抗与传输线的特性阻抗相匹配时，$Z_0 = Z_L$，不发生反射，$\Gamma_0 = 0$。如果没有反射，就说明入射电压波完全被负载吸收了。这种情况可看成在 $z = 0$ 处连接了一条无限长且特性阻抗相同的传输线。

### 2.9.2　传播常数和相速度

　　对于无损耗传输线($R = G = 0$)，复数传播常数的定义式(2.32)具有非常简单的形式。这时可得

$$\gamma = \alpha + j\beta = j\omega\sqrt{LC} \tag{2.53}$$

其中，

$$\alpha = 0 \tag{2.54}$$

且

$$\beta = \omega\sqrt{LC} \tag{2.55}$$

$\alpha$ 代表衰减系数，而 $\beta$ 是相位常数。现在，传播常数成了纯虚数，所以有

$$V(z) = V^+(e^{-j\beta z} + \Gamma_0 e^{+j\beta z}) \tag{2.56}$$

和

$$I(z) = \frac{V^+}{Z_0}(e^{-j\beta z} - \Gamma_0 e^{+j\beta z}) \tag{2.57}$$

其中，特性阻抗仍由式(2.40)给出。此外，从式(2.1)可知，波长 $\lambda$ 能通过相速度 $v_p$ 与频率 $f$ 联系起来：

$$\lambda = v_p/f \tag{2.58}$$

相速度 $v_p$ 可由传输线参数 $L$ 和 $C$ 给出：

$$v_p = \frac{1}{\sqrt{LC}} \tag{2.59}$$

根据式(2.55)可得出相位常数和相速度的关系：

$$\beta = \frac{\omega}{v_p} \tag{2.60}$$

将表2.1中相应的传输线参数代入上式，可发现所有三种类型的传输线的相速度均与频率无

关。这个现象表明：如果在传输线中传播的是脉冲电压信号，则可把该脉冲分解为一系列频率分量，而每个频率分量都以同一固定相速度传播。所以，当原始脉冲到达不同位置时，都能保持形状不变。这种现象称为**无色散**(dispersion-free)传输。然而，实际情况下常常需要考虑相速度在某种程度上的频率相关性，或称色散，色散将引起信号的畸变。

### 2.9.3　驻波

有必要将终端短路的传输线（$\Gamma_0 = -1$）的反射系数代入电压表达式(2.56)中，并改用新的坐标系 $d$ 描述。原坐标系的 $z = 0$ 点与新坐标系的原点相重合，但方向相反，即向 $-z$ 方向延伸，如图 2.24 所示。

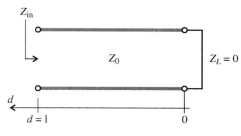

图 2.24　终端短路的传输线及新坐标系 $d$

现在式(2.56)可写为

$$V(d) = V^+(e^{+j\beta d} - e^{-j\beta d}) \qquad (2.61)$$

注意到，括号内的部分可用 $2j\sin(\beta d)$ 替代，若将复数表达式变换回时域形式，则可得

$$
\begin{aligned}
v(d,t) &= \mathrm{Re}(Ve^{j\omega t}) = \mathrm{Re}(2jV^+\sin(\beta d)e^{j\omega t}) \\
&= 2V^+\sin(\beta d)\cos(\omega t + \pi/2)
\end{aligned}
\qquad (2.62)
$$

其中，正弦项确保了在 $d = 0$ 处，任意瞬时 $t$，电压都维持短路状态，如图 2.25 所示。由于时间和空间是无关的，与第 1 章中讨论的情况相同，所以波没有发生传播。这个现象可以从物理的角度解释，输入波与反射波的相位差是 $180°$，导致波在空间位置为 $0, \lambda/2, \lambda, 3\lambda/2 \cdots$ 等处出现了固定的叠加零点。

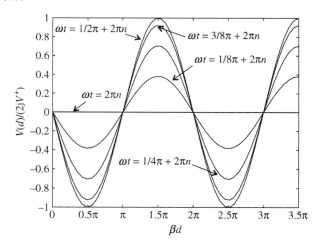

图 2.25　不同瞬时的驻波波形

将新坐标 $d$ 引入式(2.56)，该公式变为

$$V(d) = V^+e^{+j\beta d}(1 + \Gamma_0 e^{-j2\beta d}) = A(d)[1 + \Gamma(d)] \qquad (2.63)$$

其中，设 $A(d) = V^+e^{+j\beta d}$，并定义反射系数：

$$\Gamma(d) = \Gamma_0 e^{-j2\beta d} \tag{2.64}$$

沿传输线上任意长度 $d$ 均成立。式(2.64)与史密斯圆图相关,其深远意义将是第 3 章讨论的问题。同理,在新的空间坐标系中,电流波的定义为

$$I(d) = \frac{V^+}{Z_0} e^{+j\beta d}(1 - \Gamma_0 e^{-j2\beta d}) = \frac{A(d)}{Z_0}[1 - \Gamma(d)] \tag{2.65}$$

在匹配条件下 $(\Gamma_0 = 0)$,反射系数 $\Gamma(d)$ 等于零,因而只有向右传输的波。为了量化不匹配的程度,引入**驻波比**(standing wave ratio,SWR),又称驻波系数,即传输线上电压最大幅度(或电流)与电压最小幅度(或电流)的比值,如下式:

$$SWR = \frac{|V_{max}|}{|V_{min}|} = \frac{|I_{max}|}{|I_{min}|} \tag{2.66}$$

注意到 $\Gamma(d)$ 的最大幅度是 1,可将式(2.66)表示为如下形式:

$$SWR = \frac{1 + |\Gamma_0|}{1 - |\Gamma_0|} \tag{2.67}$$

其取值范围是 $1 \le SWR < \infty$,如图 2.26 所示。

　　在许多情况下,工程师们称其为**电压驻波比**(voltage standing wave ratio,VSWR)而不是驻波比,以区别于功率驻波比( $PSWR = VSWR^2$ )。根据定义式(2.66)和图 2.26 可知,在终端匹配的理想情况下 $SWR = 1$;反之,在最坏的失配情况下,终端开路或短路时 $SWR \to \infty$。严格地说,SWR 只能应用于无损耗传输线,因为不能对有损耗传输系统定义 SWR。这是因为,由于损耗的存在,电压波和电流波的幅度都是距离的函数,所以导致式(2.67)失效。式(2.67)给出的仅是一个数值,与测量点在传输线上的位置无关。由于多数射频系统的损耗都很低,所以式(2.67)能够放心地应用。考察式(2.64)中的指数项可以发现,反射系数的实部(以及虚部)的最大值和最小值之间的距离是 $d = \lambda/4$ 即 $2\beta d = \pi$,而相邻最大值之间的距离是 $d = \lambda/2$。

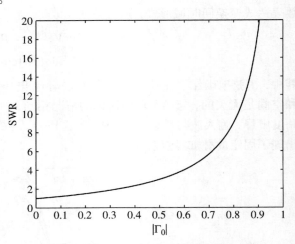

图 2.26　驻波比与负载反射系数 $|\Gamma_0|$ 的关系

---

**放大器的电压驻波系数**

　　在射频设备生产商提供的数据手册和应用指南中,都会遇到电压驻波系数。例如,恩智浦半导体公司的低噪声放大器 BGA2003 的输入、输出端口的电压驻波系数分别为 1.4 和 1.6。该放大器为微波单片集成电路,适用于频率为 3.4 GHz 的 WCDMA 系统。

## 2.10　典型的终端条件

### 2.10.1　终端加载的无损耗传输线的输入阻抗

在距离负载为 $d$ 处，输入阻抗由以下表达式给出：

$$Z_{\text{in}}(d) = \frac{V(d)}{I(d)} = Z_0 \frac{V^+ e^{j\beta d}(1 + \Gamma_0 e^{-2j\beta d})}{V^+ e^{j\beta d}(1 - \Gamma_0 e^{-2j\beta d})} \tag{2.68}$$

这里利用了电压和电流表达式，即式（2.63）和式（2.65）。式（2.68）还可转化为

$$Z_{\text{in}}(d) = Z_0 \frac{1 + \Gamma(d)}{1 - \Gamma(d)} \tag{2.69}$$

将 $\Gamma_0$ 用式（2.52）代替，可得

$$
\begin{aligned}
Z_{\text{in}}(d) &= \frac{e^{j\beta d} + \left(\dfrac{Z_L - Z_0}{Z_L + Z_0}\right) e^{-j\beta d}}{e^{j\beta d} - \left(\dfrac{Z_L - Z_0}{Z_L + Z_0}\right) e^{-j\beta d}} Z_0 \\
&= \frac{Z_L(e^{j\beta d} + e^{-j\beta d}) + Z_0(e^{j\beta d} - e^{-j\beta d})}{Z_L(e^{j\beta d} - e^{-j\beta d}) + Z_0(e^{j\beta d} + e^{-j\beta d})} Z_0 \\
&= \frac{Z_L \cos(\beta d) + jZ_0 \sin(\beta d)}{Z_0 \cos(\beta d) + jZ_L \sin(\beta d)} Z_0
\end{aligned}
\tag{2.70}
$$

分子和分母除以余弦项，可得到终端加载传输线的输入阻抗的最终形式：

$$Z_{\text{in}}(d) = Z_0 \frac{Z_L + jZ_0 \tan(\beta d)}{Z_0 + jZ_L \tan(\beta d)} \tag{2.71}$$

根据这个重要结果，可以推算负载阻抗 $Z_L$ 沿着特性阻抗为 $Z_0$、长度为 $d$ 的传输线的变换规律。式中已通过相位常数 $\beta$ 包含了工作频率的影响。根据具体应用，$\beta$ 可用频率和相速度表示，即 $\beta = (2\pi f)/v_p$；或者用波长表示，即 $\beta = 2\pi/\lambda$。

### 2.10.2　终端短路的传输线

假如 $Z_L = 0$（这意味着负载是一个短路器），表达式（2.71）简化为

$$Z_{\text{in}}(d) = jZ_0 \tan(\beta d) \tag{2.72}$$

式（2.72）也可直接从短路条件下（$\Gamma_0 = -1$）的电压波除以电流波得到：

$$V(d) = V^+[e^{+j\beta d} - e^{-j\beta d}] = 2jV^+ \sin(\beta d) \tag{2.73}$$

和

$$I(d) = \frac{V^+}{Z_0}[e^{+j\beta d} + e^{-j\beta d}] = \frac{2V^+}{Z_0} \cos(\beta d) \tag{2.74}$$

所以 $Z_{in}(d) = V(d)/I(d) = jZ_0\tan(\beta d)$。在图 2.27 中画出了电压、电流和阻抗与传输线长度的函数关系。

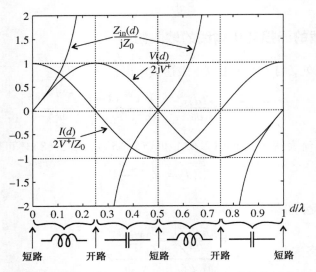

图 2.27　终端短路的传输线中，电压、电流和阻抗与传输线长度的函数关系

非常有趣的是，随着测量点至负载间距离的增加，阻抗呈现周期性变化。假如 $d = 0$，阻抗等于负载阻抗，其值为零。随着距离 $d$ 的增加，传输线的阻抗为纯虚数，而且幅度增大。当前位置的电抗为正号，表示传输线呈现感性。当 $d$ 达到 1/4 波长时，阻抗趋于无穷大，这对应于开路情况。距离再增加，出现负的电抗，它等效为容性。当 $d = \lambda/2$ 时，阻抗变为零，而当 $d > \lambda/2$ 后，整个周期过程不断重复。

在实际情况下，对传输线上的不同位置，或者对一组长度不同的传输线进行电测量都很困难。较容易的方法（例如，利用矢量网络分析仪）是测量阻抗随频率的变化。正如例 2.6 所讨论的，在这种情况下，$d$ 是固定的，而频率扫过一个特定的频带。

### 例 2.6　终端短路传输线的输入阻抗与频率的关系

求终端短路传输线的输入阻抗的幅度值，长度 $l = 10$ cm，扫频范围 $f$ 为 1 ~ 4 GHz。假设传输线的参数与例 2.3 相同（$L = 209.4$ nH/m，$C = 119.5$ pF/m）。

**解：** 根据电路参数 $L$ 和 $C$，可得到特性阻抗 $Z_0 = \sqrt{LC} = 41.86\ \Omega$。另外，相速度 $v_p = 1/\sqrt{LC}$ 等于 $1.99 \times 10^8$ m/s。传输线的输入阻抗 $Z_{in}(d = l)$ 作为频率的函数，可以表示为

$$Z_{in}(d = l) = jZ_0\tan(\beta l) = jZ_0\tan\left(\frac{2\pi f}{v_p}l\right) \tag{2.75}$$

阻抗的幅度如图 2.28 所示，频率范围为 1 ~ 4 GHz。这段传输线上也有周期性的短路、开路现象。换句话说，随着频率的变化，该传输线呈现开路特征（例如在 1.5 GHz）或短路特征（例如在 2 GHz）。

用矢量网络分析仪进行实际测量可得出图 2.28 所示的图形。如果固定频率，而改变终端短路传输线的长度，则也能得到相同的响应。

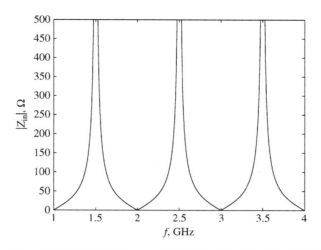

图 2.28　终端短路传输线(10 cm)的输入阻抗的幅度与频率的关系

### 2.10.3　终端开路的传输线

假如 $Z_L \to \infty$，输入阻抗式(2.71)可简化为

$$Z_{\text{in}}(d) = -\mathrm{j}Z_0 \frac{1}{\tan(\beta d)} \tag{2.76}$$

该公式也可以在开路条件下($\Gamma_0 = +1$)，用电压波式(2.63)除以电流波式(2.65)直接得出，即

$$V(d) = V^+[\mathrm{e}^{+\mathrm{j}\beta d} + \mathrm{e}^{-\mathrm{j}\beta d}] = 2V^+\cos(\beta d) \tag{2.77}$$

和

$$I(d) = \frac{V^+}{Z_0}[\mathrm{e}^{+\mathrm{j}\beta d} - \mathrm{e}^{-\mathrm{j}\beta d}] = \frac{2\mathrm{j}V^+}{Z_0}\sin(\beta d) \tag{2.78}$$

所以，$Z_{\text{in}}(d) = V(d)/I(d) = -\mathrm{j}Z_0\cot(\beta d)$。在图 2.29 中画出了电压、电流和阻抗与传输线长度的函数关系。

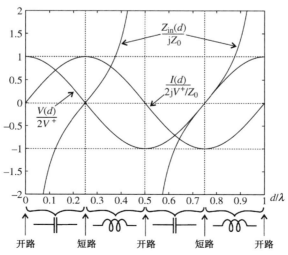

图 2.29　终端开路的传输线中，电压、电流和阻抗与传输线长度的函数关系

保持传输线长度 $d$ 不变, 而在特定的频域内扫频也是有意义的, 详见例 2.7。

**例 2.7　开路传输线输入阻抗与频率的关系**

对一个长度 $l = 10$ cm 的终端开路传输线, 重复例 2.6 中的计算。

**解:** 全部计算过程与例 2.6 相同, 只是输入阻抗改为

$$Z_{in}(d = l) = -jZ_0\cot(\beta l) = -jZ_0\cot\left(\frac{2\pi f}{v_p}l\right) \tag{2.79}$$

频率范围为 1 ~ 4 GHz 时, 输入阻抗的幅度如图 2.30 所示。余切趋于无穷大的点对应的角度为 90°、180° 和 270° 等。在实际上, 由于 $R$ 和 $G$ 的存在引起的微小损耗制约了阻抗的幅度不能达到无穷的峰值。产生这些峰值的实际原因是电压波和电流波相位之间的偏移。特别是当电流波幅度趋于零, 而电压波幅度为有限值时, 传输线的阻抗呈现最大值。这类似于机械效应, 例如在某些分立的特定频率上(称为本征频率), 声波可在封闭空间的边界之间形成驻波。

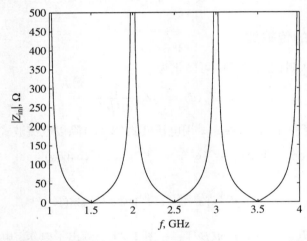

图 2.30　终端开路传输线(10 cm)的输入阻抗的幅度与频率的关系

图 2.28 和图 2.30 表明, 我们只能在固定的频率上, 对特定的阻抗值进行阻抗匹配。频率的偏移将引起阻抗的明显变化。

## 2.10.4　1/4 波长传输线

根据式(2.70)可知, 如果传输线是匹配的($Z_L = Z_0$), 则 $Z_{in}(d) = Z_0$ 与传输线的长度无关。我们可以提出这样的问题: 有可能使传输线的输入阻抗等于负载阻抗 $Z_{in}(d) = Z_L$ 吗? 令 $d = \lambda/2$(更一般的情况, $d = m(\lambda/2)$, $m = 1, 2, 3, \cdots$)就可以得到结论, 即

$$Z_{in}(d = \lambda/2) = Z_0\frac{Z_L + jZ_0\tan\left(\frac{2\pi}{\lambda}\cdot\frac{\lambda}{2}\right)}{Z_0 + jZ_L\tan\left(\frac{2\pi}{\lambda}\cdot\frac{\lambda}{2}\right)} = Z_L \tag{2.80}$$

换句话说, 假如传输线的长度正好等于半个波长, 则输入阻抗等于负载阻抗, 而与传输线的特性阻抗 $Z_0$ 无关。

然后, 将传输线的长度缩短到 $d = \lambda/4$(或 $d = \lambda/4 + m(\lambda/2)$, $m = 1, 2, 3, \cdots$), 可得

$$Z_{in}(d = \lambda/4) = Z_0\frac{Z_L + jZ_0\tan\left(\frac{2\pi}{\lambda}\cdot\frac{\lambda}{4}\right)}{Z_0 + jZ_L\tan\left(\frac{2\pi}{\lambda}\cdot\frac{\lambda}{4}\right)} = \frac{Z_0^2}{Z_L} \qquad (2.81)$$

式(2.81)的意义导致了 **1/4 波长阻抗变换器**(lambda-quarter transformer)。通过对传输线的设计，即令传输线的特性阻抗等于负载阻抗和输入阻抗的几何平均值，即可使一个实数负载阻抗与一个需要的实数输入阻抗相匹配。

$$Z_0 = \sqrt{Z_L Z_{in}} \qquad (2.82)$$

如图 2.31 所示，其中 $Z_{in}$ 和 $Z_L$ 是已知阻抗，而 $Z_0$ 由式(2.82)确定。

阻抗匹配的概念具有重要的工程设计意义，第 8 章将对其进行全面讨论。作为其简单应用，我们将上述公式安排在有关反射系数的章节中。

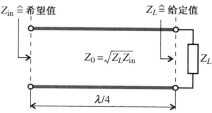

图 2.31　采用 1/4 波长传输线实现输入阻抗与负载阻抗的匹配

### 例 2.8　用 1/4 波长阻抗变换器进行阻抗匹配

一个晶体管的输入阻抗 $Z_L = 25\ \Omega$，工作频率为 500 MHz，要求它与 50 Ω 微带线相匹配(见图 2.32)。求匹配状态下，1/4 波长平行板传输线变换器的长度、宽度和特性阻抗。已知介质厚度 $d = 1$ mm，材料的相对介电常数 $\varepsilon_r = 4$，电阻 $R$ 和并联电导 $G$(见表 2.1)可忽略。

**解**：根据给出的已知阻抗，可直接应用式(2.81)，求出传输线的阻抗：

$$Z_{line} = \sqrt{Z_0 Z_L} = 35.355\ \Omega$$

另一方面，平行板传输线的特性阻抗为

$$Z_{line} = \sqrt{L/C} = (d_p/w)\sqrt{\mu/\varepsilon}$$

所以，传输线的宽度为

$$w = \frac{d_p}{Z_{line}}\sqrt{\frac{\mu_0}{\varepsilon_0\varepsilon_r}} = 5.329\ \text{mm}$$

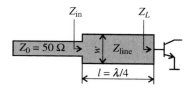

图 2.32　1/4 波长变换器的输入阻抗

传输线的长度由相速度决定，平行板传输线的相速度为

$$v_p = \frac{c}{\sqrt{\varepsilon_r}}$$

由此可得传输线的长度 $l$：

$$l = \frac{\lambda}{4} = \frac{v_p}{4f} = \frac{c}{4f\sqrt{\varepsilon_r}} = 74.95\ \text{mm}$$

如图 2.32 所示，传输线组合及负载的输入阻抗为

$$Z_{in} = Z_{line}\frac{Z_L + jZ_{line}\tan(\beta d)}{Z_{line} + jZ_L\tan(\beta d)} = Z_{line}\frac{1 + \Gamma(d)}{1 - \Gamma(d)}$$

其中，$d = l = \lambda/4$，反射系数由下式给出：

$$\Gamma(d) = \Gamma_0 e^{-2j\beta d} = \frac{Z_L - Z_{line}}{Z_L + Z_{line}}\exp\left(-j2\frac{2\pi f}{v_p}d\right)$$

阻抗的幅度曲线如图 2.33 所示。

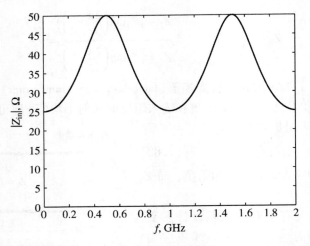

图 2.33　传输线阻抗 $Z_{in}$ 的幅度曲线(频率范围为 0 ~ 2 GHz,长度为 $d$)

注意到,对于 50 Ω 的传输线阻抗,$Z_{in}$ 不仅在 500 MHz 是匹配的,在 1.5 GHz 也是匹配的。对于特定的传输线长度 $l$,由于此 1/4 波长阻抗变换器被设计为只在 500 MHz 达到匹配,所以不能期望匹配会发生在远离 500 MHz 的频率点。事实上,对于需要工作在宽频带的电路,这种方法似乎不是合适的策略。

作为容易加工的窄带匹配电路,1/4 波长阻抗变换器在许多应用中都扮演着重要的角色。

## 2.11　连接波源、负载的传输线

到目前为止的讨论只限于传输线及由负载阻抗表示的传输线终端情况。为了完善我们的研究,必须要在传输线上增加波源。增加波源的结果是,不仅必须研究传输线和负载之间的阻抗失配,还必须考虑传输线与波源之间的失配情况。

### 2.11.1　信号源的复数表示法

传输线电路的一般形式如图 2.34 所示,包含一个源电压为 $V_G$、源阻抗为 $Z_G$ 的电压源。

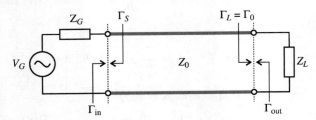

图 2.34　包含波源和终端负载的传输线电路

传输线输入端的电压,可写成以下一般形式:

$$V_{in} = V_{in}^+ + V_{in}^- = V_{in}^+(1 + \Gamma_{in}) = V_G\left(\frac{Z_{in}}{Z_{in} + Z_G}\right) \tag{2.83}$$

其中,最后的表达式是根据分压定律得出的。输入反射系数 $\Gamma_{in}$ 是由波源向长度 $d = l$ 的传输线方向观察得到的：

$$\Gamma_{\text{in}} = \Gamma(d = l) = \frac{Z_{\text{in}} - Z_0}{Z_{\text{in}} + Z_0} = \Gamma_0 e^{-2j\beta l} \tag{2.84}$$

在式(2.84)中，$\Gamma_0$是由式(2.52)定义的负载反射系数。除了上述反射系数，连接的波源还产生了另外的问题。由于从负载反射的电压波向着波源传输，所以必须考虑传输线与波源阻抗之间的失配情况。若从传输线向波源观察，则可以定义波源反射系数：

$$\Gamma_S = \frac{Z_G - Z_0}{Z_G + Z_0} \tag{2.85}$$

图2.34所示的输出反射系数，可用与式(2.84)类似，但移动方向相反的方法导出[①]：$\Gamma_{\text{out}} = \Gamma_S e^{-j2\beta l}$。

### 2.11.2 传输线中的功率问题

根据时间的平均功率的定义，

$$P_{\text{av}} = \frac{1}{2}\text{Re}(VI^*) \tag{2.86}$$

可以计算有载传输线的耗散功率。为此必须在式(2.86)中引入复数形式的输入电压 $V_{\text{in}} = V_{\text{in}}^+(1 + \Gamma_{\text{in}})$和输入电流 $I_{\text{in}} = (V_{\text{in}}^+/Z_0)(1 - \Gamma_{\text{in}})$。计算结果如下：

$$P_{\text{in}} = P_{\text{in}}^+ + P_{\text{in}}^- = \frac{1}{2}\frac{|V_{\text{in}}^+|^2}{Z_0}(1 - |\Gamma_{\text{in}}|^2) \tag{2.87}$$

这里又可看出，与电压、电流相同，功率也可视为由正、反向传输的波构成。

由于式(2.87)中的$V_{\text{in}}^+$的意义不明确，根据电压源电压$V_G$，将式(2.87)重写为如下形式将更有用：

$$V_{\text{in}}^+ = \frac{V_{\text{in}}}{1 + \Gamma_{\text{in}}} = \frac{V_G}{1 + \Gamma_{\text{in}}}\left(\frac{Z_{\text{in}}}{Z_{\text{in}} + Z_G}\right) \tag{2.88}$$

其中利用了式(2.83)。根据式(2.69)，输入阻抗可重写为

$$Z_{\text{in}} = Z_0\frac{1 + \Gamma_{\text{in}}}{1 - \Gamma_{\text{in}}} \tag{2.89}$$

根据式(2.85)可得源阻抗为

$$Z_G = Z_0\frac{1 + \Gamma_S}{1 - \Gamma_S} \tag{2.90}$$

将式(2.89)和式(2.90)代入式(2.88)，整理可得

$$V_{\text{in}}^+ = \frac{V_G}{2}\frac{(1 - \Gamma_S)}{(1 - \Gamma_S\Gamma_{\text{in}})} \tag{2.91}$$

将式(2.91)代入式(2.87)，可得输入功率的最终表达式

$$P_{\text{in}} = \frac{1}{8}\frac{|V_G|^2}{Z_0}\frac{|1 - \Gamma_S|^2}{|1 - \Gamma_S\Gamma_{\text{in}}|^2}(1 - |\Gamma_{\text{in}}|^2) \tag{2.92}$$

引入式(2.84)，可得无损耗传输线输入功率的表达式如下：

$$P_{\text{in}} = \frac{1}{8}\frac{|V_G|^2}{Z_0}\frac{|1 - \Gamma_S|^2}{|1 - \Gamma_S\Gamma_0 e^{-2j\beta l}|^2}(1 - |\Gamma_0|^2) \tag{2.93}$$

---

① 讨论 $\Gamma_{\text{in}}$ 和 $\Gamma_L$ 时，波从左向右传输；讨论 $\Gamma_{\text{out}}$ 和 $\Gamma_S$ 时，波从右向左传输。——译者注

由于传输线是无损耗的，所以到达负载的功率将等于输入功率。如果波源和负载的阻抗都与传输线的阻抗相匹配($\Gamma_S = 0$ 和 $\Gamma_0 = 0$)，则式(2.93)简化为

$$P_{in} = \frac{1}{8}\frac{|V_G|^2}{Z_0} = \frac{1}{8}\frac{|V_G|^2}{Z_G} \tag{2.94}$$

它表达了在完全匹配的条件下，波源输出的功率就是波源提供的最大资用功率。如果负载阻抗 $Z_L$ 与传输线相匹配，而波源阻抗 $Z_G$ 与传输线不匹配，那么有些功率将被反射，仅有最大资用功率的一部分从 $d = l$ 处输入到传输线中：

$$P_{in} = \frac{1}{8}\frac{|V_G|^2}{Z_0}|1 - \Gamma_S|^2 \tag{2.95}$$

对于波源和负载的阻抗都与传输线不匹配的情况，传输线的两端都将发生反射，传输到负载的功率由式(2.93)给出。除了瓦特(W)，射频电路设计领域内广泛使用的功率单位是 dBm，其定义如下：

$$P[dBm] = 10\log\frac{P}{1\text{ mW}} \tag{2.96}$$

这说明，功率是相对于 1 毫瓦来度量的。

---

### 50 Ω 同轴电缆

　　50 Ω 同轴电缆的应用十分广泛，因为它是综合考虑了最小衰减(阻抗等于 77 Ω)及最大功率容量(阻抗等于 32 Ω)的结果(内外径之比等于 1.65，$\varepsilon_r = 1$)。取它们的几何平均，即 $Z_0 = \sqrt{30 \times 77}$ Ω，结果约为 50 Ω。

---

### 例 2.9　传输线中的功率

　　对于图 2.34 所示的电路，若无损耗传输线的 $Z_0 = 75$ Ω，$Z_G = 50$ Ω，$Z_L = 40$ Ω，求输入功率和传送到负载处的功率，答案的单位分别采用 W 和 dBm，假设传输线长度为 $\lambda/2$，源电压 $V_G = 5$ V。

　　**解：** 因为传输线无损耗，传送到负载的功率与输入功率完全相同。可用表达式(2.93)求输入功率。因为传输线的长度为 $\lambda/2$，所以式(2.93)中的所有指数项均为 1，即 $e^{-2j\beta l} = e^{-2j(2\pi/\lambda)(\lambda/2)} = 1$，则式(2.93)可改写为

$$P_{in} = \frac{1}{8}\frac{|V_G|^2}{Z_0}\frac{|1 - \Gamma_S|^2}{|1 - \Gamma_S\Gamma_0|^2}(1 - |\Gamma_0|^2)$$

其中，在波源端的反射系数 $\Gamma_S = (Z_G - Z_0)/(Z_G + Z_0) = -0.2$，在负载处的反射系数 $\Gamma_0 = (Z_L - Z_0)/(Z_L + Z_0) = -0.304$。将求出的结果代入上面的公式，可得

$$P_L = P_{in} = 61.7\text{ mW}$$

或

$$P_L = P_{in} = 17.9\text{ dBm}$$

在多数射频数据手册和应用指南中，输出功率都以 dBm 为单位。所以，对 mW 和 dBm 之间相对大小有直觉是很重要的。

---

**功率单位的换算**

| | |
|---|---|
| $10^{-7}$ mW = $-70$ dBm | $0.1$ mW = $-10$ dBm |
| $1$ mW = $0$ dBm | $10$ mW = $10$ dBm |
| $1$ W = $30$ dBm | $10$ W = $40$ dBm |

---

上述分析很容易推广到有损耗的传输线。我们发现，由于信号的衰减，输入功率不再等于负载功率。然而，根据图 2.34，被负载吸收的功率可表示为类似式(2.87)的形式：

$$P_L = \frac{\left|V_L^+\right|^2}{2Z_0}(1 - |\Gamma_0|^2) \tag{2.97}$$

其中，有损耗传输线的电压 $|V_L^+|$ 是 $|V_L^+| = |V_{in}^+|\,e^{-\alpha l}$，其中 $\alpha$ 还是衰减系数，$Z_0$ 仍是由无损耗传输线求出的。将式(2.91)代入式(2.97)可得最终表达式：

$$P_L = \frac{1}{8}\frac{|V_G|^2}{Z_0}\frac{\left|1 - \Gamma_S\right|^2}{\left|1 - \Gamma_S\Gamma_{in}\right|^2}e^{-2\alpha l}(1 - |\Gamma_0|^2) \tag{2.98}$$

此处，所有参数都是用波源的电压和反射系数定义的，且 $\Gamma_{in} = \Gamma_0\exp(-2\gamma l)$。

### 2.11.3　输入阻抗的匹配

根据图 2.34 所示的传输线结构的等效电路，可以分析波源与传输线之间匹配的最佳条件。

采用集中参数表示，并根据图 2.35，可将式(2.93)表示为

$$P_{in} = \frac{1}{2}\text{Re}\left(V_{in}\frac{V_{in}^*}{Z_{in}^*}\right) = \frac{1}{2}\frac{|V_G|^2}{\text{Re}(Z_{in}^*)}\left|\frac{Z_{in}}{Z_G + Z_{in}}\right|^2 \tag{2.99}$$

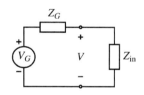

若假设波源阻抗是复常数 $Z_G = R_G + jX_G$，则可以导出对 $Z_{in}$ 的限制条件，以使传输线得到最大输入功率。将 $P_{in}$ 视为两个独立变量 $R_{in}$ 和 $X_{in}$ 的函数，通过求 $P_{in}$ 对 $R_{in}$ 和 $X_{in}$ 的一阶导数并令其为零的方法，可求出最大功率条件：

图 2.35　传输线结构的等效集中参数输入网络

$$\frac{\partial P_{in}}{\partial R_{in}} = \frac{\partial P_{in}}{\partial X_{in}} = 0 \tag{2.100}$$

这两个条件的结论是

$$R_G^2 - R_{in}^2 + (X_G^2 + 2X_GX_{in} + X_{in}^2) = 0 \tag{2.101a}$$

和

$$X_{in}(X_G + X_{in}) = 0 \tag{2.101b}$$

解式(2.101b)，可得 $X_{in} = -X_G$，将此结果代入式(2.101a)可得 $R_{in} = R_G$，此推导过程表明：最佳功率传输的要求是传输线和波源阻抗的复数共轭匹配，即

$$Z_{in} = Z_G^* \tag{2.102}$$

尽管以上讨论是针对波源与输入阻抗匹配的情况，但对于输出阻抗与负载阻抗的匹配也可以采用相同的方法分析。结果是，最大功率传输仍然需要阻抗的复数共轭匹配，即

$$Z_{\text{out}} = Z_L^*$$

其中，$Z_{\text{out}}$ 是从负载向传输线看去的阻抗。

## 2.11.4　反射损耗和插入损耗

在实际的电路中，波源资用功率和输入传输线的功率之间总是存在一定程度的差别，即式(2.89)中的 $\Gamma_{\text{in}}$ 不为零。该差别通常定义为**反射损耗**(return loss, RL)[①]，它是反射功率 $P_r = P_{\text{in}}^-$ 与输入功率 $P_i = P_{\text{in}}^+$ 之比，可表示为

$$\text{RL[dB]} = -10\,\log\left(\frac{P_r}{P_i}\right) = -10\,\log|\Gamma_{\text{in}}|^2 = -20\,\log|\Gamma_{\text{in}}| \qquad (2.103a)$$

$$\text{RL[Np]} = -\ln|\Gamma_{\text{in}}| \qquad (2.103b)$$

其中，式(2.103a)是以分贝(dB)表示的反射损耗，分贝是以 10 为底数的对数；式(2.103b)是以奈培(Neper, Np)表示的反射损耗，奈培是取自然对数。奈培与分贝之间的转换关系为

$$\text{RL[dB]} = -20\,\log|\Gamma_{\text{in}}| = -20(\ln|\Gamma_{\text{in}}|)/(\ln 10) = -(20\,\log e)\ln|\Gamma_{\text{in}}| \qquad (2.104)$$

所以，1 Np = 20 log e = 8.686 dB，从式(2.104)可见，若传输线是匹配的，$\Gamma_{\text{in}} \to 0$，则 RL→∞。

---

**插入损耗和反射损耗**

下表列出了插入损耗、反射损耗(均以 dB 为单位)及电压驻波比(VSWR)。

| 插入损耗[dB] | 反射损耗[dB] | 电压驻波比 |
|---|---|---|
| 0.01 | 26.4 | 1.10 |
| 0.50 | 9.64 | 1.98 |
| 1.00 | 6.87 | 2.66 |
| 3 * | 3 * | 5.83 |
| 5.00 | 1.65 | 10.6 |

* 注：3 dB 反射损耗或插入损耗有时作为半功率点，更严格的值是 3.0103 dB。

---

### 例2.10　传输线段的反射损耗

已知图 2.35 所示电路中测得的反射损耗为 20 dB，传输线特性阻抗 $R_{\text{in}} = 50\ \Omega$，假设阻抗只有实部，求源阻抗 $R_G$。答案是唯一的吗？

**解：**反射系数可从式(2.103a)求得

$$|\Gamma_{\text{in}}| = 10^{-\text{RL}/20} = 10^{-20/20} = 0.1$$

波源电阻可用式(2.89)计算：

$$R_G = R_{\text{in}}\frac{1 + \Gamma_{\text{in}}}{1 - \Gamma_{\text{in}}} = 50\frac{1 + 0.1}{1 - 0.1}\ \Omega = 61.1\ \Omega$$

在上述的计算中，假定反射系数 $\Gamma_{\text{in}}$ 是正数，所以等于其绝对值。但是，它也可能是负数，在这种情况下，源电阻是

---

① 也称为回波损耗。——译者注

$$R_G = R_{\text{in}} \frac{1 + \Gamma_{\text{in}}}{1 - \Gamma_{\text{in}}} = 50 \frac{1 - 0.1}{1 + 0.1} \ \Omega = 40.9 \ \Omega$$

反射损耗可用矢量网络分析仪测量，它直接给出了反射系数的幅度，并反映了传输线与波源之间的阻抗失配程度。

除了与反射功率有关的反射损耗，引入**插入损耗**(insertion loss, IL)也很有用处，插入损耗的定义是，传输功率 $P_t$ 与输入功率 $P_i$ 之比。在实际应用中，插入损耗是根据以下公式，以 dB 为单位定义的：

$$\text{IL[dB]} = -10 \ \log \frac{P_t}{P_i} \approx -10 \ \log \frac{P_i - P_r}{P_i} = -10 \ \log(1 - |\Gamma_{\text{in}}|^2) \tag{2.105}$$

式(2.105)的意思在电路设计中是明确的。正如其名称的含义，如果一个电路与射频波源之间的连接不匹配，则反射将导致传输给该电路的功率出现损耗。例如，若一个电路可等价于开路或短路的终端条件，则插入损耗可达到最大($\text{IL} \to \infty$)。换句话说，如果一个电路与波源之间是匹配的，则所有功率都将传输到该电路，插入损耗变为最小($\text{IL} \to 0$)。

## 应用讲座：有载同轴电缆阻抗的测量

在 10 kHz 至 100 GHz 频率范围内(多数设备只能覆盖该频率范围的一部分)，任何元件的反射系数和阻抗都可以采用矢量网络分析仪进行测量。现在对一个终端接电阻的同轴电缆进行一些实际测量。

在本实验中，一个 100 $\Omega$ 的电阻通过一条 54 cm 长的电缆与矢量网络分析仪(HP 8714ES)的 1 端口相连。测量结果如图 2.36(a)所示，阻抗的模是频率的函数，频率范围为 300 kHz 至 1 GHz。为了从理论上(近似地)计算该阻抗，需要知道电缆的特性阻抗和相速度，假设它们分别为 50 $\Omega$ 和光速的 71%。作为波源的矢量网络分析仪的内阻也是 50 $\Omega$。所以，根据式(2.69)和式(2.58)，输入阻抗的曲线如图 2.23(b)所示。我们发现，在极低的频率下输入阻抗为 100 $\Omega$，随后在 25 $\Omega$ 到 100 $\Omega$ 之间振荡，周期约为 200 MHz。所以，电缆的长度约为 200 MHz 对应波长的一半。随着频率的增加，测量值出现偏差，很可能是因为寄生效应影响的增加。显示待测负载阻抗幅值的矢量网络分析仪如图 2.37 所示。

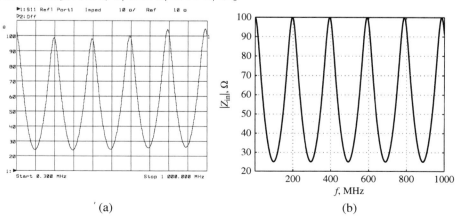

(a)                                                 (b)

图 2.36  终端接 100 $\Omega$ 电阻的同轴电缆的阻抗。(a)矢量网络分析仪测量；(b)理论计算

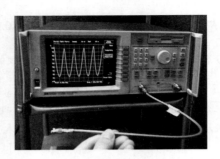

图 2.37　连接了 100 Ω 电阻测试板的矢量网络分析仪

## 2.12　小结

本章详细描述了分布电路理论的基本概念。此论题的起因是,当电压波和电流波的波长缩短到大约电路系统尺度的 1/10 时,必须从以基尔霍夫电流和电压定律为基础的集中参数电路理论转变成基于波动原理的分布电路理论。分析方法从低频电路到高频电路的转换也许没有电路系统尺度必须 10 倍于波长那样的明确界线,实际上存在一个相当大的“过渡区域”。但是,为了得到合理的电路设计结果,需要从某个特定的频率开始这种转换。

根据传输线微分段的等效电路表示法(见 2.3 节),可充分理解分布电路理论的基本概念。对于三种最常用的传输线(见 2.6 节),其单位长度的电路参数 $R$、$L$、$G$ 和 $C$ 可直接从表 2.1 得到,而没有涉及太多理论细节。然而,对于有兴趣了解这些参数如何导出的读者,2.4 节介绍了法拉第定律和安培定律这些必要的工具,随后 2.5 节又导出了平行板传输线的全部 4 个电路参数。对于实际的条件和复杂的几何结构,需采用数值方法求解描述传输线系统的基本的空间微分方程。

无论哪种情况,只要知道了电路参数,最终都能导出传输线系统的特性阻抗和传播常数:

$$Z_0 = \sqrt{\frac{R + j\omega L}{G + j\omega C}}, \qquad \gamma = \alpha + j\beta = \sqrt{(R + j\omega L)(G + j\omega C)}$$

根据这个表达式可得到终端加载传输线的输入阻抗,这个结果也许是无损耗传输系统中最重要的射频理论公式之一:

$$Z_{\text{in}}(d) = Z_0 \frac{Z_L + jZ_0 \tan(\beta d)}{Z_0 + jZ_L \tan(\beta d)}$$

我们从空间特征和频域特性方面,研究了这个公式在开路、短路和匹配负载等特殊情况下的应用。此外,作为负载阻抗与指定输入阻抗之间进行匹配的一种方法,本章还介绍了 1/4 波长阻抗变换器。

作为输入阻抗公式的另一种形式,常常用负载反射系数和波源反射系数表示传输线的阻抗:

$$\Gamma_0 = \frac{Z_L - Z_0}{Z_L + Z_0}, \qquad\qquad \Gamma_S = \frac{Z_G - Z_0}{Z_G + Z_0}$$

可见,反射系数经过长度为 $d$ 的无损耗传输线变换后的关系为

$$\Gamma(d) = \Gamma_0 e^{-j2\beta d}$$

根据反射系数的概念,可得出功率流的简洁表达式。类似于输入阻抗,可以导出输入功率

$$P_{\text{in}} = \frac{1}{8} \frac{|V_G|^2}{Z_0} \frac{|1 - \Gamma_S|^2}{|1 - \Gamma_S \Gamma_0 e^{-2j\beta l}|^2} (1 - |\Gamma_0|^2)$$

这个公式可用于考察负载/波源端的各种匹配情况或失配情况。第 2 章末尾简要讨论了插入损耗和反射损耗。

## 阅读文献

R. G. Medhurst, "High frequency resistance and capacity of single-layer solenoids," *Wireless Engineering*, p. 35, 1947.

H. M. Greenhouse, "Design of planar rectangular microelectronic inductors," *IEEE Trans. on Parts*, *Hybrids*, *Packaging*, Vol. 10, pp. 101-109, 1974.

I. J. Bahl and D. K. Trivedi, "A designer's guide to microstrip line," *Microwaves*, pp. 90-96, 1977.

P. R. Geffe, "The design of single-layer solenoids for RF filters," *Microwave Journal*, Vol. 39, pp. 70-76, 1996.

V. F. Perna, "A guide to judging microwave capacitors," *Microwaves*, Vol. 9, pp. 40-42, 1970.

T. G. Bryant and J. A. Weiss, "Parameters of microstrip transmission lines and of coupled pairs of microstrip lines," *IEEE Trans. on Microwave Theory Techniques* (*MTT*), Vol. 16, pp. 1021-1027, 1968.

B. Bhat and S. K. Koul, "Unified approach to solve a class of strip and microstrip-like transmission lines," *IEEE Trans. on Microwave Theory Techniques* (*MTT*), Vol. 30, pp. 679-686, 1982.

R. Collin, *Foundations of Microwave Engineering*, McGraw-Hill, New York, 1966.

G. Gonzales, *Microwave Transistor Amplifiers*, *Analysis and Design*, 2nd ed, Prentice Hall, Upper Saddle River, New Jersey, 1997.

H. A. Haus and J. R. Melcher, *Electromagnetic Fields and Energy*, Prentice Hall, Englewood Cliffs, NJ, 1989.

M. F. Iskander, *Electromagnetic Fields and Waves*, Prentice Hall, Upper Saddle River, New Jersey, 1992.

C. T. A. Johnk, *Engineering Electromagnetic Fields and Waves*, 2nd ed., John Wiley & Sons, New York, 1989.

J. A. Kong, *Electromagnetic Wave Theory*, 2nd ed., John Wiley & Sons, New York, 1996.

S. Y. Liao, Engineering *Applications of Electromagnetic Theory*, West Publishing Company, St. Paul, MN, 1988.

P. A. Rizzi, *Microwave Engineering*, *Passive Circuits*, Prentice Hall, Englewood Cliffs, New Jersey, 1988.

H. Sobol, "Applications of Integrated Circuit Technology to Microwave Frequencies," *Proceedings of the IEEE*, August 1971.

D. H. Staelin, A. W. Morgenthaler, and J. A. Kong, *Electromagnetic Waves*, Prentice Hall, Upper Saddle River, New Jersey, 1994.

## 习题

2.1　为了计算传输线中电介质的等效介电常数 $\varepsilon_r$，我们决定选用类似于图 2.2 的系统测量电压沿传输线的分布，在信号频率为 1 GHz 时，测得传输线中的信号波长为 10 cm。根据这个数据，计算电介质的等效介电常数，并讨论如何利用该系统测量传输线的衰减系数 $\alpha$。

2.2　正如本章所讨论的，在印刷电路板上孤立的信号导线可被视为传输线，并能用图 2.12 所示的等效电路描述。然而，随着印刷电路板尺寸的缩小，导线之间的距离随之减小，导线就不能当成孤立的传输线处理，而必须考虑它们之间的相互作用。根据图 2.7 所示的结构，给出考虑了两个信号线之间相互作用的新等效电路。

2.3　在例 2.1 中已说明，如何计算通过电流 $I$ 的导线所产生的磁场分布。一个系统由两根平行导线组成，导线半径均为 5 mm，通过 5 A 的同向电流。试重新计算导线所产生的磁场分布。画出磁场 $H(r)$ 随距离 $r$ 的分布，$r$ 的起点在两根导线的中间，并沿与导线垂直的方向延伸。

2.4 考虑细导线(假设导线的半径等于零)做成的圆环,半径 $r = 1$ cm,其中通过 $I = 5$ A 的恒定电流。求圆环轴线上的磁场随距离 $h$ 的变化,$h$ 的零点位于圆环的中心。

2.5 根据式(2.32),求出 $\alpha$ 和 $\beta$ 以 $L$、$C$、$G$、$R$ 和 $\omega$ 的表达方式。

2.6 书中已导出平行板传输线的参数($R$、$L$、$G$ 和 $C$),试导出图2.4所示双线传输线的上述参数,假定 $D \gg a$。

2.7 对图2.5所示同轴线,重复计算习题2.6。

2.8 RG6A/U 电缆的特性阻抗为 75 $\Omega$,测量得到 0.5 m 长电缆的电容为 33.6 pF,假设电缆是无损耗的,求其相速度和单位长度的电感值。

2.9 假定在传输线中介质和导体的损耗都很小,即 $G \ll \omega C$,$R \gg \omega L$,证明传播常数 $\gamma$ 可表示为

$$\gamma = \alpha + j\beta = \frac{1}{2}\left(\frac{R}{Z_0} + GZ_0\right) + j\omega\sqrt{LC}$$

其中,$Z_0 = \sqrt{L/C}$ 是无损耗传输线的特性阻抗。

2.10 根据习题2.9的结果和表2.1中给出的参数,
(a)证明损耗较小时,同轴线的衰减常数是

$$\alpha = \frac{1}{2}\frac{1}{\sigma_{\text{cond}}\delta}\sqrt{\frac{\varepsilon}{\mu}}\frac{1}{\ln(b/a)}\left(\frac{1}{a} + \frac{1}{b}\right) + \frac{\sigma_{\text{diel}}}{2}\sqrt{\frac{\mu}{\varepsilon}}$$

其中,$\sigma_{\text{diel}}$ 和 $\sigma_{\text{cond}}$ 分别是电介质和导体的电导率。
(b)以导体半径为参数,证明最小衰减的条件是 $x\ln x = 1 + x$,其中 $x = b/a$。
(c)证明:若同轴电缆中介质材料的相对介电常数 $\varepsilon_r = 1$,由最小损耗的条件可得出特性阻抗 $Z_0 = 76.7$ $\Omega$。

2.11 计算右图所示的同轴电缆的传输线参数,电缆参数如下:
内导体:铜。$a = 0.5$ mm,$\sigma_{\text{Cu}} = 64.5 \times 10^6$ S/m。
介质:聚乙烯。$b = 1.5$ mm,$\sigma_{\text{Poly}} = 10^{-14}$ S/m,$\varepsilon_r = 2.25$。
外导体:铜。$t = 0.5$ mm,$\sigma_{\text{Cu}} = 64.5 \times 10^6$ S/m。

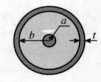

2.12 若 RG58A/U 电缆的特性阻抗不确定,对该电缆进行测量得到如下数据:

● 每米电缆的电容为 101 pF。
● 相速度为光速的 66%。
● 在 1 GHz 下的衰减为 0.705 dB/m。
● 介质层为聚乙烯制成,$\sigma_{\text{Poly}} = 10^{-14}$ S/m。

根据这些数据求以下参数:
(a)假设电缆无损耗,求单位长度电缆的电感 $L$。
(b)假设电缆无损耗,求电缆的特性阻抗 $Z_0$。
(c)电介质的相对介电常数 $\varepsilon_r$。
(d)工作频率为 1 GHz 时,每米电缆的电阻 $R$(提示:用习题2.10中导出的衰减常数公式)。
(e)单位长度的介质电导 $G$。

2.13 计算习题2.12中的同轴电缆的复数特性阻抗,在 10 kHz 至 1 GHz 频带内,画出特性阻抗实部和虚部的频率特性。你预期的结果是这样吗?解释存在的矛盾。

2.14 如果 $R = 0$ 且 $G = 0$,则传输线是理想的,即 $\gamma = j\omega\sqrt{LC} = \alpha + j\beta$ 或 $\alpha = 0$ 和 $\beta = \omega/v_p$,相速度 $v_p$ 与频率无关($v_p = 1/\sqrt{LC}$)。信号沿传输线传输不会产生脉冲畸变和衰减。假如 $R \neq G \neq 0$,求 $\alpha = \sqrt{RG}$ 和 $\beta = \omega\sqrt{LC}$ 的条件。换句话说,求该传输线有衰减、无色散的条件。

2.15　要求制成一个 50 Ω 的微带线。材料相对介电常数是 2.23，介质板厚 $h = 0.787$ mm。若工作频率为 1 GHz，铜箔的厚度忽略不计，试求微带线的宽度、波长和等效介电常数。

2.16　已知双线传输线的参数表达式（见表 2.1），求传输线的特性阻抗公式。传输线由导体地板与直径为 $a$ 的导线构成，导体至导线中心的距离为 $h$。忽略损耗并假设介质是均匀的。

2.17　微带传输线（假设无损耗）在较高的频率下开始出现色散效应，即相速度随频率而变（特性阻抗也出现微小变化）。讨论为何此现象仅出现在微带线中，而不出现在尺度相当的同轴线中。假设所有介质的介电常数都与频率无关。

2.18　从驻波比（SWR）的基本定义 $\mathrm{SWR} = \dfrac{|V_{\max}|}{|V_{\min}|} = \dfrac{|I_{\max}|}{|I_{\min}|}$ 出发，证明其能表示为 $\mathrm{SWR} = \dfrac{1 + |\Gamma_0|}{1 - |\Gamma_0|}$。

2.19　假设特性阻抗为 50 Ω 的同轴电缆是无损的。如果其负载是短路线，试分别求电缆长度为 2 倍波长、0.75 倍波长和 0.5 倍波长时的输入阻抗。

2.20　图 2.2 所示实验的结果如下：两个相邻电压最小点之间的距离为 2.1 cm，从负载到其最近的一个电压最小点的距离是 0.9 cm，负载的驻波比是 2.5。假如 $Z_0 = 50$ Ω，求负载的阻抗。

2.21　本章已经导出了有载无损耗线的输入阻抗表达式（2.65）。试用同样的方法证明有载有损耗传输线（即 $R \neq 0$，$G \neq 0$）的输入阻抗表示式为

$$Z_{\mathrm{in}}(d) = Z_0 \frac{Z_L + Z_0 \tanh(\gamma d)}{Z_0 + Z_L \tanh(\gamma d)}$$

其中，$\gamma$ 是复数形式的传播常数，tanh 代表双曲正切，

$$\tanh(x) = \frac{\mathrm{e}^x - \mathrm{e}^{-x}}{\mathrm{e}^x + \mathrm{e}^{-x}}$$

2.22　用上题的结果计算系统工作频率为 1 GHz、终端负载阻抗 $Z_L = (45 + \mathrm{j}5)$ Ω、长度为 10 cm 的有损耗同轴电缆的输入阻抗。同轴电缆参数如下：$R = 123$ μΩ/m，$L = 123$ nH/m，$G = 123$ μS/m 和 $C = 123$ pF/m。

2.23　在 1 GHz 频率下计算 RG-58 A/U 同轴电缆的输入阻抗，电缆长度为 3 倍波长，终端接阻值为 5 Ω 的电阻。电缆技术数据为：$Z_0 = 50$ Ω，$\nu_p = 0.659\ c$，1 GHz 频率下的损耗 97 dB/100 m。分别计算有损耗和无损耗的情况，并讨论其差别。

2.24　证明无损传输线的输入阻抗值每隔半个波长重复一次［即 $Z_{\mathrm{in}}(l_d) = Z_{\mathrm{in}}\{l_d + m(\lambda/2)\}$］，其中 $l_d$ 是任意长度，$m$ 是整数 0，1，2，…。

2.25　一台无线电发射机能产生 3 W 输出功率。发射机通过特性阻抗为 50 Ω 的同轴电缆与特性阻抗为 75 Ω 的天线连接。假如波源阻抗为 45 Ω，电缆长度为波长的 11 倍，求输送到天线的功率。

2.26　一个射频电路项目需要制作一个开路阻抗，该阻抗是在印刷电路板上用终端短路的 75 Ω 微带线实现的。已知，电路板厚 31 mil，相对介电常数为 10，工作频率 1.96 GHz。求传输线的长度必须为多少，才能在微带线的另一端得到无穷大的阻抗？

2.27　将长度为 3/4 波长、$Z_0 = 85$ Ω 的终端短路微带线作为一个集中参数电路元件。假设该微带线是无损耗的，其输入阻抗是多少？

2.28　对于右图所示系统，假设所有传输线都是无损耗的。求输入功率、传送到负载的功率和插入损耗。

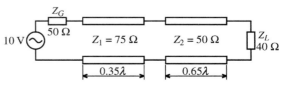

2.29　对于负载阻抗 $Z_L = 50$ Ω 的情况，重新计算习题 2.28。

2.30　特性阻抗为 100 Ω、长为 50 cm 的无损耗传输线与复数负载阻抗 $Z_L = (75 - \text{j}50)$ Ω 相连,选定频率所对应的波长为 30 cm。求:

(a)输入阻抗。

(b)面向负载且距离负载 10 cm 处的阻抗。

(c)在负载处及距离负载 10 cm 处的电压反射系数。

2.31　特性阻抗 100 Ω 的微带线与特性阻抗 75 Ω 微带线相连(假设其长度无限)。若从 100 Ω 微带线向 75 Ω 微带线方向观察,求反射系数,电压驻波比、反射功率的百分比、反射损耗、传输功率的百分比及插入损耗。

2.32　与源相匹配的 50 Ω 传输线的负载 $Z_L = 75$ Ω,假设传输线的长度为 $3.4\lambda$,衰减常数 $\alpha = 0.5$ dB$/\lambda$,信号源输出的信号幅值是 10 V。求:

(a)波源发送的功率。

(b)传输线上损耗的功率。

(c)传送到负载的功率。

2.33　测量同轴电缆特性阻抗的一种技术是:用矢量网络分析仪分别测量该传输线开路和短路状态下的输入阻抗 $Z_{\text{in}}^{\text{oc}}$ 和 $Z_{\text{in}}^{\text{sc}}$,然后求特性阻抗 $Z_0$。假设传输线的特性阻抗为实数,应如何利用这些阻抗求得 $Z_0$?

2.34　用一个信号源驱动两个负载,如下图所示。求信号源输出的功率和传输到每个负载的功率。

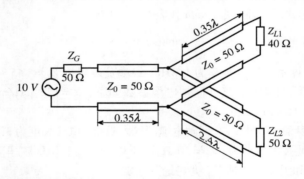

2.35　无损耗的 50 Ω 微带线的终端接一个导纳为 0.05 mS 的负载。

(a)若使该传输线的输入阻抗为 50 Ω,与终端负载并联的附加阻抗应是多少?

(b)若匹配波源的输出电压为 10 V,求电压、电流及被并联总负载吸收的功率。

2.36　试证明,反射损耗、插入损耗可分别用电压驻波比表示为

$$\text{RL} = 20 \log\frac{\text{SWR}+1}{\text{SWR}-1}, \qquad \text{IL} = 20 \log\frac{\text{SWR}+1}{2\sqrt{\text{SWR}}}$$

2.37　有损耗传输线具有虚部较小的复数特性阻抗 $Z_0$。在多数情况下,这个虚部对计算的影响不大,可以忽略。然而,如果这个传输线用于代替集中参数元件($L$ 或 $C$),将会对品质因数产生明显影响。假设,在 1 GHz 频率下,用一个长度为 $\lambda/8$、终端短路的 RG-58 同轴线替代集中参数电感。电缆参数见习题 2.23。分别求下面情况下电感的品质因数:

(a)传输线阻抗为实数 $Z_0 = 50$ Ω。

(b)传输线阻抗为复数 $Z_0$,假设传输线的损耗是纯电阻性的(介质无损耗)。

# 第 3 章　史密斯圆图

传输线的特性阻抗与材料性质和几何尺寸有关。典型的实用传输线包括微带线、同轴电缆和平行板线。另外，传输线的长度和工作频率对其输入阻抗也有较大的影响。在前一章中已导出了描述有载传输线输入阻抗的基本公式。我们发现，这个公式将传输线的特性阻抗、负载阻抗及作为正切函数宗量的传输线长度和工作频率联系了起来。正如 2.9 节所述，输入阻抗能等效地利用与位置相关的反射系数来计算。为了简化反射系数的计算，史密斯(P. H. Smith)创立了以映射原理为基础的图解方法。这种方法使得有可能在同一个图中简单直观地显示传输线阻抗和反射系数。这种称为史密斯圆图的图解方法，虽然是早在计算机时代之前的 20 世纪 30 年代提出的，但至今仍被普遍使用。目前，在描述无源或有源射频/微波元件和系统的数据手册中都能见到它。几乎所有计算机辅助设计程序都采用史密斯圆图进行电路阻抗的分析，匹配网络的设计，以及噪声系数、增益和稳定性判别圆的计算。甚至一些仪器，如广泛使用的矢量网络分析仪，也具有以史密斯圆图的形式显示测量结果的功能。

本章回顾了应用史密斯提出的特殊映射变换的必要步骤。该变换将标准复平面上的输入阻抗转换成具有合适的复数形式的反射系数。这个在新的复平面上显示的反射系数，可直接用于求解传输线的输入阻抗。此外，史密斯圆图简化了复杂电路的计算。这些电路将在后续的几章用于构造滤波器和有源器件的匹配网络。

下面几节将循序渐进地给出史密斯圆图的推导过程，随后介绍利用这个图解法工具计算无源电路阻抗的几个例子。

## 3.1　反射系数与负载阻抗

在 2.9 节中，反射系数定义为传输线上，某确定空间位置上的反射电压波与入射电压波之比。其中特别关注的是负载端 $d=0$ 处的反射系数。实际上，正如式(2.52)所示，负载反射系数 $\Gamma_0$ 描述了特性阻抗 $Z_0$ 和负载阻抗 $Z_L$ 之间的阻抗失配程度。当沿着正 $d$ 方向从负载向传输线始端移动时，用指数因子 $\exp(-\mathrm{j}2\beta d)$ 乘以 $\Gamma_0$ 则可得到 $\Gamma(d)$，如式(2.64)所示。这个从 $\Gamma_0$ 到 $\Gamma(d)$ 的转换是构成图解设计工具**史密斯圆图**(Smith chart)的关键步骤之一。

### 3.1.1　复数形式的反射系数

反射系数 $\Gamma_0$ 可用下面的复数形式表达：

$$\Gamma_0 = \frac{Z_L - Z_0}{Z_L + Z_0} = \Gamma_{0r} + \mathrm{j}\Gamma_{0i} = |\Gamma_0|\mathrm{e}^{\mathrm{j}\theta_L} \tag{3.1}$$

其中，$\theta_L = \mathrm{atan2}(\Gamma_{0i}, \Gamma_{0r})$[①]。式(3.1)引入了理想短路和理想开路的条件，对应的 $\Gamma_0$ 分别等于 $-1$ 和 $+1$，均位于 $\Gamma$ 复平面的实数轴上。

---

① 这是作者定义的函数，见附录 C 中的式(C.3)。——译者注

**例3.1　反射系数表示法**

已知特性阻抗 $Z_0 = 50\ \Omega$ 的传输线,终端接有下列负载阻抗:

(a) $Z_L \to 0$ (终端短路)

(b) $Z_L \to \infty$ (终端开路)

(c) $Z_L = 50\ \Omega$

(d) $Z_L = (16.67 - \mathrm{j}16.67)\ \Omega$

(e) $Z_L = (50 + \mathrm{j}150)\ \Omega$

求出上述各种情况的反射系数 $\Gamma_0$,并在 $\Gamma$ 复平面上标出它们的位置。

**解:** 根据式(3.1)可求出下列反射系数:

(a) $\Gamma_0 = -1$ (终端短路)

(b) $\Gamma_0 = 1$ (终端开路)

(c) $\Gamma_0 = 0$ (终端匹配)

(d) $\Gamma_0 = 0.54 \angle 221°$

(e) $\Gamma_0 = 0.83 \angle 34°$

将这些值标在极坐标中,如图3.1所示。

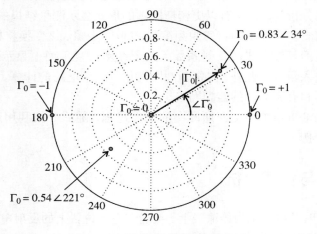

图3.1　$\Gamma$ 复平面和各 $\Gamma_0$ 值的位置

反射系数也可用复数表示,正如在传统电路理论中处理电压和电流的方法。

## 3.1.2　归一化阻抗公式

回到输入阻抗的一般表示式(2.69),其中的反射系数用下式替代:

$$\Gamma(d) = |\Gamma_0|\mathrm{e}^{\mathrm{j}\theta_L}\mathrm{e}^{-\mathrm{j}2\beta d} = \Gamma_r + \mathrm{j}\Gamma_i \tag{3.2}$$

则有

$$Z_{\mathrm{in}}(d) = Z_0\frac{1 + \Gamma_r + \mathrm{j}\Gamma_i}{1 - \Gamma_r - \mathrm{j}\Gamma_i} \tag{3.3}$$

为了使以下推导具有普遍性,用传输线的特性阻抗将式(3.3)归一化,结果如下:

$$Z_{\mathrm{in}}(d)/Z_0 = z_{\mathrm{in}} = r + \mathrm{j}x = \frac{1 + \Gamma(d)}{1 - \Gamma(d)} = \frac{1 + \Gamma_r + \mathrm{j}\Gamma_i}{1 - \Gamma_r - \mathrm{j}\Gamma_i} \tag{3.4}$$

上述公式表示从一个复平面到另一个复平面的映射，即从 $z_{in}$ 平面到 $\Gamma$ 平面的映射。用分母的复数共轭乘以式(3.4)的分子和分母，则可用反射系数分别表示 $z_{in}$ 的实部和虚部，即

$$z_{in} = r + jx = \frac{1 - \Gamma_r^2 - \Gamma_i^2 + 2j\Gamma_i}{(1 - \Gamma_r)^2 + \Gamma_i^2} \tag{3.5}$$

该式又能分成

$$r = \frac{1 - \Gamma_r^2 - \Gamma_i^2}{(1 - \Gamma_r)^2 + \Gamma_i^2} \tag{3.6}$$

和

$$x = \frac{2\Gamma_i}{(1 - \Gamma_r)^2 + \Gamma_i^2} \tag{3.7}$$

如果反射系数用 $\Gamma_r$ 和 $\Gamma_i$ 表示，则式(3.6)和式(3.7)就是求出对应 $z_{in}$ 的简洁的变换关系。如例 3.2 所示，从 $\Gamma$ 复平面能直接映射到 $z_{in}$ 复平面。

**例 3.2　终端接负载的传输线的输入阻抗**

已知负载阻抗 $Z_L = (30 + j60)\ \Omega$ 与长度为 2 cm 的 50 $\Omega$ 传输线相连，工作频率为 2 GHz。根据反射系数的概念求输入阻抗 $Z_{in}$。假设传输线中的相速度是光速的 50%。

**解：** 首先确定负载反射系数：

$$\begin{aligned}\Gamma_0 &= \frac{Z_L - Z_0}{Z_L + Z_0} = \frac{30 + j60 - 50}{30 + j60 + 50} = 0.2 + j0.6 \\ &= \sqrt{0.40}\,e^{j71.56°}\end{aligned} \tag{3.8}$$

然后根据下式计算 $\Gamma(d = 2\ cm)$：

$$\beta = \frac{2\pi}{\lambda} = \frac{2\pi f}{v_p} = \frac{2\pi f}{0.5c} = 83.77\ m^{-1}$$

即 $2\beta d = 192.0°$，由此可算出反射系数：

$$\begin{aligned}\Gamma &= \Gamma_0 e^{-j2\beta d} = \Gamma_r + j\Gamma_i = -0.32 - j0.55 \\ &= \sqrt{0.40}\,e^{-j120.4°}\end{aligned}$$

求出反射系数后，就能直接求出与其对应的输入阻抗：

$$Z_{in} = Z_0\frac{1 + \Gamma}{1 - \Gamma} = R + jX = (14.7 - j26.7)\ \Omega$$

注意复数形式的负载端反射系数 $\Gamma_0$ 与两倍电长度 $\beta d$ 所对应的幅角相乘这一关系。这个数学关系表达的概念是，往返于负载和波源之间的电压/电流波决定了传输系统的输入阻抗。

例 3.2 也同样能采用 2.9 节导出的阻抗公式(2.65)求解。

## 3.1.3　反射系数的参量方程

我们研究的目标是寻求一种计算输入阻抗的新方法，它涉及式(3.6)和式(3.7)的反演。也可以说，我们要寻找如何将 $z_{in}$ 复平面上的一个归一化实部为 $r$、虚部为 $x$ 的点映射到 $\Gamma$ 复平面上，并用反射系数的实部 $\Gamma_r$ 和虚部 $\Gamma_i$ 表示。由于分子和分母中都出现了 $\Gamma$，所以可断定在

阻抗平面 $z_{in}$ 中的直线被映射到 $\Gamma$ 平面后不可能仍是直线。可以肯定的是，当负载阻抗与传输线阻抗匹配时，即 $Z_{in} = Z_0$ 或 $z_{in} = 1$，对应的反射系数为零($\Gamma_r = \Gamma_i = 0$)，该点位于 $\Gamma$ 平面的中心。

式(3.6)的反演是通过下面的简单代数运算完成的：

$$r[(1 - \Gamma_r)^2 + \Gamma_i^2] = 1 - \Gamma_r^2 - \Gamma_i^2 \tag{3.9a}$$

$$\Gamma_r^2(r + 1) - 2r\Gamma_r + \Gamma_i^2(r + 1) = 1 - r \tag{3.9b}$$

$$\Gamma_r^2 - \frac{2r}{r + 1}\Gamma_r + \Gamma_i^2 = \frac{1 - r}{r + 1} \tag{3.9c}$$

此处的关键是将它写成完全平方式(见附录 C)：

$$\left(\Gamma_r - \frac{r}{r + 1}\right)^2 - \frac{r^2}{(r + 1)^2} + \Gamma_i^2 = \frac{1 - r}{r + 1} \tag{3.9d}$$

最终能整理为下面的形式：

$$\left(\Gamma_r - \frac{r}{r + 1}\right)^2 + \Gamma_i^2 = \left(\frac{1}{r + 1}\right)^2 \tag{3.10}$$

采用类似的方法，对式(3.7)进行反演。求出的归一化电抗是

$$(\Gamma_r - 1)^2 + \left(\Gamma_i - \frac{1}{x}\right)^2 = \left(\frac{1}{x}\right)^2 \tag{3.11}$$

式(3.10)和式(3.11)是 $\Gamma$ 复平面上的圆的参量方程，其一般形式为 $(\Gamma_r - a)^2 + (\Gamma_i - b)^2 = c^2$，其中 $a$ 和 $b$ 表示 $\Gamma$ 复平面上的圆心，$c$ 是圆的半径。

图 3.2 画出了对应于不同电阻值的圆参量方程式(3.10)。例如，若归一化电阻 $r = 0$，圆心在原点，半径为 1，则式(3.10)可简化为 $\Gamma_r^2 + \Gamma_i^2 = 1$。对于 $r = 1$，可得 $(\Gamma_r - 1/2)^2 + \Gamma_i^2 = (1/2)^2$，此方程代表半径为 1/2 的圆，圆心向正 $\Gamma_r$ 方向位移了 1/2 单位。由此得出结论，当 $r$ 增加时，圆的半径不断减小，圆心在实轴上向右移动，逐渐靠近 1 点。在 $r \to \infty$ 的极限情况下，圆心的位移趋于 $r/(r + 1) \to 1$ 点，圆半径趋于 $1/(r + 1) \to 0$。

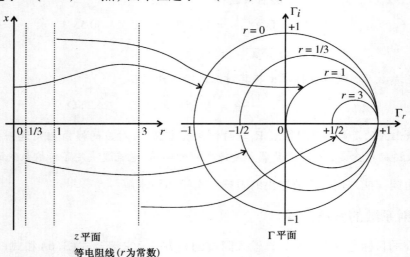

图 3.2　$\Gamma$ 复平面上归一化电阻 $r$ 的参量表示法

　　值得注意的是，这个映射变换只涉及确定的 $r$ 值，而并不涉及 $x$ 的值。所以，对于一个 $r$ 确定且电抗值 $x$ 在无限大范围内变化的点，如 $z$ 平面上的直线，将映射为一个电阻圆。所以，这个只涉及 $r$ 的映射还不是单值的点到点映射。

　　从圆的方程(3.11)还可得出一个涉及归一化电抗的图形。此时，所有圆的圆心都落在过 $\Gamma_r = 1$ 点并垂直于实轴的直线上。例如，对于 $x \to \infty$，可以注意到 $(\Gamma_r - 1)^2 + \Gamma_i^2 = 0$，它是一个半径为零的圆，也是位于 $\Gamma_r = 1$，$\Gamma_i = 0$ 的一个点。对于 $x = 1$，圆的方程就变为 $(\Gamma_r - 1)^2 + (\Gamma_i - 1)^2 = 1$。当 $x \to 0$ 时，圆半径和沿着正虚轴移动的圆心坐标都趋于无限大。有趣的是，圆心坐标也能沿着负虚轴移动，对于 $x = -1$，圆方程变为 $(\Gamma_r - 1)^2 + (\Gamma_i + 1)^2 = 1$，圆心位于 $\Gamma_r = 1$，$\Gamma_i = -1$ 点。可以看到，代表容性阻抗的负 $x$ 值位于 $\Gamma$ 平面的下半部分。图 3.3 表示了归一化电抗的参量形式。为了便于使用，图中只画出了单位圆内的归一化电抗圆。注意，与图 3.2 不同的是，$x$ 值确定的电阻为 $0 \leqslant r < \infty$ 区间任意值的点，即阻抗平面上标出的各条直线，映射为 $\Gamma$ 平面上的一族圆。

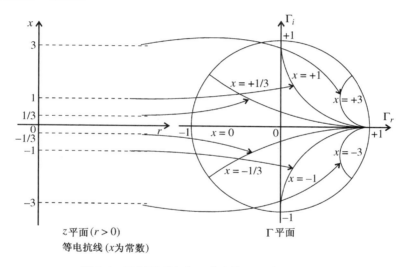

图 3.3　$\Gamma$ 复平面上归一化电抗 $x$ 的参量表示法

　　式(3.10)和式(3.11)分别构成了从归一化阻抗平面到反射系数平面的非单值映射。也就是说，由式(3.10)或式(3.11)映射到 $\Gamma$ 平面上的阻抗点，不能单值地逆映射为原来的阻抗点。然而，由于这两个变换可彼此补充，因此这两个变换可以组合起来构成一个单值的映射，这就是下一节将要讨论的内容。

### 3.1.4　图解表示法

　　在 $|\Gamma| \leqslant 1$ 区间，将归一化电阻圆和归一化电抗圆的参量方程(即图 3.2 和图 3.3)组合起来，就构成了图 3.4 所示的史密斯圆图。史密斯圆图的一个重要特征是其在归一化阻抗平面和反射系数平面之间的单值映射。也可注意到，归一化电阻 $r$ 的取值范围是 $0 \leqslant r < \infty$，而归一化电抗 $x$ 可负(即电容性，常简称容性)可正(即电感性，常简称感性)，其取值范围是 $-\infty < x < +\infty$。

　　必须指出，反射系数不一定都满足 $|\Gamma| \leqslant 1$ 的条件。负阻状态，例如振荡器中出现的情况，则有 $|\Gamma| > 1$，即负电阻将会映射到单位圆的外边。能够显示大于 1 的反射系数的圆图称为**压缩的史密斯圆图**(compressed Smith chart)。然而，这种圆图在射频/微波工程设计中的应用范

围有限，所以本书中不再进一步讨论。感兴趣的读者可查阅专门的文献(见本章末列出的惠普公司的应用指南)。

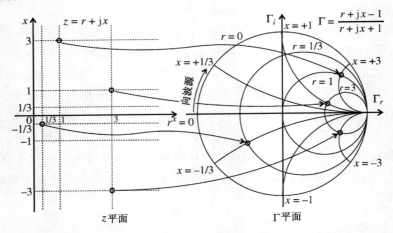

图 3.4　由 $r$ 和 $x$ 圆在 $|\Gamma| \leqslant 1$ 范围内组合成的史密斯圆图

必须注意，在图 3.4 中，由于传输线长度产生的角度旋转 $2\beta d$，是以复数 $\Gamma_0 = |\Gamma_0| e^{j\theta L}$ 为起点，按顺时针方向旋转的(数学上对应于角度减小)。其原因是反射系数表达式(3.2)的负指数幂( $-2j\beta d$ )。所以，在计算终端加载的传输线的输入阻抗时，参考面总是逐渐远离负载阻抗，即逐渐靠近波源。从负载向波源的旋转方向用圆图外周上的箭头表示。还可以发现，绕单位圆一周即

$$2\beta d = 2\frac{2\pi}{\lambda}d = 2\pi$$

其中 $d = \lambda/2$ 或 $\beta d = 180°$。参量 $\beta d$ 有时称为传输线的**电长度**( electrical length )。

## 3.2　阻抗变换

### 3.2.1　负载的阻抗变换

对射频设计工程师来说，确定高频电路的阻抗响应通常是个关键的问题。不详细了解阻抗的性质，就不能恰当地预测射频/微波系统的性能。本节将详细介绍如何利用前述史密斯圆图这个辅助工具，方便而有效地确定阻抗。

一个典型的计算实例，如特性阻抗为 $Z_0$、长度为 $d$ 的传输线与负载阻抗 $Z_L$ 相连，若采用史密斯圆图计算，则需要以下 6 个步骤。

1. 用传输线的特性阻抗 $Z_0$ 归一化负载阻抗 $Z_L$，求出 $z_L$；
2. 在史密斯圆图中标出 $z_L$；
3. 在史密斯圆图中读出其对应的负载反射系数 $\Gamma_0$ 的幅度和相位；
4. 将 $\Gamma_0$ 的相位增加 2 倍 $\beta d$ 电长度，则得到 $\Gamma_{in}(d)$；
5. 读出在特定位置 $d$ 处的归一化输入阻抗 $Z_{in}$；
6. 反归一化输入阻抗 $z_{in}$ 即可得到实际的输入阻抗 $Z_{in}$。

例 3.3 经过了所有这些步骤，它们是用图解法求解阻抗的标准流程。

**例 3.3　用史密斯圆图确定传输线的输入阻抗**

按照上面给出的采用史密斯圆图进行计算的 6 个步骤,求解例 3.2。

**解:** 从负载阻抗 $Z_L = (30 + j60)\ \Omega$ 开始,按照前面给出的步骤进行计算。

1. 归一化负载阻抗是

$$z_L = (30 + j60)/50 = 0.6 + j1.2$$

2. 在史密斯圆图中,这个归一化阻抗点由等电阻圆 $r = 0.6$ 和等电抗圆 $x = 1.2$ 的交点确定(见图 3.5);

3. 从原点到 $z_L$ 点的直线确定了负载反射系数 $\Gamma_0$,其对应的幅角可相对于正实轴读出;

4. 注意,史密斯圆图中最外边的圆对应于单位反射系数($|\Gamma_0| = 1$),可根据连接原点到 $z_L$ 的矢量的长度求出 $\Gamma_0$ 的幅度。将这个矢量的幅角按传输线电长度的 2 倍旋转(即 $2 \times \beta d = 2 \times 96° = 192.0°$),可得输入反射系数 $\Gamma_{in}$;

5. $\Gamma_{in}$ 点唯一地确定了对应的归一化输入阻抗 $z_{in} = 0.3 - j0.53$;

6. 用 $Z_0 = 50\ \Omega$ 乘以前面的归一化输入阻抗,就能得到实际的输入阻抗值,最终结果是 $Z_{in} = (15 - j26.5)\ \Omega$。

回顾一下,例 3.2 中求出的输入阻抗的精确值是 $(14.7 - j26.7)\ \Omega$。这个微小的差异是可以理解的,因为史密斯圆图中的数值是近似的。计算有载传输线输入阻抗的全部步骤和流程如图 3.5 所示。

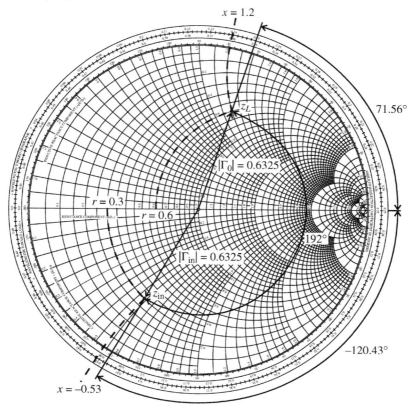

图 3.5　利用史密斯圆图求输入阻抗(见例 3.3)

最初用手工实现这些计算步骤很麻烦,并且容易出错。然而,利用数学软件或借助具备计算功能的仪器,则可在瞬间完成高精度的计算。

---

**测量数据在史密斯圆图上的显示**

　　矢量网络分析仪(参见本章末的应用讲座)是最重要的射频测试设备之一,其特点是可以用史密斯圆图显示测试结果,从而使设计工程师可以直接观察电路的电感或电容特性,以及电路的匹配程度。

---

### 3.2.2　驻波系数

　　根据 2.9.3 节中驻波系数(SWR,又称为驻波比)的基本定义,传输线上任意位置 $d$ 处的驻波系数可表示为

$$\text{SWR} = \frac{1 + |\Gamma(d)|}{1 - |\Gamma(d)|} \tag{3.12}$$

其中,$\Gamma(d) = \Gamma_0 \exp(-\text{j}2\beta d)$。式(3.12)可转换为

$$|\Gamma(d)| = \frac{\text{SWR} - 1}{\text{SWR} + 1} \tag{3.13}$$

反射系数的这种表达形式使驻波系数可表示为史密斯圆图中的一族圆,其中匹配条件 $\Gamma(d) = 0$(或驻波系数 $=1$)对应于原点。

　　有趣的是,式(3.12)的形式与由给定的反射系数求阻抗的表达式很相似:

$$Z(d) = Z_0 \frac{1 + \Gamma(d)}{1 - \Gamma(d)} \tag{3.14}$$

该相似性及 $|\Gamma(d)| \leqslant 1$ 时驻波系数大于或等于 1 的事实,暗示驻波系数的实际数值能从史密斯圆图上读出。驻波系数的数值由半径为 $|\Gamma(d)|$ 的圆与正实轴的交点处的 $r$ 值表示。

### 例3.4　反射系数、电压驻波系数和反射损耗

　　已知 4 个不同的负载阻抗:(a)$Z_L = 50~\Omega$,(b)$Z_L = 48.5~\Omega$,(c)$Z_L = (75 + \text{j}25)~\Omega$ 和(d)$Z_L = (10 - \text{j}5)~\Omega$,分别与一个 $50~\Omega$ 的传输线连接。求反射系数和驻波系数圆,并求出以 dB 为单位的反射损耗。

　　**解**:归一化负载阻抗和对应的反射系数、反射损耗及驻波系数值计算如下:

(a)$z_L = 1$,$\Gamma = (z_L - 1)/(z_L + 1) = 0$,RL$\rightarrow \infty$ dB,SWR $= 1$

(b)$z_L = 0.97$,$\Gamma = (z_L - 1)/(z_L + 1) = -0.015$,RL $= 36.3$ dB,SWR $= 1.03$

(c)$z_L = 1.5 + \text{j}0.5$,$\Gamma = (z_L - 1)/(z_L + 1) = 0.23 + \text{j}0.15$,RL $= 11.1$ dB,SWR $= 1.77$

(d)$z_L = 0.2 - \text{j}0.1$,$\Gamma = (z_L - 1)/(z_L + 1) = -0.66 - \text{j}0.14$,RL $= 3.5$ dB,SWR $= 5.05$

为了确定驻波系数的近似值,需要利用它与输入阻抗的相关性(前已述及)。为此,首先在史密斯圆图上(见图3.6)标出这些归一化负载阻抗值。然后,以原点为中心,以前面标出的相应阻抗点到原点的距离为半径画圆。从这些圆可看出,对于电抗为零的负载($x_L = 0$),负载反射系数是

$$\Gamma_0 = \frac{z_L - 1}{z_L + 1} = \frac{r_L - 1}{r_L + 1} = \Gamma_r$$

即驻波系数可根据实 $\Gamma$ 轴上的负载反射系数确定：

$$\text{SWR} = \frac{1 + |\Gamma_0|}{1 - |\Gamma_0|} = \frac{1 + \Gamma_r}{1 - \Gamma_r}$$

这要求 $|\Gamma_0| = \Gamma_r \geqslant 0$，换句话说，对于 $\Gamma_r \geqslant 0$，必有 $r_L \geqslant 1$，其含意是驻波系数只由这些圆与实数轴右半边的交叉点确定。

作为图解计算工具，通过在史密斯圆图上画出电压驻波系数圆，可以直接观察传输线和负载阻抗之间的失配程度。

---

**放大器的电压驻波系数**

　　第 2 章曾给出，一个微波单片集成电路（MMIC）输入、输出端口的电压驻波系数分别为 1.4 和 1.6。图 3.6 清楚地表明电压驻波系数如何换算为归一化阻抗。例如，若用 50 Ω 归一化，$(75 - j15)$ Ω 的输出阻抗就能满足电压驻波系数为 1.6 的要求。

---

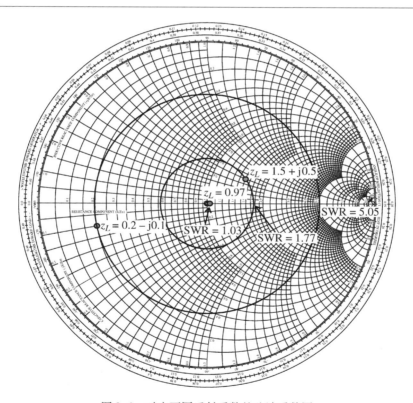

图 3.6　对应不同反射系数的驻波系数圆

## 3.2.3　特殊的变换条件

　　传输线的归一化阻抗点在史密斯圆图上的转动角度是由传输线的长度或者说工作频率决定的。所以，在给定频率条件下，改变传输线的长度或终端负载条件，既能产生感性（上半平面）阻抗，也能产生容性（下半平面）阻抗。这种通过分布电路分析方法实现的集中电路参数特征具有很大的实用价值。

　　终端开路传输线和终端短路传输线在产生感性和容性特征方面特别重要,下面将进行更详细的分析。

### 开路传输线变换

　　为了获得纯的感性或容性阻抗,必须沿 $r=0$ 的圆移动。起始点是右边($\Gamma_0=1$)处,向波源,即顺时针方向旋转。

　　容性阻抗 $-jX_C$ 可通过下面的条件得到:

$$\frac{1}{j\omega C}\frac{1}{Z_0} \equiv z_{in} = -j\cot(\beta d_1) \tag{3.15}$$

直接与式(2.70)比较可得,传输线的长度 $d_1$ 为

$$d_1 = \frac{1}{\beta}\left[\operatorname{arccot}\left(\frac{1}{\omega C Z_0}\right) + n\pi\right] \tag{3.16}$$

其中,$n\pi(n=0,1,2,\cdots)$ 与余切函数的周期性有关。同样,感性阻抗 $jX_L$ 可通过下面的条件实现:

$$j\omega L\frac{1}{Z_0} \equiv z_{in} = -j\cot(\beta d_2) \tag{3.17}$$

此时传输线的长度 $d_2$ 为

$$d_2 = \frac{1}{\beta}\left[\pi - \operatorname{arccot}\left(\frac{\omega L}{Z_0}\right) + n\pi\right] \tag{3.18}$$

这两种情况都已定性地示于图 3.7 中。例 3.5 将讨论若要实现容性或感性阻抗,则应当如何选择开路传输线的长度。

### 例 3.5　用传输线段实现无源电路元件

　　一个终端开路的 50 Ω 传输线,相速度为光速的 77%,工作频率为 3 GHz。求实现 2 pF 电容器和 5.3 nH 电感器的传输线长度。分别用式(3.16)和式(3.18)及史密斯圆图两种方法进行计算。

　　**解:** 根据已知的相速度,传输常数是

$$\beta = 2\pi f/v_p = 2\pi f/(0.77c) = 81.6 \text{ m}^{-1}$$

将其代入式(3.16)和式(3.18)可知,长度为 $d_1 = 13.27 + n38.5$ mm 的终端开路传输线可实现 2 pF 电容器。而要实现 5.3 nH 的电感器,则需长度 $d_2 = 32.81 + n38.5$ mm 的终端开路传输线。

　　另一种计算传输线长度的方法是使用史密斯圆图(见图 3.7)。在 3 GHz 时,2 pF 电容器的阻抗 $X_C = 1/(\omega C) = 26.5$ Ω,相对应的归一化阻抗 $z_C = -jX_C = -j0.53$。根据史密斯圆图,可算出所需的传输线长度近似为波长的 0.172 倍。注意到,对于给定的相速度,波长 $\lambda = v_p/f = 77$ mm,可求出传输线的长度 $d_1 = 13.24$ mm,它很接近于前面的计算值 13.27 mm。同样,对于 5.3 nH 的电感器,可得到 $z_L = j2$,传输线的长度是波长的 0.426 倍,即 32.8 mm。射频电路设计通常是先采用集中参数元件设计,然后再把集中参数元件变换为传输线形式,即本例题采用的方法。

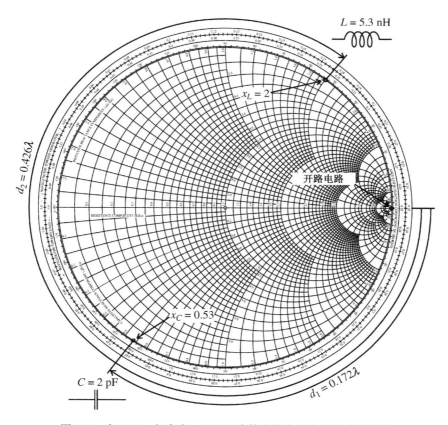

图 3.7　在 3 GHz 频率点，通过开路传输线实现容性和感性阻抗

**短路传输线变换**

　　这时，除了现在的起始点是实轴上 $\Gamma_0 = -1$ 点，变换的方法与上述情况类似，如图 3.8 所示。

　　容性阻抗 $-\mathrm{j}X_C$ 由以下条件确定：

$$\frac{1}{\mathrm{j}\omega C}\frac{1}{Z_0} \equiv z_{\mathrm{in}} = \mathrm{j}\tan(\beta d_1) \tag{3.19}$$

该式是由式（2.75）导出的。传输线的长度 $d_1$ 为

$$d_1 = \frac{1}{\beta}\Big[\pi - \arctan\Big(\frac{1}{\omega C Z_0}\Big) + n\pi\Big] \tag{3.20}$$

同样，实现感性阻抗 $\mathrm{j}X_L$ 的条件是

$$\mathrm{j}\omega L\frac{1}{Z_0} \equiv z_{\mathrm{in}} = \mathrm{j}\tan(\beta d_2) \tag{3.21}$$

对应的传输线长度 $d_2$ 为

$$d_2 = \frac{1}{\beta}\Big[\arctan\Big(\frac{\omega L}{Z_0}\Big) + n\pi\Big] \tag{3.22}$$

　　在高频时，因为传输线开路点周围介质的温度、湿度及其他参量的改变，很难保持理想的开路状态。因此，在实际应用中，短路条件更经常使用。然而，在很高的频率下，即使是终端

短路也存在问题。当在印刷电路板上用过孔形成短路连接时，就会带来附加的寄生电感。此外，由于要尽量减小电路板的面积，设计工程师可能别无选择，只能采用最短的传输线方案。若用开路传输线实现电容器，则传输线的长度最短。

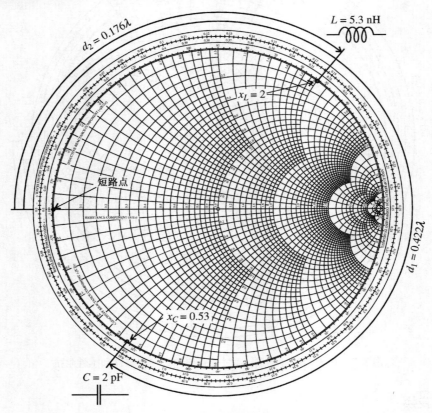

图 3.8　在 3 GHz 频率下，通过短路传输线实现容性和感性阻抗

### 3.2.4　计算机仿真

目前，有许多计算机辅助设计(CAD)程序可用于射频/微波电路的设计和仿真。这些程序能完成多种任务，从简单的阻抗计算到复杂的电路优化和电路板布线。本书中使用的商用软件是是德科技公司的先进设计系统(ADS)，该软件可进行线性、非线性电路的分析和优化。

评述和讨论目前在工业界和科研领域应用的各种计算机辅助设计软件并非本书的目的。然而，为了能重复下面的仿真结果，附录 I 简短地介绍了 MATLAB 的基本功能，本书中的大多数仿真分析都是采用它作为计算工具的。

采用标准 MATLAB(不含工具箱)的主要原因是其已作为数学软件而被广泛使用，它的编程和图形显示都很容易。这样可减少对只有少数读者才能获得的复杂而昂贵软件的依赖。当必须在一个工作频带内或在一定的传输线长度范围内，重复使用史密斯圆图进行计算时，就能立即看出采用 MATLAB 软件的优点，正如下面将着重讨论的情况。

这一节重新讨论例 3.2，该例题求解了一个与负载相连接的传输线的输入反射系数和输入阻抗。现在，将该例题推广到不限于单一的工作频率和固定的传输线长度。目的是考察扫频范围为 0.1 ~ 3 GHz 或传输线长度从 0.1 cm 变到 3 cm 时的情况。当工作频率固定为 2 GHz、传输线长度从 0.1 cm 变到 3 cm 时，MATLAB 软件的计算程序如下：

```
smith_chart;              % plot smith chart
Set_Z0(50);               % set characteristic impedance to 50 Ohm
s_Load(30+j*60);          % set load impedance to 30+j60 Ohm
vp=0.5*3e8;               % compute phase velocity
f=2e9;                    % set frequency to 2 GHz
d=0.0:0.001:0.03;         % set the line length to a range from 0 to
                          % 3 cm in 1 mm increments
beta=2*pi*f/vp;           % compute propagation constant
Gamma=(ZL-Z0)/(ZL+Z0);   % compute load reflection coefficient
rd=abs(Gamma);            % magnitude of the reflection coefficient
alpha=angle(Gamma)-2*beta*d;    % phase of the reflection
                                % coefficient
plot(rd*cos(alpha),rd*sin(alpha)); % plot the graph
```

第一行代码生成了史密斯圆图及相应的电阻圆和电抗圆。下面几行定义了传输线的特性阻抗 $Z_0 = 50$ Ω，负载阻抗 $Z_L = (30 + \text{j}60)$ Ω，工作频率 $f = 2$ GHz 和相速度 $v_p = 0.5 \times 3 \times 10^8$ m/s。命令行 $\text{d} = 0.0:0.001:0.03$ 建立了一个描述传输线长度的矩阵 $\text{d}$，它从 0 变到 3 cm，增量为 1 mm。在全部参量被确认后，就可求出输入反射系数的幅度与相位。计算中需要确定传播常数 $\beta = 2\pi f / v_p$，负载反射系数 $\Gamma_0 = (Z_L - Z_0) / (Z_L + Z_0)$ 及其幅度 $|\Gamma_0|$ 和总的旋转角 $\alpha = \angle (\Gamma_0) - 2\beta d$。最后，通过画图命令将阻抗显示在史密斯圆图上，这需要知道复数变量的实部 $|\Gamma_0| \cos(\alpha)$ 和虚部 $|\Gamma_0| \sin(\alpha)$。最终的结果如图 3.9 所示。

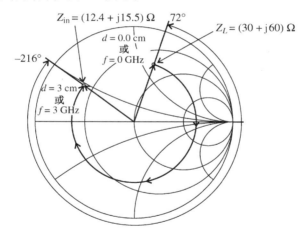

图 3.9　长度为 2 cm 的有载传输线的输入阻抗。工作频率从 0.0 变到 3 GHz。若工作
频率固定在 2 GHz，传输线长度从 0.0 变到 3 cm，则可获得同样的阻抗曲线

若传输线的长度固定在 2 cm，扫频范围为 0.0 ~ 3 GHz，则上面的输入文件仅需做以下修改：令 $\text{d} = 0.02$，随后设定频率范围和 10 MHz 的频率增量（即 $\text{f} = 0.0:1\text{e}7:3\text{e}9$）。应该注意到：在这两种情况中，传输线的电长度（$\beta d$）都是从 0° 变到 144°，所以这两种情况所对应的阻抗轨迹是相同的。

在阻抗轨迹的末端，无论在固定频率下改变传输线长度，或者在固定传输线长度的情况下改变频率，输入阻抗都是 $Z_{\text{in}} = (12.4 + \text{j}15.5)$ Ω。不出所料，在固定频率 $f = 2$ GHz，传输线长度范围 $d = 0 \sim 2$ cm 时，最终得到了与例 3.2 相同的输入阻抗 $Z_{\text{in}} = (14.7 - \text{j}26.7)$ Ω。

## 3.3　导纳变换

### 3.3.1　导纳的参量方程

根据归一化输入阻抗的表达式(3.4),通过简单的倒数运算,可获得归一化导纳公式:

$$y_{\text{in}} = \frac{Y_{\text{in}}}{Y_0} = \frac{1}{z_{\text{in}}} = \frac{1 - \Gamma(d)}{1 + \Gamma(d)} \tag{3.23}$$

其中,$Y_0 = 1/Z_0$。可以采用多种方法将式(3.23)图解表达在史密斯圆图上。在传统史密斯圆图,即**阻抗圆图**(Z-Smith chart)上标出导纳的最直观方法源于以下事实,即式(3.23)可由标准表达式(3.4)导出:

$$\frac{1 - \Gamma(d)}{1 + \Gamma(d)} = \frac{1 + e^{-j\pi}\Gamma(d)}{1 - e^{-j\pi}\Gamma(d)} \tag{3.24}$$

换句话说,在归一化输入阻抗的表达式中用 $-1 = e^{-j\pi}$ 乘以反射系数,等效于归一化输入阻抗点在 $\Gamma$ 复平面上旋转了180°。

#### 例3.6　用史密斯圆图将阻抗转换为导纳

将归一化输入阻抗 $z_{\text{in}} = 1 + j1 = \sqrt{2}\, e^{j(\pi/4)}$ 转换为归一化导纳,并在史密斯圆图上标出它。

**解**：导纳可用阻抗的倒数直接求出,即

$$y_{\text{in}} = \frac{1}{\sqrt{2}}e^{-j(\pi/4)} = \frac{1}{2} - j\frac{1}{2}$$

在史密斯圆图上,只需将与 $z_{\text{in}}$ 对应的反射系数点旋转180°,此点的数值就是 $y_{\text{in}}$,如图3.10所示。为了反归一化 $y_{\text{in}}$,将它乘以阻抗归一化系数的倒数,即

$$Y_{\text{in}} = \frac{1}{Z_0}y_{\text{in}} = Y_0 y_{\text{in}}$$

阻抗在圆图上旋转180°即可换算为导纳,即只需在 $\Gamma$ 复平面找到阻抗点相对于原点的对称点。

除了前面的方法,还有另一种广泛采用的方法。我们可以旋转阻抗圆图本身,而不必将阻抗圆图上的反射系数点旋转180°。用这种办法得到的圆图称为**导纳史密斯圆图**(admittance Smith chart),即**导纳圆图**(Y-Smith chart)。对应的关系是,归一化电阻变为归一化电导,而归一化电抗则变为归一化电纳。即

$$r = \frac{R}{Z_0} \Rightarrow g = \frac{G}{Y_0} = Z_0 G$$

和

$$x = \frac{X}{Z_0} \Rightarrow b = \frac{B}{Y_0} = Z_0 B$$

归一化阻抗点 $z = 0.6 + j1.2$ 的重新表达如图3.11所示。

正如图3.11所示,阻抗圆图转换为导纳圆图时具有以下特点:(a)反射系数幅角的增量方向不变,(b)旋转方向不变(远离或靠近波源)。必须特别注意一些特殊状态的点:阻抗圆图中的短路点 $z_L = 0$,在导纳圆图中是 $y_L \rightarrow \infty$;相反,阻抗圆图中的开路点 $z_L \rightarrow \infty$,在导纳圆图中是 $y_L = 0$。此外,负的电纳在导纳圆图的上半平面,对应于感性;而正的电纳在导纳圆图的下半平面,对应于容性。导纳的实部从右向左递增。

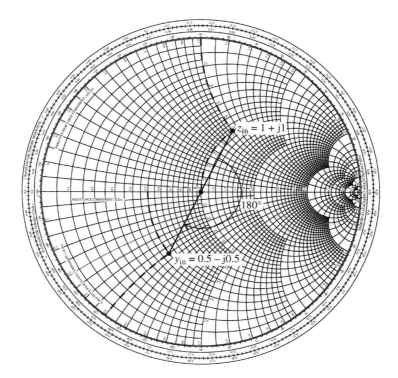

图 3.10　阻抗点旋转 180° 换算为导纳点

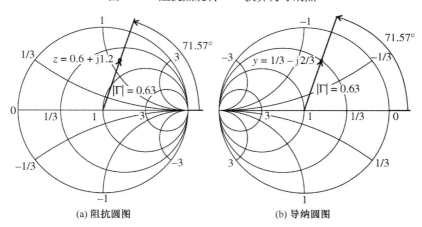

图 3.11　阻抗圆图与导纳圆图

在完成对导纳圆图的讨论之前，必须介绍导纳圆图的另一个经常用到的原则。实际上，导纳圆图的形式与未经 180° 旋转的阻抗圆图完全相同。在导纳圆图中，反射系数幅角的起点位置与阻抗圆图相差 180°（见本章末所列参考书目中 Gonzalez 的著作）。

### 3.3.2　阻抗导纳圆图

在许多实际设计工作中，需要频繁地进行阻抗与导纳的相互转换。为了处理这样的问题，可将阻抗圆图和导纳圆图叠加成一个组合圆图，也称为**阻抗-导纳史密斯圆图**（*ZY*-Smith chart），如图 3.12 所示。

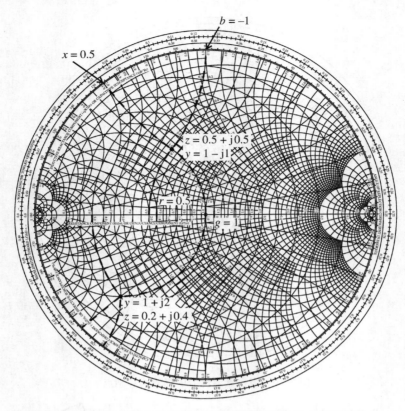

图 3.12　　阻抗圆图与导纳圆图叠加成的阻抗–导纳史密斯圆图

　　叠加构成的阻抗–导纳史密斯圆图可直接用于阻抗和导纳之间的转换。换句话说,在组合的阻抗–导纳圆图上的一个点既可以是阻抗,也可以是导纳,这要由使用者选择的是阻抗圆图还是导纳圆图来确定。

### 例 3.7　　组合的阻抗–导纳史密斯圆图的应用

　　在组合的阻抗–导纳史密斯圆图中标出:(a)归一化阻抗值 $z = 0.5 + j0.5$ 和(b)归一化导纳值 $y = 1 + j2$,并求出它们对应的归一化导纳和阻抗值。

　　**解:** 首先考察归一化阻抗值 $z = 0.5 + j0.5$。在阻抗–导纳史密斯圆图中,根据等电阻圆 $r = 0.5$ 和等电抗圆 $x = 0.5$,可确定该阻抗点,如图 3.12 所示。两圆的交点确定了归一化阻抗点 $z = 0.5 + j0.5$。为了求出对应的导纳值,只需沿着等电导圆 $g$ 和等电纳圆 $b$ 读取数值。对应点给出 $g = 1$ 和 $b = -1$,即本例题(a)对应的导纳值 $y = 1 - j1$。对于归一化导纳 $y = 1 + j2$,求解方法完全相同,并已标在图 3.12 中。

　　由于"复杂的"外观及电感和电容的符号正负性与采用阻抗表达还是导纳表达有关,所以只有多用才能熟悉阻抗–导纳史密斯圆图。

## 3.4　　并联和串联电路

　　以下几节将分析几种基本的电路结构,并将它们的阻抗频率响应显示在史密斯圆图上。其目的是为了深入了解,在特定频带范围内,集中参数电路在不同组合形式下的阻抗/导纳特性。准确了解这些电路的响应，是以后设计匹配网络(见第 8 章)和构造等效电路模型所必需的。

### 3.4.1　电阻与电感并联

根据图 3.13 可知 $g = Z_0/R$，$b_L = -Z_0/(\omega L)$。对于给定的角频率 $\omega_L$

$$y_{in}(\omega_L) = g - j\frac{Z_0}{\omega_L L} \tag{3.25}$$

和确定的归一化电导 $g$，可知这个归一化导纳值位于导纳圆图的上半平面。随着角频率逐步提高到其上限 $\omega_U$，可沿等电导圆 $g$ 画出归一化导纳的变化轨迹。图 3.13 给出了导纳特性与频率的大致关系，其中归一化电导值 $g = 0.3$，$0.5$，$0.7$ 和 $1$，频率范围为 $500\ \text{MHz} \sim 4\ \text{GHz}$。在传输线特性阻抗 $Z_0 = 50\ \Omega$、电感 $L = 10\ \text{nH}$ 的条件下，电纳的轨迹都起始于 $-1.59(500\ \text{MHz})$ 并终止于 $-0.20(4\ \text{GHz})$。

在图 3.13 及随后的另外 3 种情况中，传输线的特性阻抗都是以集中参数阻抗 $Z_0 = 50\ \Omega$ 的形式出现的。这样做是合理的，虽然我们重点关注不同负载状态下的阻抗和导纳的特性。因为在这种情况下，传输线的特性阻抗只是作为一个归一化因子。

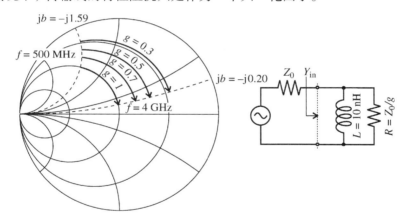

图 3.13　并联 RL 电路的导纳，$\omega_L \leqslant \omega \leqslant \omega_U$，$g = 0.3$，$0.5$，$0.7$ 和 $1$

### 3.4.2　电阻与电容并联

因为电纳 $b_C = Z_0\omega C$ 恒为正值，所以需要使用导纳圆图的下半平面。对于每个给定的归一化电导 $g$ 和角频率 $\omega_L$，可求出归一化导纳：

$$y_{in}(\omega_L) = g + jZ_0\omega_L C \tag{3.26}$$

图 3.14 画出了频率相关的导纳特性与电导的函数关系，电导值为 $g = 0.3$，$0.5$，$0.7$ 和 $1$。当传输线特性阻抗 $Z_0 = 50\ \Omega$，电容 $C = 1\ \text{pF}$ 时，归一化电纳都起始于 $0.16(500\ \text{MHz})$ 并终止于 $1.26(4\ \text{GHz})$。

### 3.4.3　电阻与电感串联

讨论串联电路时，选择阻抗圆图来显示阻抗更方便。归一化电抗分量可表示为 $x_L = \omega L/Z_0$，对于给定的角频率 $\omega_L$ 和确定的归一化电阻 $r$，可以直接确定归一化阻抗值：

$$z_{\text{in}}(\omega_L) = r + j\omega_L L / Z_0 \qquad (3.27)$$

图 3.15 显示的是频率相关的阻抗特性与电阻的函数关系,电阻值 $r = 0.3$,$0.5$,$0.7$ 和 $1$。与图 3.13 的情况相同,即传输线的特性阻抗为 50 Ω,电感为 10 nH,现在得到的电抗圆是 $x = 0.63(500\ \text{MHz})$ 和 $x = 5.03(4\ \text{GHz})$。由于电抗是正值,而且采用的是阻抗圆图,所有阻抗点必定都在上半平面。

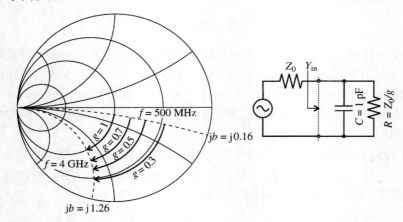

图 3.14　并联 $RC$ 电路的导纳,$\omega_L \leqslant \omega \leqslant \omega_U$,$g = 0.3$、$0.5$、$0.7$ 和 $1$

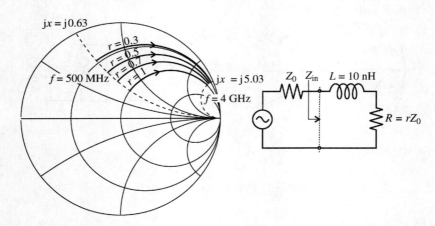

图 3.15　串联 $RL$ 电路的阻抗,$\omega_L \leqslant \omega \leqslant \omega_U$,$r = 0.3$,$0.5$,$0.7$ 和 $1$

### 3.4.4　电阻与电容串联

为了显示阻抗,仍选择阻抗圆图。归一化电抗分量 $x_C = -1/(\omega C Z_0)$,表明所有曲线都在阻抗圆图的下半平面。当角频率为 $\omega_L$ 时,对于给定的归一化电阻 $r$,归一化阻抗可表示为

$$z_{\text{in}}(\omega_L) = r - j\frac{1}{\omega_L C Z_0} \qquad (3.28)$$

图 3.16 显示的是频率相关的阻抗特性与电阻的函数关系,电阻值 $r = 0.3$、$0.5$、$0.7$ 和 $1$。1 pF 的电容与一个可变电阻相串联,然后连接到特性阻抗为 50 Ω 的传输线上,标出其阻抗需要用到两个等电抗圆 $-6.03(500\ \text{MHz})$ 和 $-0.8(4\ \text{GHz})$,它们与 4 个电阻圆的交点单值地确定了高频和低频的阻抗值。

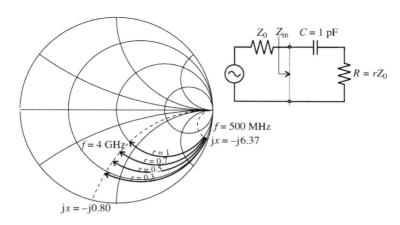

图 3.16　串联 $RC$ 电路的阻抗，$\omega_L \leqslant \omega \leqslant \omega_U$，$r = 0.3$，$0.5$，$0.7$ 和 $1$

### 3.4.5　T 形网络

在上述例子中，只分析了纯串联或纯并联的电路结构。然而，实际情况中经常要考虑这两种形式的组合。为了表明阻抗导纳圆图如何轻松地实现串联电路与并联电路之间的变换，以双极晶体管输入端的 **T 形网络**（T-type network）的性能为例进行研究。晶体管的输入端口采用如图 3.17 所示的 $RC$ 并联网络模型。正如第 6 章将讨论的情况，$R_L$ 是基极-发射极间的电阻，而 $C_L$ 是基极-发射极的结电容。这些参量的数值已标在图 3.17 中。

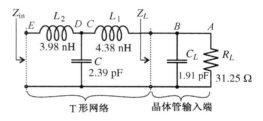

图 3.17　与双极晶体管的基极-发射极输入阻抗相连的T形网络

为了用史密斯圆图计算这种复杂网络的输入阻抗，首先在 2 GHz 频率点分析该电路，然后采用商用 MMICAD 仿真软件，在 500 MHz 至 4 GHz 频率范围内，计算该电路的全频段响应。

为了求出负载阻抗，即晶体管的输入阻抗，首先在导纳圆图上标出负载电阻 $R_L = 31.25\ \Omega$ 所对应的电导点。假设传输线的特性阻抗为 50 Ω，则可确定在这种情况下的归一化电导 $g_A = 1.6$，对应于图 3.18 中的点 $A$。

然后将 $C_L = 1.91$ pF 的电容与电阻 $R_L$ 并联。当角频率 $\omega_L = 2\pi \times 2 \times 10^9\ \mathrm{s}^{-1}$ 时，该电容的电纳 $B_{C_L} = \omega_L C_L = 24$ mS，它对应从起始点 $A$ 旋转到新的位置点 $B$。旋转轨迹沿着导纳圆图中的等电导圆，旋转量由该电容的归一化电纳 $b_{C_L} = B_{C_L} Z_0 = 1.2$ 决定（见图 3.18）。

重新读出 $B$ 点在阻抗圆图中的数值，即可得到电阻 $R_L$ 与电容 $C_L$ 并联后的归一化阻抗点 $z_B = 0.4 - j0.3$。该点再与电感 $L_1$ 串联后的新位置为点 $C$。该点是在阻抗圆图中从 $x_B = -0.3$ 沿着等电阻圆 $r = 0.4$ 移动到 $x_C = 0.8$ 而得到的，移动量为 $x_{L_1} = \omega_L L_1 / Z_0 = 1.1$，与 3.4.3 节讨论过的情况相同。

在导纳圆图中读出 $C$ 点数值，即 $y_C = 0.5 - j1.0$，并联的电容将提供归一化电纳 $b_C = \omega C Z_0 = 1.5$，并联后的导纳值 $y_D = 0.5 + j0.5$，即导纳圆图中的点 $D$。然后，在阻抗圆图上，读出 $D$ 点的阻抗值 $z_D = 1 - j1$，这样就能沿着 $r = 1$ 圆，将它与归一化电抗 $x_{L_2} = \omega_L L_2 / Z_0 = 1$ 相加。最后，

到达 $z_{in} = 1$ 点,即图 3.18 中的 $E$ 点。在给定频率 2 GHz 时,该值正好表明与 50 $\Omega$ 的传输线特性阻抗相匹配,即 $Z_{in} = Z_0 = 50 \ \Omega$。

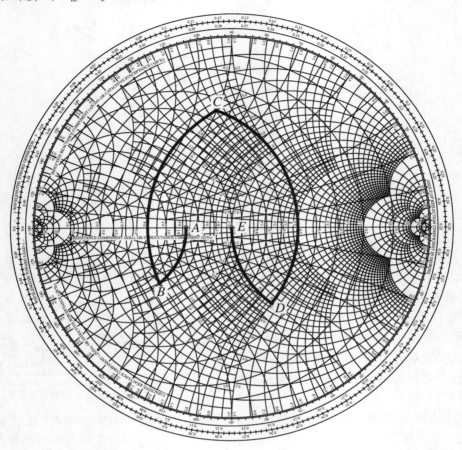

图 3.18　计算图 3.17 中 T 形网络的归一化输入阻抗,中心频率 $f = 2$ GHz

若频率改变了,则需重复上述所有步骤,并将得到不同的输入阻抗点 $z_{in}$。在一个频率范围内重复进行上述阻抗计算将是枯燥乏味的,更有效的做法是利用计算机。

采用 CAD 软件,可以在阻抗圆图中画出输入阻抗在整个频率范围内的变化曲线,如图 3.19 所示,其中频率增量为 10 MHz。这个图也可由 MATLAB 软件画出。

在阻抗为 0.5 ~ 4 GHz 的轨迹上,可注意到,在 2 GHz 频率点,阻抗与以前的计算结果相同。另外,当频率接近 4 GHz 时,$C = 2.39$ pF 的电容的性质越来越像一个与单个电感 $L_2$ 相串联的短路线。由于这个原因,归一化电阻 $r$ 趋于零,同时电抗上升为一个大的正数。

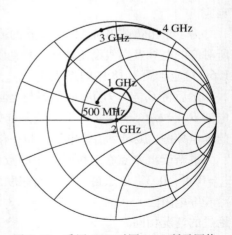

图 3.19　采用 CAD 对图 3.17 所示网络的归一化输入阻抗进行仿真,频率范围为 500 MHz ~ 4 GHz

## 应用讲座: 史密斯圆图的应用

实际射频电路与频率相关的阻抗特性, 可以像下面的演示一样, 很方便地表示在史密斯圆图上。

在这个例子中, 将采用矢量网络分析仪研究用于核磁共振成像(magnetic resonance imaging, MRI)的射频线圈的阻抗特性。前一章已经介绍过, 矢量网络分析仪可以测量反射系数和射频器件的阻抗。图 3.20 标出了矢量网络分析仪测量负载(核磁共振成像的射频线圈)反射系数的内部流程。矢量网络分析仪内部的射频源产生特定频率的连续波射频功率。射频信号通过一个定向耦合器, 它分出一部分信号功率到参考测量端口 R。所有从待测器件反射回来的射频信号, 将再次通过定向耦合器, 它将分出部分功率到测量端口 A。其余的反射功率将被匹配射频源吸收。概括地讲, 由校准参数定标的比值 A/R 确定了反射系数。矢量网络分析仪的内部校准是个比较棘手的问题, 校准可以补偿各种寄生效应和非理想条件。

图 3.21 展示了一个核磁共振成像系统的射频线圈(InsightMRI 授权)通过同轴电缆与矢量网络分析仪的端口 1 相连。这种线圈用于产生高强度的旋转磁场, 以便激发线圈内部放置的生物样品中的氢原子。然后, 作为核磁共振的结果, 线圈可接收到从生物样品发射出的微弱射频信号, 由该信号可生成图像。根据电学的观点, 这个射频线圈是一个由电感和电容元件构成的谐振腔。电感性的导线产生磁场, 电容保证电路在特定频率上谐振并与射频源匹配。

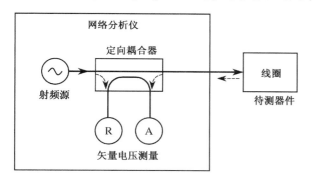 

图 3.20　矢量网络分析仪测量　　　　　　　图 3.21　连接了核磁共振成像射频
　　　　　反射系数的内部流程　　　　　　　　　　　　线圈的矢量网络分析仪

图中的矢量网络分析仪用于测量 175~225 MHz 频段内的反射系数。线圈本身的谐振频率被调整为 200 MHz。图 3.22 给出了矢量网络分析仪输出的测量结果。左图是反射系数的幅度(以 dB 为单位)响应, 从图中可见 178.5 MHz、200 MHz 和 222 MHz 处有 3 个尖锐吸收峰。这些吸收峰对应于线圈的不同谐振模式, 共有 5 个(另外 2 个在更高频率处)。然而, 我们关心的只是那个频率为 200 MHz 的模式, 线圈被调谐、匹配到该模式, 即图中反射系数非常小的点。图 3.22 的右侧是画在史密斯圆图上的反射系数, 此时, 这些谐振模对应于几个圆。由于史密斯圆图上没有标出频率, 所以用 3 个标记区别这 3 个模式。可以看出, 谐振点的反射系数接近于坐标原点, 特别是模式 2, 该点的阻抗为 (50.26 + j0.266) Ω, 表示它与 50 Ω 传输线间的良好匹配。然而, 在其他频率, 线圈具有明显的容性阻抗, 阻抗点在史密斯圆图的下半圆中。

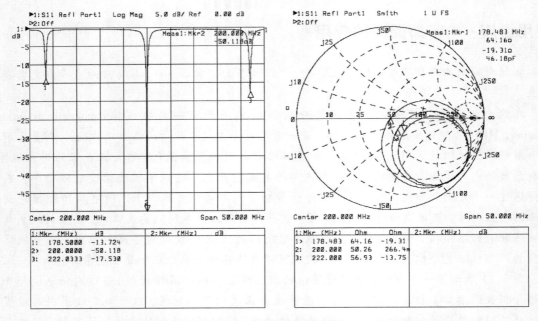

图 3.22　矢量网络分析仪测量核磁共振成像射频线圈的结果

---

**射频技术在核磁共振成像领域的重要应用**

　　为了提高分辨力和信噪比,核磁共振成像系统装备了强磁场系统,用于人体检测的磁感应强度为 3 T(特斯拉),用于动物实验的场感应强度为 11.7 T。根据拉莫尔(Lamor)方程,磁感应强度将决定生物样品中原子核进动的频率。当磁感应强度为 3 T 时,对应的进动频率为 128 MHz;当磁感应强度为 4.7 T 时对应于 200 MHz,11.7 T 则对应于 500 MHz。为了使原子核重新定向,以便测量关断射频脉冲时原子核产生的弛豫电压,需要特殊的射频线圈技术。图 3.21 中是一个用微带线构成的、安装在绝缘支架上并置于外壳中的射频线圈。

---

## 3.5　小结

　　本章导出了应用广泛的射频图解工具——史密斯圆图,并用于图示反射系数特性及传输线的阻抗特性,它们都是传输线的长度或工作频率的函数。我们采用的方法是从终端有载传输线的归一化输入阻抗的表达式入手:

$$z_{\text{in}} = r + jx = \frac{1 + \Gamma(d)}{1 - \Gamma(d)} = \frac{1 + \Gamma_r + j\Gamma_i}{1 - \Gamma_r - j\Gamma_i}$$

引入反射系数,上式则可转化为两个圆方程,即式(3.10)和式(3.11),对于归一化电阻 $r$ 有

$$\left(\Gamma_r - \frac{r}{r+1}\right)^2 + \Gamma_i^2 = \left(\frac{1}{r+1}\right)^2$$

而对于归一化电抗 $x$ 有

$$(\Gamma_r - 1)^2 + \left(\Gamma_i - \frac{1}{x}\right)^2 = \left(\frac{1}{x}\right)^2$$

将这两个方程所描述的圆重叠在单位圆内的反射系数复平面上，就得到了史密斯圆图。需要牢记的关键性质是，在圆图上旋转一周对应于半个波长，因为在反射系数表达式(3.2)中的指数幂是 $2\beta d$。除了考察阻抗的性质，还能根据驻波系数公式(3.12)或

$$\mathrm{SWR}(d) = \frac{1 + |\Gamma(d)|}{1 - |\Gamma(d)|}$$

利用史密斯圆图对失配的程度进行定量。驻波系数也可从圆图中直接得到。

　　为了便于利用计算机在史密斯圆图上进行计算，已有许多商品化软件可供使用。对于本章中相对简单的电路分析，也可以自己构成专用的史密斯圆图并采用数学软件(如 Mathematica、MATLAB 或 MathCad)进行简单的计算。为了演示这些计算过程，我们已经开发了许多 MATLAB 程序模块，并在 3.2.4 节中演示了作为史密斯圆图基本计算内容的 m 文件的使用方法。

　　导纳变换，或者导纳圆图能通过式(3.23)得到：

$$y_{\mathrm{in}} = \frac{Y_{\mathrm{in}}}{Y_0} = \frac{1}{z_{\mathrm{in}}} = \frac{1 - \Gamma(d)}{1 + \Gamma(d)}$$

该式与式(3.4)的唯一差别是反射系数前面的符号相反。因此，将阻抗圆图上的反射系数旋转 $180°$ 就能进行 $z_{\mathrm{in}}$ 与 $y_{\mathrm{in}}$ 的换算。实际上，转动圆图本身构成导纳圆图即可避免上述旋转。将转动后的圆图与原来的阻抗圆图叠加，就构成了组合的阻抗-导纳史密斯圆图。这种圆图的优点是设计电路时便于从并联向串联转换。这个优点已在由 T 形网络与双极晶体管输入端构成的电路中得到证明，该输入端由 $RC$ 并联网络构成。然而，研究作为频率函数的阻抗特性，采用 CAD 软件是最方便的。

## 阅读文献

B. C. Wadell, "Smith Charts are easy. I. -III.," *Instrumentation and Measurement Magazine*, *IEEE*, Vol. 2, Issues 1, 2, 3, March, June, and September, 1999.

J. W. Verzino, "Computer Programs for Smith-Chart Solutions," *IEEE Trans. on Microwave Theory and Techniques*, Vol. 17, Issue 8, pp. 649-650, 1969.

H. J. Delgada and M. H. Thursby, "Derivation of the Smith Chart equations for use with MathCAD," *IEEE Trans. on Antennas and Propagation*, pp. 99-101, 1999.

M. Vai and S. Prasad, "Computer-aided Microwave Circuit Analysis by a Computerized Numerical Smith Chart," *IEEE Microwave and Guided Wave Letters*, Vol. 2, Issue 7, pp. 294-296, 1992.

G. Gonzalez, *Microwave Transistor Amplifiers*: *Analysis and Design*, 2nd ed., Prentice Hall, Upper Saddle River, NJ, 1997.

K. C. Gupta, R. Garg, and I. J. Bohl, *Microstrip Lines and Slotlines*, Artech House, Dedham, MA, 1979.

J. Helszajn, *Passive and Active Microwave Circuits*, John Wiley, New York, 1978.

*Hewlett-Packard Application Note 154*, "S-Parameter Design," 1972.

H. Howe, Stripline *Circuit Design*, Artech House, Dedham, MA, 1974.

S. Y. Liao, *Microwave Devices and Circuits*, Prentice Hall, Englewood Cliffs, NJ, 1980.

*MMICAD for Windows*, Reference Manual, Optotek, Ltd., 1997.

D. M. Pozar, *Microwave Engineering*, 2nd edition, John Wiley, New York, 1998.

P. A. Rizzi, *Microwave Engineering*, *Passive Circuits*, Prentice Hall, Englewood Cliffs, NJ, 1988.

P. H. Smith, *Electronic Applications of the Smith Chart*, Noble Publishing, 1995.

P. H. Smith, "Transmission-Line Calculator," *Electronics*, Vol. 12, pp. 29-31, 1939.

P. H. Smith, "An Improved Transmission-Line Calculator," *Electronics*, Vol. 17, p. 130, 1944.

## 习题

3.1　一个阻抗 $Z_L = (80 + j40)\ \Omega$ 的负载与特性阻抗为

$$Z_0 = \sqrt{\frac{0.1 + j200}{0.05 - j0.003}}$$

的有损耗传输线相连,求负载端的反射系数和驻波系数(SWR)。

3.2　特性阻抗 $Z_0 = 75\ \Omega$ 的同轴电缆,终端接负载阻抗 $Z_L = (40 + j35)\ \Omega$。求出对应下面每一组频率 $f$ 和电缆长度 $d$ 的传输线输入阻抗,假设同轴电缆的相速度为光速的77%:

(a)$f = 1$ GHz 和 $d = 50$ cm

(b)$f = 5$ GHz 和 $d = 25$ cm

(c)$f = 9$ GHz 和 $d = 5$ cm

3.3　将传输线的负载端短路,并测量其输入端的电压驻波系数,则可求出传输线的衰减系数。根据有损耗传输线的反射系数表达式 $\Gamma(d) = \Gamma_0 \exp(-2\gamma l) = \Gamma_0 \exp(-2\alpha l)\exp(-2j\beta l)$,假设传输线的长度为100 m,电压驻波系数是3,求出以 Np/m 和 dB/m 为单位的衰减系数 $\alpha$。

3.4　阻抗 $Z_L = (150 - j50)\ \Omega$ 的负载与特性阻抗 $Z_0 = 75\ \Omega$、长度为 5 cm 的传输线相连,工作波长为 6 cm,计算:

(a)输入阻抗。

(b)工作频率(设传输线相速度是光速的77%)。

(c)驻波系数。

3.5　在史密斯圆图上,标出下列归一化阻抗和归一化导纳:

(a)$z = 0.1 + j0.7$

(b)$y = 0.3 + j0.5$

(c)$z = 0.2 + j0.1$

(d)$y = 0.1 + j0.2$

并求出它们对应的反射系数和驻波系数。

3.6　一个未知的负载阻抗与一个长度为 $0.3\lambda$ 且阻抗为 50 $\Omega$ 的无损耗传输线相连。在传输线的输入端测得驻波系数和反射系数的相位分别是 2.0 和 $-20°$,试用史密斯圆图求出输入阻抗和负载阻抗。

3.7　在3.1.3节中,归一化电阻为 $r$ 的圆方程(3.10)是从式(3.6)导出的。根据式(3.7),即

$$x = \frac{2\Gamma_i}{(1 - \Gamma_r)^2 + \Gamma_i^2}$$

导出归一化电抗为 $x$ 的圆方程:

$$(\Gamma_r - 1)^2 + \left(\Gamma_i - \frac{1}{x}\right)^2 = \left(\frac{1}{x}\right)^2$$

3.8　根据归一化导纳方程

$$y = g + jb = \frac{1 - \Gamma}{1 + \Gamma}$$

证明导纳圆图的圆方程有以下两种形式：

（a）对于等电导圆是

$$\left(\Gamma_r + \frac{g}{1+g}\right)^2 + \Gamma_i^2 = \left(\frac{1}{1+g}\right)^2$$

（b）对于等电纳圆是

$$(\Gamma_r + 1)^2 + (\Gamma_i + 1/b)^2 = (1/b)^2$$

3.9　有一长度为 10 cm 的无损耗传输线（$Z_0 = 50\ \Omega$，$f = 800$ MHz，$v_p = 0.77c$），设输入阻抗 $Z_{in} =$ j60 Ω，求：

（a）用史密斯圆图求 $Z_L$。

（b）用多长的终端短路传输线可以替代 $Z_L$？

3.10　长度为 $d = 0.15\lambda$ 的传输线的特性阻抗 $Z_0 = 50\ \Omega$，终端接负载阻抗 $Z_L = (25 - j30)\ \Omega$。试用阻抗圆图求 $\Gamma_0$，$Z_{in}(d)$ 和驻波系数。

3.11　终端短路的 50 Ω 传输线段，工作频率 1 GHz，相速度是光速的 75%。分别用公式和史密斯圆图两种方法计算，用传输线实现（a）5.6 pF 电容和（b）4.7 nH 电感所需的最短长度。

3.12　长度为 $0.5\lambda$ 的 75 Ω 无损耗传输线的终端接 100 Ω 的负载。求传输线输入端和负载端的（a）反射系数，（b）电压驻波比，（c）输入阻抗。

3.13　求用 75 Ω 终端开路传输线等效 4.7 pF 电容器的最短长度。假设工作频率为 3 GHz，相速度是光速的 66%。

3.14　电路的工作频率为 1.9 GHz，其中一个 25 Ω 的电抗由终端短路的 50 Ω 无损耗传输线构成。

（a）假设传输线的相速度是光速的 3/4，为实现该阻抗，传输线的最短长度是多少？

（b）假设需要一个等效的 25 Ω 容性负载，在相速度相同的条件下，求传输线的最短长度。

3.15　特性阻抗为 50 Ω 的微带线，终端接一个由 200 Ω 电阻与 5 pF 电容并联的负载阻抗。微带线的长度为 10 cm，相速度为光速的 50%。

（a）在史密斯圆图上，求出 500 MHz，1 GHz 和 2 GHz 频率时的输入阻抗。

（b）用 MATLAB 程序（见 3.2.4 节）在史密斯圆图上画出输入阻抗从 100 MHz 到 3 GHz 的频率响应曲线。

3.16　对于一个工作在 100 MHz 的调频（FM）广播站，放大器的输出阻抗是 250 Ω，要求与 75 Ω 偶极子天线匹配。

（a）求 1/4 波长阻抗变换器的长度和特性阻抗，设相速度 $v_p = 0.7c$。

（b）求用 AWG 26 规格导线和聚苯乙烯（$\varepsilon_r = 2.55$）制成的无损耗双线传输线的间距 $D$。

3.17　一个 73 Ω 负载与一个 50 Ω 传输线通过 1/4 波长变换器相匹配。假设在中心频率 $f_c = 2$ GHz 时达到匹配，画出 $1/3 \leqslant f/f_c \leqslant 3$ 频率范围内的驻波系数。

3.18　特性线阻抗为 $Z_0 = 75\ \Omega$ 的传输线，终端负载由 $R = 30\ \Omega$，$L = 10$ nH 和 $C = 2.5$ pF 串联而成。在以下频率点：（a）100 MHz，（b）500 MHz 和（c）2 GHz，求负载端的驻波系数；若仅增加一个串联元件来实现输入阻抗与 $Z_0$ 的匹配，求该元件与终端负载的最小距离。

3.19　50 Ω 无损耗同轴线（$\varepsilon_r = 2.8$）与工作频率为 2 GHz 的 75 Ω 天线相连。假设电缆长度是 25 cm，用式（2.71）和阻抗圆图计算输入阻抗。

3.20　偶极子天线（平衡）和同轴电缆（不平衡）之间通常必须连接平衡-非平衡变换器，下图描绘了其基本概念：

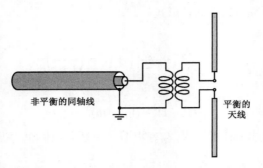

作为一种替代变换器的方法,人们经常采用下面的天线连接方式:

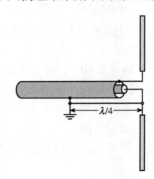

(a) 解释为什么偶极子天线的一端连接在距离同轴电缆终端为 1/4 波长的位置。

(b) 对于一个工作频率范围为 88~108 MHz 的调频广播频段的天线,求出上述连接点的平均长度($\varepsilon_r = 2.25$)。

3.21 用阻抗-导纳圆图,求出下图所示网络在 2 GHz 频率下的输入阻抗。在 1 GHz 频率下该网络的输入阻抗是多少?

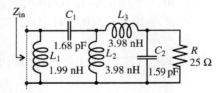

3.22 传输线 $Z_0 = 50\ \Omega$,长度为 $0.5\lambda$,终端负载阻抗 $Z_L = (50 - \text{j}30)\ \Omega$。在距负载 $0.35\lambda$ 处并联一个电阻 $R = 25\ \Omega$(见下图),根据阻抗-导纳圆图求输入阻抗。

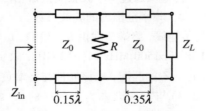

3.23 一个长度为 3/4 波长的 50 Ω 传输线并联两个传输线段,每个传输线段的阻抗都是75 Ω,长度分别是 $0.86\lambda$ 和 $0.5\lambda$,如下图所示。传输线 1 的终端负载 $Z_1 = (30 + \text{j}40)\ \Omega$,传输线 2 的终端负载 $Z_2 = (75 - \text{j}80)\ \Omega$。试用史密斯圆图求输入阻抗。

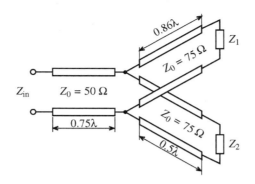

3.24　重复习题 3.23。假设传输线的特性阻抗都是 $Z_0 = 50\ \Omega$，而且传输线段的长度都是 1/4 波长。

3.25　阻抗 $Z_L = (75 + j20)\ \Omega$ 的偶极子天线与长度为 $\lambda/3$ 的 50 $\Omega$ 无损传输线相连。$V_G = 25$ V 的电压源通过一个未知电阻 $R_G$ 与该传输线相连。在负载端匹配的条件下($Z_L^{\text{match}} = 50\ \Omega$)，已知传输到负载的平均功率是 3 W。假设信号源的阻抗是通过 1/4 波长变换器与传输线匹配的，求信号源的内阻 $R_G$，并确定传输到天线的功率。

3.26　右图所示网络的工作频率为 3 GHz。若要得到 50 $\Omega$ 的输入阻抗，求出电感 $L$ 和电容 $C$。

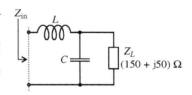

3.27　终端开路的传输线(50 $\Omega$)工作在 500 MHz($v_p = 0.7c$)。用阻抗-导纳圆图求阻抗 $Z_{\text{in}}$，假设传输线的长度为 65 cm。求出输入导纳 $Y_{\text{in}} = -j0.05$ S 的传输线的最短长度。

3.28　传输线的特性阻抗 $Z_{0a} = 75\ \Omega$，终端负载 $Z_L = 25\ \Omega$。随着导线长度的增加，输入反射系数 $\Gamma_{\text{in}}$ 在 $Z_0 = 50\ \Omega$ 的史密斯圆图上的轨迹是中心在实数($\Gamma_{\text{in}}$)轴上的一个圆。求该圆在 $\Gamma_{\text{in}}$ 平面上的圆心和半径(50 $\Omega$ 史密斯圆图)。提示：参考 1/4 波长阻抗变换器。

3.29　我们希望只用一段无损耗传输线将负载阻抗 $Z_L = (120 - 75\text{ j})\ \Omega$ 变换为 $Z_{\text{in}} = 50\ \Omega$。求：

(a)传输线的 $Z_0$；

(b)以波长表示的传输线的最短长度。

提示：如果 $Z_L$ 和 $Z_{\text{in}}$ 所对应的反射系数的模(或驻波系数)相同，就可以实现这个变换。此题可采用习题 3.28 的方法在史密斯圆图上进行图解。

3.30　负载阻抗 $Z_L = (80 + j100)\ \Omega$ 连接到 $Z_0 = 50\ \Omega$、长度为 $\lambda/2$ 的微带线上。采用史密斯圆图求并联电容的合适元件值和位置(与负载间的距离)，使传输线输入端的阻抗变为 $Z_{\text{in}} = 50\ \Omega$。已知工作频率为 2 GHz，相速度为光速的 60%。该技术能将任意有限的驻波系数所对应的阻抗值变换为 50 $\Omega$ 吗？

3.31　重复习题 3.30，除了传输线长度为 1/4 波长，负载阻抗 $Z_L = 10\ \Omega$，输入端阻抗的目标值 $Z_{\text{in}} = 75\ \Omega$ 外，其他都相同。

3.32　要求电路的输入阻抗等于 50 $\Omega$，求以波长 $\lambda$ 表示的传输线 $l_1$ 和并联短路线 $l_2$ 的最小长度。

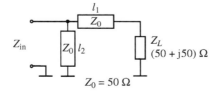

3.33　求出下面网络的输入阻抗的幅度和相位,工作频率为 950 MHz。

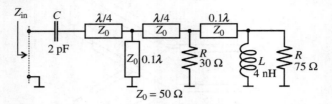

3.34　工作频率为 1.5 GHz 的情况下,重新计算和求解习题 3.33,并讨论两题结果的差异。

3.35　一个特定传输系统的结构如下图所示:

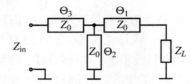

3 个传输线元件的特性阻抗均为 $Z_0 = 50\ \Omega$,负载阻抗 $Z_L = (20 + j40)\ \Omega$,各传输线段的电长度为 $\Theta_1 = 164.3°$,$\Theta_2 = 57.7°$,$\Theta_3 = 25.5°$。

(a)求出输入阻抗。

(b)如果传输线段 $\Theta_2$ 改为终端开路线,求出输入阻抗。

(第 8 章讨论将一个特定的负载阻抗与一个期望的输入阻抗相匹配的概念时,本题和习题 3.32 将非常重要。)

# 第4章 单端口网络和多端口网络

自从吉耶曼(Guillemin)和费尔特凯勒(Feldkeller)在电子工程专业领域中引入单端口和多端口网络模型以来,在重组和化简复杂电路及深入研究有源、无源器件的特性方面,这些网络模型已成为不可缺少的工具。不仅如此,网络模型的重要意义已经远远超出了电子工程学科,甚至影响到结构工程、机械工程及生物医学中的振动分析这些完全不同的领域。例如,三端口网络就非常适合于描述医学压电传感器及其机电转换机制。

网络模型的众多优点包括可以大量减少无源、有源器件的数目,回避电路的复杂性和非线性效应,简化网络输入、输出特性的关系,其中最重要的是不必了解系统内部的结构即可通过实验确定网络的输入、输出参数。这种所谓"黑箱"方法对主要从事电路整体功能研究而不分析电路中单个器件特性的工程师们具有很大的吸引力。"黑箱"方法对于射频和微波电路特别重要,因为在射频和微波电路中,麦克斯韦方程组的完全场解有时极难得到,有时则导出了许多通常在实际功能性电路(例如滤波器、谐振器和放大器)设计中不需要的信息。

下面几节的目标是建立基本网络的输入、输出参数关系,包括处理线性网络的阻抗参量、导纳参量、混合参量及 A 参量[①],然后导出它们之间的换算关系。我们将给出网络连接的规则,即如何用单个网络单元通过串联、并联及级联的方式构成较复杂的电路。最后,还要介绍散射参量,它是通过归一化电压波关系分析射频/微波电路和器件的重要实用方法。

---

**单端口、双端口和多端口网络**

单端口网络的实例包括电压源和电流源,典型的双端口网络包括各种变换器和晶体管模型。常见的多端口射频网络包括功率分配器、环行器(三端口器件)和90°相移耦合器(四端口器件)。

---

## 4.1 基本定义

在开始进行网络分析之前,必须确定一些与电压、电流方向和极性有关的基本规定。为此,确定了图4.1所示的基本规定。无论是单端口网络还是 $N$ 端口网络,电流的下标表明了它将流入的相应网络端口,而电压的下标表明了测量该电压的相应网络端口。

在确定各种网络参量的规则时,先根据双下标阻抗参量 $Z_{nm}$ 建立电压-电流关系,其中 $n$ 和 $m$ 的取值从 1 到 $N$。各网络端口($n = 1, \cdots, N$)的电压为

端口1

$$v_1 = Z_{11}i_1 + Z_{12}i_2 + \ldots + Z_{1N}i_N \tag{4.1a}$$

端口2

$$v_2 = Z_{21}i_1 + Z_{22}i_2 + \ldots + Z_{2N}i_N \tag{4.1b}$$

---

[①] 原文为 **ABCD** 参量,国内习惯称为 **A** 参量。——译者注

端口 $N$

$$v_N = Z_{N1}i_1 + Z_{N2}i_2 + \ldots + Z_{NN}i_N \tag{4.1c}$$

由此可见,每个端口 $n$ 不但受到本端口阻抗 $Z_{nn}$ 的影响,而且也受到其他所有端口阻抗线性叠加效果的综合影响。如果采用更简单的符号,则式(4.1)可以变换成**阻抗矩阵**(impedance matrix)即 **Z** 矩阵形式:

$$\begin{Bmatrix} v_1 \\ v_2 \\ \vdots \\ v_N \end{Bmatrix} = \begin{bmatrix} Z_{11} & Z_{12} & \cdots & Z_{1N} \\ Z_{21} & Z_{22} & \cdots & Z_{2N} \\ \vdots & \vdots & \ddots & \vdots \\ Z_{N1} & Z_{N2} & \cdots & Z_{NN} \end{bmatrix} \begin{Bmatrix} i_1 \\ i_2 \\ \vdots \\ i_N \end{Bmatrix} \tag{4.2}$$

或矩阵符号表达式:

$$\{\mathbf{V}\} = [\mathbf{Z}]\{\mathbf{I}\} \tag{4.3}$$

其中,$\{\mathbf{V}\}$ 和 $\{\mathbf{I}\}$ 分别是电压矢量 $v_1$, $v_2$, $\cdots$, $v_N$ 和电流矢量 $i_1$, $i_2$, $\cdots$, $i_N$,$[\mathbf{Z}]$ 是阻抗矩阵。

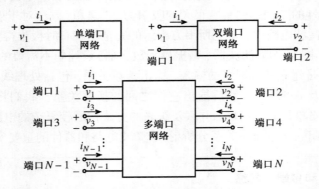

图4.1 单端口、多端口网络的电压和电流基本定义

式(4.2)中的每个阻抗元素可以通过以下规则求得:

$$Z_{nm} = \left. \frac{v_n}{i_m} \right|_{i_k = 0 \ (k \neq m)} \tag{4.4}$$

这表明,当端口 $m$ 的输入电流为 $i_m$,而且其他端口均为开路状态(即 $k \neq m$ 时,$i_k = 0$)时,端口 $n$ 测得的电压是 $v_n$。

采用电压作为自变量,则电流可以表示为

$$\begin{Bmatrix} i_1 \\ i_2 \\ \vdots \\ i_N \end{Bmatrix} = \begin{bmatrix} Y_{11} & Y_{12} & \cdots & Y_{1N} \\ Y_{21} & Y_{22} & \cdots & Y_{2N} \\ \vdots & \vdots & \ddots & \vdots \\ Y_{N1} & Y_{N2} & \cdots & Y_{NN} \end{bmatrix} \begin{Bmatrix} v_1 \\ v_2 \\ \vdots \\ v_N \end{Bmatrix} \tag{4.5}$$

或

$$\{\mathbf{I}\} = [\mathbf{Y}]\{\mathbf{V}\} \tag{4.6}$$

其中,与式(4.4)类似,定义**导纳矩阵**(admittance matrix)即 **Y** 矩阵的元素为

$$Y_{nm} = \left. \frac{i_n}{v_m} \right|_{v_k = 0 \ (k \neq m)} \tag{4.7}$$

对比式(4.2)和式(4.5)，显然阻抗矩阵与导纳矩阵互为倒数：

$$[\mathbf{Z}] = [\mathbf{Y}]^{-1} \tag{4.8}$$

---

**互易网络**

　　如果一个双端口网络是线性的，不存在磁性或电滞效应，且内部没有自激，则称该网络是互易的。即输入、输出端口可以互换。互易双端口网络的一个熟悉的例子是天线系统，它既可以用于发射机，也可以用于接收机。

---

### 例4.1　π形网络的矩阵参量

　　如图 4.2 所示，已知π形网络(由于网络的形状类似于希腊字母π而得名)由阻抗 $Z_A$，$Z_B$ 和 $Z_C$ 构成。求解该网络的阻抗矩阵和导纳矩阵。

　　**解：**阻抗矩阵元素可以在适当的开路、短路终端条件下利用式(4.4)求得。

求解 $Z_{11}$，必须在端口 2 电流为零的条件下，求出端口 1 电压降 $v_1$ 与端口 1 电流 $i_1$ 的比值。端口 2 电流为零的条件 $i_2 = 0$ 等价于终端开路条件。所以，阻抗 $Z_{11}$ 等于阻抗 $Z_A$ 和 $Z_B + Z_C$ 的并联。

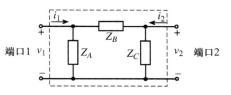

图 4.2　双端口π形网络

$$Z_{11} = \left.\frac{v_1}{i_1}\right|_{i_2=0} = Z_A\|(Z_B + Z_C) = \frac{Z_A(Z_B + Z_C)}{Z_A + Z_B + Z_C}$$

$Z_{12}$ 的值就是端口 1 的电压降 $v_1$ 与端口 2 电流 $i_2$ 的比值。此时，必须保证端口 1 的电流 $i_1$ 为零(即端口 1 必须开路)。端口 1 电压降 $v_1$ 等于阻抗 $Z_A$ 上的电压，这可以通过分压定律求得：

$$v_1 = \frac{Z_A}{Z_A + Z_B} v_{AB}$$

其中，$v_{AB}$ 是串联阻抗 $Z_A$ 和 $Z_B$ 上的电压降，其值为 $v_{AB} = i_2[Z_C // Z_A + Z_B]$①。所以，

$$Z_{12} = \left.\frac{v_1}{i_2}\right|_{i_1=0} = \frac{Z_A}{Z_A + Z_B}[Z_C\|(Z_A + Z_B)] = \frac{Z_A Z_C}{Z_A + Z_B + Z_C}$$

同理，可以得到其他两个阻抗矩阵元素：

$$Z_{21} = \left.\frac{v_2}{i_1}\right|_{i_2=0} = \frac{Z_C}{Z_B + Z_C}[Z_A\|(Z_B + Z_C)] = \frac{Z_A Z_C}{Z_A + Z_B + Z_C}$$

$$Z_{22} = \left.\frac{v_2}{i_2}\right|_{i_1=0} = Z_C\|(Z_A + Z_B) = \frac{Z_C(Z_A + Z_B)}{Z_A + Z_B + Z_C}$$

所以，任意π形网络的阻抗矩阵可以表示为

$$[\mathbf{Z}] = \frac{1}{Z_A + Z_B + Z_C}\begin{bmatrix} Z_A(Z_B + Z_C) & Z_A Z_C \\ Z_A Z_C & Z_C(Z_A + Z_B) \end{bmatrix}$$

导纳矩阵元素可以利用式(4.7)导出。求解 $Y_{11}$，必须在端口 2 短路的条件下(即 $v_2 = 0$)，求出端口 1 电流与端口 1 电压的比值为

---

① "‖"表示并联。——译者注

$$Y_{11} = \frac{i_1}{v_1}\bigg|_{v_2 = 0} = \frac{1}{Z_A} + \frac{1}{Z_B}$$

导纳矩阵元素 $Y_{12}$ 的值为端口 1 电流 $i_1$ 与端口 2 电压 $v_2$ 的比值,此时要求端口 1 短路(即令 $v_1 = 0$)。必须注意,当端口 2 的电压为正值时,端口 1 的电流 $i_1$ 是流出的,即电流为负值:

$$Y_{12} = \frac{i_1}{v_2}\bigg|_{v_1 = 0} = -\frac{1}{Z_B}$$

其他导纳元素可用类似方法求得,则导纳矩阵的最终形式为

$$[\mathbf{Y}] = \begin{bmatrix} \dfrac{1}{Z_A} + \dfrac{1}{Z_B} & -\dfrac{1}{Z_B} \\ -\dfrac{1}{Z_B} & \dfrac{1}{Z_B} + \dfrac{1}{Z_C} \end{bmatrix} = \begin{bmatrix} Y_A + Y_B & -Y_B \\ -Y_B & Y_B + Y_C \end{bmatrix}$$

其中,$Y_A = Z_A^{-1}$,$Y_B = Z_B^{-1}$,$Y_C = Z_C^{-1}$。

直接计算表明,求出的阻抗矩阵和导纳矩阵确实存在互为倒数的关系,这就证明了式(4.8)的正确性。

通过假设网络端口为开路或短路状态,很容易测得全部矩阵元素。然而,随着频率不断升高并达到射频界限,终端寄生效应已不能忽略,此时必须采用其他测量方法。

例 4.1 表明,阻抗矩阵和导纳矩阵都是互易[①]的。一般说来,线性的无源网络都如此。无源的意思是指不包含任何电流源或电压源。互易网络[②]的数学表达为

$$Z_{nm} = Z_{mn} \tag{4.9}$$

根据式(4.8),导纳矩阵同样有此关系。事实上,可以证明任何互易的(即无源的各向同性材料)$N$ 端口网络都具有对称的 $\mathbf{Z}$ 矩阵和 $\mathbf{Y}$ 矩阵[③]。

除了阻抗和导纳网络参量,根据电压和电流参考方向的不同规定,还可导出另外两套更有用的参量。就双端口网络而言,根据图 4.1,可以定义**级联矩阵**(chain matrix),即 $\mathbf{A}$ 参量矩阵

$$\begin{Bmatrix} v_1 \\ i_1 \end{Bmatrix} = \begin{bmatrix} A & B \\ C & D \end{bmatrix} \begin{Bmatrix} v_2 \\ -i_2 \end{Bmatrix} \tag{4.10}$$

和**混合参量矩阵**(hybrid matrix),即 $\mathbf{h}$ 参量矩阵

$$\begin{Bmatrix} v_1 \\ i_2 \end{Bmatrix} = \begin{bmatrix} h_{11} & h_{12} \\ h_{21} & h_{22} \end{bmatrix} \begin{Bmatrix} i_1 \\ v_2 \end{Bmatrix} \tag{4.11}$$

这些矩阵元素的计算方法与前面介绍的阻抗矩阵和导纳矩阵元素的计算方法完全相同。例如,欲求解式(4.11)中的 $h_{12}$,令 $i_1$ 为零,并计算 $v_1$ 与 $v_2$ 的比值,即

$$h_{12} = \frac{v_1}{v_2}\bigg|_{i_1 = 0}$$

---

① 原文为 symmetric—对称,不妥。——译者注
② 原文混淆了对称—symmetric 和互易—reciprocal 的概念。互易网络有 $Z_{nm} = Z_{mn}$;对称网络则为 $Z_{nm} = Z_{mn}$ 和 $Z_{nn} = Z_{mm}$。——译者注
③ 原文如此,不妥。——译者注

注意到，**h** 参量矩阵元素 $h_{12}$ 和 $h_{21}$ 分别定义了正向电流和反向电压增益。另外两个元素确定了网络的输入阻抗($h_{11}$)和输出阻抗($h_{22}$)。正是由于 **h** 参量的这些特性，它经常被用于分析低频晶体管模型。例 4.2 将介绍如何导出低频**双极晶体管**(bipolar-junction transistor，BJT)的 **h** 参量矩阵。

### 例4.2 双极晶体管的低频 h 参量矩阵

如图 4.3 所示，采用 **h** 参量矩阵描述共发射极连接的低频、小信号双极晶体管模型。

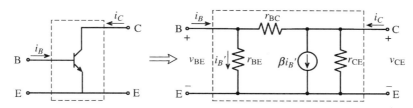

图 4.3 共发射极连接的低频、小信号双极晶体管模型

**解：**在图 4.3 所示的晶体管模型中，$r_{BE}$、$r_{BC}$ 和 $r_{CE}$ 分别为晶体管的基极-发射极、基极-集电极、集电极-发射极之间的电阻。电流源的电流取决于基极-发射极电阻上的电流 $i'_B$。

如果根据式(4.11)求解 **h** 参量矩阵元素 $h_{11}$，则必须将基极与集电极短路，即令 $v_2 = v_{CE} = 0$，然后计算基极-发射极电压与基极电流的比值。根据图 4.3 中的符号可知，$h_{11}$ 等于 $r_{BE}$ 与 $r_{BC}$ 的并联值：

$$h_{11} = \left.\frac{v_{BE}}{i_B}\right|_{v_{CE}=0} = \frac{r_{BC}r_{BE}}{r_{BE}+r_{BC}} \quad (\text{输入阻抗})$$

根据类似的步骤，可以导出其他 3 个 **h** 参量矩阵元素的表达式：

$$h_{12} = \left.\frac{v_{BE}}{v_{CE}}\right|_{i_B=0} = \frac{r_{BE}}{r_{BE}+r_{BC}} \quad (\text{电压反馈系数})$$

$$h_{21} = \left.\frac{i_C}{i_B}\right|_{v_{CE}=0} = \frac{\beta r_{BC}-r_{BE}}{r_{BE}+r_{BC}} \quad (\text{小信号电流增益})$$

$$h_{22} = \left.\frac{i_C}{v_{CE}}\right|_{i_B=0} = \frac{1}{r_{CE}} + \frac{1+\beta}{r_{BE}+r_{BC}} \quad (\text{输出导纳})$$

大多数实用晶体管的电流放大系数 $\beta$ 都远远大于 1，而且集电极-发射极电阻也远远大于基极-发射极电阻。根据这些情况，可以简化晶体管的上述 **h** 参量矩阵元素表达式：

$$h_{11} = \left.\frac{v_{BE}}{i_B}\right|_{v_{CE}=0} = r_{BE} \quad (\text{输入阻抗})$$

$$h_{12} = \left.\frac{v_{BE}}{v_{CE}}\right|_{i_B=0} = \frac{r_{BE}}{r_{BC}} \quad (\text{电压反馈系数})$$

$$h_{21} = \left.\frac{i_C}{i_B}\right|_{v_{CE}=0} = \beta \quad (\text{小信号电流增益})$$

$$h_{22} = \left.\frac{i_C}{v_{CE}}\right|_{i_B=0} = \frac{1}{r_{CE}} + \frac{\beta}{r_{BC}} \quad (\text{输出导纳})$$

采用 **h** 参量矩阵描述双极晶体管是经常用到的方法，双极晶体管的技术参数表中通常会给出其 **h** 参量矩阵元素。

由于例 4.2 中出现了电流源，晶体管的 **h** 参量矩阵就不再是互易的($h_{21} \neq h_{12}$)。在低频电子电路设计中，**h** 参量矩阵元素通常用 $h_{ie}$ 表示 $h_{11}$，$h_{re}$ 表示 $h_{12}$，$h_{fe}$ 表示 $h_{21}$，$h_{oe}$ 表示 $h_{22}$。

到目前此为止考虑的问题是，在已知电路拓扑结构和电路元件参数的情况下导出矩阵参量。然而，在实际设计工作中，更经常遇到的是其逆问题，即根据测量数据求出等效电路。当器件生产商必须向其用户描述其器件特性时，这种所谓的**反向建模**(inverse modeling)就显得相当重要。由于用户的应用领域非常广泛，所以必须全面详细地描述器件性能。因此，采用等效电路的方法，工程师就能够在不同的工作条件下，以合理的精度求得器件或电路的响应。在例 4.3 中将根据已知的 **h** 参量矩阵导出双极晶体管的内阻。

---

**参数提取**

寻找符合被测器件特性参数的电路模型称为参数提取。由于大多数电路元件的宏观测量数据与测试条件有关，因此测试条件常常需要进行大幅度化简，如在器件工作频率附近进行的线性化以及限制工作频率范围等，所以参数提取仍然是一个活跃的研究领域。另外，为了简化计算，重要的电路模型通常都降低了复杂度。

---

**例 4.3　根据双极晶体管的 h 参量测量数据，求其内阻和电流增益。**

根据图 4.3 所示的双极晶体管等效电路，利用以下 **h** 参量测量数据：$h_{ie} = 5\ \text{k}\Omega$，$h_{re} = 2 \times 10^{-4}$，$h_{fe} = 250$，$h_{oe} = 20\ \mu\text{S}$(摩托罗拉 2n3904 晶体管测试参数)。求内阻 $r_{\text{BE}}$，$r_{\text{BC}}$，$r_{\text{CE}}$ 和电流增益 $\beta$。

**解**：与例 4.2 方法相同，图 4.3 所示等效电路的 **h** 参量矩阵元素由以下 4 个方程给出：

$$h_{ie} = \frac{r_{\text{BC}} r_{\text{BE}}}{r_{\text{BE}} + r_{\text{BC}}} \quad (\text{输入阻抗}) \tag{4.12}$$

$$h_{re} = \frac{r_{\text{BE}}}{r_{\text{BE}} + r_{\text{BC}}} \quad (\text{电压反馈系数}) \tag{4.13}$$

$$h_{fe} = \frac{\beta r_{\text{BC}} - r_{\text{BE}}}{r_{\text{BE}} + r_{\text{BC}}} \quad (\text{小信号电流增益}) \tag{4.14}$$

$$h_{oe} = \frac{1}{r_{\text{CE}}} + \frac{1 + \beta}{r_{\text{BE}} + r_{\text{BC}}} \quad (\text{输出导纳}) \tag{4.15}$$

用式(4.12)除以式(4.13)，可知基极-集电极电阻等于 $h_{ie}$ 与 $h_{re}$ 的比值。所以，根据已知条件，可得 $r_{\text{BC}} = h_{ie}/h_{re} = 25\ \text{M}\Omega$。将 $r_{\text{BC}}$ 代入式(4.12)或式(4.13)，可以求得 $r_{\text{BE}} = h_{ie}/(1 - h_{re}) = 5\ \text{k}\Omega$。求出 $r_{\text{BC}}$ 和 $r_{\text{BE}}$ 以后，根据式(4.14)可求得电流放大系数 $\beta = (h_{re} + h_{fe})/(1 - h_{re}) = 250.05$。然后，根据式(4.15)即可求得集电极-发射极电阻

$$r_{\text{CE}} = \frac{h_{ie}}{h_{oe} h_{ie} - h_{re} h_{fe} - h_{re}} = 100.4\ \text{k}\Omega$$

根据求出的数据可见 $r_{\text{BE}}$ 确实比 $r_{\text{BC}}$ 小得多。

这个例题介绍了一种基本方法，即如何利用 **h** 参量测量值描述双极晶体管的电路模型。第 7 章还将进一步讨论根据实验数据"逆向"确定电路模型参数的原则。

## 4.2　互联网络

### 4.2.1　网络的串联

图 4.4 是一对双端口网络相互串联的示意图。其中每个网络都是用阻抗矩阵描述的。

在此例题中，每个电压可以相互叠加，而每个电流保持不变。其结果是

$$\begin{Bmatrix} v_1 \\ v_2 \end{Bmatrix} = \begin{Bmatrix} v_1{}' + v_1{}'' \\ v_2{}' + v_2{}'' \end{Bmatrix} = [\mathbf{Z}] \begin{Bmatrix} i_1 \\ i_2 \end{Bmatrix} \qquad (4.16)$$

其中，新的复合网络的 $[\mathbf{Z}]$ 表达式为

$$[\mathbf{Z}] = [\mathbf{Z}'] + [\mathbf{Z}''] = \begin{bmatrix} Z_{11}{}' + Z_{11}{}'' & Z_{12}{}' + Z_{12}{}'' \\ Z_{21}{}' + Z_{21}{}'' & Z_{22}{}' + Z_{22}{}'' \end{bmatrix} \qquad (4.17)$$

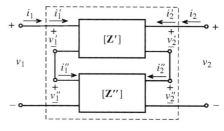

图 4.4　一对双端口网络的串联

由于可能产生共模信号，因此必须注意防止不加选择地将不同的网络相连。这种双端口网络模型只能处理端口的差分信号，图 4.5(a) 显示了这种情况。如图 4.5(b) 所示，引入变压器可以防止这种问题的发生。在此例题中，变压器使第二个网络的输入、输出端口相互隔离。然而，这种方法只适用于交流信号，因为变压器的作用是高通滤波器，它阻断了所有直流分量。

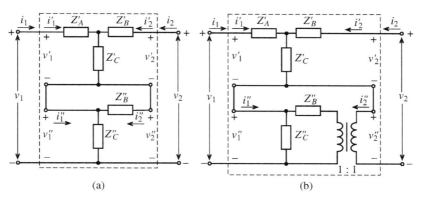

图 4.5　(a) 串联中的短路情况；(b) 采用变压器防止短路情况

如图 4.6 所示，当两个网络输出端口交叉相连时，采用 $h$ 参量矩阵描述最合适。当两个网络采用图 4.6 所示方式相连时，输入端口的电压和输出端口的电流都符合叠加关系（即 $v_1 = v_1{}' + v_1{}''$ 和 $i_2 = i_2{}' + i_2{}''$），而输出端口的电压和输入端口的电流则相等（即 $v_2 = v_2{}' = v_2{}''$ 和 $i_1 = i_1{}' = i_1{}''$）。根据这些可以得到结论，整个系统的 $\mathbf{h}$ 参量矩阵等于单个网络 $\mathbf{h}$ 参量矩阵的总和：

$$\begin{Bmatrix} v_1 \\ i_2 \end{Bmatrix} = \begin{Bmatrix} v_1{}' + v_1{}'' \\ i_2{}' + i_2{}'' \end{Bmatrix} = \begin{bmatrix} h_{11}{}' + h_{11}{}'' & h_{12}{}' + h_{12}{}'' \\ h_{21}{}' + h_{21}{}'' & h_{22}{}' + h_{22}{}'' \end{bmatrix} \begin{Bmatrix} i_1 \\ v_2 \end{Bmatrix} \qquad (4.18)$$

如图 4.7 所示，变压器对就是这种连接方式的一个例子。

本章末的习题将详细讨论这种变压器对的电路结构。由于变压器对具有差动的输入、输出端口，所以可避免根据式 (4.18) 进行 $\mathbf{h}$ 参量矩阵相加时产生的共模问题。

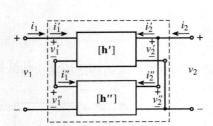

图4.6　适合用 $h$ 参量矩阵描述的双端口网络连接方式

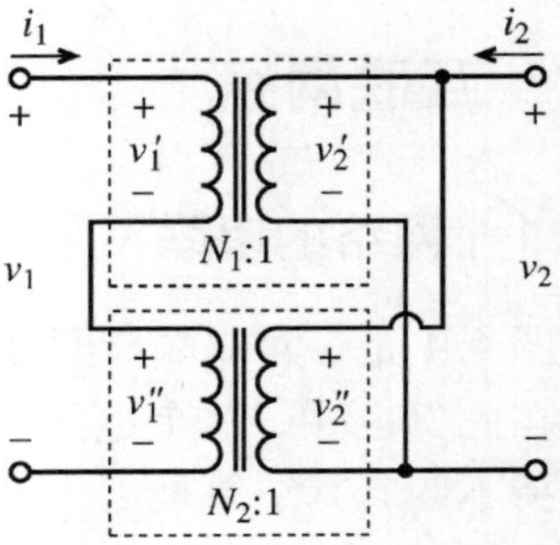

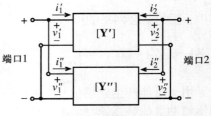

图4.7　串联的混合参量网络

## 4.2.2　网络的并联

一对用导纳矩阵 $\mathbf{Y}'$ 和 $\mathbf{Y}''$ 表示的并联双端口网络如图4.8所示,与式(4.16)不同的是其中的电流可以叠加,即

$$\begin{Bmatrix} i_1 \\ i_2 \end{Bmatrix} = \begin{Bmatrix} i_1' + i_1'' \\ i_2' + i_2'' \end{Bmatrix} = [\mathbf{Y}]\begin{Bmatrix} v_1 \\ v_2 \end{Bmatrix} \qquad (4.19)$$

图4.8　并联的双端口网络

而且,新的导纳矩阵可由单个导纳矩阵之和来表示:

$$[\mathbf{Y}] = [\mathbf{Y}'] + [\mathbf{Y}''] = \begin{bmatrix} Y_{11}' + Y_{11}'' & Y_{12}' + Y_{12}'' \\ Y_{21}' + Y_{21}'' & Y_{22}' + Y_{22}'' \end{bmatrix} \qquad (4.20)$$

## 4.2.3　级联网络

$\mathbf{A}$ 参量矩阵特别适合于描述级联网络,例如图4.9所示的双晶体管电路。在此例中,第一个网络的输出电流与第二个网络的输入电流在数值上相等,但符号相反(即 $i_2' = -i_1''$ )。第一个网络输出端口的电压降 $v_2'$ 等于第二个网络输入端口的电压降 $v_1''$ 。所以,可以写出如下关系:

$$\begin{Bmatrix} v_1 \\ i_1 \end{Bmatrix} = \begin{Bmatrix} v_1' \\ i_1' \end{Bmatrix} = \begin{bmatrix} A' & B' \\ C' & D' \end{bmatrix}\begin{Bmatrix} v_2' \\ -i_2' \end{Bmatrix} = \begin{bmatrix} A' & B' \\ C' & D' \end{bmatrix}\begin{Bmatrix} v_1'' \\ i_1'' \end{Bmatrix}$$

$$\qquad (4.21)$$

$$= \begin{bmatrix} A' & B' \\ C' & D' \end{bmatrix}\begin{bmatrix} A'' & B'' \\ C'' & D'' \end{bmatrix}\begin{Bmatrix} v_2'' \\ -i_2'' \end{Bmatrix}$$

整个网络的 $\mathbf{A}$ 参量矩阵等于单个网络 $\mathbf{A}$ 参量矩阵的乘积。

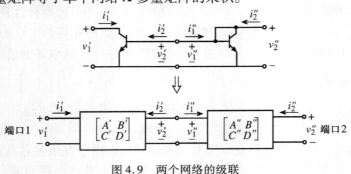

图4.9　两个网络的级联

## 4.2.4　A 参量小结

在后续几章里将看到，微波电路通常可以采用级联的简单网络表达。因此，导出简单双端口网络的 **A** 参量表达式非常重要，这些双端口网络可用来作为构成更复杂电路的基本单元。在这一节中，将导出传输线、串联阻抗及 T 形无源网络的 **A** 参量矩阵。其他常用的电路，如并联导纳、π 形无源网络及变压器等，将留作本章末尾的习题 ( 见习题 4.10、习题 4.12 和习题 4.13 )。全部计算结果都列在本节末尾的表 4.1 中。

### 例 4.4　阻抗元件的 *A* 参量

求解下图中网络的 **A** 参量矩阵：

**解：** 根据式 ( 4.10 ) 的定义，欲求解 *A* 元素，必须在端口 2 电流为零的情况下 ( 即端口 2 开路 )，求出端口 1 电压降与端口 2 电压降的比值。在此情况下，显然电路中网络的两个端口上的电压相等，即它们的比值为 1 ：

$$A = \frac{v_1}{v_2}\bigg|_{i_2 = 0} = 1$$

为了求解 *B* 元素，必须在端口 2 短路的情况下，求出端口 1 电压降与端口 2 输入电流的比值。根据电路的拓扑结构，这个比值等于阻抗 *Z* ：

$$B = \frac{v_1}{-i_2}\bigg|_{v_2 = 0} = Z$$

根据 **A** 参量矩阵元素的定义式 ( 4.10 )，可求出其他两个 **A** 参量矩阵元素：

$$C = \frac{i_1}{v_2}\bigg|_{i_2 = 0} = 0, \qquad D = \frac{i_1}{-i_2}\bigg|_{v_2 = 0} = 1$$

**A** 参量矩阵元素的求解方法与前面介绍的 **Z** 参量、**Y** 参量和 **h** 参量矩阵元素的求解方法类似。这些元素的求解精度同样与实际能够实现的开路、短路终端条件的近似程度有关。

例 4.5 求出了无源 T 形网络的 **A** 参量矩阵。在求解各元素时，需要了解串联及并联阻抗的 **A** 参量矩阵。

### 例 4.5　求解 T 形网络的 **A** 参量矩阵

求解下图所示 T 形网络的 **A** 参量矩阵：

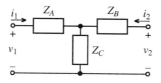

**解：** 这个问题可以采用两种不同的方法求解。第一种方法是直接应用 **A** 参量矩阵元素的定义，按照例 4.4 的方法计算矩阵元素。另一种方法是利用已知的单个串联、单个并联阻抗元件的 **A** 参量矩阵。如果采用第二种方法，则必须首先将原始电路分解为下图所示的单元电路：

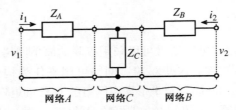

前面讨论过，整个电路的 **A** 参量矩阵等于各单元电路 **A** 参量矩阵的乘积。利用例4.4和习题4.10的结论，可得

$$[\mathbf{A}] = \begin{bmatrix} 1 & Z_A \\ 0 & 1 \end{bmatrix} \begin{bmatrix} 1 & 0 \\ Z_C^{-1} & 1 \end{bmatrix} \begin{bmatrix} 1 & Z_B \\ 0 & 1 \end{bmatrix} = \begin{bmatrix} 1 + \dfrac{Z_A}{Z_C} & Z_A + Z_B + \dfrac{Z_A Z_B}{Z_C} \\ \dfrac{1}{Z_C} & 1 + \dfrac{Z_B}{Z_C} \end{bmatrix}$$

在分析能够分解为多个简单网络单元的复杂网络时，此例题显示了采用 **A** 参量矩阵的优越性。

作为最后一个例题，下面计算一段传输线的 **A** 参量矩阵。

### 例4.6　传输线段 **A** 参量矩阵的计算

计算下图所示传输线段的 **A** 参量矩阵。已知传输线特性阻抗为 $Z_0$，传播常数为 $\beta$，长度为 $l$。

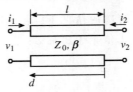

**解**：仿照例4.4，令端口2有开路、短路终端条件。在此条件下，传输线的分析方法等价于开路、短路线段的分析方法。这种开路、短路传输线的表达式已在2.10.3节和2.10.2节中讨论过。在此可发现，对于开路短线，电压和电流由如下关系式给出[见式(2.77)和式(2.78)]：

$$V(d) = 2V^+ \cos(\beta d), \qquad I(d) = \frac{2\mathrm{j}V^+}{Z_0} \sin(\beta d)$$

其中，传输线长度 $d$ 从开路点算起(即本例中的端口2)。

对于长度为 $l$ 的短路传输线段，电压和电流由式(2.73)和式(2.74)确定：

$$V(d) = 2\mathrm{j}V^+ \sin(\beta d), \qquad I(d) = \frac{2V^+}{Z_0} \cos(\beta d)$$

其中，$d$ 是传输线从端口2到端口1的长度。除了这个关系式，需要特别强调的是，电流的定义是流向负载的。所以电流在端口1等于 $i_1$，在端口2等于 $-i_2$。

确定了电压、电流的关系以后，就可以建立传输线的 **A** 参量矩阵方程。在端口2开路的前提下(即必须采用开路短线的公式)，元素 $A$ 由端口1和端口2电压的比值确定：

$$A = \left. \frac{v_1}{v_2} \right|_{i_2 = 0} = \frac{2V^+ \cos(\beta l)}{2V^+} = \cos(\beta l)$$

其中，在端口2取 $d = 0$，在端口1取 $d = l$。

在端口 2 短路的前提下，元素 $B$ 由端口 1 电压降与端口 2 输出电流（即流向负载）的比值确定。此时，必须采用短路条件下的电压、电流公式。由此可得

$$B = \left.\frac{v_1}{-i_2}\right|_{v_2=0} = \frac{2\mathrm{j}V^+\sin(\beta l)}{2V^+/Z_0} = \mathrm{j}Z_0\sin(\beta l)$$

其他两个元素也可以采用类似方法求得：

$$C = \left.\frac{i_1}{v_2}\right|_{i_2=0} = \frac{\dfrac{2\mathrm{j}V^+}{Z_0}\sin(\beta l)}{2V^+} = \mathrm{j}Y_0\sin(\beta l)$$

$$D = \left.\frac{i_1}{-i_2}\right|_{v_2=0} = \frac{\dfrac{2V^+}{Z_0}\cos(\beta l)}{\dfrac{2V^+}{Z_0}} = \cos(\beta l)$$

所以，特性阻抗为 $Z_0$，传播常数为 $\beta$，长度为 $l$ 的传输线具有如下 $\mathbf{A}$ 参量矩阵表达式：

$$\begin{bmatrix} A & B \\ C & D \end{bmatrix} = \begin{bmatrix} \cos(\beta l) & \mathrm{j}Z_0\sin(\beta l) \\ \mathrm{j}Y_0\sin(\beta l) & \cos(\beta l) \end{bmatrix}$$

与第 2 章导出的输入阻抗公式类似，传输线 $\mathbf{A}$ 参量矩阵表达式也具有周期性特征。

---

### $N$ 端口网络

已知各种双端口网络系统涉及简单的 $2\times 2$ 矩阵运算，需要明确的是，这个情况可以推广到三阶和更高阶的网络系统，从而导致 $3\times 3$ 或更高阶的矩阵运算。

---

表 4.1 以双端口网络 $\mathbf{A}$ 参量矩阵元素的形式总结了 6 种最常用的电路结构。根据这 6 种基本模型，大多数复杂电路都可以通过这些基本网络的适当搭配构成。

表 4.1　常用双端口网络的 A 参量

| 电路结构 | A 参量 | |
| --- | --- | --- |
| | $A = 1$ | $B = Z$ |
| | $C = 0$ | $D = 1$ |
| | $A = 1$ | $B = 0$ |
| | $C = Y$ | $D = 1$ |
| | $A = 1 + \dfrac{Z_A}{Z_C}$ | $B = Z_A + Z_B + \dfrac{Z_A Z_B}{Z_C}$ |
| | $C = \dfrac{1}{Z_C}$ | $D = 1 + \dfrac{Z_B}{Z_C}$ |

| 电路结构 | A 参量 | |
|---|---|---|
| | $A = 1 + \dfrac{Y_B}{Y_C}$ | $B = \dfrac{1}{Y_C}$ |
| | $C = Y_A + Y_B + \dfrac{Y_A Y_B}{Y_C}$ | $D = 1 + \dfrac{Y_A}{Y_C}$ |
| | $A = \cos(\beta l)$ | $B = jZ_0 \sin(\beta l)$ |
| | $C = \dfrac{j\sin(\beta l)}{Z_0}$ | $D = \cos(\beta l)$ |
| | $A = N$ | $B = 0$ |
| | $C = 0$ | $D = \dfrac{1}{N}$ |

## 4.3　网络特性及其应用

### 4.3.1　网络参量之间的换算关系

　　由于电路结构的特殊性,有时必须进行不同网络参量之间的转换,以便得到特定的输入、输出特性的表达式。例如,低频晶体管参数通常以 **h** 参量矩阵的形式给出,然而,当晶体管与其他网络级联时,**A** 参量矩阵也许是更合适的形式。所以,将 **h** 参量矩阵和 **A** 参量矩阵相互转换可以大大简化问题的难度。

　　为表明如何实现各网络参量之间的转换,先从已知的 **h** 参量矩阵导出 **A** 参量矩阵。由定义式(4.11),$A$ 元素可以表示为

$$A = \frac{v_1}{v_2}\bigg|_{i_2=0} = \frac{h_{11}i_1 + h_{12}v_2}{v_2} \tag{4.22}$$

在这个表达式中,由于 $i_2 = 0$,所以式(4.11)中的电流 $i_1$ 可由电压 $v_1$ 代换。其结果为

$$A = \frac{v_1}{v_2}\bigg|_{i_2=0} = \frac{h_{11}\left(-\dfrac{h_{22}}{h_{21}}v_2\right) + h_{12}v_2}{v_2} = \frac{1}{h_{21}}(-h_{22}h_{11} + h_{12}h_{21}) = -\frac{\Delta h}{h_{21}} \tag{4.23}$$

其中,$\Delta h = h_{11}h_{22} - h_{12}h_{21}$ 是 **h** 参量矩阵的行列式。同理,可求出其他元素:

$$B = -\frac{v_1}{i_2}\bigg|_{v_2=0} = -\frac{h_{11}i_1}{i_2} = -\frac{h_{11}\left(\dfrac{i_2}{h_{21}}\right)}{i_2} = -\frac{h_{11}}{h_{21}} \tag{4.24}$$

$$C = \frac{i_1}{v_2}\bigg|_{i_2=0} = \frac{\dfrac{-h_{22}}{h_{21}}v_2}{v_2} = -\frac{h_{22}}{h_{21}} \tag{4.25}$$

$$D = -\frac{i_1}{i_2}\bigg|_{v_2=0} = -\frac{\dfrac{i_2}{h_{21}}}{i_2} = -\frac{1}{h_{21}} \tag{4.26}$$

这就是从 **h** 参量到 **A** 参量的变换结果。采用同样的步骤,可以实现从 **A** 参量到 **h** 参量的变换。

另外,考察从 **A** 参量矩阵到 **Z** 参量矩阵的变换。根据式(4.2)并利用式(4.10),可以得到如下关系:

$$Z_{11} = \frac{v_1}{i_1}\bigg|_{i_2=0} = \frac{Av_2}{Cv_2} = \frac{A}{C} \tag{4.27}$$

$$Z_{12} = \frac{v_1}{i_2}\bigg|_{i_1=0} = \frac{Av_2 - Bi_2}{\dfrac{C}{D}v_2} = \frac{Av_2 - \dfrac{BC}{D}v_2}{\dfrac{C}{D}v_2} = \frac{AD - BC}{C} = \frac{\Delta ABCD}{C} \tag{4.28}$$

$$Z_{21} = \frac{v_2}{i_1}\bigg|_{i_2=0} = \frac{v_1/A}{Cv_2} = \frac{A(v_2/A)}{Cv_2} = \frac{1}{C} \tag{4.29}$$

$$Z_{22} = \frac{v_2}{i_2}\bigg|_{i_1=0} = \frac{v_2}{Cv_2/D} = \frac{D}{C} \tag{4.30}$$

其中 $\Delta ABCD = AD - BC$ 是 **A** 参量矩阵的行列式[①]。

依据电压、电流定义的相应关系,可以直接求解网络参量之间的所有变换关系。为了使用方便,表 4.2 总结了前面定义的 4 种网络参量的变换关系式(全部变换公式见附录 H)。

表 4.2  不同网络参量之间的变换关系

| | [Z] | [Y] | [h] | [A] |
|---|---|---|---|---|
| **[Z]** | $\begin{bmatrix} Z_{11} & Z_{12} \\ Z_{21} & Z_{22} \end{bmatrix}$ | $\begin{bmatrix} \dfrac{Z_{22}}{\Delta Z} & -\dfrac{Z_{12}}{\Delta Z} \\ -\dfrac{Z_{21}}{\Delta Z} & \dfrac{Z_{11}}{\Delta Z} \end{bmatrix}$ | $\begin{bmatrix} \dfrac{\Delta Z}{Z_{22}} & \dfrac{Z_{12}}{Z_{22}} \\ -\dfrac{Z_{21}}{Z_{22}} & \dfrac{1}{Z_{22}} \end{bmatrix}$ | $\begin{bmatrix} \dfrac{Z_{11}}{Z_{21}} & \dfrac{\Delta Z}{Z_{21}} \\ \dfrac{1}{Z_{21}} & \dfrac{Z_{22}}{Z_{21}} \end{bmatrix}$ |
| **[Y]** | $\begin{bmatrix} \dfrac{Y_{22}}{\Delta Y} & -\dfrac{Y_{12}}{\Delta Y} \\ -\dfrac{Y_{21}}{\Delta Y} & \dfrac{Y_{11}}{\Delta Y} \end{bmatrix}$ | $\begin{bmatrix} Y_{11} & Y_{12} \\ Y_{21} & Y_{22} \end{bmatrix}$ | $\begin{bmatrix} \dfrac{1}{Y_{11}} & -\dfrac{Y_{12}}{Y_{11}} \\ \dfrac{Y_{21}}{Y_{11}} & \dfrac{\Delta Y}{Y_{11}} \end{bmatrix}$ | $\begin{bmatrix} -\dfrac{Y_{22}}{Y_{21}} & -\dfrac{1}{Y_{21}} \\ -\dfrac{\Delta Y}{Y_{21}} & -\dfrac{Y_{11}}{Y_{21}} \end{bmatrix}$ |
| **[h]** | $\begin{bmatrix} \dfrac{\Delta h}{h_{22}} & \dfrac{h_{12}}{h_{22}} \\ -\dfrac{h_{21}}{h_{22}} & \dfrac{1}{h_{22}} \end{bmatrix}$ | $\begin{bmatrix} \dfrac{1}{h_{11}} & -\dfrac{h_{12}}{h_{11}} \\ \dfrac{h_{21}}{h_{11}} & \dfrac{\Delta h}{h_{11}} \end{bmatrix}$ | $\begin{bmatrix} h_{11} & h_{12} \\ h_{21} & h_{22} \end{bmatrix}$ | $\begin{bmatrix} -\dfrac{\Delta h}{h_{21}} & -\dfrac{h_{11}}{h_{21}} \\ -\dfrac{h_{22}}{h_{21}} & -\dfrac{1}{h_{21}} \end{bmatrix}$ |
| **[A]** | $\begin{bmatrix} \dfrac{A}{C} & \dfrac{\Delta ABCD}{C} \\ \dfrac{1}{C} & \dfrac{D}{C} \end{bmatrix}$ | $\begin{bmatrix} \dfrac{D}{B} & -\dfrac{\Delta ABCD}{B} \\ -\dfrac{1}{B} & \dfrac{A}{B} \end{bmatrix}$ | $\begin{bmatrix} \dfrac{B}{D} & \dfrac{\Delta ABCD}{D} \\ -\dfrac{1}{D} & \dfrac{C}{D} \end{bmatrix}$ | $\begin{bmatrix} A & B \\ C & D \end{bmatrix}$ |

---

① 译文中将原书中所有 $\Delta ABCD$ 都译为 $\Delta A$。——译者注

### 4.3.2 微波放大器分析

这一节将通过一个实例,利用不同网络参量之间的变换关系分析一个较复杂的电路。讨论的出发点是图4.10所示的微波放大器电路。

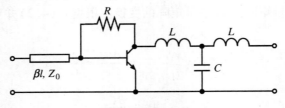

图 4.10 微波放大器电路

首先将电路分解为简单的单元电路。分解的方法不是唯一的,其中之一如图4.11所示。

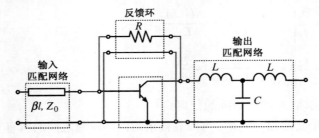

图 4.11 微波放大器电路的单元电路

如图4.11所示,微波放大器被分解为4个单元电路。其中输入匹配网络为一段传输线(为简单起见,仅画出了上边一条线段),该网络后边级联了晶体管与反馈环形成的并联网络。整个电路后边又级联了输出匹配网络。

我们将采用高频混合参量π形网络模型(见第7章)描述晶体管,该模型如图4.12所示。

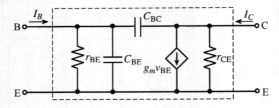

图 4.12 晶体管高频混合参量模型

这里直接列出晶体管的 **h** 参量矩阵,而将其元素推导留作习题(见习题4.14)。

$$h_{11} = h_{ie} = \frac{r_{BE}}{1 + j\omega(C_{BE} + C_{BC})r_{BE}} \tag{4.31a}$$

$$h_{12} = h_{re} = \frac{j\omega C_{BC} r_{BE}}{1 + j\omega(C_{BE} + C_{BC})r_{BE}} \tag{4.31b}$$

$$h_{21} = h_{fe} = \frac{r_{BE}(g_m - j\omega C_{BC})}{1 + j\omega(C_{BE} + C_{BC})r_{BE}} \tag{4.31c}$$

$$h_{22} = h_{oe} = \frac{1}{r_{CE}} + \frac{j\omega C_{BC}(1 + g_m r_{BE} + j\omega C_{BE} r_{BE})}{1 + j\omega(C_{BE} + C_{BC})r_{BE}} \tag{4.31d}$$

要计算晶体管与反馈电阻形成的并联网络的 **h** 参量矩阵，必须先将晶体管的 $h$ 参量矩阵变换为 **Y** 参量矩阵 $[\mathbf{Y}]_{\text{tr}}$，以便应用求和规则式(4.20)。先用表 4.2 中的关系式完成晶体管的 $h$ 参量矩阵的变换，然后将结果与反馈电阻的 **Y** 参量矩阵相加。反馈电阻的导纳矩阵可以根据 **Y** 参量的定义直接求得，也可以将例 4.4 导出的 $A$ 参量变换为 **Y** 参量的形式。上述计算的结果是

$$\begin{bmatrix} Y_{11} & Y_{12} \\ Y_{21} & Y_{22} \end{bmatrix}_R = \begin{bmatrix} R^{-1} & -R^{-1} \\ -R^{-1} & R^{-1} \end{bmatrix} \tag{4.32}$$

完成求和之后就得到了晶体管与反馈电阻形成的并联网络的导纳矩阵 $[\mathbf{Y}]_{\text{tr}+R}$。

如果从反馈电阻与晶体管电容 $C_{\text{BC}}$ 的并联关系考虑，那么也能得到同样的结果。也就是说，欲求反馈电阻与晶体管形成的并联网络的 **h** 参量矩阵，只需将晶体管 $h$ 参量矩阵中的晶体管电容 $C_{\text{BC}}$ 代换为 $C_{\text{BC}} + 1/(\text{j}\omega R)$。

问题求解的最后一个步骤是，将输入匹配网络(下标为 IMN)、晶体管与反馈电阻(下标为 tr + R)及输出匹配网络(下标为 OMN)的 $A$ 参量矩阵相乘：

$$\begin{bmatrix} A & B \\ C & D \end{bmatrix}_{\text{amp}} = \begin{bmatrix} A & B \\ C & D \end{bmatrix}_{\text{IMN}} \begin{bmatrix} A & B \\ C & D \end{bmatrix}_{\text{tr}+R} \begin{bmatrix} A & B \\ C & D \end{bmatrix}_{\text{OMN}} \tag{4.33}$$

其中，匹配网络的 **A** 参量矩阵可利用表 4.1 中的结论求出：

$$\begin{bmatrix} A & B \\ C & D \end{bmatrix}_{\text{IMN}} = \begin{bmatrix} \cos\beta l & \text{j}Z_0 \sin\beta l \\ \dfrac{\text{j}\sin\beta l}{Z_0} & \cos\beta l \end{bmatrix} \tag{4.34}$$

$$\begin{bmatrix} A & B \\ C & D \end{bmatrix}_{\text{OMN}} = \begin{bmatrix} 1 - \omega^2 LC & 2\text{j}\omega L - \text{j}\omega^3 L^2 C \\ \text{j}\omega C & 1 - \omega^2 LC \end{bmatrix} \tag{4.35}$$

由于表达式太长，这里没有给出整个放大器 **A** 参量矩阵的最终结果，但建议有兴趣的读者利用自己熟悉的数学工具软件(如 MathCad，MATLAB，Mathematica 等)进行计算。图 4.13 给出了计算结果中的一部分，即在输出短路和不同反馈电阻的条件下，放大器的小信号电流增益($D$ 元素的倒数)与频率的关系。

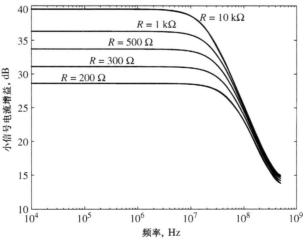

图 4.13　不同反馈电阻的条件下，放大器的小信号电流增益

上述计算的依据是图 4.11 中的电路,其中 $L = 1$ nH, $C = 10$ pF,传输线长度 $l = 5$ cm,相速为光速的 65%, $Z_0 = 50$ Ω。晶体管的技术参数为 $r_{BE} = 520$ Ω, $r_{CE} = 80$ kΩ, $C_{BE} = 10$ pF, $C_{BC} = 1$ pF 和 $g_m = 0.192$ S。

## 4.4　散射参量

在绝大多数涉及射频系统的技术资料和数据手册中,**散射参量**( scattering parameter),即 $S$ 参量是一个重要的参数。其主要原因在于,实际射频系统的特性事实上不能采用终端开路、短路的测量方法,即本章前半部分已讨论过并在低频应用中经常采用的方法。设想采用导线形成短路时发生的情况:导线本身存在电感,而且其电感量在高频下非常大。此外,开路状态也会在终端形成容性负载。无论是哪种情况,用于确定 **Z** 参量矩阵、**Y** 参量矩阵、**h** 参量矩阵及 **A** 参量矩阵所必需的开路或短路条件都不再严格成立。另外,当涉及电波传播现象时也并不希望反射系数的模等于 1。例如,终端的不连续性将导致有害的电压、电流波反射,并产生可能造成器件损坏的振荡。利用 $S$ 参量,射频电路工程师即可在避开不现实的终端条件及避免造成**待测器件**( device under test,DUT)损坏的前提下,用双端口网络的分析方法确定几乎所有射频器件的特征。$S$ 参量表示了某一端口的反射功率,以及传输到其他端口的功率相对于入射功率的比例。综合相位信息,$S$ 参量就可以描述任何线性网络。

### 4.4.1　散射参量的定义

简单地说,$S$ 参量表达的是归一化电压波[①],它使我们可以用归一化入射电压波和归一化反射电压波的方式定义网络的输入、输出关系。根据图 4.14,可以定义归一化入射电压波 $a_n$ 和归一化反射电压波 $b_n$ 如下:

$$a_n = \frac{1}{2\sqrt{Z_0}}(V_n + Z_0 I_n) \tag{4.36a}$$

$$b_n = \frac{1}{2\sqrt{Z_0}}(V_n - Z_0 I_n) \tag{4.36b}$$

其中下标 $n$ 为端口编号 1 或 2。阻抗 $Z_0$ 是连接在网络输入、输出端口的传输线的特性阻抗。在一般情况下,网络输入端口与输出端口的传输线特性阻抗可能不同。而传输线与波导之间的转换也可以采用 $S$ 参量描述。然而,作为初步的讨论,我们将尽量使问题简化,因此假设输入、输出端口的传输线特性阻抗相同。

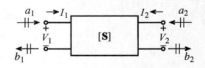

图 4.14　双端口网络 $S$ 参量的规定

变换式(4.36)可得以下电压、电流表达式:

$$V_n = \sqrt{Z_0}(a_n + b_n) \tag{4.37a}$$

$$I_n = \frac{1}{\sqrt{Z_0}}(a_n - b_n) \tag{4.37b}$$

---

① 原文为 power wave ——功率波。严格讲,原文的提法不妥。以下译文中均将 power wave 译为归一化电压波,并不再说明。——译者注

如果用式(4.36)表示功率,则其物理意义就变得十分明显:

$$P_n = \frac{1}{2}\text{Re}\{V_n I_n^*\} = \frac{1}{2}\left(|a_n|^2 - |b_n|^2\right) \tag{4.38}$$

若从式(4.37)中解出正向波和反向波,则可得

$$a_n = \frac{V_n^+}{\sqrt{Z_0}} = \sqrt{Z_0}I_n^+ \tag{4.39a}$$

$$b_n = \frac{V_n^-}{\sqrt{Z_0}} = -\sqrt{Z_0}I_n^- \tag{4.39b}$$

这与定义式(4.37)完全一致,因为

$$V_n = V_n^+ + V_n^- = Z_0 I_n^+ - Z_0 I_n^- \tag{4.40}$$

根据图 4.14 中关于参考方向的规定,就可以定义 $S$ 参量:

$$\begin{Bmatrix} b_1 \\ b_2 \end{Bmatrix} = \begin{bmatrix} S_{11} & S_{12} \\ S_{21} & S_{22} \end{bmatrix} \begin{Bmatrix} a_1 \\ a_2 \end{Bmatrix} \tag{4.41}$$

其中符号的意义为

$$S_{11} = \left.\frac{b_1}{a_1}\right|_{a_2=0} \equiv \frac{\text{端口 1 归一化反射电压波}}{\text{端口 1 归一化入射电压波}} \tag{4.42a}$$

$$S_{21} = \left.\frac{b_2}{a_1}\right|_{a_2=0} \equiv \frac{\text{端口 2 归一化传输电压波}}{\text{端口 2 归一化入射电压波}} \tag{4.42b}$$

$$S_{22} = \left.\frac{b_2}{a_2}\right|_{a_1=0} \equiv \frac{\text{端口 2 归一化反射电压波}}{\text{端口 2 归一化入射电压波}} \tag{4.42c}$$

$$S_{12} = \left.\frac{b_1}{a_2}\right|_{a_1=0} \equiv \frac{\text{端口 1 归一化传输电压波}}{\text{端口 2 归一化入射电压波}} \tag{4.42d}$$

注意,$a_2=0$ 和 $a_1=0$ 的条件意味着端口 2 和端口 1 都没有电压波返回网络。然而,这个条件只能在网络两端的传输线的终端都匹配时才成立。

由于 $S$ 参量与功率密切相关,因此可以采用时间平均功率来表达归一化输入、输出波。根据 2.1.2 节,端口 1 的平均功率为

$$P_1 = \frac{1}{2}\frac{\left|V_1^+\right|^2}{Z_0}(1-|\Gamma_{\text{in}}|^2) = \frac{1}{2}\frac{\left|V_1^+\right|^2}{Z_0}(1-|S_{11}|^2) \tag{4.43}$$

其中,当输出端口匹配时,输入端口的反射系数可根据如下关系用 $S_{11}$ 表示:

$$\Gamma_{\text{in}} = \frac{V_1^-}{V_1^+} = \left.\frac{b_1}{a_1}\right|_{a_2=0} = S_{11} \tag{4.44}$$

由此可以用 $S_{11}$ 重新定义端口 1 的电压驻波系数为

$$\text{VSWR} = \frac{1+|S_{11}|}{1-|S_{11}|} \tag{4.45}$$

另外,根据式(4.39a)可以确定式(4.43)中的入射功率,并且用 $a_1$ 表示它:

$$\frac{1}{2}\frac{\left|V_1^+\right|^2}{Z_0} = P_{\mathrm{inc}} = \frac{\left|a_1\right|^2}{2} \tag{4.46}$$

这就是信号源的最大资用功率。将式(4.46)和式(4.44)代入式(4.43),可以求出用入射功率与反射功率之和表示的端口 1 总功率(在输出端口匹配条件下):

$$P_1 = P_{\mathrm{inc}} + P_{\mathrm{ref}} = \frac{1}{2}(|a_1|^2 - |b_1|^2) = \frac{\left|a_1\right|^2}{2}(1 - |\Gamma_{\mathrm{in}}|^2) \tag{4.47}$$

如果反射系数 $S_{11}$ 为零,则全部资用功率都注入了网络的端口 1。采用同样的方法分析端口 2 的情况,可得

$$P_2 = \frac{1}{2}(|a_2|^2 - |b_2|^2) = \frac{\left|a_2\right|^2}{2}(1 - |\Gamma_{\mathrm{out}}|^2) \tag{4.48}$$

### 4.4.2　散射参量的物理意义

上一节曾提到 $S$ 参量只能在输入、输出端口匹配情况良好的条件下才能确定。例如,要测量 $S_{11}$ 和 $S_{21}$,必须确保输出端口特性阻抗为 $Z_0$ 的传输线处于匹配状态,以确保形成 $a_2 = 0$ 的情况,如图 4.15 所示。

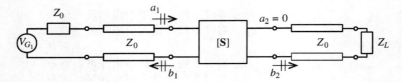

图 4.15　采用适当的负载阻抗 $Z_L = Z_0$,使端口 2 负载与传输线特性阻抗 $Z_0$ 匹配,从而测量 $S_{11}$ 和 $S_{21}$

采用这种测试系统,就可以通过求解输入反射系数来计算 $S_{11}$:

$$S_{11} = \Gamma_{\mathrm{in}} = \frac{Z_{\mathrm{in}} - Z_0}{Z_{\mathrm{in}} + Z_0} \tag{4.49}$$

另外,对 $S_{11}$ 的模取对数即可得到以 dB 为单位的反射损耗:

$$RL = -20\log|S_{11}| \tag{4.50}$$

然后,令端口 2 有适当的终端条件,可知

$$S_{21} = \left.\frac{b_2}{a_1}\right|_{a_2 = 0} = \left.\frac{V_2^-/\sqrt{Z_0}}{(V_1 + Z_0 I_1)/(2\sqrt{Z_0})}\right|_{I_2^+ = 0,\, V_2^+ = 0} \tag{4.51}$$

由于 $a_2 = 0$,可以令端口 2 的正向电压波和正向电流波为零。用信号源电压 $V_{G1}$ 与信号源内阻 $Z_0$ 上的电压降之差 $V_{G1} - Z_0 I_1$ 替代 $V_1$,可得

$$S_{21} = \frac{2V_2^-}{V_{G1}} = \frac{2V_2}{V_{G1}} \tag{4.52}$$

由此可见,端口 2 的电压与信号源电压有直接关系,所以它也可以表示网络的**正向电压增益**(forward voltage gain)。将式(4.52)平方后可得**正向功率增益**(forward power gain):

$$G_0 = |S_{21}|^2 = \left|\frac{V_2}{V_{G1}/2}\right|^2 \tag{4.53}$$

参数 $G_0$ 常采用 dB 表示。对于有损耗的网络，通常使用插入损耗（$G_0$ 的倒数）表示如下：

$$IL[dB] = -10\log|S_{21}|^2 = -20\log|S_{21}| \tag{4.54}$$

如果将测试系统反过来，在端口 2 加信号源 $V_{G2}$ 并令端口 1 有适当的终端条件，如图 4.16 所示，就可以求出其余两个 $S$ 参量：$S_{22}$ 和 $S_{12}$。

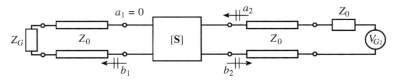

图 4.16　采用适当的负载阻抗 $Z_G = Z_0$，使端口 1 负载与传输线特性阻抗 $Z_0$ 匹配，从而测量 $S_{22}$ 和 $S_{12}$

欲求解 $S_{22}$，需要仿照 $S_{11}$ 的求解方法先求出反射系数 $\Gamma_{out}$：

$$S_{22} = \Gamma_{out} = \frac{Z_{out} - Z_0}{Z_{out} + Z_0} \tag{4.55}$$

$S_{12}$ 为

$$S_{12} = \left.\frac{b_1}{a_2}\right|_{a_1 = 0} = \left.\frac{V_1^- / \sqrt{Z_0}}{(V_2 + Z_0 I_2)/(2\sqrt{Z_0})}\right|_{I_1^+ = 0, V_1^+ = 0} \tag{4.56}$$

用 $V_{G2} - Z_0 I_2$ 代换 $V_2$，则 $S_{12}$ 的表达式可进一步化简，即

$$S_{12} = \frac{2V_1^-}{V_{G2}} = \frac{2V_1}{V_{G2}} \tag{4.57}$$

这就是所谓**反向电压增益**（reverse voltage gain），其平方 $|S_{12}|^2$ 称为**反向功率增益**（reverse power gain）。$S_{11}$ 和 $S_{22}$ 可以直接由阻抗参量确定，$S_{12}$ 和 $S_{21}$ 却必须用适当的网络参量代换相应的电压求得。在下面的例子中，将采用 $S$ 参量求解一个简单的三元件网络。

### 例 4.7　求解 T 形网络衰减器的元件参数

如图 4.17(a) 所示，假设某 3 dB 衰减网络插入特性阻抗为 $Z_0 = 50\ \Omega$ 的传输线中，求解该网络的 $S$ 参量和电阻元件参数。

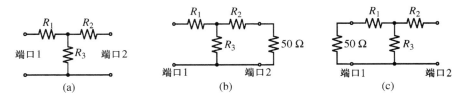

图 4.17　T 形网络 $S$ 参量的计算。(a)电路图；(b)$S_{11}$ 和 $S_{21}$ 测试电路；(c)$S_{12}$ 和 $S_{22}$ 测试电路

**解**：由于衰减器应当与传输线相匹配，所以必须符合 $S_{11} = S_{22} = 0$ 的条件。根据图 4.17(b) 和式(4.49)，可令

$$Z_{in} = R_1 + \frac{R_3(R_2 + 50\ \Omega)}{(R_3 + R_2 + 50\ \Omega)} = 50\ \Omega$$

根据对称性关系，显然有 $R_1 = R_2$。然后再研究端口 2 的电压 $V_2 = V_2^-$ 与端口 1 的电压 $V_1 = V_1^+$ 的对应关系。根据图 4.17(c) 所示电路结构，可以得到以下关系：

$$V_2 = \left( \frac{\dfrac{R_3(R_1 + 50\ \Omega)}{R_3 + R_1 + 50\ \Omega}}{\dfrac{R_3(R_1 + 50\ \Omega)}{R_3 + R_1 + 50\ \Omega} + R_1} \right) \left( \frac{50\ \Omega}{50\ \Omega + R_1} \right) V_1$$

在 3 dB 衰减的要求下,应有

$$S_{21} = \frac{2V_2}{V_{G1}} = \frac{V_2}{V_1} = \frac{1}{\sqrt{2}} = 0.707 = S_{12}$$

在上式中令比值 $V_2/V_1$ 等于 0.707,并考虑到输入阻抗的表达式,即可求出 $R_1$ 和 $R_3$。化简后可得

$$R_1 = R_2 = \frac{\sqrt{2} - 1}{\sqrt{2} + 1} Z_0 = 8.58\ \Omega$$

$$R_3 = 2\sqrt{2} \cdot Z_0 = 141.4\ \Omega$$

选择电阻网络的原则是要确保输入、输出端口的阻抗为 50 Ω。这意味着此网络可以直接插入特性阻抗为 50 Ω 的传输线中,这仅会引入预定的插入损耗,而不会造成反射。

确定 $S$ 参量需要适当的终端条件。例如,欲求解 $S_{11}$,则端口 2 输出传输线的终端必须接匹配负载。这并不意味着网络的输出阻抗 $Z_{\text{out}}$ 需要与传输线的特性阻抗 $Z_0$ 相匹配,而是要求传输线的终端必须匹配,以确保没有从负载方向来的任何反射波,即 $a_2 = 0$。如果不具备上述条件,则参考 4.4.5 节中讨论的求解 $S_{11}$ 的问题。

### 4.4.3　链式散射参量矩阵

为了将 $S$ 参量的概念推广到级联网络的情况,最有效的方法是按输入、输出端口分类重写归一化电压波的关系式,其结果就是所谓**级联散射参量矩阵**(chain scattering matrix):

$$\left\{ \begin{array}{c} a_1 \\ b_1 \end{array} \right\} = \left[ \begin{array}{cc} T_{11} & T_{12} \\ T_{21} & T_{22} \end{array} \right] \left\{ \begin{array}{c} b_2 \\ a_2 \end{array} \right\} \tag{4.58}$$

显然,两个双端口网络的级联即成为简单的相乘。如图 4.18 所示,其中网络 $A$(由矩阵$[\mathbf{T}]_A$ 表示)与网络 $B$(由矩阵$[\mathbf{T}]_B$表示)相连。

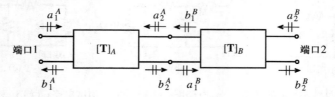

图 4.18　网络 $A$ 和 $B$ 的级联

如果网络 $A$ 由如下关系描述:

$$\left\{ \begin{array}{c} a_1^A \\ b_1^A \end{array} \right\} = \left[ \begin{array}{cc} T_{11}^A & T_{12}^A \\ T_{21}^A & T_{22}^A \end{array} \right] \left\{ \begin{array}{c} b_2^A \\ a_2^A \end{array} \right\} \tag{4.59a}$$

网络 $B$ 为

$$\begin{Bmatrix} a_1^B \\ b_1^B \end{Bmatrix} = \begin{bmatrix} T_{11}^B & T_{12}^B \\ T_{21}^B & T_{22}^B \end{bmatrix} \begin{Bmatrix} b_2^B \\ a_2^B \end{Bmatrix} \tag{4.59b}$$

可以看出，根据图 4.18 中关于各参数的规定，则有

$$\begin{Bmatrix} b_2^A \\ a_2^A \end{Bmatrix} = \begin{Bmatrix} a_1^B \\ b_1^B \end{Bmatrix} \tag{4.60}$$

所以，就整个系统而言，可得

$$\begin{Bmatrix} a_1^A \\ b_1^A \end{Bmatrix} = \begin{bmatrix} T_{11}^A & T_{12}^A \\ T_{21}^A & T_{22}^A \end{bmatrix} \begin{bmatrix} T_{11}^B & T_{12}^B \\ T_{21}^B & T_{22}^B \end{bmatrix} \begin{Bmatrix} b_2^B \\ a_2^B \end{Bmatrix} \tag{4.61}$$

此式即待求矩阵的乘法表达。由此可见，级联散射矩阵与前面讨论的 **A** 参量矩阵的作用相同。

将 **S** 参量矩阵变换为级联散射矩阵的步骤与 4.3.1 节中概述的步骤类似。以计算 $T_{11}$ 为例，已知

$$T_{11} = \frac{a_1}{b_2}\bigg|_{a_2=0} = \frac{a_1}{S_{21}a_1} = \frac{1}{S_{21}} \tag{4.62}$$

同理，

$$T_{12} = -\frac{S_{22}}{S_{21}} \tag{4.63}$$

$$T_{21} = \frac{S_{11}}{S_{21}} \tag{4.64}$$

$$T_{22} = \frac{-(S_{11}S_{22} - S_{12}S_{21})}{S_{21}} = \frac{-\Delta S}{S_{21}} \tag{4.65}$$

反之，当已知级联散射矩阵并需要转换为 **S** 参量矩阵时，可得如下关系：

$$S_{11} = \frac{b_1}{a_1}\bigg|_{a_2=0} = \frac{T_{21}b_2}{T_{11}b_2} = \frac{T_{21}}{T_{11}} \tag{4.66}$$

$$S_{12} = \frac{T_{11}T_{22} - T_{21}T_{12}}{T_{11}} = \frac{\Delta T}{T_{11}} \tag{4.67}$$

$$S_{21} = \frac{1}{T_{11}} \tag{4.68}$$

$$S_{22} = -\frac{T_{12}}{T_{11}} \tag{4.69}$$

另外，采用下一节将讨论的矩阵处理方法，也能得到同样的结果。

## 4.4.4 Z 参量与 S 参量之间的转换

前面已知如何利用网络的输入、输出阻抗表示特定的 S 参量，即式(4.49)和式(4.55)。这一节将全面研究 Z 参量和 S 参量之间的严格转换关系。一旦建立了这种转换关系，就可以导出全部 6 套网络参量(**S**, **Z**, **Y**, **A**, **h**, **T**)相互转换关系的公式。

为了求出已定义的 S 参量和 Z 参量之间的转换关系，首先考察 **S** 参量矩阵定义式，即

式(4.41),有

$$\{\mathbf{b}\} = [\mathbf{S}]\{\mathbf{a}\} \tag{4.70}$$

上式两边同乘 $\sqrt{Z_0}$,可得

$$\sqrt{Z_0}\{\mathbf{b}\} = \{\mathbf{V}^-\} = \sqrt{Z_0}[\mathbf{S}]\{\mathbf{a}\} = [\mathbf{S}]\{\mathbf{V}^+\} \tag{4.71}$$

上式两边加上 $\{\mathbf{V}^+\} = \sqrt{Z_0}\{\mathbf{a}\}$,可得

$$\{\mathbf{V}\} = [\mathbf{S}]\{\mathbf{V}^+\} + \{\mathbf{V}^+\} = ([\mathbf{S}] + [\mathbf{E}])\{\mathbf{V}^+\} \tag{4.72}$$

其中,$[\mathbf{E}]$ 是单位矩阵。为了用上式与阻抗表达式 $\{\mathbf{V}\} = [\mathbf{Z}]\{\mathbf{I}\}$ 对比,必须用 $\{\mathbf{I}\}$ 表示 $\{\mathbf{V}^+\}$。因此,在式 $\{\mathbf{V}^+\} = \sqrt{Z_0}\{\mathbf{a}\}$ 两边减去 $[\mathbf{S}]\{\mathbf{V}^+\}$,即

$$\{\mathbf{V}^+\} - [\mathbf{S}]\{\mathbf{V}^+\} = \sqrt{Z_0}(\{\mathbf{a}\} - \{\mathbf{b}\}) = Z_0\{\mathbf{I}\} \tag{4.73}$$

然后,解出 $\{\mathbf{V}^+\}$,则有

$$\{\mathbf{V}^+\} = Z_0([\mathbf{E}] - [\mathbf{S}])^{-1}\{\mathbf{I}\} \tag{4.74}$$

将式(4.74)代入式(4.72),则可得到所需的结果:

$$\{\mathbf{V}\} = ([\mathbf{S}] + [\mathbf{E}])\{\mathbf{V}^+\} = Z_0([\mathbf{S}] + [\mathbf{E}])([\mathbf{E}] - [\mathbf{S}])^{-1}\{\mathbf{I}\} \tag{4.75}$$

即

$$[\mathbf{Z}] = Z_0([\mathbf{S}] + [\mathbf{E}])([\mathbf{E}] - [\mathbf{S}])^{-1} \tag{4.76}$$

经过简单计算可得

$$
\begin{aligned}
\begin{bmatrix} Z_{11} & Z_{12} \\ Z_{21} & Z_{22} \end{bmatrix} &= Z_0 \begin{bmatrix} 1 + S_{11} & S_{12} \\ S_{21} & 1 + S_{22} \end{bmatrix} \begin{bmatrix} 1 - S_{11} & -S_{12} \\ -S_{21} & 1 - S_{22} \end{bmatrix}^{-1} \\
&= \frac{Z_0 \begin{bmatrix} 1 + S_{11} & S_{12} \\ S_{21} & 1 + S_{22} \end{bmatrix}}{(1 - S_{11})(1 - S_{22}) - S_{21}S_{12}} \begin{bmatrix} 1 - S_{22} & S_{12} \\ S_{21} & 1 - S_{11} \end{bmatrix}
\end{aligned} \tag{4.77}
$$

式中每一项现在都很容易确定。附录 D 列出了所有网络参量的换算关系。

## 4.4.5  信号流图模型

利用系统论和控制论经常用到的信号流图,可以大大简化射频网络及其之间整体互联关系的分析过程。正如最初在地震和遥感技术中规定的,可以认为波的传播与其传输通道及通道网络上的节点有关。这一节将简要总结一些采用信号流图模型分析问题时所需的关键原则。

构成信号流图的主要原则如下:

1. 当涉及 $S$ 参量时,**节点**(node)用于标注归一化电压波(如 $a_1$、$b_1$、$a_2$ 和 $b_2$);
2. **支路**(branch)用于表示通过网络的归一化电压波;
3. 支路量值的加减与支路的走向有关。

现在来详细讨论这 3 个原则。为此,首先考察一段终端负载阻抗为 $Z_L$ 的传输线,如图 4.19 所示。

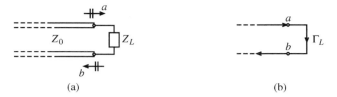

图 4.19 终端接有负载的传输线段及入射、反射归一化电压波。(a)常规形式;(b)信号流图形式

尽管可以采用电压值作为节点的标识,但 $S$ 参量表达方式的应用范围更广泛。在图 4.19(b)中,节点 $a$ 和 $b$ 通过负载反射系数 $\Gamma_L$ 相连。由于反射系数等于 $b/a$ 的值,所以节点 $b$ 等于节点 $a$ 与 $\Gamma_L$ 的乘积。其图解形式如图 4.20 所示。

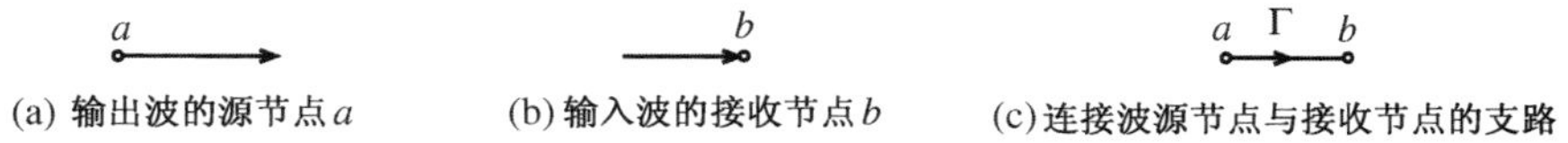

(a) 输出波的源节点 $a$     (b) 输入波的接收节点 $b$     (c) 连接波源节点与接收节点的支路

图 4.20 (a)常规源节点;(b)接收节点;(c)对应的支路连接

根据信号流符号,图 4.20 可以表示为

$$b = \Gamma a \tag{4.78}$$

若给图 4.19 所示传输线电路增加信号源项,以使其更接近实际情况,如图 4.21 所示,情况就会变得稍微复杂一些。与图 4.19 不同的是,节点 $a$ 和 $b$ 之前增加了两个节点,记为 $a'$ 和 $b'$。$a'$ 和 $b'$ 的值可确定 2.11 节曾讨论过的波源反射系数 $\Gamma_s$。依据相加原则,定义 $b'$ 等于 $b_S$ 与 $a'\Gamma_S$ 之和,则信号源 $b_S$ 为

$$b_S = b' - a'\Gamma_S \tag{4.79}$$

$b_S$ 的简捷表达方式可由以下步骤导出,考虑到

$$V_S = V_G + I_G Z_G \tag{4.80}$$

并根据流出电流的规定(见图 4.21),式(4.80)可以变为如下形式:

$$V_S^+ + V_S^- = V_G + Z_G\left(\frac{V_S^+}{Z_0} - \frac{V_S^-}{Z_0}\right) \tag{4.81}$$

整理上式,两边同除以 $\sqrt{Z_0}$,可得

$$\frac{\sqrt{Z_0}}{Z_G + Z_0}V_G = \frac{V_S^-}{\sqrt{Z_0}} - \Gamma_S\frac{V_S^+}{\sqrt{Z_0}} \tag{4.82}$$

比较式(4.82)和式(4.79),可见

$$b_S = \frac{\sqrt{Z_0}}{Z_G + Z_0}V_G \tag{4.83}$$

用 $\Gamma_L b'$ 代换式(4.79)中的 $a'$ 后,即可得到一个重要结论,即

$$b' = b_S + \Gamma_L\Gamma_S b' = \frac{b_S}{1 - \Gamma_L\Gamma_S} \tag{4.84}$$

此关系称为反馈环(见图 4.22),因此能用单个支路表达 $b_S$ 和 $b'$,该支路值由式(4.84)给出。

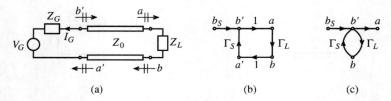

图 4.21 连接信号源的终端加载传输线。(a)常规形式;(b)信号流图形式;(c)简化信号流图形式

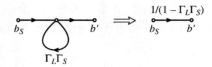

图 4.22 反馈环化简为单个支路

如表 4.3 所示,信号流图的所有规则都可以归结为 6 个结构单元。下面通过例题来分析一个较复杂的射频电路,该电路为包括信号源和终端负载的双端口网络。

表 4.3 信号流图的结构单元

| 名 称 | 图 形 表 示 |
|---|---|
| 节点 | |
| 支路 | |
| 串联连接 | |
| 并联连接 | |
| 分支 | |
| 反馈环 | |

## 例 4.8 采用信号流图分析双端口网络

求解图 4.23 所示网络中的比值 $b_1/a_1$ 和 $a_1/b_S$。设传输线段的倍乘因子为 1。

**解**:说明求解过程的最好方法是利用表 4.3 总结的规则,循序渐进地化简比值关系 $a_1/b_S$。图 4.24 画出了这 5 个步骤。

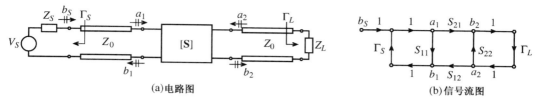

图 4.23　连接了信号源及负载的双端口网络

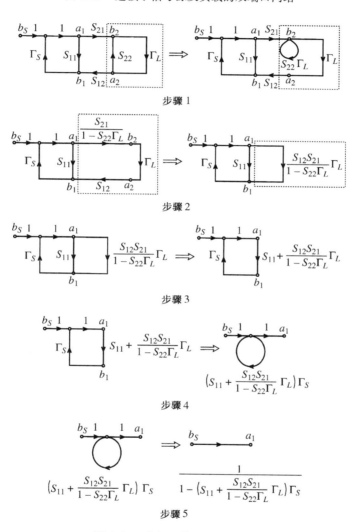

图 4.24　求解比值 $a_1/b_S$ 的步骤

**步骤 1**：断开最右侧 $b_2$ 与 $a_2$ 之间的环路并形成反馈环 $S_{22}\Gamma_L$。

**步骤 2**：分解 $a_1$ 与 $b_2$ 之间的反馈环，将其化为倍乘因子 $S_{21}/(1-S_{22}\Gamma_L)$，该因子可与 $\Gamma_L$ 及 $S_{12}$ 相乘。

**步骤 3**：完成 $a_1$ 与 $b_1$ 之间的并联、串联运算，求出输入反射系数：

$$\Gamma_{\text{in}} = \frac{b_1}{a_1} = S_{11} + \frac{S_{12}S_{21}}{1-S_{22}\Gamma_L}\Gamma_L$$

**步骤 4**：将环路变为反馈环，求出倍乘因子：

$$\left(S_{11} + \frac{S_{12}S_{21}}{1 - S_{22}\Gamma_L}\Gamma_L\right)\Gamma_S$$

**步骤 5**：分解 $a_1$ 节点的反馈环，可得表达式：

$$a_1 = \frac{1}{1 - \left(S_{11} + \dfrac{S_{12}S_{21}}{1 - S_{22}\Gamma_L}\Gamma_L\right)\Gamma_S}b_S$$

化简、整理后可得最终结果：

$$\frac{a_1}{b_S} = \frac{1 - S_{22}\Gamma_L}{1 - (S_{11}\Gamma_S + S_{22}\Gamma_L + S_{12}S_{21}\Gamma_S) + S_{11}S_{22}\Gamma_S\Gamma_L}$$

上述推导过程类似于求解控制系统或信号处理系统的传递函数。即使是复杂的电路，都可以将其化简并迅速建立节点关系。

例 4.8 表明，在测试 $S$ 参量时，如果匹配条件不成立则会出现什么情况。可以看出，计算 $S_{11}$ 时必须确保 $a_2 = 0$。如果 $a_2 \neq 0$，正如例 4.8 中的情况，则 $S_{11}$ 与修正因子 $S_{12}S_{21}\Gamma_L / (1 - S_{22}\Gamma_L)$ 有关。

### 4.4.6　$S$ 参量的推广

到目前为止的讨论中，一直假设网络两个端口所连接的传输线具有相同的特性阻抗 $Z_0$。然而，实际情况并非如此。事实上，如果假设与端口 1 和端口 2 相连接的传输线特性阻抗分别为 $Z_{01}$ 和 $Z_{02}$，则电压波、电流波的表达式必然与其所在的相应端口($n = 1, 2$)有关，即

$$V_n = V_n^+ + V_n^- = \sqrt{Z_{0n}}(a_n + b_n) \tag{4.85}$$

和

$$I_n = \frac{V_n^+}{Z_{0n}} - \frac{V_n^-}{Z_{0n}} = \frac{a_n}{\sqrt{Z_{0n}}} - \frac{b_n}{\sqrt{Z_{0n}}} \tag{4.86}$$

由此可得

$$a_n = \frac{V_n^+}{\sqrt{Z_{0n}}} \qquad b_n = \frac{V_n^-}{\sqrt{Z_{0n}}} \tag{4.87}$$

由这些关系式可得 $S$ 参量的如下定义：

$$S_{ij} = \left.\frac{b_i}{a_j}\right|_{a_n = 0\,(n \neq j)} = \left.\frac{V_i^- / \sqrt{Z_{0i}}}{V_j^+ / \sqrt{Z_{0j}}}\right|_{V_n^+ = 0\,(n \neq j)} \tag{4.88}$$

与以前的 $S$ 参量定义相比，可看出此时必须考虑与相应传输线特性阻抗有关的比例变换。显然，尽管我们的推导主要是针对双端口网络的，但如果取 $n = 1, 2, \cdots, N$，则上述公式全都可以推广到 $N$ 端口网络的情况。

另一个需要考虑的因素是，在网络 $S$ 参量的实际测量中，需要利用一段有限长度的传输线。在这种情况下，需要研究如图 4.25 所示的特殊系统，其测量参考面向远离被测网络的方向移动。

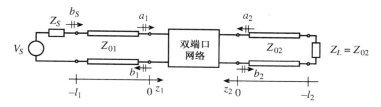

图 4.25　连接了有限长度传输线段的双端口网络

由信号源发出的入射电压波需要经过一段距离为 $l_1$ 的传输过程才能到达端口 1。根据 2.9 节引入的符号，可知端口 1 的入射电压波为

$$V_{\text{in}}^{+}(z_1 = 0) = V_1^{+} \tag{4.89}$$

而且，在信号源端口的入射电压波为

$$V_{\text{in}}^{+}(z_1 = -l_1) = V_1^{+}\text{e}^{-\text{j}\beta_1(-l_1)} \tag{4.90}$$

由此可以求得端口 1 的反射电压波为

$$V_{\text{in}}^{-}(z_1 = 0) = V_1^{-} \tag{4.91}$$

和

$$V_{\text{in}}^{-}(z_1 = -l_1) = V_1^{-}\text{e}^{\text{j}\beta_1(-l_1)} \tag{4.92}$$

其中，$\beta_1$ 仍为传输线 1 的传播常数。端口 2 电压也具有同样的形式，只需用 $V_{\text{out}}$ 替换 $V_{\text{in}}$，用 $V_2$ 替换 $V_1$，用 $\beta_2$ 替换 $\beta_1$ 即可得到其表达式。上述公式也可以写成矩阵形式：

$$\left\{ \begin{array}{c} V_{\text{in}}^{+}(-l_1) \\ V_{\text{out}}^{+}(-l_2) \end{array} \right\} = \begin{bmatrix} \text{e}^{\text{j}\beta_1 l_1} & 0 \\ 0 & \text{e}^{\text{j}\beta_2 l_2} \end{bmatrix} \left\{ \begin{array}{c} V_1^{+} \\ V_2^{+} \end{array} \right\} \tag{4.93}$$

这个公式将网络端口的输入电压波与相应的电压波联系了起来，该电压波的相移对应于网络端口传输线段的电长度。对于反射电压波，得到的矩阵形式为

$$\left\{ \begin{array}{c} V_{\text{in}}^{-}(-l_1) \\ V_{\text{out}}^{-}(-l_2) \end{array} \right\} = \begin{bmatrix} \text{e}^{-\text{j}\beta_1 l_1} & 0 \\ 0 & \text{e}^{-\text{j}\beta_2 l_2} \end{bmatrix} \left\{ \begin{array}{c} V_1^{-} \\ V_2^{-} \end{array} \right\} \tag{4.94}$$

根据 4.4.1 节的讨论可知，$S$ 参量与系数 $a_n$ 和 $b_n$ 有关，$a_n$ 和 $b_n$ 又可以用电压表示（若假设 $Z_{01} = Z_{02}$）。

$$\left\{ \begin{array}{c} V_1^{-} \\ V_2^{-} \end{array} \right\} = \begin{bmatrix} S_{11} & S_{12} \\ S_{21} & S_{22} \end{bmatrix} \left\{ \begin{array}{c} V_1^{+} \\ V_2^{+} \end{array} \right\} \tag{4.95}$$

显然，如果加入传输线段，就必须用式（4.93）和式（4.94）替代式（4.95）中的电压，由此可得

$$\left\{ \begin{array}{c} V_{\text{in}}^{-}(-l_1) \\ V_{\text{out}}^{-}(-l_2) \end{array} \right\} = \begin{bmatrix} \text{e}^{-\text{j}\beta_1 l_1} & 0 \\ 0 & \text{e}^{-\text{j}\beta_2 l_2} \end{bmatrix} \begin{bmatrix} S_{11} & S_{12} \\ S_{21} & S_{22} \end{bmatrix} \begin{bmatrix} \text{e}^{-\text{j}\beta_1 l_1} & 0 \\ 0 & \text{e}^{-\text{j}\beta_2 l_2} \end{bmatrix} \left\{ \begin{array}{c} V_{\text{in}}^{+}(-l_1) \\ V_{\text{out}}^{+}(-l_2) \end{array} \right\} \tag{4.96}$$

这个结果表明，若网络的参考面移动了，则其 $S$ 参量将由 3 个矩阵构成。若采用 **S** 参量矩阵形式表示，则有

$$[\mathbf{S}]^{\text{SHIFT}} = \begin{bmatrix} S_{11}\text{e}^{-\text{j}2\beta_1 l_1} & S_{12}\text{e}^{-\text{j}(\beta_1 l_1 + \beta_2 l_2)} \\ S_{21}\text{e}^{-\text{j}(\beta_1 l_1 + \beta_2 l_2)} & S_{22}\text{e}^{-\text{j}2\beta_2 l_2} \end{bmatrix} \tag{4.97}$$

这个矩阵的物理意义十分清楚。第一个矩阵元素表明必须引入因子 $2\beta_1 l_1$，即入射电压波到达端口 1，经过反射返回到出发点所产生的相移。同理，端口 2 的相移为 $2\beta_2 l_2$。此外，与正向和反向增益有关的交叉项含有可叠加的、分别来自传输线 1（$\beta_1 l_1$）和传输线 2（$\beta_2 l_2$）的相移，其原因是整体的输入、输出结构包含了两个传输线段。

### 例 4.9　采用信号流图方法求解传输线的输入阻抗

如图 4.26(a)所示的无损耗传输线系统，其特性阻抗为 $Z_0$，长度为 $l$，终端负载为 $Z_L$，源阻抗为 $Z_G$，源电压为 $V_G$。要求：(a)画出信号流图；(b)采用信号流图的方法导出端口 1 的输入阻抗表达式。

**解：**(a)根据已确定的信号流图符号，可将图 4.26 变换成图 4.27 所示的信号流图。

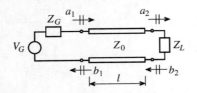

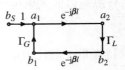

图 4.26　连接了电压源和终端负载的传输线　　图 4.27　图 4.26 所示传输线系统的信号流图

(b)端口 1 的输入反射系数为

$$b_1 = \Gamma_L e^{-j2\beta l} a_1$$

若令 $\Gamma_L = \Gamma_0$，$l = d$，则这个结果与 3.1 节给出的形式完全相同，即

$$\Gamma_{\text{in}}(l) = \Gamma_L e^{-j2\beta l} = \frac{Z_{\text{in}} - Z_0}{Z_{\text{in}} + Z_0}$$

解出 $Z_{\text{in}}$ 即可得到最终结果：

$$Z_{\text{in}} = Z_0 \frac{1 + \Gamma_L e^{-j2\beta l}}{1 - \Gamma_L e^{-j2\beta l}}$$

这个例题表明，采用信号流图的概念，可以简捷迅速地求出传输线的输入阻抗。

## 4.4.7　散射参量的测量

双端口网络 $S$ 参量的测量需要涉及行波在两个端口的反射和传输。最常用的方法之一是采用矢量网络分析仪，它是一种可以测量电压幅度和相位的仪器。矢量网络分析仪通常有一个输出端口，该端口可以通过内部信号源或外接信号源输出射频信号，另外还有 3 个分别标为 $R$、$A$ 和 $B$ 的测量通道（见图 4.28）。

射频源通常是覆盖特定频段的扫频源。测量通道 $R$ 用于测量入射波，同时也作为参考端口。通道 $A$ 和 $B$ 通常用于测量反射波和传输波。通常，测量通道 $A$ 和 $B$ 可以组成一个同时测量任意两个 $S$ 参量元素的系统。图 4.28 是测量 $S_{11}$ 和 $S_{21}$ 的实验系统结构。

此时，$S_{11}$ 可以通过计算 $A/R$ 的比值得到，$S_{21}$ 可以通过计算 $B/R$ 得到。若要测量 $S_{12}$ 和 $S_{22}$，则必须将待测器件反过来连接。图 4.28 中的双定向耦合器可以在待测器件的输入端口将入射波与反射波分开。T 形偏置网络可为待测器件提供必要的偏置条件，比如静态工作点。因为矢量网络分析仪的主要用途是测量双端口器件，所以新型矢量网络分析仪的内部已经包含了 T 形偏置网络、定向耦合器、电子开关，以及射频扫频信号源。

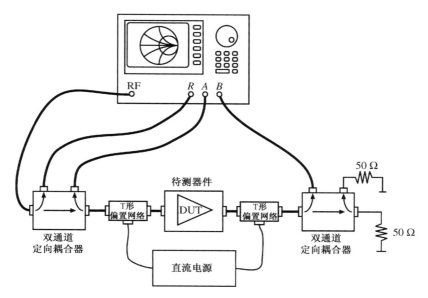

图 4.28  利用矢量网络分析仪测试 $S_{11}$ 和 $S_{21}$ 的实验系统

显然，与 4.4.4 节和 4.4.6 节所讨论的简化的理想情况相比，实际的测试系统是相当复杂的。在 4.4.4 节和 4.4.6 节中，曾分别假设待测元件与连接传输线之间处于良好匹配或者完全不匹配状态。在实际测量系统中，既不可能保证系统处于匹配状态，也无法保证各个器件都是理想的。事实上，必须考虑所有与待测器件输入、输出端口相连的外接器件的影响。此外，$S$ 参量需由复数电压换算得到，而测量复数电压的基准参考面通常在矢量网络分析仪的内部某处。所以，不但需要考虑外接器件在衰减和相移方面的影响，而且也要考虑矢量网络分析仪部分内部结构的影响。

通常，测量系统可以简化为图 4.29 所示的 3 个网络相级联。在图 4.29(b) 中，$R$、$A$ 和 $B$ 分别代表矢量网络分析仪的参考端口、通道 $A$ 和通道 $B$ 的信号，$\text{RF}_{\text{in}}$ 是信号源的输出，分支 $E_X$ 表示信号源输出与通道 $B$ 之间可能存在的泄漏。

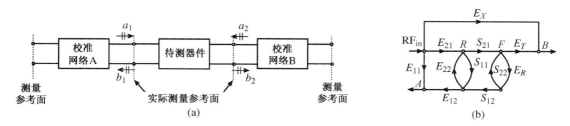

图 4.29  (a) 双端口网络 $S$ 参量测试系统框图；(b) 测试系统的信号流图

由于矢量网络分析仪将两个测量参考面之间的所有器件视为一个整体，所以我们的任务就简化为寻找一种方法来校准矢量网络分析仪，以便消除干扰或寄生效应的影响。校准程序的主要目的是在测量待测器件之前确定校准网络。矢量网络分析仪内部的计算机根据这些校准数据即可求出待测器件的准确 $S$ 参量。

假设校准网络 A 是互易的，则有 $E_{12} = E_{21}$。所以，还需要求解 6 个参量（$E_{11}$、$E_{12}$、$E_{22}$，$E_X$，$E_R$ 和 $E_T$）才能确定校准网络。

最简单的校准方法需要 3 个或更多已知负载(开路、短路和匹配负载)。这种方法的问题在于,上述标准负载不可能是绝对理想的,因此必然带来附加的测量误差。这类误差在高频时十分明显。目前已经有许多种方法可以消除校准器件固有误差对测量结果的影响(见本章阅读文献,作者 Eul,Schiek,Engen 和 Hoer)。这一节只讨论**直通-反射-传输**(through-reflect-line,TRL)校准方法(见阅读文献,作者 Engen 和 Hoer)。

直通-反射-传输校准方法不需要已知的负载,而是采用图 4.30 所示的 3 种不同连接方式进行校准。"直通"连接是直接将待测器件的端口 1 和端口 2 相连。"反射"连接则需分别在端口 1 和端口 2 接上具有强反射的负载。这些负载的反射系数不必已知,因为该反射系数可以在校准过程中求得。唯一需要保证的是这两个端口的反射系数必须相同。"传输"连接是用传输线将端口 1 和端口 2 连接起来,传输线应与校准网络具有相同的特性阻抗。通常传输线的特性阻抗约为 50 Ω。在开始分析每种连接方式之前,先将这个系统视为常规的双端口网络。

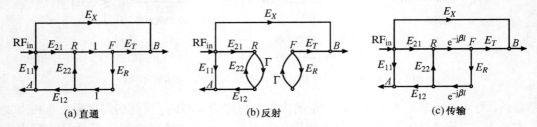

图 4.30　直通-反射-传输校准方法的信号流图。(a)直通；(b)反射；(c)传输

根据图 4.29(b),节点 $B$ 的信号是射频输入信号 $RF_{in}$(设 $RF_{in}=1$)和节点 $F$ 信号的线性叠加:

$$B = E_X + E_T F \tag{4.98}$$

应用反馈环规则,则节点 $F$ 的信号为

$$F = \frac{S_{21}}{1 - E_R S_{22}} R \tag{4.99}$$

可以仿照例 4.8 讨论过的类似方法,求出 $R$ 点的信号。在本例题中,先用 $F$ 点信号加该点反馈环的计算结果替代该点的环路,并采用同样的方法处理 $R$ 点信号。计算结果为

$$R = \frac{E_{21}}{1 - E_{22}\left(S_{11} + \dfrac{S_{12}S_{21}E_R}{1 - E_R S_{22}}\right)} \tag{4.100}$$

将式(4.100)代入式(4.99),然后将式(4.99)代入式(4.98),则可得 $B$ 点信号的表达式:

$$B = E_X + E_T \frac{S_{21}}{1 - E_R S_{22}} \frac{E_{21}}{1 - E_{22}\left(S_{11} + \dfrac{S_{12}S_{21}E_R}{1 - E_R S_{22}}\right)} \tag{4.101}$$

最后,根据求和规则可得 $A$ 点信号的数值:

$$A = E_{11} + \frac{E_{12}E_{21}}{1 - E_{22}\left(S_{11} + \dfrac{S_{12}S_{21}E_R}{1 - E_R S_{22}}\right)}\left(S_{11} + S_{12}E_R \frac{S_{21}}{1 - E_R S_{22}}\right) \tag{4.102}$$

如果测量系统没有引入任何误差,则 $E_{12} = E_{21} = E_T = 1$,$E_{11} = E_{22} = E_R = E_X = 0$。将这些值代入式(4.100)至式(4.102),则可求得 $R = 1$,$A = S_{11}$ 和 $B = S_{21}$,这些结果表明了公式的合理性。

现在就可以仔细研究直通-反射-传输校准方法了。为了避免混淆，为 $R$、$A$ 和 $B$ 点信号加下标，$T$ 代表直通，$R$ 代表反射，$L$ 代表传输。

对于直通状态，已知 $S_{11} = S_{22} = 0$，$S_{12} = S_{21} = 1$。令 $E_{12} = E_{21}$，则有

$$R_T = \frac{E_{12}}{1 - E_{22}E_R} \tag{4.103a}$$

$$A_T = E_{11} + \frac{E_{12}^2}{1 - E_{22}E_R}E_R \tag{4.103b}$$

$$B_T = E_X + E_T\frac{E_{12}}{1 - E_{22}E_R} \tag{4.103c}$$

对于反射状态，已知 $S_{11} = S_{22} = \Gamma$，$S_{12} = S_{21} = 0$。则有

$$R_R = \frac{E_{12}}{1 - E_{22}\Gamma} \tag{4.104a}$$

$$A_R = E_{11} + \frac{E_{12}^2\Gamma}{1 - E_{22}\Gamma} \tag{4.104b}$$

$$B_R = E_X \tag{4.104c}$$

最后是传输状态，已知 $S_{11} = S_{22} = 0$，$S_{12} = S_{21} = \mathrm{e}^{-\gamma l}$。其中 $l$ 是传输线的长度，$\gamma$ 是包含了衰减效应的复传播常数（$\gamma = \alpha + \mathrm{j}\beta$）。计算结果为

$$R_L = \frac{E_{12}}{1 - E_{22}E_R\mathrm{e}^{-2\gamma l}} \tag{4.105a}$$

$$A_L = E_{11} + \frac{E_{12}^2E_R\mathrm{e}^{-2\gamma l}}{1 - E_{22}E_R\mathrm{e}^{-2\gamma l}} \tag{4.105b}$$

$$B_L = E_X + E_T\mathrm{e}^{-\gamma l}\frac{E_{12}}{1 - E_{22}E_R\mathrm{e}^{-2\gamma l}} \tag{4.105c}$$

根据式（4.103a）至式（4.105c），可以解出校准网络的未知参数 $E_{11}$、$E_{12}$、$E_{22}$、$E_R$ 和 $E_T$，反射系数 $\Gamma$，以及传输线参数 $\mathrm{e}^{-\gamma l}$。求出了校准参数后，就能够测出待测器件的准确 $S$ 参量。

## 应用讲座：电阻网络衰减器

这一节将测量采用印刷电路板制作的电阻网络衰减器的 $S$ 参量。与例 4.7 讨论的 T 形网络不同，现在采用的是 π 形网络。

衰减器的 $S$ 参量应当满足 $S_{11} = S_{22} = 0$（输入、输出端口匹配），$S_{12} = S_{21} = a$。理想情况下，与频率无关的电压增益 $a$ 应小于 1。若将此衰减器插入传输线中，则希望在各端口都没有反射的条件下，得到一定的插入损耗（$\mathrm{IL} = -20\log a$）。不同于前面的讨论，端口阻抗均为 50 Ω 的 3 dB T 形网络衰减器，π 形网络衰减器更灵活，其各端口的阻抗可以设计为不同的任意值。π 形网络衰减器的电路原理图如图 4.31 所示。

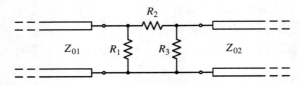

图 4.31　任意端口阻抗的 π 形网络衰减器

3 个电阻 $R_1$、$R_2$ 和 $R_3$ 以端口特性阻抗 $Z_{01}$ 和 $Z_{02}$ 表达的数学表达式为

$$R_1 = \frac{Z_{01}(1-a^2)}{a^2 - 2a\sqrt{Z_{01}/Z_{02}} + 1}$$

$$R_2 = \frac{(1-a^2)\sqrt{Z_{01}Z_{02}}}{2a}$$

$$R_3 = \frac{Z_{02}(1-a^2)}{a^2 - 2a\sqrt{Z_{02}/Z_{01}} + 1}$$

另外，如果定义 $r = \max(Z_{01}, Z_{02})/\min(Z_{01}, Z_{02})$，则可以证明电压增益为 $a \leqslant \sqrt{r} - \sqrt{r-1}$（见本章末的习题）。所以，如果采用两个不同的端口阻抗，则存在一个最小插入损耗值。例如，若 $Z_{01} = 50\ \Omega$，$Z_{02} = 75\ \Omega$，则电压增益的限制为 $a \leqslant 0.518$，即 IL $\geqslant 5.72$ dB。

本例中仅考虑一个端口阻抗均为 50 Ω 的简单 3 dB 衰减器。根据上述表达式和 $a = 1/\sqrt{2}$ 的要求，可得 $R_1 = R_3 = 291.4\ \Omega$，$R_2 = 17.68\ \Omega$。这个结果对应于 IL = 3.01 dB。图 4.32 显示的是此衰减器的印刷电路板(板材为 FR4)。3 个电阻分别由两个表面贴装电阻(规格为 1206)并联组成，以便减小寄生电感。本实例采用的碳膜(厚)电阻的实际阻值为 576 Ω 和 35.7 Ω (精度 1%，功耗 1/4 W)。印刷电路板的底面为完整的地板，其中有过孔为电阻提供必要的接地连接。两个水平安装的 SMA 接头用于连接衰减器和同轴电缆。电路板的尺寸为 1.1 英寸 ×0.75 英寸。

图 4.32　安装 SMA 接头的 π 形网络 3 dB 衰减器

图 4.33 显示了这个衰减器在 300 kHz 至 3 GHz 范围内，用网络分析仪测得的 $S_{11}$ 和 $S_{21}$(以 dB 为单位，以便直接得到反射损耗和插入损耗)。可以看出，在低频段，衰减器几乎是理想的，IL ≈ 3.06 dB，RL > 40 dB。在较高的频率点，衰减器的性能恶化了，在 1.5 GHz 频率，反射损耗下降为 20 dB；在 3 GHz 频率，下降到 12.5 dB；而插入损耗则持续增加，直到 3 GHz 频率时的 3.8 dB。此衰减器在 500 MHz 频率以下具有极好的性能(RL > 30 dB，3 dB < IL < 3.1 dB)，在 1.5 GHz 频率以下具有良好的性能(RL > 20 dB，3 dB < IL < 3.3 dB)，在 3 GHz 频率以下具有较好的性能(RL > 12 dB，3 dB < IL < 3.9 dB)。

这个衰减器还未针对高频应用进行优化。可采用射频电路仿真软件优化电路的印刷电路板布线，减小导致性能恶化的寄生参数。

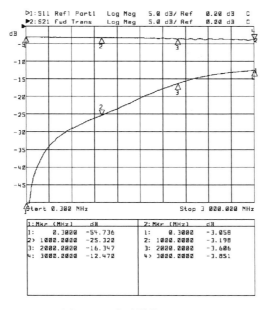

图 4.33　衰减器的 $S_{11}$ 和 $S_{21}$

## 4.5　小结

在分析低频基本电路和射频/微波电路时，将网络视为一个整体。已知，$N$ 端口网络的导纳参量（$\mathbf{Y}$ 参量矩阵）的一般形式如下：

$$\begin{Bmatrix} i_1 \\ i_2 \\ \vdots \\ i_N \end{Bmatrix} = \begin{bmatrix} Y_{11} & Y_{12} & \cdots & Y_{1N} \\ Y_{21} & Y_{22} & \cdots & Y_{2N} \\ \vdots & \vdots & \ddots & \vdots \\ Y_{N1} & Y_{N2} & \cdots & Y_{NN} \end{bmatrix} \begin{Bmatrix} v_1 \\ v_2 \\ \vdots \\ v_N \end{Bmatrix}$$

其中，电流和电压确定了外部端口的状态。引入适当的终端条件，就可以求出矩阵元素：

$$Y_{nm} = \left. \frac{i_n}{v_m} \right|_{v_k = 0 \,(k \neq m)}$$

描述网络的 $\mathbf{Z}$ 参量矩阵、$\mathbf{Y}$ 参量矩阵、$\mathbf{h}$ 参量矩阵及 $\mathbf{A}$ 参量矩阵的概念可以直接推广到高频电路领域。但是，在实现求解每一套网络参量所必需的开路、短路条件时，我们遇到了现实的困难，因此引入了由归一化正向、反向电压波定义的散射参量：

$$a_n = \frac{V_n^+}{\sqrt{Z_0}} = \sqrt{Z_0} I_n^+$$

$$b_n = \frac{V_n^-}{\sqrt{Z_0}} = -\sqrt{Z_0} I_n^-$$

对于双端口网络，可得散射参量的矩阵形式为

$$\begin{Bmatrix} b_1 \\ b_2 \end{Bmatrix} = \begin{bmatrix} S_{11} & S_{12} \\ S_{21} & S_{22} \end{bmatrix} \begin{Bmatrix} a_1 \\ a_2 \end{Bmatrix}$$

此时只需在网络端口传输线的终端形成匹配状态,而不需要开路或短路状态,就可以确定网络的 **S** 参量矩阵。在双端口网络的输入、输出端口,$S$ 参量($S_{11}$,$S_{22}$)与反射系数有直接的联系。另外,其正向和反向功率增益也可用 $S$ 参量($|S_{21}|^2$,$|S_{12}|^2$)表达。

在涉及信号流图的问题中,$S$ 参量也是非常有力的工具。信号流图是一种涉及节点和通道的电路表达方式。信号源、终端负载和传输线构成的系统的信号流图如下所示:

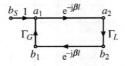

采用信号流图的概念后,即使是复杂的系统也可以采用与控制论类似的方法,根据特定的输入、输出关系来讨论。

第 4 章末尾简要讨论了采用矢量网络分析仪实际测量双端口网络(待测器件)的 $S$ 参量的方法。为了消除测试系统自身的各类误差因素,我们介绍了直通-反射-传输校准方法。直通、反射和传输校准过程记录了测试系统自身的各类误差因素,从而使 $S$ 参量的实际测试结果能够准确地描述待测器件。

## 阅读文献

A. Cote, "Matrix Analysis of Oscillators and Transistor Applications," *IRE Trans. on Circuit Theory*, Vol. 5, Issue 3, pp. 181-188, 1958.

S. Walker, "A Low Phase Shift Attenuator," *IEEE Trans. Microwave Theory and Techniques*, Vol. MTT-42, pp. 182-18, 1994.

G. Weiss, "Network Theorems for Transistor Circuits," *IEEE Trans. on Reliability*, Vol. 43, Issue 1, pp. 36-41, 1994.

G. F. Engen and C. A. Hoer, "Thru-Reflect-Line: An Improved Technique for Calibrating the Dual Six-Port Automatic Network Analyzer," *IEEE Trans. Microwave Theory and Techniques*, Vol. MTT-27, pp. 987-998, 1979.

H. J. Eul and B. Schiek, "Thru-Match-Reflect: One Result of a Rigorous Theory for Deembedding and Network Analyzer Calibration," *Proceedings of the 18th European Microwave Conference*, Stockholm, Sweden, 1988.

R. Marks and D. Williams, "Characteristic Impedance Measurement Determination using Propagation Measurements," *IEEE Trans. Microwave and Guided Wave Letters*, pp. 141-143, 1991.

*S-Parameter Design*, Hewlett-Packard Application Note 154, 1972.

G. Antonini, A. C. Scogna, A. Orlandi, "S-Parameter Characterization of Through, Blind, and Buried Via Holes," *IEEE Trans. on Mobile Computing*, Vol. 2, Issue, 2, pp. 174-184, 2003.

J. Biernacki, D. Czarkowski, "High Frequency Transformer Modeling," *IEEE Int. Symposium on Circuits and Systems*, Vol. 3, pp. 6-9, 2001.

D. V. Morgan and M. J. Howes, eds., *Microwave Solid State Devices and Applications*, P. Peregrinus Ltd., New York, 1980.

P. A. Rizzi, *Microwave Engineering-Passive Circuits*, Prentice Hall, Upper Saddle River, NJ, 1988.

D. Roddy, *Microwave Technology*, Prentice Hall, Upper Saddle River, NJ.

C. Bowick, *RF Circuit Design*, Howard Sams & Co., Indianapolis, IN, 1982.

R. S. Elliot, An *Introduction to Guided Waves and Microwave Circuits*, Prentice Hall, Upper Saddle River, NJ, 1997.

# 习题

4.1  根据阻抗矩阵和导纳矩阵的定义式(4.3)和式(4.6)，求证$[\mathbf{Z}] = [\mathbf{Y}]^{-1}$。

4.2  求下图中 T 形网络的阻抗矩阵和导纳矩阵。

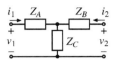

4.3  将下图所示晶体管共射极电路转换为阻抗矩阵形式。

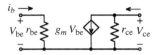

首先求网络的 **h** 参量矩阵，然后根据转换表将其转换为 **Z** 参量矩阵。

4.4  求证，低频、小信号情况下(等效电路如下图所示)，双极晶体管共基极电路的混合参量矩阵为

$$[\mathbf{h}] = \begin{bmatrix} \dfrac{r_{CE}r_{BE}}{r_{BE} + (1+\beta)r_{CE}} & \dfrac{r_{BE}}{r_{BE} + (1+\beta)r_{CE}} \\[3mm] -\dfrac{r_{BE} + \beta r_{CE}}{r_{BE} + (1+\beta)r_{CE}} & \dfrac{1}{r_{BC}} + \dfrac{1}{r_{BE} + (1+\beta)r_{CE}} \end{bmatrix}$$

其中，各晶体管的参数如下图所示。

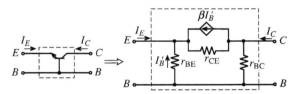

4.5  根据习题 4.4 的结论，计算双极晶体管共基极等效电路参数。假设晶体管的 **h** 参量矩阵为

$$[\mathbf{h}] = \begin{bmatrix} 16.6 & 0.262 \times 10^{-3} \\ -0.99668 & 66.5 \times 10^{-9} \end{bmatrix}$$

4.6  利用双端口网络参量的换算表，求图 4.7 所示电路的 **h** 参量矩阵，假设变压器是理想的。

4.7  根据 **A** 参量矩阵的定义，求 **Y** 参量矩阵。

4.8  已知共集电极电路的 $npn$ 晶体管 BC108C 的低频 **h** 参量矩阵为：$h_{11} = 10 \text{ k}\Omega$，$h_{12} = 1$，$h_{21} = -500$，$h_{22} = 80 \text{ μS}$。求对应的 **Y** 参量矩阵。

4.9  根据习题 4.4 和例 4.2，求晶体管共基极与共发射极电路的 **h** 参量矩阵的变换关系。

4.10  将例 4.4 中阻抗 $Z$ 的连接方式改为并联，求该双端口网络的 **A** 参量矩阵。

4.11  求下图所示双 T 网络的 **Y** 参量矩阵表达式。

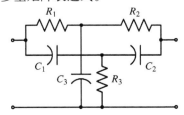

4.12　如图 4.2 所示,求常规的三元件π形网络的 **A** 参量矩阵。

4.13　如下图所示,理想变压器的主、次线圈匝数比为 $n:1$。(a)求变压器的 **A** 参量矩阵;(b)求次级线圈接负载条件下的输入阻抗。

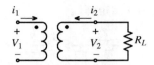

4.14　证明图 4.12 所示混合参量高频晶体管模型的 **h** 参量矩阵为式(4.31)。

4.15　本章中曾提到了双极晶体管在不同工作频率下的几种 **h** 参量矩阵,但忽略了晶体管封装外壳寄生参数的影响。考虑到上述影响的修正的晶体管等效电路如右图所示。假设晶体管管芯的模型为常规 **h** 参量矩阵,求考虑封装外壳影响后的修正晶体管模型。

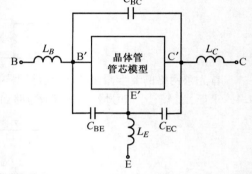

4.16　计算终端接负载的无损耗传输线的输入阻抗,传输线和终端负载均用 **A** 参量矩阵表示。

4.17　假设输入、输出端口均接 50 Ω 负载,求例4.8中的电路的正向增益。

4.18　采用 50 Ω 传输线实现一个中心工作频率为 500 MHz 的 1/4 波长阻抗变换器。因为若传输线的相速等于光速的70%,则所需传输线的长度为 $L = 10.5$ cm,不符合实际应用的要求,所以需要将该分布电路转换为采用集中参数元件的π形网络,如下图所示:

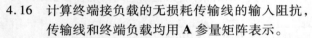

(a)证明两个电路的等效性;(b)根据以上电路条件,求 $L$ 和 $C$ 的值。

4.19　已知放大器的输入、输出端口驻波系数分别为 VSWR = 2 和 VSWR = 3。求输入、输出端口反射系数的模。若采用 $S_{11}$ 和 $S_{22}$ 表示计算结果,其物理意义是什么?

4.20　根据 4.4.4 节的步骤,证明:若已知网络的 **Y** 参量矩阵,则其 **S** 参量矩阵为

$$[\mathbf{S}] = ([\mathbf{Y}] + Y_0[\mathbf{E}])^{-1}(Y_0[\mathbf{E}] - [\mathbf{Y}])$$

若已知网络的 **S** 参量矩阵,则其 **Y** 参量矩阵为

$$[\mathbf{Y}] = Y_0([\mathbf{E}] - [\mathbf{S}])([\mathbf{S}] + [\mathbf{E}])^{-1}$$

其中,$Y_0 = 1/Z_0$ 是传输线的特性导纳。

4.21　习题 4.13 中的理想阻抗变换器也可以用 **S** 参量矩阵描述。求证其 **S** 参量矩阵为

$$[\mathbf{S}] = \frac{1}{1 + N^2}\begin{bmatrix} N^2 - 1 & 2N \\ 2N & 1 - N^2 \end{bmatrix}$$

其中,$N = N_1/N_2$。

4.22　对于图中所示的两个无源电路,求证其 **S** 参量矩阵分别为

$$[\mathbf{S}] = \begin{bmatrix} \Gamma_1 & 1 - \Gamma_1 \\ 1 - \Gamma_1 & \Gamma_1 \end{bmatrix}, \qquad [\mathbf{S}] = \begin{bmatrix} \Gamma_2 & 1 + \Gamma_2 \\ 1 + \Gamma_2 & \Gamma_2 \end{bmatrix}$$

其中，$\Gamma_1 = (1 + 2Z_0/Z_1)^{-1}$，$\Gamma_2 = -(1 + 2Y_0/Y_1)^{-1}$

4.23 右图所示 T 形网络的 3 个电阻为 $R_1 = R_2 = 8.65\ \Omega$，$R_3 = 141.8\ \Omega$，若将该网络插入特性阻抗为 $Z_0 = 50\ \Omega$ 的传输线中，试求该网络的 S 参量并画出插入损耗与电感 L 的函数关系，已知工作频率 $f = 2\ \text{GHz}$，电感量变化范围为 0 至 100 nH。

4.24 实际上，习题 4.23 所示 T 形网络中的电阻都与工作频率有关。所以，在射频频段需要考虑寄生参数效应的影响。假设所有电阻都具有 0.5 nH 的串联寄生电感，电感 L 为确定值 10 nH。求网络在 2 GHz 频率点的 S 参量矩阵。

4.25 一个双极晶体管的输入、输出传输线为 50 Ω，工作频率为 1.5 GHz。在集电极电流为 4 mA，集电极-发射极电压为 10 V 的偏置条件下，生产厂家提供的 S 参量矩阵为

$$S_{11} = 0.6\ \angle -127^\circ;\ S_{21} = 3.88\ \angle 87^\circ;\ S_{12} = 0.039\ \angle 28^\circ;\ S_{22} = 0.76\ \angle -35^\circ$$

求晶体管的 Z 参量矩阵和 h 参量矩阵。

4.26 如下图所示，作为习题 4.20 的更一般情况，n 端口网络的各端口可以连接特性阻抗不同的传输线。试证明下列表达式的合理性：

$$[\mathbf{S}] = [\mathbf{Z_0}]^{-1/2}([\mathbf{E}] - [\mathbf{Z_0}][Y])([\mathbf{E}] - [\mathbf{Z_0}][Y])^{-1}[\mathbf{Z_0}]^{1/2}$$
$$[\mathbf{Y}] = [\mathbf{Z_0}]^{-1/2}([\mathbf{E}] + [\mathbf{S}])^{-1}([\mathbf{E}] - [\mathbf{S}])[\mathbf{Z_0}]^{-1/2}$$

其中，$[\mathbf{Z_0}]$ 是关于 n 端口网络各端口传输线（$Z_{01}$，$Z_{02}$，$\cdots$，$Z_{0n}$）的对角矩阵，$[\mathbf{E}]$ 为单位矩阵。

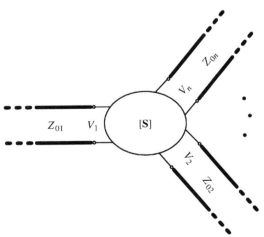

4.27 试导出传输线 T 形分叉处的 S 参量矩阵。

4.28 已知一个射频器件的 S 参量矩阵，其输入端通过匹配的源内阻与电压源连接，输出端接匹配电阻。下图为电路原理图。

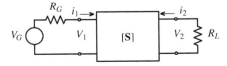

在图中所示源内阻的情况下,如果波源的最大资用功率为 $P_{max}$,器件的输入、输出功率分别为 $P_1$ 和 $P_2$,试证明:

(a) $P_2 = |S_{21}|^2 P_{max}$

(b) $P_1 = (1 - |S_{11}|^2) P_{max}$

4.29　本章的应用讲座中介绍了端口阻抗为任意值的 π 形电阻网络衰减器,其电压增益限制为 $a \leqslant \sqrt{r} - \sqrt{r-1}$,其中 $r = \max(Z_{01}, Z_{02})/\min(Z_{01}, Z_{02})$。讨论此限制的起因及其合理性。

4.30　本章应用讲座中的 3 dB 衰减器是采用两个 1/4 W 电阻并联实现的。分别求出:(a) 端口 2 匹配时,端口 1 的最大允许输入功率;(b) 端口 2 开路时,端口 1 的最大允许输入功率。

4.31　类似于本章应用讲座中介绍的 π 形网络衰减器,例 4.7 介绍的 T 形网络衰减器也可以支持任意不同的端口特性阻抗。已知端口特性阻抗为 $Z_{01}$ 和 $Z_{02}$,网络 $S$ 参量为 $S_{11} = S_{22} = 0$,$S_{12} = S_{21} = a$。求 T 形网络衰减器的 3 个电阻 $R_1$、$R_2$ 和 $R_3$ 的解析表达式。

4.32　威尔金森(Wilkinson)功率分配器(见附录 G)是三端口无源网络,可用于将端口 1 的入射功率平均分配给端口 2 和端口 3,也可以将端口 2 和端口 3 的入射功率相加后传输给端口 1。其理想的 **S** 参量矩阵为

$$[\mathbf{S}] = \frac{-1}{\sqrt{2}} \begin{bmatrix} 0 & j & j \\ j & 0 & 0 \\ j & 0 & 0 \end{bmatrix}$$

如果端口 2 接 75 Ω 负载,端口 3 接 25 Ω 负载,并设 $Z_0 = 50$ Ω,试求端口 1 的反射损耗和输入阻抗。

4.33　考察如下衰减器结构:

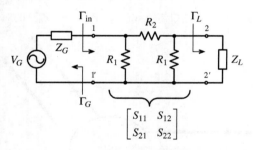

在理想条件下($Z_G = Z_{in} = Z_L = Z_0$),可以证明以 dB 表示的衰减量为 $\alpha = -20\log_{10}|S_{21}|$。用信号流图分析方法证明,在非理想情况下,$Z_G \neq Z_{in} \neq Z_L$,该衰减器的衰减量为 $\alpha = -20\log_{10}|T|$,其中

$$T = \frac{S_{21}}{1 - \Gamma_G S_{11} - \Gamma_L S_{22} - \Gamma_G \Gamma_L S_{21}^2 + \Gamma_G \Gamma_L S_{11} S_{22}}$$

# 第5章 射频滤波器设计

掌握了第 4 章讨论的网络知识之后,现在可以将这些概念用于设计射频滤波器。模拟电路设计的重要内容是,对特定频段内的高频信号进行加重或衰减处理。本章将研究如何对模拟信号进行滤波。根据基本电路知识,滤波器可分为 4 类:低通滤波器、高通滤波器、带通滤波器和带阻滤波器。低通滤波器允许低频信号以很小的衰减量从输入端口传输到输出端口。然而,当信号频率超过特定的截止频率后,信号的衰减量将急剧增大,从而导致输出端口的信号幅度下降。高通滤波器的特征恰好相反,其低频信号分量的衰减很大,即低频信号分量的输出幅度下降了,当信号频率超过特定的截止频率后,信号则以很小的衰减量从输入端口传输到输出端口。带通和带阻滤波器由特定的下边频和上边频划分出确定的频带,在这个频带内,信号衰减量相对于其他频段有较低(带通)或者较高(带阻)的衰减量。

本章首先回顾与滤波器和谐振器有关的基本概念和定义,特别是详细讨论重要概念:固有品质因数和有载品质因数。然后,引入最基本的、已有设计参数表的多节低通滤波器结构,即最大平滑二项式滤波器,或称巴特沃思(Butterworth)滤波器,以及等波纹滤波器,或称切比雪夫(Chebyshev)滤波器。第 5 章的目的不在于向读者介绍完整的滤波器设计理论,以及如何导出滤波器设计参数,而是要引导读者使用上述设计参数表设计各种类型的滤波器。读者将看到,归一化低通滤波器是一个基本结构单元,所有 4 类滤波器都可以由它导出。

掌握了将最大平滑二项式或切比雪夫归一化原型低通滤波器变换为符合要求的特定滤波器的方法后,还需要研究用分布参数元件实现这些滤波器的方法。由于在高于 500 MHz 的频段内,采用集中参数电感、电容元件已经不合适,所以这项工作至关重要。根据将集中参数元件变为分布参数元件的理查兹(Richards)变换和黑田(Kuroda)规则,可以导出一些实用的方法,采用这些方法可以设计出各种能够实现的滤波器电路结构。

---

**滤波器的分类**

根据工作频率和采用的元件类型,滤波器可分为有源滤波器和无源滤波器。在无源滤波器中,又可进一步分为集中参数滤波器和分布参数滤波器。集中参数滤波器的主要元件是 LC 元件和晶体谐振器,分布系统滤波器的主要元件是同轴线和微带传输线,也包括波导和螺旋线谐振器。有源滤波器则由级联的放大器或其他有源器件构成。

---

## 5.1 谐振器和滤波器的基本结构

### 5.1.1 滤波器的类型和技术参数

在讨论这个问题时,通常的方法是先引入 4 种基本的理想滤波器:低通滤波器、高通滤波器、带通滤波器和带阻滤波器。图 5.1 归纳出了 4 种滤波器的插入损耗(IL)与归一化角频率的关系。

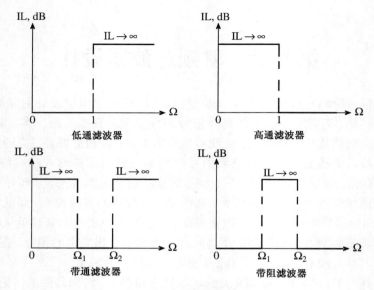

图 5.1　4 种基本滤波器

**边带选择性**

　　通常认为，在滤波器的插入损耗与频率的关系曲线上，从通带到阻带或从阻带到通带变化的 3 dB 点的斜率被定义为滤波器的边带选择性。一般来说，元件数越多，则边带选择性越好。

　　取参数 $\Omega = \omega / \omega_c$ 作为相对于角频率 $\omega_c$ 的归一化频率，对于低通和高通滤波器，$\omega_c$ 是**截止频率**( cutoff frequency )；对于带通和带阻滤波器，$\omega_c$ 是**中心频率**( center frequency )。读者以后会发现，这种归一化处理方法能大幅度减少导出原型滤波器的工作量。图 5.2 画出了二项式( 巴特沃思 )、切比雪夫及椭圆函数( Cauer )低通滤波器的衰减曲线。

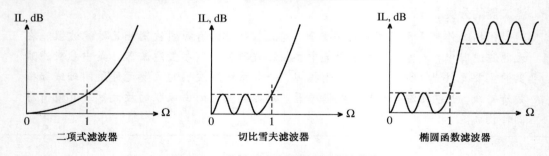

图 5.2　3 种低通滤波器的实际衰减曲线

　　二项式滤波器具有单调的衰减曲线，一般来说也比较容易实现。遗憾的是，若想在通带和阻带之间实现阶跃型过渡的衰减变化，则需要使用很多元件。如果想得到较好的阶跃型过渡衰减曲线，则必须允许通带内的衰减曲线有某种程度的起伏，或者说波纹。如果衰减曲线的波纹在通带或阻带内保持相等的幅度，就称其为切比雪夫滤波器，因为它的设计依据是切比雪夫多项式。可以看出，对于二项式和切比雪夫滤波器，当 $\Omega \to \infty$ 时，滤波器的衰减趋于无穷大。

这一点与椭圆函数滤波器不同,椭圆函数滤波器在通带与阻带间的阶跃过渡变化最陡峭,但代价是其通带和阻带内均有波纹。由于椭圆函数滤波器设计在数学上的复杂性,我们将不再进一步讨论(有关资料参见 Rizzi 的著作,见本章阅读文献)。

在综合考虑滤波器的设计问题时,下列滤波器参数至关重要。

- **插入损耗**(insertion loss):在理想情况下,插入射频电路中的理想滤波器,在其通带内不应该引入任何功率损耗。换句话说,理想滤波器的插入损耗为零。然而,在现实中无法消除滤波器具有的一定量的功率损耗。插入损耗定量地描述了功率响应幅度与 0 dB 基准的差值。假设与滤波器相连的波源阻抗和负载阻抗分别为 $Z_S = Z_0$ 和 $Z_L = Z_0$,则其数学表达为

$$\text{IL [dB]} = 10 \log \frac{P_A}{P_L} = -20 \log |S_{21}| \tag{5.1}$$

其中,$P_L$ 是滤波器向负载输出的功率,$P_A$ 是波源的资用功率,$S_{21}$ 是滤波器的一个 $S$ 参量元素,它描述了信号从端口 1(波源)到端口 2(负载)的传输特征。

- **波纹**(ripple):通带内信号响应的平坦度可以采用定义波纹系数的方法定量。采用分贝(dB)或奈培(Neper, Np)为单位,表示响应幅度的最大值与最小值之差。前面曾提到并将进一步讨论的问题是,切比雪夫滤波器设计方法能够精确地控制波纹的幅度。

- **带宽**(bandwidth):对于带通滤波器,带宽的定义是通带内上边频和下边频的频率之差,通常对应于通带内的 3 dB 衰减点:

$$\text{BW}^{3\text{dB}} = f_U^{3\text{dB}} - f_L^{3\text{dB}} \tag{5.2}$$

- **矩形系数**(shape factor):矩形系数是 60 dB 带宽与 3 dB 带宽的比值,它描述了滤波器频率响应曲线变化的陡峭程度:

$$\text{SF} = \frac{\text{BW}^{60\text{dB}}}{\text{BW}^{3\text{dB}}} = \frac{f_U^{60\text{dB}} - f_L^{60\text{dB}}}{f_U^{3\text{dB}} - f_L^{3\text{dB}}} \tag{5.3}$$

- **阻带抑制**(rejection):在理想情况下,我们希望滤波器在阻带频段内具有无穷大的衰减量。但是,实际上只能得到与滤波器元件数目相关的有限衰减量。在实际情况下,为了使阻带抑制与矩形系数相关联,式(5.3)通常以 60 dB 作为阻带抑制的指标。

上述滤波器参数都可以通过图 5.3 所示的典型带通衰减曲线来说明。由于滤波器的幅度衰减特征是根据它与归一化频率的对应关系画出的,所以其中心频率 $f_c$ 被归一化为 $\Omega = 1$,而 3 dB 上、下边频对称于该中心频率。在这两个 3 dB 衰减频率点之外,衰减量急剧增加并迅速达到 60 dB 的阻带衰减值,此处就是阻带的起始点。

另外还有一个参数可描述滤波器的频率选择性,它就是**品质因数**(quality factor)$Q$。品质因数通常定义为在谐振频率下,一个周期内的平均储能与平均耗能之比:

$$Q = 2\pi \left. \frac{\text{平均储能}}{\text{一个周期内的平均耗能}} \right|_{\omega = \omega_c} = \omega \left. \frac{\text{平均储能}}{\text{功率损耗}} \right|_{\omega = \omega_c} = \omega \left. \frac{W_{\text{存储}}}{P_{\text{损耗}}} \right|_{\omega = \omega_c} \tag{5.4}$$

其中,功率损耗 $P_{\text{损耗}}$ 等于单位时间内的耗能。在应用这个定义时,必须特别注意区别有载滤波器和无载滤波器。通过考察一个输入端口与信号源相连,输出端口与负载相连的滤波器,可以进一步了解这句话的含义,如图 5.4 所示。

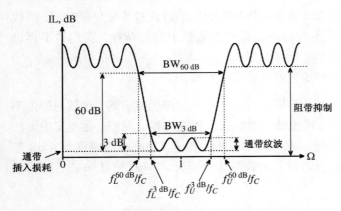

图 5.3　带通滤波器的典型衰减曲线

图 5.4　输入、输出端口分别与信号
源和负载相连的双端口网络

---

**移动电话收发前端的品质因数**

　　有必要注意工作频率对品质因数的影响。如果一个工作频率为 1900 MHz 的接收机需要从其频带的中心滤出 30 kHz 的信道,在理想情况下需要的 $Q$ 值将大于 60 000。这是一个即使采用声表面波(surface acoustic wave, SAW)滤波器也难以达到的数值。

---

　　功率损耗通常被认为是外接负载上的功率损耗和滤波器本身的功率损耗的总和,由此定义的品质因数称为**有载品质因数**(loaded quality factor),即 $Q_{\mathrm{LD}}$。有趣的是,如果对有载品质因数 $Q_{\mathrm{LD}}$ 取倒数,则可以得到

$$\frac{1}{Q_{\mathrm{LD}}} = \frac{1}{\omega}\left(\frac{\text{滤波器的功率损耗}}{\text{平均储能}}\right)\Bigg|_{\omega=\omega_c} + \frac{1}{\omega}\left(\frac{\text{负载的功率损耗}}{\text{平均储能}}\right)\Bigg|_{\omega=\omega_c} \tag{5.5}$$

由于总功耗包含滤波器的功耗及外接负载的功耗,上式可简化为

$$\frac{1}{Q_{\mathrm{LD}}} = \frac{1}{Q_F} + \frac{1}{Q_E} \tag{5.6}$$

其中,$Q_F$ 为**滤波器固有品质因数**(filter quality factor),$Q_E$ 为**外部品质因数**(external quality factor)。5.1.4 节将讨论式(5.6)的深层含义。本节后面将看到,式(5.6)可以变换为

$$Q_{\mathrm{LD}} = \frac{f_c}{f_U^{3\,\mathrm{dB}} - f_L^{3\,\mathrm{dB}}} \equiv \frac{f_c}{\mathrm{BW}^{3\,\mathrm{dB}}} \tag{5.7}$$

其中,$f_c$ 是滤波器的中心频率或谐振频率。下面将对三种常用滤波器的重要特点进行总结,重点在于根据第 4 章讨论的方法进行网络分析。

## 5.1.2　低通滤波器

　　作为最简单的例子,首先研究连接了波源和负载电阻的一阶低通滤波器,如图 5.5 所示。在这个原型滤波器电路中,波源和负载的阻抗都等于 $Z_0$,其数值为典型的 50 Ω。此处 $Z_0$ 是传输线的特性阻抗,以便在波源与滤波器之间或滤波器与负载之间插入该传输线。这样,将滤波器作为端口 1 接波源,端口 2 接负载的双端口网络,就可以求其 **S** 参量矩阵。

　　为了研究滤波器的响应,需要求出 $S_{21}(\omega)$,它是以 **S** 参量矩阵元素表示的从波源到负载

的信号传输。根据第 4 章的内容，对于图 5.5 中含波源和负载的系统，有

$$S_{21} = \frac{2V_2}{V_G} \tag{5.8}$$

对于图 5.5 中的简单电路，可以用图 5.6 所示的 4 个级联 **A** 参量网络(标号为 1 至 4)来分析。

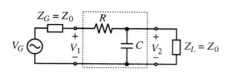

图 5.5  插入在信号源与负载电阻之间的低通滤波器

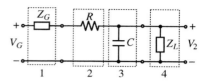

图 5.6  4 个 **A** 参量网络的级联

整个级联网络的 **A** 参量矩阵即为

$$\begin{bmatrix} A & B \\ C & D \end{bmatrix} = \begin{bmatrix} 1 & Z_G \\ 0 & 1 \end{bmatrix} \begin{bmatrix} 1 & R \\ 0 & 1 \end{bmatrix} \begin{bmatrix} 1 & 0 \\ j\omega C & 1 \end{bmatrix} \begin{bmatrix} 1 & 0 \\ \frac{1}{Z_L} & 1 \end{bmatrix} = \begin{bmatrix} 1 + (R + Z_0)\left( j\omega C + \frac{1}{Z_0} \right) & R + Z_0 \\ j\omega C + \frac{1}{Z_0} & 1 \end{bmatrix} \tag{5.9}$$

其中，设 $Z_G = Z_L = Z_0$。由于 $A$ 就是 $V_G/V_2$ 的比值，所以

$$S_{21}(\omega) = \frac{2}{A} = \frac{2}{1 + (R + Z_0)\left( j\omega C + \frac{1}{Z_0} \right)} \tag{5.10}$$

考察式(5.10)在极限状态下的情况，即频率趋于零或趋于无穷的特殊情况。若 $\omega \to 0$，则可得

$$S_{21} = \frac{2}{1 + (R + Z_0)/Z_0} = \frac{2Z_0}{2Z_0 + R} \tag{5.11a}$$

若 $\omega \to \infty$，则有

$$S_{21} = 0 \tag{5.11b}$$

可以看出，在第一种情况下，寄生电阻对直流信号产生了衰减($S_{21} < 1$)；在第二种情况下，滤波器在高频段呈现出我们期待的零电压输出的低通特征。

在上述分析中，射频/微波电路中的 $S_{21}(\omega)$ 类似于系统理论中的**传递函数**(transfer function) $H(\omega)$。除了确定传递函数，$S_{21}(\omega)$ 也常常用于计算以奈培(Np)计量的衰减系数：

$$\alpha(\omega)\ [\text{Np}] = -\ln|S_{21}(\omega)| = -\frac{1}{2}\ln|S_{21}(\omega)|^2 \tag{5.12a}$$

或者用 dB 计量，表示为

$$\alpha(\omega)\ [\text{dB}] = -20\log|S_{21}(\omega)| = -10\log|S_{21}(\omega)|^2 \tag{5.12b}$$

上式等价于插入损耗(IL)。相应的相位值为

$$\phi(\omega) = \text{atan } 2(\text{Im}(S_{21}(\omega)), \text{Re}(S_{21}(\omega))) \tag{5.12c}$$

与相位有直接关系的参量是群延迟 $t_g$，群延迟的定义是相位相对于角频率的变化率

$$t_g = -\frac{\mathrm{d}\phi(\omega)}{\mathrm{d}\omega} \tag{5.12d}$$

实际上经常需要设计具有线性相位(即 $\phi = -A\omega$，$A$ 为任意常数)的滤波器，这种滤波器的群延迟为简单常数 $t_g = A$。

图5.7是典型的滤波器响应,其中 $C = 10\text{ pF}$, $R$ 为不同的电阻值。

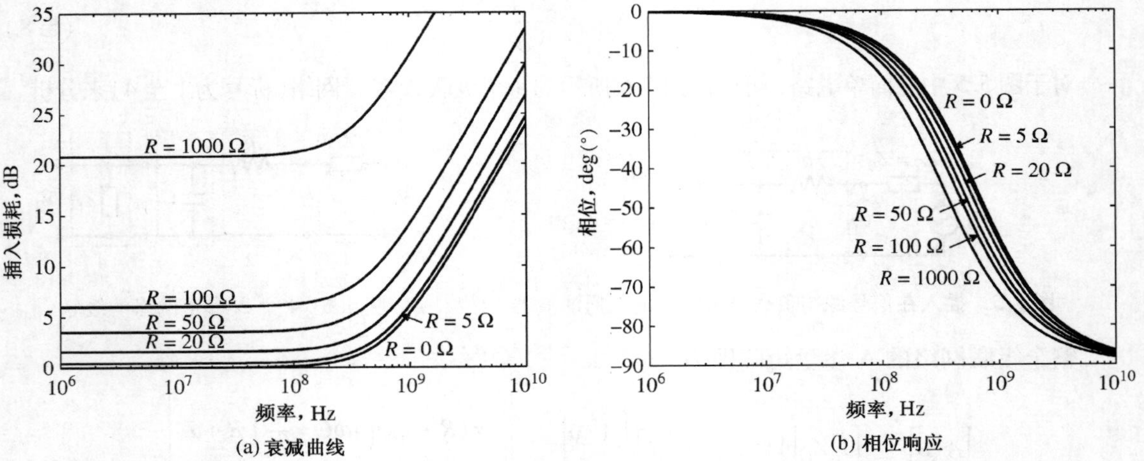

(a) 衰减曲线　　　　　　　　　　　　　　　　(b) 相位响应

图5.7　一阶低通滤波器响应与不同寄生电阻的函数关系

在这个滤波器设计中,电阻 $R$ 是寄生的,仅在通带内产生不需要的插入损耗。理想的射频/微波滤波器只含电抗性( $R = 0$ )元件。必须注意的是,典型的滤波器需要波源及负载的阻抗具有一定的实数(电阻)分量,否则滤波器的响应将会恶化。

---

**群延迟和群速度**

　　群延迟(group delay)是信息在网络中传输所需的时间,即窄带脉冲的包络在网络中传输所需的时间。传输线理论中的一个与它相关的概念是**群速度**(group velocity),群速度是脉冲包络的速度:

$$v_g = \left(\frac{\partial \beta}{\partial \omega}\right)^{-1}$$

在色散(即相速度与频率有关)传输线中,群速度不等于相速度(即波前的速度)。高频下的微带线呈现弱的色散,波导则是强色散的。

---

### 5.1.3　高通滤波器

　　如图5.8所示,用电感替换图5.5中的电容,可以构成一阶高通滤波器。除了用感性电抗替换容性电抗,采用与导出式(5.9)基本相同的方法,可得

$$\begin{bmatrix} A & B \\ C & D \end{bmatrix} = \begin{bmatrix} 1 & Z_G \\ 0 & 1 \end{bmatrix}\begin{bmatrix} 1 & R \\ 0 & 1 \end{bmatrix}\begin{bmatrix} 1 & 0 \\ \dfrac{1}{j\omega L} & 1 \end{bmatrix}\begin{bmatrix} 1 & 0 \\ \dfrac{1}{Z_L} & 1 \end{bmatrix} = \begin{bmatrix} 1 + (R + Z_0)\left(\dfrac{1}{j\omega L} + \dfrac{1}{Z_0}\right) & R + Z_0 \\ \dfrac{1}{j\omega L} + \dfrac{1}{Z_0} & 1 \end{bmatrix} \quad (5.13)$$

可以直接导出结果:

$$S_{21}(\omega) = \frac{2}{A} = \frac{2}{1 + (R + Z_0)\left(\dfrac{1}{j\omega L} + \dfrac{1}{Z_0}\right)} \quad (5.14)$$

当 $\omega \to 0$ 时,可见

$$S_{21} = 0 \tag{5.15a}$$

若 $\omega \to \infty$,则有

$$S_{21} = \frac{2}{1 + (R + Z_0)/Z_0} = \frac{2Z_0}{2Z_0 + R} \tag{5.15b}$$

这表明,电感的影响可以忽略,插入损耗完全由寄生电阻 $R$ 产生。图 5.9 是不同电阻情况下高通滤波器的响应曲线,其中任意选择的电感 $L = 100$ nH。

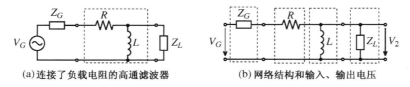

(a) 连接了负载电阻的高通滤波器    (b) 网络结构和输入、输出电压

图 5.8    一阶高通滤波器

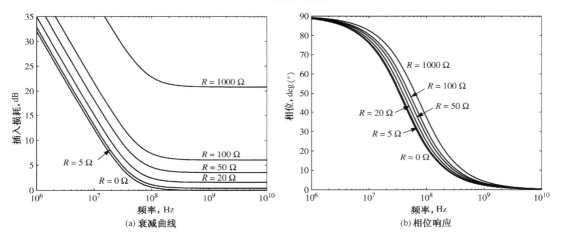

(a) 衰减曲线    (b) 相位响应

图 5.9    高通滤波器响应与负载电阻变化的函数关系

## 5.1.4    带通和带阻滤波器

带通滤波器可以采用串联或并联结构的 $RLC$ 电路构成。图 5.10 是包括波源阻抗和负载阻抗的串联结构滤波器电路图。若用 **A** 参量矩阵描述该网络的特征,则有

$$\begin{bmatrix} A & B \\ C & D \end{bmatrix} = \begin{bmatrix} 1 & Z_G \\ 0 & 1 \end{bmatrix} \begin{bmatrix} 1 & Z \\ 0 & 1 \end{bmatrix} \begin{bmatrix} 1 & 0 \\ 1/Z_L & 1 \end{bmatrix} = \begin{bmatrix} 2 + \dfrac{Z}{Z_0} & Z_0 + Z \\ \dfrac{1}{Z_0} & 1 \end{bmatrix} \tag{5.16}$$

其中,$Z_G = Z_L = Z_0$。阻抗 $Z$ 由常规电路理论确定:

$$Z = R + j\left(\omega L - \frac{1}{\omega C}\right) \tag{5.17}$$

由此可导出传递函数 $S_{21}(\omega) = 2V_2/V_G$ 为

$$S_{21}(\omega) = \frac{2}{A} = \frac{2Z_0}{2Z_0 + R + j[\omega L - 1/(\omega C)]} \tag{5.18}$$

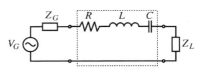

图 5.10    串联电路结构带通滤波器

在下面的例题中,将详细讨论此传递函数和衰减曲线。

**例5.1　带通滤波器的响应**

设带通滤波器的 $Z_L = Z_G = Z_0 = 50\ \Omega$，并选用如下分立元件 $R = 20\ \Omega$，$L = 5\ \text{nH}$，$C = 2\ \text{pF}$。求滤波器的谐振频率，画出传递函数的相位和以 dB 为单位的衰减与频率的关系曲线。

**解：**利用带通滤波器传递函数式(5.18)求解这个问题。以 dB 为单位的滤波器衰减曲线可由公式 $\text{IL} = -20\ \log|S_{21}(\omega)|$ 求得。滤波器的衰减曲线和相位曲线已标在图 5.11 中。由此图可以估算出滤波器的谐振频率 $f_0$ 约为 1.5 GHz，精确值为 $f_0 = 1/(2\pi\ \sqrt{LC}) = 1.59\ \text{GHz}$。不出所料，带通滤波器在其谐振点处具有最小衰减。遗憾的是，其阻带到通带的过渡非常缓慢。

---

**窄带滤波器与宽带滤波器**

　　带通或带阻滤波器的带宽若小于其中心频率的 10%，则一般称为窄带滤波器。宽带滤波器的带宽通常等于或大于其中心频率的 40%。

---

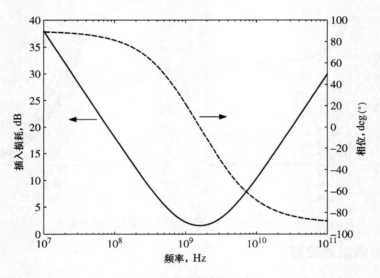

图 5.11　带通滤波器的响应

　　如图 5.12 所示，若将串联电路替换为并联电路，就可以实现一个带阻滤波器。只需用 $1/Y$ 替换式(5.16)中的 $Z$，即可得

$$S_{21}(\omega) = \frac{2Z_0}{2Z_0 + 1/Y} \tag{5.19}$$

其中，导纳为

$$Y = G + \text{j}\left(\omega C - \frac{1}{\omega L}\right) \tag{5.20}$$

将其代入式(5.19)可得

$$S_{21}(\omega) = \frac{2Z_0[G + \text{j}(\omega C - 1/(\omega L))]}{2Z_0[G + \text{j}(\omega C - 1/(\omega L))] + 1} \tag{5.21}$$

若按例 5.1 所列元件值，则传递函数幅度及相位的典型响应如图 5.12 所示。

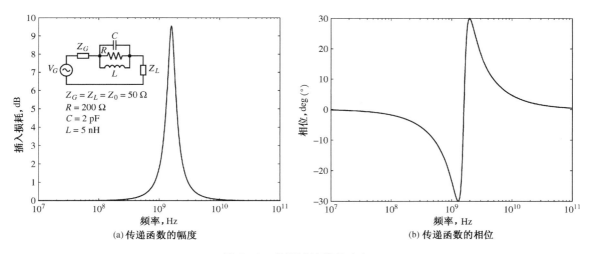

(a) 传递函数的幅度      (b) 传递函数的相位

图 5.12　带阻滤波器的响应

对于二阶储能系统或 $LC$ 网络，可以采用 5.1.1 节引入的品质因数来计算滤波器通带或阻带的 3 dB 带宽：

$$\text{BW} = \frac{f_0}{Q} \tag{5.22}$$

其中，$f_0$ 是谐振频率。品质因数是**耗散系数**(dissipation factor) $d$ 的倒数。表 5.1 总结了串联和并联谐振电路的全部有关定义。品质因数描述了特定谐振电路结构的内在能耗特征。表 5.1 中的电路都是空载滤波器(即滤波器没有任何外接负载)。

表 5.1　串联和并联谐振器

| 参量符号 | R   L   C | C   G   L |
|---|---|---|
| 阻抗或导纳 | $Z = R + j\omega L + \dfrac{1}{j\omega C}$ | $Y = G + j\omega C + \dfrac{1}{j\omega L}$ |
| 谐振频率 | $\omega_0 = \dfrac{1}{\sqrt{LC}}$ | $\omega_0 = \dfrac{1}{\sqrt{LC}}$ |
| 耗散系数 | $d = \dfrac{R}{\omega_0 L} = R\omega_0 C$ | $d = \dfrac{G}{\omega_0 C} = G\omega_0 L$ |
| 品质因数 | $Q = \dfrac{\omega_0 L}{R} = \dfrac{1}{R\omega_0 C}$ | $Q = \dfrac{\omega_0 C}{G} = \dfrac{1}{G\omega_0 L}$ |
| 带宽 | $\text{BW} = \dfrac{f_0}{Q} = \dfrac{1}{2\pi}\dfrac{R}{L}$ | $\text{BW} = \dfrac{f_0}{Q} = \dfrac{1}{2\pi}\dfrac{G}{C}$ |

在讨论有载情况时，我们遇到了复杂的新问题，即与谐振器相连的波源阻抗和负载阻抗。根据图 5.10，可以详细考察三种品质因数产生的原因。为此，着手分析连接了波源内阻 $R_G$ 和负载电阻 $R_L$ 的串联谐振电路(即带通滤波器)。在不失一般性的前提下，把上述两个电阻合在一起构成图 5.13 所示的电路结构。

在图5.13中，$R_E = R_G + R_L$，$V_G$是戴维南(Thévenin)等效
源。损耗可以归结为由外接电阻$R_E$单独产生，由内部电阻$R$单
独产生，或由它们共同产生。因此，必须分如下3种情况讨论。

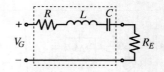

图5.13　定义有载品质因数及
固有品质因数的电路

**外部品质因数**($R_E \neq 0$，$R = 0$)

$$Q_E = \frac{\omega_0 L}{R_E} = \frac{1}{R_E \omega_0 C} \qquad (5.23)$$

**滤波器固有品质因数**($R_E = 0$，$R \neq 0$)

$$Q_F = \frac{\omega_0 L}{R} = \frac{1}{R \omega_0 C} \qquad (5.24)$$

**有载品质因数**($R_E \neq 0$，$R \neq 0$)

$$Q_{LD} = \frac{\omega_0 L}{R + R_E} = \frac{1}{(R + R_E)\omega_0 C} \qquad (5.25)$$

如果用$G$和$G_E$替换$R$和$R_E$，则可以导出并联谐振电路的类似表达式。通常，相对于谐振频率
引入归一化频率偏差：

$$\varepsilon = \frac{\omega}{\omega_0} - \frac{\omega_0}{\omega} \qquad (5.26)$$

并展开为

$$\varepsilon = \frac{f_0 + f - f_0}{f_0} - \frac{f_0}{f_0 + f - f_0} = \left(1 + \frac{\Delta f}{f_0}\right) - \left(1 + \frac{\Delta f}{f_0}\right)^{-1} \approx 2\frac{\Delta f}{f_0} \qquad (5.27)$$

其中，$\Delta f = f_0 - f$。定义品质因数的微分变化为

$$\Delta Q_{LD} = Q_{LD}\varepsilon \approx 2\frac{\Delta f}{f_0}Q_{LD} \qquad (5.28)$$

如果从式(5.28)中解出$Q_{LD}$，并代入$X = \omega L - 1/(\omega C)$，则对于串联电路有

$$Q_{LD} = \frac{\Delta Q_{LD}}{\varepsilon} = \frac{f_0}{2(R_E + R)}\frac{dX}{df}\bigg|_{f=f_0} \qquad (5.29a)$$

同理，根据$B = \omega C - 1/(\omega L)$，则对于并联电路有

$$Q_{LD} = \frac{\Delta Q_{LD}}{\varepsilon} = \frac{f_0}{2(G_E + G)}\frac{dB}{df}\bigg|_{f=f_0} \qquad (5.29b)$$

式(5.29a)和式(5.29b)表明，一般情况下，复数阻抗(或导纳)电路的有载品质因数可以表
达为

$$Q_{LD} = \frac{\Delta Q_{LD}}{\varepsilon} = \frac{f_0}{2\text{Re}(Z)}\frac{d\text{Im}(Z)}{df}\bigg|_{f=f_0} \qquad (5.30)$$

或

$$Q_{LD} = \frac{\Delta Q_{LD}}{\varepsilon} = \frac{f_0}{2\text{Re}(Y)}\frac{d\text{Im}(Y)}{df}\bigg|_{f=f_0} \qquad (5.31)$$

其中，$\text{Re}(Z)$、$\text{Im}(Z)$、$\text{Re}(Y)$和$\text{Im}(Y)$分别为谐振电路的总阻抗或总导纳的实部和虚部。

### 5.1.5　插入损耗

因为滤波器的品质因数 $Q$ 比实际阻抗或实际导纳更容易测量(例如,采用网络分析仪),所以前面求出的品质因数表达式对于射频电路设计是非常有用的。此外,带通或带阻滤波器的阻抗或导纳值也可以采用某种品质因数 $Q$ 来表达。例如,串联谐振电路的阻抗可以表示为

$$Z = R + \mathrm{j}\left(\omega L - \frac{1}{\omega C}\right) = (R_E + R)\left[\frac{R}{R_E + R} + \mathrm{j}\left(\frac{\omega L}{R_E + R} - \frac{1}{\omega C(R_E + R)}\right)\right] \tag{5.32}$$

由此可导出

$$Z = (R_E + R)\left[\frac{Q_{\mathrm{LD}}}{Q_F} + \mathrm{j}Q_{\mathrm{LD}}\varepsilon\right] \tag{5.33}$$

采用与讨论串联谐振器相同的步骤,可以导出关于并联谐振器导纳 $Y$ 的类似表达式:

$$Y = (G_E + G)\left[\frac{Q_{\mathrm{LD}}}{Q_F} + \mathrm{j}Q_{\mathrm{LD}}\varepsilon\right] \tag{5.34}$$

现在将研究重点转移到如下情况:如图 5.14(a)所示的传输线系统,传输线的特性阻抗为 $Z_0$,该传输线在信号端和负载端均处于匹配状态($Z_L = Z_G = Z_0$)。

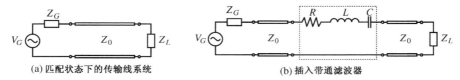

(a) 匹配状态下的传输线系统　　　　　　(b) 插入带通滤波器

图 5.14　插入损耗分析

在图 5.14(a)中,负载上得到的功率 $P_L$ 就是信号源输出的全部资用功率 $P_{\mathrm{in}}$:

$$P_L = P_{\mathrm{in}} = |V_G|^2/(8Z_0) \tag{5.35}$$

如果将滤波器按图 5.14(b)所示方式插入,负载上得到的功率则变为

$$P_L = \frac{1}{2}\left|\frac{V_G}{2Z_0 + Z}\right|^2 Z_0 = \frac{|V_G|^2/(8Z_0)}{\frac{1}{4Z_0^2}\left|2Z_0 + (2Z_0 + R)\left[\frac{Q_{\mathrm{LD}}}{Q_F} + \mathrm{j}\varepsilon Q_{\mathrm{LD}}\right]\right|^2} \tag{5.36}$$

代入式(5.6)并整理后可得

$$P_L = P_{\mathrm{in}} \frac{1}{(1 + \varepsilon^2 Q_{\mathrm{LD}}^2)Q_E^2/Q_{\mathrm{LD}}^2} \tag{5.37}$$

由此可计算出插入滤波器后以 dB 为单位的插入损耗为

$$\mathrm{IL}\,[\mathrm{dB}] = 10\log\left(\frac{1 + \varepsilon^2 Q_{\mathrm{LD}}^2}{Q_{\mathrm{LD}}^2/Q_E^2}\right) = 10\log(1 + \varepsilon^2 Q_{\mathrm{LD}}^2) - 10\log(1 - Q_{\mathrm{LD}}/Q_F)^2 \tag{5.38}$$

在谐振状态下,$\varepsilon = 0$,上式中第一项为零,此时谐振器的损耗取决于式中第二项。然而,当滤波器偏离谐振状态时,式中第一项对损耗值有明显的影响。考察一个特殊的频率,在该频率点,负载得到的功率恰好是其在谐振频率点的一半,即 −3 dB,则可以导出 $1 + \varepsilon^2 Q_{\mathrm{LD}}^2 = 2$,若代入式(5.27),则可得

$$\mathrm{BW}_{3\mathrm{dB}} = 2\Delta f = \varepsilon f_0 = f_0/Q_{\mathrm{LD}} \tag{5.39}$$

回顾 2.1.1 节,对于无损耗滤波器,可导出式(5.38)与输入反射系数的关系:

$$1 - |\Gamma_{\mathrm{in}}|^2 = 1 - \left|\frac{Z_{\mathrm{in}} - Z_G}{Z_{\mathrm{in}} + Z_G}\right|^2 = \frac{1}{1 + \varepsilon^2 Q_{\mathrm{LD}}^2} = \frac{1}{\mathrm{LF}} \tag{5.40}$$

其中, LF 称为**损耗因子**(loss factor)。当根据要求设计滤波器的衰减特性时, 损耗因子是个关键的参数。

### 例5.2　求解滤波器的各种品质因数

设滤波器的结构如图 5.14(b) 所示, 已知 $Z_0 = 50\ \Omega$, $Z_G = Z_L = Z_0$, $R = 10\ \Omega$, $L = 50\ \text{nH}$, $C = 0.47\ \text{pF}$, 信号源电压 $V_G = 5\ \text{V}$。求有载品质因数、无载(滤波器)品质因数和外部品质因数; 信号源输出功率; 谐振状态下负载吸收的功率; 画出谐振频率附近 ±20% 频带内的插入损耗。

**解**: 求解此问题的第一个步骤是计算滤波器的谐振频率:

$$f_0 = \frac{1}{2\pi\sqrt{LC}} = 1.038\ \text{GHz}$$

知道了谐振频率, 就可以求出滤波器的各种品质因数:

外部品质因数: $Q_E = \dfrac{\omega_0 L}{2Z_0} = 3.26$

固有品质因数: $Q_F = \dfrac{\omega_0 L}{R} = 32.62$

有载品质因数: $Q_{\text{LD}} = \dfrac{\omega_0 L}{R + 2Z_0} = 2.97$

利用式(5.35), 可以求出滤波器的输入功率或信号源的最大资用功率:

$$P_{\text{in}} = |V_G|^2 / (8Z_0) = 62.5\ \text{mW}$$

由于滤波器的内部电阻不为零($R = 10\ \Omega$), 所以即使在谐振频率点输入信号, 也会有一定程度的衰减, 同时负载得到的功率将小于信号源的资用功率:

$$P_L = P_{\text{in}} \frac{1}{(1 + \varepsilon^2 Q_{\text{LD}}^2) Q_E^2 / Q_{\text{LD}}^2}\bigg|_{f = f_0} = P_{\text{in}} \frac{1}{Q_E^2 / Q_{\text{LD}}^2} = 51.7\ \text{mW}$$

最后, 将有载品质因数和外部品质因数代入式(5.38), 就可以求出滤波器在谐振频率 $f_0$ 附近 ±20% 频带内的插入损耗, 结果如图 5.15 所示。根据图 5.15, 此滤波器的 3 dB 带宽约为350 MHz, 采用本节前面导出的公式计算, 也可以得到同样结果(即 $\text{BW}_{3\text{dB}} = f_0 / Q_{\text{LD}} = 350.07\ \text{MHz}$)。

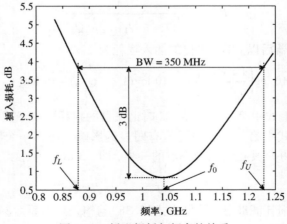

图 5.15　插入损耗与频率的关系

本例题表明, 有载品质因数小于外部品质因数及固有品质因数。

## 5.2　特定滤波器的设计

一般来说，低通、高通、带通等特定滤波器的网络综合理论是相当复杂的。作为简要的介绍，我们将重点讨论两类滤波器，即最大平滑巴特沃思滤波器和等波纹切比雪夫滤波器的设计。首先研究这两种滤波器的归一化低通电路，然后再利用频率变换将其低通频率特性变换为其他类型的滤波器频率特性。

### 5.2.1　巴特沃思滤波器

由于这种滤波器的衰减曲线中没有任何波纹，所以又称为最大平滑滤波器。对于忽略内部损耗的低通滤波器，插入损耗可由损耗因子确定，

$$\text{IL [dB]} = -10 \log(1 - |\Gamma_{\text{in}}|^2) = 10 \log(\text{LF}) = 10 \log(1 + a^2 \Omega^{2N}) \tag{5.41}$$

其中，$\Omega$ 仍然是 5.1.1 节引入的归一化频率，$N$ 是滤波器的阶数。一般情况下取常数 $a = 1$，这样，当 $\Omega = \omega / \omega_c = 1$ 时插入损耗 $\text{IL} = 10\log(2)$，即插入损耗为 3 dB 的截止频率点。图 5.16 画出了几种 $N$ 值情况下的插入损耗。

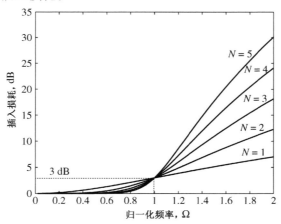

图 5.16　巴特沃思低通滤波器设计

普通归一化低通滤波器的两种可行结构如图 5.17 所示，其中取 $R_G = 1$。在图 5.17 中，电路元件值的编号从信号源端的 $g_0$ 一直到负载端的 $g_{N+1}$。电路中串联电感与并联电容存在对换关系。各个元件值 $g$ 由如下方式确定：

$$g_0 = \begin{cases} 5.17(\text{a}) \text{ 电路中的波源内电阻} \\ 5.17(\text{b}) \text{ 电路中的波源内电导} \end{cases}$$

$$g_m = \begin{cases} \text{串联电感的电感量} \\ \text{并联电容的电容量} \\ (m = 1, \cdots, N) \end{cases}$$

$$g_{m+1} = \begin{cases} \text{负载电阻值，当最后一个元件是并联电容时} \\ \text{负载电导值，当最后一个元件是串联电感时} \end{cases}$$

所有 $g$ 值都有数表可查，可以在有关文献中查到（见阅读文献，作者 Pozar 和 Rizzi）。对于 $g_0 = 1$ 且截止频率 $\omega_c = 1$ 的最大平滑低通滤波器，表 5.2 列出了 $N$ 从 1 至 10 的全部 $g$ 值。

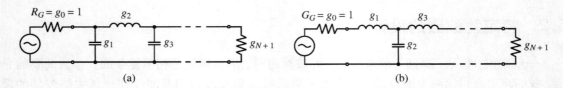

图 5.17　标出归一化元件值的两种等效、多节低通滤波器结构

**表 5.2　最大平滑低通滤波器的归一化元件参数**

| N | $g_1$ | $g_2$ | $g_3$ | $g_4$ | $g_5$ | $g_6$ | $g_7$ | $g_8$ | $g_9$ | $g_{10}$ | $g_{11}$ |
|---|-------|-------|-------|-------|-------|-------|-------|-------|-------|----------|----------|
| 1 | 2.0000 | 1.0000 | | | | | | | | | |
| 2 | 1.4142 | 1.4142 | 1.0000 | | | | | | | | |
| 3 | 1.0000 | 2.0000 | 1.0000 | 1.0000 | | | | | | | |
| 4 | 0.7654 | 1.8478 | 1.8478 | 0.7654 | 1.0000 | | | | | | |
| 5 | 0.6180 | 1.6180 | 2.0000 | 1.6180 | 0.6180 | 1.0000 | | | | | |
| 6 | 0.5176 | 1.4142 | 1.9318 | 1.9318 | 1.4142 | 0.5176 | 1.0000 | | | | |
| 7 | 0.4450 | 1.2470 | 1.8019 | 2.0000 | 1.8019 | 1.2470 | 0.4450 | 1.0000 | | | |
| 8 | 0.3902 | 1.1111 | 1.6629 | 1.9615 | 1.9615 | 1.6629 | 1.1111 | 0.3902 | 1.0000 | | |
| 9 | 0.3473 | 1.0000 | 1.5321 | 1.8794 | 2.0000 | 1.8794 | 1.5321 | 1.0000 | 0.3473 | 1.0000 | |
| 10 | 0.3129 | 0.9080 | 1.4142 | 1.7820 | 1.9754 | 1.9754 | 1.7820 | 1.4142 | 0.9080 | 0.3129 | 1.0000 |

　　对于不同的阶数 $N$，可以从图 5.18 中找到滤波器的衰减与频率的对应关系。已知 $\Omega = 1$ 是 3 dB 截止频率点，所以在确定滤波器的阶数时，图 5.18 中的衰减曲线将非常有用。例如，若要设计一个在 $\Omega = 2$ 时，衰减量不小于 60 dB 的最大平滑低通滤波器，则要求滤波器的阶数 $N = 10$。

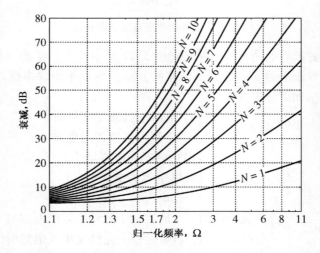

图 5.18　最大平滑低通滤波器的衰减曲线与归一化频率的关系

图 5.18 表明，超过截止频率点后，滤波器的衰减量会急剧上升。可以看出，当 $\Omega \gg 1$ 即 $\omega \gg \omega_c$ 时，损耗因子按 $\Omega^{2N}$ 关系增加，即频率每增加一个数量级，损耗增加 $20N$ dB。然而到目前为止，我们对此滤波器的相位响应仍一无所知。对许多无线通信系统来说，线性的相位响应（相移）也许比陡峭的衰减或幅度变化更为关键。遗憾的是，线性相移和陡峭的幅度变化是相互冲突的。如果要得到线性相移，则相位函数必须有与式（5.41）类似的特征：

$$\phi(\Omega) = -A_1\Omega(1 + A_2\Omega^{2N}) \tag{5.42}$$

其中，$A_1$ 和 $A_2$ 是任意常数。相应的群延迟 $t_g$ 为

$$t_g = -\frac{\mathrm{d}\phi(\Omega)}{\mathrm{d}\Omega} = A_1[1 + A_2(2N+1)\Omega^{2N}] \tag{5.43}$$

表 5.3 列出了线性相移（群延迟 $t_g = 1$）低通滤波器的前 10 个元件参数。

**表 5.3　线性相移低通滤波器的归一化元件参数**

| N | $g_1$ | $g_2$ | $g_3$ | $g_4$ | $g_5$ | $g_6$ | $g_7$ | $g_8$ | $g_9$ | $g_{10}$ | $g_{11}$ |
|---|---|---|---|---|---|---|---|---|---|---|---|
| 1 | 2.0000 | 1.0000 | | | | | | | | | |
| 2 | 1.5774 | 0.4226 | 1.0000 | | | | | | | | |
| 3 | 1.2550 | 0.5528 | 0.1922 | 1.0000 | | | | | | | |
| 4 | 1.0598 | 0.5116 | 0.3181 | 0.1104 | 1.0000 | | | | | | |
| 5 | 0.9303 | 0.4577 | 0.3312 | 0.2090 | 0.0718 | 1.0000 | | | | | |
| 6 | 0.8377 | 0.4116 | 0.3158 | 0.2364 | 0.1480 | 0.0505 | 1.0000 | | | | |
| 7 | 0.7677 | 0.3744 | 0.2944 | 0.2378 | 0.1778 | 0.1104 | 0.0375 | 1.0000 | | | |
| 8 | 0.7125 | 0.3446 | 0.2735 | 0.2297 | 0.1867 | 0.1387 | 0.0855 | 0.0289 | 1.0000 | | |
| 9 | 0.6678 | 0.3203 | 0.2547 | 0.2184 | 0.1859 | 0.1506 | 0.1111 | 0.0682 | 0.0230 | 1.0000 | |
| 10 | 0.6305 | 0.3002 | 0.2384 | 0.2066 | 0.1808 | 0.1539 | 0.1240 | 0.0911 | 0.0557 | 0.0187 | 1.0000 |

由于滤波器陡峭的衰减过渡和线性相移一般来说是相互冲突的，因此可以断定此滤波器的矩形系数必然要降低。对应于利用表 5.2 设计常规滤波器，如何利用表 5.3 设计线性相移滤波器的问题将在例 5.3 中以 $N = 3$ 的情况为例进行讨论。

---

**恒定的群延迟**

这个重要的特性表明，多频率信号的所有频谱分量通过滤波器所需的时间是相同的，即脉冲没有色散。

---

## 5.2.2　切比雪夫滤波器

等波纹滤波器的设计思路是用切比雪夫多项式 $T_N(\Omega)$ 来描述滤波器插入损耗的函数特征：

$$\mathrm{IL}\ [\mathrm{dB}] = 10\log(\mathrm{LF}) = 10\log(1 + a^2T_N^2(\Omega)) \tag{5.44}$$

其中,

$$T_N(\Omega) = \cos(N[\arccos(\Omega)]), \qquad |\Omega| \le 1$$

$$T_N(\Omega) = \cosh(N[\text{arcosh}(\Omega)]), \qquad |\Omega| \ge 1$$

为了解切比雪夫多项式在归一化频率为 $-1 < \Omega < 1$ 范围内的特征,下面列出了前 5 个切比雪夫多项式:

$$T_0 = 1, \quad T_1 = \Omega, \quad T_2 = -1 + 2\Omega^2, \quad T_3 = -3\Omega + 4\Omega^3, \quad T_4 = 1 - 8\Omega^2 + 8\Omega^4$$

前两个切比雪夫多项式分别为常数和线性函数,后三个切比雪夫多项式分别为二次、三次和四次函数,如图 5.19 所示。

　　显然,各阶切比雪夫多项式的曲线均在 $\pm 1$ 之间振荡,这正是设计等波纹滤波器所需要的。根据切比雪夫多项式,可以得到传递函数的幅度 $|H(\Omega)|$ 为

$$|H(\Omega)| = \sqrt{H(\Omega)H(\Omega)^*} = \frac{1}{\sqrt{1 + a^2 T_N^2(\Omega)}}$$

(5.45)

其中,$T_N(\Omega)$ 为 $N$ 阶切比雪夫多项式,$a$ 是用于调整通带内波纹高度的常数因子。例如,设 $a = 1$,当 $\Omega = 1$ 时则有

$$|H(0)| = \frac{1}{\sqrt{2}} = 0.707$$

通带内各点的衰减都在 3 dB 以下(等波纹)。这里不打算深入研究切比雪夫滤波器设计的一般理论,而是向读者推荐一本概要讨论该问题的经

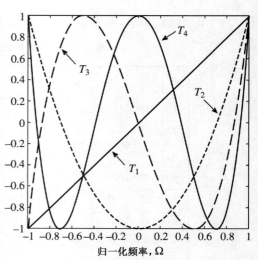

图 5.19　一阶至四阶切比雪夫多项式 $T_1(\Omega)$ 至 $T_4(\Omega)$ 的图形,归一化频率 $-1 \le \Omega \le 1$

典教科书(见阅读文献,作者 Matthaei 等人和 Zverev 的著作)。图 5.20 画出了 $a = 1$ 时,切比雪夫滤波器的损耗因子和插入损耗。$a = 1$ 时,谐振频率($\Omega = 1$)点同样具有 3 dB 衰减响应。

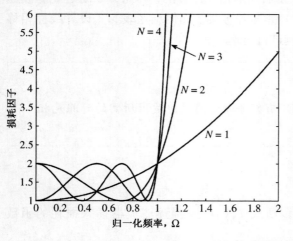

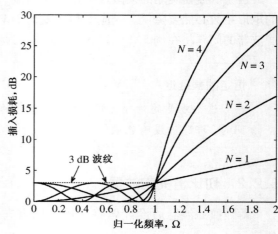

图 5.20　切比雪夫低通滤波器的损耗因子、插入损耗与频率的关系

前面曾经提到，切比雪夫滤波器通带内波纹的幅度可以通过适当选择系数 $a$ 来控制。在 $-1 \leqslant \Omega \leqslant 1$ 频率范围内，由于切比雪夫多项式的函数值在 $-1 \sim +1$ 之间振荡，所以在此频率范围内，切比雪夫多项式平方后的函数值将在 $0 \sim +1$ 间变化。那么，在 $-1 \leqslant \Omega \leqslant 1$ 频率范围内，由滤波器导致的最小衰减是 0 dB，而最大衰减则是 IL $[dB] = 10 \log(1 + a^2)$，该值也是所有波纹的峰值。如果要求波纹峰值为 RPL$[dB]$，则 $a$ 应当为

$$a = \sqrt{10^{(\text{RPL [dB]})/10} - 1}$$

例如，若需要波纹值为 0.5 dB，则必须取 $a = (10^{0.5/10} - 1)^{1/2} = 0.3493$。波纹分别为 3 dB 和 0.5 dB 的一阶至十阶切比雪夫滤波器的衰减曲线如图 5.21 和图 5.22 所示。

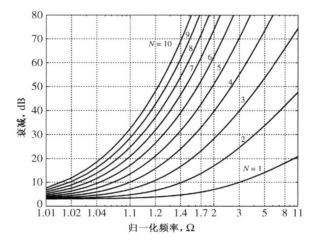

图 5.21　波纹为 3 dB 的切比雪夫滤波器的衰减特性

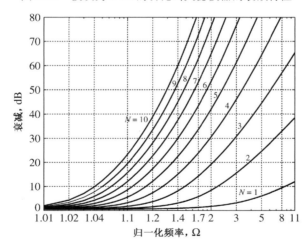

图 5.22　波纹为 0.5 dB 的切比雪夫滤波器的衰减特性

对比图 5.21 和图 5.22 可见，通带内的波纹越大，则通带到阻带的过渡就越陡峭。例如，对于五阶切比雪夫滤波器，若波纹为 3 dB，当 $\Omega = 1.2$ 时，则衰减为 20 dB；若波纹为 0.5 dB，当 $\Omega = 1.2$ 时，则衰减仅为 12 dB。这一规律同样适用于其他频率点或其他阶数的切比雪夫滤波器。例如，对于 $\Omega = 5$ 时的四阶切比雪夫滤波器，若波纹为 0.5 dB，则衰减为 65 dB；若波纹为 3 dB，则衰减约为 73 dB。

对应于图 5.17 的滤波器原型电路, 相应的元件参数如表 5.4 所列。

表 5.4(a)　切比雪夫滤波器的元件参数(3 dB 波纹)

| N | $g_1$ | $g_2$ | $g_3$ | $g_4$ | $g_5$ | $g_6$ | $g_7$ | $g_8$ | $g_9$ | $g_{10}$ | $g_{11}$ |
|---|---|---|---|---|---|---|---|---|---|---|---|
| 1 | 1.9953 | 1.0000 | | | | | | | | | |
| 2 | 3.1013 | 0.5339 | 5.8095 | | | | | | | | |
| 3 | 3.3487 | 0.7117 | 3.3487 | 1.0000 | | | | | | | |
| 4 | 3.4389 | 0.7483 | 4.3471 | 0.5920 | 5.8095 | | | | | | |
| 5 | 3.4817 | 0.7618 | 4.5381 | 0.7618 | 3.4817 | 1.0000 | | | | | |
| 6 | 3.5045 | 0.7685 | 4.6061 | 0.7929 | 4.4641 | 0.6033 | 5.8095 | | | | |
| 7 | 3.5182 | 0.7723 | 4.6386 | 0.8039 | 4.6386 | 0.7723 | 3.5182 | 1.0000 | | | |
| 8 | 3.5277 | 0.7745 | 4.6575 | 0.8089 | 4.6990 | 0.8018 | 4.4990 | 0.6073 | 5.8095 | | |
| 9 | 3.5340 | 0.7760 | 4.6692 | 0.8118 | 4.7272 | 0.8118 | 4.6692 | 0.7760 | 3.5340 | 1.0000 | |
| 10 | 3.5384 | 0.7771 | 4.6768 | 0.8136 | 4.7425 | 0.8164 | 4.7260 | 0.8051 | 4.5142 | 0.6091 | 5.8095 |

表 5.4(b)　切比雪夫滤波器的元件参数(0.5 dB 波纹)

| N | $g_1$ | $g_2$ | $g_3$ | $g_4$ | $g_5$ | $g_6$ | $g_7$ | $g_8$ | $g_9$ | $g_{10}$ | $g_{11}$ |
|---|---|---|---|---|---|---|---|---|---|---|---|
| 1 | 0.6986 | 1.0000 | | | | | | | | | |
| 2 | 1.4029 | 0.7071 | 1.9841 | | | | | | | | |
| 3 | 1.5963 | 1.0967 | 1.5963 | 1.0000 | | | | | | | |
| 4 | 1.6703 | 1.1926 | 2.3661 | 0.8419 | 1.9841 | | | | | | |
| 5 | 1.7058 | 1.2296 | 2.5408 | 1.2296 | 1.7058 | 1.0000 | | | | | |
| 6 | 1.7254 | 1.2479 | 2.6064 | 1.3137 | 2.4758 | 0.8696 | 1.9841 | | | | |
| 7 | 1.7372 | 1.2583 | 2.6381 | 1.3444 | 2.6381 | 1.2583 | 1.7372 | 1.0000 | | | |
| 8 | 1.7451 | 1.2647 | 2.6564 | 1.3590 | 2.6964 | 1.3389 | 2.5093 | 0.8796 | 1.9841 | | |
| 9 | 1.7504 | 1.2690 | 2.6678 | 1.3673 | 2.7939 | 1.3673 | 2.6678 | 1.2690 | 1.7504 | 1.0000 | |
| 10 | 1.7543 | 1.2721 | 2.6754 | 1.3725 | 2.7392 | 1.3806 | 2.7231 | 1.3485 | 2.5239 | 0.8842 | 1.9841 |

与前面讨论的巴特沃思滤波器不同的是, 切比雪夫滤波器具有更陡峭的通带-阻带过渡特性。对于较高的归一化频率 $\Omega \gg 1$, 切比雪夫多项式 $T_N(\Omega)$ 的值可近似为 $(1/2)(2\Omega)^N$。这意味着, 在通带外, 切比雪夫滤波器比巴特沃思滤波器的衰减特性提高了大约 $(2^{2N})/4$ 倍。

### 例 5.3　巴特沃思滤波器、线性相移巴特沃思滤波器和切比雪夫滤波器的比较

比较下列三阶低通滤波器的衰减特性与频率的关系: (a)标准的 3 dB 巴特沃思滤波器; (b)线性相移巴特沃思滤波器; (c)3 dB 波纹切比雪夫滤波器。

**解:** 如果选取滤波器的第一个元件为与信号源串联的电感, 则三阶滤波器的电路拓扑结构为

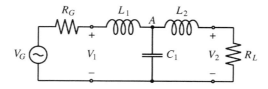

其中，电感和电容值可由表 5.2 至表 5.4 查出，分别为

- 标准的巴特沃思滤波器：$L_1 = L_2 = 1$ H，$C_1 = 2$ F
- 线性相移巴特沃思滤波器：$L_1 = 1.255$ H，$C_1 = 0.5528$ F，$L_2 = 0.1922$ H
- 3 dB 波纹切比雪夫滤波器：$L_1 = L_2 = 3.3487$ H，$C_1 = 0.7117$ F
- 信号源及负载阻抗：$R_G = R_L = 1$ Ω

由电路图可见，在直流状态下，电感相当于短路，而电容相当于开路。由于源阻抗和负载阻抗构成了分压器，所以负载上的电压等于信号源电压的一半（即 $V_2 = 0.5V_G$）。当频率不为零时，负载上的电压可以通过两次利用分压关系求得。首先求 $A$ 点的电压：

$$V_A = \frac{Z_{C_1}\|(Z_{L_2} + R_L)}{Z_{C_1}\|(Z_{L_2} + R_L) + Z_{L_1} + R_G} V_G$$

然后，根据 $V_A$ 求负载上的电压：

$$V_2 = \frac{R_L}{R_L + Z_{L_2}} V_A$$

求出电路交流增益与直流增益的比值后，就可以计算出滤波器产生的插入损耗：

$$\alpha = 2 \frac{R_L}{R_L + Z_{L_2}} \frac{Z_{C_1}\|(Z_{L_2} + R_L)}{Z_{C_1}\|(Z_{L_2} + R_L) + Z_{L_1} + R_G}$$

图 5.23 画出了上述三种滤波器以 dB 为单位的衰减系数。不出所料，切比雪夫滤波器的衰减-频率曲线具有最陡峭的斜率，而线性相移巴特沃思滤波器的衰减-频率曲线则最平缓。因此，当需要陡峭的通带-阻带过渡特性，并且对通带内波纹的要求不严格时，切比雪夫滤波器是最合适的选择。应当注意，切比雪夫滤波器在截止频率点上的衰减恰好等于其在通带内的波纹。

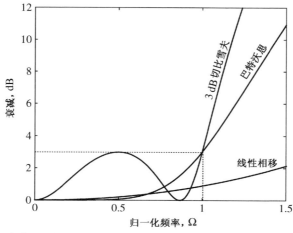

图 5.23　巴特沃思滤波器、线性相移巴特沃思滤波器和 3 dB 切比雪夫滤波器频率响应的比较

尽管线性相移巴特沃思滤波器存在衰减变化平缓的缺陷,但其线性相移特性却特别适合于调制电路和混频电路。

### 5.2.3 归一化原型低通滤波器的反归一化

为了得到实用的滤波器,必须对前面讨论的滤波器设计参数进行反归一化,以便满足实际工作频率和阻抗的要求。另外,归一化原型低通滤波器也必须能根据需要变换为高通、带通或带阻滤波器。这些目标可以通过下面两种特殊方法实现。

- **频率变换**:将归一化频率 $\Omega$ 变换为实际频率 $\omega$。这一步骤实际上是按比例调整标准电感和标准电容。
- **阻抗变换**:将标准信号源阻抗 $g_0$ 和负载阻抗 $g_{(N+1)}$ 变换为实际的源阻抗 $R_G$ 和负载阻抗 $R_L$。

首先考察各种滤波器的频率变换及相关问题。为了避免符号的混淆,省去了各个元件的标识,即 $L_n(n=1,\cdots,N) \rightarrow L$,$C_n(n=1,\cdots,N) \rightarrow C$。这样处理并不失一般性,因为导出的变换规律同样适用于所有元件。

**频率变换**

图 5.24 是通带波纹为 3 dB 的四阶切比雪夫原型低通滤波器的频率响应,为了更清楚地表明衰减曲线在频域上的对称性,引入了负值频率。此外,采用适当的比例变换和平移,可得到如图 5.25、图 5.26、图 5.28 和图 5.29 所示的所有 4 种滤波器,下面进行详细讨论。

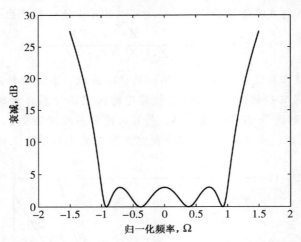

图 5.24    通带波纹为 3 dB 的四阶切比雪夫归一化原型低通滤波器的频率响应

对于**低通滤波器**,只需用截止角频率 $\omega_c$ 乘以归一化频率即可完成比例变换(见图 5.25):

$$\omega = \Omega\omega_c \tag{5.46}$$

在进行图 5.25 所示的比例变换时,任取截止频率为 1 GHz。在相应的插入损耗表达式和损耗因子表达式中,只需用 $\Omega\omega_c$ 替换 $\Omega$ 即可。对于电感性和电容性元件,需要对比实际电抗与归一化电抗:

$$jX_L = j\Omega L = j(\omega/\omega_c)L = j\omega\tilde{L} \tag{5.47a}$$

$$jX_c = \frac{1}{j\Omega C} = \frac{1}{j(\omega/\omega_c)C} = \frac{1}{j\omega\tilde{C}} \qquad (5.47\text{b})$$

这表明，实际的感抗 $\tilde{L}$ 和容抗 $\tilde{C}$ 可以由归一化 $L$ 和 $C$ 求得，即

$$\tilde{L} = L/\omega_c \qquad (5.48\text{a})$$

$$\tilde{C} = C/\omega_c \qquad (5.48\text{b})$$

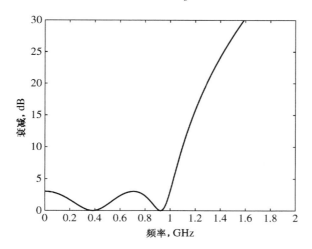

图 5.25　归一化原型低通滤波器到实际低通滤波器的变换（截止频率 $f_c = 1\text{ GHz}$）

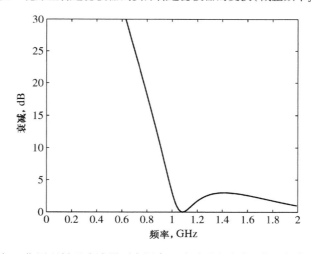

图 5.26　归一化原型低通滤波器到实际高通滤波器的变换（截止频率 $f_c = 1\text{ GHz}$）

对于**高通滤波器**，需要将原型滤波器的抛物线型频率响应映射为频域上的双曲线型频率响应。这种映射可以通过以下变换实现：

$$\omega = \frac{-\omega_c}{\Omega} \qquad (5.49)$$

将归一化频率 $\Omega = \pm 1$ 代入式（5.49）即可验证这种映射的正确性。如图 5.26 所示，映射使得高通滤波器的实际截止频率为 $\omega = \mp\omega_c$，与图 5.26 相符。

在对电路参数进行反归一化时，可注意到有

$$jX_L = j\Omega L = -j\frac{\omega_c}{\omega}L = \frac{1}{j\omega\tilde{C}} \tag{5.50a}$$

$$jX_c = \frac{1}{j\Omega C} = -\frac{\omega}{j\omega_c C} = j\omega\tilde{L} \tag{5.50b}$$

因此有

$$\tilde{C} = \frac{1}{\omega_c L} \tag{5.51a}$$

$$\tilde{L} = \frac{1}{\omega_c C} \tag{5.51b}$$

显然这是合理的,因为根据基本电路理论,将一阶低通滤波器中的电感换为电容,并且把电容换为电感,就可以得到一阶高通滤波器。式(5.51)将这一原理推广到了高阶滤波器的情况。

　　**带通滤波器**(bandpass filter)的变换比较复杂,除了比例变换,还需要平移归一化原型低通滤波器的频率响应。最好通过考察图5.27来说明从归一化频率 $\Omega$ 到实际频率 $\omega$ 的映射关系。

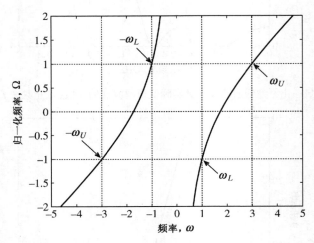

图5.27　归一化频率 $\Omega$ 到实际频率 $\omega$ 的映射。下边截止频率 $\omega_L = 1$,上边截止频率 $\omega_U = 3$

　　实现比例变换和平移变换的函数关系是

$$\Omega = \frac{1}{\omega_U/\omega_c - \omega_L/\omega_c}\left(\frac{\omega}{\omega_c} - \frac{1}{\omega/\omega_c}\right) = \frac{\omega_c}{\omega_U - \omega_L}\left(\frac{\omega}{\omega_c} - \frac{\omega_c}{\omega}\right) \tag{5.52}$$

其中,上边频 $\omega_U$ 和下边频 $\omega_L$ 确定了在 $\omega_c = \omega_0$ 时的通带带宽(BW $= \omega_U - \omega_L$),单位为弧度/秒(rad/s)。也就是说,此时截止频率 $\omega_c$ 就是以前曾提到的中心频率 $\omega_0$。利用 $\omega_0$ 和式(5.26),可以将式(5.46)改写为

$$\Omega = \frac{\omega_0}{\omega_U - \omega_L}\varepsilon \tag{5.53}$$

其中,上边频和下边频成反比关系:

$$\frac{\omega_U}{\omega_0} = \frac{\omega_0}{\omega_L} \tag{5.54}$$

这个关系使我们可以用上边频和下边频的几何平均值 $\omega_0 = \sqrt{\omega_U\omega_L}$ 来确定滤波器的中心频率。

上述变换的映射关系可以通过考察 $\Omega = 1$ 时的情况来验证。当 $\omega = \omega_U$ 或 $\omega = \omega_L$ 时，式(5.52)分别等于 $+1$ 或 $-1$；当 $\Omega = 0$ 时，则有 $\omega = \pm \omega_0$。因此，频率变换关系如下：

$$0 \leqslant \Omega \leqslant 1 \rightarrow \omega_0 \leqslant \omega \leqslant \omega_U$$

$$-1 \leqslant \Omega \leqslant 0 \rightarrow \omega_L \leqslant \omega \leqslant \omega_0$$

归一化原型低通滤波器应用此变换后的结果如图 5.28 所示。

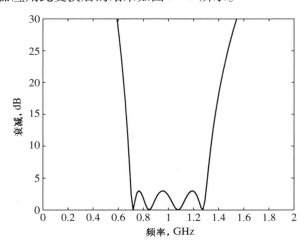

图 5.28  归一化原型低通滤波器到实际带通滤波器的变换。下边频
$f_L = 0.7$ GHz，上边频 $f_U = 1.3$ GHz，中心频率 $f_0 = 0.95$ GHz

电路参数的变换可根据以下关系确定：

$$jX_L = j\Omega L = j\left(\frac{\omega_0}{\omega_U - \omega_L}\varepsilon\right)L = j\omega\tilde{L} + \frac{1}{j\omega\tilde{C}} \tag{5.55}$$

式(5.55)给出了串联电感 $L$ 的反归一化串联电感 $\tilde{L}$：

$$\tilde{L} = \frac{L}{\omega_U - \omega_L} \tag{5.56a}$$

以及反归一化串联电容 $\tilde{C}$：

$$\tilde{C} = \frac{\omega_U - \omega_L}{\omega_0^2 L} \tag{5.56b}$$

并联电容可根据方程

$$jB_C = j\Omega C = j\left(\frac{\omega_0}{\omega_U - \omega_L}\varepsilon\right)C = j\omega\tilde{C} + \frac{1}{j\omega\tilde{L}} \tag{5.57}$$

变换得到两个并联元件参数，即

$$\tilde{L} = \frac{\omega_U - \omega_L}{\omega_0^2 C} \tag{5.58a}$$

$$\tilde{C} = \frac{C}{\omega_U - \omega_L} \tag{5.58b}$$

参照图 5.17 可见，归一化电感变换成了量值由式(5.56)确定的串联电感和串联电容；另外，归一化电容变换成了量值由式(5.58)确定的并联电感和并联电容。

不必直接导出带阻滤波器的变换规则,因为它可以通过式(5.53)的倒数变换或应用前面导出的高通滤波器变换及式(5.55)得到。不论采用哪种方法,归一化串联电感所对应的并联元件为

$$\tilde{L} = \frac{(\omega_U - \omega_L)L}{\omega_0^2} \tag{5.59a}$$

$$\tilde{C} = \frac{1}{(\omega_U - \omega_L)L} \tag{5.59b}$$

归一化并联电容所对应的串联元件为

$$\tilde{L} = \frac{1}{(\omega_U - \omega_L)C} \tag{5.60a}$$

$$\tilde{C} = \frac{(\omega_U - \omega_L)C}{\omega_0^2} \tag{5.60b}$$

经变换得到的带阻滤波器的频率响应如图5.29所示。表5.5归纳总结了归一化原型低通滤波器与4种实际滤波器的变换关系。

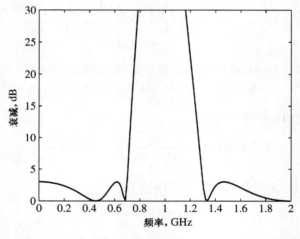

图5.29 归一化原型低通滤波器到实际带阻滤波器的变换。中心频率$f_0 = 0.95\,\text{GHz}$,下边截止频率$f_L = 0.7\,\text{GHz}$,上边截止频率$f_U = 1.3\,\text{GHz}$

表5.5 归一化原型低通滤波器到实际带通、带阻滤波器的变换($\text{BW} = \omega_U - \omega_L, \omega_0 = \sqrt{\omega_U\omega_L}$)

| 低通原型 | 低通 | 高通 | 带通 | 带阻 |
|---|---|---|---|---|
| $L = g_k$ | $\dfrac{L}{\omega_c}$ | $\dfrac{1}{\omega_c L}$ | $\dfrac{L}{\text{BW}}$ $\dfrac{\text{BW}}{\omega_0^2 L}$ | $\dfrac{1}{(\text{BW})L}$ $\dfrac{(\text{BW})L}{\omega_0^2}$ |
| $C = g_k$ | $\dfrac{C}{\omega_c}$ | $\dfrac{1}{\omega_c C}$ | $\dfrac{C}{\text{BW}}$ $\dfrac{\text{BW}}{\omega_0^2 C}$ | $\dfrac{1}{(\text{BW})C}$ $\dfrac{(\text{BW})C}{\omega_0^2}$ |

### 阻抗变换

除了表 5.4 列出的偶数阶切比雪夫滤波器，图 5.17 所示归一化原型滤波器的源阻抗和负载阻抗均为 1。如果需要源电阻 $g_0$ 或负载电阻 $R_L$ 不为 1，就必须对所有阻抗表达式进行比例变换。这需要用实际电阻 $R_G$ 倍乘所有滤波器参数，即

$$\tilde{R}_G = 1R_G \tag{5.61a}$$

$$\tilde{L} = LR_G \tag{5.61b}$$

$$\tilde{C} = \frac{C}{R_G} \tag{5.61c}$$

$$\tilde{R}_L = R_L R_G \tag{5.61d}$$

其中，带标记的符号仍然是解出的实际滤波器参数值，$L$, $C$ 和 $R_L$ 则是原型滤波器的参数值。例 5.4 将演示基于归一化原型低通滤波器的切比雪夫滤波器设计方法。

### 例 5.4　切比雪夫带通滤波器设计

为通信链路设计一个 $N = 3$，带内波纹为 3 dB 的切比雪夫滤波器。中心频率为 2.4 GHz，带宽为 20%，输入、输出阻抗均为 50 Ω。求出感性和容性元件的值，并在 1 ~ 4 GHz 频带内画出衰减响应曲线。

**解：** 根据表 5.4(a)，查出通带波纹为 3 dB 的三阶切比雪夫归一化原型低通滤波器的参数值 $g_0 = g_4 = 1$，$g_1 = g_3 = 3.3487$，$g_2 = 0.7117$。在这个滤波器原型中，假设源阻抗和负载阻抗都为 1。然而，问题要求滤波器与 50 Ω 的传输线匹配。所以，必须应用式(5.61)给出的比例变换关系。变换后的电路如下图所示。

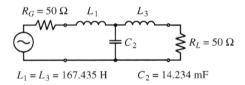

$$L_1 = L_3 = 167.435 \text{ H} \qquad C_2 = 14.234 \text{ mF}$$

此电路仍然是低通滤波器，截止频率 $\omega_c = 1$ 或表示为 $f_c = 1/(2\pi) = 0.159$ Hz。然后，应用频率变换将低通滤波器变为带通滤波器，可得

$$\omega_U = 1.1(2\pi 2.4 \times 10^9) \text{ rad/s} = 16.59 \times 10^9 \text{ rad/s}$$

$$\omega_L = 0.9(2\pi 2.4 \times 10^9) \text{ rad/s} = 13.57 \times 10^9 \text{ rad/s}$$

和

$$\omega_0 = \sqrt{\omega_L \omega_U} = 15 \times 10^9 \text{ rad/s}$$

实际电感、电容值由式(5.56)和式(5.58)确定如下：

$$\tilde{L}_1 = \tilde{L}_3 = \frac{L_1}{\omega_U - \omega_L} = 55.5 \text{ nH}$$

$$\tilde{C}_1 = \tilde{C}_3 = \frac{\omega_U - \omega_L}{\omega_0^2 L_1} = 0.08 \text{ pF}$$

$$\tilde{L}_2 = \frac{\omega_U - \omega_L}{\omega_0^2 C_2} = 0.94 \text{ nH}$$

$$\tilde{C}_2 = \frac{C_2}{\omega_U - \omega_L} = 4.7 \text{ pF}$$

图 5.30 给出了滤波器设计电路图和衰减曲线。

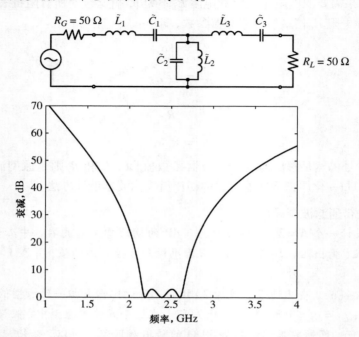

图 5.30    三阶切比雪夫滤波器的衰减响应曲线。中心频率为 2.4 GHz，
带内波纹为 3 dB。下边频 $f_L = 2.16$ GHz，上边频 $f_U = 2.64$ GHz

从归一化原型低通滤波器入手，通过适当的频率变换和元件比例变换设计滤波器，几乎就
像照菜谱炒菜一样简单。然而，我们常常会得到无法实现的电路元件值。

## 5.3    滤波器的实现

工作频率超过 1 GHz 的滤波器难以采用分立元件实现，这是由于工作波长与滤波器元件
的实际尺寸相近，从而造成了多方面的损耗，并使电路性能严重恶化。所以，为了得到实用的
滤波器，必须将 5.2 节讨论的集中参数元件滤波器变换为分布参数元件的形式。这一节将介
绍一些有用的方法：理查兹变换、单位元件概念和黑田规则。

为了实现电路设计从集中参数到分布参数的变换，理查兹提出了一种独特的变换，这种变
换可以将一段开路或短路传输线等效于分布的电感或电容元件。回顾前述内容，一段特性阻
抗为 $Z_0$ 的终端短路传输线（$Z_L = 0$）具有纯电抗性输入阻抗 $Z_{in}$：

$$Z_{in} = jZ_0 \tan(\beta l) = jZ_0 \tan\theta \qquad (5.62)$$

其中，电长度 $\theta$ 可以用以下方式表达，以使它与频率的关系更加明显。如果传输线的长度为
$\lambda_0/8$，而相应的工作频率 $f_0 = v_p/\lambda_0$，则电长度变为

$$\theta = \beta\frac{\lambda_0}{8} = \frac{2\pi f}{v_p}\frac{v_p}{8f_0} = \frac{\pi}{4}\frac{f}{f_0} = \frac{\pi}{4} \ \Omega \qquad (5.63)$$

将式(5.63)代入式(5.62)，则与频率有关的传输线电感特性和集中参数元件之间的关系可以表示为

$$jX_L = j\omega L \equiv jZ_0 \tan\left(\frac{\pi}{4}\frac{f}{f_0}\right) = jZ_0 \tan\left(\frac{\pi}{4}\Omega\right) = SZ_0 \qquad (5.64)$$

其中，$S = j\tan\left(\frac{\pi}{4}\Omega\right)$ 就是理查兹变换。电容性集中参数元件的功能也可以用一段开路传输线来实现：

$$jB_C = j\omega C \equiv jY_0 \tan\left(\frac{\pi}{4}\Omega\right) = SY_0 \qquad (5.65)$$

理查兹变换使我们可以用特性阻抗 $Z_0 = L$ 的一段短路传输线替代集中参数电感，也可以用特性阻抗 $Z_0 = 1/C$ 的一段开路传输线替代集中参数电容。

---

**滤波器的工作频段**

　　一般来说，对带宽或频率范围的要求形成了多种滤波器的实现方式，以适应具体的系统要求。无源滤波器的分类大致如下：

**集中参数 *LC* 滤波器**
带宽：1% ~ 20%
频率范围：100 Hz ~ 2 GHz

**晶体和声表面波滤波器**
带宽：0.01% ~ 5%
频率范围：100 Hz ~ 0.1 GHz

**螺旋线和同轴线滤波器**
带宽：0.1% ~ 15%
频率范围：10 MHz ~ 5 GHz

**波导滤波器(或谐振器)**
带宽：0.1% ~ 10%
频率范围：5 ~ 100 GHz

---

　　需要说明的是，传输线的长度并非一定是$\lambda_0/8$。事实上，有些文献就选用了不同长度的传输线单元。不过，选用$\lambda_0/8$比较方便，因为由此设计的实际电路尺寸较小。另外，归一化原型低通滤波器的截止频率点不会发生变化(即对于$f = f_0 = f_c$，$S = j1$)。5.5.3 节将讨论一个带阻滤波器，它的衰减特性需要用1/4 波长的传输线来实现。

　　由于正切函数的周期性，并且传输线的长度都是 1/8 波长，即**比例线**(commensurate line)长度，理查兹变换将集中参数元件在$0 \leqslant f < \infty$区间的频率响应映射到$0 \leqslant f \leqslant 2f_0$区间。由于这种变换的周期性特征，此类滤波器的频率响应不可能是宽带的。

## 5.3.1　单位元件

　　在把集中参数元件变成传输线段时，需要分解传输线元件，即插入**单位元件**(unit element，UE)，以得到可实现的电路结构。单位元件的电长度为$\theta = \frac{\pi}{4}(f/f_0)$，特性阻抗为$Z_{UE}$。根据第 4 章的知识，很容易求出这个双端口网络的 **A** 参量矩阵表达式。重新写出单位元件的 A 参量表达式：

$$[UE] = \begin{bmatrix} A_{\mathrm{UE}} & B_{\mathrm{UE}} \\ C_{\mathrm{UE}} & D_{\mathrm{UE}} \end{bmatrix} = \begin{bmatrix} \cos\theta & \mathrm{j}Z_{\mathrm{UE}}\sin\theta \\ \dfrac{\mathrm{j}\sin\theta}{Z_{\mathrm{UE}}} & \cos\theta \end{bmatrix} = \frac{1}{\sqrt{1-S^2}} \begin{bmatrix} 1 & Z_{\mathrm{UE}}S \\ \dfrac{S}{Z_{\mathrm{UE}}} & 1 \end{bmatrix} \tag{5.66}$$

其中，$S$ 的定义由式(5.64)给出。5.3.4 节的例题将详细讨论单位元件的应用。

### 5.3.2 黑田规则

除了引入单位元件，还常常需要将难以实现的滤波器设计变换成容易实现的形式。例如，实现等效的串联感抗时，采用短路传输线段比采用并联开路传输线段更困难。为了方便各种传输线结构之间的相互变换，黑田(Kuroda)提出了四个规则，见表5.6。

表5.6　黑田规则

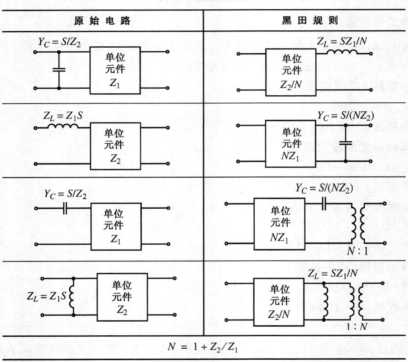

$$N = 1 + Z_2/Z_1$$

需要注意的是，表5.6 中的所有电感和电容都是用理查兹变换表述的。作为一个例子，我们先证明其中一个规则，其他几个留在本章末尾的习题中证明。

**例5.5　证明表5.6中第四个黑田规则**

　**解:** 利用并联电感的 **A** 参量矩阵表达式(见表4.1)和单位元件的 **A** 参量矩阵表达式(5.66)，表5.6 中的第四个原始电路可表示为

$$\begin{bmatrix} A & B \\ C & D \end{bmatrix}_L = \begin{bmatrix} 1 & 0 \\ \dfrac{1}{SZ_1} & 1 \end{bmatrix} \frac{1}{\sqrt{1-S^2}} \begin{bmatrix} 1 & Z_2S \\ \dfrac{S}{Z_2} & 1 \end{bmatrix} = \frac{1}{\sqrt{1-S^2}} \begin{bmatrix} 1 & Z_2S \\ \dfrac{1}{SZ_1} + \dfrac{S}{Z_2} & 1 + \dfrac{Z_2}{Z_1} \end{bmatrix}$$

　同样，可以写出第四个黑田规则，即右侧黑田规则的 **A** 参量矩阵:

$$\begin{bmatrix} A & B \\ C & D \end{bmatrix}_R = \frac{1}{\sqrt{1-S^2}} \begin{bmatrix} 1 & \dfrac{Z_2 S}{N} \\ \dfrac{SN}{Z_2} & 1 \end{bmatrix}_{UE} \begin{bmatrix} 1 & 0 \\ \dfrac{N}{SZ_1} & 1 \end{bmatrix}_{ind} \begin{bmatrix} 1/N & 0 \\ 0 & N \end{bmatrix}_{trans}$$

其中，下标 UE、ind 和 trans 分别表示单位元件，电感器和理想变压器的 **A** 参量矩阵。完成了矩阵的乘法运算后，就得到了第四个黑田规则的 **A** 参量矩阵：

$$\begin{bmatrix} A & B \\ C & D \end{bmatrix}_R = \frac{1}{\sqrt{1-S^2}} \begin{bmatrix} \dfrac{1}{N}\left(1 + \dfrac{Z_2}{Z_1}\right) & Z_2 S \\ \dfrac{S}{Z_2} + \dfrac{1}{SZ_1} & N \end{bmatrix}$$

若令 $N = 1 + Z_2/Z_1$，则该表达式与左侧表达式相同。其他三个黑田规则也可以用同样的方法证明。

这里再次看到了 **A** 参量矩阵的重要意义，它使我们可以直接对单元网络进行乘法运算。

### 5.3.3　微带线滤波器的设计实例

在以下的两个例子中，重点关注低通和带阻滤波器的设计。带阻滤波器的设计步骤是先应用上述理查兹变换，然后再利用黑田规则。带阻滤波器设计需要特别注意集中参数元件到分布参数元件的变换。

实际滤波器的实现分为 4 个步骤：

1. 根据设计要求，选择归一化滤波器的阶数和元件参数。
2. 用 $\lambda_0/8$ 传输线段替换电感和电容。
3. 根据黑田规则将串联线段变换为并联线段。
4. 反归一化并选择等效微带线（长度、宽度及介电系数）。

需要指出的是，最后一个步骤需要一些有关选择微带线几何尺寸的知识，第 2 章中曾详细讨论过这方面的知识。我们将按照这 4 个步骤讨论两个例子。第一个任务是设计低通滤波器，其要求如下。

**设计任务 I**

设计一个输入、输出阻抗为 50 Ω 的低通滤波器，其主要参数要求如下：截止频率为 3 GHz；波纹为 0.5 dB；当频率约为截止频率的 1.5 倍时损耗不小于 25 dB。假设电磁波在介质中的相速为光速的 60%。

按照上述 4 个步骤求解这个问题。

**步骤 1**：根据图 5.22，滤波器的阶数必须为 $N = 5$，其他参数为

$$g_1 = 1.7058 = g_5, \quad g_2 = 1.2296 = g_4, \quad g_3 = 2.5408, \quad g_6 = 1.0$$

归一化原型低通滤波器如图 5.31 所示。

**步骤 2**：用图 5.32 中的开路、短路的串联和并联微带线替换图 5.31 中的电感器和电容器。只需直接应用理查兹变换式（5.64）和式（5.65），即可得到微带线的特性阻抗和特性导纳为

$$Y_1 = Y_5 = g_1, \quad Y_3 = g_3, \quad Z_2 = Z_4 = g_4$$

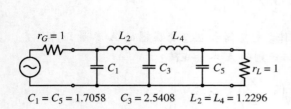

图 5.31　五阶归一化原型低通滤波器

$C_1 = C_5 = 1.7058$　　$C_3 = 2.5408$　　$L_2 = L_4 = 1.2296$

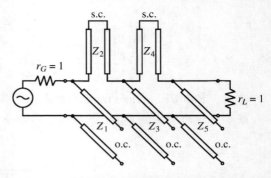

图 5.32　用串联、并联微带线替换电感器和电容器(o.c.代表开路线,s.c.代表短路线)

**步骤 3**：为了使滤波器容易实现，需要引入单位元件，以便能够应用第一、第二个黑田规则(见表 5.6)，将所有串联线段变为并联线段。由于这是一个五阶滤波器，必须总共配置 4 个单位元件，以便将所有串联短路线段变换成并联开路线段。为了使整个过程更加清楚，我们将这一步骤再分为几步。

首先，在滤波器的输入、输出端口引入两个单位元件，如图 5.33 所示。

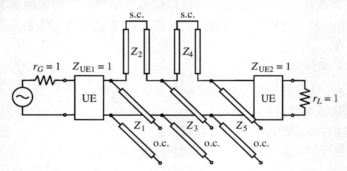

图 5.33　配置第一套单位元件(UE 代表单位元件)

因为单位元件与信号源及负载的阻抗都是匹配的，所以引入它们并不影响滤波器的特性。对第一个并联传输线段和最后一个并联传输线段应用黑田规则后的结果如图 5.34 所示。

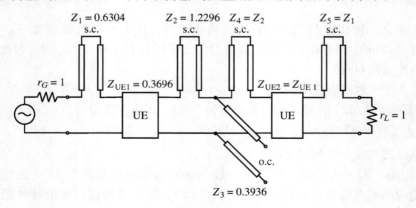

图 5.34　并联传输线段变换为串联传输线段

因为这个电路中还有两个串联传输线段,所以仍然无法实现。如果要把它们变换成并联形式,则还必须再配置两个单位元件,如图 5.35 所示。

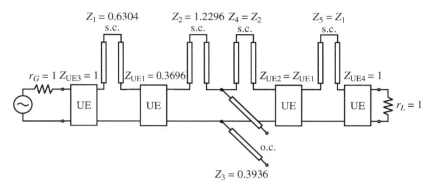

图 5.35　为五阶滤波器配置第二套单位元件

同样,因为单位元件与信号源及负载的阻抗相匹配,所以引入它们并不影响滤波器的特性。对图 5.35 所示电路应用黑田规则,则可得到图 5.36 所示的真正能够实现的滤波器设计结果。

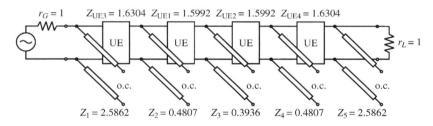

图 5.36　利用黑田规则将串联传输线段变为并联传输线段后的可实现的滤波器电路

**步骤 4:**反归一化过程包括将单位元件的输入、输出阻抗变成 50 Ω 的比例变换,以及根据式(5.63)计算传输线段的长度。根据 $v_p = 0.6c = 1.8 \times 10^8$ m/s,传输线段线的长度则为 $l = \lambda_0/8 = v_p/(8f_0) = 7.5$ mm。图 5.37(a)是用微带线实现的滤波器最终设计结果。图 5.37(b)画出了滤波器在 0 ~ 3.5 GHz 频率范围内的衰减曲线。由图可见,通带内的波纹在截止频率 3 GHz 以下没有超过 0.5 dB。

第二个任务是比较复杂的带阻滤波器设计,它要求将截止频率为 1 的归一化原型低通滤波器原型变换为具有特定中心频率和 3 dB 上边频、下边频的带阻滤波器。

---

**板材**

　　晶体,蓝宝石和氧化铝都是常用的、温度稳定性好、损耗低、介电常数稳定的电路板材料。另外,Duroid[①] 也常在高频领域应用。常用的还有环氧玻璃材料,如广泛使用的 FR4(阻燃材料),其成本较低,但性能稍差,介电常数不稳定,介质损耗角正切较大(在 1 GHz 时为 0.03)。

---

① 　一种制作射频/微波电路板的介质材料。——译者注

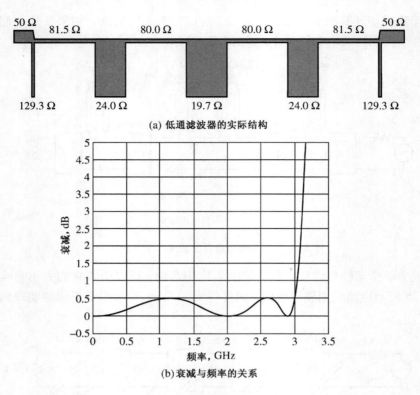

(a) 低通滤波器的实际结构

(b) 衰减与频率的关系

图 5.37　微带线滤波器

## 设计任务 II

设计一个输入、输出阻抗为 50 Ω 的最大平滑三阶**带阻滤波器**(bandstop filter)。要求滤波器符合如下设计参数:中心频率为 4 GHz, 3 dB 带宽为 50%。假设电磁波在介质中的相速为光速的 60%。

在此设计任务中,将集中参数元件变换为分布参数元件时,必须进行详细分析。特别重要的是,在设计带阻滤波器时,分别对应于电路的串联或并联连接方式,中心频率点必须有最大或最小阻抗。若采用以前 $\lambda_0/8$ 线段定义的理查兹变换,则在 $f=f_0$ 处将遇到问题,因为此时正切函数值为 1 而非最大值。然而,如果采用 1/4 波长的线段,则 $f=f_0$ 处正切函数值趋于无穷大,正好符合阻带设计要求。另一方面,还要考虑如何将低通滤波器原型 $\Omega=1$ 的截止频率变换为带阻滤波器的下边频和上边频。这需要引入**带宽系数**(bandwidth factor) $bf$:

$$bf = \cot\left(\frac{\pi}{2}\frac{\omega_L}{\omega_0}\right) = \cot\left[\frac{\pi}{2}\left(1 - \frac{sbw}{2}\right)\right] \tag{5.67}$$

其中, $sbw = (\omega_U - \omega_L)/\omega_0$ 是**阻带宽度**(stopband width), $\omega_0 = (\omega_U + \omega_L)/2$ 是中心频率。在下边频和上边频点,若用 1/4 波长线段的理查兹变换与 $bf$ 相乘,则可见该乘积的模等于 1。例如,对于下边频点 $\omega_L$,有

$$(bf)S|_{\omega=\omega_L} = \cot\left(\frac{\pi}{2}\frac{\omega_L}{\omega_0}\right)\tan\left(\frac{\pi}{2}\frac{\omega_L}{\omega_0}\right) = 1$$

这对应于归一化低通滤波器的截止频率点 $\Omega=1$。同理,对于上边频点 $\omega_U$ 有

$$(bf)S|_{\omega=\omega_U} = \cot\left(\frac{\pi}{2}\frac{\omega_L}{\omega_0}\right)\tan\left(\frac{\pi}{2}\frac{\omega_U}{\omega_0}\right) = \cot\left(\frac{\pi}{2}\frac{\omega_L}{\omega_0}\right)\tan\left[\frac{\pi}{2}\left(\frac{2\omega_0-\omega_L}{\omega_0}\right)\right] = -1$$

这对应于归一化低通滤波器的截止频率点 $\Omega = -1$。有了上述准备工作，就可以根据上述 4 个步骤进行滤波器设计了。

**步骤 1**：根据表 5.2，三阶最大平滑归一化原型低通滤波器的元件参数为

$$g_1 = 1.0 = g_3, \quad g_2 = 2.0, \quad g_4 = 1.0$$

此归一化低通滤波器电路如图 5.38 所示。

**步骤 2**：用图 5.39 中 1/4 波长的开路、短路的串联和并联微带线替换图 5.38 中的电感器和电容器。微带线的特性阻抗和特性导纳为带宽系数式（5.67）与归一化参数的乘积。

$$Z_1 = Z_3 = bf \cdot g_1, \quad Y_2 = bf \cdot g_2$$

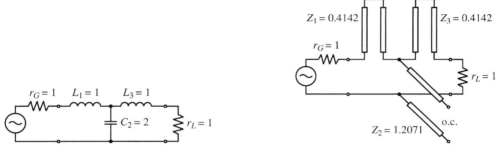

图 5.38 三阶归一化低通滤波器　　　图 5.39 用串联和并联微带线替换电感器和电容器

**步骤 3**：如图 5.40 所示，插入传输线长度为 1/4 波长的单位元件，利用黑田规则将所有串联传输线段变换为并联传输线段。

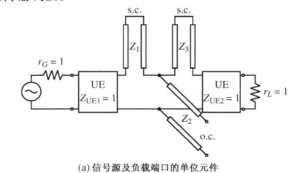

(a) 信号源及负载端口的单位元件

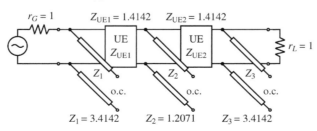

(b) 将串联传输线段变换为并联传输线段

图 5.40 引入单位元件并将串联传输线段变换为并联传输线段

**步骤 4**：进行单位元件的反归一化，然后就能计算各传输线段的长度。根据 $v_p = 0.6c = 1.8 \times 10^8$ m/s，则可计算出传输线段的长度为 $l = \lambda_0/4 = v_p/(4f_0) = 15$ mm。那么，由微带线实现的滤波器最终设计结果如图 5.41 所示。

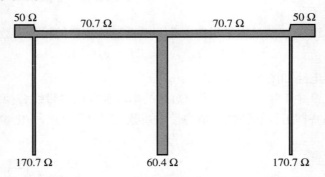

图 5.41　构成带阻滤波器的微带线的特性阻抗

最后，还可以应用商业仿真软件，计算图 5.41 所示由微带线结构实现的带阻滤波器的频率响应。带阻滤波器的衰减曲线如图 5.42 所示，由图可见滤波器的特性符合设计要求。

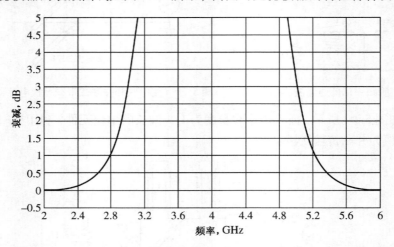

图 5.42　三阶带阻滤波器的频率和衰减响应

## 5.4　耦合微带线滤波器

由于涉及耦合微带线滤波器设计和分析的文献及资料相当丰富，这里只扼要讨论一些最关键的问题，并在本章末尾列出向读者推荐的阅读文献。

首先简单介绍传输线的奇模、偶模通过公共接地板产生的耦合效应，这种效应导致了奇模特性阻抗和偶模特性阻抗。这些概念奠定了理解以下问题的基础，两根微带线之间的耦合效应，以及用 **A** 参量矩阵表示的输入、输出阻抗。级联这些耦合微带线元件可得到带通滤波器结构，这种结构很容易用射频电路仿真软件来分析和设计。

### 5.4.1　奇模和偶模的激励

根据图 5.43 所示的几何结构，可以建立耦合微带线相互作用的简单模型。这种结构包括

厚度为 $d$，介电系数为 $\varepsilon_r$ 的介质层，以及附着在介质层上的两条相距为 $S$ 的微带线。微带线的宽度为 $W$，厚度相对于 $d$ 忽略不计。图 5.44 是微带线与地板之间的电容、电感耦合效应的电路原理图。其中，下标的两个数字相同时为自电容、自电感，而下标 12 代表微带线 1 与微带线 2 之间的耦合。

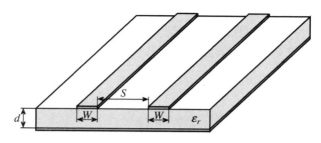

图 5.43 耦合微带线

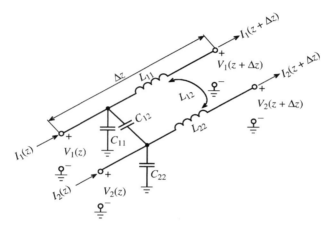

图 5.44 无损耗耦合传输线系统的等效电路图及相应的电压、电流定义

可以根据终端 1 和终端 2 处的总电压和总电流，定义偶模电压 $V_e$ 和偶模电流 $I_e$ 为

$$V_e = \frac{1}{2}(V_1 + V_2), \quad I_e = \frac{1}{2}(I_1 + I_2) \tag{5.68a}$$

定义奇模电压 $V_{od}$ 和奇模电流 $I_{od}$ 为

$$V_{od} = \frac{1}{2}(V_1 - V_2), \quad I_{od} = \frac{1}{2}(I_1 - I_2) \tag{5.68b}$$

这与图 5.44 中的电压、电流的常规定义相同。当偶模（$V_e$ 和 $I_e$）工作时，终端电压相加，电流方向相同；当奇模（$V_{od}$ 和 $I_{od}$）工作时，终端电压相减，电流方向相反。

引入奇模、偶模概念的好处在于容易建立基本方程。对于双线系统，可以建立一个一阶常微分方程组，其形式类似于第 2 章中的传输线方程：

$$-\frac{dV_e}{dz} = j\omega(L_{11} + L_{12})I_e \tag{5.69a}$$

$$-\frac{dI_e}{dz} = j\omega C_{11} V_e \tag{5.69b}$$

和

$$-\frac{\mathrm{d}V_{\mathrm{od}}}{\mathrm{d}z} = \mathrm{j}\omega(L_{11}-L_{12})I_{\mathrm{od}} \qquad (5.70a)$$

$$-\frac{\mathrm{d}I_{\mathrm{od}}}{\mathrm{d}z} = \mathrm{j}\omega(C_{11}+2C_{12})V_{\mathrm{od}} \qquad (5.70b)$$

重要的是注意到,引入奇模、偶模的概念后,即可使这些约束方程失去耦合。奇模、偶模特性阻抗 $Z_{0o}$ 和 $Z_{0e}$ 可以用奇模、偶模电容 $C_{od}$ 和 $C_e$ 及相应的相速度定义:

$$Z_{0e} = \frac{1}{v_{pe}C_e}, \ Z_{0o} = \frac{1}{v_{po}C_{od}} \qquad (5.71)$$

如果两个导体带的尺寸相同,则对于偶模有

$$C_e = C_{11} = C_{22} \qquad (5.72a)$$

对于奇模有

$$C_{od} = C_{11}+2C_{12} = C_{22}+2C_{12} \qquad (5.72b)$$

由于要考虑边缘场和不同媒质的影响,一般来说,这些电容是不易求解的。例如,即使是介质表面上带状导体的电容,也不能根据单位长度的平板电容公式 $C_{11} = \varepsilon_0\varepsilon_r(w/d)$ 来计算,因为带状导体宽度与介质厚度的比值没有大到使平板电容公式成立的程度。此外,交叉耦合电容 $C_{12}$ 也需要复杂的处理方法。由于这些原因,通常借助于数值计算方法求出阻抗表,如图 5.45 所示。

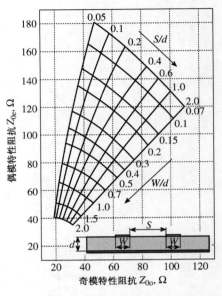

图 5.45 微带线奇模、偶模的特性阻抗

**耦合效应**

在微带线设计理论中,由于等效介电常数不同,奇模与偶模的相速度是不同的。这个差别随着带状导体的逐渐相互靠近而更加明显。然而,在弱耦合的情况下,$v_{pe} \approx v_{po} = v_p$ 近似成立,则有 $\beta_e \approx \beta_o = \beta$。

**梳状线滤波器**

在 1 GHz 以下的频段(例如 200 ~ 600 MHz),很难设计出小尺寸的微带线带通滤波器。这个问题可以通过设计梳状线滤波器来解决,即多条微带线平行排列,一端接地,另一端接电容。例如,现已研制出 500 MHz 频率点的阻带抑制为 40 dB、尺寸为 1 英寸见方的五元件带通滤波器。

## 5.4.2 带通滤波器单元

现在将注意力转回图 5.46 所示的两段耦合微带线,它们是带通滤波器的基本单元。图中画出了该单元输入、输出端口的几何结构,开路条件及相应的传输线等效电路。

对于这种结构的传输系统,回避其相当烦琐(见阅读文献,作者 Gupta)的分析细节,而直接给出其开路状态下的阻抗矩阵参数:

$$Z_{11} = -\mathrm{j}\frac{1}{2}(Z_{0\mathrm{e}} + Z_{0\mathrm{o}})\cot(\beta l) = Z_{22} \tag{5.73a}$$

$$Z_{12} = -\mathrm{j}\frac{1}{2}(Z_{0\mathrm{e}} - Z_{0\mathrm{o}})\frac{1}{\sin(\beta l)} = Z_{21} \tag{5.73b}$$

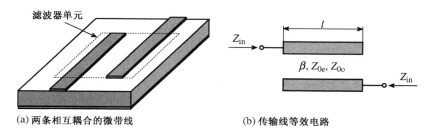

(a) 两条相互耦合的微带线        (b) 传输线等效电路

图 5.46 带通滤波器单元

当把这些基本单元级联构成多节滤波器时，必须使每个单元的两个端口都与相邻单元相匹配。这个过程又称为求解**镜像阻抗**（image impedance）。对于端口 1 的输入阻抗，可以写出

$$Z_{\mathrm{in}} = \frac{V_1}{I_1} = \frac{AZ_L + B}{CZ_L + D} \tag{5.74a}$$

对于端口 2 的输出阻抗，有

$$Z_L = \frac{-V_2}{I_2} = \frac{DZ_{\mathrm{in}} + B}{CZ_{\mathrm{in}} + A} \tag{5.74b}$$

因为要求 $Z_{\mathrm{in}} = Z_L$，由式（5.74）可得 $A = D$，以及

$$Z_{\mathrm{in}} = \sqrt{\frac{B}{C}} \tag{5.75}$$

如果将式（5.73）变换成 **A** 参量矩阵，则可以求出矩阵元素 $A$、$B$、$C$ 和 $D$。将 $B$ 和 $C$ 代入式（5.75），可以求出输入阻抗（即镜像阻抗）为

$$Z_{\mathrm{in}} = \frac{1}{2\sin(\beta l)}\sqrt{(Z_{0\mathrm{e}} - Z_{0\mathrm{o}})^2 - (Z_{0\mathrm{e}} + Z_{0\mathrm{o}})^2\cos^2(\beta l)} \tag{5.76}$$

在 $0 \leqslant \beta l \leqslant 2\pi$ 区间，以电长度为自变量，可画出输入阻抗实部的函数响应，如图 5.47 所示。显然，式（5.76）具有带通滤波器特征。

根据图 5.47，当微带线长度为 1/4 波长或 $\beta l = \pi/2$ 时，可以得到典型的带通滤波器特性。在这种情况下，上边频和下边频为

$$(\beta l)_{1,2} = \theta_{1,2} = \pm\arccos\left[\frac{Z_{0\mathrm{e}} - Z_{0\mathrm{o}}}{Z_{0\mathrm{e}} + Z_{0\mathrm{o}}}\right] \tag{5.77}$$

由图 5.47 还可见阻抗响应的周期性，这表明必须限制使用较高的工作频率，以避开高频段的寄生通带响应。

## 5.4.3 级联带通滤波器单元

前文讨论的单个带通滤波器单元还不能提供良好的滤波器响应及陡峭的通带-阻带过渡。然而，通过级联这些基本单元，最终可以得到高性能的滤波器。图 5.48 是一个常规的多节滤波器结构。

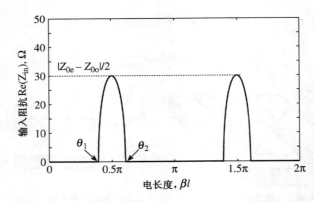

图 5.47　输入阻抗式(5.76)的特征。任选 $Z_{0e}$ 和 $Z_{0o}$ 分别为 120 Ω 和 60 Ω

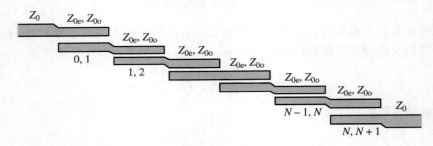

图 5.48　多节结构的五阶($N=5$)耦合微带线带通滤波器

---

**双通道滤波器**

　　采用所谓的双通道滤波器,可以实现两个工作在不同频段的无线信道共用一个天线。将互补的低通和高通滤波器连接到同一点,即 T 形结,可构成双通道滤波器。所以,第一个无线信道工作在低通滤波器的 3 dB 截止频率以下,在这个频段高通滤波器衰减掉了第二个无线信道,反之亦然。

---

为了设计一个符合特殊要求的带通滤波器结构,需要进行大量的计算。要将全部设计要求转换成实际的滤波器设计(见阅读文献,作者 Matthaei 等),需要按以下步骤顺序进行。

- 选择归一化原型低通滤波器参数。根据需要的阻带抑制和波纹,选定采用巴特沃思或切比雪夫设计方法后,设计者可以从表5.2至表5.6中选择合适的归一化原型低通滤波器参数 $g_0$, $g_1$, $\cdots$, $g_N$, $g_{N+1}$。
- 确定归一化带宽、上边频和下边频。根据滤波器特性对下边频 $\omega_L$ 和上边频 $\omega_U$ 及中心频率 $\omega_0 = (\omega_U + \omega_L)/2$ 的要求,可以确定滤波器的归一化带宽

$$\text{BW} = \frac{\omega_U - \omega_L}{\omega_0} \tag{5.78}$$

可以根据带宽指标计算下列参数:

$$J_{0,1} = \frac{1}{Z_0}\sqrt{\frac{\pi \text{BW}}{2g_0 g_1}} \tag{5.79a}$$

$$J_{i,i+1} = \frac{1}{Z_0} \frac{\pi BW}{2\sqrt{g_i g_{i+1}}} \qquad (5.79b)$$

$$J_{N,N+1} = \frac{1}{Z_0} \sqrt{\frac{\pi BW}{2 g_N g_{N+1}}} \qquad (5.79c)$$

这些参数可用于计算传输线的奇模、偶模特性阻抗：

$$Z_{0o}\big|_{i,i+1} = Z_0 [1 - Z_0 J_{i,i+1} + (Z_0 J_{i,i+1})^2] \qquad (5.80a)$$

$$Z_{0e}\big|_{i,i+1} = Z_0 [1 + Z_0 J_{i,i+1} + (Z_0 J_{i,i+1})^2] \qquad (5.80b)$$

其中，下标 $i$ 和 $i+1$ 表示图 5.48 所示的耦合段单元，$Z_0$ 是滤波器输入、输出端口的传输线特性阻抗。

- 确定微带线的实际尺寸。根据图 5.45，可将每个奇模特性阻抗和偶模特性阻抗换算成微带线的实际几何尺寸。例如，给定印刷电路板材料的介电系数和厚度后，就可以确定铜质导体带的间距 $S$ 和宽度 $W$。正如 5.4.2 节指出的，每一段耦合微带线的长度都必须是中心工作波长的 1/4。

根据上述步骤可以得到初步的，但通常并不精确的设计参数。考虑到边缘场效应，通过对微带线长度、宽度的修正，可以得到更准确的设计参数。此外，还可以使用仿真软件进一步精确修正和调整设计参数，以确保设计出的滤波器实际特性符合技术要求。

## 5.4.4 设计实例

在下面的实例中，将按照上一节介绍的步骤设计一个特定的滤波器。

### 例 5.6 耦合微带线带通滤波器设计

设计一个耦合传输线带通滤波器，要求其带内波纹为 3 dB，中心频率为 5 GHz，下边频和上边频分别为 4.8 GHz 和 5.2 GHz。在 5.3 GHz 频率点的衰减大于 30 dB。求该滤波器的元件数目及耦合传输线的奇模、偶模特性阻抗。

**解**：根据 5.4.3 节，设计此滤波器的第一步是选择适当的归一化原型低通滤波器。滤波器的阶数可以根据 5.3 GHz 频率点的衰减大于 30 dB 的要求确定。利用带通滤波器的频率变换式(5.52)，在 5.3 GHz 频率点，可求出归一化原型低通滤波器的相应归一化频率为

$$\Omega = \frac{\omega_c}{\omega_U - \omega_L} \left( \frac{\omega}{\omega_c} - \frac{\omega_c}{\omega} \right) = 1.4764$$

根据图 5.21 可知，要在 $\Omega = 1.4764$ 频率点获得 30 dB 的衰减，滤波器的阶数至少为 $N = 5$。已知具有 3 dB 波纹的五阶切比雪夫滤波器的元件参数为

$$g_1 = g_5 = 3.4817, \quad g_2 = g_4 = 0.7618, \quad g_3 = 4.5381, \quad g_6 = 1$$

下一个设计步骤是根据式(5.80)求出耦合传输线的奇模、偶模特性阻抗。计算结果见下表。

| $i$ | $Z_0 J_{i,i+1}$ | $Z_{0o}(\Omega)$ | $Z_{0e}(\Omega)$ |
|---|---|---|---|
| 0 | 0.1900 | 42.3056 | 61.3037 |
| 1 | 0.0772 | 46.4397 | 54.1557 |
| 2 | 0.0676 | 46.8491 | 53.6077 |
| 3 | 0.0676 | 46.8491 | 53.6077 |
| 4 | 0.0772 | 46.4397 | 54.1557 |
| 5 | 0.1900 | 42.3056 | 61.3037 |

为了验证理论设计的正确性,可以采用仿真软件对设计好的带通滤波器特性进行模拟和分析。图 5.49 为仿真结果。

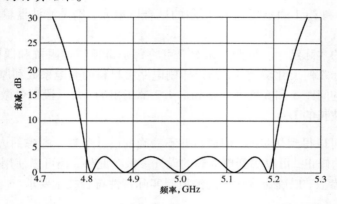

图 5.49　通带波纹为 3 dB 的五阶耦合传输线切比雪夫滤波器
的仿真结果。下边频为 4.8 GHz,上边频为 5.2 GHz

图 5.49 所示的滤波器响应证实了滤波器特性符合 $f_L$ 和 $f_U$ 的技术要求,而且在 5.3 GHz 频率点的衰减超过了 30 dB。

通常,滤波器的理论设计参数需要采用射频电路仿真方法再次验证其真实特性。

借助于仿真软件的另一个原因是:需要从另一个角度检验滤波器设计方法的正确性,并且考察几何尺寸和介质特性变化对滤波器性能的影响。上述参变量中的大多数都很容易利用个人计算机来研究。完成了初步理论设计方案后,通常利用计算机仿真来进行实际电路排版和实验。

## 应用讲座:低通微带线滤波器的实现

这一节将研究一个微带线低通滤波器,并将作者编写的简单 MATLAB 程序和严格的 ADS CAD 仿真软件的计算结果与滤波器的实际测试进行比较。

先将图 5.37 所示的五阶低通滤波器的截止频率调到 1.5 GHz,除了改变几何长度,微带线的特性阻抗和电长度都保持不变。图 5.50(a) 画出了采用一般无耗传输线实现的低通滤波器的 $S$ 参量的理论曲线(以 dB 表示幅度)。与最初设计相同,在 0 ~ 1.5 GHz 的通带内,正向电压增益 $|S_{21}|$ 具有约 0.5 dB 的波纹。可以看出,这些波纹对应于反射系数 $|S_{11}|$ 的波动是从几乎无反射到 −9.6 dB。在 1.5 GHz 的截止频率点以上,可以看到 $|S_{21}|$ 比较陡峭的滚降,在截止频率点附近下降较快,与切比雪夫滤波器的性能相符。还可以发现,在阻带内 $|S_{11}|$ 趋于 1,意味着入射信号完全被反射回了信号源。这表明了此类滤波器相应端口阻抗匹配的重要性。

图 5.50(b)显示了 ADS 对此类微带线滤波器的仿真结果。微带线滤波器的布线如图 5.51(a)所示。仿真中的板材参数是，厚度为 0.062 英寸的 FR4，$\varepsilon_r = 4.6$，1 GHz 时损耗角正切 $\tan \Delta = 0.02$。仿真得到的滤波器性能与理想情况有相当大的差别：由于 FR4 介质材料和铜导带的损耗，滤波器的插入损耗一直在增加，直到通带的上边频。截止点的拐角也不尖锐，下降的速度也不如理想情况快。产生这些差异的原因是，相对较短的微带线的非理想性，以及铜箔与微带线之间的一些附加耦合。

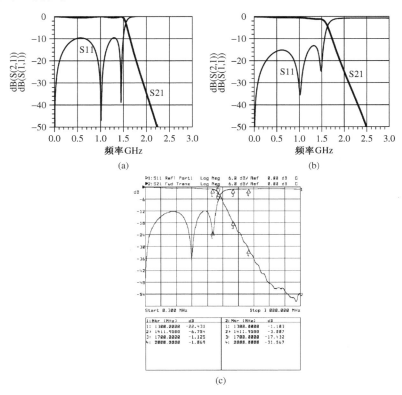

图 5.50　1.5 GHz 微带线低通滤波器的 $S$ 参量。(a)MATLAB 仿真
结果；(b)ADS仿真结果；(c)网络分析仪测试结果

图 5.50(c)是采用网络分析仪对实际印刷电路板实现的 1.5 GHz 低通滤波器的测试结果。图 5.51(b)是该印刷电路板的照片。印刷电路板的图形与图 5.51(a)所示的仿真图形相同，另外增加了用于连接电缆的 SMA 接头。印刷电路板的尺寸为 4.05 英寸×1.1 英寸，底面为整片的接地板。除截止频率偏低外(约为 1.4 GHz)，实测的 $|S_{21}|$ 响应与仿真结果相似。这表明，仿真中选用的 FR4 的介电常数偏低。与仿真结果相同的是，插入损耗在通带的高频端开始增加，在 1.3 GHz 时达到 1 dB，滚降速度

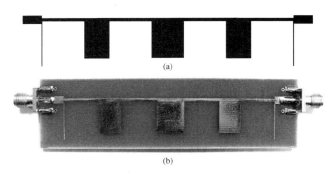

图 5.51　1.5 GHz 微带线低通滤波器范例。(a)ADS
仿真结果；(b)印刷电路板实物

比理想的五阶滤波器稍慢。然而,我们注意到滤波器的阻带衰减在 2.3 GHz 附近就不再增加,保持在约 50 dB。这很可能是由于地板的非理想性。一般来说,任何实际滤波器结构都存在信号的泄漏,并导致高的阻带抑制难以实现。另一个需要考虑的因素是电路的实际尺寸。这个 4 英寸 ×1 英寸的滤波器结构对于大多数实际应用而言都太大了。若采用高介电系数材料,就可以将电路尺寸减小几乎一半。然而,实际上这种滤波器只有在大约 5 GHz 以上频段,才有实际应用价值。

## 5.5 小结

本章的重点是介绍普遍适用于射频及微波电路的滤波器设计原则。本章的目的是对工程师们在设计和制造滤波器过程中会遇到的某些关键问题进行一般性讨论,而不深入研究所有问题的来龙去脉。

从高通滤波器、低通滤波器、带通滤波器和带阻滤波器的总体分类开始,我们引入了一些描述滤波器特性所需的通用术语。常用的术语包括截止、下边频、上边频、中心频率、矩形系数、带宽、插入损耗和阻带抑制等,它们被定义并使用在简单的一阶高通、低通滤波器以及串联、并联谐振电路的讨论中。由于谐振电路可以实现带通、带阻特性,所以阻抗或导纳特性的谐振特征也可以用品质因数来定量:

$$Q = 2\pi \frac{\text{平均储能}}{\text{一个周期内的平均耗能}} \Bigg|_{\omega = \omega_c}$$

品质因数又可以进一步分解为滤波器的固有品质因数 $Q_F$ 和外部品质因数 $Q_E$。在信号源与负载之间插入滤波器后,信号功率的损失值就是插入损耗,

$$\text{IL [dB]} = 10 \log \frac{P_A}{P_L} = -20 \log |S_{21}|$$

插入损耗是高频滤波器设计的重要参数。根据区别各类滤波器所必需的衰减特征,损耗因子

$$\text{LF} = \frac{1}{|S_{21}|^2} = 1 + \varepsilon^2 Q_{\text{LD}}^2$$

用于实现特定的滤波器响应。然而,我们的假设是,滤波器网络内部并不消耗功率。

为了使设计方法更具一般性,我们选择具有归一化频率单位的原型低通滤波器作为设计标准。通过对频率的比例变换和平移,就能够实现所有类型的滤波器。这种方法的好处是,只需根据巴特沃思最大平滑特性或切比雪夫等波纹特性的要求,计算出少数几套归一化原型低通滤波器元件参数。

分布参数滤波器的实现需要通过理查兹变换:

$$S = j\tan\left(\frac{\pi}{4}\Omega\right)$$

这个变换是在集中参数电容、电感元件和分布参数传输线理论之间建立联系的核心。各种串联、并联传输线段可以用单位元件分开,然后应用黑田规则将某些传输线段变换成容易实现的传输线元件。例如,并联微带线结构通常比串联微带线结构更容易实现。利用黑田规则可以轻松地解决这类问题。

两条靠近的带状线之间产生的电磁耦合现象是设计带通、带阻滤波器的基础。我们没有深入地对此进行理论解释,只是将耦合微带线线段看成一个双端口网络的基本构成单元。根

据对奇模、偶模特性阻抗的分析，可以求出镜像阻抗：

$$Z_{in} = \frac{1}{2\sin(\beta l)}\sqrt{(Z_{0e} - Z_{0o})^2 - (Z_{0e} + Z_{0o})^2\cos^2(\beta l)}$$

作为带通响应特征。这种基本单元可以级联成多节滤波器，以满足各种设计要求。我们利用射频/微波仿真软件重新分析了相同的例题，并计算了耦合传输线滤波器的响应与单元数目、微带线几何尺寸之间的函数关系。

尽管第 5 章只是简要地介绍了滤波器设计这一问题，但它确实已涵盖了实用高频滤波器设计的基本步骤。我们尽量将滤波器的设计步骤——选择合适的滤波器参数，用比例变换得到实际的工作频率，以及采用微带线实现滤波器设计等等，安排得像菜谱一样简单。另外，第 5 章也十分清楚地表明商业仿真软件在进行精确数值分析方面的应用价值。事实上，对于大多数现代滤波器设计实例，射频/微波仿真软件是评估滤波器性能的绝对必要的工具。此外，根据电路原理图，使用专用的排版软件，可以相当容易地直接生成用于印刷电路板制造的制版文件。

## 阅读文献

R. Levy and S. B. Cohn, "A Brief History of Microwave Filter Research, Design and Development," *IEEE Trans. on Microwave Theory and Techniques*, MTT-32, pp. 1055-1067, 1982.

S. Kobajashi and K. Saito, "A Miniaturized Ceramic Bandpass Filter for Cordless Phones," *IEEE International Microwave Symposium Dig.*, pp. 249-252, 1995.

C. C. You, C. L. Huang, and K. I. Sawamoto, "A Direct Coupled Lambda/4 Coaxial Resonator Bandpass Filter for Land Mobile Communications," *IEEE Trans. on Microwave Theory and Techniques*, MTT-34, pp. 972-976, 1986.

M. Korber, "New Microstrip Filter Topologies," *Microwave Journal*, 40, pp. 138-144, 1997.

B. Rawat, R. Miller, and B. E. Pontius, "Bandpass Filters for Mobile Communications," *Microwave Journal*, 27, pp. 146-152, 1984.

R. W. Rhea, *HF Filter Design and Computer Simulations*, Nobel Publishing, Atlanta, GA, 1994.

S. Butterworth, "On the Theory of Filter Amplifiers," *Wireless Eng.*, Vol. 7, pp. 536-541, 1930.

S. Darlington, "A History of Network Synthesis and Filter Theory for Circuits Composed of Resistors, Inductors, and Capacitors," *IEEE Transactions on Circuits and Systems*, Vol. 46, pp. 4-13, 1999.

B. Mayer and M. H. Vogel, "Design Chebyshev Bandpass Filters Efficiently," *RF Design*, pp. 50-56, September 2002.

D. Bradly, "The Design, Fabrication and Measurement of Microstrip Filter and Coupler Circuits," *High Frequency Electronics*, pp. 22-30, July 2002.

C. A. Corral, C. S. Lindquist, and P. B. Aronhtme, "Sensitivity of the Band-Edge Selectivity of Various Classical Filters," *Proceedings of the 40th Midwest Symposium of Circuits and Systems*, p. 324, 1997.

K. C. Gupta, R. Garg, and I. J. Bahl, *Microstrip Lines and Slot Lines*, Artech House, Dedham, MA, 1979.

G. L. Matthaei, et al., *Microwave Filters, Impedance-Matching Networks, and Coupling Structures*, McGraw-Hill, New York, 1964.

E. H. Bradley, "Design and Development of Stripline Filters," *IEEE Trans. on Microwave Theory and Techniques*, Vol. 4, No. 2, pp. 86-93, 1956.

A. Bhargava, "Combline Filter Design Simplified," *RF Design*, pp. 42-48, January 2004.

C. G. Montgomery, R. H. Dicke, and E. M. Purcell, *Principles of Microwave Circuits*, MIT Radiation Laboratory Series, Vol. 8, McGraw-Hill, New York, 1948.

D. M. Pozar, *Microwave Engineering*, 2nd ed., John Wiley, New York, 1998.

P. A. Rizzi, *Microwave Engineering: Passive Circuits*, Prentice Hall, Englewood Cliffs, NJ, 1988.

L. Weinberg, *Network Analysis and Synthesis*, McGraw-Hill, New York, 1962.

A. Zverev, *Handbook of Filter Synthesis*, John Wiley, New York, 1967.

## 习题

5.1  求解右图中简化滤波电路的下列参数：

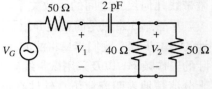

- 传递函数 $S_{21}(\omega)$
- 插入损耗量与频率的函数关系
- 相位与频率的函数关系 $\varphi(\omega)$
- 群延迟 $t_g(\omega)$

在直流至 1 GHz 频率范围内画出上述参数与频率的关系曲线。

5.2  导出 5.1.4 节讨论的标准串联、并联谐振电路的固有品质因数，外部品质因数及有载品质因数的表达式。

5.3  在 5.1.5 节中，并联谐振电路的导纳是用品质因数表达的。试证明式(5.29)。

5.4  在波源驱动下，终端开路或短路的传输线可作为谐振器。如右图所示的终端短路情况。假设系统损耗不大，即 $\alpha l < 0.1$ Np。

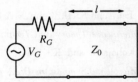

(a)证明系统的输入阻抗可以表示为 $Z_{in} = Z_0\alpha l + jZ_0\tan(\beta l)$，其中 $l$ 是传输线的长度，$\beta = \omega/v_p$ 是相位常数，$v_p$ 是相速。

(b)导出系统在最低的串联谐振频率下的无载品质因数和有载品质因数的表达式。若工作频率为 5 GHz，$Z_0 = R_G = 50$ Ω，相速为 $0.7c$，传输线衰减为 5 mNp/m，试计算数值解。

5.5  一个单节带阻滤波器插在波源和负载电阻之间，$R_G = R_L = 50$ Ω。

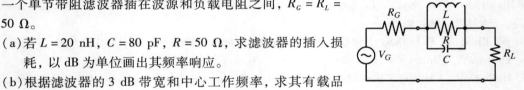

(a)若 $L = 20$ nH，$C = 80$ pF，$R = 50$ Ω，求滤波器的插入损耗，以 dB 为单位画出其频率响应。

(b)根据滤波器的 3 dB 带宽和中心工作频率，求其有载品质因数。

5.6  滤波器电路如下图所示。求有载品质因数、无载品质因数及外部品质因数。另外，求谐振频率下，信号源输出功率和负载吸收的功率。然后，在谐振频率点 ±50% 的频带内，画出插入损耗与频率的关系曲线。

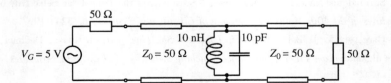

5.7  按照习题 5.4 的要求，计算下图所示滤波器电路的特性指标。

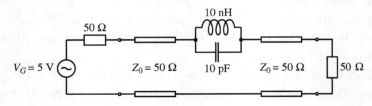

5.8　本章开始提到的插入损耗方法可推广应用到(参见 Rizzi 的著作)以下情况,即网络的输入功率可由输入反射系数和负载功率描述:

$$P_{\text{in}} = (1 - |\Gamma_{\text{in}}|^2)P_A, \qquad P_L = (1 - |\Gamma_{\text{in}}|^2)P_A - P_d$$

其中,$P_A$ 和 $P_d$ 分别是匹配波源的资用功率和滤波器网络的耗散功率。

(a)求网络的插入损耗。

(b)证明:若网络无损耗($P_d = 0$),则有 $\text{IL}\,[\,\text{dB}\,] = 10\,\log(1 - |\Gamma_{\text{in}}|^2)$。

5.9　设计一个巴特沃思低通滤波器,要求其衰减量在 $f = 1.5f_{3\text{dB}}$ 处不低于 50 dB。求滤波器的阶数,实现这个滤波器需要多少元件(电感和电容)?

5.10　将习题 5.9 的设计结果变换为一个高通滤波器,要求滤波器类型和截止频率相同。

5.11　设计一个三端口双通道的巴特沃思滤波器,要求 3 dB 截止频率为 440 MHz。其中的低通滤波器(端口 2)和高通滤波器(端口 3)均是三阶的,且共用同一个输出端口(端口 1)。要求画出滤波器的结构图,并在适当的频率范围内,以 dB 为单位画出 $S_{11}$、$S_{21}$ 和 $S_{31}$ 的幅度。

5.12　设计一个巴特沃思原型低通滤波器,要求在频率 $f = 2f_{3\text{dB}}$ 点处的衰减大于 20 dB。

5.13　画出一个低通切比雪夫滤波器的插入损耗曲线,要求该滤波器的带内波纹为 6 dB,在频率 $f = 2f_{\text{cutoff}}$ 点处的衰减大于 50 dB。

5.14　利用习题 5.12 所得原型低通滤波器,设计一个截止频率为 1 GHz 的高通滤波器,并画出其衰减曲线。

5.15　为了抑制数字通信系统的噪声,需要一个射频带通滤波器,其通带为 1.9～2.0 GHz。滤波器在 1.8 GHz 和 2.1 GHz 频率点的衰减必须大于 30 dB。假设通带内允许的波纹为 0.5 dB,试用最少的元件设计这个滤波器。

5.16　在为蜂窝移动电话系统设计放大器时,发现电路在 3.0 GHz 处存在干扰噪声。设计一个带阻滤波器,要求中心频率为 $f_c = 3.0$ GHz,通带波纹为 3 dB,在 $f_c$ 附近 10% 的频带内衰减大于 30 dB,36.7% 的频带内衰减大于 3 dB。

5.17　在前面几章中假设传输线的终端为理想的开路条件,并讨论了其输入阻抗特性。在实际情况中,由于存在边缘场效应,终端开路的传输线将存在辐射泄漏。这个现象可以用附加的寄生电容来等效,如下图所示:

设等效负载电容为 $C_{\text{oc}} = 0.1$ pF,传输线的相速 $v_p = 1.5 \times 10^8$ m/s。用自己熟悉的数学软件,求解特性阻抗为 50 Ω、长度为 $l = 1$ cm 的开路传输线在 10 MHz ～ 100 GHz 频带内的输入阻抗,并将计算结果与理想开路传输线的输入阻抗特性进行比较。

5.18　假设开路传输线的所有实际参数与习题 5.17 的相同,如果该传输线的输入阻抗为零的最低频率为 3.3 GHz,试求等效边缘电容 $C_{\text{oc}}$。

5.19　在重新考虑习题 5.17 的结果后,我们决定改用长度为 $l = 5$ mm 的开路传输线。由于电路板上已经加工好了 $l = 1$ cm 的开路传输线,所以将传输线的中间切断(如右图所示),以便形成 $l = 5$ mm 的开路传输线。

由于传输线切断后两端点非常接近,这种情况的等效电路如下:

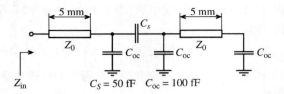

利用数学软件计算这种传输线结构在 10 MHz 至 20 GHz 频带内的输入阻抗。设传输线的特性阻抗为50 Ω，相速 $v_p = 1.5 \times 10^8$ m/s。将计算结果与边缘电容为 $C_{oc} = 100$ fF($f = 10^{-15}$)，长度为 5 mm 的开路传输线的输入阻抗特性进行比较。

5.20 第2章曾介绍了1/4 波长阻抗变换器，该阻抗变换器可以将任意实数负载变换成其他任意实数值。在分析中通常假设不存在寄生元件。然而在实际情况中，如果将两个特性阻抗不同的传输线相连接，则连接处会出现传输线宽度的不连续性。由于

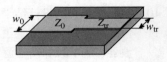

这个不连续性，必须考虑由此产生的寄生效应。右图所示阻抗变换器结构的等效电路如下：

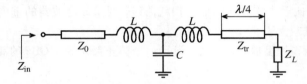

若负载阻抗 $Z_L = 25$ Ω，传输线特性阻抗 $Z_0 = 100$ Ω，假设传输线的长度对应于 10 GHz 的1/4 波长，寄生元件参数为 $L = 10$ pH，$C = 100$ fF，求该阻抗变换器的特性阻抗 $Z_{tr}$，并计算整个系统在 10 MHz 至 20 GHz频率范围内的输入阻抗 $Z_{in}$。

5.21 通过求解相应的 **A** 参量矩阵，证明表 5.6 中的前三个黑田规则。

5.22 设计一个截止频率为 200 MHz，通带波纹为 3 dB，且在 250 MHz 频率点衰减为 50 dB 的低通滤波器。给出所需元件数目最少的滤波器设计方案。

5.23 设计一个三阶带通滤波器，要求通带波纹为 3 dB，中心频率为 900 MHz，带宽为 30 MHz。采用数学软件计算并画出滤波器的插入损耗曲线。

5.24 在 5.3.3 节的第一个设计任务中，曾设计了一个截止频率为 3 GHz 的微带线结构切比雪夫低通滤波器。现采用介电系数为 $\varepsilon_r = 4.6$，厚度 $h = 25$ mil 的 FR4 基片，重新设计这个滤波器并计算出微带线的宽度和长度。

5.25 设计一个五元件的最大平滑带阻滤波器。要求中心频率为 2.4 GHz，3 dB 带宽为 15%，输入、输出阻抗为 75 Ω。

5.26 设计一个截止频率为 5 GHz 的五阶线性响应低通滤波器。要求采用两种设计方案：集中参数元件；微带线结构。两种设计方案采用的微带线基片均为 FR4($\varepsilon_r = 4.6$，$h = 20$ mil)。

5.27 在卫星通信链路设备中，需要设计一个带通滤波器用于下变频单元中的镜频抑制。已知信号带宽为 300 MHz，中心频率为 10 GHz。要求滤波器具有最大平滑响应，而且在 10.4 GHz 频率点的衰减不小于 40 dB。

5.28 证明式(5.74a)和式(5.74b)，并导出式(5.76)。

5.29 设计一个用耦合传输线实现的，适合 50 Ω 特性阻抗系统的最大平滑带通滤波器，要求其符合下列指标：在 5.5 GHz 频率点的衰减为 30 dB，在 4 GHz 和 5 GHz 频率点的衰减为 3 dB。求：(a)元件数目；(b)归一化原型滤波器元件参数；(c)奇模和偶模的阻抗；(d)滤波器结构图。

# 第 6 章　射频有源器件

本书前 5 章重点关注无源射频元件和无源射频电路的特性。这一章关注的领域将扩展到各种射频有源器件。为了设计放大器、混频器和振荡器，我们特别关注二极管、三极管等固态器件。为了满足工业界应用的大量需求，很多厂家开发并向市场推出了大量具有特殊用途的元件，所以对这些元件的全面研究变得非常困难。我们不对射频/微波商品市场的众多技术进展进行全面描述，因为这不是本书的目的。本章的重点是介绍推动射频/微波技术演变的一系列关键性概念。这些概念随后被用于放大器、混频器、振荡器的设计，以及后续章节中其他电路的设计。我们的目的在于，使读者能够根据总体要求分析和设计自己所需的网络结构，并构造合适的射频模拟电路模型。

在为有源器件建立相应的网络模型之前，首先简要讨论固体物理学中的 *pn* 结和金属-半导体结，其目的是从实际器件的层面，为电子电路提供固体物理学的解释。有必要这样做的原因在于：

- 工作在高频时，固体器件中将产生寄生电容、电感效应，并影响其工作性能；
- 许多有源器件的高频性能与其低频性能有明显的差别，所以需要进行特殊处理；
- 使用仿真工具如 SPICE 或更为专业的射频 CAD 软件时，必须掌握相关物理参量的实际知识，这些物理参量直接或间接地影响到电路的性能。

第 6 章简要概括了高频半导体器件最主要的基础知识。通过对 *pn* 结和肖特基(Schottky)接触的分析，能够对电子电路的功能有更全面的了解，这些功能是构成整流器、放大器、调谐电路及开关电路的基础。特别是金属-半导体接触面，已被证明具有良好的高频性能。在射频工业领域已开发出许多专用二极管，主要包括肖特基二极管、PIN 二极管和隧道二极管等。随后，将把注意力转移到双极晶体管和场效应晶体管，它们的结构比前面提到的 *pn* 结和肖特基接触更为复杂。我们将讨论双极晶体管和金属半导体场效应晶体管的结构、功能、温度和噪声性能。

## 6.1　半导体物理基础

### 6.1.1　半导体的物理特性

半导体器件的功能必然依赖于半导体材料本身的物理性能。这一节将简要介绍半导体器件模型的基本单元，特别是 **pn 结**(*pn*-junction)的作用。讨论的重点是 3 种最常用的半导体材料：锗(Ge)、硅(Si)和砷化镓(GaAs)。图 6.1(a)为本征硅价键结构的示意图，每个硅原子有 4 个价电子与相邻的原子共享，形成 4 个共价键。

当不存在热能时，即温度为绝对零度($T = 0$ K $= -273.15℃$，其中 $T[\text{K}] = 273.15 + T[℃]$)，所有电子都被束缚在对应的原子上，半导体不导电。然而，当温度升高时，某些电子获得了足够的能量，打破共价键并穿越能带间隙 $W_g = W_C - W_V$，如图 6.1(b)所示(在室温 $T = 300$ K，硅的**带隙能**(bandgap energy)为 1.12 eV，锗为 0.62 eV，砷化镓为 1.42 eV)。这些自由电子形成带负电的载流子,可以传导电流。在半导体中,用 $n$ 表示自由电子的浓度。当一个电子打破了共价键,它将留下一个带正电的空位,后者可被另一个电子占据。这种形式的空位称为**空穴**(hole),其浓度用 $p$ 表示。

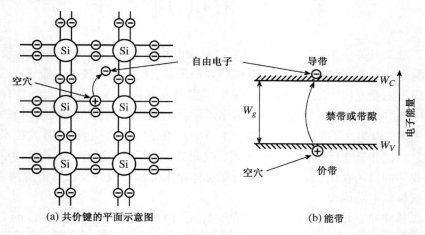

(a) 共价键的平面示意图　　　　　　　　(b) 能带

图6.1　硅的晶格结构和能级。(a)晶格平面结构示意图,其中一个价键被热能打断
($T > 0\ \mathrm{K}$),产生了一个空穴和一个自由电子;(b)等效能带示意图,图中在价带
$W_V$ 中产生一个空穴,在导带 $W_C$ 中产生一个电子。两个能带之间的带隙能为 $W_g$

当存在热能($T > 0\ \mathrm{K}$)时,电子和空穴在半导体晶格间做无规则运动。如果一个电子正好碰到一个空穴,则两者发生复合,电荷互相抵消。在热平衡状态下,电子和空穴的复合数与产生数是相等的。电子和空穴的浓度服从费米(Fermi)统计:

$$n = N_C \exp\left[-\frac{W_C - W_F}{kT}\right] \tag{6.1a}$$

$$p = N_V \exp\left[-\frac{W_F - W_V}{kT}\right] \tag{6.1b}$$

其中,

$$N_{C,V} = 2(2m_{n,p}^* \pi kT/h^2)^{3/2} \tag{6.2}$$

分别是在导带($N_C$)和价带($N_V$)中的**有效载流子浓度**(effective carrier concentration)。$W_C$ 和 $W_V$ 分别表示与导带和价带有关的能级;$W_F$ 是**费米能级**(Fermi energy level),该能级被电子占据的概率为50%。对于**本征**(intrinsic)(纯)半导体,在室温下其费米能级非常靠近禁带的中部。在式(6.2)中,$m_n^*$ 和 $m_p^*$ 分别对应于半导体中电子和空穴的有效质量(由于与晶格的相互作用,与自由电子的静止质量不同),$k$ 是波尔兹曼(Boltzmann)常数,$h$ 是普朗克(Planck)常数,$T$ 是以开尔文(Kelvin)温度计量的绝对温度。

---

**射频半导体工艺**

　　射频系统设计的实现可以采用多种不同的半导体工艺。由于标准的硅工艺在集成电路领域的广泛应用,在低频段通常采用此工艺。基于锗硅、砷化镓和磷化铟材料的半导体工艺被用于从高频到极高的工作频率。例如,磷化铟工艺已被应用于 200 GHz 甚至更高频率的光通信系统中。

---

在本征半导体中,由热激发产生的自由电子数等于空穴数(即 $n = p = n_i$),所以电子和空穴的浓度按以下浓度定律表述:

$$np = n_i^2 \tag{6.3}$$

其中,$n_i$ 是本征载流子浓度。方程式(6.3)不仅适合本征半导体,也适合掺杂的半导体,关于掺杂半导体将在本节的最后进行讨论。

把式(6.1)代入式(6.3),可得到本征载流子浓度的表达式:

$$n_i = \sqrt{N_C N_V} \exp\left[-\frac{W_C - W_V}{2kT}\right] = \sqrt{N_C N_V} \exp\left[-\frac{W_g}{2kT}\right] \tag{6.4}$$

在 $T = 300$ K 时,半导体材料中电子、空穴的有效质量,以及浓度 $N_C$,$N_V$ 和 $n_i$ 分别列于表 6.1 和附录 E 的表 E.1。

表 6.1　在 $T=300$ K 下的有效浓度和有效质量值

| 半导体 | $m_n^*/m_0$ | $m_p^*/m_0$ | $N_C$, cm$^{-3}$ | $N_V$, cm$^{-3}$ | $n_i$, cm$^{-3}$ |
|---|---|---|---|---|---|
| 硅(Si) | 1.08 | 0.56 | $2.8 \times 10^{19}$ | $1.04 \times 10^{19}$ | $1.45 \times 10^{10}$ |
| 锗(Ge) | 0.55 | 0.37 | $1.04 \times 10^{19}$ | $6.0 \times 10^{18}$ | $2.4 \times 10^{13}$ |
| 砷化镓 (GaAs) | 0.067 | 0.48 | $4.7 \times 10^{17}$ | $7.0 \times 10^{18}$ | $1.79 \times 10^6$ |

在经典电磁理论中,材料的电导率为 $\sigma = J/E$,其中 $J$ 是电流密度,$E$ 是外加电场。在经典模型(德鲁德模型)中,电导率可由载流子浓度 $N$、载流子带电量 $q$、漂移速度 $v_d$ 和外加电场 $E$ 给出:

$$\sigma = qNv_d/E \tag{6.5}$$

在半导体中,电子和空穴两者都对材料的电导率有贡献。在弱电场下,载流子的漂移速度正比于外加电场的强度,比例常数为**迁移率**(carrier mobility)$\mu$。所以,对于半导体,式(6.5)可重写为

$$\sigma = qn\mu_n + qp\mu_p \tag{6.6}$$

其中,$\mu_n$ 和 $\mu_p$ 分别为电子和空穴的迁移率。对于本征半导体,可以利用 $n = p = n_i$ 将式(6.6)进一步简化为

$$\sigma = qn_i(\mu_n + \mu_p) = q\sqrt{N_C N_V} \exp\left[-\frac{W_g}{2kT}\right](\mu_n + \mu_p) \tag{6.7}$$

### 例 6.1　计算本征半导体的电导率随温度的变化关系

求本征硅、锗和砷化镓材料的电导率与温度的函数关系。为简化计算,假设在 $-50\,℃ \leqslant T \leqslant 200\,℃$ 的温度范围内,材料的带隙能及电子、空穴的迁移率都与温度无关。

**解**:首先,为了方便而将式(6.7)中的指数项的系数组成为一个参数 $\sigma_0(T)$,即

$$\sigma_0(T) = q\sqrt{N_C N_V}(\mu_n + \mu_p)$$

其中,电子和空穴的迁移率可从表 E.1 中找到:

$$\mu_n = 1350(硅), 3900(锗), 8500(砷化镓)$$

$$\mu_p = 480(硅), 1900(锗), 400(砷化镓)$$

上面所有数值的单位均为 cm$^2$/(V·s)。$N_C$ 和 $N_V$ 根据式(6.2)的计算结果如下:

$$N_{C,V}(T) = N_{C,V}^{300}\left(\frac{T}{300}\right)^{3/2}$$

由此可得

$$\sigma = \sigma_0(T)\exp\left(-\frac{W_g}{2kT}\right)$$

$$= q(\mu_n + \mu_p)\sqrt{N_C^{300}\ N_V^{300}}\ \left(\frac{T}{300\ \text{K}}\right)^{3/2}\exp\left(-\frac{W_g}{2kT}\right)$$

其中，带隙能 $W_g = W_C - W_V$ 分别为 1.12 eV(硅)、0.62 eV(锗)和 1.42 eV(砷化镓)。这三种电导率随温度的变化如图 6.2 所示。

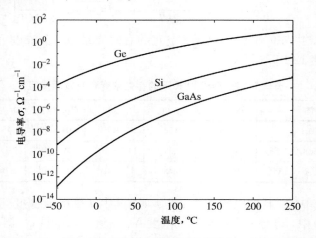

图 6.2　硅、锗和砷化镓的电导率(温度范围为 $-50℃ \sim 250℃$)

环境温度对半导体的电性能有很大影响。在这个例题中忽略了带隙能随温度的变化(将在第 7 章中讨论)。了解有源器件的温度特性对于设计器件很重要，由功率损耗产生的器件内部升温，可超过 $100℃ \sim 150℃$。

引入杂质原子可以使半导体的电特性发生较大的改变，这种过程称为**掺杂**(doping)。为了获得 **n 型**(n-type)掺杂(向导带提供电子)，我们掺入一些价电子较多的原子，置换本征半导体晶格上的原子。例如，将磷(P)原子移植到硅中，就在中性晶格内引入了弱束缚电子，如图 6.3(b)所示。

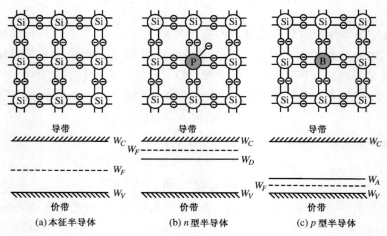

图 6.3　绝对零度下的晶格结构和能带模型。$W_D$ 和 $W_A$ 分别是施主和受主的能级

显然，"额外"电子的能级比其余 4 个价电子的能级更接近导带。当温度上升到高于绝对零度时，这个弱束缚电子就脱离原子，成为带负电的自由电荷，并在晶格上留下带正电的磷离子。这样，在保持电中性的同时，该原子释放了一个电子到导带，价带中也未产生空穴。由于在导带中有了更多的电子，结果就导致了费米能级的提高。相对于本征半导体 $(n_i, p_i)$，现在得到了 $n$ 型半导体，其中电子浓度 $n_n$ 与空穴浓度 $p_n$ 的关系如下：

$$n_n = N_D + p_n \tag{6.8}$$

其中，$N_D$ 是施主浓度，$p_n$ 是少数载流子（空穴）的浓度。为求出 $n_n$ 和 $p_n$，联立求解方程式（6.3）和式（6.8），可得

$$n_n = \frac{N_D + \sqrt{N_D^2 + 4n_i^2}}{2} \tag{6.9a}$$

$$p_n = \frac{-N_D + \sqrt{N_D^2 + 4n_i^2}}{2} \tag{6.9b}$$

如果施主浓度 $N_D$ 远大于本征电子浓度 $n_i$，则有

$$n_n \approx N_D \tag{6.10a}$$

$$p_n \approx \frac{-N_D + N_D(1 + 2n_i^2/N_D^2)}{2} = \frac{n_i^2}{N_D} \tag{6.10b}$$

如果掺入的杂质原子相对于构成本征半导体晶格的原子有更少的价电子，这种掺入的元素则称为**受主**（acceptor），例如在硅晶格中掺入的硼（B）就属于这种元素。由图 6.3（c）可见，有一个共价键上出现了空穴。这个空穴在能带隙中引入了附加的能态，其位置靠近价带。当温度从绝对零度开始上升时，一些电子获得了额外的能量，可占据共价键上出现的空穴，但不足以越过禁带。所以，杂质原子将接受额外的电子，携带净的负电荷。在电子离开的位置上又将产生空穴，这些空穴可自由移动，并对半导体中的传导电流做出贡献。通过对半导体掺入受主原子，就制成了 **p 型**（p-type）半导体，它符合

$$p_p = N_A + n_p \tag{6.11}$$

其中，$N_A$ 和 $n_p$ 是受主和少数电子浓度。联立求解方程式（6.11）和式（6.3），可求出 $p$ 型半导体中的空穴浓度 $p_p$ 和电子浓度 $n_p$：

$$p_p = \frac{N_A + \sqrt{N_A^2 + 4n_i^2}}{2} \tag{6.12a}$$

$$n_p = \frac{-N_A + \sqrt{N_A^2 + 4n_i^2}}{2} \tag{6.12b}$$

类似于式（6.9），在高掺杂情况下 $N_A \gg n_i$，上两式简化为

$$p_p \approx N_A \tag{6.13a}$$

$$n_p \approx \frac{-N_A + N_A(1 + 2n_i^2/N_A^2)}{2} = \frac{n_i^2}{N_A} \tag{6.13b}$$

少数载流子和多数载流子的浓度对半导体材料中的电流特性起着关键的作用。

### 6.1.2　pn 结

$p$ 型和 $n$ 型半导体的物理接触导致了涉及有源半导体器件的一个最重要的概念：**pn 结**（pn-junction）。由于这两类半导体之间在载流子浓度上的差别，所以会产生穿过接触面的电

流。这种电流通常称为**扩散电流**(diffusion current),它由电子和空穴组成。为了简化讨论,考虑图6.4所示的一维 $pn$ 结模型。

扩散电流由 $I_{n_{\text{diff}}}$ 和 $I_{p_{\text{diff}}}$ 组成:

$$I_{\text{diff}} = I_{n_{\text{diff}}} + I_{p_{\text{diff}}} = qA\left(D_n\frac{\mathrm{d}n}{\mathrm{d}x} + D_p\frac{\mathrm{d}p}{\mathrm{d}x}\right) \quad (6.14)$$

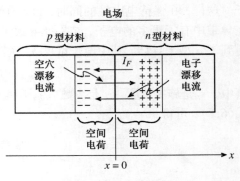

图6.4　$pn$ 结中的电流

其中,$A$ 是与 $x$ 轴正交的半导体截面积,$D_n$ 和 $D_p$ 分别是由如下方程(爱因斯坦方程)确定的电子、空穴扩散常数:

$$D_{n,p} = \mu_{n,p}\frac{kT}{q} = \mu_{n,p}V_T \quad (6.15)$$

在室温 300 K 下,热电势 $V_T = kT/q$ 的近似值为 26 mV。

由于 $p$ 型半导体原来是电中性的,空穴扩散电流将产生负的空间电荷。同理,$n$ 型半导体中电子电流将产生正的空间电荷。当扩散电流发生时,在 $n$ 型半导体的正电荷区与 $p$ 型半导体的负电荷区之间将形成电场 $E$。这个电场又将产生电流 $I_F = \sigma AE$,它与扩散电流的方向相反,即 $I_F + I_{\text{diff}} = 0$。代入导电率的表达式(6.6),可得

$$I_F = qA(n\mu_n + p\mu_p)E = I_{n_F} + I_{p_F} \quad (6.16)$$

因为总电流等于零,所以电子形成的电流分量也等于零,即

$$I_{n_{\text{diff}}} + I_{n_F} = qD_nA\frac{\mathrm{d}n}{\mathrm{d}x} + qn\mu_nAE = q\mu_nA\left(V_T\frac{\mathrm{d}n}{\mathrm{d}x} - n\frac{\mathrm{d}V}{\mathrm{d}x}\right) = 0 \quad (6.17)$$

其中,电场已被电势的导数所代替,即 $E = -\mathrm{d}V/\mathrm{d}x$。对式(6.17)求积分可以得到**扩散势垒电压**(diffusion barrier voltage),又常称为**自建电场**(built-in potential):

$$\int_0^{V_{\text{diff}}}\mathrm{d}V = V_{\text{diff}} = V_T\int_{n_p}^{n_n}n^{-1}\mathrm{d}n = V_T\ln\left(\frac{n_n}{n_p}\right) \quad (6.18)$$

其中,$n_n$ 和 $n_p$ 仍分别是 $n$ 型半导体和 $p$ 型半导体中的电子浓度。如果考察从 $p$ 型半导体到 $n$ 型半导体的空穴扩散电流,以及与之平衡的电场感应电流,那么同样可以得到扩散势垒电压。由此求出的扩散势垒电压为

$$V_{\text{diff}} = V_T\ln\left(\frac{p_p}{p_n}\right) \quad (6.19)$$

如果在 $p$ 型半导体中受主浓度 $N_A \gg n_i$,同时在 $n$ 型半导体中施主浓度 $N_D \gg n_i$,那么 $n_n \approx N_D$,$n_p \approx n_i^2/N_A$。根据式(6.13b)和式(6.18),可得

$$V_{\text{diff}} \approx V_T\ln\left(\frac{N_AN_D}{n_i^2}\right) \quad (6.20)$$

实际上只要将 $p_p \approx N_A$ 和 $p_n \approx n_i^2/N_D$ 代入式(6.19),也可以得到相同的结果。

### 例6.2　确定 $pn$ 结的扩散势垒电压或自建电压

已知一个硅材料 $pn$ 结的掺杂浓度为 $N_A = 10^{18}$ cm$^{-3}$ 和 $N_D = 5\times10^{15}$ cm$^{-3}$,本征载流子浓度 $n_i = 1.5\times10^{10}$ cm$^{-3}$。求该 $pn$ 结在 $T = 300$ K 下的势垒电压。

**解：** 势垒电压可直接由式(6.20)确定：

$$V_{\text{diff}} = V_T\ln\left(\frac{N_A N_D}{n_i^2}\right) = \frac{kT}{q}\ln\left(\frac{N_A N_D}{n_i^2}\right) = 0.796 \text{ (V)}$$

可以看出，自建势垒电压与掺杂浓度和环境温度密切相关。

对于不同的半导体材料，如砷化镓、硅和锗，即使掺杂浓度相同，其自建势垒电压也是不同的。原因是不同材料的本征载流子浓度差别很大。

如果要确定沿 $x$ 轴上的电势分布，则可利用泊松(Poisson)方程，其一维形式为

$$\frac{d^2 V(x)}{dx^2} = -\frac{\rho(x)}{\varepsilon_r \varepsilon_0} = -\frac{dE}{dx} \tag{6.21}$$

其中，$\rho(x)$ 是电荷密度，$\varepsilon_r$ 是半导体材料的相对介电常数。在均匀掺杂和**突变结近似条件**(abrupt junction approximation)下，如图 6.5(b)所示，$p$ 型和 $n$ 型材料中的电荷密度为

$$\rho(x) = -q N_A, \qquad -d_p \leqslant x \leqslant 0 \tag{6.22a}$$

$$\rho(x) = q N_D, \qquad 0 \leqslant x \leqslant d_n \tag{6.22b}$$

其中，$d_p$ 和 $d_n$ 分别是在 $p$ 型、$n$ 型半导体材料中空间电荷区的长度。

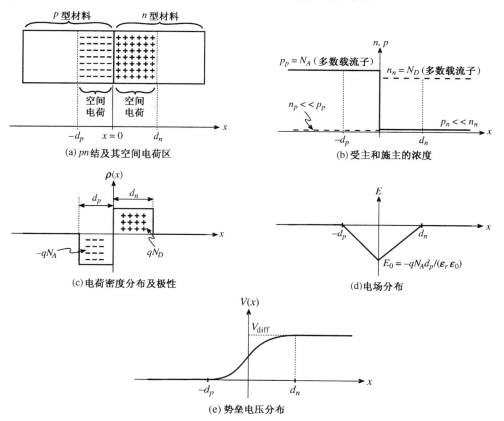

图 6.5　无外加电压情况下，具有载流子浓度突变过渡的 $pn$ 结

在 $-d_p \leqslant x \leqslant d_n$ 的空间范围内,对式(6.21)求积分可得到半导体内的电场,即

$$E(x) = \int_{-d_p}^{x} \frac{\rho(x)}{\varepsilon_r \varepsilon_0} dx = \begin{cases} -\dfrac{qN_A}{\varepsilon_r \varepsilon_0}(x + d_p), & -d_p \leqslant x \leqslant 0 \\[3mm] -\dfrac{qN_D}{\varepsilon_r \varepsilon_0}(d_n - x), & 0 \leqslant x \leqslant d_n \end{cases} \tag{6.23}$$

计算出的电场分布曲线如图6.5(d)所示。在推导式(6.23)时,引用了电荷平衡定律,即半导体内的空间净电荷为零,对于高掺杂的半导体材料,则等效为以下条件:

$$N_A \cdot d_p = N_D \cdot d_n \tag{6.24}$$

为获得电压的分布曲线,可对式(6.23)求积分,结果如下:

$$V(x) = -\int_{-d_p}^{x} E(x) dx = \begin{cases} \dfrac{qN_A}{2\varepsilon_r \varepsilon_0}(x + d_p)^2, & -d_p \leqslant x \leqslant 0 \\[3mm] \dfrac{q}{2\varepsilon_r \varepsilon_0}(N_A d_p^2 + N_D d_n^2) - \dfrac{qN_D}{2\varepsilon_r \varepsilon_0}(d_n - x)^2, & 0 \leqslant x \leqslant d_n \end{cases} \tag{6.25}$$

因为总电压降必须等于扩散电压 $V_{\mathrm{diff}}$,于是有

$$V(d_n) = V_{\mathrm{diff}} = \frac{qN_A d_p^2}{2\varepsilon_r \varepsilon_0} + \frac{qN_D d_n^2}{2\varepsilon_r \varepsilon_0} \tag{6.26}$$

代入 $d_p = d_n N_D / N_A$,并从方程式(6.26)中解出 $d_n$,即可得到正电荷区延伸到 $n$ 型半导体内的长度:

$$d_n = \left[ \frac{2\varepsilon V_{\mathrm{diff}}}{q} \frac{N_A}{N_D} \left( \frac{1}{N_A + N_D} \right) \right]^{1/2} \tag{6.27}$$

其中,$\varepsilon = \varepsilon_r \varepsilon_0$。采用类似的方法,并利用 $d_n = d_p N_A / N_D$,即可求出负电荷区延伸到 $p$ 型半导体内的长度:

$$d_p = \left[ \frac{2\varepsilon V_{\mathrm{diff}}}{q} \frac{N_D}{N_A} \left( \frac{1}{N_A + N_D} \right) \right]^{1/2} \tag{6.28}$$

总长度则为式(6.27)与式(6.28)相加:

$$d_S = d_n + d_p = \left[ \frac{2\varepsilon V_{\mathrm{diff}}}{q} \left( \frac{1}{N_A} + \frac{1}{N_D} \right) \right]^{1/2} \tag{6.29}$$

然后,我们将转向**结电容**(junction capacitance)的计算。结电容是射频器件的一个重要参量,因为在高频工作时,低电容意味着开关速度高及适合高频工作。根据我们熟悉的一维平板电容器公式,可求出结电容:

$$C = \frac{\varepsilon A}{d_S}$$

把长度 $d_S$ 的表达式(6.29)代入上式,可得到电容的表达式如下:

$$C = A \left[ \frac{q\varepsilon}{2V_{\mathrm{diff}}} \frac{N_A N_D}{N_A + N_D} \right]^{1/2} \tag{6.30}$$

如果在 $pn$ 结上施加偏置电压 $V_A$，则将出现图 6.6 所示的两种情况，它们可解释二极管的整流作用。图 6.6(a)所示的反向偏置将增加空间电荷区的长度并阻止电流流过，只有由少数载流子（$n$ 型半导体中的空穴和 $p$ 型半导体中的电子）扩散造成的漏电流。与此相反，正向偏置则分别向 $n$ 型半导体和 $p$ 型半导体中注入新的电子和空穴，从而使空间电荷区的长度缩短。为了描述这些情况，必须对上面给出的方程式(6.27)和式(6.28)加以修正，即用 $V_{\text{diff}} - V_A$ 代替原式中的势垒电压 $V_{\text{diff}}$，即

$$d_p = \left[ \frac{2\varepsilon(V_{\text{diff}} - V_A)}{q} \frac{N_D}{N_A} \left( \frac{1}{N_A + N_D} \right) \right]^{1/2} \tag{6.31}$$

$$d_n = \left[ \frac{2\varepsilon(V_{\text{diff}} - V_A)}{q} \frac{N_A}{N_D} \left( \frac{1}{N_A + N_D} \right) \right]^{1/2} \tag{6.32}$$

这导致空间电荷区即耗尽层的总长度为

$$d_S = \left[ \frac{2\varepsilon(V_{\text{diff}} - V_A)}{q} \left( \frac{1}{N_A} + \frac{1}{N_D} \right) \right]^{1/2} \tag{6.33}$$

由式(6.31)至式(6.33)可见，空间电荷区的增长或缩短取决于偏置电压 $V_A$ 的极性。

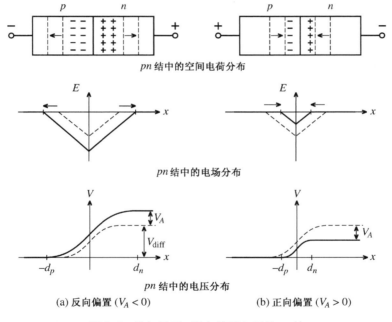

图 6.6　施加了正、反向偏置电压的 $pn$ 结

### 例 6.3　计算 $pn$ 结的结电容和空间电荷区长度

在室温下，硅半导体（$\varepsilon_r = 11.9$，$n_i = 1.5 \times 10^{10}$ cm$^{-3}$）的突变 $pn$ 结中的施主和受主浓度分别为 $N_D = 5 \times 10^{15}$ cm$^{-3}$ 和 $N_A = 10^{15}$ cm$^{-3}$。求其空间电荷区长度 $d_p$ 和 $d_n$，以及零偏置电压下的结电容 $C_{J0}$。证明 $pn$ 结的耗尽层电容可表示为以下形式：

$$C_J = C_{J0} \left( 1 - \frac{V_A}{V_{\text{diff}}} \right)^{-1/2}$$

并画出耗尽层电容与偏置电压的函数关系。设 $pn$ 结的横截面积 $A = 10^{-4}$ cm$^2$。

**解:** 将偏置电压 $V_A$ 代入电容表达式(6.30)中,得到

$$C_J = A\left[\frac{q\varepsilon}{2V_{\text{diff}}(1 - V_A/V_{\text{diff}})}\frac{N_A N_D}{N_A + N_D}\right]^{1/2}$$

显然,此式就是我们要求证的公式,只需令

$$C_{J0} = A\left[\frac{q\varepsilon}{2V_{\text{diff}}}\frac{N_A N_D}{N_A + N_D}\right]^{1/2}$$

代入 $V_{\text{diff}} = V_T\ln(N_A N_D/n_i^2) = 0.616 \text{ V}$,可得 $C_{J0} = 1.07 \text{ pF}$。

根据式(6.28)和式(6.29)可算出空间电荷区的长度:

$$d_n = \left[\frac{2\varepsilon V_{\text{diff}}}{q}\frac{N_A}{N_D}\left(\frac{1}{N_A + N_D}\right)\right]^{1/2} = 0.164 \text{ μm}$$

$$d_p = \left[\frac{2\varepsilon V_{\text{diff}}}{q}\frac{N_D}{N_A}\left(\frac{1}{N_A + N_D}\right)\right]^{1/2} = 0.821 \text{ μm}$$

结电容随偏置电压的变化关系如图 6.7 所示。

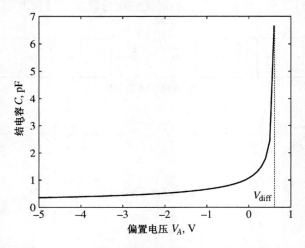

图 6.7　$pn$ 结电容随偏置电压的变化

根据图 6.7,当偏置电压接近自建电势时,结电容趋于无限大,然而在实际情况中结电容将饱和,这个问题将在第 7 章中进一步讨论。

我们给出肖克利(Shockley)方程(在附录 F 中有推导过程)来描述流过二极管的电流:

$$I = I_0(e^{V_A/V_T} - 1) \tag{6.34}$$

其中,$I_0$ 是**反向饱和电流**(reverse saturation current),即**漏电流**(leakage current)。典型的电流-电压特性曲线,通常称为**伏-安曲线**(I-V curve),如图 6.8 所示。

此曲线表明,在反向偏置下,$pn$ 结中存在与电压无关的小电流 $-I_0$;而在正向偏置下,$pn$ 结中的电流则以电压为指数增长。因为未考虑到 $pn$ 结的击穿现象,所以图 6.8 中的函数关系是理想化的。尽管如此,式(6.34)揭示了 $pn$ 结在外加交变电压下的整流特性。

根据例 6.3,在 $V_A < V_{\text{diff}}$ 的情况下,$pn$ 结中才会存在耗尽层电容,即结电容。然而,在正

向偏置条件下，$pn$ 结中会出现一个附加的**扩散电容**（diffusion capacitance），它是由存储在半导体中的扩散电荷 $Q_d$（少数载流子）产生的。扩散电荷 $Q_d$ 的电量可由二极管电流 $I$ 与载流子穿过二极管的渡越时间 $\tau_T$ 的乘积定量给出。

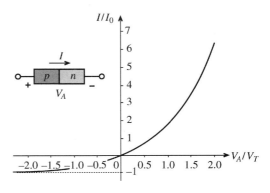

$$Q_d = I\tau_T = \tau_T I_0(\mathrm{e}^{V_A/V_T} - 1) \qquad (6.35)$$

显然，扩散电容与偏置电压、$pn$ 结温度之间存在非线性关系。扩散电容的计算公式如下：

$$C_d = \frac{\mathrm{d}Q_d}{\mathrm{d}V_A} = \frac{I_0\tau_T}{V_T}\mathrm{e}^{V_A/V_T} \qquad (6.36)$$

图 6.8  基于肖克利方程的 $pn$ 结伏-安特性

显然它与工作电压密切相关。

一般来说，$pn$ 结二极管的总电容 $C$ 可大致分为如下 3 种情况。

1. $V_A < 0$ 时，仅耗尽层电容起作用：$C = C_J$
2. $0 < V_A < V_{\mathrm{diff}}$ 时，耗尽层电容和扩散电容共同作用：$C = C_J + C_d$
3. $V_A > V_{\mathrm{diff}}$ 时，仅扩散电容起作用：$C = C_d$

如果二极管工作在 $V_A = 1$ V，并且渡越时间 $\tau_T = 100$ ps $= 10^{-10}$ s，在室温 300 K（即 $V_T = 26$ mV）下测量的反向饱和电流 $I_0 = 1$ fA $= 10^{-15}$ A，则扩散电容的影响将增强。将这些参数代入式（6.36），可求出 $C = C_d = 194$ nF。这个电容值对 $pn$ 结的反向恢复来说是相当大的，它限制了常规 $pn$ 结二极管在高频领域的应用。$pn$ 结的反向恢复与载流子的扩散有关，它使得二极管保持反向导通，直到载流子完全消失。

### 6.1.3  肖特基接触

肖特基（Schottky）分析了金属电极与半导体接触时所发生的物理现象。例如，如果 $p$ 型半导体与铜或铝电极接触，将存在电子向金属扩散的趋势，并使半导体中的空穴浓度增加。这种效应导致了接触面附近价带和导带能级的改变。图 6.9(a)画出了能级结构的这种局部变化。

在接触面上，由于较高的空穴浓度，价带向费米能级的方向弯曲；由于较低的电子浓度，导带则向远离费米能级的方向弯曲。对这样一种能带结构，无论外加电压的极性如何，总可以得到低电阻的接触点，如图 6.9(b)所示。

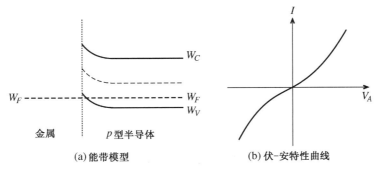

图 6.9  金属电极与 $p$ 型半导体的接触

当金属电极与 $n$ 型半导体接触时，情况将变得更复杂，但在技术方面却更有意义。这时将出现与 $pn$ 结非常相似的性能：由于电子从半导体向金属迁移，则半导体中将出现少量的正体电荷密度。其机理基于以下事实：当两种材料未接触时，半导体（较低的功函数）的费米能级比金属（较高的功函数）的费米能级高。然而，当两种材料接触时，费米能级必然是相等的，因而就产生了两者的能带的弯曲。电子从 $n$ 型半导体扩散出去，留下正的空间电荷。耗尽层逐渐增大，直到空间电荷的静电排斥作用阻止电子进一步扩散为止。为阐明有关金属与 $n$ 型半导体的接触问题，图 6.10 给出了两种材料在接触前后的能带情况。

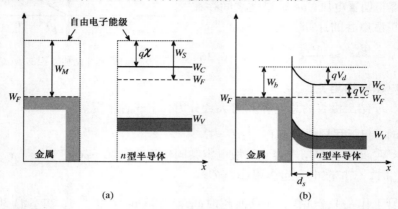

图 6.10　肖特基接触的能带图。（a）接触前；（b）接触后

能量 $W_b = qV_b$ 与金属的功函数 $W_M = qV_M$ 及电子亲和能 $q\chi$ 有关（其中，$V_M$ 为费米能级与电子逸出金属成为自由粒子的参考能级之间的差值，一些常用金属的 $V_M$ 值参见表 6.2）。此处，硅的 $\chi$ 值为 4.05 V，锗的 $\chi$ 值为 4.0 V，砷化镓的 $\chi$ 值为 4.07 V，都是电子从导带到成为自由载流子的参考能级之间的差值，计算公式为

$$W_b = q(V_M - \chi) \tag{6.37}$$

类似于 $pn$ 结中的势垒电压，我们可导出肖特基势垒电压 $V_d$ 的表达式，式中涉及式（6.37）和导带与费米能级之间的电压 $V_C$：

**表 6.2　金属的功函数**

| 材　　料 | 功函数 $V_M$ |
|---|---|
| 银（Ag） | 4.26 V |
| 铝（Al） | 4.28 V |
| 金（Au） | 5.10 V |
| 铬（Cr） | 4.50 V |
| 钼（Mo） | 4.60 V |
| 镍（Ni） | 5.15 V |
| 钯（Pd） | 5.12 V |
| 铂（Pt） | 5.65 V |
| 钛（Ti） | 4.33 V |

$$V_d = (V_M - \chi) - V_C \tag{6.38}$$

其中，$V_C$ 与掺杂浓度 $N_D$ 及导带中的态密度 $N_c$ 有关，$N_c = N_D \exp(V_C/V_T)$。解出 $V_C$ 可得 $V_C = V_T\ln(N_c/N_D)$。虽然实际的金属-半导体接触面之间通常有一极薄的绝缘层，但这里忽略这个绝缘层的影响，而仅考虑半导体中的空间电荷区长度：

$$d_S = \left[\frac{2\varepsilon(V_d - V_A)}{q} \frac{1}{N_D}\right]^{1/2} \tag{6.39}$$

由此可求出肖特基接触的结电容：

$$C_J = A\frac{\varepsilon}{d_S} = A\left[\frac{q\varepsilon}{2(V_d - V_A)}N_D\right]^{1/2} \tag{6.40}$$

此式与式（6.30）几乎相同。以下例题将通过简单的计算预测 $V_d$ 的典型值。

**例 6.4　计算肖特基二极管的势垒电压、耗尽层电容和空间电荷区长度**

一个肖特基二极管由金与 $n$ 型半导体的接触面构成，见表 6.1。半导体的掺杂浓度 $N_D = 10^{16}$ cm$^{-3}$，金的功函数 $V_M$ 是 5.1 V。另外，如上所述，硅的电子亲和能 $\chi = 4.05$ V。已知硅的相对介电常数 $\varepsilon_r = 11.9$，并设二极管的截面积 $A = 10^{-4}$ cm$^2$，温度为 300 K。求肖特基势垒 $V_d$，空间电荷区的长度 $d_S$ 和结电容 $C_J$。

**解**：已知硅导带中的态密度 $N_C = 2.8 \times 10^{19}$ cm$^{-3}$，计算可得到导带的电压：

$$V_C = V_T \ln\left(\frac{N_C}{N_D}\right) = 0.21 \text{ V}$$

将 $V_C$ 的值代入式（6.38），可求出自建势垒电压：

$$V_d = (V_M - \chi) - V_C = 0.84 \text{ V}$$

根据式（6.39）可得空间电荷区的长度：

$$d_S = \sqrt{\frac{2\varepsilon_0\varepsilon_r}{q}\frac{V_d}{N_D}} = 0.332 \text{ μm}$$

最后，根据平行板电容器公式（6.40），可求出结电容：

$$C_J = A\frac{\varepsilon_0\varepsilon_r}{d_S} = 3.2 \text{ pF}$$

在截面积和掺杂相同的情况下，金属-半导体结型二极管与 $pn$ 结型二极管的结电容相当。然而，由于金属-半导体结型二极管中不存在扩散电容，因而具有更高的工作频率。

## 6.2　射频二极管

这一节将考察一些真实存在并在射频和微波电路中经常使用的二极管。上一节中已经提到，由于经典的 $pn$ 结型二极管具有扩散电容，不太适合于高频应用。目前，肖特基二极管已在射频检波器、混频器、衰减器、振荡器和放大器中得到广泛应用。

6.2.1 节将讨论肖特基二极管，随后将开始研究一些特殊的射频二极管。6.2.2 节将分析 PIN 二极管，并介绍它的主要应用，包括可变电阻器和高频开关。除了利用二极管的整流特性，还能利用结电容与偏置电压的对应关系，研制以电压控制的调谐电路，这时二极管是作为可变电容器使用的。这种专用二极管的一个实例就是 6.2.3 节介绍的变容二极管。在本节末尾将讨论几个较特殊的二极管结构，诸如碰撞雪崩渡越时间（IMPact Avalanch Transit Time，IMPATT）二极管、隧道二极管、俘获等离子体雪崩触发渡越（TRApped Plasma Avalanche Triggered Transit，TRAPATT）二极管、势垒注入渡越时间（BARRier Injection Transit Time，BARRITT）二极管和耿氏二极管。这些二极管虽不太常用，但由于它们的独特电性质，仍然令人感兴趣。

### 6.2.1　肖特基二极管

与常规的 $pn$ 结二极管相比，肖特基势垒二极管具有不同的反向饱和电流机制，它取决于穿过势垒的多数载流子的热电子发射。肖特基势垒二极管中的反向饱和电流比理想 $pn$ 结二极管中由扩散机制产生的少数载流子所形成的反向饱和电流大几个数量级。例如，肖特基二极管中典型的反向饱和电流密度的量级为 $10^{-6}$ A/cm$^2$，而常规的硅基 $pn$ 结二极管的典型值为 $10^{-11}$ A/cm$^2$。肖特基二极管的剖面结构图及对应的电路元件如图 6.11 所示。

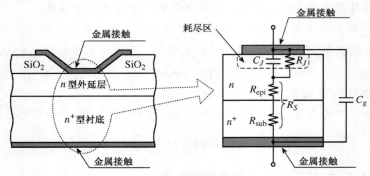

图 6.11　硅基肖特基二极管的剖面图

金属电极(钨、铝和金等)与外延生长在高掺杂 $n^+$ 衬底上的低掺杂 $n$ 型半导体相接触。假设外延层是理想介质,即其电导率为零,则电流-电压特性由以下方程描述:

$$I = I_S(e^{(V_A - IR_S)/V_T} - 1) \tag{6.41}$$

其中,$V_T = kT/q$ 是热电势。反向饱和电流为

$$I_S = A\left(R^* T^2 \exp\left[\frac{-qV_b}{kT}\right]\right) \tag{6.42}$$

$R^*$ 是**理查森常数**(Richardson constant),用于描述穿过势垒的多数载流子的热电子发射。硅的 $R^*$ 典型值为 100 $\text{A}/\text{cm}^2\text{K}^2$。

硅基肖特基二极管的**小信号**(small-signal)等效电路模型如图 6.12 所示。在这个电路中,可看出结电阻 $R_J$ 与偏置电流有关,类似于二极管的串联电阻,它由外延层电阻和衬底电阻构成:$R_S = R_{\text{epi}} + R_{\text{sub}}$。引线的电感是固定的,量级约为 $L_S = 0.1$ nH。正如上面所讨论的,结电容 $C_J$ 由式(6.40)给出。由于电阻 $R_S$ 的存在,实际的结电压等于偏置电压减去在二极管串联电阻上的电压降,即修正后的指数表达式(6.41)。

肖特基二极管电路模型中元件的典型值为 $R_S \approx 2 \cdots 5$ $\Omega$, $C_g = 0.1 \cdots 0.2$ pF 和 $R_J = 0.2 \cdots 2$ k$\Omega$。在偏置电流小于 0.1 mA 的情况下,常常忽略式(6.41)中的附加项 $IR_S$。然而,对于某些应用,串联电阻会形成反馈回路,这意味着该电阻将与一个幅度可能很大的增益因子相乘。在这种情况下,$IR_S$ 就不可忽略。

在高频肖特基二极管的实际电路中,图 6.11 的平面结构布局即使对于很小的金属接触,典型的接触面直径为 10 μm 或更小,也会形成相当大的寄生电容。通过增加一个如图 6.13 所示的绝缘环,可以使杂散电容有所减小。

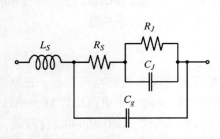

图 6.12　正向偏置下的肖特基二极管电路模型

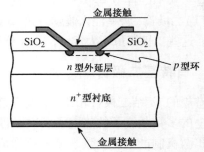

图 6.13　适合极高频率应用的肖特基二极管(有附加绝缘环)

把电流表达式(6.41)在**静态工作点**(quiescent point)即**工作点**(operating point)$V_Q$处展开,即可求出小信号结电容和结电阻。也就是说,将二极管的总电压写成直流偏置电压$V_Q$与交流小信号载波频率分量$v_d$之和:

$$V = V_Q + v_d \qquad\qquad (6.43)$$

把式(6.43)代入式(6.41),并忽略$IR_S$项,则有

$$I = I_S(\mathrm{e}^{V/V_T} - 1) = I_S(\mathrm{e}^{V_Q/V_T}\mathrm{e}^{v_d/V_T} - 1) \qquad\qquad (6.44)$$

把方程在静态工作点处进行泰勒展开,并保留前两项,可得

$$I(V) \approx I_Q + \frac{\mathrm{d}I}{\mathrm{d}V}\bigg|_{V_Q} v_d = I_Q + \frac{I_S v_d}{V_T}\mathrm{e}^{V_Q/V_T} = I_Q + (I_Q + I_S)\frac{v_d}{V_T} = I_Q + \frac{v_d}{R_J} \qquad (6.45)$$

其中,动态结电阻$R_J(V_Q)$为

$$R_J(V_Q) = \frac{V_T}{I_Q + I_S} \qquad\qquad (6.46)$$

将式(6.40)中的$V_A$替换为$V_Q$,即可得到结电容。

## 6.2.2　PIN 二极管

PIN 二极管可用于高频开关和可变电阻器(衰减器),电阻变化范围从小于 1 Ω 到 10 kΩ,射频信号频率可高达 50 GHz。PIN 二极管的结构是在高掺杂的$p^+$层和$n^+$层之间增加一个本征的(**I 层**)或低掺杂半导体的中间夹层。中间夹层的厚度在 1 ~ 200 μm 之间,甚至更大,这取决于应用要求和工作频率范围。在正向偏置电压下,PIN 二极管的表现像一个受偏置电流控制的可变电阻器。然而,在反向偏置时,低掺杂的中间层出现了空间电荷区,该区域扩展到了高掺杂的外层。这种效应在较小的反向电压下就会发生,电压升高也基本保持不变,其结果是二极管的表现类似于一个平行板电容器。例如,硅基 PIN 二极管的中间 I 层厚度为 20 μm,表面积为 200 μm × 200 μm,其扩散电容的量级为 0.2 pF。

常规的及采用**台面加工技术**(mesa processing technology)制作的 PIN 二极管的实际结构如图 6.14 所示,相对于常规的平面结构,台面结构的优点是边缘电容明显减小。

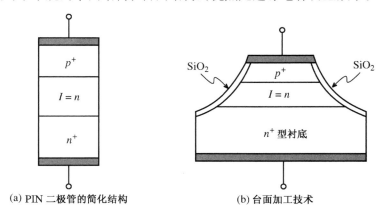

(a) PIN 二极管的简化结构　　　　　　　(b) 台面加工技术

图 6.14　PIN 二极管结构

PIN 二极管 *I-V* 特性的数学表达与偏置电压的高低和极性有关。为了简化问题，我们尽量按照讨论 *pn* 结时已采用的方法。

在 *n* 型本征层轻掺杂的情况下，正向流过二极管的电流为

$$I = A\left(\frac{qn_i^2 W}{N_D \tau}\right)(e^{V_A/(2V_T)} - 1) \tag{6.47}$$

其中，$W$ 是本征层宽度；$\tau$ 是**过剩少数载流子寿命**（excess minority carrier lifetime），其量级可高达 10 μs；$N_D$ 是轻掺杂的 *n* 型半导体中间层的掺杂浓度。式中指数项中的因子 2 表示考虑到存在两个接触面。对于纯本征层有 $N_D = n_i$，由式（6.47）可得

$$I = A\left(\frac{qn_i W}{\tau}\right)(e^{V_A/(2V_T)} - 1) \tag{6.48}$$

由关系式 $Q = I\tau$ 可计算出总电荷。由此可求出扩散电容：

$$C_d = \frac{dQ}{dV_A} = \tau\left(\frac{dI}{dV_A}\right) = \frac{I\tau}{2V_T} \tag{6.49a}$$

在反向偏置情况下，电容主要由耗尽的 *I* 层形成的平行板电容决定，电容 $C_J$ 近似为

$$C_J = \varepsilon_I\left(\frac{A}{W}\right) \tag{6.49b}$$

其中，$\varepsilon_I$ 是本征层的介电常数。

将 *I* 层视为截面积为 $A$、长度为 $W$ 的圆柱导体，可以求得 PIN 二极管的射频电阻。计算结果为

$$R_J(I_Q) = \frac{W}{\sigma A} = \frac{W}{qp(\mu_n + \mu_p)A} = \frac{W^2}{(\mu_n + \mu_p)\tau I_Q} \tag{6.50}$$

其中，$I_Q$ 是偏置电流，且 $p \approx n$。

---

**高浓度载流子注入**

当高掺杂的 $n^+$ 层和 $p^+$ 层中间加入一个本征层后，正向电压会将高密度的载流子推入本征层。结果是大幅度提高了本征层的电导率，这个现象称为阻抗调制。由于材料仍然是电中性的（$n \approx p$），所以电导可近似为 $\sigma \approx qp(\mu_n + \mu_p)$。

---

根据 PIN 二极管在正向偏置（"导通"）下的电阻特性和在反向偏置["断开"或**绝缘**（isolation）]下的电容特性，可以着手构筑其简化的小信号模型。对串联使用的 PIN 二极管，其电路模型如图 6.15 所示，其两端分别接有电源和负载电阻。由式（6.49）和式（6.50）给出的结电阻和扩散电容，实际情况下只能粗略地近似模拟 PIN 二极管的性能。更精确的定量信息需通过实验测量或复杂的计算模型得到。

PIN 二极管的正常工作需要有直流偏置电路为其设定偏置点，该偏置电路必须与射频信号通路相互隔离。利用**射频扼流圈**（RFC）可实现直流与射频的隔离，射频扼流圈对直流的响应是短路，而对高频是开路。**隔直流电容**（blocking capacitor）$C_B$ 的情况则相反，它对直流为开路，而在高频下是短路。图 6.16 是典型的衰减器电路，其中 PIN 二极管分别用于串联和并联的情况。

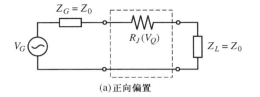 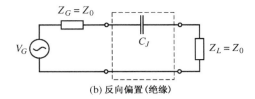

图 6.15 串联使用的 PIN 二极管

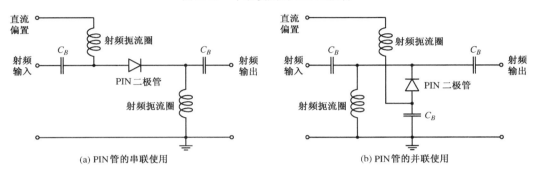

图 6.16 串联/并联偏置下的 PIN 二极管衰减电路

在以下的讨论中虽然将采用直流偏置,但也可用一个低频的交流信号作为偏置。在这种情况下,通过二极管的电流包括两个分量: $I = (\mathrm{d}Q/\mathrm{d}t) + Q/\tau_p$。这种做法的目的将放到例题中讨论。

在正向直流偏置电压下,串联的 PIN 二极管对射频信号表现为一个低值的电阻;而并联的 PIN 二极管则形成了接地短路,只有可忽略的少量射频信号到达输出端。并联 PIN 二极管的作用像一个具有高插入损耗的衰减器。在反向偏置条件下情况则相反,串联的 PIN 二极管像一个电容器,具有高阻抗,即高的插入损耗;而具有高阻抗的并联二极管则对射频信号的传输没有明显的影响。

在技术手册中经常用到的一个专业术语是**传输损耗**(transducer loss)TL(与插入损耗相同),它可直接用 $S$ 参量的 $|S_{21}|$ 表示,根据式(4.52)则有

$$\mathrm{TL}\,[\mathrm{dB}] = -20\log|S_{21}| \tag{6.51}$$

以下例题将计算串联使用的 PIN 二极管的传输损耗。

### 例 6.5 计算在正、反向偏置条件下,串联使用的 PIN 二极管的传输损耗

求正、反向偏置条件下,串联使用 PIN 二极管的传输损耗($Z_G = Z_L = Z_0 = 50\ \Omega$)。设:正向偏置下,PIN 二极管的结电阻 $R_J$ 为 $1\sim 20\ \Omega$;反向偏置工作条件形成的结电容值为 $C_J = 0.1\ \mathrm{pF}$、$0.3\ \mathrm{pF}$、$0.6\ \mathrm{pF}$、$1.3\ \mathrm{pF}$ 和 $2.5\ \mathrm{pF}$;频率范围为 10 MHz 至 50 GHz。

**解**:根据式(6.51)、图 6.15 和分压定律,可求出传输损耗为

$$\mathrm{TL}_{\mathrm{forward}}\,[\mathrm{dB}] = -20\log\left(\frac{100\ \Omega}{100\ \Omega + R_J}\right) = 20\log\left(1 + \frac{R_J}{100\ \Omega}\right)$$

和

$$\mathrm{TL}_{\mathrm{reverse}}\,[\mathrm{dB}] = -20\log\left|\frac{100\ \Omega}{100\ \Omega - j1/(\omega C_P)}\right|$$

$$= 10\log\left[1 + \left(\frac{1}{(100\ \Omega)\omega C_P}\right)^2\right]$$

图 6.17 根据正向偏置条件下所给定的结电阻,画出了以 dB 表示的传输损耗。作为对比,图 6.18 是反向偏置条件下的计算结果,这时 PIN 二极管基本上是一个纯电容。

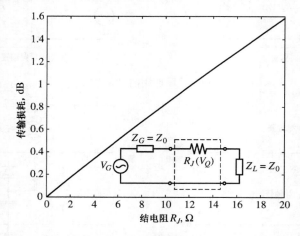

图 6.17　正向偏置的串联 PIN 二极管的传输损耗(PIN 二极管等效为电阻器)

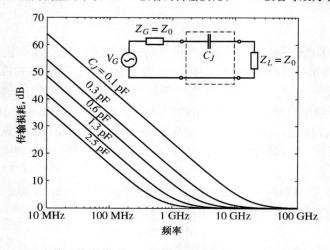

图 6.18　反向偏置的串联 PIN 二极管的传输损耗(二极管等效为电容器)

## 6.2.3　变容二极管

在反向偏置下呈现电容性质的 PIN 二极管使我们联想到:中间层的特殊掺杂分布能实现电压控制的可变电容特性。变容二极管就可以实现这个目标,除了设计特定的掺杂分布 $N_D(x)$,还要合理选择本征层的厚度 $W$。

**例 6.6　为特定的电容-电压性能设计所需的掺杂分布**

为实现变容二极管的电容随反向偏压 $V_A$ 的变化符合 $C(V_A) = C_0' / (V_A - V_{\text{diff}})$,设计合适的掺杂浓度分布 $N_D(x)$。已知 $C_0' = 5 \times 10^{-12}$ FV,变容二极管的截面积 $A = 10^{-4}$ cm²。

**解:**根据式(6.39),可求得空间电荷区的长度为

$$x = \left[ \frac{2\varepsilon_I(V_{\text{diff}} - V_A)}{q} \left( \frac{1}{N_D} \right) \right]^{1/2}$$

它确定了结电容 $C = \varepsilon_I A/x$。在推导前面的公式时曾假设 $I$ 层中的掺杂浓度远低于相邻层的掺杂浓度。如果空间电荷区的长度增大一个微分量 $\partial x$，则电荷量的变化为

$$\partial Q = q N_D(x) A \partial x$$

这个长度上的微分增量可以用电容的相应减小来表示。对电容器公式求微分，可得

$$\partial x = -\varepsilon_I A \partial C / C^2$$

将 $\partial x$ 代入 $\partial Q$ 的表达式中，并考虑到 $\partial Q = C \partial V_A$，于是有

$$\partial Q \equiv C \partial V_A = -q N_D(x) A^2 \varepsilon_I \partial C / C^2$$

由此可得待求的掺杂分布的表达式：

$$N_D(x) = -\frac{C^3}{q \varepsilon_I A^2} \left( \frac{\partial V_A}{\partial C} \right)$$

代入已知的电容参数，可得

$$N_D(x) = \frac{C_0'}{qAx} = \frac{2 \times 10^{11}}{x} \ \mathrm{cm}^{-2}$$

显然，在靠近 $I$ 层即 $x$ 趋于零的位置，不可能实现掺杂浓度为无限大。然而，采用双曲函数近似，就可能实现所要求的电容-电压特性。

图 6.19 是变容二极管的简化电路模型，包括衬底电阻和电压控制的电容 $(V_{\mathrm{diff}} - V_A)^{-1/2}$。若掺杂分布是跳变的，则情况确实如此，这与例 6.6 中的无穷不连续情况完全不同。所以这个电容的一般表达式为

$$C_V = C_{V0} \left( 1 - \frac{V_Q}{V_{\mathrm{diff}}} \right)^{-1/2} \tag{6.52}$$

其中，$V_Q$ 是反向偏置电压。

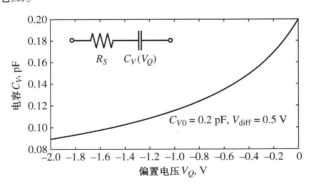

图 6.19　变容二极管的简化电路模型及其电容特性

这种二极管的主要应用之一是微波电路的频率调谐。这是由于一阶变容管模型的截止频率

$$f_V = \frac{1}{2\pi R_S C_V(V_Q)} \tag{6.53}$$

可通过反向偏压 $V_Q$ 控制。

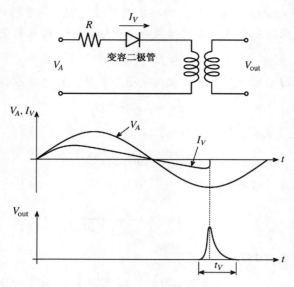

图 6.20　用变容二极管产生脉冲

此外，变容二极管还可用于产生短脉冲，如图 6.20 的定性说明。电阻和二极管的串联电路的两端施加偏置电压 $V_A$，产生电流 $I_V$。在偏置电压的正半周，电压与电流同相。在偏置电压的负半周，中间层内存储的载流子维持了电流的连续性，直到所有载流子都流走为止。这时电流突降至零。根据法拉第定律 $V_{\text{out}} = L(\mathrm{d}I_V/\mathrm{d}t)$，此时变压器能耦合输出一个电压脉冲。这个脉冲的宽度可根据中间层长度 $W$ 和注入载流子的饱和漂移速度 $v_{d\max}$ 近似估计。

设 $W = 10\ \mu\mathrm{m}$，$v_{d\max} \approx 10^6\ \mathrm{cm/s}$，可求得渡越时间，即脉冲宽度为

$$t_v = \frac{W}{v_{d\max}} = \frac{10\ \mu\mathrm{m}}{10^4\ \mathrm{m/s}} = 1\ \mathrm{ns} \tag{6.54}$$

### 6.2.4　碰撞雪崩渡越时间二极管

碰撞雪崩渡越时间二极管的缩写是 IMPATT，它起源于里德(Read)首次提出的雪崩效应。这种二极管的基本结构如图 6.21 所示，与 PIN 二极管非常类似。碰撞雪崩渡越时间二极管与 PIN 二极管的关键区别是在 $n^+$ 和 $p$ 层之间的界面上存在强电场，通过碰撞电离造成载流子的雪崩。

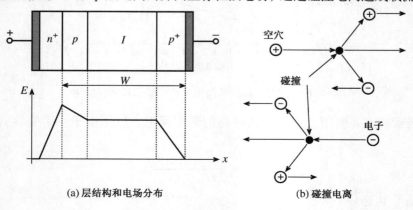

(a) 层结构和电场分布　　　　　　　　　(b) 碰撞电离

图 6.21　碰撞雪崩渡越时间二极管的特性

当外加射频电压 $V_A$ 的电场超过了临界阈值电压时，将产生图 6.22 所示的附加电离电流 $I_{ion}$。在电压的负半周内，随着过剩载流子被移走，电流慢慢减小。电离电流和偏置电压之间的相位差可以调整到 90°。因为过剩载流子必须穿过本征层到达 $p^+$ 层，所以二极管的总电流将有附加的时延。这个时间常数取决于载流子漂移的距离和速度。适当选择本征层的长度和掺杂浓度，就能产生 90° 相移的附加时延。

图 6.23 是碰撞雪崩渡越时间二极管的电路图，它比 PIN 二极管更复杂，其电抗在低于二极管谐振频率 $f_0$ 时为感性的，超过谐振频率时则变为容性的。其总电阻在 $f<f_0$ 时为正值，而在 $f>f_0$ 时变为负值。

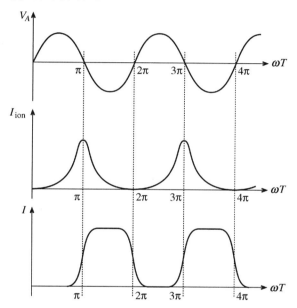

图 6.22　碰撞雪崩渡越时间二极管的偏
置电压、电离电流和总电流

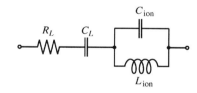

图 6.23　碰撞雪崩渡越时间
二极管的电路模型

谐振频率由工作电流 $I_Q$、介电常数、饱和漂移速度 $v_{d\max}$ 和电离系数 $\alpha$ 对电场强度的偏微商 $\alpha' = \partial\alpha/\partial E$ 确定。碰撞雪崩渡越时间二极管的谐振频率为

$$f_0 = \frac{1}{2\pi}\sqrt{2I_Q \frac{v_{d\max}}{\varepsilon}\alpha'} \tag{6.55}$$

相关的电路参量如下：

$$R = R_L + \frac{v_{d\max}}{2\pi^2 f_0^2 C_L W \left[1 - (f/f_0)^2\right]} \tag{6.56a}$$

$$C_L = \frac{\varepsilon A}{W} \tag{6.56b}$$

$$C_{ion} = \frac{\varepsilon A}{d} \tag{6.56c}$$

$$L_{ion} = \frac{1}{(2\pi f_0)^2 C_{ion}} \tag{6.56d}$$

其中，$R_L$是各层半导体的总电阻，$d$ 是 $p$ 层的雪崩区的长度，$W$ 是总长度[①]，如图 6.21 所示。这种二极管在高于谐振频率时的负阻特性，可以理解为它向射频、微波谐振电路反馈电能，这意味着碰撞雪崩渡越时间二极管的作用如同一个有源器件。这时，电路的衰减大大降低，所以有附加的功率传递到负载上。遗憾的是，偏置电压与总电流之间形成 180° 相移的代价是，把直流功率转化为射频功率的**效率**(efficiency)非常低，工作频率为 5 ~ 10 GHz 时，其典型值在 10% ~ 15% 范围内。

### 6.2.5　隧道二极管

隧道二极管是 $pn$ 结型二极管，它有由极高掺杂(浓度高达 $10^{19} \sim 10^{20}$ cm$^{-3}$)的 $n$ 型或 $p$ 型材料形成的极窄空间电荷区。这可从方程式(6.27)和式(6.28)直接看出。结果造成电子和空穴的数量超过了导带和价带中的有效态密度。费米能级移到 $n^+$ 层的导带 $W_{Cn}$ 和 $p^+$ 半导体层的价带 $W_{Vp}$ 上。由图 6.24 可见，在两种半导体层中，容许的电子态仅被一个极窄的势垒分开。

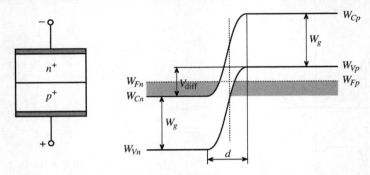

图 6.24　隧道二极管及其能带模型

在较小的正向电压下，载流子很容易穿过这个势垒，从 $pn$ 结一侧的导带向另一侧的价带运动。这种现象是我们熟知的隧道效应。随着正向电压的增加，能带结构相互脱离，造成了载流子隧穿 $pn$ 结的能力下降。若偏置电压超过临界值 $V_A \approx V_{diff}$，隧道效应就消失了，这时隧道二极管就像一个常规 $pn$ 结。有趣的是，在低电压下，电流增加得很快，在高电压下隧道效应又减弱了，即电流下降了，这样就形成了一个负阻曲线。所以，隧道二极管可以作为负阻器件应用于振荡器中。

### 6.2.6　TRAPATT、BARRITT 和耿氏二极管

本节简要介绍另外 3 种类型的二极管，但不涉及其电路模型及电参量的定量推导的任何细节。

俘获等离子体雪崩触发渡越(TRAPATT)二极管可看成高效率的碰撞雪崩渡越时间(IMPATT)二极管，它利用能带隙的势阱实现更高的效率(高达 75%)。这种势阱位于能带隙内，可俘获电子的能级。TRAPATT 二极管的外围电路保证在其正半周期中形成高的势垒电压，造成电子-空穴等离子体中的载流子倍增。结果是在负半周期中二极管的整流特性遭到破坏。TRAPATT 的工作频率稍低于 IMPATT 二极管。这是由于电子-空穴等离子体的形成时间要比 IMPATT 二极管中碰撞雪崩渡穿过中间层的渡越时间长。

---

① 原文如此，与图 6.21 不符。——译者注

势垒注入渡越时间（BARRITT）二极管也是一种渡越时间二极管，其 $p^+np^+$ 掺杂分布类似于一个无基极的晶体三极管。BARRITT 二极管的空间电荷区从阴极穿过中间层一直扩展到阳极，其小信号等效电路模型包括一个电阻和一个并联电容，该电容的值与直流偏置电流有关。与碰撞雪崩渡越时间二极管不同，这个 $RC$ 电路能产生最大为 $-90°$ 的相位延迟，但效率较低，5% 或更低。BARRITT 二极管在雷达的混频器和检波电路中得到了应用。

耿氏二极管是以其发明者 J. B. Gunn 命名的。1963 年，他发现在某些 Ⅲ-Ⅴ 族半导体（砷化镓和磷化铟）中，足够高的电场强度能使电子散射到能带间隙增大的区域中。由于带隙能的增加，电子的迁移率 $\mu_n$ 将下降。在砷化镓中，这种现象非常明显，当场强从 5 kV/cm 增强到 7 kV/cm 时，电子的漂移速度（$v_d = nq\mu_n$）从 $2 \times 10^7$ cm/s 下降到小于 $10^7$ cm/s。这种负的微分迁移率：

$$\mu_n = \frac{\mathrm{d}v_d}{\mathrm{d}E} < 0$$

被作为负电阻用于振荡电路中。耿氏二极管只由掺杂分布为 $n^+nn^+$ 的一种半导体材料构成。轻掺杂的中间层是有源区，它承受了大部分偏置电压。当施加足够大的电压（即足够高的场强）时，迁移率的下降使中间层的电导变得不稳定。在阴极附近形成了一个薄的，并向阳极移动的低迁移率（即低电导）区。由于中间层内其他部分的电场下降了，这就阻止了其他高阻薄层的形成。当这个高阻薄层到达阳极并被吸收时，中间层的电场重新上升，又触发了新的高阻薄层在阴极生成。耿氏二极管的工作频率主要由高阻薄层穿过中间层所需的时间决定。

## 6.3　双极晶体管

双极晶体管是巴顿（Bardeen）和布拉顿（Brattain）于 1948 年在前 AT&T 贝尔实验室发明的[①]，并在过去 50 年中得到了很大改进和优化。最初开发的晶体管是点接触器件，现已衍生出许多精巧复杂的器件，其中包括仍然流行的**双极晶体管**（Bipolar Junction Transistor，BJT）、先进的**砷化镓场效应晶体管**（GaAs Field Effect Transistor，GaAs FET）及最新型的**高电子迁移率晶体管**（High Electron Mobility Transistor，HEMT）。晶体管常以百万量级的数目用于微处理器、存储器和外设芯片的集成电路中。然而，在射频和微波应用中，单个分立的晶体管仍具有重要用途。许多低噪声、高线性、高功率的射频电路仍然依赖于分立的晶体管。所以，我们需要较为详细地研究晶体管的直流和射频特性。

双极晶体管由三层交替掺杂的半导体构成，即 npn 或 pnp 结构。正如双极一词的含义，双极晶体管的内部电流由少数和多数载流子共同构成。以下将概述其主要特性。

### 6.3.1　结构

由于低成本的结构、较高的工作频率、较低的噪声和高的功率容量，双极晶体管是应用最广泛的射频有源器件之一。采用独特的平面叉指结构的发射极-基极，可实现双极晶体管的高功率容量。图 6.25 是双极晶体管结构的剖视图和叉指形发射极-基极结构的俯视图。

---

① 世界上第一只晶体管是威廉·肖克利（William Shockley）、约翰·巴顿（John Bardeen）和沃特·布拉顿（Walter Brattain）三位科学家于 1947 年 12 月 16 日在贝尔实验室制造出的。原文不妥。——译者注

由于采用了图 6.25(b) 所示的交错结构，可得到极小的基极-发射极电阻值，并保持晶体管的增益特性不变。正如将看到的，低的基极电阻可降低通过基极-发射极结的电流密度和基极中载流子的随机热运动（热噪声），所以将直接改善信噪比，详细情况见第 7 章。

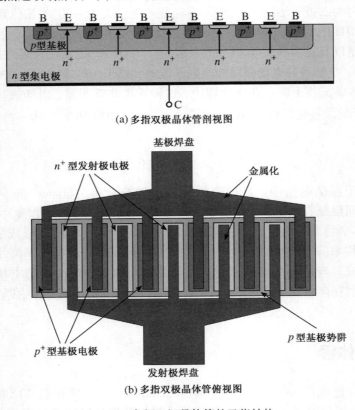

(a) 多指双极晶体管剖视图

(b) 多指双极晶体管俯视图

图 6.25　高频双极晶体管的叉指结构

当工作频率超过 1 GHz 后，必须将发射极的宽度减小到 1 μm 以下，同时将掺杂浓度提高到 $10^{20}$ 至 $10^{21}$ cm$^{-3}$ 量级，以便降低基极电阻并提高电流增益。遗憾的是，这使得确保发射极的加工精度变得非常困难，因而需要采用自对准工艺。另外，受主和施主的浓度已接近硅或砷化镓材料的承受极限，从而形成了电流增益的物理极限。基于这些原因，**异质结双极晶体管**（Heterojunction Bipolar Transistor, HBT）越来越流行。不必对发射极过度掺杂，异质结双极晶体管就可获得高的电流增益。由于增加了一层半导体材料（例如，镓铝砷-砷化镓夹层结构），使得基极的电子注入得到了加强，同时发射极的反向空穴注入则得到抑制，从而可获得高的**发射极效率**（emitter efficiency）（其定义为注入基极的电子电流除以该电子电流与发射极反向空穴电流之和）。图 6.26 是该结构的剖视图。

除采用砷化镓材料以外，异质结也可采用磷化铟发射极和铟镓砷（InGaAs）基极界面实现；甚至于在镓铟砷（GaInAs）基极和磷化铟集电极之间也可制作出另一个异质结界面（双异质结）。与砷

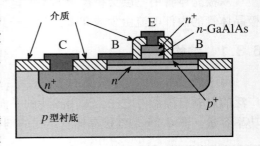

图 6.26　由镓铝砷-砷化镓界面构成的砷化镓异质结双极晶体管剖视图

化镓相比，磷化铟材料具有击穿电压、载流子速度和热传导率更高的优点。磷化铟器件的工作频率已经超过了 100 GHz，其载流子在基极-集电极之间的渡越时间小于0.5 ps。然而，磷化铟是一种很难处理的材料，其生产工艺还没成熟到可与硅和砷化镓技术相竞争的水平。

## 6.3.2 功能

一般来说，有两类双极晶体管：*npn* 和 *pnp* 晶体管。这两类晶体管之间的差别在于：用于制作基极、发射极和集电极的半导体的掺杂方式。对于 *npn* 晶体管，集电极和发射极用 *n* 型半导体做成，而基极是 *p* 型做成。而对于 *pnp* 晶体管，其半导体材料的类型则相反（基极是 *n* 型，集电极和发射极是 *p* 型）。通常，发射极的掺杂原子浓度最高，而集电极的掺杂原子浓度最低。双极晶体管是一种电流控制器件，特别适合采用图 6.27 来解释，该图画出了双极晶体管的结构、电学符号和二极管模型（针对 *npn* 结构）的相关电压和电流定义。我们没有讨论 *pnp* 晶体管，因为那只需改变 *npn* 晶体管模型的电压极性和二极管连接方向即可。

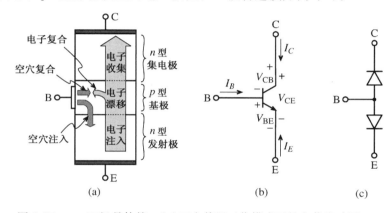

图 6.27 *npn* 双极晶体管。（a）正向偏置工作模式下的电荷流动图；
（b）晶体管的符号和电压、电流方向；（c）二极管模型

在电压符号的下标中，第一个字母总是代表高电位的参考点，而第二个字母则对应低电位的参考点。在正常的工作模式，即**正向偏置模式**（forward active mode）下，发射极-基极二极管正向工作（$V_{BE} \approx 0.7$ V），而基极-集电极二极管反向工作。这样，发射极向基极注入电子，与此相反，空穴电流从基极流向发射极。如果使集电极-发射极电压保持在大于**饱和电压**（saturation voltage）（典型值约为 0.1 V），因为基极很薄（$d_B \leqslant 1$ μm 量级）并且是轻度掺杂的 *p* 型层，则只有少量电子与基极电流提供的空穴复合。绝大多数的电子将到达基极-集电极结，并被外加反向电压 $V_{BC}$ 收集。

对于**反向偏置模式**（reverse active mode），集电极-发射极上的电压是负的（典型值 $V_{CE} < -0.1$ V），基极-集电极二极管上是正偏压，同时基极-发射极二极管反向工作。不同于正向偏置模式，此时电子流从集电极跨过基极到达发射极。

另外，在**饱和模式**（saturation mode）下，基极-发射极结和基极-集电极结都是正向偏置的，这种工作模式通常用于开关电路。

对于共发射极电路，图 6.28（a）给出了一种偏置方式，通过选择适当的偏置电阻 $R_B$ 和电压源 $V_{BB}$ 使基极电流恒定，从而使晶体管工作在合适的静态工作点，即 *Q* 点上。图 6.28（b）给出了基极电流与基极-发射极电压的关系，符合二极管的典型 *I-V* 特性，这就是晶体管的输入

特性。晶体管负载线与输入特性曲线的交点所对应的基极电流和基极-发射极电压分别记为 $I_B^Q$ 和 $V_{BE}^Q$。由于集电极电流是与基极电流($I_{B1} < I_{B2}\cdots$)有关的参量曲线,参见图 6.28(c),所以集电极电流与集电极-发射极电压的对应关系,即晶体管的输出特性则具有较为复杂的形式。

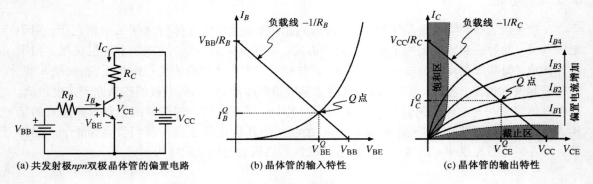

图 6.28　*npn* 双极晶体管的偏置和输入、输出特性

通过考察双极晶体管的三种电路模式,可定量分析其特性。具体方法是确定合适的工作点并导出各电流的表达式。为简单起见,我们将忽略各空间电荷区的长度,并选用有代表性的典型电流、电压条件。为反映晶体管中的三层半导体内不同的少数/多数载流子条件和掺杂条件,表 6.3 概括给出了这些参量和相应的符号。

表 6.3　双极晶体管的参量名称

| 参 量 说 明 | 发射极($n$型) | 基极($p$型) | 集电极($n$型) |
|---|---|---|---|
| 掺杂浓度 | $N_D^E$ | $N_A^B$ | $N_D^C$ |
| 热平衡状态下的少数载流子的浓度 | $p_{n0}^E = n_i^2/N_D^E$ | $n_{p0}^B = n_i^2/N_A^B$ | $p_{n0}^C = n_i^2/N_D^C$ |
| 热平衡状态下的多数载流子的浓度 | $n_{n0}^E$ | $p_{p0}^B$ | $n_{n0}^C$ |
| 空间长度 | $d_E$ | $d_B$ | $d_C$ |

在以下对双极晶体管的分析中,默认载流子浓度满足不等式 $p_{n0}^E \ll n_{p0}^B < p_{n0}^C$。

**正向偏置模式($V_{CE} > V_{CE\,sat} = 0.1$ V, $I_B > 0$)**

为了求出少数载流子的浓度,可考察图 6.29 所示的等效模型。各层半导体中,少数载流子的浓度是以距离为自变量的函数。我们根据所谓**短二极管**(short diode)(见附录 F)理论,计算各层中少数载流子的空间浓度,该理论把指数型电荷浓度近似为线性电荷浓度梯度。

各层中少数载流子的浓度如下:

- 发射极:$p_n^E(-d_E) = p_{n0}^E$ 和 $p_n^E(0) = p_{n0}^E e^{V_{BE}/V_T}$
- 基极:$n_p^B(0) = n_{p0}^B e^{V_{BE}/V_T}$ 和 $n_p^B(d_B) = n_{p0}^B e^{V_{BC}/V_T} \approx 0$
- 集电极:$p_n^C(d_B) = p_{n0}^C e^{V_{BC}/V_T} \approx 0$

后两个浓度为零,因为基极-集电极电压是负值(例如,对于晶体管的典型参量值:$V_{CE} = 2.5$ V 和 $V_{BE} = 0.7$ V,可求出 $V_{BC} = -1.8$ V,由此可得 $\exp(V_{BC}/V_T) = \exp(-1.8/0.026) \to 0$)。根据上述载流子浓度,可估计发射极中空穴扩散电流的密度 $J_{pdiff}^E$:

$$J_{p\,\mathrm{diff}}^E = -qD_p^E \left[\frac{\mathrm{d}p_n^E(x)}{\mathrm{d}x}\right] = -\frac{qD_p^E}{d_E}[p_n^E(0) - p_n^E(-d_E)]$$

$$= -\frac{qD_p^E p_{n0}^E}{d_E}(\mathrm{e}^{V_{\mathrm{BE}}/V_T} - 1) \tag{6.57}$$

同理,可得到基极中的电子扩散电流密度 $J_{n\,\mathrm{diff}}^B$:

$$J_{n\,\mathrm{diff}}^B = qD_n^B\left[\frac{\mathrm{d}n_p^B(x)}{\mathrm{d}x}\right] = \frac{qD_n^B}{d_B}[n_p^B(d_B) - n_p^B(0)] = -\frac{qD_n^B n_{p0}^B}{d_B}\mathrm{e}^{V_{\mathrm{BE}}/V_T} \tag{6.58}$$

根据以上两个方程,可求得集电极、基极电流如下:

$$I_{\mathrm{FC}} = -J_{n\,\mathrm{diff}}^B A = \frac{qD_n^B n_{p0}^B}{d_B}A\mathrm{e}^{V_{\mathrm{BE}}/V_T} = I_S\mathrm{e}^{V_{\mathrm{BE}}/V_T} \tag{6.59}$$

和

$$I_{\mathrm{FB}} = -J_{p\,\mathrm{diff}}^E A = \frac{qD_p^E p_{n0}^E}{d_E}A(\mathrm{e}^{V_{\mathrm{BE}}/V_T} - 1) \tag{6.60}$$

其中,下标 F 代表正向电流,$A$ 是 $pn$ 结的截面积,$I_S = (qD_n^B n_{p0}^B A)/d_B$ 是**饱和电流**(saturation current)。把式(6.59)和式(6.60)相加,可求出发射极电流。正向电流增益 $\beta_F$ 的定义为

$$\beta_F = \frac{I_{\mathrm{FC}}}{I_{\mathrm{FB}}} = \frac{D_n^B n_{p0}^B d_E}{D_p^E p_{n0}^E d_B} \tag{6.61}$$

为得到式(6.61),必须假设式(6.60)中的指数函数远大于1,以便略去式中的因子 $-1$。此外,集电极与发射极电流之比 $\alpha_F$ 可表示为

$$\alpha_F = \frac{I_{\mathrm{FC}}}{(-I_{\mathrm{FE}})} = \frac{\beta_F}{1 + \beta_F} \tag{6.62}$$

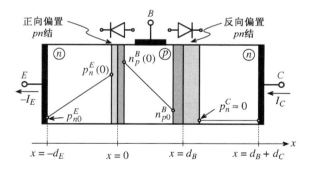

图6.29 在正向偏置双极晶体管中少数载流子的浓度

### 例6.7 计算双极晶体管的最大正向电流增益

某硅基双极晶体管的技术参量如下:发射极中的施主浓度 $N_D^E = 10^{19}\,\mathrm{cm}^{-3}$,基极中的受主浓度 $N_A^B = 10^{17}\,\mathrm{cm}^{-3}$,发射极中的空间电荷区长度 $d_E = 0.8\,\mu\mathrm{m}$,基极中的空间电荷区长度 $d_B = 1.2\,\mu\mathrm{m}$。求其最大正向电流增益。

**解:** 为使用式(6.61),需要确定由爱因斯坦方程(6.15)描述的基极、发射极中的扩散常数。把此关系式代入式(6.61),可得到正向电流增益:

$$\beta_F = \frac{\mu_n n_{p0}^B d_E}{\mu_p p_{n0}^E d_B}$$

然后,根据表6.3中基极、发射极中少数载流子的浓度表达式,可得到$\beta_F$的最终表达式:

$$\beta_F = \frac{\mu_n N_D^E d_E}{\mu_p N_A^B d_B} = 187.5$$

正如6.3.3节及下一章所指出的,这个电流增益只能近似为常数。一般而言,它与晶体管的工作条件和温度有关。

**反向偏置模式($V_{CE} < -0.1$ V, $I_B > 0$)**

少数载流子的浓度及对应的空间电荷区如图6.30所示,即基极-发射极二极管是反向偏置的,而基极-集电极二极管是正向偏置的)。

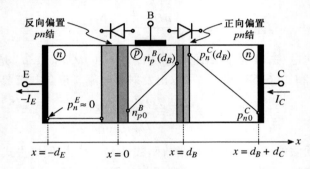

图6.30  双极晶体管的反向偏置模式

各层中的少数载流子浓度如下:

- 发射极:$p_n^E(-d_E) \approx 0$ 和 $p_n^E(0) = p_{n0}^E e^{V_{BE}/V_T} \approx 0$
- 基极:$n_p^B(0) = n_{p0}^B e^{V_{BE}/V_T} \approx 0$ 和 $n_p^B(d_B) = n_{p0}^B e^{V_{BC}/V_T}$
- 集电极:$p_n^C(d_B) = p_{n0}^C e^{V_{BC}/V_T}$ 和 $p_n^C(d_B + d_C) \approx p_{n0}^C$

由扩散电流密度,可求出发射极反向电流:

$$I_{RE} = -J_{n\text{diff}}^B A = -q D_n^B \left(\frac{dn_p^B}{dx}\right) A = \frac{q D_n^B n_{p0}^B}{d_B} A e^{V_{BC}/V_T} = I_S e^{V_{BC}/V_T} \tag{6.63}$$

和基极反向电流:

$$I_{RB} = -J_{p\text{diff}}^C A = -q D_p^C \left(\frac{dp_n^C}{dx}\right) A = \frac{q D_p^C p_{n0}^C A}{d_C}\left(e^{V_{BC}/V_T} - 1\right) \tag{6.64}$$

采用与处理正向电流增益类似的方法,可定义**反向电流增益**(reverse current gain)$\beta_R$:

$$\beta_R = \frac{I_{RE}}{I_{RB}} = \frac{D_n^B n_{p0}^B d_C}{D_p^C p_{n0}^C d_B} \tag{6.65}$$

以及集电极与发射极的电流比$\alpha_R$:

$$\alpha_R = \frac{I_{RC}}{(-I_{RE})}\bigg|_{V_{BC}} = \frac{\beta_R}{1 + \beta_R} \tag{6.66}$$

**饱和模式（ $V_{BE}$，$V_{BC} > V_T$，$I_B > 0$ ）**

这种模式意味着双极晶体管中的两个二极管都是正向偏置的，因此基极中的扩散电流密度由正向和反向载流子共同构成，所以根据式（6.59）和式（6.63）可得

$$J_{n\,\text{diff}}^{B} = J_{RE} - J_{FC} = -\frac{I_S}{A}e^{V_{BE}/V_T} + \frac{I_S}{A}e^{V_{BC}/V_T} \tag{6.67}$$

根据式（6.67）并考虑到正向基极电流，就可以求出发射极电流。式（6.60）描述的正向基极电流向发射极注入空穴，这样就必须取负号以符合发射极电流正方向的规定。在式（6.67）中加 1 并减 1，以使该式中的指数项与式（6.60）的形式一致，即

$$I_E = -I_S\left(e^{V_{BE}/V_T} - 1\right) - \frac{I_S}{\beta_F}\left(e^{V_{BE}/V_T} - 1\right) + I_S\left(e^{V_{BC}/V_T} - 1\right) \tag{6.68}$$

因为双极晶体管可视为对称性器件，所以集电极电流可表达为三种电流之和：集电极正向电流、由式（6.68）取负号给出的发射极反向电流，以及基极反向电流 $I_{RB}$ 导致的附加空穴扩散电流。其结果为以下方程：

$$I_C = I_S\left(e^{V_{BE}/V_T} - 1\right) - \frac{I_S}{\beta_R}\left(e^{V_{BC}/V_T} - 1\right) - I_S\left(e^{V_{BC}/V_T} - 1\right) \tag{6.69}$$

最后，从前面两个方程可求出基极电流 $I_B = -I_C - I_E$：

$$I_B = I_S\left[\frac{1}{\beta_R}\left(e^{V_{BC}/V_T} - 1\right) + \frac{1}{\beta_F}\left(e^{V_{BE}/V_T} - 1\right)\right] \tag{6.70}$$

这里，必须再次提醒的是：发射极内部电流的方向与通常规定的外电路电流方向相反。

### 6.3.3　频率响应

微波双极晶体管的**截止频率**（cutoff frequency）$f_T$ 又称为**过渡频率**（transition frequency），是一个重要的品质参数，因为它对应于晶体管在共发射极连接下的短路电流增益 $h_{fe}$ 降为 1 时的工作频率。截止频率 $f_T$ 与载流子穿过发射极-集电极区域所需的渡越时间 $\tau$ 有关：

$$f_T = \frac{1}{\tau} \tag{6.71}$$

这个渡越时间通常由以下 3 个时延相加：

$$\tau = \tau_E + \tau_B + \tau_C \tag{6.72}$$

其中，$\tau_E$、$\tau_B$ 和 $\tau_C$ 分别是载流子穿过发射极、基极和集电极的时延。基极-发射极耗尽区的充电时间如下：

$$\tau_E = r_E C = \frac{V_T}{I_E}(C_E + C_C) \approx \frac{V_T}{I_C}(C_E + C_C) \tag{6.73a}$$

其中，$C_E$ 和 $C_C$ 分别是发射极和集电极结电容，而 $r_E$ 是发射极电阻，该电阻等于发射极电流对基极-发射极电压求导。式（6.72）中的第二个时延是基极区的充电时间，它的具体表达如下：

$$\tau_B = \frac{d_B^2}{\eta D_n^B} \tag{6.73b}$$

其中，参数 $\eta$ 与掺杂分布有关，其变化范围从 $\eta = 2$ 到 $\eta = 60$，分别对应于基极层的均匀掺杂和高度非均匀掺杂。最后，载流子通过基极-集电极空间电荷区 $w_C$ 的时延 $\tau_C$ 可由下式计算：

$$\tau_C = \frac{w_C}{v_S} \tag{6.73c}$$

其中，$v_S$代表载流子饱和漂移速度。在前面的公式中忽略了集电极的充电时间$\tau_{CC} = r_C C_C$，因为相对于$\tau_E$它通常很小。

正如在式(6.73a)中所见，发射极充电时间反比于集电极电流，因而增大集电极电流可提高截止频率。然而，当集电极电流达到足够高的数值时，注入基极的电荷浓度达到了可与基极的掺杂浓度相比时，就会造成有效基极宽度的增加，并导致截止频率降低。通常，双极晶体管的数据手册中会提供有关截止频率随集电极电流的变化关系。图6.31是宽频带 $npn$ 晶体管 BFG403W 的截止频率与集电极电流的函数关系，测试条件为 $V_{CE} = 2$ V，$f = 2$ GHz，环境温度为25℃。

在射频和微波频率下工作时，双极晶体管的另一个问题是：在高频下，趋肤效应会将电流限制在发射极的外边界上（见1.4节）。为使充电时间尽可能短，发射极被做成极窄（小于 1 μm）的格栅结构。遗憾的是，减小发射极表面积的代价

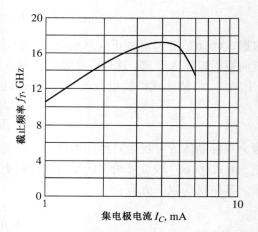

图 6.31 宽带晶体管(BFG403W, 17 GHz, $npn$) 的截止频率与集电极电流的函数关系（恩智浦半导体公司授权）

是电流密度会提高，这将限制器件的功率容量。提高双极晶体管截止频率的其他方法包括：提高掺杂浓度以减小基极渡越时间常数$\tau_B$，同时缩短基极区的厚度（小于 100 nm）。减小基极厚度还具有降低功率损耗的优点。

除了截止频率$f_T$，双极晶体管的另一个有用参量是最大振荡频率$f_{max}$，其推导比较复杂。这个特性参数表示了器件（双极晶体管或场效应晶体管）用于放大器的上限工作频率，在该频率下放大器的功率增益为1。有关截止频率与最大振荡频率之间关系的其他细节可在习题中找到。

### 6.3.4 温度特性

在本章中我们已看到，几乎所有用于描述半导体器件静态、动态性能的参量都要受到结温$T_j$的影响。作为这种影响的一个例子，图6.32画出了给定$V_{CE}$时，在不同的结温$T_j$下，一个典型晶体管的正向电流增益$\beta_F$与集电极电流$I_C$的函数关系。从此图可以看出，当$I_C = 3.5$ mA时，电流增益从$T_j = -50$℃时的40，上升到$T_j = 50$℃时的大于80。

如图6.33所示，晶体管参数与温度密切相关的另一个例子是晶体管的输入特性，它由基极电流与基极-发射极电压的关系来描述。如果再次将$T_j = -50$℃和$T_j = 50$℃下晶体管的特性进行对比，则可以看出，在$T_j = -50$℃和基极-发射极电压为1.25 V时，晶体管处于截止状态；而在$T_j = 50$℃时，该双极晶体管已经有 4 mA 的基极电流。这两个例子强调了设计射频电路时考虑温度影响的重要性。例如，设计可在世界各地使用的蜂窝电话时，必须保证电路性能在用户遇到的所有温度条件下都符合标准。标准规格通常覆盖的温度范围为 -50℃ ~ 80℃。

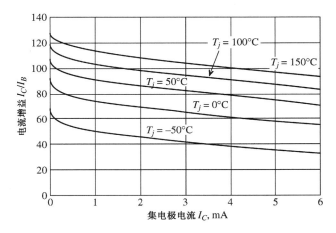

图 6.32　晶体管的电流增益 $\beta_F$ 与集电极电流的典型函数关系(固定 $V_{CE}$, 不同结温)

当涉及器件的最大耗散功率时, 结温也起到重要的作用。一般情况下, 制造商会提供器件的**功率退化曲线**(power derating curve), 该曲线给出了温度 $T_S$, 在此温度以下, 晶体管可工作在最大可用功率 $P_{tot}$ 状态。如果结温超过此温度, 则器件的功率必须相应降低, 降低幅度取决于 $pn$ 结与焊点(或管壳)之间的热阻 $R_{thjs}$:

$$P = P_{tot}\frac{T_{j\max} - T_j}{T_{j\max} - T_S} = \frac{T_{j\max} - T_j}{R_{thjs}} \qquad (6.74)$$

其中, $T_{j\max}$ 是最高的结温, 硅双极晶体管的典型温度值范围为 150℃ ~ 200℃。

在 $T_S = 140$℃ 以下, 射频晶体管 BFG403W 可保持其 16 mW 的最大功率。在更高的温度下, $T_S$ $\leqslant T_j \leqslant T_{j\max}$, 必须降低功率, 直到最高结温 $T_{j\max}$ 等

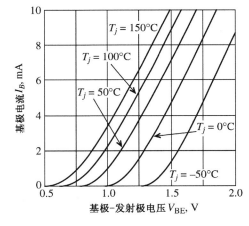

图 6.33　晶体管的基极电流与基极-发射极电压的典型函数关系(固定 $V_{CE}$, 不同结温)

于 150℃。制造商必须利用有效的途径, 使晶体管产生的热能散发出去。通常是利用热沉和采用导热效率高的材料来实现这个目标。制造商可能会提供包括 $pn$ 结与管壳界面之间的热阻($R_{thjc}$)、管壳与热沉界面之间的热阻($R_{thcs}$), 以及热沉与空气界面之间的热阻($R_{thha}$)等其他信息, 而不是焊点的热阻 $R_{thjs}$。

为了简化热力学分析, 可采用具有如下对应关系的热等效电路:
- 热功率耗散 = 电流
- 温度 = 电压

在平衡状态下, 典型的热等效电路如图 6.34 所示。图中输入器件的总电功率等于含有热电阻的热等效电路的功耗, 即

$$R_{thjc} = \frac{T_j - T_s}{P_W} = \frac{1}{\gamma_{th}A_{BJT}} \qquad (6.75)$$

其中, $pn$ 结温度 $T_j$、焊点温度 $T_s$ 及热功率 $P_W$ 决定了以每瓦开尔文(K/W)度量的热阻, 该值也可以用热导率 $\gamma_{th}$ 及双极晶体管的表面积 $A_{BJT}$ 表示。焊点温度受管壳与热沉之间的热传递影响,

形成一个数值可高达 5 K/W 的热阻 $R_{thcs}$。最后, 热沉表示为以下热阻:

$$R_{thha} = \frac{1}{\delta_{hs} A_{hs}} \qquad (6.76)$$

其中, $\delta_{hs}$ 是数值变化范围很大的对流系数, 静止空气状态下为 10 W/(K·m²), 风冷状态下为 100 W/(K·m²), 水冷状态下为 1000 W/(K·m²), $A_{hs}$ 是热沉的总表面积。

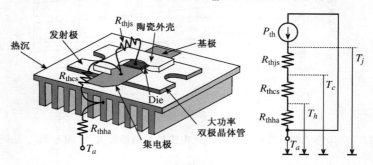

图 6.34　双极晶体管的热等效电路

以下例题讨论了一个常见的设计问题。

#### 例 6.8　关于热沉上的双极晶体管的热分析

一个大功率射频双极晶体管在管壳温度为 25℃ 时的总功率为 15 W, 最高结温为 150℃ (即最高允许温度), 用户要求的工作环境最高温度为 $T_a = 60℃$。假设在管壳与热沉之间和在热沉与空气之间的热阻分别为 2 K/W 和 10 K/W, 求晶体管的最大耗散功率。

**解:** 根据图 6.34, 需要考虑 3 个热阻: $R_{thjs}$、$R_{thcs}$ 和 $R_{thha}$。由方程式(6.75)可求出 pn 结-点之间的热阻:

$$R_{thjs} = \frac{T_j - T_s}{P_W} = \frac{150℃ - 25℃}{15\ W} = 8.3\ K/W$$

把 3 个热阻相加, 可得总热阻:

$$R_{thtot} = R_{thjs} + R_{thca} + R_{thhs} = 20.3\ K/W$$

温度差(pn 结温度 $T_j$ 减去环境温度 $T_a$)除以总热阻, 可得耗散功率 $P_{th}$:

$$P_{th} = \frac{T_j - T_a}{R_{thtot}} = \frac{150℃ - 60℃}{20.3\ K/W} = 4.43\ W$$

为使双极晶体管工作在热平衡状态下, 必须把总的电功率 $P_{tot} = P_W$ 降到与热功率相等, 即 $P_{tot} = P_{th}$。这样, 晶体管的电功率需要从 15 W 降至 4.43 W。

虽然电路设计工程师不能改变 pn 结与焊点之间的热阻, 但一般情况下, 通过选择管壳和热沉, 也能使晶体管的热性能得到较大改善。

### 6.3.5　极限参数

双极晶体管在特定温度下的总耗散功率规定了其安全工作的条件。以下讨论将仅针对晶体管的共发射极放大模式, 并忽略双极晶体管工作于饱和或截止状态的开关模式特性。如果给定双极晶体管的最高额定功率, 则可以根据集电极-发射极电压 $V_{CE}$ 画出对应的集电极允许电流 $I_c = P_{tot}/V_{CE}$ (假定电流增益 $\beta$ 较高, 基极电流相对于集电极电流小得可以忽略), 或可以根据 $I_c$ 画出对应的集电极-发射极允许电压 $V_{CE} = P_{tot}/I_c$。结果就是**最大功率双曲线**(maximum power hyperbola）。这并不意味着 $I_C$ 和 $V_{CE}$ 能无限制地增加。因为，如图 6.35 所示，必须确保 $I_C \leqslant I_{C\max}$ 和 $V_{CE} \leqslant V_{CE\max}$。**安全工作区**（safe operating area, SOAR）被定义为一组偏置点，在这些点上晶体管能正常工作，不存在无法修复的损坏风险。安全工作区即图 6.35 中的阴影区，它比由最大功率双曲线界定的区域更小，因为还必须考虑如下两种击穿效应：

1. **第一类击穿**。此时集电极电流密度存在非均匀分布，这会造成局部温度增高，反过来降低了集电极部分区域的电阻，形成了低阻通道。后果是通过这一通道的电流密度进一步增加，直到这种正反馈现象破坏晶体结构为止，即**雪崩击穿**（avalanche breakdown），最终破坏晶体管本身。

2. **第二类击穿**。这种击穿现象的发生独立于第一类击穿机理，主要影响大功率双极晶体管。内部过热会导致集电极电流在 $V_{CE}$ 恒定的条件下急剧增加。当温度升高到使本征载流子浓度等于集电极的掺杂浓度时，通常在基极-集电极结上发生这种击穿现象。这时 $pn$ 结电阻突然减小，造成电流剧烈增大，并使 $pn$ 结熔化。

需要说明的是，双极晶体管可在短时间内工作在安全区外，甚至超过最大功率双曲线之外，因为与电路的时间常数相比，温度响应的时间常数要大得多（微秒量级）。

对设计工程师来说，另外几个重要参量是发射极、基极和集电极开路条件下的最大电压，即 $V_{CBO}$（发射极开路下的集电极-基极电压）、$V_{CEO}$（基极开路下的集电极-发射极电压）和 $V_{EBO}$（集电极开路下的发射极-基极电压）。例如，双极晶体管 BFG403W 的参数如下：$V_{CBO}\big|_{\max} = 10\ \text{V}$，$V_{CEO}\big|_{\max} = 4.5\ \text{V}$，$V_{EBO}\big|_{\max} = 1.0\ \text{V}$。

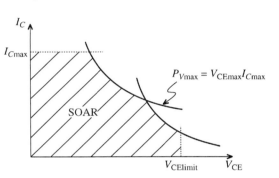

图 6.35　放大模式下双极晶体管的工作区域和击穿机理

### 6.3.6　噪声特性

当需要处理微弱信号时，如通信系统接收链路中使用的低噪声放大器和混频器的情况，晶体管的噪声特性就成了一个重要的技术参数。另外，正如第 10 章将要讨论的问题，噪声对振荡器的性能有至关重要的影响。在这几种电路中，主要噪声来源包括无源的（电阻、电感、电容）和有源的（双极晶体管、场效应晶体管）。在实际中，双极晶体管的噪声有 3 种机理：(a) 热噪声，(b) 散弹噪声，(c) $1/f$ 噪声。这里仅对这些噪声做定性讨论，详细分析可参见附录 H 和本章最后列出的阅读文献。

（a）热噪声即约翰逊（Johnson）噪声，是所有电阻性元件的固有特性，它与电流无关。热噪声来源于电荷在材料中的随机热运动。热噪声的功率谱密度是与频率无关的常数（也称为白噪声），但与器件的温度成正比。虽然晶体管内许多部位都存在电阻，它们对噪声的贡献通常都被转换为输入参考噪声源，以便进行建模处理。关于双端口网络中噪声分析的更多细节可参见附录 H。

（b）散弹噪声发生在电流穿过 $pn$ 结的过程中。产生这种噪声的原因是必须克服 $pn$ 结势垒的电荷具有粒子性。在正常工作状态下，由于双极晶体管的基极-发射极 $pn$ 结是正向偏置的，所以大部分散弹噪声都是它产生的。这种噪声的功率谱与频率无关(白噪声),但与器件的结电流成正比(包括基极电流和集电极电流)。散弹噪声是双极晶体管性能不如场效应晶体管的主要原因。场效应晶体管中不存在散弹噪声,所以特别适合于制作低噪声放大器。

(c) $1/f$ 噪声又称为闪烁噪声。这种噪声源的真正机理目前还不清楚,可能是由于载流子与半导体表面的相互作用。正如其名称所暗示的,这种噪声的功率谱密度随频率的上升而下降。当 $1/f$ 噪声的功率谱密度与白噪声(热发射)的功率谱密度相等时所对应的频率通常被作为 $1/f$ 噪声的拐点频率。由经验确定的拐点频率通常都落在千赫频段的低端。所以,在讨论射频/微波放大器时可以放心地忽略这种噪声。然而,对于振荡器来说,这种低频的 $1/f$ 噪声将直接转换为相位噪声。此外,由于混频器具有强的非线性,所以 $1/f$ 噪声的影响很大,特别是当混频器被直接用于射频信号到基带信号的变频时。此时,双极晶体管比场效应晶体管更优越,因为双极晶体管在工作时较少受到半导体材料表面的影响,所以其 $1/f$ 噪声远远低于场效应晶体管。有趣的是,已知 $pnp$ 双极晶体管比 $npn$ 双极晶体管的 $1/f$ 噪声更低。

## 6.4　射频场效应晶体管

不同于双极晶体管,**场效应晶体管**(Field Effect Transistor,FET)是**单极性器件**(monopolar device),即只有一种载流子,空穴或电子,构成沟道电流。如果沟道电流是空穴构成的,就称为 **$p$ 型沟道**($p$-channel)场效应晶体管,否则就称为 **$n$ 型沟道**($n$-channel)场效应晶体管。此外,场效应晶体管是电压控制器件,通过改变在**栅**(gate)极上所加电压,产生可变电场来控制从**源**(source)极到**漏**(drain)极的电流。

### 6.4.1　结构

通常,场效应晶体管是按照栅极与导电沟道的连接方式分类的。确切地说,有以下 4 种类型:

1. **金属绝缘半导体场效应晶体管**(Metal Insulated Semiconductor FET,MISFET)。晶体管的栅极与沟道被一个绝缘层分开。应用最广泛的场效应晶体管之一: **金属氧化物半导体场效应晶体管**(Metal Oxide Semiconductor FET,MOSFET)就属于此类。

2. **结型场效应晶体管**(Junction FET,JFET)。这种类型的场效应晶体管采用一个反向偏置的 $pn$ 结将栅极与沟道隔离。

3. **金属半导体场效应晶体管**(MEtal Semiconductor FET,MESFET)[①]。如果把反向偏置的 $pn$ 结换成肖特基接触,则沟道也能像结型场效应晶体管中的情况一样被控制。

4. **异质场效应晶体管**(Hetero FET)。正如其名称所暗示的(不同于上述 3 种情况,它们的结构中只有一种半导体材料,如硅、砷化镓、锗硅或磷化铟),异质结构利用了不同半导体材料层之间的突变过渡,例如镓铝砷(GaAlAs)与砷化镓(GaAs)或镓铟砷(GaInAs)与镓铝砷的界面。**高电子迁移率晶体管**(High Electron Mobility Transistor,HEMT)即属于此类。

图 6.36 给出了前 3 类场效应晶体管的结构图。在这 3 种场效应晶体管中,电流从源极流向漏极,由栅极控制电流。

---

① 也称为肖特基势垒场效应晶体管。——译者注

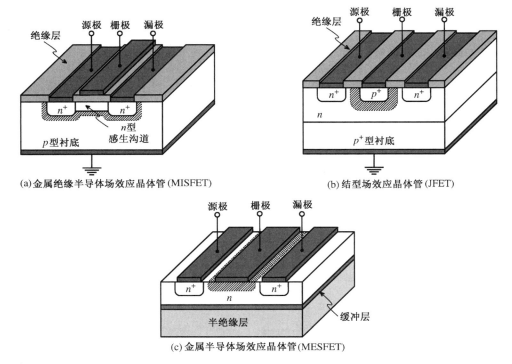

图 6.36　场效应晶体管的结构，图中斜线区为空间电荷区

由于存在由栅极-绝缘层或反向偏置 $pn$ 结形成的大电容，金属绝缘半导体及结型场效应晶体管的截止频率都较低，通常工作于低频或中等频率范围内，典型值为 1 GHz 以下。砷化镓金属半导体场效应晶体管的工作频率可达到 $60 \sim 70$ GHz，而高电子迁移率晶体管的工作频率可超过 100 GHz。因为我们的兴趣在于射频应用，所以将重点讨论后两种类型的场效应晶体管。

除了上述的物理结构分类，习惯上也根据电性能对场效应晶体管进行分类，即分为**增强型**（enhancement）或**耗尽型**（depletion）。这就意味着，沟道内的载流子浓度可随栅极电压的提高而增加（例如对 $n$ 型沟道注入电子）或降低（例如将 $n$ 型沟道中的电子耗尽）。在图 6.36(a) 中，场效应晶体管是不导电的，即**开路型**（normally-off），直到一个足够高的正栅压建立起导电沟道。开路型场效应晶体管只能工作在增强模式。不同的是，**导通型**（normally-on）场效应晶体管能工作在增强或耗尽两种模式。

## 6.4.2　功能

由于金属半导体场效应晶体管（其物理性能在许多方面与结型场效应晶体管类似）在射频、微波放大器、混频器和振荡器电路中的重要性，下面重点针对图 6.37 所示的工作在耗尽模式的晶体管结构进行分析。

晶体管中的肖特基接触建立起一个由空间电荷区形成的沟道，它控制了从源极到漏极的电流。按照 6.1.3 节的讨论，空间电荷区的长度 $d_S$ 可通过栅极电压来控制，将式（6.39）中的 $V_A$ 替换为栅极-源极电压 $V_{GS}$，可得

$$d_S = \left(\frac{2\varepsilon}{q} \frac{V_d - V_{GS}}{N_D}\right)^{1/2} \tag{6.77}$$

例如,对砷化镓与金的界面,式中的势垒电压 $V_d$ 约为 0.9 V。源极-漏极之间的电阻可由下式估算:

$$R = \frac{L}{\sigma(d - d_S)W} \tag{6.78}$$

其中,电导率由 $\sigma = q\mu_n N_D$ 给出,$W$ 是栅极宽度。把式(6.77)代入式(6.78),可得漏极电流方程:

$$I_D = \frac{V_{DS}}{R} = G_0 \left[1 - \left(\frac{2\varepsilon}{qd^2} \frac{V_d - V_{GS}}{N_D}\right)^{1/2}\right] V_{DS} \tag{6.79}$$

其中,电导定义为 $G_0 = \sigma Wd/L$。方程式(6.79)表明:漏极电流与漏极-源极电压线性相关,方程成立的前提是 $V_{DS}$ 较小。

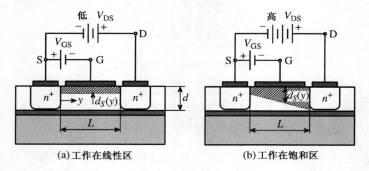

图 6.37　不同漏极-源极电压下金属半导体场效应晶体管的功能

当漏极-源极电压增加时,在漏极接触点附近的空间电荷区将增大,造成沟道中耗尽区的分布不均匀,参见图 6.37(b)。若设沿沟道的电压在源极处为零,在漏极处为 $V_{DS}$,就能计算出该非均匀空间电荷区的漏极电流。这样的处理方法称为**渐变沟道近似**(gradual-channel approximation)。这种近似的基本依据是,假设在沟道的特定位置 $y$ 处,沟道的截面积为 $A(y) = (d - d_S(y))W$,并且电场 $E$ 仅有 $y$ 分量。由此可得沟道电流:

$$I_D = -\sigma E A(y) = \sigma \frac{\mathrm{d}V(y)}{\mathrm{d}y}(d - d_S(y))W \tag{6.80}$$

其中,在 $d_S(y)$ 的表达式中 $V_d$ 与 $V_{GS}$ 之差还须增加一项沿沟道的附加电压降 $V(y)$,即式(6.77)需修改为

$$d_S(y) = \left[\frac{2\varepsilon}{qN_D}(V_d - V_{GS} + V(y))\right]^{1/2} \tag{6.81}$$

把式(6.81)代入式(6.80),并对等式两边进行积分,可得

$$\int_0^L I_D \mathrm{d}y = I_D L = \sigma W \int_0^{V_{DS}} \left(d - \left[\frac{2\varepsilon}{qN_D}(V + V_d - V_{GS})\right]^{1/2}\right) \mathrm{d}V \tag{6.82}$$

此式即是以漏极电流表达的金属半导体场效应晶体管的**输出特性**(output characteristic),变量为 $V_{GS}$ 和 $V_{DS}$,也可表示为

$$I_D = G_0\left(V_{DS} - \frac{2}{3}\sqrt{\frac{2\varepsilon}{qN_Dd^2}}[(V_{DS} + V_d - V_{GS})^{3/2} - (V_d - V_{GS})^{3/2}]\right) \tag{6.83}$$

当 $V_{DS}$ 值较小时，上述方程退化为式(6.79)。

当空间电荷区扩展到整个沟道的深度 $d$ 时，漏极-源极电压称为**漏极饱和电压**(drain saturation voltage) $V_{DSsat}$，其表达式为

$$d_S(L) = d = \sqrt{\frac{2\varepsilon}{qN_D}(V_d - V_{GS} + V_{DSsat})} \tag{6.84}$$

或

$$V_{DSsat} = \frac{qN_Dd^2}{2\varepsilon} - (V_d - V_{GS}) = V_P - V_d + V_{GS} = V_{GS} - V_{T0} \tag{6.85}$$

这里引入了**夹断电压**(pinch-off voltage) $V_p = qN_Dd^2/(2\varepsilon)$ 和**阈电压**(threshold voltage) $V_{T0} = V_d - V_p$。将式(6.85)代入式(6.83)，可求出对应的漏极饱和电流为

$$I_{Dsat} = G_0\left[\frac{V_P}{3} - (V_d - V_{GS}) + \frac{2}{3\sqrt{V_P}}(V_d - V_{GS})^{3/2}\right] \tag{6.86}$$

当 $V_{GS} = 0$ 时，由式(6.86)可得到最大饱和电流，定义为 $I_{Dsat}(V_{GS} = 0) = I_{DSS}$。图6.38是场效应晶体管的典型输入/输出转移特性和输出特性。

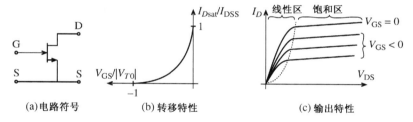

图6.38　$n$ 型沟道金属半导体场效应晶体管的转移特性和输出特性

饱和漏极电流式(6.86)通常近似为以下简化关系：

$$I_{Dsat} = I_{DSS}\left(1 - \frac{V_{GS}}{V_{T0}}\right)^2 \tag{6.87}$$

相对于式(6.86)，式(6.87)的近似精度如何将在下面的例题中讨论。

---

**双栅场效应晶体管**

　　对于某些用途，将共漏极场效应晶体管与共栅极场效应晶体管组合使用更有利。这种将两个场效应晶体管串联的方式称为级联电路，这样做可以减小第 7 章将提到的密勒(Miller)效应，从而改善晶体管的高频特性。这种将两个晶体管串联组合的结构可以采用集成电路方式实现，所以就称为双栅场效应晶体管。

---

**例6.9　求金属半导体场效应晶体管的漏极饱和电流**

　　已知一个砷化镓金属半导体场效应晶体管的技术参数为：$N_D = 10^{16}$ cm$^{-3}$，$d = 0.75$ μm，$W = 10$ μm，$L = 2$ μm，$\varepsilon_r = 12.0$，$V_d = 0.8$ V 和 $\mu_n = 8500$ cm$^2$/(V·s)。求：(a)夹断电压，(b)阈

值电压,(c)最大饱和电流 $I_{\text{DSS}}$;并以式(6.86)和式(6.87)为基础绘出漏极饱和电流与 $V_{\text{GS}}$ 的关系曲线,$V_{\text{GS}}$ 的范围为 $-4 \sim 0$ V。

**解**:场效应晶体管的夹断电压与栅极-源极电压无关,可按下式计算:

$$V_p = \frac{qN_Dd^2}{2\varepsilon} = 4.24 \text{ V}$$

求出 $V_p$ 且已知势垒电压 $V_d = 0.8$ V,则可求出阈值电压为 $V_{T0} = V_d - V_p = -3.44$ V。漏极最大饱和电流也与外加的漏极-源极电压无关,根据式(6.86),它等于

$$I_{\text{DSS}} = G_0\left[\frac{V_P}{3} - V_d + \frac{2}{3\sqrt{V_P}}V_d^{3/2}\right] = 6.89 \text{ A}$$

其中,$G_0 = \sigma qN_DWd/L = q^2\mu_nN_D^2Wd/L = 8.16$ S。

图 6.39 给出了漏极饱和电流的计算结果,采用严格的公式(6.86)和平方律近似公式(6.87)。

由于两者非常吻合,所以平方律近似式(6.87)比严格公式更为广泛地应用于文献和数据手册中。

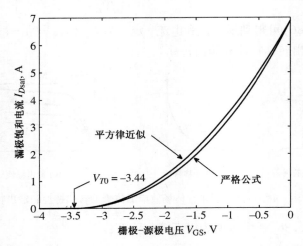

图 6.39  漏极电流与 $V_{\text{GS}}$ 的关系曲线,采用严格公式(6.86)和近似式(6.87)计算

在给定的 $V_{\text{GS}}$ 下,如果 $V_{\text{DS}}$ 达到饱和电压值 $V_{\text{DSsat}}$,则空间电荷区将夹断沟道,即意味着漏极电流达到饱和。有意思的是,夹断并不是指 $I_D$ 为零,因为没有电荷势垒阻止载流子流动,而外加电压 $V_{\text{DS}}$ 产生的电场却"拉"着电子穿过空间电荷的耗尽区。只要 $V_{\text{DS}} > V_{\text{DSsat}}$,就将造成沟道从初始的长度 $L$ 缩短为新长度 $L' = L - \Delta L$。这样就使式(6.86)必须修改为

$$I'_D = I_D\left(\frac{L}{L - \Delta L}\right) = I_D\left(\frac{L}{L'}\right) \tag{6.88}$$

沟道长度的变化量与 $V_{\text{DS}}$ 的函数关系可通过**沟道长度调制系数**(channel length modulation parameter)$\lambda = \Delta L/(L'V_{\text{DS}})$ 来描述。这对于描述饱和区中的漏极电流特别有用:

$$I'_{D\text{sat}} = I_{D\text{sat}}(1 + \lambda V_{\text{DS}}) \tag{6.89}$$

实验测量表明,当 $V_{\text{DS}}$ 增加时,漏极电流稍有增加。

**器件的差异**

　　相对于双极晶体管，场效应晶体管的一个缺陷是与制作工艺相关的参数离散性。这在数字型互补金属氧化物半导体（Complementary Metal Oxide Semiconductor, CMOS）技术中也许是可容忍的，因为数字系统只涉及开关状态，但对模拟电路则会产生相当大的问题。漏极电流和栅极电压的变化必须通过适当的偏置电路进行补偿。

### 例 6.10　金属半导体场效应晶体管的伏-安特性

　　对离散的栅极-源极电压 $V_{GS} = -1$ V，$-1.5$ V，$-2$ V 和 $-2.5$ V，画出金属半导体场效应晶体管的栅极电流 $I_D$ 作为漏极-源极电压 $V_{DS}$ 的函数曲线，电压范围为 $0 \sim 5$ V。假设器件参量值与例 6.9 中的相同，而沟道长度调制系数 $\lambda$ 为 $0.03$ V$^{-1}$。将计算结果与 $\lambda = 0$ 的情况进行对比。

　　**解：** 在分析金属半导体场效应晶体管的性能时，必须注意选择合适的公式。当漏极-源极电压非常低时，漏极电流可由简单的线性关系式（6.79）给出。当电压增加时，此近似公式将失效，必须采用较为复杂的 $I_D$ 表达式，即式（6.83）。若 $V_{DS}$ 继续增加，则最终将导致沟道被夹断，此时 $V_{DS} \geqslant V_{DSsat} = V_{GS} - V_{T0}$。在这种情况下，漏极电流等于由式（6.86）给出的饱和电流。若 $V_{DS}$ 继续增加并超过饱和电压，则由于沟道的缩短，漏极电流只会有少量增加。此时，$I_D$ 与 $V_{DS}$ 呈线性关系。在 $V_{DS} \geqslant V_{DSsat}$ 条件下，将式（6.86）代入式（6.89），可得

$$I_D = G_0 \left\{ \frac{V_P}{3} - (V_d - V_{GS}) + \frac{2}{3} \frac{(V_d - V_{GS})^{3/2}}{V_P^{1/2}} \right\} (1 + \lambda V_{DS})$$

为了使线性区平滑过渡到饱和区，当 $\lambda$ 不为零时，用 $(1 + \lambda V_{DS})$ 乘以式（6.83）。这样，对于 $V_{DS} \leqslant V_{DSsat}$ 的情况，漏极电流的最终表达式为

$$I_D = G_0 \left\{ V_{DS} - \frac{2}{3} \frac{(V_{DS} + V_d - V_{GS})^{3/2} - (V_d - V_{GS})^{3/2}}{V_p^{1/2}} \right\} (1 + \lambda V_{DS})$$

对于 $\lambda$ 为零（虚线）及不为零（实线）的情况，应用上述公式估算 $I_D$ 的结果如图 6.40 所示。

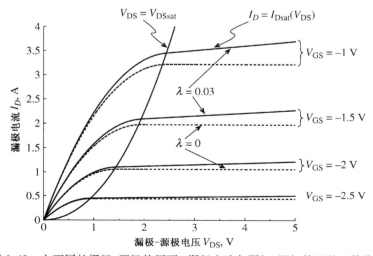

图 6.40　在不同的栅极-源极偏压下，漏极电流与漏极-源极偏压的函数曲线

沟道长度调制类似于在双极晶体管中的厄利(Early)效应，即工作在放大模式的双极晶体管的集电极-发射极电压增高时，集电极电流仅有微小增加，这将在第7章中讨论。

### 6.4.3 频率响应

金属半导体场效应晶体管的高频性能取决于源极-漏极间运动的载流子的渡越时间，以及器件的 $RC$ 时间常数。本节将集中讨论渡越时间，而把对时间常数的计算放到第7章中，因为那需要沟道电容方面的知识。由于在硅和砷化镓中电子比空穴的迁移率高得多，所以在射频和微波应用中几乎都采用的是 $n$ 沟道金属半导体场效应晶体管。另外，由于砷化镓的电子迁移率比硅高约5倍，通常更愿意选择砷化镓金属半导体场效应晶体管，而不是硅器件。

电子穿越长度为 $L$ 的栅极沟道的渡越时间 $\tau$ 由下式计算：

$$\tau = \frac{L}{v_{\text{sat}}} \tag{6.90}$$

其中，假设饱和速度 $v_{\text{sat}}$ 为常数。例如，若栅极长度为 $1.0\ \mu\text{m}$，饱和速度约为 $10^7\ \text{cm/s}$，则截止频率 $f_T = 1/(2\pi\tau)$ 为 15 GHz。

### 6.4.4 极限参数

金属半导体场效应晶体管必须工作在由最大漏极电流 $I_{D\text{max}}$、最大栅极-源极电压 $V_{\text{GSmax}}$ 和最大漏极-源极电压 $V_{\text{DSmax}}$ 所规定的范围内。最大功率 $P_{\text{max}}$ 由 $V_{\text{DS}}$ 和 $I_D$ 的乘积确定，即

$$P_{\text{max}} = V_{\text{DS}} I_D \tag{6.91}$$

它还与沟道温度 $T_C$，环境温度 $T_a$ 及沟道与焊点间的热阻 $R_{\text{thjs}}$ 有关，即

$$T_C = T_a + R_{\text{thjs}} P \tag{6.92}$$

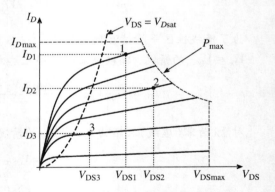

图 6.41 说明了这个问题。在图中标出了3个可选的工作点。偏置点3的放大倍数低而且可能无输出电流增益。然而，这个工作点的功率消耗最低。偏置点2显示出较理想的放大功能，但是功率消耗明显增大。偏置点1则具有高放大倍数、高功率消耗和低的输出电流振幅。后续各章中将深入研究如何针对各种特殊应用选择合适的工作点。

图 6.41　金属半导体场效应晶体管的典型极限输出特性及3个工作点

## 6.5　金属氧化物半导体晶体管

金属氧化物半导体场效应晶体管已经广泛应用于数字微电子电路中，在射频模拟电路中的应用也日益广泛，主要原因是尺寸的缩小，特别是栅长的缩小，使得其频率响应进入了吉赫频段。金属栅极只是一个历史上的研究热点，现代工艺技术已采用高电导率的复合多晶硅取代了它。绝缘薄层由二氧化硅($SiO_2$)形成，厚度可从小于 10 nm 到大约 50 nm。根据采用的体材料，必须区分 $n$ 型沟道($p$ 型体材料)晶体管和 $p$ 型沟道($n$ 型体材料)晶体管。若采用这两种晶体管制作单片电路，则称为互补金属氧化物半导体工艺或 CMOS 工艺。

## 6.5.1　结构

由于电子具有更高的迁移率，所以增强型 $n$ 型沟道晶体管更适合于射频模拟电路，该晶体管如图 6.42 所示。"增强"一词的含义是，需要施加正向栅极电压，以便形成源极至漏极的导电沟道。必须强调的是，金属氧化物半导体场效应晶体管是 4 端器件，体材料衬底即第 4 个端口。

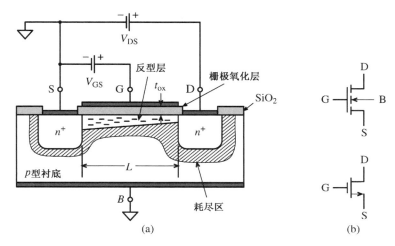

图 6.42　$n$ 型沟道金属半导体场效应晶体管剖面图。（a）实际结构；（b）符号

如图 6.42 所示，栅极与半导体材料之间由极薄的绝缘介质层隔离，这样就能采用微电子电路工艺制作集成电容。例如，如果栅极是反偏的，栅极上的负电荷将由积聚在栅极底面 $p$ 型衬底区域的正电荷抵消，那么体材料的衬底就形成了充电通道，其单位面积的本征电容 $C_{ox}$ 可表示为

$$C_{ox} = \frac{\varepsilon}{t_{ox}} = \frac{\varepsilon_0 \varepsilon_{rox}}{t_{ox}} \tag{6.93}$$

其中，$t_{ox}$ 和 $\varepsilon_{rox}$ 分别为绝缘氧化层的厚度和介电常数（$SiO_2$ 的介电常数约为 3.9）。栅极总电容则由沟道长度 $L$ 和宽度 $W$ 决定：

$$C_{GS} = C_{ox}WL \tag{6.94}$$

若对栅极施加合适的正电压，情况则开始发生变化，栅极层的正电荷将排斥 $p$ 型掺杂体材料中带正电的载流子，从而形成了耗尽层。继续增加栅极电压，最终将导致栅极从源极和漏极吸引来负电荷，栅极下层的沟道则由 $p$ 型变为 $n$ 型（反型层）。沟道发生反型时的栅极-源极电压 $V_{GS}$ 称为阈值电压 $V_{T0}$。一般情况下，沟道的反型是逐步发生的，通常分为弱反型、中度反型和强反型。根据经验，如果栅极-源极电压与阈值电压的差，即等效电压 $V_{eff} = V_{GS} - V_{T0}$ 大于 200 mV，则为大多数电路设计者期望的强反型。

## 6.5.2　功能

上一节假设源极和漏极的电位相同，即无电流存在。现在要研究两种重要的状态，它们取决于 $V_{DS}$ 与 $V_{GS}$（又假设为高于 $V_{T0}$）的相对幅度。

#### 1. 线性放大区

此时 $V_{DS}$ 为适当的正值，以保证漏极电流 $I_D$ 线性增加：

$$I_D = \mu_n C_{ox} \frac{W}{L} \Big[ (V_{GS} - V_{T0}) V_{DS} - \frac{1}{2} V_{DS}^2 \Big] \tag{6.95}$$

源极和漏极之间的沟道具有连续的载流子电荷层，其浓度从源极电极处的最大值逐步下降到漏极电极处的最小值，其中栅极沟道的电压最高，漏极电极处的电压最低。随着 $V_{DS}$ 的增加，式(6.95)中的平方项的影响将增大，并将减缓漏极电流的增加。

#### 2. 饱和区

在饱和工作状态下，$V_{DS}$ 远远大于零，使得漏极电流 $I_D$ 达到饱和。此时饱和电流的表达式为

$$I_D = \mu_n C_{ox} \frac{W (V_{GS} - V_{T0})^2}{L \quad 2} \tag{6.96}$$

这种现象的发生是由于栅极-漏极电压 $V_{GD}$ 已下降到低于阈值电压( $V_{GD} < V_{T0}$ )，同时载流子的反型过程逐渐完成。特别是，从漏极附近开始，带负电的载流子都消失了，沟道内的载流子耗尽了，即沟道被夹断。在讨论金属半导体场效应晶体管时已经提到过这种现象。现在，电子也将以饱和速度穿过沟道。有趣的是，这个饱和区却与双极晶体管的正向放大区相似；然而，与双极晶体管的指数型电流响应不同，金属氧化物半导体场效应晶体管的电流响应符合平方律。另外，与我们讨论的金属半导体场效应晶体管相同，有效沟道的缩短也将导致沟道调制效应：

$$I_D = \mu_n C_{ox} \frac{W (V_{GS} - V_{T0})^2}{L \quad 2} [1 + \lambda (V_{DS} - V_{eff})] \tag{6.97}$$

其中，$\lambda$ 仍然是沟道长度调制系数。

在以上对金属氧化物半导体的讨论中，默认的假设是，当与源接触时，这种体材料中的电压是均匀的。而在采用高掺杂衬底的互补金属氧化物半导体工艺中，有源器件是采用"阱"工艺实现的，因此上述情况不一定成立。这种情况称为体效应，它使源电压出现了附加的体电压 $V_{SB}$ 分量，并将影响晶体管的阈值电压 $V_{T0}$。

## 6.6　高电子迁移率晶体管

**高电子迁移率晶体管**(HEMT)也称为**调制掺杂场效应晶体管**(MOdulation-Doped FET, MODFET)，它利用了不同半导体材料，如镓铝砷和砷化镓的带隙能上的差别，目的是大幅度提高金属半导体场效应晶体管的上限工作频率，而同时保持其低噪声性能和高额定功率。目前，高电子迁移率晶体管的截止频率已达到甚至超过了 100 GHz。这种高的频率特性是由于电子载流子脱离了掺杂镓铝砷和未掺杂砷化镓之间界面，即**量子阱**(quantum well)上的施主，在那里电子被局限于非常窄(约 10 nm 厚)的层内，只可能做平行于界面的运动。这里涉及迁移率非常高的二维电子气体(two-dimensional electron gas, 2DEG)或等离子体，迁移率可高达 9000 $cm^2/V \cdot s$。这是相对于砷化镓金属半导体场效应晶体管( $\mu_n \approx 4500$ $cm^2/V \cdot s$ )的重大进步。由于层很薄，其中的载流子密度常用表面密度来描述，典型值为 $10^{12} \sim 10^{13}$ $cm^{-2}$ 量级。

为了进一步降低杂质对载流子的散射，通常是插入一层厚度为 20 ~ 100 nm，不掺杂的镓

铝砷隔离层。此隔离层可采用分子束外延技术生长，必须使其足够薄，以便允许栅压 $V_{GS}$ 通过静电力效应控制电子等离子体。除了单层异质结构（镓铝砷层在砷化镓层上面），包含有多个二维电子气体沟道的多层异质结构也已出现。显然，相对于砷化镓金属半导体场效应晶体管而言，由于要求精确控制薄层的结构、陡峭的掺杂梯度，及需要采用更难制造的半导体材料，高电子迁移率晶体管的生产成本昂贵得多。

## 6.6.1　结构

图 6.43 为异质结的基本结构，$n$ 型掺杂的镓铝砷半导体材料的下面是一层未掺杂的镓铝砷隔离层，一层未掺杂的砷化镓层和一个高阻的半绝缘（s. i.）砷化镓衬底。

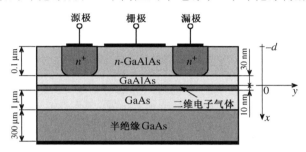

图 6.43　耗尽模式高电子迁移率晶体管的异质结构

因为费米能级在导带之上，所以在栅极零偏置条件下，未掺杂的砷化镓层中形成了二维电子气体，使得电子积聚在窄势阱中。逐步增加负栅压将使电子耗尽，这将在以后讨论。

大多数高电子迁移率晶体管由具有匹配的晶格常数的异质结构组成，以避免层间的机械张力。典型的例子是镓铝砷–砷化镓，以及铟镓砷–磷化铟（InP）界面。对非匹配晶格异质结构的研究也在进行，例如大晶格的铟镓砷被压缩在较小的砷化镓晶格上。这种器件结构称为**假晶高电子迁移率晶体管**（pseudomorphic HEMT），或简称为 **pHEMT**。

---

**高电子迁移率晶体管的发展史**

　　第一只高电子迁移率晶体管是 1978 年问世的，它采用了铝镓砷（AlGaAs）和砷化镓的晶格匹配技术。目前，新型的制造技术已能制造出各种高电子迁移率晶体管，如磷化铟晶格匹配高电子迁移率晶体管，以及异质高电子迁移率晶体管，目标都是减小导带的不连续性。由于噪声低、工作频率高，以及优越的大信号性能，高电子迁移率晶体管特别适合于高性能的混频电路。

---

## 6.6.2　功能

镓铝砷–砷化镓之间的狭窄界面是决定高电子迁移率晶体管中漏极电流的关键因素。为简单起见，我们忽略了隔离层，并特别注意图 6.44 中的能带模型。

根据以下一维泊松方程，可导出类似于式(6.21)的数学模型：

$$\frac{\mathrm{d}^2 V}{\mathrm{d}x^2} = -\frac{q N_D}{\varepsilon_H} \tag{6.98}$$

其中，$N_D$和$\varepsilon_H$分别是在镓铝砷异质结构中的施主浓度和介电常数。令电势的边界条件为$V(x=0)=0$，在金属半导体一侧$V(x=-d)=-V_b+V_G+\Delta W_c/q$。其中，$V_b$是势垒电压，见式(6.38)，$\Delta W_c$是在$n$型掺杂的镓铝砷和砷化镓之间导带的能量差，$V_G$为栅极-源极电压和沟道电压降之和，即$V_G=-V_{GS}+V(y)$。为求电势，对式(6.98)求两次积分。在金属和半导体的界面，设

$$V(-d)=\frac{qN_D}{2\varepsilon_H}x^2-E_y(0)d \tag{6.99}$$

可得

$$E(0)=\frac{1}{d}(V_{GS}-V(y)-V_{T0}) \tag{6.100}$$

其中，定义高电子迁移率晶体管的阈电压$V_{T0}=V_b-\Delta W_c/q-V_p$。这里用到了前面定义的夹断电压$V_p=qN_Dd^2/(2\varepsilon_H)$，见式(6.85)。根据界面上的已知电场，可求出漏极电子电流：

$$I_D=\sigma E_y A=-q\mu_n N_D E Wd=q\mu_n N_D\left(\frac{dV}{dy}\right)Wd \tag{6.101}$$

如上所述，由于电流被限制在非常薄的区域内，所以可对$x=0$处的表面电荷密度$Q_S$进行积分。结果为$\sigma=-\mu_n Q/(WLd)=-\mu_n Q_S/d$。可根据高斯定理求出表面电荷密度$Q_S=\varepsilon_H E(0)$。把这些关系式代入式(6.101)，可得

$$\int_0^L I_D dy=\mu_n W\int_0^{V_{DS}}Q_S dV \tag{6.102a}$$

利用式(6.100)可求出漏极电流：

$$I_D L=\mu_n W\int_0^{V_{DS}}\frac{\varepsilon_H}{d}(V_{GS}-V-V_{T0})dV \tag{6.102b}$$

或

$$I_D=\mu_n\frac{W\varepsilon_H}{Ld}\left[V_{DS}(V_{GS}-V_{T0})-\frac{V_{DS}^2}{2}\right] \tag{6.102c}$$

当漏极-源极电压等于或大于栅极-源极电压与阈电压之差(即$V_{DS}\geq V_{GS}-V_{T0}$)时，夹断将发生。如果将这个条件的等价关系代入式(6.102c)，则有

$$I_D=\mu_n\frac{W\varepsilon_H}{2Ld}(V_{GS}-V_{T0})^2 \tag{6.103}$$

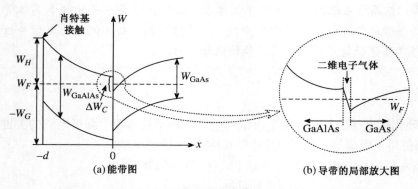

图6.44　高电子迁移率晶体管中镓铝砷-砷化镓界面的能带图

阈电压使我们可区别高电子迁移率晶体管的工作状态是增强模式还是耗尽模式。对于耗尽模式，要求 $V_{T0} < 0$ 或 $V_b - (\Delta W_C/q) - V_p < 0$。代入夹断电压 $V_p = qN_Dd^2/(2\varepsilon_H)$ 并解出 $d$，则有

$$d > \left[\frac{2\varepsilon_H}{qN_D}\left(V_b - \frac{\Delta W_C}{q}\right)\right]^{1/2} \qquad (6.104)$$

如果 $d$ 不满足上式（表明 $V_{T0} > 0$），则高电子迁移率晶体管是工作在增强模式。

### 例 6.11　计算高电子迁移率晶体管的有关电特性

在 $V_{GS} = -1\text{ V}$，$-0.75\text{ V}$，$-0.5\text{ V}$，$-0.25\text{ V}$ 和 $0\text{ V}$ 时，求高电子迁移率晶体管器件的典型电参量：夹断电压、阈值电压，以及漏极电流与漏极-源极电压 $V_{DS}$ 的函数关系。设定参量 $N_D = 10^{18}\text{ cm}^{-3}$，$V_b = 0.81\text{ V}$，$\varepsilon_H = 12.5\varepsilon_0$，$d = 50\text{ nm}$，$\Delta W_C = 3.5 \times 10^{-20}\text{ W·s}$，$W = 10\ \mu\text{m}$，$L = 0.5\ \mu\text{m}$ 和 $\mu_n = 8500\text{ cm}^2/(\text{V·s})$。

**解：** 此高电子迁移率晶体管的夹断电压为

$$V_P = qN_Dd^2/(2\varepsilon_H) = 1.81\text{ V}$$

根据 $V_P$ 可求出阈电压：

$$V_{T0} = V_b - \Delta W_C/q - V_P = -1.22\text{ V}$$

利用这些计算值，并根据 $V_{DS} \leq V_{GS} - V_{T0}$ 或 $V_{DS} \geq V_{GS} - V_{T0}$ 的条件分别采用方程（6.102c）或方程（6.103）计算漏极电流，计算结果如图 6.45 所示。可以看出，图 6.45 与图 6.43 中的砷化镓金属半导体场效应晶体管不同，这个图中没有考虑沟道长度的调制。在实际仿真中，可加上这个参量。

砷化镓金属半导体场效应晶体管和高电子迁移率晶体管存在类似的输出特性，所以可用同样的电路模型来描述。

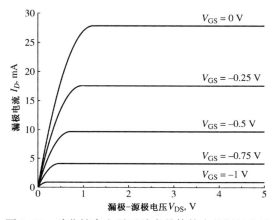

图 6.45　砷化镓高电子迁移率晶体管中的漏极电流

## 6.6.3　频率响应

类似于金属半导体场效应晶体管，高电子迁移率晶体管的高频性能取决于载流子的渡越时间。这个渡越时间 $\tau$ 可通过电子迁移率 $\mu_n$ 和漏极-源极电压的电场 $E$ 来表示，即

$$\tau = \frac{L}{\mu_nE_y} = \frac{L^2}{\mu_nV_{DS}} \qquad (6.105)$$

若栅极长度为 $1.0~\mu m$,在典型的漏极电压 $V_{DS}=1.5~V$ 下,迁移率 $\mu_n=8000~cm^2/(V\cdot s)$,则可得渡越频率 $f_T=1/(2\pi\tau)$,约为 190 GHz。

## 6.7 半导体技术的发展趋势

近年来,由于应用领域的迅速扩展,射频/微波半导体工业经历了爆炸式的增长。主要的份额来自蜂窝移动通信、无线网络及卫星通信和有线电视等消费市场。在这些应用领域中,工作频率一般不超过大约 6 GHz。有趣的是,在这个频段并不需要特殊的处理方法,当前标准的数字半导体芯片制造技术就足够了。因此,微电子技术在成本、尺度和功耗方面不断改善的优势将被充分利用,就像过去 40 年中数字电路的情况一样。

---

**鳍形场效应晶体管(FinFET)**

场效应晶体管由源极、漏极及由栅极控制的电流的沟道构成,布局是平面的结构。沟道的缩小受限于源极-漏极泄漏效应,极限为 10 nm 量级。所以人们尝试着开发三维结构的新型场效应晶体管,这种器件采用了类似鱼鳍(fin)的层结构形成源极至漏极的沟道,因而被形象地称为鳍形场效应晶体管。

---

将硅技术应用于微波电路是比较新的事物。已在数字集成电路中得到广泛应用的互补金属氧化物半导体(CMOS)技术就特别适合微波电路。由于对栅极的长度进行了大胆的调整,金属氧化物半导体场效应晶体管已经具备了相当好的射频性能,其截止频率($f_T$)和最高振荡频率($f_{max}$)的典型值为 50~100 GHz,最近的报道已超过 200 GHz。由于金属氧化物半导体场效应晶体管的栅极电阻高,其 $f_{max}$ 通常都比 $f_T$ 低。通过工艺技术的持续进步,金属氧化物半导体场效应晶体管的噪声性能和功率性能都得到了不断改善,尽管还未达到当前其他类型晶体管的水平。硅技术作为基本的工艺技术具有明显的优势:成本极低,可在单个芯片上将整个射频/混合信号电路与数字逻辑电路集成(即片上系统,SoC)。单片集成的蓝牙器件已经面市,用于蜂窝移动电话和无线网络(IEEE 802.11)的类似集成器件也研制成功了。现代金属氧化物半导体(MOS)器件的频率特性可用以下公式近似描述:

$$2\pi f_T=\frac{v_{eff}}{L_G} \tag{6.106}$$

其中,$L_G$ 是栅极长度,$v_{eff}$ 是电子有效饱和速度(硅的 $v_{eff}\approx 5\times 10^6~cm/s$)。例如,某器件的栅极长度为 1 $\mu m$,则其 $f_T$ 约为 8 GHz。目前的工艺技术可实现 130 nm 甚至更小的接点,对应的频率可轻易超过 80 GHz 或更高。遗憾的是,对于低噪声和高功率的应用,体电阻率低(约为 1~100 kΩ·cm)和击穿场强低(约为 300 kV/cm)仍然是有待解决的问题。

除了金属氧化物半导体场效应晶体管,自 20 世纪 80 年代末以来,硅工艺技术已能制作高性能的双极晶体管:锗硅异质结双极晶体管。一般情况下,这种晶体管的射频性能优于金属氧化物半导体场效应晶体管,但两者的截止频率基本相同(100~200 GHz)。由于高功率和高可靠性证明了其较高的价格是合理的,所以锗硅异质结双极晶体管受到了人们的欢迎。近年来,锗硅异质结双极晶体管的总体性能已经提高到开始替代以砷化镓、磷化铟为基础的传统微波半导体技术,应用频率也已上升到约为 40 GHz。锗硅异质结双极晶体管可以用于混合的双极型互补金属氧化物半导体工艺（Bipolar MOS，BiCMOS），该工艺能节约将数字电路与射频电路集成在同一个芯片上的成本。锗硅异质结双极晶体管最适合于功率放大器和振荡器，而金属氧化物半导体场效应晶体管则具有优越的噪声性能，因而更适合于低噪声放大器。

典型的高频（大于 10 GHz）、高性能微波晶体管市场仍然是砷化镓和磷化铟半导体技术占主导。这些化合物半导体的电子迁移率明显高于硅，砷化镓和磷化铟分别为 5000 cm²/（V·s）和 3000 cm²/（V·s），硅为 1900 cm²/（V·s）。直到现在，即使最普通的砷化镓金属半导体场效应晶体管也比最好的硅基晶体管的性能更好。金属半导体场效应晶体管（在 20 世纪 90 年代前，一直统治着微波晶体管的市场）现仍在低成本微波电路中使用，但当前晶体管技术的主要进展则是在异质结器件方面，包括在砷化镓和磷化铟衬底上制作的高电子迁移率晶体管和异质结双极晶体管。有报道称，最新型的晶体管的截止频率已达到 1 THz，而更普通的高端商用器件的 $f_T$ 和 $f_{max}$ 则为 200 ~ 400 GHz。在砷化镓和磷化铟这两种半导体衬底中，目前砷化镓占主导，主要原因是其工艺成熟，价格低廉。在总体性能方面，磷化铟要优于砷化镓，磷化铟器件的工作频率更高，但其工艺不成熟，成本偏高。磷化铟通常用于激光器，光器件及工作在微波频谱高端，即 100 GHz 以上的微波电路。然而，可以预见，随着制作工艺技术的不断成熟，磷化铟也将被用于其他领域。砷化镓和磷化铟材料的集成电路很常见，然而其集成密度和电路规模却远远小于现代硅基集成芯片。

在众多在研的半导体技术中，最有希望的是基于宽禁带半导体的技术，它的潜在应用是功率放大器。最常见的宽禁带材料是碳化硅（SiC）和氮化镓（GaN）。从低频直到 12 GHz，碳化硅（4H 或 6H 复合型）金属半导体场效应晶体管已显示出作为功率放大器的优势。碳化硅最值得称赞的特性包括击穿场强高（碳化硅大于 2000 kV/cm，氮化镓大于 5000 kV/cm），优良的热导率、耐温高及低介电系数。击穿电压和热导率高的材料可制作出结构紧凑的高偏压器件。结构小且介电系数低可以提高器件的输入、输出阻抗，因此可大幅度降低阻抗匹配（固态功率放大器的主要问题）的难度。其他优点包括由于裸芯面积小带来的低成本，以及由于耐温高降低了对热沉的要求。碳化硅的电子迁移率与硅相当，器件的最大振荡频率 $f_{max}$ 可达 60 GHz。4H 和 6H 碳化硅晶片（尽管晶体缺陷密度高仍然是主要问题）已经上市，几种碳化硅金属半导体场效应晶体管也已进入射频应用。

氮化镓高电子迁移率晶体管（GaAlN/GaN 异质结）是另一个有前途的宽禁带技术器件，其电子迁移率比硅、体材料氮化镓及碳化硅高数倍。另外，氮化镓耐高温并具有极高的电阻率（大于 $10^{10}$ kΩ·cm）。所以，随着制造技术的成熟（目前 $f_{max}$ 已高达 120 GHz），人们期望氮化镓高电子迁移率晶体管能够用于 40 GHz 及更高频率的功率放大器。然而，问题是现在缺乏氮化镓体材料的衬底晶片，多数氮化镓器件都是在蓝宝石或碳化硅衬底上制作的。蓝宝石的导热率不佳（对于功率放大器是潜在的重要缺陷），而且蓝宝石、碳化硅衬底与氮化镓之间存在明显的晶格失配，这将影响器件的可靠性。碳化硅和氮化镓的另一个缺陷是空穴迁移率极低，例如，在 $T = 300$ K，$N_D = 10^{16}$ cm$^{-3}$ 时，氮化镓的空穴迁移率 $\mu_p \approx 40$ cm²/（V·s）。这使得电路工程师只能采用 $n$ 型沟道场效应晶体管，而不能使用双极型或 $p$ 型沟道器件。总之，在宽禁带技术获得市场认可之前，还有许多有待克服的技术障碍。

## 应用讲座：射频功率晶体管的内部结构

这一节将考察一个特别的大功率晶体管的结构，它由恩智浦半导体公司（NXP）设计，型号为

BLF4G22-100。它是硅基横向扩散金属氧化物半导体(Laterally Diffused MOS, LDMOS)大功率场效应晶体管,是为宽带码分多址(Wideband CDMA, WCDMA)移动通信系统基站设计的,工作频率为 2.0~2.2 GHz。该器件输出的平均功率为 24 W,峰值功率为 150 W。当漏极-源极的额定电压为 28 V 时,其增益可达 13.5 dB。

　　图 6.46 所示为采用光学显微镜,以 3 种不同倍率观察到的 BLF4G22-100 的内部结构。图 6.46(a)显示的是器件的全貌,其尺寸约为 20 mm×10 mm 的矩形,并以宽铜带与外电路板相连。这些铜带是器件栅极和漏极的引线,也是器件的射频输入、输出端口。源极直接连接在器件的金属底壳上,该底壳通常安装在电路中接地的热沉上。由于这个晶体管在 WCDMA 系统中应用的效率为 26%,当晶体管输出 24 W 的最大射频功率时,约为射频功率的 3 倍,即约为 68 W,以热量的形式耗散了,因此该晶体管需要良好的散热,以便获得其额定输出功率。晶体管的金属底壳被设计成可直接焊接到热沉上,以减小管壳到热沉的热阻并对器件提供良好的接地。

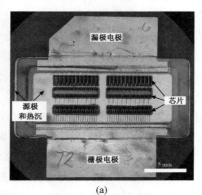

(a)

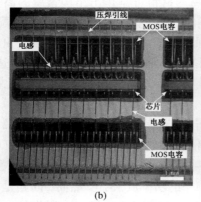

(b)

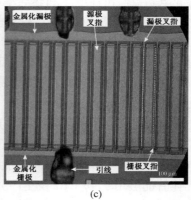

(c)

图 6.46　三种放大倍率下,横向扩散金属氧化物半导体功率晶体管(BLF4G22-100)的内部
结构。(a)封装全景;(b)芯片的连接;(c)晶体管芯片(恩智浦半导体公司授权)

　　图 6.46(b)是放大图,突出的是这个硅器件的内部连接。可以看出,该器件由两个相同的晶体管并联构成。晶体管的管芯是具有阵列形金属化结构的细条状的硅。可以看出,晶体管旁边有其他的硅器件,它们是电容器。这些电容与具有电感的压焊引线共同形成了匹配电路。匹配电路的作用仅是略微提高器件的阻抗,而并非将晶体管与典型的 50 Ω 输入、输出特性阻抗相匹配。这样做是有必要的,因为该器件由许多小功率晶体管并联构成,具有极低的输入、输出阻抗,一般为数欧姆或更低。LC 匹配电路降低了器件输入、输出端口的反射系数,因此

大大简化了设计外部匹配网络的难度(见第 8 章)。这种匹配方法的缺陷在于,简单的 *LC* 匹配电路只能在窄带工作,因此就限定了晶体管的工作频段。

在图 6.46(c)中,可以考察晶体管芯片的金属化结构。这个晶体管是叉指形的结构,不断重复源极-栅极-漏极-栅极-源极的图形。其中栅极最窄(宽度 0.6 μm),在如此高的放大率下也仅仅依稀可辨。漏极指条较宽,在图像中清晰可辨。源极指条最宽,以便获得极低的接地电阻。图像中还能看见压焊引线的焊盘,相对于芯片中的其他部分,它们显得相当大。

图 6.47 是安装在包括偏置电路和匹配电路的电路板上的大功率晶体管。偏置是通过 1/4 波长微带线提供的,该微带线的终端有连接到直流端的旁路电容。匹配网络由不同宽度、长度比例的微带线构成。晶体管旁边最宽的微带线段具有极低的特性阻抗,这是为了将更低的器件阻抗变换为适当的值。匹配网络周围有几个孤立的铜导体,通过有选择地将它们与微带线相连,可以调整匹配状态。电路的铜底板是与水冷系统相连的,这在图片中看不出来。

图 6.47　安装在测试电路板上的功率晶体管

## 6.8　小结

为了理解最常用的射频有源固体器件的功能和局限,这一章首先回顾了半导体物理的基本原理。能带模型中的导带、价带和费米能级的概念是考察各种固体物理现象的出发点。

随后,将注意力转向 *pn* 结,并导出了势垒电压:

$$V_{\text{diff}} = V_T \ln\left(\frac{N_A N_D}{n_i^2}\right)$$

和具有下述形式的耗尽电容和扩散电容:

$$C_d = \frac{C_0}{\sqrt{1 - V_A/V_{\text{diff}}}}, \qquad C_S = \frac{\tau I_0}{V_T} e^{V_A/V_T}$$

对于 *pn* 结型二极管的频率响应,这两个电容都非常重要,二极管的电流由以下肖克利方程给出:

$$I = I_S\left(e^{V_A/V_T} - 1\right)$$

这个方程突出了二极管伏-安特性的非线性。

与 *pn* 结不同,肖特基接触是 *n* 型半导体与金属接触的界面。肖特基势垒 $V_d$ 可用金属的功函数 $qV_M$、半导体的功函数 $q\chi$ 及导带电势 $V_c$ 表示为

$$V_d = (V_M - \chi) - V_C$$

对于硅-金界面,肖特基势垒的典型值为 0.84 V,而 *pn* 结的导通电压是 0.7 V。从技术上讲,这种接触首先应用在肖特基二极管中,目前已在许多射频电路中得到广泛应用,如混频器、调制器等。肖特基接触的伏-安特性与 *pn* 结二极管相同,但其反向饱和电流 $I_S$ 在理论上更为复杂。

另外一些具有特殊用途的射频二极管包括 PIN 二极管、变容二极管和隧道二极管。PIN 二极管的 *p* 层和 *n* 层之间增加了一个本征层。它可以实现从低阻的正向偏置到容性的反向偏置(即绝缘状态)之间的转换。PIN 二极管在开关器件和衰减器中得到了应用。在正向偏置下,

PIN 二极管的射频电阻近似为

$$R_J(I_Q) = \frac{W^2}{(\mu_n + \mu_p)\tau I_Q}$$

变容二极管包含有特定的掺杂分布的 $I$ 层,以实现特殊的电容-电压特性。这种特性可用于频率的调谐和短脉冲的产生。隧道二极管在其伏-安曲线的特定部位呈现负的斜率,因此适用于振荡电路。在射频领域,其他令人感兴趣的二极管是 IMPATT、TRAPATT、BARRITT 和耿氏二极管。

在很多方面,双极晶体管都可看成由上述二极管发展而来,因为 $npn$ 结构是由两个二极管的串联组成的。晶体管的正向导通、反向导通及饱和这三种状态可由发射极、集电极和基极电流表达式(6.69)至式(6.71)表示为

$$I_E = -I_S(e^{V_{BE}/V_T} - 1) - \frac{I_S}{\beta_F}(e^{V_{BE}/V_T} - 1) + I_S(e^{V_{BC}/V_T} - 1)$$

$$I_C = I_S(e^{V_{BE}/V_T} - 1) - \frac{I_S}{\beta_R}(e^{V_{BC}/V_T} - 1) - I_S(e^{V_{BC}/V_T} - 1)$$

$$I_B = I_S\left\{\frac{1}{\beta_R}(e^{V_{BC}/V_T} - 1) + \frac{1}{\beta_F}(e^{V_{BE}/V_T} - 1)\right\}$$

双极晶体管的频率响应取决于截止频率 $f_T = 1/(2\pi\tau)$,在该频率下,晶体管的短路电流增益等于 1。双极晶体管的时间常数由 3 类时延构成,即 $\tau = \tau_E + \tau_B + \tau_C$,分别对应于发射极、基极和集电极区域。

不同于双极晶体管,场效应晶体管是单极性器件,并具有卓越的高频性能和低噪声特性。特别是,$n$ 沟道砷化镓金属半导体场效应晶体管被广泛应用于各种射频放大器、混频器和振荡器中。决定金属半导体场效应晶体管输出特性的关键方程是其漏极电流表达式(6.83):

$$I_D = G_0\left(V_{DS} - \frac{2}{3}\sqrt{\frac{2\varepsilon}{qN_Dd^2}}[(V_{DS} + V_d - V_{GS})^{3/2} - (V_d - V_{GS})^{3/2}]\right)$$

当沟道被夹断,以及场效应晶体管由于沟道长度被调制而工作在饱和区域时,还需要对漏极电流进行修正。

最后,高电子迁移率晶体管与金属半导体场效应晶体管在结构上几乎相同,但它利用了异质半导体材料中的带隙能量差。在异质半导体材料中,电流被限制在非常窄的量子阱层中,电子的迁移率能达到金属半导体场效应晶体管中的 2 倍。由于载流子已脱离施主,所以器件的工作频率非常高(超过 100 GHz)。高电子迁移率晶体管器件与金属半导体场效应晶体管的漏极电流表达式几乎相同。

## 阅读文献

L. E. Larson, "Silicon technology tradeoffs for radio frequency/mixed-signal 'systems-on-a-chip,'" *IEEE Transactions on Electron Devices*, Vol. 50, pp. 683-699, 2003.

D. L. Harme, et al. "Design automation methodology and RF/analog modeling for RF CMOS and SiGe BiCMOS technologies," *IBM J. Res. and Dev.*, Vol. 47, No. 2/3, pp. 139-175, 2003.

D. Ueda, "Review of compound semiconductor devices for RF power applications," *IEEE Proceedings of the 14th International Symposium on Power Semiconductor Devices and ICs*, pp. 17-24, June 2002.

C. Nguyen and M. Micovic, "The state-of-the-art of GaAs and InP power devices and amplifiers," *IEEE Transactions on Electron Devices*, Vol. 48, pp. 472-478, 2001.

R. J. Trew, "Wide bandgap semiconductor transistors for microwave power amplifiers," *IEEE Microwave Magazine*, Vol. 1, pp. 46-54, 2000.

F. Schwierz, "Microwave Transistors-the last 20 years," *IEEE Proceedings of the 2000 International Conference on Devices, Circuits and Systems*, D28/1-D28/7, 2000.

J. J. Liou, "Semiconductor device physics and modelling. 1. Overview of fundamental theories and equations," *IEE Proceedings G*, Vol. 139, pp. 646-654, 1992.

R. Dingle et al., "Electron mobilities in modulation doped semiconductor heterojunction superlattices," *Appl. Phys. Lett.*, 33, pp. 665-667, 1978.

R. S. Cobbold, *Theory and Applications of Field-Effect Transistors*, John Wiley, New York, 1970.

A. M. Cowley and S. M. Sze, "Surface States and Barrier Height of Semiconductor Systems," *J. Appl. Physics*, Vol. 36, pp. 3212-3220, 1965.

M. B. Das, "Millimeter-Wave Performance of Ultra-Submicrometer Gate Field-Effect Transistors. A Comparison of MODFET, MESFET, and HBT-Structures," *IEEE Trans. on Electron Devices*, Vol. 34, pp. 1429-1440, 1987.

A. S. Grove, *Physics and Technology of Semiconductor Devices*, John Wiley, New York, 1967.

G. Massobrio and P. Antognetti, *Semiconductor Device Modeling with SPICE*, McGraw-Hill, New York, 1993.

J. L. Moll, *Physics of Semiconductors*, McGraw-Hill, New York, 1964.

D. V. Morgan and N. Parkman, *Physics and Technology of Heterojunction Devices*, P. Peregrinus Ltd., London, UK, 1991.

M. H. Norwood and E. Schatz, "Voltage Variable Capacitor Tuning—A Review," *Proceed. IEEE*, Vol. 56, pp. 788-798, 1968.

R. S. Pengelly, *Microwave Field-effect Transistors—Theory, Design and Applications*, Research Studies Press, London, UK, 1982.

C. T. Sah, "Characteristics of the Metal-Oxide Semiconductor Field-Effect Transistor," *IEEE Trans. on Electron Devices*, Vol. 11, pp. 324-345, 1964.

W. Shockley, *Electrons and Holes in Semiconductors*, Van Nostrand Reinhold, New York, 1950.

M. Shur, *GaAs Devices and Circuits*, Plenum Press, New York, 1987.

S. M. Sze, *Physics of Semiconductor Devices*, John Wiley, New York, 1981.

C. Weisbuch. *Physics and Fabrication of Microstructures and Microdevices*, Springer-Verlag, New York, 1986.

## 习题

6.1　为了能体会到半导体中巨大的原子数,可以考虑如下简单计算:硅是具有金刚石晶体结构(8 个角原子,6 个面原子,4 个内部原子)的半导体,晶格常数 $a = 5.43 \times 10^{-8}$ cm。各原子对原子数的贡献是:每个角原子为 1/8,每个面原子为 1/2。求每立方厘米的原子数。

6.2　导带和价带载流子浓度可由基于费米统计的态密度的积分确定。

$$N = \int g(E)\mathrm{d}E$$

对于有效电子质量 $m_n^*$,根据量子力学理论得出的态密度函数为

$$g(E) = 4\pi(2m_n^*)^{3/2}\sqrt{E}/h^3$$

(a)求能量小于 1.5 eV 时的电子态密度 $N$。

(b)对于有效电子质量为 1.08 $m_n$,即 $1.08 \times 9.11 \times 10^{-31}$ kg 的情况,求电子态的数目。

6.3　在室温下,某 $p$ 型硅半导体的掺杂浓度为每立方厘米含硼原子 $N_A = 5 \times 10^{16}$($n_i = 1.5 \times 10^{10}$ cm$^{-3}$)。

求少数和多数载流子的浓度,以及半导体的电导率。

6.4　测不准粒子的费米-狄拉克(Fermi-Dirac)概率是描述粒子的量子力学特征的基本统计理论,该粒子的数目是以单位电压、单位能量 $g(E)$ 的量子态数归一化的单位体积、单位能量 $N(E)$ 的粒子数。即

$$f(E) = \frac{N(E)}{g(E)} = \frac{1}{1 + \exp((E - E_F)/(kT))}$$

(a)在室温下, $E_F = 5$ eV 时,画出被占据态的概率 $f(E)$ 和空态的概率 $1 - f(E)$ 。

(b)求空态概率为 5% 时的温度。

6.5　一般来说,本征载流子浓度是在室温下测量的。对砷化镓,当 $T = 300$ K 时,有效态密度为 $N_C = 4.7 \times 10^{17}$ cm$^{-3}$, $N_V = 7.0 \times 10^{18}$ cm$^{-3}$。假定带隙能恒为 1.42 eV。

(a)求室温下的本征载流子浓度。(b)计算 $T = 400$ K 时的 $n_i$。(c)计算 $T = 450$ K 时的 $n_i$。

6.6　有趣的是,即使在载流子浓度梯度适中的情况下,仍能产生明显的扩散电流密度。假设在 $p$ 型硅半导体中,空穴浓度在 100 μm 距离内从 $5 \times 10^{17}$ cm$^{-3}$ 线性地变到 $10^{18}$ cm$^{-3}$。若 $T = 300$ K 时的扩散系数为 $D_p = 12.4$ cm$^2$/s,求电流密度。

6.7　6.1.2 节曾导出了突变 $pn$ 结二极管的电场、电势分布表达式。对渐变结进行相同的计算,设电荷密度的变化为以下线性关系:

$$\rho(x) = \begin{cases} qN_A(x/d_p), & -d_p \leqslant x \leqslant 0 \\ qN_D(x/d_n), & 0 \leqslant x \leqslant d_n \end{cases}$$

6.8　已知掺杂浓度的数值即使有数量级上的变化, $pn$ 结的自建势垒仍相对保持恒定,而且固体器件的典型势垒值为 $0.5 \sim 0.9$ V。本题的目的是要表明此电压值是如何求出的。设 $N_A = 10^{18}$ cm$^{-3}$ 的 $p$ 型半导体和 $N_D = 5 \times 10^{15}$ cm$^{-3}$ 的 $n$ 型半导体相接触。

(a)求室温下的($n_i = 1.45 \times 10^{10}$ cm$^{-3}$)的势垒电压。

(b)假设 $N_A$ 减少为 $N_A = 5 \times 10^{16}$ cm$^{-3}$,重新计算势垒电压。

6.9　一个硅的突变 $pn$ 结,受主和施主浓度分别是 $N_A = 10^{18}$ cm$^{-3}$ 和 $N_D = 5 \times 10^{15}$ cm$^{-3}$。若器件在室温工作,确定以下值:

(a)势垒电压。

(b)在 $p$ 型和 $n$ 型半导体中的空间电荷区长度。

(c) $pn$ 结上的峰值电场。

(d)截面积为 $10^{-4}$ cm$^2$,相对介电常数 $\varepsilon_r = 11.7$ 时的结电容。

6.10　两个具有突变 $pn$ 结的二极管,分别由硅和砷化镓制成,两者的受主和施主浓度均为 $N_A = 10^{17}$ cm$^{-3}$ 和 $N_D = 2 \times 10^{14}$ cm$^{-3}$。

(a)求势垒电压。(b)求电场的最大值和空间电荷区长度。(c)画出空间电荷、电势和电场沿二极管的分布。

6.11　已知硅 $pn$ 结的 $p$ 层和 $n$ 层的导电率分别是 10 S/cm 和 4 S/cm。根据硅的性质,计算室温下 $pn$ 结的自建电压。

6.12　金属和半导体之间的肖特基接触可以由不同的材料形成。若金属用铝或金,半导体是硅和砷化镓,试求它们的势垒电压。利用表 6.2 和表 E.1,求室温下的 4 个势垒电压及相关的耗尽层厚度。设 $N_D = 10^{16}$ cm$^{-3}$。

6.13　假设肖特基二极管由 $n$ 型砷化镓和银接触形成,且工作在 1 mA 的正向偏置电流下。已知:理查森常数 $R^* = 4$ A/(cm$^2 \cdot$K$^2$),寄生串联电阻为 15 Ω,器件的截面积 $A = 10^{-2} \cdot$mm$^2$,二极

管的工作温度为 300 K。针对两种掺杂浓度 $N_D$：$10^{15}$ cm$^{-3}$ 和 $10^{17}$ cm$^{-3}$，在频率为 1 MHz 到 100 GHz 的频带内，计算势垒电压 $V_d$，并画出二极管阻抗的模，以及相位相对于频率的变化关系。

6.14　在一些实际应用中，常常需要考察肖特基二极管在给定外加电压下的非线性电流特性。已知

$$I = I_S\left( \mathrm{e}^{(V_A - IR_S)/V_T} - 1 \right)$$

其中，反向饱和电流 $I_S = 2 \times 10^{-11}$ A。若衬底电阻 $R_s = 1.8$ Ω，编程计算外加电压在 $0 \leqslant V_A \leqslant$ 1 V 之间变化时的二极管电流。

6.15　PIN 二极管是将轻掺杂层夹在高掺杂的 $n$ 型与高掺杂的 $p$ 型材料之间形成的一种半导体器件。在轻掺杂的本征层中，带电的少数、多数载流子发生复合前所经历的时间，即寿命 $\tau_p$，均为有限值。根据复合寿命的概念，用二极管电流 $I$ 及存储电荷 $Q$ 描述的简化 PIN 模型为

$$I = \frac{Q}{\tau_p} + \frac{\mathrm{d}Q}{\mathrm{d}t}$$

（a）求此一阶系统的频域响应 $Q(\omega)/I$。

（b）分别取 $\tau_p$ 值为 10 ps、1 ns 和 1 μs 时，画出归一化的电荷响应 $20 \log\left[ Q(\omega)/(I\tau_p) \right]$ 与角频率的关系。

注：当工作频率远低于截止频率 $f_p = 1/\tau_p$ 时，PIN 二极管特性像一个普通的 $pn$ 结二极管。然而，当工作频率高于 $f_p$ 时，PIN 二极管则变为理想的线性电阻，其阻值由偏置信号控制。

6.16　制造不同的变容二极管时，需要利用以下电容-电压特性：

（a）$C = 5$ pF $\sqrt{V_A/(V_A - V_{\mathrm{diff}})}$。

（b）$C = 5$ pF $\left( V_A/(V_A - (V_{\mathrm{diff}})) \right)^{1/3}$。

假设变容二极管的截面积是 $10^{-4}$ cm$^2$，求本征层所需的施主掺杂分布 $N_D(x)$。

6.17　一个硅双极晶体管的发射极、基极和集电极按下述浓度均匀掺杂：$N_D^E = 10^{21}$ cm$^{-3}$，$N_A^B = 2 \times 10^{17}$ cm$^{-3}$，$N_D^C = 10^{19}$ cm$^{-3}$。设：基极-发射极电压是 0.75 V，集电极-发射极电压是 2 V。两个结的截面积都是 $10^{-4}$ cm$^2$，发射极、基极和集电极的厚度分别是 $d_E = 0.8$ μm，$d_B = 1.2$ μm 和 $d_C = 2$ μm，且器件工作在室温下。

（a）求两个结的空间电荷区长度，

（b）计算基极、发射极和集电极电流，

（c）计算正向和反向电流增益 $\beta_F$ 和 $\beta_R$。

6.18　某砷化镓双极晶体管的最大结温为 420℃（这远远超过硅器件的最大结温 200℃）。电源功率为 90 W。双极晶体管与热沉之间的热阻约为 1.5℃/W。

（a）若环境温度不超过 50℃，求热沉的最大热阻。

（b）若热对流系数为 100 W/℃·m$^2$，求所需的散热面积。

6.19　塑封双极晶体管安装在一个热沉（$R_{\mathrm{thha}} = 3.75$℃/W）上。当周围温度为 20℃ 时，总的功率耗散为 20 W。如果最大结温不允许超过 175℃，那么工程师应当如何选择该双极晶体管的封装形式？

6.20　证明在 $V_{\mathrm{DS}}$ 较小的渐变沟道近似下，金属半导体场效应晶体管的漏极电流表达式（6.83）可简化为式（6.79）。

6.21　推导漏极饱和电流方程式（6.86）。

6.22　已知 $n$ 型沟道场效应晶体管的参量为 $W/L = 10$，$\mu_n = 1000$ m$^2$/(V·s)，$d = 2$ μm，$\varepsilon_r = 11.7$，$V_{T0} = -3$ V。计算 $V_{\mathrm{GS}} = -1$ V 时的漏极饱和电流。

6.23　计算上题中的晶体管输出电流 $I_D$ 相对于 $V_{\mathrm{DS}}$ 的特性关系，漏极-源极电压变化范围为 0 ~ 5 V。首先设沟道长度调制效应可忽略不计（即 $\lambda = 0$）；然后针对 $\lambda = 0.01$ 的情况重新进行计算。

# 第7章　射频有源器件模型

各种不同复杂度的电路设计，在实际制作电路之前几乎都必须用计算机辅助设计(CAD)软件进行仿真，以便定量评估这些电路是否达到了设计要求。为了模拟电子电路，各种模拟分析软件提供了许多等效电路模型，用以模拟各种分立元件的电性能。目前已开发出某些特殊的电子电路模型，以满足一些重要的设计要求，如低频或高频工作状态，线性或非线性系统性能，以及正常或反常工作模式，等等。

本章的目的是研究几个描述二极管及单极、双极晶体管的等效电路。第6章已回顾了这些器件的相关物理基础。通过建立本章与第6章的紧密联系，就能看到如何从固态器件物理的基础知识自然地引出大信号(非线性)电路模型。随后的讨论将集中在对模型的修正方面，包括模型的线性化，以及改善其高频性能。

目前，虽然存在多种双极晶体管模型，但我们只讨论最流行的埃伯斯-莫尔(Ebers-Moll)和葛谋-潘(Gummel-Poon)模型。这两种模型及其在线性条件下的一系列推论已在 SPICE、ADS 和 MMICAD 及其他仿真软件中得到了广泛应用。经常会出现这样的情况，器件的制造商可能无法确定仿真中所需的全部电参量，因为这些独立电参量常常会超过 40 个，所以就无法构成 SPICE 模型。在这种情况下，可以测量在不同偏置条件和工作频率下的 $S$ 参量，以便描述器件的高频性能。在大多数情况下，$S$ 参量可为设计工程师完成模拟任务提供足够的信息。

## 7.1　二极管模型

### 7.1.1　二极管的非线性模型

$pn$ 结型二极管和肖特基二极管都可以用典型的非线性电路模型处理，如图 7.1 所示。

这一模型考虑了肖克利方程式(6.34)的非线性 $I$-$V$ 特性，同时对方程进行了修正：

$$I_D = I_S(e^{V_A/(nV_T)} - 1) \qquad (7.1)$$

其中，**发射系数**(emission coefficient) $n$ 是一个附加参量，目的是使模型与实际测量情况更趋近于一致。对大多数应用来说，这个系数趋近于 1.0。另外，6.1.2 节曾讨论了扩散电容 $C_d$ 和结(或耗

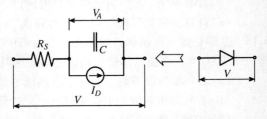

图 7.1　二极管的非线性模型

尽层)电容 $C_J$。这两种电容效应以最简单的方式构成了电容 $C$。然而，对于结电容，必须考虑空间电荷 $Q_J$ 相对于外加电压的导数，即

$$C_J = \frac{dQ_J}{dV_A} = \frac{C_{J0}}{(1 - V_A/V_{\text{diff}})^m} \qquad (7.2)$$

其中，$m$ 是**结区梯度系数**(junction grading coefficient)。对于 6.1.2 节所讨论的突变结，此系数的值取 0.5。对于更接近实际情况的渐变过渡，$m$ 的值在 $0.2 \leqslant m \leqslant 0.5$ 之间。第 6 章曾提到

过，式(7.2)只可应用于某些正偏压情况。如果偏置电压 $V_A$ 接近自建电势 $V_{\text{diff}}$，用式(7.2)计算的结电容则趋于无穷大，显然这在实际上是不可能的。事实上，一旦外加电压超过阈值电压 $V_m$ 后，结电容几乎与外加电压呈线性关系，阈值电压通常等于自建电势的一半，即 $V_m \approx 0.5V_{\text{diff}}$。于是，在任意外加电压下，结电容的近似公式如下：

$$C_J = \begin{cases} \dfrac{C_{J0}}{(1 - V_A/V_{\text{diff}})^m}, & V_A \leqslant V_m \\[4mm] \dfrac{C_{J0}}{(1 - V_m/V_{\text{diff}})^m}\left(1 + m\dfrac{V_A - V_m}{V_{\text{diff}} - V_m}\right), & V_A \geqslant V_m \end{cases} \tag{7.3}$$

还可看出扩散电容 $C_d$ 与 $V_A$ 有关：

$$C_d = \frac{\mathrm{d}Q_d}{\mathrm{d}V_A} = \frac{I_S \tau_T}{n V_T} \mathrm{e}^{V_A/(n V_T)} \approx \frac{I_D \tau_T}{n V_T} \tag{7.4}$$

其中含有**渡越时间**(transit time)$\tau_T$。

在实际的二极管中，在电荷中性区内形成电压降的电场实现了电荷的注入和抽取。这个电压降可用一个串联电阻 $R_s$ 模拟。所以，图 7.1 中的总电压由以下两部分组成：

$$V = R_S I_D + n V_T \ln(1 + I_D/I_S) \tag{7.5}$$

温度的影响也可引入这个模型中。除了显而易见的热电势 $V_T = kT/q$，可看出温度对反向饱和电流 $I_S$ 也有非常明显的影响：

$$I_S(T) = I_S(T_0)\left(\frac{T}{T_0}\right)^{p_t/n} \exp\left[-\frac{W_g(T)}{V_T}\left(1 - \frac{T}{T_0}\right)\right] \tag{7.6}$$

其中，$T_0$ 是测量饱和电流的参考温度。在文献中通常采用 $T_0 = 300\ \text{K}$（即 27℃）。其中的**反向饱和电流温度系数**(reverse saturation current temperature coefficient)$p_t$ 取 3 或 2，分别对应于模拟 $pn$ 结二极管或肖特基二极管。这些模型参数能够反映出这两类二极管在温度性能上的差别。另外，模型还考虑了**带隙能**(bandgap energy)$W_g(T)$。当温度上升时，带隙减小，使带电载流子易于从价带转移到导带。令 $T = 0\ \text{K}$ 的带隙能为 $W_g(0)$，则 $W_g(T)$ 的半经验修正公式为：

$$W_g(T) = W_g(0) - \frac{\alpha_T T^2}{\beta_T + T} \tag{7.7}$$

例如，实验测定硅的参量 $W_g(0) = 1.16\ \text{eV}$，$\alpha_T = 7.02 \times 10^{-4}\ \text{eV/K}$，$\beta_T = 1108\ \text{K}$。其他温度效应对电容的影响通常很小，可以忽略。

在工业界和学术研究领域最为流行的电路仿真软件也许就是 SPICE，它能分析如图 7.1 所示的二极管非线性模型。这个仿真软件包含了一系列物理模型参量，其中有些参量是非常专业的，超出了本书的内容范围。表 7.1 概述了一些最重要的参量，并列出了常规 $pn$ 结二极管与肖特基二极管之间的差异。

---

**SPICE**

　　SPICE 是专用集成电路仿真软件的缩写。该软件最初是在伯克利开发的，用于仿真电路中有源、无源元件之间的相互连接（通过"网表"）。它可以对直流及瞬态过程进行非线性分析，也可以对交流电路进行线性分析。SPICE 已成为许多衍生软件（如 PSpice，HSice）和新型软件（包括是德科技公司的 ADS）的基础。

表7.1　二极管模型参量及对应的 SPICE 参量

| 符　号 | SPICE | 说　明 | 典　型　值 |
|---|---|---|---|
| $I_S$ | IS | 饱和电流 | 1 fA ~ 10 μA |
| $n$ | N | 发射系数 | 1 |
| $\tau_T$ | TT | 渡越时间 | 5 ps ~ 500 μs |
| $R_S$ | RS | 欧姆电阻 | 0.1 ~ 20 Ω |
| $V_{\text{diff}}$ | VJ | 势垒电压 | 0.6 ~ 0.8 V($pn$ 结), 0.5 ~ 0.6 V(肖特基) |
| $C_{J0}$ | CJ0 | 零偏置结电容 | 5 ~ 50 pF($pn$ 结), 0.2 ~ 5 pF(肖特基) |
| $m$ | M | 梯度系数 | 0.2 ~ 0.5 |
| $W_g$ | EG | 带隙能 | 1.11 eV(硅), 0.69 eV(硅肖特基) |
| $P_t$ | XTI | 饱和电流温度系数 | 3($pn$ 结), 2(肖特基) |

### 7.1.2　二极管的线性模型

非线性模型是以第 6 章中阐述的器件物理为基础的。所以,在任何实用电路条件下的静态和动态分析都可以使用这种模型。然而,如果二极管工作在一个直流电压偏置点上,而且信号仅在此点附近做微小变化,就可以引入线性模型,即**小信号模型**(small-signal model)。线性化的概念意味着用偏置点(或 $Q$ 点)处的切线来近似指数型 $I$-$V$ 特性曲线。$Q$ 点的切线斜率是微分电导 $G_d$,其表达式如下:

$$G_d = \frac{1}{R_d} = \frac{\mathrm{d}I_D}{\mathrm{d}V_A}\bigg|_Q = \frac{I_Q + I_S}{nV_T} \approx \frac{I_Q}{nV_T} \tag{7.8}$$

这种切线近似方法,以及简化的线性电路模型都如图 7.2 所示。需要强调的是,此时的微分电容就是对应于偏置点 $V_Q$ 的扩散电容,即

$$C_d = \frac{I_S\tau_T}{nV_T}\mathrm{e}^{V_Q/(nV_T)} \approx \frac{I_D\tau_T}{nV_T} \tag{7.9}$$

这种线性化电路模型的明显好处是,能将射频二极管的响应与其直流偏置条件分离,正如以下的设计实例所示。

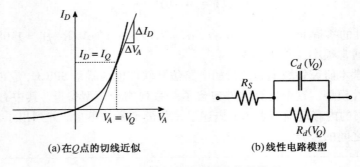

(a)在 $Q$ 点的切线近似　　　　　　　(b)线性电路模型

图 7.2　正向偏置二极管的小信号模型

### 例 7.1　导出小信号 $pn$ 结二极管模型

当结温为 300 K 时,常规硅基 $pn$ 结二极管的电参量为 $\tau_T = 500$ ps, $I_S = 5 \times 10^{-15}$ A, $R_S = 1.5$ Ω, $n = 1.16$,且直流工作条件为 $I_Q = 50$ mA。若要了解使用这个二极管的射频系统的性能,则需要求出:

（a）结温在 300 K 下，频率在 10 MHz≤$f$≤1 GHz 范围内，二极管的阻抗特性。

（b）在上述频率范围内，但结温分别为 250 K、350 K 和 400 K 下该二极管的阻抗响应。

**解**：在 300 K 结温下，首先根据 $I_Q = 50$ mA 确定相应的 $V_Q$ 值，可由式（7.1）求出：

$$V_Q = nV_T \ln(1 + I_Q/I_S) = 0.898 \text{ V}$$

然后，可计算出微分电阻和微分电容如下：

$$R_d = \frac{nV_T}{I_Q} = 0.6 \ \Omega, \qquad C_d = \frac{I_S \tau_T}{nV_T} e^{V_Q/(nV_T)} = 832.9 \text{ pF}$$

求出这些参量后就可求出二极管的阻抗，该阻抗由 $R_d$ 和 $C_d$ 的并联结果再与电阻 $R_S$ 串联而成，即

$$Z = R_S + \frac{R_d}{1 + j\omega C_d R_d}$$

其频率特性如图 7.3 所示。

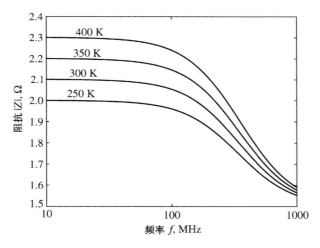

图 7.3　不同结温下的二极管阻抗的频率特性

若要保持偏置电流 $I_Q$ 不变，则当结温变化时，偏置电压 $V_Q$ 就必须改变。因为热电势 $V_T = kT/q$，式（7.7）确定的带隙能 $W_g$，以及式（7.6）描述的饱和电流 $I_S$，都是随结温变化的。所有计算结果均列于表 7.2，而二极管阻抗的频率特性则标在图 7.3 中。

**表7.2　不同温度下的二极管模型参量**

| $T$, K | 250 | 300 | 350 | 400 |
|---|---|---|---|---|
| $W_g(T)$, eV | 1.128 | 1.115 | 1.101 | 1.086 |
| $I_s(T)$, A | $5.1 \times 10^{-19}$ | $5.0 \times 10^{-15}$ | $3.3 \times 10^{-12}$ | $3.8 \times 10^{-10}$ |
| $V_Q$, V | 0.979 | 0.898 | 0.821 | 0.748 |
| $R_d$, $\Omega$ | 0.5 | 0.6 | 0.7 | 0.8 |
| $C_d$, pF | 999.5 | 832.9 | 713.9 | 624.7 |

根据例 7.1 可知，第 6 章描述 $pn$ 结的物理参量是如何转化为小信号电路模型的。由于偏置条件会影响器件的微分电容和微分电阻，所以直流偏置条件会影响器件的交流特性。

## 7.2　晶体管模型

多年以来，人们已经建立了许多大信号和小信号的双极、单极晶体管模型。人们最熟悉的一个也许就是埃伯斯-莫尔双极晶体管模型，最初它用来描述静态和低频工作的晶体管。若将它应用于射频/微波频率和高功率状态，则必须考虑一些二阶效应，如低电流和高注入现象。从而产生了一种更精确的双极晶体管电路模型——葛谋-潘模型。

### 7.2.1　大信号双极晶体管模型

首先讨论静态**埃伯斯-莫尔模型**(Ebers-Moll model)，因为它是最流行的大信号模型之一。虽然此模型在1954年就已提出，但目前它仍然是不可缺少的，它有助于我们理解等效模型的基本要素，并可由它推广得到更精确的大信号模型或演变出大多数小信号模型。图7.4是在**注入模式**(injection version)下的常规 $npn$ 晶体管及对应的埃伯斯-莫尔电路模型。

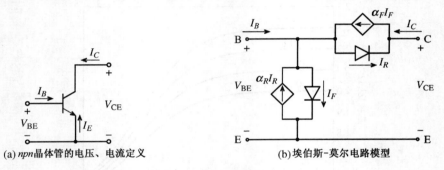

(a) $npn$ 晶体管的电压、电流定义　　　　(b) 埃伯斯-莫尔电路模型

图7.4　大信号埃伯斯-莫尔电路模型

图7.4中有两个二极管，一个正向偏置，一个反向偏置，这与第6章中的情况相同。另外，两个由电流控制的电流源能反映两个二极管之间的相互耦合，这两个二极管是基极的一部分。正向电流增益 $\alpha_F$ 和反向电流增益 $\alpha_R$(采用共基极放大电路)的典型值分别为 $\alpha_F = 0.95 \cdots 0.99$ 和 $\alpha_R = 0.02 \cdots 0.05$。作为前面讨论过的单二极管模型的直接推论，双二极管的埃伯斯-莫尔方程具有以下形式：

$$I_E = \alpha_R I_R - I_F \tag{7.10}$$

$$I_C = \alpha_F I_F - I_R \tag{7.11}$$

其中，二极管电流为

$$I_R = I_{CS}(e^{V_{BC}/V_T} - 1) \tag{7.12}$$

$$I_F = I_{ES}(e^{V_{BE}/V_T} - 1) \tag{7.13}$$

其中，**集电极和发射极反向饱和电流**(reverse collector and emitter saturation current) $I_{CS}$ 和 $I_{ES}$(数值在 $10^{-18}$ A 到 $10^{-9}$ A 之间)与晶体管饱和电流 $I_S$ 有如下关系：

$$\alpha_F I_{ES} = \alpha_R I_{CS} = I_S \tag{7.14}$$

尽管其形式简单，埃伯斯-莫尔方程却能描述第6章讨论过的所有主要物理现象。对于正向和反向工作模式之类的重要应用，电路模型还可以简化。即以下两种状况：

- 正向工作模式($V_{CE} > V_{CEsat} = 0.1$ V，$V_{BE} \approx 0.7$ V)。基极-发射极二极管 $I_F$ 导通，基极-集电极二极管处于反向偏置(即 $V_{CB} < 0$ V)，我们断定 $I_R \approx 0$，所以有 $\alpha_R I_R \approx 0$。这样，基极-集电极二极管和基极-发射极电流源可忽略不计。
- 反向工作模式($V_{CE} < -0.1$ V，$V_{BC} \approx 0.7$ V)。现在是基极-集电极二极管 $I_R$ 导通，而基极-发射极二极管是反向偏置的(即 $V_{BE} < 0$ V)，这将导致 $I_F \approx 0$ 和 $\alpha_F I_F \approx 0$。

图 7.5 概括了这两种工作模式，此时选发射极作为公共参考点。

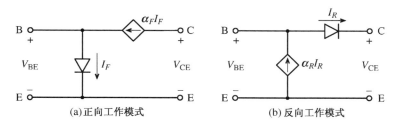

(a)正向工作模式　　　　　　　　　(b)反向工作模式

图 7.5　正向和反向工作模式下的简化埃伯斯-莫尔方程

通过引入已知的基极-发射极扩散电容、基极-集电极扩散电容($C_{de}$，$C_{dc}$)，以及二极管的结电容($C_{je}$，$C_{jc}$)，上述模型就可以修订为动态模型。不同于处理单二极管模型的简易的电荷分析方法，分析双极晶体管需要更严谨的处理方法。例如，发射极扩散电容带来的电荷构成了存储在各区中的少数载流子：(a)中性发射极区、(b)发射极-基极空间电荷区、(c)集电极-基极空间电荷区，(d)中性的基极区。对于集电极扩散电容，也可采用同样的方法分析。图 7.6 是动态埃伯斯-莫尔芯片模型。而适用于射频工作条件的更精确的模型，通常需要考虑引线电阻、电感及端点之间的寄生电容，如图 7.6(b)所示。

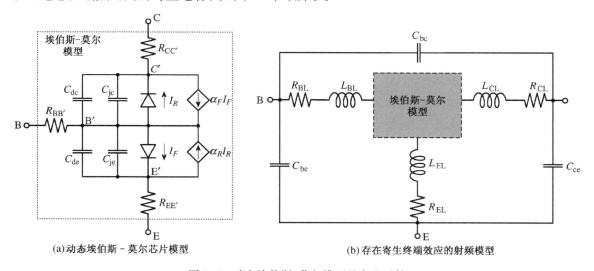

(a)动态埃伯斯-莫尔芯片模型　　　　　　　　(b)存在寄生终端效应的射频模型

图 7.6　动态埃伯斯-莫尔模型及寄生元件

## 例 7.2　埃伯斯-莫尔大信号模型的传输形式和注入形式

在 SPICE 仿真中通常采用的是传输模型，而不是注入模型。可以通过一些定性的分析得出这个重要的模型。

**解：**首先讨论双极晶体管的静态模型，因为扩散电容和结电容可以在随后的推导中加入。

首先,可以证明图7.4的注入模型等效于图7.7中的传输模型。
只要将集电极电流和发射极电流按如下关系重新表示,即
可确立两种模型的等效关系:

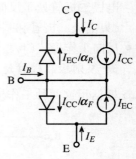

$$I_C = I_{CC} - I_{EC}/\alpha_R$$

$$I_E = -I_{CC}/\alpha_F + I_{EC}$$

其中,由电流控制的电流源为

$$I_{CC} = I_S(e^{V_{BE}/V_T} - 1)$$

$$I_{EC} = I_S(e^{V_{BC}/V_T} - 1)$$

图7.7　静态埃伯斯-莫尔注入
模型的传输表示法

如果把这两个电流源组成单一的电流源 $I_{com} = I_{CC} - I_{EC}$,并且
把二极管电流重新表示为

$$\frac{I_{EC}}{\alpha_R} \rightarrow \frac{1 - \alpha_R}{\alpha_R}I_{EC} = \frac{I_{EC}}{\beta_R}$$

$$\frac{I_{CC}}{\alpha_F} \rightarrow \frac{1 - \alpha_F}{\alpha_F}I_{CC} = \frac{I_{CC}}{\beta_F}$$

即可得到该电流源的另一种形式。这种模型的电路结构如图7.8所示,其中包括基极电
阻、集电极电阻和发射极电阻。图7.8中还标出了由扩散电容和结电容构成的组合电容
$C_{be}$和$C_{bc}$,它们与基极-发射极、基极-集电极二极管有关。

图7.8所示的等效电路很有用,因为由它可以直接导出正向偏置条件下的双极晶体管大信号
模型。这种偏置条件允许忽略基极-集电极二极管的电流,但不能忽略其电容效应。对电参
量重新命名后,可得到图7.9所示的电路,图中用等效电流源取代了正向偏置的二极管。

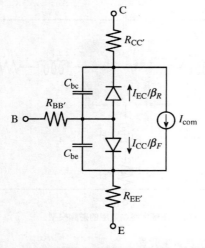

图7.8　单电流源的动态埃伯斯-莫尔传输模型

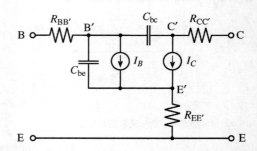

图7.9　正向工作模式下的大信号双极晶体管模型

这个最终的电路模型是标准双极晶体管的非线性模型,可以在 SPICE 的元件库中找到。
我们看到了如何由埃伯斯-莫尔方程的动态传输模型导出 SPICE 大信号模型。然而,如何
通过适当的测量方法唯一地确定模型的参量,是所有电路模型所面临的普遍问题。

埃伯斯-莫尔模型是最早的双极晶体管电路模型之一，一直得到广泛应用和普遍认可。然而在该模型提出后不久，人们就发现许多物理现象无法用这种原始模型来解释。例如，研究表明：(a)$\beta_F$和$\beta_R$与电流值有关；(b)饱和电流$I_S$受基极-集电极电压的影响，即**厄利效应**（Early effect）。这两种效应对双极晶体管的总体性能有重要影响。因此，人们对原始的埃伯斯-莫尔模型进行了一系列修正，最终形成了图 7.10 所示的葛谋-潘模型。

可以看出，在这个模型中增加了两个额外的二极管，用于处理与$I_C$有关的正向电流增益$\beta_F(I_C)$和反向电流增益$\beta_R(I_C)$。图 7.11 给出了典型的$\beta_F$曲线。这两个**泄漏二极管**（leakage diode）L1 和 L2 形成了 4 个新的设计参量，其中$I_{L1} = I_{S1}(\exp[V_{BE}/(n_{EL}V_T)] - 1)$的系数$I_{S1}$和$n_{EL}$对应于低电流下的正向工作模式；而$I_{L2} = I_{S2}(\exp[V_{BC}/(n_{CL}V_T)] - 1)$的系数$I_{S2}$和$n_{CL}$，对应于低电流下的反向工作模式。此外，葛谋-潘模型能反映厄利效应，即随着集电极-发射极电压的增高，空间电荷区将开始扩大并进入基极区。导致的结果是，在恒定的基极电流下，集电极电流有所增加。若对各条集电极电流曲线的线性段做延长线（见图 7.12），则这些延长线基本上汇聚在一个电压点$-V_{AN}$，该点称为**正向厄利电压**（forward Early voltage）。如果双极晶体管工作在反向工作模式下，则也可以进行完全相同的分析，并得到一个称为**反向厄利电压**（inverse Early voltage）的点$V_{BN}$。

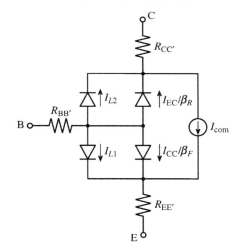

图 7.10　静态葛谋-潘模型

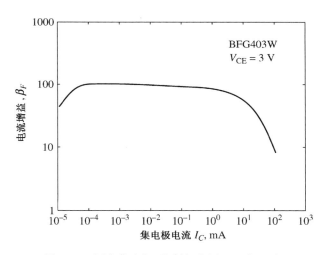

图 7.11　固定集电极-发射极电压$V_{CE}$下，$\beta_F$与
集电极电流$I_C$的典型对应关系

正向和反向厄利电压都作为附加因素而纳入葛谋-潘模型中。另外，葛谋-潘模型还包含了一个与电流有关的基极电阻，以及一个分布式基极-集电极结电容$C_{jbc}$。这里不再详细讨论必须引入这些附加模型参数的各种基本物理原因，有兴趣的读者可参阅本章末列出的文献资料。通过引入二极管电容和$C_{jbc}$，静态葛谋-潘模型（见图 7.10）就能转换为动态模型，并得到图 7.13 所示的等效电路。

这个电路类似于大信号埃伯斯-莫尔模型（见图 7.9），差别在于：基极电阻$R_{BB'}$与电流有关；集电极电流考虑了厄利效应的影响；模型中引入了一个分布式基极-集电极结电容$C_{jbc}$。

在 SPICE 中，这两种双极晶体管模型都可被调用。调用埃伯斯-莫尔模型需要 26 个电参量，而调用葛谋-潘模型需要的电参量则多达 41 个。通常，双极晶体管制造商在其数据手册中提供了这些参量。令人遗憾的是，现在越来越常见的情况是厂家只给出测量到的$S$参量，而不是通常使用的 SPICE 模型参量。由于这些 $S$ 参量值是在特定频率和偏置条件下测量的，如果电路设计工程师需要使用未包含在数据手册中的其他工作条件下的数据，就只能自己进行插值。

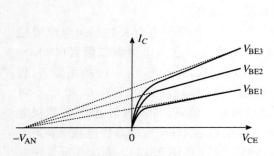

图 7.12　集电极电流与 $V_{CE}$ 的关系，及
通过厄利电压 $V_{AN}$ 的近似关系

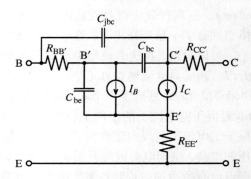

图 7.13　正向工作模式下的大信号葛谋-潘模型

## 7.2.2　小信号双极晶体管模型

根据大信号埃伯斯-莫尔方程，很容易导出正向工作模式下的小信号模型。为此，将大信号模型(见图 7.9)转化为图 7.14 中的线性混合 π 模型。

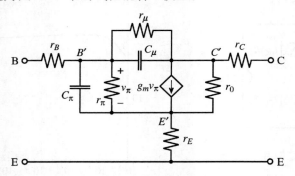

图 7.14　双极晶体管的小信号混合 π 埃伯斯-莫尔模型

由图 7.14 可见，基极-发射极 $pn$ 结可由小信号二极管模型描述，而集电极电流源被电压控制的电流源所代替。为使此模型更接近实际情况，反馈电容 $C_\mu$ 上并联了一个电阻 $r_\mu$。对于此模型，可直接给出其小信号电路参量，即在偏置点($Q$ 点)附近用小信号交流电压 $v_{be}$ 和电流 $i_c$ 将输入电压 $V_{BE}$ 和输出电流 $I_C$ 展开为

$$V_{BE} = V_{BE}^{Q} + v_{be} \tag{7.15a}$$

$$I_C = I_C^Q + i_c = I_S \exp[(V_{BE}^{Q} + v_{be})/V_T] \tag{7.15b}$$

$$= I_C^Q \left[ 1 + \left(\frac{v_{be}}{V_T}\right) + \frac{1}{2}\left(\frac{v_{be}}{V_T}\right)^2 + \cdots \right]$$

在指数函数的幂级数展开中仅保留线性项，即可得到集电极的小信号电流：

$$i_c = \left(\frac{I_C^Q}{V_T}\right) v_{be} = g_m v_{be} \tag{7.16}$$

其中，我们定义了**跨导**（transconductance）：

$$g_m = \frac{dI_C}{dV_{BE}}\bigg|_Q = \frac{d}{dV_{BE}}I_S e^{(V_{BE}/V_T)}\bigg|_Q \approx \frac{I_C^Q}{V_T} \tag{7.17}$$

和特定工作点的**小信号电流增益**（small-signal current gain）：

$$\beta_F\big|_Q = \frac{dI_C}{dI_B}\bigg|_Q = \beta_0 \tag{7.18}$$

根据数学法则，可确定**输入电阻**（input resistance）：

$$r_\pi = \frac{dV_{BE}}{dI_B}\bigg|_Q = \frac{dI_C}{dI_B}\bigg|_Q \frac{dV_{BE}}{dI_C}\bigg|_Q = \frac{\beta_0}{g_m} \tag{7.19}$$

和**输出电导**（output conductance）：

$$\frac{1}{r_0} = \frac{dI_C}{dV_{CE}}\bigg|_Q = \frac{d}{dV_{CE}}\left(I_S e^{V_{BE}/V_T}\left[1 + \frac{V_{CE}}{V_{AN}}\right]\right)\bigg|_Q \approx \frac{I_C^Q}{V_{AN}} \tag{7.20}$$

上式考虑到了厄利效应，由于该效应使耗尽区扩张到了基极区，所以又称为**基极宽度调制**（base-width modulation）效应。

由图 7.14 可见，这个模型的基本单元在节点 B′-C′-E′内，在低频工作情况下，并忽略集电极-发射极电阻，该模型将退化为我们熟悉的低频晶体管模型（见图 4.3）。此处，输出电流还可直接用输入电压 $v_{be}$ 表示为

$$i_c = g_m v_{be} = g_m r_\pi \frac{v_{be}}{r_\pi} = \beta_0 \frac{v_{be}}{r_\pi} \tag{7.21}$$

其他小信号双极晶体管模型可以根据 **h** 参量网络模型导出。例如，如果根据 **h** 参量的定义分析共发射极连接的双极晶体管，则可得到

$$v_{be} = h_{11}i_b + h_{12}v_{ce} \tag{7.22}$$

$$i_c = h_{21}i_b + h_{22}v_{ce} \tag{7.23}$$

其等效电路的一般形式如图 7.15 所示。

其中，**h** 参量的下标意义为：11 ⇒ 输入，12 ⇒ 反向，21 ⇒ 正向，22 ⇒ 输出。各个参量可根据以下关系式计算：

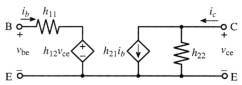

图 7.15　双极晶体管的双源 h 参量模型

$$h_{11} = \frac{v_{be}}{i_b}\bigg|_{v_{ce}=0} \quad \text{输入阻抗} \tag{7.24a}$$

$$h_{21} = \frac{i_c}{i_b}\bigg|_{v_{ce}=0} \quad \text{正向电流增益} \beta_F \tag{7.24b}$$

$$h_{12} = \frac{v_{be}}{v_{ce}}\bigg|_{i_b=0} \quad \text{反向电压增益} \tag{7.24c}$$

$$h_{22} = \frac{i_c}{v_{ce}}\bigg|_{i_b=0} \quad \text{输出导纳} \tag{7.24d}$$

可以看出，$h_{12}$ 反映出输出电压，作为电压控制的电压源的一部分，"反馈"到了输入端口。同

样,$h_{21}$则模拟了输入信号,作为电流控制的电流源的一部分,"传输"到了输出端口(增益)。输出端口到输入端口的反馈由反向偏置的集电极-基极结电容$C_{cb}$和电阻$r_{cb}$来模拟,$C_{cb}$的电容量通常为$0.1 \sim 0.5$ pF级量,$r_{cb}$的阻值则接近 MΩ。所以,对于中、低频率应用(约 50 MHz 以下),这种反馈效应可完全忽略。而在吉赫频率范围内,它会明显地影响双极晶体管的特性。

如果忽略反馈电阻$r_{bc}$,则可得到图 7.16 所示的高频电路模型。图 7.16 还给出了对应的等效电路,其中原来的反馈电容$C_{cb}$转换为输入和输出端口的密勒(Miller)电容。密勒效应使我们能够通过重新安排反馈电容将输入端与输出端隔离,下面的例题将讨论这个问题。

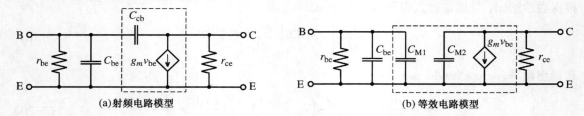

(a)射频电路模型　　(b)等效电路模型

图 7.16　小信号射频电路模型及引入密勒效应后的等效电路模型

### 例 7.3　密勒效应

证明反馈电容$C_{cb}$在输入端和输出端可分别表示为$C_{M1} = C_{cb}(1 - v_{ce}/v_{be})$和$C_{M2} = C_{cb}(1 - v_{be}/v_{ce})$。已知输入、输出电压近似为常数,且晶体管的共发射极电路的$v_{ce}/v_{be}$是负值。

**解:**我们需要确认图 7.17 所示的两种电路是等效的,图 7.16 中标出的两部分电路也是等效的。

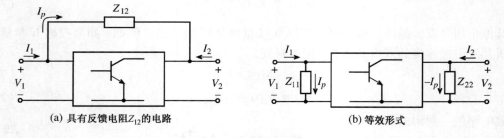

(a)具有反馈电阻$Z_{12}$的电路　　(b)等效形式

图 7.17　反馈阻抗的密勒变换

将输出、输入电压的差值除以反馈阻抗,可求出电流$I_p$:

$$I_p = (V_1 - V_2)/Z_{12}$$

输入、输出等效阻抗$Z_{11}$和$Z_{22}$为

$$Z_{11} = \frac{V_1}{I_p} = \frac{Z_{12}V_1}{(V_1 - V_2)} = Z_{12}(1 - V_2/V_1)^{-1}$$

和

$$Z_{22} = \frac{V_2}{(-I_p)} = \frac{Z_{12}V_2}{(V_2 - V_1)} = Z_{12}(1 - V_1/V_2)^{-1}$$

根据$Z_{12} = 1/(j\omega C_{cb})$,$Z_{11} = 1/(j\omega C_{M1})$,$Z_{22} = 1/(j\omega C_{M2})$和$V_1 = v_{be}$,$V_2 = v_{ce}$,就可求出等效电容为

$$C_{M1} = C_{cb}(1 - v_{ce}/v_{be}) \tag{7.25}$$

和

$$C_{M2} = C_{cb}(1 - v_{be}/v_{ce}) \tag{7.26}$$

求出与恒定电压放大系数 $v_{ce}/v_{be}$ 有关的等效电容，就可实现输入端与输出端的隔离。

另一个与双极晶体管的频率特性有直接关系的参数是短路电流增益 $h_{fe}(\omega)$，它隐含着如图 7.18 所示的集电极与发射极之间的联系。因为输出端是短路的（$v_{ce} = 0$），所以不必考虑密勒效应。根据集电极电流与基极电流之比，求出 $h_{fe}(\omega)$ 如下：

$$h_{fe}(\omega) = \frac{i_c}{i_b} = \frac{g_m Z_{in}(1 - j\omega C_\mu/g_m)}{1 + j\omega C_\mu Z_{in}} \tag{7.27}$$

其中，$Z_{in} = r_\pi/(1 + j\omega r_\pi C_\pi)$。把 $Z_{in}$ 代入式（7.27），并利用式（7.19），则有

$$h_{fe}(\omega) = \frac{\beta_0(1 - \omega C_\mu/g_m)}{1 + j\omega r_\pi(C_\pi + C_\mu)} = \frac{\beta_0[1 - j(f/f_0)]}{1 + j(f/f_\beta)} \tag{7.28}$$

其中，最大频率 $f_0$ 和截止频率 $f_\beta$ 为

$$f_0 = \frac{g_m}{2\pi C_\mu}, \qquad f_\beta = \frac{1}{2\pi r_\pi(C_\pi + C_\mu)} \tag{7.29}$$

截止频率 $f_T$ 对应于输出短路条件下电流增益为 1（即 0 dB）的频率点。令式（7.28）的绝对值为1，可求出

$$f_T = \frac{1}{2\pi}\sqrt{\frac{\beta_0^2 - 1}{r_\pi^2(C_\pi^2 + 2C_\pi C_\mu)}} \tag{7.30}$$

因为通常有 $\beta_0 \gg 1$ 和 $C_\pi \gg C_\mu$，式（7.30）可简化为

$$f_T \approx \frac{\beta_0}{2\pi r_\pi C_\pi} = \frac{g_m}{2\pi C_\pi} \tag{7.31}$$

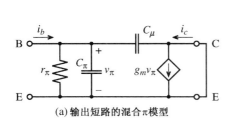

(a) 输出短路的混合 π 模型

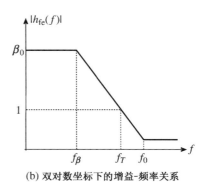

(b) 双对数坐标下的增益-频率关系

图 7.18　双极晶体管模型的短路电流增益

第 6 章已提到，这个频率与发射极-集极的时延有关，它由基极、发射极和集电极的时延构成。$f_T$ 又称为**增益带宽乘积**（gain-bandwidth product），晶体管的数据手册中会给出特定的集电极-发射极电压和集电极电流偏置条件下的 $f_T$ 数据。如果需要考虑晶体管的功率增益，则可以引入另一个特性参数。这个问题将在第 9 章中再进行研究。

最后讨论一个有关双极晶体管的设计实例。在这个实例中，将遵循以下步骤：确定偏置条

件,求出作为频率函数的输入、输出阻抗,并把这些阻抗值转换成相应的 $S$ 参量。这个实例采用的晶体管的 SPICE 参量列于表 7.3。MATLAB 程序 ex7_4.m 给出了详细的计算方法。

**表 7.3　双极晶体管的 SPICE 参量**

| 符　号 | 说　明 | 典　型　值 |
|---|---|---|
| $\beta_F$ | 正向电流增益 | 145 |
| $I_S$ | 饱和电流 | 5.5 fA |
| $V_{AN}$ | 正向厄利电压 | 30 V |
| $\tau_F$ | 正向渡越时间 | 4 ps |
| $C_{JC0}$ | 零偏压下的基极-集电极结电容 | 16 fF |
| $C_{JE0}$ | 零偏压下的基极-发射极结电容 | 37 fF |
| $m_C$ | 集电极电容渐变系数 | 0.2 |
| $m_E$ | 发射极电容渐变系数 | 0.35 |
| $V_{\mathrm{diffBE}}$ | 基极-发射极扩散势垒电压 | 0.9 V |
| $V_{\mathrm{diffBC}}$ | 基极-集电极扩散势垒电压 | 0.6 V |
| $r_B$ | 基极体电阻 | 125 Ω |
| $r_C$ | 集电极体电阻 | 15 Ω |
| $r_E$ | 发射极体电阻 | 1.5 Ω |
| $L_B$ | 基极引线电感 | 1.1 nH |
| $L_C$ | 集电极引线电感 | 1.1 nH |
| $L_E$ | 发射极引线电感 | 0.5 nH |

### 例 7.4　确定双极晶体管的偏置条件,并求输入、输出阻抗和 $S$ 参量

本例题的任务是为移动通信系统设计一个放大器。该系统由电压为 3.6 V 的电池驱动。考虑到电池的最大输出电流和寿命,要求放大器的工作电流不得超过 10 mA。已知晶体管的偏置条件为 $V_{CE}=2$ V, $I_C=10$ mA,晶体管的参量列于表 7.3,求晶体管混合 π 模型元件参数。此外,还要计算出晶体管在 1 MHz $<f<$ 100 GHz 频率范围内的输入、输出阻抗及相应的 $S$ 参量。

**解:** 首先为放大器设计一个如图 7.19 所示的分压偏置网络。

已知电源电压 $V_{CC}=3.6$ V,集电极-发射极电压 $V_{CE}=2$ V,集电极电流 $I_C=10$ mA,可求出集电极电阻 $R_C$ 如下:

$$R_C = \frac{V_{CC}-V_{CE}}{I_C} = 160 \ \Omega$$

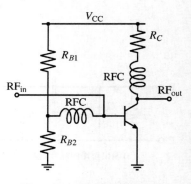

图 7.19　双极晶体管共发射极电路的偏置网络

根据电流增益 $\beta_0=145$,集电极电流 $I_C=10$ mA,可求出基极电流 $I_B=I_C/\beta_0=69$ μA。电阻 $R_{B1}$ 上的电流等于电阻 $R_{B2}$ 上的电流与 $I_B$ 之和。在实际应用中,选择 $R_{B1}$ 和 $R_{B2}$ 值的标准是使 $I_B$ 等于电阻 $R_{B2}$ 上的电流的 10%。根据这一点并考虑到基极-发射极电压降 $V_{BE}$ 约等于基极-发射极扩散势垒电压 $V_{\mathrm{diffBE}}$,可得

$$R_{B2} = \frac{V_{\mathrm{diffBE}}}{10 I_B} = 1300 \ \Omega$$

和

$$R_{B1} = \frac{V_{CC}-V_{\mathrm{diffBE}}}{11 I_B} = 3560 \ \Omega$$

这是一个最简单的偏置网络,因为它没有考虑环境温度的变化和器件参数的离散性。更复杂的偏置网络将在第 8 章中介绍。

现在完成了计算混合 π 模型参量的准备工作。根据方程式(7.17)至式(7.20),可求出 $g_m = I_C/V_T = 386$ mS,$r_\pi = \beta_0/g_m = 375$ Ω 和 $r_0 = V_{AN}/I_C = 3$ kΩ。为求出 $C_\mu$ 和 $C_\pi$,需借助于有关 $pn$ 结的知识。因为基极-集电极电压为负值,所以基极-集电极电容仅由结电容确定。根据式(7.3)可求出

$$C_\mu = \frac{C_{JC0}}{(1 - V_{BC}/V_{\mathrm{diff_{BC}}})^{m_C}} = 13 \text{ fF}$$

由于基极-发射极电压为正值,所以 $C_\pi$ 是结电容和扩散电容两者之和。根据式(7.3)并设 $V_{m_E} = 0.5\, V_{\mathrm{diff_{BE}}}$,则有

$$C_{\pi_{\mathrm{junct}}} = \frac{C_{JE0}}{0.5^{m_E}}\left(1 + m_E \frac{V_{BE} - 0.5\,V_{\mathrm{diff_{BE}}}}{0.5}\right) = 55 \text{ fF}$$

和

$$C_{\pi_{\mathrm{diff}}} = \frac{I_S \tau_T}{V_T} e^{V_{BE}/V_T} = 1.085 \text{ pF}$$

所以,基极-发射极的总电容为

$$C_\pi = C_{\pi_{\mathrm{junct}}} + C_{\pi_{\mathrm{diff}}} = 1.14 \text{ pF}$$

求出混合 π 模型的所有参量后,就可以计算式(7.24)描述的对应 h 参量矩阵。上述结果只是晶体管管芯的混合 π 参量,而没有考虑基极、集电极及发射极的电阻和寄生电感。

如果要考虑引线电阻和引线电感,就可以利用第 4 章介绍的网络分析方法。具体地说,可把晶体管的等效电路分割成图 7.20 所示的 4 个双端口网络。

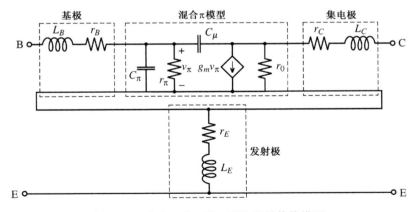

图 7.20　分为 4 个双端口网络的晶体管模型

根据这个网络分割,可进行以下处理。为了得到整个晶体管的 Z 参量矩阵,首先把混合 π 模型的 h 参量变换成 A 参量。然后,将变换后的混合 π 模型乘以基极和集电极引线的 A 参量矩阵:

$$\begin{bmatrix} A & B \\ C & D \end{bmatrix}_{\mathrm{tr}} = \begin{bmatrix} 1 & r_B + j\omega L_B \\ 0 & 1 \end{bmatrix}_{\mathrm{base}} \begin{bmatrix} A & B \\ C & D \end{bmatrix}_{h\text{-model}} \begin{bmatrix} 1 & r_C + j\omega L_C \\ 0 & 1 \end{bmatrix}_{\mathrm{collector}}$$

最后,将包含基极和集电极引线的晶体管 **A** 参量矩阵变换为 **Z** 参量矩阵形式,并把该结果与发射极引线的 **Z** 参量矩阵相加:

$$
\begin{bmatrix} Z_{11} & Z_{12} \\ Z_{21} & Z_{22} \end{bmatrix}_{\text{trans}} = \begin{bmatrix} Z_{11} & Z_{12} \\ Z_{21} & Z_{22} \end{bmatrix}_{\text{tr}} + \begin{bmatrix} r_E + j\omega L_E & r_E + j\omega L_E \\ r_E + j\omega L_E & r_E + j\omega L_E \end{bmatrix}_{\text{emitter}}
$$

系数 $Z_{11}$ 和 $Z_{22}$ 的频率响应如图 7.21 所示。

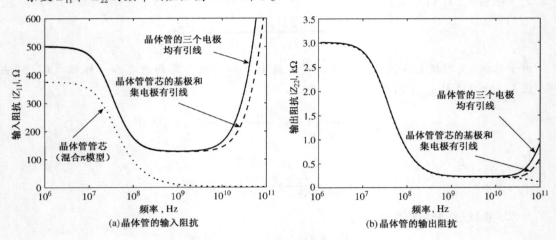

图 7.21　输入、输出阻抗与频率的函数关系

由图 7.21(a)可见,在低频下,将引线电阻引入基本的混合 π 模型后,由于基极电阻较大而导致晶体管的输入阻抗明显增加。在高频下,基极和发射极引线电感的作用变得十分明显,表现为晶体管的输入阻抗急剧上升。

对于晶体管的输出阻抗,情况则完全不同。因为基极电阻对 $Z_{22}$ 无任何影响,考虑引线不会对晶体管的输出阻抗产生实质上的影响,即晶体管的输出阻抗主要由电阻 $r_0$ 决定,一直到很高的频率都是这样。在更高的频率下,引线的电感将决定晶体管的输出阻抗。

根据已知的晶体管 **Z** 参量矩阵,利用第 4 章介绍过的网络变换方法,很容易求出对应的 **S** 参量矩阵。晶体管输入反射系数 $S_{11}$ 和增益 $S_{21}$ 的计算结果已画在图 7.22 中,分别标在史密斯圆图和极坐标图上。

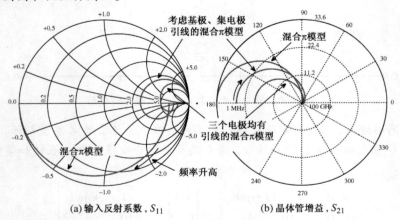

图 7.22　双极晶体管的 $S_{11}$ 和 $S_{21}$ 在不同的模型下的频率响应

从图 7.22(b) 中可见, 虽然发射极的电阻、电感相对于模型中其他元件的数值似乎是可忽略的, 但引入它们却导致了晶体管的增益在整个频率范围内的明显下降。这再次表明了射频电路中寄生元件的作用。

前面已经介绍了如何根据 SPICE 基本模型的已知工作条件, 计算晶体管小信号参量的方法。虽然只研究了一个简单的拓扑结构, 但该方法可直接应用于更复杂的电路结构, 只需将复杂电路分解为一组互相连接的双端口网络即可。

### 7.2.3　大信号场效应晶体管模型

相对于双极晶体管, 场效应晶体管具有一系列优点, 但也存在一些缺点。若要为特定的电路选择适当的有源器件, 则应当考虑到场效应晶体管的以下相关优点。

- 场效应晶体管具有较好的温度特性。
- 一般情况下, 场效应晶体管的噪声特性良好。
- 通常, 场效应晶体管的输入阻抗很高。
- 场效应晶体管的漏极电流具有二次函数特征, 而双极晶体管的集电极电流是指数形式。
- 场效应晶体管的上限工作频率通常远远超过双极晶体管的上限工作频率。
- 场效应晶体管的功耗较小。

场效应晶体管的缺点主要有如下几点。

- 场效应晶体管的增益通常较低。
- 由于输入阻抗高, 匹配网络的设计比较困难。
- 相对于双极晶体管, 其功率容量偏低。

由于新概念器件及工艺的改进一直影响着晶体管性能的各个方面, 所以上述优缺点也并非一成不变。

在模拟场效应晶体管时, 将主要针对**非绝缘栅场效应晶体管**(noninsulated gate FET)。此类晶体管中包括金属半导体场效应晶体管(MESFET)和高电子迁移率晶体管(HMET), 前一种也常称为砷化镓场效应晶体管。两者都在第 6 章中讨论过。图 7.23 所示为基本的 $n$ 沟道、耗尽模式金属半导体场效应晶体管模型(阈值电压为负), 及其传输特性和输出特性。

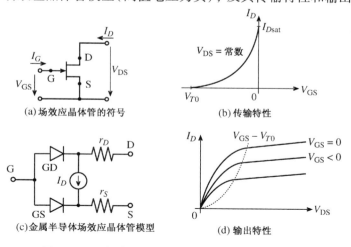

图 7.23　$n$ 沟道静态金属半导体场效应晶体管模型

在正向(正常)工作模式下,漏极电流的关键方程可由 6.4 节所阐述的分析方法得出。当时求出了线性区和饱和区的漏极电流。这些电流表达式构成了导出场效应晶体管模型的基础。

(a)**饱和区**($V_{DS} \geq V_{GS} - V_{T0} > 0$)

为了使用方便,重复写出式(6.86)给出的饱和漏极电流如下:

$$I_{Dsat} = G_0 \left( \frac{V_P}{3} - (V_d - V_{GS}) + \frac{2}{3\sqrt{V_P}} (V_d - V_{GS})^{3/2} \right) \tag{7.32}$$

如果把阈值电压 $V_{T0}$ 与夹断电压 $V_P$ 之和,即 $V_d = V_{T0} + V_P$ 代入式(7.32),则可得到式(7.32)的另一种形式:

$$I_{Dsat} = G_0 \frac{V_P}{3} \left( 1 - 3 \left( 1 - \frac{V_{GS} - V_{T0}}{V_P} \right) + 2 \left( 1 - \frac{V_{GS} - V_{T0}}{V_P} \right)^{3/2} \right) \tag{7.33}$$

对上式中的方括号项进行二项式展开,并保留前 3 项,则式(7.33)可写成

$$I_{Dsat} = G_0 \frac{V_P}{3} \left( \frac{3}{4} \right) \left( \frac{V_{GS} - V_{T0}}{V_P} \right)^2 \tag{7.34}$$

式(7.34)中的平方项前面的常数因子可以构成**电导系数**(conduction parameter)$\beta_n$:

$$\beta_n = \frac{1}{4} \left( \frac{G_0}{V_P} \right) = \frac{\mu_n \varepsilon Z}{2Ld} \tag{7.35}$$

其中利用了 6.4 节给出的定义,电导 $G_0 = \sigma Zd/L = \mu_n N_D q Zd/L$,夹断电压 $V_P = (qN_D d^2)/(2\varepsilon)$。如果考虑沟道调制效应,则有

$$I_D = \beta_n (V_{GS} - V_{T0})^2 (1 + \lambda V_{DS}) \tag{7.36}$$

其中,参量 $\lambda$ 约为 $0.01 \sim 0.1 \text{ V}^{-1}$,它反映出饱和区内,漏极电流随着漏极–源极电压的增加而略微增加,如图 7.23(d)所示。

(b)**线性(放大)区**($0 < V_{DS} < V_{GS} - V_{T0}$)

采用与讨论饱和区相同的步骤处理漏极电流表达式(6.91),可得

$$I_D = \beta_n [2(V_{GS} - V_{T0})V_{DS} - V_{DS}^2](1 + \lambda V_{DS}) \tag{7.37}$$

这里也考虑了沟道调制效应,以便形成从线性区到饱和区的平滑过渡。例如,若 $V_{DS} = V_{GS} - V_{T0}$,即从线性区到饱和区的过渡点,则两个漏极电流是相同的。

当 $V_{DS} < 0$ 时,场效应晶体管即可工作在反向(逆向)模式。为了全面描述场效应晶体管的工作模式,下面给出两种反向工作模式的漏极电流关系式,但不做进一步的讨论。

(c)**反向饱和区**($-V_{DS} \geq V_{GD} - V_{T0} > 0$)

$$I_D = -\beta_n (V_{GD} - V_{T0})^2 (1 - \lambda V_{DS}) \tag{7.38}$$

(d)**反向线性(放大)区**($0 < -V_{DS} < V_{GD} - V_{T0}$)

$$I_D = \beta_n [2(V_{GD} - V_{T0})V_{DS} - V_{DS}^2](1 + \lambda V_{DS}) \tag{7.39}$$

如图 7.24 所示,只要加上栅极–漏极和栅极–源极电容,就可以将静态场效应晶体管模型

变换为动态场效应晶体管模型。这个模型中标出了与源极-栅极和漏极-栅极沟道电阻有关的源极电阻和漏极电阻。模型中通常不必包含栅极电阻，因为金属栅极的电阻较低。

表 7.4 汇总了金属半导体场效应晶体管的最主要的 SPICE 模型参量。

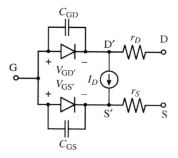

图 7.24  场效应晶体管的动态模型

表 7.4  金属半导体场效应晶体管的 SPICE 模型参量

| 符　　号 | SPICE | 说　　明 |
|---|---|---|
| $V_{T0}$ | VTO | 阈值电压 |
| $\lambda$ | LAMBDA | 沟道长度调制系数 |
| $\beta$ | BETA | 电导系数 |
| $C_{GD}$ | CGD | 零偏压下的栅极-漏极电容 |
| $C_{GS}$ | CGS | 零偏压下的栅极-源极电容 |
| $r_D$ | RD | 漏极电阻 |
| $r_S$ | RS | 源极电阻 |

## 7.2.4  小信号场效应晶体管模型

小信号场效应晶体管模型可以根据大信号场效应晶体管模型(见图 7.24)直接推导出。在小信号场效应晶体管模型中，直接采用 7.1 节导出的小信号模型来描述栅极-漏极二极管和栅极-源极二极管。此外，电压控制的电流源通过一个跨导 $g_m$ 与一个电导 $g_0 = 1/r_{ds}$ 的并联来模拟。这个模型与实际器件的对应关系如图 7.25 所示。

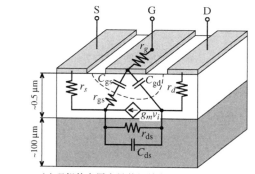

(a)理想的金属半导体场效应晶体管器件结构

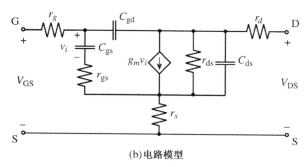

(b)电路模型

图 7.25  小信号金属半导体场效应晶体管模型

这个模型可用双端口的 **Y** 参量矩阵来描述，其形式如下：

$$i_g = y_{11}v_{gs} + y_{12}v_{ds} \tag{7.40a}$$

$$i_d = y_{21}v_{gs} + y_{22}v_{ds} \tag{7.40b}$$

在低频条件下，输入导纳 $y_{11}$ 和反馈电导 $y_{12}$ 都很小，因而可以忽略，这与栅极电流很小的事实相符。而在高频工作条件下，通常需要引入极间电容，结果得到图 7.26 所示的电路模型。

在直流和低频工作条件下，图 7.26 的模型可简化为输入与输出端口之间完全没有耦合的情况。这样就很容易根据漏极电流方程式(7.36)计算出正向饱和状态下的跨导 $g_m$ 和输出电导 $g_0$：

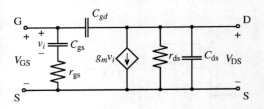

图 7.26　高频场效应晶体管模型

$$y_{21} = g_m = \left.\frac{\mathrm{d}I_D}{\mathrm{d}V_{GS}}\right|_Q = 2\beta_n(V_{GS}^Q - V_{T0})(1 + \lambda V_{DS}^Q) \tag{7.41}$$

$$y_{22} = \frac{1}{r_{ds}} = \left.\frac{\mathrm{d}I_D}{\mathrm{d}V_{DS}}\right|_Q = \beta_n\lambda(V_{GS}^Q - V_{T0})^2 \tag{7.42}$$

工作点是 $Q$ 点，用 $V_{DS}^Q$ 和 $V_{GS}^Q$ 表示。

栅极-源极和栅极-漏极电容是确定器件频率特性的决定性因素。对于截止频率 $f_T$，还必须考虑输入电流 $I_G$ 与输出电流 $I_D$ 幅度相等时的短路电流增益，即

$$|I_G| = \omega_T(C_{gs} + C_{gd})|V_{GS}| = |I_D| = g_m|V_{GS}| \tag{7.43}$$

由此可得

$$f_T = \frac{g_m}{2\pi(C_{gs} + C_{gd})} \tag{7.44}$$

对于低频应用，限制场效应晶体管频率响应的关键因素主要是这些电容所决定的充电时间。这对应于 6.4.3 节所定义的沟道渡越时间，它限制了场效应晶体管的高频性能，下面的例题说明了这种情况。

---

**场效应晶体管的截止频率**

　　砷化镓场效应晶体管商品的截止频率 $f_T$ 已达到 200 GHz 甚至更高，而其实验室指标则已超过 1 THz。

---

### 例 7.5　确定砷化镓场效应晶体管截止频率的近似值

一个砷化镓场效应晶体管的黄金栅极的长度为 1.0 μm，宽度为 200 μm，厚度 $d = 0.5$ μm。已知其电参数为 $\varepsilon_r = 13.1$，$N_D = 10^{16}$ cm$^{-3}$ 和 $\mu_n = 8500$ cm$^2$/V·s。选择适当的近似处理方法，求出该晶体管在室温下的截止频率。

**解**：为了应用式(7.44)，首先需要求出跨导和电容的近似表达式。因为 $V_{GS} = 0$ 时漏极饱和电流表达式(7.33)有最大值，由此可求出跨导如下：

$$g_m = \left.\frac{\mathrm{d}I_{D\mathrm{sat}}}{\mathrm{d}V_{GS}}\right|_{V_{GS}=0} = G_0(1 - \sqrt{V_d/V_P})$$

其中，肖特基接触的自建电压 $V_d$ 可根据式(6.39)求出：

$$V_d = (V_M - \chi) - V_C$$

其中，$V_C = V_T \ln(N_C/N_D) = 0.1\ \text{V}$，$V_M = 5.1\ \text{V}$，$\chi = 4.07\ \text{V}$。把这些值代入上式可得 $V_d = 0.93\ \text{V}$。夹断电压和电导分别为

$$V_P = \frac{qN_D d^2}{2\varepsilon_0 \varepsilon_r} = 1.724\ \text{V}, \qquad G_0 = \frac{q\mu_n N_D Wd}{L} = 136\ \text{mS}$$

所以，$g_m \approx 36.126\ \text{mS}$。对于电容，先求出沟道的近似面积，再乘以介电常数，然后除以沟道厚度：

$$C_{\text{gs}} + C_{\text{gd}} = \varepsilon_0 \varepsilon_r \left(\frac{WL}{d}\right) = 0.046\ \text{pF}$$

由这些计算结果可估算出 $f_T$ 为

$$f_T = \frac{g_m}{2\pi(C_{\text{gs}} + C_{\text{gd}})} = 123.93\ \text{GHz}$$

相对于 6.4.3 节估计出的对应于 15 GHz 的沟道渡越时间，上式所对应的 $RC$ 时间常数要小得多。这说明，沟道渡越时间是限制此类金属半导体场效应晶体管高频性能的参数。

如果令 $g_m \approx G_0$，则可以导出式(7.44)的一个常用近似表达式，即

$$f_T \approx \frac{q\mu_n N_D d^2}{2\pi\varepsilon L^2} \tag{7.45}$$

如果在例 7.5 中应用此式，则可得到 466.5 GHz 的截止频率。

## 7.2.5　晶体管放大器的拓扑结构

常用的单器件晶体管放大器的拓扑结构如图 7.27 所示。每种拓扑结构的主要特性和近似数学表达式都列于表 7.5，目的是为读者提供直观的全面设计指南。

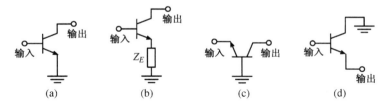

图 7.27　单器件晶体管放大器的拓扑结构。(a)共发射极(common emitter, CE)电路；(b)发射极负反馈的共发射极电路；(c)共基极(common base, CB)电路；(d)共集电极(common collector, CC)电路

图 7.27(a)所示是共发射极(CE)的，对场效应晶体管则是共源极(common source, CS)的低噪声放大器和功率放大器的标准拓扑结构，这种放大器电路具有最高的功率增益和低的噪声特性。另外，这种放大器电路还具有良好的输入、输出阻抗，尽管它们与频率有关。电路的稳定性和线性度一般，原因在于输入信号直接注入了基极(这个问题在场效应晶体管中不明显)，以及密勒反馈效应。

共发射极电路的特性可以采用发射极反馈技术来增强。在图 7.27(b)中，发射极上串联的附加阻抗改善了放大器的线性度，并能对放大器的输入阻抗实现可控的调整。电感性的发射极反馈电路的优点是：不但在放大器的输入阻抗中增加了电阻分量，又没有增加放大器的

噪声。发射极反馈也可形成具有增益平坦效应的负反馈(利用电阻 $Z_E$),并能改善放大器的稳定性。发射极反馈电路的缺点是:(a)降低了放大器的增益;(b)由于发射极阻抗中存在的电阻分量,增加了放大器的噪声;(c)降低了放大器的反向隔离度,这可能破坏放大器在高频端的稳定性。

图 7.27(c)所示为共基极(CB),对场效应晶体管则是共栅极(common gate,CG),电路的拓扑结构,其突出特点包括:较低的输入阻抗,极高的输出阻抗,以及大的工作带宽(因为不存在密勒效应)。共基极放大器也具有良好的反向隔离,因此稳定性较好,至少在低频频率下如此(虽然寄生的反馈效应通常是正反馈的,有可能导致不稳定的现象)。共基极放大器的一个重要缺陷是功率增益较低,原因在于它的电流增益是1。另外,基极(或栅极)必须良好接地,因为该端口到地之间的很小的串联阻抗(可能还要包括器件内部的阻抗)就会破坏放大器的稳定性。

共发射极放大器下一级通常是共基极放大器,这种电路形式称为**级联**(cascode)。共基极放大器为共发射极放大器提供了一个低的负载阻抗,这几乎可以消除密勒效应。反向隔离度的明显改善,有助于提高级联放大器的稳定性和增益。这种级联电路在低噪声放大器中很常见,级联放大器可以提供更高的增益,同时对放大器噪声性能的负面影响也最小。通常,共基极晶体管放大器的电路尺度较小,这有助于减小放大器输出阻抗的寄生电容分量。

表 7.5　各种拓扑结构的单晶体管放大器的性能

| 拓 扑 结 构 | 共发射极、共源极 | 共发射极(发射极负反馈) | 共基极、共栅极 | 共集电极、共漏极 |
|---|---|---|---|---|
| 输入阻抗 | 高 | $Z_{inCE} + (1 + h_{21})Z_E$ (电感性 $Z_E$ 最好) | $1/g_m$(低) | $h_{21}Z_L$(最高) |
| 电压增益 | $-g_m Z_L$(高) | $-g_m Z_L/(1 + g_m Z_E)$ (比共发射极电路低) | $g_m Z_L$(高) | 约为 1 |
| 电流增益 | $-h_{21}$(高) | $-h_{21}$(高) | 约为 1 | $h_{21}$(高) |
| 输出阻抗 | 高 | 高 | $\propto h_{21}Z_S$(最高) | $1/g_m$(低) |
| 反向隔离 | 良好(密勒效应压缩了带宽) | 比共发射极电路差(由于存在反馈) | 好 | 差(但带宽增加了) |
| 噪声 | 低 | 比共发射极电路高,若 $Z_E$ 是电阻性的 | 与共发射极电路相同 | 高(输出噪声反馈回到输入端) |
| 稳定性 | 良好(密勒效应) | 比共发射极略好 | 好(但反馈将产生不稳定) | 差(特别是对于容性负载) |
| 线性度 | 良好(双极晶体管);好(场效应晶体管) | 比共发射极好(特别是双极晶体管) | 与共发射极电路相同 | 好(若 $Z_L > 1/g_m$) |

图 7.27(d)所示是共集电极(CC)电路,对场效应晶体管则是共漏极(common drain,CD)电路的拓扑结构,又称**射极跟随器**(emitter follower)。这种电路的特色是低输出阻抗,高输入阻抗,以及很好的线性度。射极跟随器的缺陷是电压增益为1,即较低的功率增益,以及差的反向隔离度。共集电极电路通常作为放大器模块的输出级,该输出级应能在良好的线性度前提下驱动一个低值的负载阻抗。共集电极电路较差的反向隔离度削弱了其噪声指标,所以不适合作为低噪声放大器的第一级。虽然寄生的反馈实际上可以改善共集电极电路的带宽(相对于共发射极放大器),但它却具有破坏放大器稳定性的倾向,特别是当放大器的负载为容性时。这种破坏稳定的现象可用于设计振荡电路。

## 7.3　有源器件的测量

### 7.3.1　双极晶体管的直流特性

根据埃伯斯-莫尔方程式(7.10)和式(7.11)，我们将集电极电流和基极电流改写为

$$I_C = I_S(e^{V_{BE}/V_T} - e^{V_{BC}/V_T}) - \frac{I_S}{\beta_R}(e^{V_{BC}/V_T} - 1) \tag{7.46a}$$

$$I_B = \frac{I_S}{\beta_F}(e^{V_{BE}/V_T} - 1) + \frac{I_S}{\beta_R}(e^{V_{BC}/V_T} - 1) \tag{7.46b}$$

其中，需要通过实验确定的待定系数是 $I_S$, $\beta_R$ 和 $\beta_F$。此外，当双极晶体管的 $V_{CE}$ 较大时，正向、反向厄利电压 $V_{AN}$ 和 $V_{BN}$ 也将成为重要参量。为了分别测量正向、反向电流增益，可采取图 7.28 所示的两种测量方案。

在正向测量方案中，基极-集电极二极管被短路($V_{BC}=0$)，则式(7.46)简化为

$$I_C = I_S(e^{V_{BE}/V_T} - 1) \tag{7.47a}$$

$$I_B = \frac{I_S}{\beta_F}(e^{V_{BE}/V_T} - 1) \tag{7.47b}$$

记录基极、集电极电流与 $V_{BE}$ 的函数关系，则可画出图 7.29 所示的曲线。

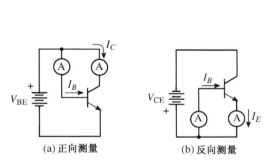

(a) 正向测量　　(b) 反向测量

图 7.28　确定埃伯斯-莫尔双极晶体管模型参量的正向、反向测量方案

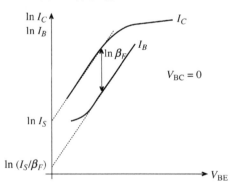

图 7.29　$I_C$ 和 $I_B$ 与 $V_{BE}$ 的关系

若两个电流值均采用对数表示，而且 $V_{BE}$ 的值足够大，则使式中括号内的指数项远大于1。由于

$$\ln I_C = \ln I_S + \frac{V_{BE}}{V_T} \tag{7.48a}$$

$$\ln I_B = \ln I_S - \ln \beta_F + \frac{V_{BE}}{V_T} \tag{7.48b}$$

则两个电流都具有线性斜率 $1/V_T$。根据这两条曲线，首先可以外推集电极电流求出截距 $\ln I_S$，从而可得 $I_S$。其次，可以外推基极电流求出 $\ln I_S - \ln \beta_F$，由此可确定 $\beta_F$。一般情况下，只在很小的基极-发射极电压范围内，电流增益才是常数。当基极注入电流过低或过高时，电流增益都将发生明显的变化。厄利效应可由集电极电流的斜率表示：

$$I_C = I_S(\mathrm{e}^{V_{CE}/V_T} - 1)\left(1 + \frac{V_{CE}}{V_{AN}}\right) \approx I_S \mathrm{e}^{V_{CE}/V_T}\left(1 + \frac{V_{CE}}{V_{AN}}\right) \tag{7.49}$$

由此可求出 $V_{AN}$。对图7.12的放大区中的集电极电流曲线做切线,其延长线与 $V_{CE}$ 轴在第二象限相交,此截距即 $-V_{AN}$。由图7.12可见,此截距与基极电流值无关。将集电极换为发射极,然后采用与正向模式相同的求解过程,即可确定反向模式的参量 $\beta_R$ 和 $V_{BN}$,如图7.28(b)所示。

### 7.3.2　双极晶体管交流特性的测量

晶体管交流参量的测量非常困难,它与所涉及的模型和所要求的精度有关。导出大信号埃伯斯-莫尔或葛谋-潘模型电路参数的解析表达,一直是人们努力追求的研究目标。本书重点讨论图7.30所示的小信号、低频电路模型。

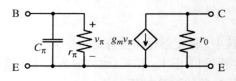

图 7.30　提取器件参数的低频、小信号电路模型

这个模型与图7.14所示的混合 $\pi$ 模型有关,但不包括输出反馈($h_{12} = 0$)和电阻的影响 $r_B \approx r_E \approx r_C \approx 0$。对于处在正向放大工作区中的 $Q$ 点,并考虑到式(7.15)至式(7.20),可导出以下参量:

跨导

$$g_m = \frac{\mathrm{d}I_C}{\mathrm{d}V_{BE}}\bigg|_{V_{CE} = 0} = \frac{I_C^Q}{V_T} \tag{7.50a}$$

输入电容

$$C_\pi = \tau_{\mathrm{be}}\frac{I_S}{V_T}\mathrm{e}^{V_{BE}^Q/V_T} = \tau_{\mathrm{be}}\frac{I_C^Q}{V_T} = g_m\tau_{\mathrm{be}} \tag{7.50b}$$

输入电阻

$$r_\pi = \frac{\mathrm{d}V_{BE}}{\mathrm{d}I_B}\bigg|_{V_{CE}^Q} = \frac{v_{\mathrm{be}}}{i_b}\bigg|_{v_{ce} = 0} = \frac{\beta_0}{g_m} \tag{7.50c}$$

输出电导

$$\frac{1}{r_0} = \frac{\mathrm{d}I_C}{\mathrm{d}V_{CE}}\bigg|_{V_{BE}^Q} = \frac{I_C^Q}{V_{AN}} \tag{7.50d}$$

其中,默认受厄利效应影响的集电极电流由 $I_C = \beta_0 I_B(1 + V_{CE}/V_{AN})$ 表示。此外,因为选定了正向工作模式,$C_\pi$ 代表扩散电容,对应于基极-发射极二极管的正向渡越时间 $\tau_{\mathrm{be}}$。

对这一简化的混合 $\pi$ 模型,其电路参量的确定需从设定所需的 $Q$ 点开始,结果是求出 $I_C^Q$ 和 $I_B^Q$。$V_{AN}$ 则由 $I$-$V$ 曲线确定。测量方案可按以下步骤顺序进行:

- 给定结温度下的跨导 $g_m = I_C^Q/V_T$
- 直流电流增益 $\beta_0 = I_C^Q/I_B^Q$
- 输入电阻 $r_\pi = \beta_0/g_m$
- 输出电阻 $r_0 = V_{AN}/I_C^Q$
- 输入阻抗 $Z_{\mathrm{in}} = (1/r_\pi + \mathrm{j}\omega C_\pi)^{-1}$ 与测量信号角频率有关,由输入阻抗可求出电容 $C_\pi$。

除了通过测量输入阻抗从而间接地确定 $C_\pi$，还可通过求解截止频率更简洁地求出 $C_\pi$。可以看出，在截止频率 $f_T$ 下，交流电流增益等于 1：

$$\left|\frac{i_c}{i_b}\right| = \left|\frac{\beta_0}{1 + \mathrm{j}\omega_T r_\pi C_\pi}\right| \equiv 1 \tag{7.51}$$

已知 $\beta_0 \gg 1$，所以 $f_T \approx \beta_0/(2\pi C_\pi r_\pi)$，由此得出

$$C_\pi \approx \frac{\beta_0}{2\pi f_T r_\pi} \tag{7.52}$$

采用矢量网络分析仪可以很容易地完成这个测量过程。调整信号频率直到 $|h_{\mathrm{fe}}(\omega)| = 1$，此时式(7.51)成立。将得到的截止频率代入式(7.52)就可求出 $C_\pi$。通常，截止频率 $f_T$ 也可以采用增益带宽积的方法求出，即任选一个低于 $f_T$ 的频率 $f_{\mathrm{means}}$，则 $f_T = |h_{\mathrm{fe}}(f_{\mathrm{means}})| f_{\mathrm{means}}$。

### 例 7.6　忽略密勒效应时，小信号混合 π 参量的提取

一个 $npn$ 晶体管的直流偏置为 $I_C^Q = 6$ mA，$I_B^Q = 40$ μA，同时测量到的厄利电压值为 $V_{\mathrm{AN}} = 30$ V。在室温下，采用矢量网络分析仪测量得到该晶体管的截止频率为 $f_T = 37$ GHz。求混合 π 模型参量 $\beta_0$，$r_\pi$，$C_\pi$，$r_0$ 和 $g_m$。

**解：** 忽略从输出端口到输入端口的反馈，则可直接利用前面给出的方程求出 $g_m$：

$$g_m = \frac{I_C^Q}{V_T} = 232 \text{ mS}$$

晶体管的正向直流电流增益 $\beta_0$ 可根据集电极电流与基极电流之比直接求出：

$$\beta_0 = I_C^Q / I_B^Q = 150$$

根据已求出的 $\beta_0$ 和跨导 $g_m$，可求出输入电阻 $r_\pi = \beta_0/g_m = 647$ Ω。输出电阻等于正向厄利电压与集电极电流之比 $r_0 = V_{\mathrm{AN}} / I_C^Q = 5$ kΩ。最后，根据式(7.52)求出输入电容：

$$C_\pi = \frac{\beta_0}{2\pi f_T r_\pi} = 1.00 \text{ pF}$$

晶体管小信号参量的确定几乎是一个按部就班的计算过程。然而，恒定的正向电流增益经常不能反映出晶体管的实际性能。

例 7.6 的方法适用于低频或中等频率，但当频率达到或超过 1 GHz 时，情况会变得更为复杂。这时不能忽略密勒效应，并且必须设法求出 $C_\mu$。正如第 4 章中已指出的，由于实现短路、开路条件方面的困难，在高频下进行的电参量测量，不能依赖于测量阻抗、导纳或 $h$ 参量。在高频下，必须测量 $S$ 参量。下面的例题将说明如何利用 $S$ 参量求出反馈电容 $C_\mu$。

### 例 7.7　考虑密勒效应时，小信号混合 π 参量的提取

重新考察例 7.7，但这次使用矢量网络分析仪测量晶体管在 500 MHz 下，相对于 50 Ω 特性阻抗的 **S** 参量矩阵：

$$[\mathbf{S}] = \begin{bmatrix} 0.86\mathrm{e}^{-\mathrm{j}19.5^\circ} & 0.002\mathrm{e}^{\mathrm{j}80.9^\circ} \\ 21.1\mathrm{e}^{\mathrm{j}170.9^\circ} & 0.98\mathrm{e}^{-\mathrm{j}1.5^\circ} \end{bmatrix}$$

我们的目的是求出反馈电容 $C_\mu$。此外，还将考察忽略 $C_\mu$ 对输入和输出阻抗的影响。

**解：** 因为晶体管的直流参数没有改变，所以不必重复计算。根据已知的 **S** 参量矩阵，利用第 4 章中给出的变换关系，可以求出晶体管(输出端开路)的输入阻抗：

$$Z_{in} = Z_{11} = Z_0 \frac{(1+S_{11})(1-S_{22})+S_{12}S_{21}}{(1-S_{11})(1-S_{22})-S_{12}S_{21}}$$

$$= R_{in} + jX_{in} = (6.1 - j29.4) \ \Omega$$

令上述阻抗等于电路模型[①]的输入阻抗,可得

$$Z_{in} = \frac{1}{1/r_\pi + j\omega(C_\pi + C_{M1})}$$

其中,$C_{M1}$ 是密勒变换等效电容。整理该式可得

$$C_{M1} = \frac{1}{\omega} \mathrm{Im}\left(\frac{1}{Z_{in}}\right) - C_\pi$$

其中,$\omega = 2\pi f$ 是测量晶体管 $S$ 参量时的角频率。显然,可求出 $C_{M1} = 10.4 \ \mathrm{pF} - 1.00 \ \mathrm{pF} = 9.4 \ \mathrm{pF}$。可以利用式(7.25)计算实际的反馈电容 $C_\mu$,在开路条件下,该式中集电极-发射极电压与基极-发射极电压之比等于 $(h_{12} - h_{11}h_{22}/h_{21})^{-1}$。由此可最终得到 $C_\mu = 6.9 \ \mathrm{fF}$。

为计算输入、输出阻抗的频率特性,可先计算由式(7.24)给出的晶体管 **h** 参量矩阵,然后将 **h** 参量矩阵转换成 **Z** 参量矩阵。在图7.31中分别画出了有反馈电容和无反馈电容($C_\mu = 0$)情况下的晶体管输入、输出阻抗。

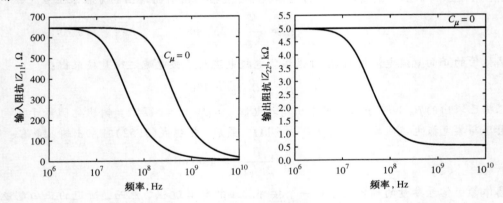

图7.31　有反馈电容和无反馈电容情况下的晶体管输入、输出阻抗

此例题突显出频率超过 100 MHz 后考虑反馈效应的重要性。

虽然上述例题仅是晶体管参数提取的简单实例,但它们却传达了一个信息:即如果要提取整套 SPICE 参量,实际情况将会多么复杂。非线性大信号晶体管电路模型仍然是一个需要研究的还没有明确求解方法的问题。因此,许多晶体管制造商只能依赖晶体管的 $S$ 参量特性。选用适当的实验夹具并采用矢量网络分析仪,在确定的偏置条件和工作频率下测量晶体管 $S$ 参量的方法,可极大地简化对双极晶体管特性的评估过程。

### 7.3.3　场效应晶体管参量的测量

由于砷化镓场效应晶体管在许多射频电路中有突出的表现,因此有必要详细考察其特性参量的提取。由于砷化镓场效应晶体管和高电子迁移率晶体管的电路模型相同,所以可以同时处理这两种器件。第6章中已导出了线性工作状态下(放大状态)漏极电流的基本方程,为

---

① 参见图7.30,图7.16。——译者注

便于使用，重新写出如下：

$$I_D = \mu_n \frac{\varepsilon}{d} \frac{W}{L} \left\{ (V_{GS} - V_{T0})V_{DS} - \frac{1}{2} V_{DS}^2 \right\} \approx \beta (V_{GS} - V_{T0})V_{DS} \tag{7.53}$$

金属半导体场效应晶体管与高电子迁移率晶体管之间仅有的区别在于阈值电压 $V_{T0}$ 的定义。具体地说，根据肖特基势垒电压 $V_d$、夹断电压 $V_P$ 和高电子迁移率晶体管的异质结构中导带间的能量差 $\Delta W_c$，可得出阈值电压的两个表达式：

$$V_{T0} = V_d - V_P \quad \text{(MESFET)} \tag{7.54a}$$

$$V_{T0} = V_d - \Delta W_c / q - V_P \quad \text{(HEMT)} \tag{7.54b}$$

在饱和状态下，即 $V_{DS} \geqslant V_{GS} - V_{T0}$，式（7.53）可化为

$$I_D = I_{Dsat} = \beta (V_{GS} - V_{T0})^2 \tag{7.55}$$

利用式（7.55），画出漏极电流的平方根相对于外加栅极-源极电压 $V_{GS}$ 的变化曲线，就可求出跨导参量 $\beta$ 和阈值电压 $V_{T0}$。测量金属半导体场效应晶体管的 $\beta$ 和 $V_{T0}$ 的实验系统如图 7.32 所示。

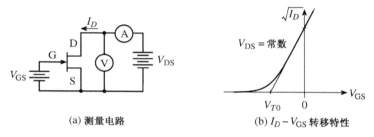

| (a) 测量电路 | (b) $I_D - V_{GS}$ 转移特性 |

图 7.32　场效应晶体管的测量电路及其在饱和状态下的转移特性

阈值电压是通过以下间接方法确定的，任选两个不同的栅极-源极电压 $V_{GS1}$ 和 $V_{GS2}$，同时保持漏极-源极电压不变，即 $V_{DS} =$ 常数 $\geqslant V_{GS} - V_{T0}$，确保晶体管工作于饱和状态。由两次测量的结果可得

$$\sqrt{I_{D1}} = \sqrt{\beta}(V_{GS1} - V_{T0}) \tag{7.56a}$$

$$\sqrt{I_{D2}} = \sqrt{\beta}(V_{GS2} - V_{T0}) \tag{7.56b}$$

假设沟道长度调制效应可忽略，因此所测得的电流约等于由式（7.55）给出的漏极饱和电流。将式（7.56a）和式（7.56b）相除，并求解 $V_{T0}$，可得

$$V_{T0} = \frac{V_{GS1} - (\sqrt{I_{D1}}/\sqrt{I_{D2}})V_{GS2}}{1 - \sqrt{I_{D1}}/\sqrt{I_{D2}}} \tag{7.57}$$

然后把式（7.57）代入式（7.56a），并解出 $\beta$。如果选取 $I_{D2} = 4I_{D1}$，则式（7.57）可化为 $V_{T0} = 2V_{GS1} - V_{GS2}$，这样求解过程可进一步简化。将简化后的式（7.57）代入式（7.56a），则有 $\beta = I_{D1}/(V_{GS2} - V_{GS1})^2$。场效应晶体管的电抗性元件参量通常是由 $S$ 参量导出的，具体方法与双极晶体管相同。

## 7.4　器件特性的散射参量

选用适当的实验夹具，并采用矢量电压表或矢量网络分析仪来测量 4 个与信号频率、偏置状态有关的 $S$ 参量的方法，可大大简化对待测器件（DUT）特性的测量。

虽然现在已经很少有人使用矢量电压表测量器件的 $S$ 参量了，但这种方法却有助于理解 $S$ 参量测量的基本过程，矢量网络分析仪遵循的也是这个基本过程。所以，我们首先研究采用矢量电压表的测量方法。典型的测量系统如图 7.33 所示，系统需要一个射频信号发生器、两个双向定向耦合器、晶体管偏置网络、晶体管夹具，以及可产生短路和直通条件的配套校准元件。

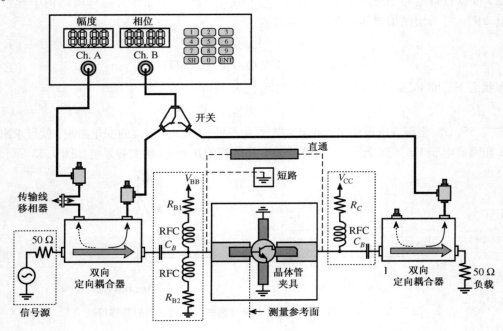

图 7.33　用矢量电压表测量晶体管的 $S$ 参量

在图 7.33 中，**双向定向耦合器**(dual directional coupler)的功能是把入射波与反射波分开。该功能的实现可参考图 7.34 的说明，该图是一个同轴型定向耦合器的剖视图。对于耦合器主臂中来自左边的入射功率，间隔为 1/4 波长的两条缝将其能量耦合到副臂，并到达端口 4；而该能量却不能耦合到端口 3，因为来自缝 B 和缝 A 的信号之间有 180° 的相位延迟，所以波在端口 3 完全

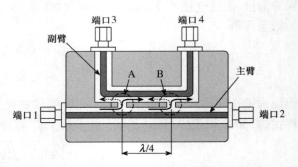

图 7.34　定向耦合器的剖视图及信号路径

抵消了。然而，从待测器件返回的反射波自右侧的端口 2 进入耦合器，随后通过副臂将信号能量耦合到端口 3，同时消除了端口 4 的输出波。所以，端口 3 输出的是反射波的功率，而在端口 4 测量到的是入射波的功率。定向耦合器的两个品质因数分别是**耦合因数**(coupling factor) $cf$ 和**方向性因数**(directivity factor) $df$。$cf$ 的定义是

$$cf\,[\text{dB}] = 10\,\log\!\left(\frac{P_i}{P_n}\right) \tag{7.58a}$$

它是主臂端口 1 或 2($i=1,\,2$)的功率与副臂端口 3 或 4($n=3,\,4$)的功率比值的对数。方向性因数 $df$ 的定义为

$$\mathrm{d}f\,[\mathrm{dB}] \;=\; 10\,\log\!\left(\frac{P_3}{P_4}\right) \tag{7.58b}$$

它是指端口 2 接匹配负载的条件下，主臂的端口 1 输入的正向功率与副臂各端口输出功率的比值。为了提高分辨力，我们希望能有大的方向性系数。

　　信号传输的实际路径可在图 7.33 看到。其中，矢量电压表的通道 B 和 A 分别记录有源器件输入端的入射功率和反射功率。取它们的电压幅值之比，可得 $|S_{11}|$。为了测量 $S_{11}$ 的相位，首先必须确定合适的相位参考面。因此，去掉待测器件，引入短路以确定相位的参考面。为保证两个通道的路径长度相同（即从信号源到通道 B 和从短路端到通道 A），可调节系统中的一个传输线移相器，以达到零相位差。

　　这个实验系统也可用于测量正向增益 $S_{21}$。用开关将通道 B 转接到位于待测器件输出端口一侧的定向耦合器，即可得到输出电压与输入电压之比，即 $|S_{21}|$。此时的相位测量需要用一段直通元件取代待测器件，然后还需要调整传输线移相器，使信号路径长度相等。

　　其余两个 $S$ 参量，即 $S_{22}$ 和 $S_{12}$，可通过将待测器件的夹具反向，同时改变偏置网络，然后进行测量。如图 7.33 所示，$S$ 参量的测量结果与合适的偏置（或 $Q$ 点）及信号源的频率有关，所以有可能测得一族参量曲线。

　　除了采用矢量电压表，更常用的方法是采用矢量网络分析仪。这种仪器能够测量单端口或双端口射频网络的幅值和相位。标出这些功能的简化框图如图 7.35 所示。

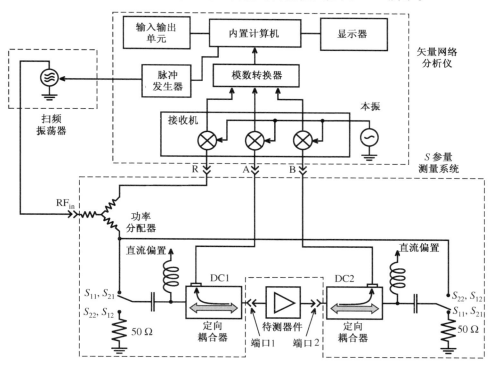

图 7.35　矢量网络分析仪的框图及 $S$ 参量测试系统

　　矢量网络分析仪的优点是，与采用矢量电压表的测量过程对应的所有独立功能单元都被组合起来，可完全自动对射频或微波器件进行测试。矢量网络分析仪的工作程序是，由射频扫频振荡器将射频信号输入定向耦合器。在正向传输状态下，参考通道 R 记录入射功率波，而通道 A 通过定向耦合器 1(DC1)测量 $S_{11}$ 参量；与此同时，通过定向耦合器 2(DC2)测量 $S_{21}$。把开关切换到反向传输状态，参考通道 R 记录进入待测器件的端口 2 的入射功率，此时通道 B 测量 $S_{22}$，而通道 A 给出 $S_{12}$。这种配置可实现校准状态与测试状态之间的电子切换，无须更换测试夹具即可测量全部 S 参量。中频混频和放大单元将信号输送到模数转换单元，随后输入微型计算机和显示系统中。计算机为用户提供计算出的 S 参量(幅值和相位)，以及一些经过后续处理的参量，如群延迟、反射损耗和插入损耗、电压驻波系数、输入和输出阻抗，以及许多其他特性参量。

矢量网络分析仪的计算机系统允许我们通过软件来补偿由测试系统引入的各种误差。关于这一方面，可参考 4.4.7 节采用直通-反射-传输(TRL)方法测量 S 参量的情况。它是一系列已提出的校准方案之一，这些校准方法可用于补偿由测量过程引入的各种误差。

## 应用讲座：采用电路仿真软件为射频晶体管建模

这一节将考察现代电路仿真器如何用来分析典型的射频晶体管。使用的软件是是德科技公司的 ADS，当然其他厂家也能提供类似的电路仿真软件。我们根据厂家提供的商用高电子迁移率晶体管模型，画出一个简易放大器的原理图，仿真计算其 S 参量，并将结果与器件手册中的 S 参量进行对比。同时也将详细考察该晶体管的建模方法。

图 7.36 给出了该放大器模型的原理图。仿真中选用的器件是是德科技公司的 ATF551M4，它是一款增强型假晶高电子迁移率晶体管(Enhancement mode pseudomorphic HEMT，E-pHEMT)，专为工作频率为 450 MHz ~ 10 GHz 的低噪声放大器而设计。生产厂家已经提供了这种晶体管的非线性 ADS 模型(可从是德科技公司官网下载)。该晶体管有两个源极焊盘，应用手册中建议将这两个焊盘分别用两个过孔接地。这个高电子迁移率晶体管由有源网络提供偏置，该网络中有两个配对的低频 pnp 晶体管。偏置网络的细节将在第 8 章中讨论。然而，需要指出的是，图 7.36 给出的偏置电路(是德科技公司器件应用手册中的推荐电路)可以保证 ATF551M4 的漏极电压和电流在适当的范围内不受环境温度及器件参数离散性的影响。偏置电路提供的偏置条件是 $V_{DS} = 3$ V，$I_D = 20$ mA。根据器件的数据手册可知，在上述偏置条件下，要求 $V_{GS} \approx +0.53$ V，就使简单的单电源供电方式成为可能(如原理图中的 5 V 直流电源)。晶体管偏置点的选择标准是尽可能地实现最大的增益，最低的失真，以及最小的噪声。器件的数据手册中也会以 S 参量的形式给出这些偏置点中的某一个。

射频信号被微带传输线和旁路电容构成的滤波器隔离在直流偏置电路之外。微带传输线的长度是 5 GHz 频率对应波长的 1/4，使直流偏置电路对射频呈现开路状态。由于放大器的中心工作频率是 5 GHz，在此频率上仿真的 S 参量和测量的 S 参量必须相符。根据第 2 章的内容可知，在其他频率点微带传输线不再呈现开路状态，因此会影响晶体管的 S 参量值。原理图中的 MSub1 列出了仿真微带传输线所需的 PCB 板材参数。这个电路采用的板材型号是 Rogers 4350，其技术参数可在数据手册中查到。

ATF551M4 的栅极和漏极通过隔直电容连接到 S 参数的测量设备端口(类似于矢量网络分析仪)。原理电路图中的其他信息包括：测量 S 参量的设置选项(SP1)，扫频设置为 0.1 ~ 10 GHz，直流仿真单元(DC1)，以及 S 参量显示模板。

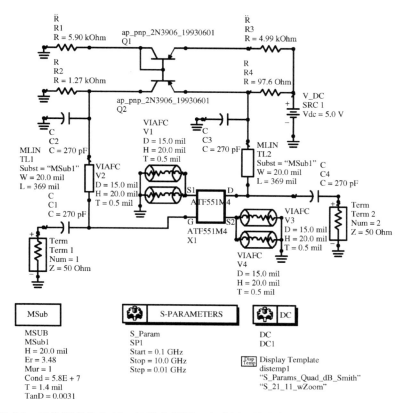

图 7.36　工作频率为 5 GHz 的放大器原理电路图，其中高电子迁移率晶体管安装在
包含偏置网络的模拟 PCB 板上，另外还配有 S 参量测量的设置选项

　　在研究仿真结果之前，首先仔细考察高电子迁移率晶体管的模型。图 7.37 给出了该晶体管的模型，其中的电路参量是调用 ADS 原理图编辑器中的"Push Into Hierarchy"命令得到的。图 7.37 显示的是一个电路单元，它包括晶体管管芯模型和采用电容、电感及微带线模拟的管壳寄生参量。晶体管模型由标记为 FET1 的器件表示，它的所有模型参量由模型设置选项 MESFETM1 确定。此处调用了软件内置的"新型准二阶（Advanced Curtice Quadratic）"砷化镓场效应晶体管模型。这是目前在用的最简单的金属半导体场效应晶体管模型之一，它与图 7.24 所示的模型类似。图 7.38 给出了这个模型的基本电路结构，实际上它与大多数金属半导体场效应晶体管模型相同。这个模型中的大多数电路元件都是普通的电阻/电感/电容，因此不存在与偏置有关（非线性）的电流源 $I_D$ 和 $R_{DS}$，以及结电容 $C_{GS}$ 和 $C_{GD}$。对于准二阶模型，有以下电流表达式：

$$I_D = \beta(V_{GS} - V_{TO})^2(1 + \lambda V_{DS})\tanh(\alpha V_{DS})$$

和

$$C_{GS} = \frac{C_{GS0}}{\left(1 - \dfrac{V_{GS}}{V_{BI}}\right)^{0.5}}$$

其中的参数都在 MESFETM1 选项中设定：$\alpha$ = Alpha = 双曲正切参量，$\beta$ = Beta = 跨导参量，$\lambda$ = Lambda = 沟道调制系数，$V_{TO}$ 为阈值电压，$C_{GS0}$ 为零偏置下的栅极–源极电容（参数表中列出 $C_{GS}$），$V_{BI}$ 为 pn 结自建电压。

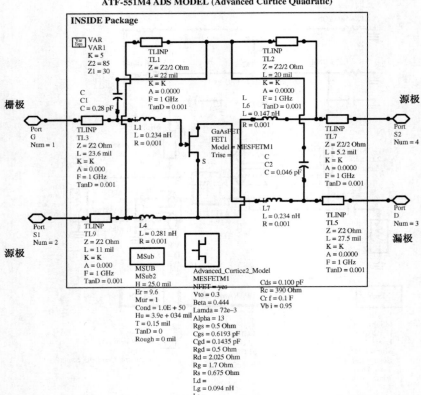

图 7.37　高电子迁移率晶体管的 ADS 电路模型，包括晶体管模型及管壳寄生参量

　　需要指出 $I_D$ 表达式中的一个小变化，即包括了一个双曲正切参量，从而可以在牺牲少许精度的前提下，采用一个解析表达式描述晶体管的线性状态及饱和状态。这常常会带来一些方便，因为采用解析表达式容易通过试探方法得到不同晶体管的参数。

　　运行 ADS 仿真程序将产生图 7.39 所示的 $S$ 参量曲线。可以看到，在完全不进行阻抗匹配的情况下，该晶体管可在 5 GHz 频率处提供约 13 dB 的增益($S_{21}$)，该增益一般都会随着频率的升高而下降，这符合我们的预测。然而，在低频及 10 GHz 附近，晶体管的增益大幅度下降，这是因为偏置电路在这些频率点呈现出短路特征。此晶体管的反向增益($S_{12}$)小于 $-20$ dB，可以视为良好的反向隔离。根据史密斯圆图中画

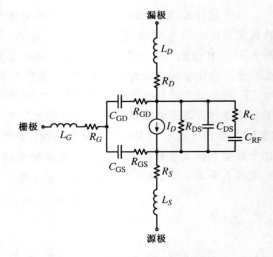

图 7.38　砷化镓场效应晶体管管芯的准二阶电路模型

出的 $S_{11}$ 和 $S_{22}$ 曲线，可知晶体管的输入、输出端口没有与 50 Ω 匹配。所以，最终的低噪声放大器设计也许还要增加匹配电路，这个问题将在第 8 章和第 9 章中讨论。

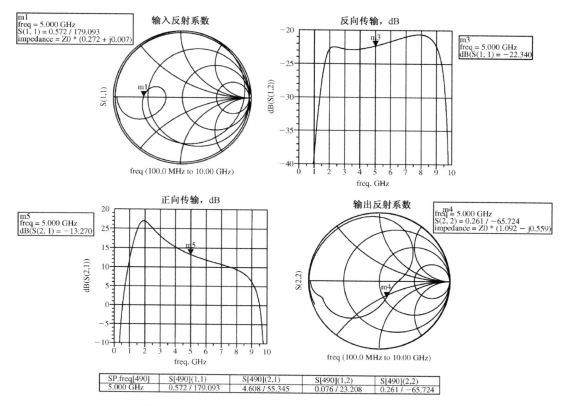

图 7.39　采用 ADS 仿真求出的 5 GHz 放大器的 S 参量

每条曲线的 5 GHz 处都放置了一个标记,以便读出 S 参量的数值。这些数值也可以在图中最下方的表里找到。可以将仿真模型的计算值与器件手册中的数据 $S_{11} = 0.662\angle175.3°$, $S_{21} = 4.099\angle59.4°(12.25\ \text{dB})$, $S_{12} = 0.076\angle19.2°(-22.4\ \text{dB})$, $S_{22} = 0.270\angle-71.5°$ 进行对比。两者并不完全一致,但这是可以理解的,因为要保证模型的普适性就不得不牺牲其精度。另外,有些差异是由于测量 S 参量时源极接地状态不同造成的。

仿真结果可用于精确评估放大器的增益、稳定性及噪声特性。这些问题将在第 9 章中讨论。

## 7.5　小结

有源器件的电路模型是绝大多数电子系统 CAD 软件的核心。这些电路模型包括从简单的线性电路到很复杂的大信号电路模型。例如,一个考虑到温度影响的双极晶体管 SPICE 非线性模型可包括 40 多个可调整的参量,确定这些参量是一项令人望而生畏的工作。

本章回顾了二极管的非线性模型,它用来模拟常规的 $pn$ 结型二极管和肖特基二极管。结电容、扩散电容及与温度有关的饱和电流,是构成这个模型的关键要素。在仅考虑小信号响应的情况下,通过确认偏置点即 $Q$ 点,可得线性二极管模型,其微分电导和扩散电容为

$$G_d = \frac{1}{R_d} = \frac{\mathrm{d}I_D}{\mathrm{d}V_A}\bigg|_{V_Q} = \frac{I_Q}{nV_T}, \qquad C_d = \frac{I_S\tau_T}{nV_T}\,\mathrm{e}^{V_Q/(nV_T)} \approx \frac{I_Q\tau_T}{nV_T}$$

二极管模型作为基本结构单元构成了最初由埃伯斯和莫尔提出的非线性静态双极晶体管模

型。通过简化基本的埃伯斯-莫尔方程，可解释正向工作区和反向工作区的现象。从晶体管的注入模型出发，将埃伯斯-莫尔双极晶体管方程变换为传输模型的形式，随后再变换为正向工作模式下的非线性双极晶体管模型。埃伯斯-莫尔模型经过改进和修正，可导出更为复杂的葛谋-潘模型，其大信号正向工作模式的等效电路如图 7.13 所示。对于小信号情况，混合 π 参量是非线性埃伯斯-莫尔模型的一种常见线性化形式。在给定集电极电流的条件下，混合 π 参量的计算公式如下：

$$g_m = I_C^Q/V_T, \qquad r_\pi = \beta_0/g_m, \qquad \beta_F|_Q = \beta_0, \qquad 1/r_0 = I_C^Q/V_{AN}$$

在高频工作下，输入、输出端口之间的耦合电容会明显影响到晶体管的工作。考虑到密勒效应，集电极-基极电容可变换为输入、输出电容，如果已知电压增益，则还可将输入、输出两个端口隔离开。因为引线的电感和电阻也会影响晶体管的高频性能，所以我们仔细研究了频率升高对输入、输出阻抗的影响，以及其他问题。

　　然后，我们把注意力转向场效应晶体管的电路模型，特别是与高频工作有关的金属半导体场效应晶体管和高电子迁移率晶体管。饱和区、线性区（三极管）、反向饱和区和反向线性区（三极管）的定义与第 6 章的内容密切相关。例如，在饱和区中的漏极电流：

$$I_D = \beta_n(V_{GS} - V_{T0})^2(1 + \lambda V_{DS})$$

和在线性区中的漏极电流：

$$I_D = \beta_n[2(V_{GS} - V_{T0})V_{DS} - V_{DS}^2](1 + \lambda V_{DS})$$

构成了静态和动态电路模型的基础。最重要的是低频、高频小信号场效应晶体管模型。截止频率使我们可定量评估器件的极限工作频率。对于低频和中等频率的器件，电容的充电时间决定着其频率特性，然而对于高频器件，沟道渡越时间是其频率特性的限制因素。

　　最后讨论了如何提取有源器件的电参量。对于双极晶体管的直流特性，主要依据集电极、基极电流是基极-发射极电压的函数这一特性。根据这些特性曲线可得到饱和电流、电流增益和厄利电压。晶体管交流参量的测量是一项更为艰巨的工作，并且只有线性混合 π 模型才有按方程式（7.50）所述的标准测量方法。本章对场效应晶体管模型的描述类似于直流双极晶体管模型，其中包括了漏极电流对栅极-源极电压的对应关系。

　　在许多情况下，对于双极晶体管和场效应晶体管，$S$ 参量表示法是在给定偏置和工作频率下描述有源器件的最常用方法。为测量 $S$ 参量，可用矢量电压表或矢量网络分析仪来测量待测器件的输入/输出功率波。用矢量电压表进行测量时，需要定向耦合器、信号源、开关，以及一个正向、反向测量方案。将测量装置连接到矢量网络分析仪的 3 个接口上，所有测量都可自动完成。一般来说，在特定的偏置条件和工作频率下测得的 $S_{11}$、$S_{22}$、$S_{21}$ 和 $S_{12}$，可为电路设计者评估该器件的特性提供足够的信息。

## 阅读文献

P. Antognetti and G. Massobrio, *Semiconductor Device Modeling with SPICE*, McGraw-Hill, New York, 1988.

J. J. Ebers and J. L. Moll, "Large-Scale Behaviour of Junction Transistors," *Proc. of IRE*, Vol. 42, pp. 1761-1778, December 1954.

H. K. Gummel and H. C. Poon, "An Integral Charge Control Model of Bipolar Transistors," *Bell System Tech. Journal*, Vol. 49, pp. 827-851, 1970.

T. -H. Hsu and C. P. Snapp, "Low-Noise Microwave Bipolar Transistor with Sub-Half-Micrometer Emitter Width,"

*IEEE Trans. on Electron Devices*, Vol. ED-25, No. 6, June 1978.

E. S. Yang, *Microelectronic Devices*, McGraw-Hill, NY, 1988.

B. Razavi, *RF Microelectronics*, Prentice Hall, 1998.

Y. Tsividis, *Operation and Modeling of the MOS Transistor*, McGraw-Hill, 2nd edition, 1999.

R. Jaeger and T. Blalock, *Microelectronic Circuit Design*, McGraw-Hill, 2nd edition, 2003.

R. T. Howe and C. G. Sodini, *Microelectronics: An Integrated Approach*, Prentice-Hall, 1997.

F. Ellinger, *Radio Frequency Integrated Circuits and Technologies*, Springer-Verlag, 2007.

## 习题

7.1　一个硅 $pn$ 结二极管在 $T = 300$ K 下的特性参量为 $I_S = 5 \times 10^{-15}$ A，$n = 1.2$，$\tau_T = 100$ ps，$R_S = 10$ Ω。设二极管的工作条件为：偏置电压等于 0.7 V，环境温度为 200 K 至 450 K，求二极管的微分电阻和电容。

7.2　在 $T_j = 25$℃ 时，一个 $pn$ 结二极管的反向饱和电流为 $I_S = 0.01$ pA，发射系数为 1.6。若结温为 120℃，二极管外加电压 $V_A = 0.8$ V，求二极管的反向饱和电流和电流 $I_D$。

7.3　某工程师的任务是提取肖特基二极管的模型参量。根据实验可知该二极管的饱和电流 $I_S = 2$ pA。该工程师决定利用二极管的微分电容确定其他参量（$n$ 和 $\tau_T$）。假设室温下的测量结果表明，当外加结电压 $V_A = 0.5$ V 时扩散电容为 $C_d = 0.329$ pF；而当 $V_A = 0.7$ V 时扩散电容为 $C_d = 0.371$ pF。求发射系数 $n$ 和渡越时间 $\tau_T$。

7.4　一个用金作为触点的砷化镓肖特基二极管的工作电流为 80 mA，在 300 K 下的特性参量为 $\tau_T = 40$ ps，$R_S = 3$ Ω，$n = 1.2$，$I_S = 10^{-14}$ A。要求：(a) 在频率范围 1 MHz ~ 5 GHz 内，画出该二极管小信号阻抗的幅度变化曲线。(b) 设温度为 400 K，重复前面的计算。

7.5　控制电压分别为 +5 V 或 −5 V，频率范围为 1 MHz ~ 10 GHz，计算右图所示二极管电路的 $S$ 参量。已知，该二极管的模型参量为 $I_S = 5 \times 10^{-15}$ A，$n = 1.2$，$\tau_T = 100$ ps，$m = 0.5$，$C_{J0} = 10$ pF，$V_{\text{diff}} = 0.7$ V 和 $R_S = 10$ Ω；环境温度 $T = 300$ K；且假设隔直流电容 $C_B$ 和射频扼流圈（RFC）阻抗为无限大。

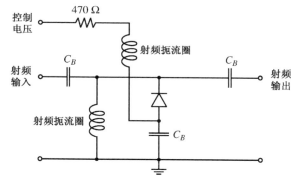

7.6　当温度从 −20℃ 变化到 80℃ 时，求理想的硅 $pn$ 结二极管的正向偏置电压随温度的变化。假设：二极管的电流恒定不变，在 $T = 300$ K 下的初始偏置电压为 0.7 V。

7.7　某理想的 $pn$ 结二极管的参量如例 7.1 所列，设 $I_Q = 1$ mA，求其最高工作频率。二极管的最高工作频率可根据其 $RC$ 时间常数估算。

7.8　已知除了带隙能，3 个理想的 $pn$ 结二极管的特性参量都是相同的。若这 3 个二极管分别用锗、硅和砷化镓制成，当它们的偏置电压都相同时，求这 3 个二极管的正向偏置电流之比。

7.9　一个 $npn$ 双极晶体管的基极电流被置零（开路状态）。假设该晶体管工作在室温下，并且有 $\alpha_F = 0.99$ 和 $\alpha_R = 0.05$。采用大信号埃伯斯-莫尔模型，求基极-发射极电压与外加的集电极-发射极电压 $V_{\text{CE}}$ 之间的函数关系。

7.10　试用双极晶体管的集电极电流表示其跨导 $g_m$，并用该表达式与 $pn$ 结二极管的微分电阻表达式进行对比。

7.11 求证,在输出端开路条件下,图 7.16 所示的小信号晶体管模型的输入端密勒电容可写为 $C_{M1} = (1 + g_m r_{ce}) C_\mu$。此外,求出此公式适用频率的上限。

7.12 已知:双极晶体管集电极偏置电流为 20 mA, $T = 300$ K 时晶体管的参数为 $\beta_0 = 140$, $C_\mu = 0.1$ pF 和 $C_\pi = 5$ pF。在 10 MHz ~ 10 GHz 频率范围,画出该晶体管混合 π 模型的短路电流增益 $h_{fe}$ 的变化曲线。

7.13 例 7.4 讨论了比较复杂的微波晶体管分析方法,那时考虑了一些与寄生元件,如引线电感和引线电阻,相关的效应。然而,在绝大多数实际应用中情况更复杂,因为器件制造商在晶体管管壳内部引入了匹配网络和稳定网络。

已知各元件值为 $R_1 = 25$ $\Omega$, $R_2 = 20$ $\Omega$, $C_1 = C_2 = 0.2$ pF, $C_{BE} = C_{CE} = 0.1$ pF 和 $C_{BC} = 10$ fF。设混合 π 型模型中的偏置条件,以及所有电感和元件的值都与例 7.4 相同。

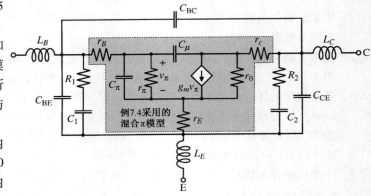

根据右图所示的晶体管内部电路,计算晶体管在 100 MHz ~ 20 GHz 频率范围内的 $S$ 参量。

7.14 在双极晶体管的混合 π 型模型中确定电容 $C_\mu$ 的一个简便方法是测量基极-集电极之间的电容,如右图所示。如果频率足够低,即有 $1/(\omega C_\mu) \gg r_B$,则可直接将外测电容值作为反馈电容 $C_\mu$ 的值。通过证明电压 $v_\pi$ 为零,以及 $r_\pi$、$C_\pi$ 和 $g_m$ 不会影响电容测量结果,说明上述方法是正确的。假设在 1 MHz 频率下,一个精确的仪器测量出的外测电容 $C_{ext} = 0.6$ pF。试问:典型值在 25 ~ 200 $\Omega$ 之间的 $r_B$ 是否可以忽略?

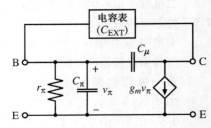

7.15 如右图所示,求低频下($C_\mu$ 和 $C_\pi$ 可忽略)晶体管混合 π 模型的参量 $r_\pi$、$r_B$ 和 $g_m$。已知,在室温(25℃)工作状态下,基极-发射极电压 $V_{BE} = 1.0$ V 时,基极直流电流 $I_B = 100$ μA,集电极电流 $I_C = 25$ mA。同时测得低频输入阻抗为 356 $\Omega$。

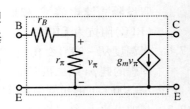

7.16 一个双极晶体管的小信号模型参量为 $g_m = 40$ mS, $f_T = 600$ MHz, $r_{ce} = 2.5$ kΩ, $r_{bb'} = 125$ $\Omega$, $C_{b'c} = 2$ pF。负载电阻 $R_L = 50$ $\Omega$,连接方式如下图所示。

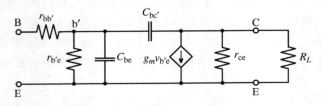

假设 $V_L \approx -g_m V_{b'e} R_L$，求出密勒电容 $C_{M1}$，使输入电路可以近似为下图。

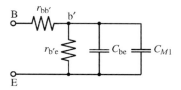

7.17　忽略例7.4 中晶体管的所有寄生元件，包括基极、发射极及集电极电阻，求最高工作频率 $f_0$，截止频率 $f_\beta$ 和 $f_T$（见图7.18）。

7.18　求双极晶体管在共基极电路下的 $h$ 参量表达式。忽略基极、发射极及集电极电阻（$r_B$，$r_E$ 和 $r_C$）。

7.19　求下图中的高频场效应晶体管的 $h$ 参量表达式。

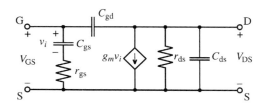

7.20　根据习题 7.19 给出的等效电路，导出场效应晶体管在共栅极电路下的 $h$ 参量表达式。

7.21　根据习题 7.19 给出的场效应晶体管电路模型，并假设电路负载端是开路的。采用等效密勒电容替换 $C_{gd}$，并求出等效输入阻抗和输出阻抗。

7.22　对于右图所示的场效应晶体管简化模型，设法确定电容 $C_{gs}$，$C_{gd}$ 和 $g_m$。

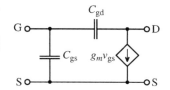

试证明，在低频工作状态下，可以在输出短路的条件下测量漏极电流和栅极-源极电压。

7.23　场效应晶体管模型经常以 $Y$ 参量的形式给出，如下图所示。

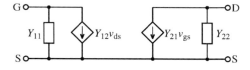

将这个模型转换成如下图所示的 π 形网络，并确定其中的系数 $A$，$B$，$C$ 和 $D$。

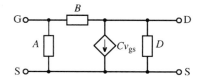

7.24　根据习题7.16 中的模型参量，若负载电阻的变化范围是 $10\ \Omega \leqslant R_L \leqslant 200\ \Omega$，画出截止频率 $f_T$ 与负载电阻的函数关系。

7.25　晶体管正向电流增益 $h_{fe}$ 的频率响应由式（7.28）和式（7.29）精确描述。针对例 7.6 和例 7.7 分析的晶体管，求近似公式 $| h_{fe}(\omega) | \propto 1/f$ 成立的频率区间。

7.26　根据例 7.7 中的 $S$ 参量，利用习题 7.25 中的近似方法估计晶体管的截止频率 $f_T$。

# 第 8 章　匹配网络和偏置网络

第 2 章曾指出，要实现最大的功率传输，必须使负载阻抗与波源阻抗相匹配。实现上述匹配的通常做法是在波源和负载之间插入一个无源网络。这种无源网络通常被视为匹配网络。然而，它们的功能并不仅限于为实现理想功率传输而在波源和负载之间进行阻抗匹配。事实上，许多实际的匹配网络并不只是为减小功率损耗而设计的，它们还具有其他功能，如减小噪声干扰、提高功率容量及改善频率响应的线性度，等等。通常认为，匹配网络的用途就是实现阻抗变换，即在一个频段内将给定的阻抗值变换成其他阻抗值。

本章将讨论的主要内容是利用无源匹配网络进行阻抗变换的技术。重点是确保在波源和负载之间形成最小反射，而将所有其他问题，如噪声系数、线性度等留在第 9 章中讨论。

首先讨论集中参数元件网络，这种网络容易分析，并可以在吉赫频段的低端及以下的频段中使用。然后再分析、设计采用微带线和微带短线等分布参数元件实现的匹配网络。这类网络特别适合于工作在 1 GHz 以上频段，以及对电路垂直方向尺度有特殊要求的场合，如射频集成电路设计方面。

为了简化分析并使设计方法更加直观，我们将把**史密斯**（Smith）圆图作为主要设计工具而在本章中广泛使用。

## 8.1　采用分立元件的匹配网络

### 8.1.1　双元件匹配网络

在一般情况下，工程设计所追求的两个主要目标是：第一个目标是要满足系统要求，第二个目标是要采用最低的成本和最可靠的方法实现第一个目标。成本最低且可靠性最高的匹配网络往往就是那些元件数目最少的网络。

这一节的内容就是分析和设计这类最简单、可行的匹配网络，即**双元件网络**（two-component network），或者根据其电路拓扑结构而称为 **L 形网络**（L-section）。这种网络采用两个电抗性元件，将负载阻抗 $Z_L$ 变换为满足需要的输入阻抗 $Z_{in}$。这两个元件与负载阻抗及波源阻抗一起，可以构成图 8.1 所示的并联或串联电路，图中画出了电容和电感的 8 种可能连接方式。

设计匹配网络时，有两种基本方法可供选择：

1. 采用解析方法求出元件的值。
2. 利用史密斯圆图作为图解设计工具。

第一种方法可以得到非常精确的结果，并适合于采用计算机仿真。然而，由于第二种方法不需要复杂的计算，因而更加直观，容易验证，对于初步设计也比较省时。下面的例题详细介绍了如何使用解析方法设计一个特定的 L 形匹配网络。

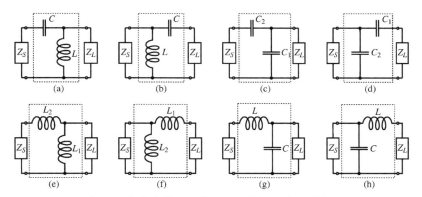

图 8.1 集中参数双元件匹配网络的 8 种电路结构

## 例 8.1 设计 L 形匹配网络的解析方法

已知发射机在 2 GHz 频率点的输出阻抗是 $Z_T = (150 + j75)\ \Omega$。设计一个图 8.2 所示的 L 形匹配网络，使输入阻抗为 $Z_A = (75 + j15)\ \Omega$ 的天线能够得到最大的信号功率。

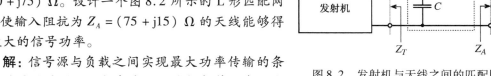

图 8.2 发射机与天线之间的匹配网络

**解**：信号源与负载之间实现最大功率传输的条件是信号源阻抗与负载阻抗共轭相等。在这个问题中，即匹配网络的输出阻抗 $Z_M$ 必须等于 $Z_A$ 的复数共轭，即 $Z_M = Z_A^* = (75 - j15)\ \Omega$。阻抗 $Z_M$ 的值等于 $Z_T$ 与电容 $C$ 并联后再与电感 $L$ 串联：

$$Z_M = \frac{1}{Z_T^{-1} + jB_C} + jX_L = Z_A^* \tag{8.1}$$

其中，$B_C = \omega C$ 是电容器的电纳，$X_L = \omega L$ 是电感器的电抗。将发射机阻抗及天线阻抗展开为实部和虚部的形式，即 $Z_T = R_T + jX_T$ 和 $Z_A = R_A + jX_A$，则式(8.1)可以改写为

$$\frac{R_T + jX_T}{1 + jB_C(R_T + jX_T)} + jX_L = R_A - jX_A \tag{8.2}$$

将式(8.2)的实部和虚部分开，则可得到一对方程：

$$R_T = R_A(1 - B_C X_T) + (X_A + X_L)B_C R_T \tag{8.3a}$$

$$X_T = R_T R_A B_C - (1 - B_C X_T)(X_A + X_L) \tag{8.3b}$$

解出式(8.3a)中的 $X_L$ 并代入式(8.3b)，可得一个关于 $B_C$ 的二次方程，其解为

$$B_C = \frac{X_T \pm \sqrt{\dfrac{R_T}{R_A}(R_T^2 + X_T^2) - R_T^2}}{R_T^2 + X_T^2} \tag{8.4}$$

由于 $R_T > R_A$，所以根号内的值为正值而且大于 $X_T^2$。因此，为了确保 $B_C$ 为正值，必须选取式(8.4)中的"正"号。将式(8.4)代入式(8.3a)可得

$$X_L = \frac{1}{B_C} - \frac{R_A(1 - B_C X_T)}{B_C R_T} - X_A \tag{8.5}$$

将已知数据代入式(8.4)和式(8.5)，则可求得

$$B_C = 9.2\ \text{mS} \Rightarrow C = B_C / \omega = 0.73\ \text{pF}$$

$$X_L = 76.9\ \Omega \Rightarrow L = X_L / \omega = 6.1\ \text{nH}$$

此例题表明,设计 L 形滤波器的解析方法就是求解关于电容 $C$ 的二次方程和关于电感 $L$ 的线性方程。这个求解过程十分枯燥,但很容易借助数学软件来完成。

根据例 8.1 可预见到,即使是设计简单的 L 形滤波器,解析方法的复杂程度和计算量都会变得相当大。除了采用上述解析方法,还可以将史密斯圆图用于快速并相对精确地设计匹配网络。这种方法的好处在于,其复杂程度几乎与匹配网络的元件数目无关。此外,通过观察阻抗在史密斯圆图上的变换过程,就能体会到每个电路元件对实现特定匹配状态的贡献。而且,元件类型和元件参数方面的任何错误都能立即在史密斯圆图上反映出来,从而使设计工程师能够直接进行调整。如果借助于个人计算机,此设计过程就可以实时完成。也就是说,元件类型($L$ 或 $C$)及其量值都可以实时显示在计算机屏幕上的史密斯圆图中。

3.4 节已较详细地讨论过在复数负载上连接一个电抗性元件(电感或电容)的效果。这里仅强调以下几点:

- 复数阻抗串联附加的电抗元件,将导致该复数阻抗在史密斯圆图上的相应阻抗点沿等电阻圆移动。
- 复数阻抗并联附加的电抗元件,将导致该复数阻抗在史密斯圆图上的相应导纳点沿等电导圆移动。

图 8.3 所示的阻抗-导纳复合史密斯圆图中标出了上述情况。至于史密斯圆图中参量点的移动方向,一般的经验是,如果连接的是电感,则参量点将向史密斯圆图的上半圆移动;如果连接的是电容,则参量点将向史密斯圆图的下半圆移动。

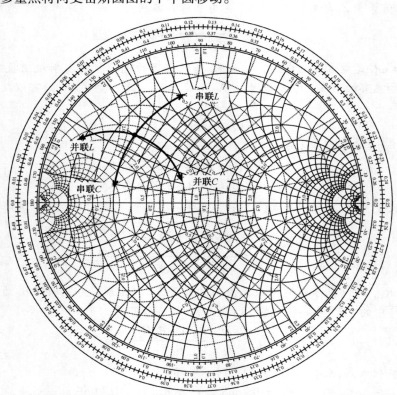

图 8.3　在串联和并联情况下,电感和电容对复数负载阻抗在史密斯圆图中位置的影响

掌握了单个元件对负载的影响，就可以设计出能够将任意负载阻抗变换为任意指定输入阻抗的双元件匹配网络。一般来说，在阻抗-导纳复合史密斯圆图上设计 L 形网络或者其他无源网络，都需要将有关参量点沿等电阻圆或等电导圆移动。

下面的例题介绍了这种图解设计方法，它区别于例 8.1 中讨论的解析方法。绝大多数新版 CAD 软件都允许借助计算机屏幕进行这种图解设计。事实上，类似于 ADS 的仿真软件包都允许直接在电路图中放置元件，同时将相应的阻抗特征显示在史密斯圆图中。

### 例 8.2　采用图解法设计 L 型匹配网络

采用史密斯圆图作为图解法设计工具，设计例 8.1 所讨论的 L 形电抗性匹配网络。

**解：** 第 1 步是计算发射机和天线的归一化阻抗。由于本题未给出特性阻抗 $Z_0$，我们任选该值为 $Z_0 = 75\ \Omega$。这样，发射机和天线的归一化阻抗分别为 $z_T = Z_T/Z_0 = 2 + j1$，$z_A = Z_A/Z_0 = 1 + j0.2$。由于与发射机连接的第一个元件是并联电容，则并联后的总阻抗应与 $z_T$ 落在阻抗-导纳复合史密斯圆图中的同一等电导圆上（见图 8.4）。

然后，将一个电感串联在电容与发射机 $z_T$ 并联后的总电阻上，则最终的串联阻抗将沿着等电阻圆移动。要实现最大功率传输，则发射机输出匹配网络的输出阻抗必须等于天线阻抗的复数共轭。因此，如图 8.4 所示，上述等电阻圆必须经过 $z_M = z_A^* = 1 - j0.2$ 点。

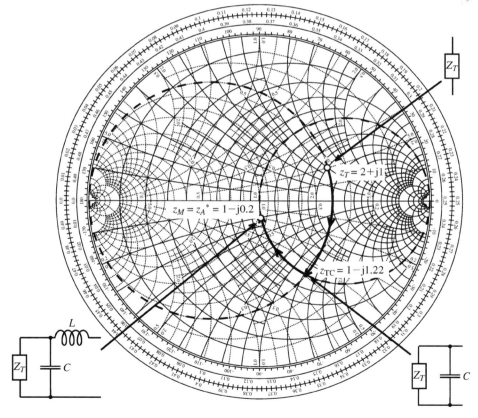

图 8.4　阻抗-导纳复合史密斯圆图上的双元件匹配网络设计

史密斯圆图中两个圆的交点就是发射机与电容并联后的总归一化阻抗。从史密斯圆图中可以看到，这个点的归一化阻抗值约为 $z_{TC} = 1 - j1.22$，相应的归一化导纳值约为 $y_{TC} = 0.4$

$+ \mathrm{j}0.49$。所以,并联电容的归一化电纳等于 $jb_C = y_{TC} - y_T = \mathrm{j}0.69$,且电感的归一化电抗等于 $jx_L = z_A^* - z_{TC} = \mathrm{j}1.02$。最后,求出电感和电容的实际数值为

$$L = (x_L Z_0)/\omega = 6.09 \text{ nH}$$

$$C = b_C/(\omega Z_0) = 0.73 \text{ pF}$$

这个例题展示了一种简单并且精确的 L 形匹配网络图解设计方法。这种方法可以推广应用于更复杂的系统。

例 8.2 采用的设计程序可以应用于图 8.1 所示的任何一种 L 形匹配网络。实现最佳功率传输的常规设计程序包括以下 6 个步骤。

1. 求出归一化波源阻抗和负载阻抗。
2. 在史密斯圆图中过波源阻抗的相应点画出等电阻圆和等电导圆。
3. 在史密斯圆图中过负载阻抗的复数共轭点画出等电阻圆和等电导圆。
4. 找出第 2 步与第 3 步所画圆的交点。交点的个数就是可能存在的 L 形匹配网络的数目。
5. 先沿着相应的圆将波源阻抗点移到上述交点,然后再沿相应的圆移到负载的共轭点,根据这两次移动过程就可以求出电感和电容的归一化值。
6. 根据给定的工作频率确定电感和电容的实际值。

在上述步骤中,并不是必须从波源阻抗点向负载的复数共轭点移动。事实上,也可以将负载阻抗点变换到波源的复数共轭点。下面的例题说明了第一种方法,8.1.2 节将讨论第二种思路。

### 例 8.3 常规双元件匹配网络设计

已知,波源阻抗 $Z_S = (50 + \mathrm{j}25)\ \Omega$,负载阻抗 $Z_L = (25 - \mathrm{j}50)\ \Omega$,传输线的特性阻抗 $Z_0 = 50\ \Omega$,工作频率 $f = 2\ \mathrm{GHz}$。利用史密斯圆图设计集中参数双元件匹配网络,并给出所有可能的电路结构。

**解:** 按照前面列出的 6 个求解步骤,一步步求解。

1. 归一化波源阻抗和负载阻抗为

$$z_S = Z_S/Z_0 = 1 + \mathrm{j}0.5 \text{ 或 } y_S = 0.8 - \mathrm{j}0.4$$

$$z_L = Z_L/Z_0 = 0.5 - \mathrm{j}1 \text{ 或 } y_L = 3 + \mathrm{j}0.8$$

2. 画出通过归一化波源阻抗点的等电阻圆和等电导圆(见图 8.5 中的虚线圆)。
3. 对负载阻抗取复数共轭(图 8.5 中的实线圆上)。
4. 上述圆有 4 个交点,记为 $A$, $B$, $C$ 和 $D$,它们对应的归一化阻抗和归一化导纳如下:

$$z_A = 0.5 + \mathrm{j}0.6, \quad y_A = 0.8 - \mathrm{j}1$$

$$z_B = 0.5 - \mathrm{j}0.6, \quad y_B = 0.8 + \mathrm{j}1$$

$$z_C = 1 - \mathrm{j}1.2, \quad y_C = 3 + \mathrm{j}0.5$$

$$z_D = 1 + \mathrm{j}1.2, \quad y_D = 3 - \mathrm{j}0.5$$

5. 由于得到了 4 个交点,所以 L 形匹配网络有 4 种可能的电路结构。实际上,如果沿 $z_S \to z_A \to z_L^*$ 路径做变换,则从点 $z_S$ 到点 $z_A$ 的阻抗变换是沿着等电导圆进行的,这表明变换是采用并联方式实现的。另外,从点 $z_S$ 到点 $z_A$ 向着史密斯圆图的上半圆移动(见图 8.5),这表明与波源相连的第一个元件一定是并联电感。从点 $z_A$ 到点 $z_L^*$,阻抗沿着等电阻圆

变换，并向史密斯圆图的上半圆移动，这表明增加的元件是串联电感。所以，沿 $z_S{\to}z_A$ ${\to}z_L^*$ 路径做变换，将得到图 8.1(f) 所示的"并联电感，串联电感"匹配网络。如果选择 $z_S{\to}z_B{\to}z_L^*$ 路径，则将得到图 8.1(h) 所示的"并联电容，串联电感"匹配网络。对于 $z_S$ ${\to}z_C{\to}z_L^*$ 路径，匹配网络则为图 8.1(a) 所示的"串联电容，并联电感"。最后，对于 $z_S$ ${\to}z_D{\to}z_L^*$ 路径，匹配网络的结构则为图 8.1(e) 所示的"串联电感，并联电容"。

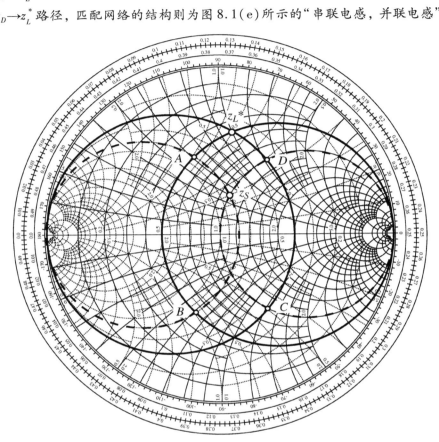

图 8.5　利用史密斯圆图设计匹配网络

6. 最后一步是根据上述步骤的结论，计算出匹配网络各元件的实际值。如果仍以 $z_S{\to}z_A$ ${\to}z_L^*$ 路径为例，则从波源阻抗变到 $z_A$，电路的归一化导纳变化值为

$$jb_{L_2} = y_A - y_S = (0.8 - j1) - (0.8 - j0.4) = -j0.6$$

由此可得并联电感值为

$$L_2 = -\frac{Z_0}{b_{L_2}\omega} = 6.63 \text{ nH}$$

给阻抗 $z_A$ 串联电感，则可实现从点 $z_A$ 到 $z_L^*$ 的变换。所以，

$$jx_{L_1} = z_L^* - z_A = (0.5 + j1) - (0.5 + j0.6) = j0.4$$

且电感的量值为

$$L_1 = \frac{x_{L_1}Z_0}{\omega} = 1.59 \text{ nH}$$

其他 3 个匹配网络的元件值也可用同样的方法求得。计算结果如图 8.6 所示。

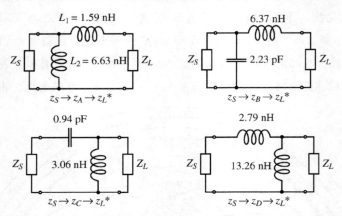

图 8.6　对应于史密斯圆图中 4 个不同变换路径的匹配网络

史密斯圆图可以使我们随时观察特定的阻抗变换能否实现预定的匹配状态。此外，所有可能的网络结构都很容易求出。

## 8.1.2　匹配禁区、频率响应和品质因数

在着手分析 L 形匹配网络的频率响应之前，必须首先指出，图 8.1 中的网络拓扑并不都能在任意负载阻抗和波源阻抗之间实现预期的匹配。例如，如果波源阻抗 $Z_S = Z_0 = 50\ \Omega$ 并使用图 8.1(h) 所示的电路，则与波源并联的电容将使史密斯圆图上的对应点沿等电导圆顺时针方向移动，因此将远离经过原点的等电阻圆。这表明，采用这种匹配网络不能将落在图 8.7(a) 阴影区内的负载阻抗与 50 Ω 的波源阻抗相匹配。

图 8.1 所示的所有 L 形匹配网络拓扑都具有类似的匹配"禁区"。其他几种网络结构对应于 50 Ω 波源阻抗的匹配禁区，都已在图 8.7 中标出。其中阴影区对应于不能与 50 Ω 波源阻抗相匹配的负载阻抗值。必须牢记，图 8.7 中的禁区仅是针对 $Z_S = Z_0 = 50\ \Omega$ 的波源阻抗而言的。对于其他量值的波源阻抗，禁区的形状是完全不同的。

如例 8.3 中的说明及图 8.7 所示，对于任意给定的负载阻抗和波源阻抗，至少存在两种可能的 L 形网络结构可以实现预定的匹配目标。现在的问题是，这些匹配网络的区别是什么？哪一个应该是最终的选择？

除了一些明显的选择标准(例如，容易得到的元件值)，还有一些关键的技术性原则，其中包括直流偏置、稳定性和频率响应。在这一节的后半部分将重点考虑 L 形匹配网络的频率响应和品质因数。直流偏置问题将在随后的 8.3 节中讨论，稳定性问题参见第 9 章。

由于任何 L 形匹配网络都包含串联和并联的电容或电感，所以这些网络的频率响应可以归类于低通、高通或带通滤波器。为了观察匹配网络的频率响应，可以考察一个工作频率 $f_0 = 1\ \text{GHz}$ 的匹配网络，它可以把由电阻 $R_L = 80\ \Omega$ 与电容 $C_L = 2.65\ \text{pF}$ 串联构成的复数负载变换成 50 Ω 的输入阻抗。

在 1 GHz 频率上，归一化负载阻抗 $z_L = 1.6 - j1.2$，根据图 8.7 并仿照例 8.2 采用的设计步骤，可以利用图 8.7(c) 或图 8.7(d) 中的任何一个匹配网络来实现匹配要求。然而，由于波源阻抗是实数($z_S = 1$)，即 $z_S^* = z_S = 1$，所以从负载阻抗到波源阻抗的变换就比较容易，如图 8.8(a) 所示。相应的匹配网络如图 8.8(b) 和图 8.8(c) 所示。

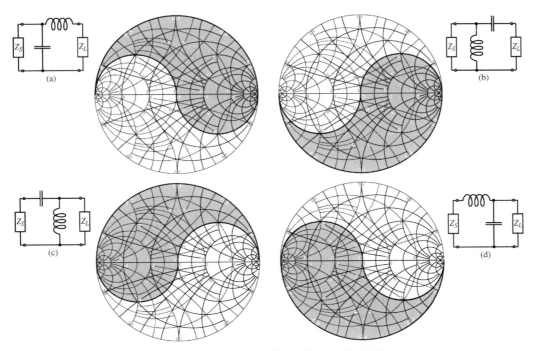

图 8.7　$Z_S = Z_0 = 50\ \Omega$ 时，L 形匹配网络的禁区

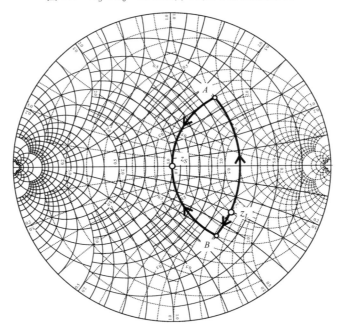

(a) 史密斯圆图上的阻抗变换

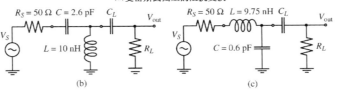

图 8.8　L 形匹配网络的两种电路设计

这两个网络以输入反射系数 $\Gamma_{\text{in}} = (Z_{\text{in}} - Z_S)/(Z_{\text{in}} + Z_S)$ 和传递函数 $H = V_{\text{out}}/V_S$(其中测量输出电压 $V_{\text{out}}$ 的负载条件是 $R_L = 80\ \Omega$)表示的频率响应,已分别画在图 8.9(a)和图 8.9(b)中。从图 8.9 中可以明显看到,两种匹配网络都只能在 $f_0 = 1$ GHz 的频率点上实现良好匹配,如果工作频率偏离 $f_0$,则匹配状态急剧恶化。

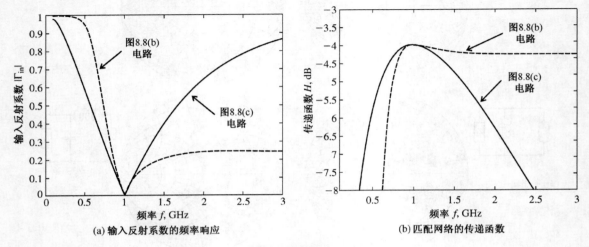

(a) 输入反射系数的频率响应　　　　　　　　　　(b) 匹配网络的传递函数

图 8.9　两种匹配网络的频率响应

上述匹配网络也可以视为谐振频率为 $f_0$ 的谐振电路。根据 5.1.1 节的讨论,此类网络可以用有载品质因数 $Q_L$ 来描述,其量值等于谐振频率 $f_0$ 与 3 dB 带宽 BW 的比值:

$$Q_L = \frac{f_0}{\text{BW}} \tag{8.6}$$

现在的问题则是如何求匹配网络的带宽。为了回答这个问题,可以将匹配网络的传递函数在 $f_0$ 附近的钟形频率响应[见图 8.9(b)]与带通滤波器的频率响应进行对比。

当工作频率靠近 $f_0$ 时,图 8.8(c)所示的匹配网络可以改画成一个滤波器,其有载品质因数由式(8.6)确定。这个等效的带通滤波器如图 8.10(a)所示。此电路中的等效电容 $C_T$ 可由如下方法确定:将图 8.8(c)中 $R_L$ 和 $C_L$ 的串联结构等效为 $R_{\text{LP}}$ 和 $C_{\text{LP}}$ 的并联形式,然后将 $C$ 与 $C_{\text{LP}}$ 相加:$C_T = C + C_{\text{LP}}$。此电路中的并联等效电感 $L_{\text{LN}}$ 可由如下方法确定:先将电压源 $V_S$,电阻 $R_S$ 和 $L$ 构成的串联电路等效为诺顿(Norton)等效电流源 $I_N = V_S/(R_S + j\omega_0 L)$,电导 $G_{\text{SN}}$ 及电感 $L_N$ 构成的并联电路,其中电导由 $G_{\text{SN}} + (j\omega_0 L_N)^{-1} = (R_S + j\omega_0 L)^{-1}$ 给出。然后再将电流源 $I_N$ 和电导 $G_{\text{SN}}$ 重新变成戴维南等效电压源:

$$V_T = I_N/G_{\text{SN}} = V_S \frac{R_S - j\omega_0 L}{R_S} = V_S(1 - j1.22) \tag{8.7}$$

和串联电阻:

$$R_{\text{ST}} = G_{\text{SN}}^{-1} = \frac{R_S^2 + (\omega_0 L)^2}{R_S} \tag{8.8}$$

图 8.10 所示谐振电路的负载是并联电阻 $R_T = R_L \parallel R_{\text{ST}} = 62.54\ \Omega$。那么,等效带通滤波器的有载品质因数 $Q_L$ 则可表示为

$$Q_L = \frac{f_0}{\text{BW}} = \omega_0 R_T C = \frac{R_T}{|X_C|} = 0.61 \tag{8.9}$$

可以看出，等效带通滤波器的最大增益比原始匹配网络的增益大。其原因在于，匹配网络的输出电压是在负载 $R_L$ 上计算的，而等效滤波器的输出电压则是在并联了电容 $C_T$ 的等效负载 $R_{LP}$ 上计算的。所以，在谐振频率点上，从 $V_b$ 到 $V_{out}$ 的变换可以根据分压定律求得

$$|V_{out}| = |V_b| \frac{R_L}{\left| R_L + \dfrac{1}{j\omega_0 C_L} \right|} = 0.7908 |V_b|$$

由此可得

$$20 \log \frac{|V_{out}|}{|V_S|} = -2.0382 + 20 \log \frac{|V_b|}{|V_S|} = -3.9794 \text{ dB}$$

此结果与图 8.9(b)十分吻合。

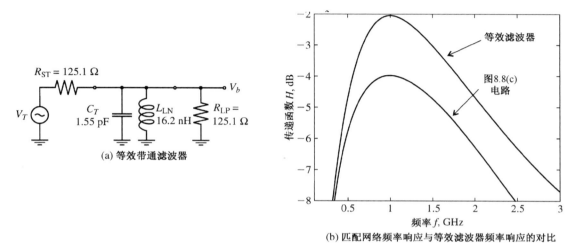

(a) 等效带通滤波器

(b) 匹配网络频率响应与等效滤波器频率响应的对比

图 8.10　等效带通滤波器频率响应与 L 形匹配网络频率响应的对比

根据已知的 $Q_L$，可以直接求出滤波器的带宽 BW $=f_0/Q_L=1.63$ GHz。根据图 8.9(b)中的频率响应，$f<f_0$ 的 3 dB 点在 $f_{min}=0.40$ GHz 处，$f>f_0$ 的 3 dB 点在 $f_{max}=2.19$ GHz 处。那么，匹配网络的带宽 BW $=f_{max}-f_{min}=1.79$ GHz，这与采用等效滤波器方法求得的结果基本吻合。

通过等效带通滤波器分析法，即可了解匹配网络在 $f_0$ 附近的钟形频率响应，并能够对电路的带宽做出准确的估计。这种方法的缺点是过于复杂和近似性。因此，人们希望找到一种较简单的方法来估计匹配网络的品质因数。我们希望这种方法能避开求解等效滤波器，甚至不必计算网络的频率响应。实现这个目标的方法就是引入**节点品质因数**(nodal quality factor) $Q_n$。

重新考察图 8.8(a)，在该图中阐述了阻抗从电路的一个节点向另一个节点的变换。可以看到，对于匹配网络的每一个节点，其阻抗都可以用等效串联阻抗 $Z_S = R_S + jX_S$ 或导纳 $Y_P = G_P + jB_P$ 表达。所以，在每个节点处，可以用电抗量 $X_S$ 的绝对值与相应电阻 $R_S$ 的比值来定义 $Q_n$：

$$Q_n = \frac{|X_S|}{R_S} \tag{8.10}$$

$Q_n$ 也可以用电纳量 $B_P$ 的绝对值与相应电导 $G_P$ 的比值来定义：

$$Q_n = \frac{|B_P|}{G_P} \tag{8.11}$$

利用式(8.10)、式(8.11)及图8.8(a)所示的阻抗变换关系,可以得到推论,图8.8(c)所示匹配网络的最大节点品质因数出现于$B$点,根据该点的归一化阻抗$1-j1.23$可得

$$Q_n = |1.23|/1 = 1.23 \tag{8.12}$$

为了得到节点品质因数$Q_n$与$Q_L$的关系,比较式(8.12)与式(8.9)的结果可知:

$$Q_L = \frac{Q_n}{2} \tag{8.13}$$

这个结论对于任何L形匹配网络都成立。对于更复杂的匹配网络,有载品质因数的计算常常简化为用节点品质因数的最大值来估计。尽管这种方法没有给出网络带宽的精确估计,但它使我们可以对比不同网络的带宽,以便根据对网络带宽的需要选择网络结构。

为了进一步简化匹配网络的设计工作,可以在史密斯圆图中画出等$Q_n$线。图8.11中标出了数值为0.3、1、3和10的等$Q_n$线。

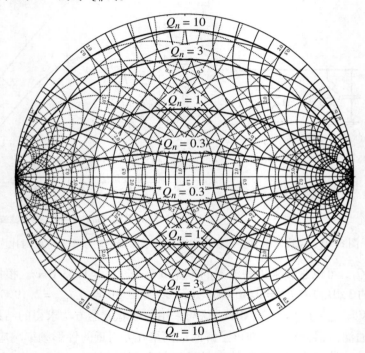

图8.11 史密斯圆图中的等$Q_n$线

为求得这些等值线的方程,重新考察第3章中有关史密斯圆图的导出过程。根据式(3.6)和式(3.7),归一化阻抗可以改写为

$$z = r + jx = \frac{1 - \Gamma_r^2 - \Gamma_i^2}{(1-\Gamma_r)^2 + \Gamma_i^2} + j\frac{2\Gamma_i}{(1-\Gamma_r)^2 + \Gamma_i^2} \tag{8.14}$$

所以,节点品质因数可以写为

$$Q_n = \frac{|x|}{r} = \frac{2|\Gamma_i|}{1 - \Gamma_r^2 - \Gamma_i^2} \tag{8.15}$$

整理式(8.15)可得如下形式的圆方程:

$$\Gamma_i^2 + \left(\Gamma_r \pm \frac{1}{Q_n}\right)^2 = 1 + \frac{1}{Q_n^2} \tag{8.16}$$

其中，"正号"表示正电抗 $x$，"负号"表示负电抗 $x$。

　　根据史密斯圆图中标出的这些等 $Q_n$ 圆，只需读出 $Q_n$ 然后除以 2，即可得到 L 形网络的有载品质因数。例 8.4 将讨论这种方法。

**例 8.4　窄带匹配网络设计**

　　根据图 8.7 标出的匹配禁区，设计两个 L 形网络，在 1 GHz 频率上为负载阻抗 $Z_L = (25 + j20)\ \Omega$ 和 50 Ω 的波源阻抗做匹配。根据史密斯圆图确定网络的有载品质因数，将它们与通过频率响应曲线求出的带宽相比较。假设负载由电阻与电感的串联形式构成。

　　**解**：根据图 8.7，归一化负载阻抗 $z_L = 0.5 + j0.4$ 位于 $g = 1$ 的等电导圆内。所以有两个 L 形匹配网络可以满足需要。其中一个由串联电感和并联电容构成，如图 8.7(a)所示；另一个由串联电容和并联电感构成，如图 8.7(b)所示。仿照例 8.2 的步骤，可以求出这两个匹配网络，设计结果如图 8.12 所示。

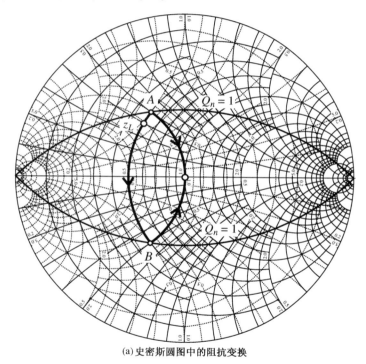

(a) 史密斯圆图中的阻抗变换

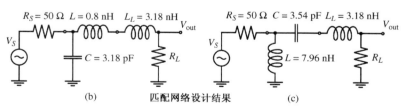

(b)　　　　匹配网络设计结果　　　　(c)

图 8.12　两个工作频率为 1 GHz 的 L 形网络，负载阻抗为 $Z_L = (25 + j20)\ \Omega$，波源阻抗为 50 Ω

　　根据图 8.12(a)，这两个网络的节点品质因数都是 $Q_n = 1$。所以，可以估计出匹配网络的

带宽应为 $BW = f_0/Q_L = 2f_0/Q_n = 2$ GHz。这个结果可以通过画出此匹配网络的频率响应来验证(见图 8.13)。

我们知道,图 8.12(c)所示网络的带宽约为 $BW_c = 2.4$ GHz。有趣的是,图 8.12(b)所示网络没有下边频。然而,如果假设频率响应相对于谐振频率 $f_0 = 1$ GHz 是对称的,由于匹配网络的上边频 $f_{max} = 1.95$ GHz,所以其带宽则为 $BW_b = 2(f_{max} - f_0) = 1.9$ GHz。

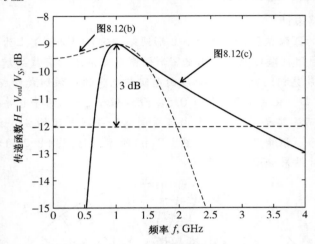

图 8.13    两个匹配网络的频率响应

如图 8.13 所示,尽管两个网络都是按相同的谐振频率设计的,但是某个匹配网络结构可能会具有更好的高频或低频抑制特性。

在很多实际应用中,匹配网络的品质因数非常重要。例如,当设计宽带放大器时,需要降低网络的品质因数,以便增加放大器的带宽。然而,如果要设计振荡器,则需要提高网络的品质因数,以便抑制输出信号中的有害谐波。遗憾的是,我们无法控制 L 形匹配网络的品质因数 $Q_n$,而只能根据需要接受或放弃这个方案,在上述例题中已经看到了这一点。如果要增加调谐 $Q$ 值的自由度,以便调整电路的带宽特性,就需要在匹配网络中引入第三个元件。增加第三个元件后就形成了 T 形网络或 π 形网络,下面将讨论这两种网络。

### 8.1.3    T 形匹配网络和 π 形匹配网络

前面已经知道,匹配网络的有载品质因数可以根据最大节点 $Q_n$ 来估算。匹配网络中增加的第三个元件使电路设计的自由度增加了,也使我们能够通过适当选择过渡节点上的阻抗来控制 $Q_L$ 值。

以下两个例题介绍了按预定 $Q_n$ 值设计 T 形网络和 π 形网络的方法。

**例 8.5    T 形匹配网络的设计**

设计一个 T 形匹配网络,要求该网络将 $Z_L = (60 - j30)\ \Omega$ 的负载阻抗变换成 $Z_{in} = (10 + j20)\ \Omega$ 的输入阻抗,且最大节点品质因数等于 3。假设工作频率 $f = 1$ GHz,计算匹配网络的元件值。

**解:** 能够满足设计要求的可选方案有多种。在本例题中只讨论其中一个方案,其他方案可以采用类似的方法求解。

T 形匹配网络的常规拓扑结构如图 8.14 所示。

此网络中的第一个元件是与负载阻抗相串联的。由于 $Z_1$ 是纯电抗，则串联总阻抗 $Z_A$ 必然是 $r=r_L$ 的等电阻圆上的某点。同理，$Z_3$ 与输入端口串联，则串联总阻抗 $Z_B$（由 $Z_L$，$Z_1$ 和 $Z_2$ 构成）必然落在 $r=r_{in}$ 的等电阻圆上的某点。因为网络的节点品质因数必须为 $Q_n=3$，所以可令 $Z_B$ 的阻抗值正好落在等电阻圆 $r=r_{in}$ 与 $Q_n=3$ 圆的交点上（见图 8.15 中的 $B$ 点）。

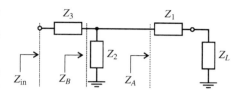

图 8.14　T 形匹配网络的常规拓扑结构

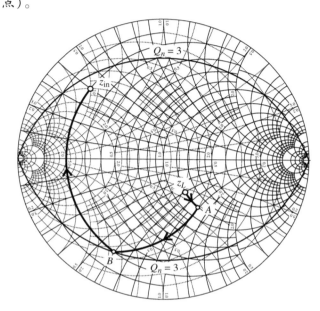

图 8.15　设计 $Q_n=3$ 的 T 形匹配网络

然后，找到过 $B$ 点的等电导圆与等电阻圆 $r=r_L$ 的交点 $A$，$B$ 点是前一步骤求出的。根据等电阻圆 $r=r_L$，以及使 $z_L$ 变换到 $z_{in}$ 点的设计要求，就可以确定匹配网络中其他元件的值。

图 8.16 给出了 T 形匹配网络及其全部元件的参数值。元件参数值是根据匹配频率点 $f=1$ GHz 的要求计算出来的。

我们以增加一个电路元件为代价，扩大了调整匹配网络品质因数（带宽）的自由度。

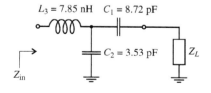

图 8.16　T 形匹配网络的电路原理图

在下面的例题中将根据最小节点品质因数的要求设计一个 π 形匹配网络。低品质因数设计将直接导致网络的带宽加大，这正是在设计宽带场效应晶体管和双极晶体管放大器时所需要的。

## 例 8.6　π 形匹配网络设计

已知宽带放大器需要一个 π 形匹配网络，该网络能将 $Z_L=(10-j10)$ Ω 的负载阻抗变换成 $Z_{in}=(20+j40)$ Ω 的输入阻抗。要求匹配网络具有最小的节点品质因数，且匹配频率点 $f=2.4$ GHz，求各元件值。

**解:** 由于负载阻抗和输入阻抗都是固定的,所以待求匹配网络的品质因数不可能低于 $Z_L$ 和 $Z_{in}$ 点所对应的最大 $Q_n$ 值。因此,$Q_n$ 的最小值可根据输入阻抗点确定,即 $Q_n = |X_{in}|/R_{in} = 40/20 = 2$。图 8.17 给出了在 $Q_n = 2$ 的条件下,采用史密斯圆图设计 $\pi$ 形匹配网络的情况。在设计过程中,采用了与例 8.5 非常相似的方法。首先,在史密斯圆图中画出等电导圆 $g = g_{in}$,找到该圆与等 $Q$ 值线 $Q_n = 2$ 的交点,并记为 $B$ 点。然后,找到等电导圆 $g = g_L$ 与过 $B$ 点的等电阻圆的交点,并记为 $A$ 点,如图 8.17 所示。

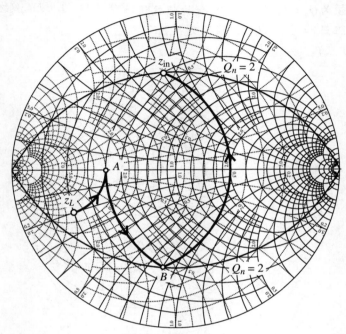

图 8.17    具有最小 $Q_n$ 值的 $\pi$ 形匹配网络设计

将史密斯圆图中的相应点变换成实际的电容和电感,即可求出所有网络元件,这种方法曾在例 8.2 中详细介绍过。电路结构设计的结果如图 8.18 所示。

需要注意的是,与例 8.5 中讨论的情况不同,本例题中 $Z_L$ 和 $Z_{in}$ 的相对位置决定了只有一个 $\pi$ 形匹配网络结构能够满足 $Q_n = 2$ 的条件。其他 $\pi$ 形匹配网络结构的节点品质因数都大于 2。此外,如果负载电阻降低,则无法设计出符合 $Q_n$ 要求的 $\pi$ 形匹配网络结构。

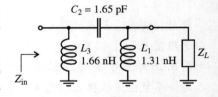

图 8.18    $\pi$ 形匹配网络的电路结构

本例题表明,降低节点品质因数的措施并不能无限制地增加带宽。带宽将受到给定的复数输入、输出阻抗的限制。当阻抗为实数时,采用更复杂的技术可以获得极宽的带宽。

## 8.2 微带线匹配网络

前几节讨论了采用集中参数元件设计匹配网络的方法。然而,随着工作频率的升高及相应工作波长的减小,集中参数元件的寄生参数效应就变得更加明显。此时设计工作就需要考虑这些寄生效应,从而使元件值的求解变得相当复杂。上述问题,以及集中参数元件值只能是某些标准量值的事实，限制了集中参数元件在高频电路中的应用。当波长变得明显小于典型的电路元件长度时，分布参数元件则替代集中参数元件而得到了广泛的应用。这种情况已经在第 2 章中讨论过。

> **阻抗渐变匹配**
>
> 　　1/4 波长阻抗变换器可以在有限的频带内对两个不同的阻抗进行匹配。阻抗呈现阶梯变化且节长恒定的多节传输线，以及阻抗呈现连续变化的传输线（即锥形过渡线），都可以用于在宽频带内对实数（或近似实数）的阻抗进行匹配。

## 8.2.1　分立元件和微带线元件

　　在吉赫频段的中段，工程师们常常采用集中参数元件和分布参数元件混合使用的方法。这种类型的匹配网络通常包括几段串联的传输线，以及间隔配置的并联电容，如图 8.19 所示。读者还可以参考图 1.2(a)的实例。

　　由于电感比电容有更高的电阻性损耗，所以在此类电路中通常避免使用电感。一般情况下，只需在两个串联传输线中间并联一个电容，就足以将任何给定负载阻抗变换为任意输入阻抗。与 L 形匹配网络的情况类似，这种网络有时也需要符合给定的 $Q_n$ 值，所以要增加元件以便调整电路的品质因数。

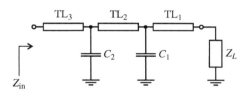

图 8.19　包括传输线段(TL)和集中参数电容元件的混合匹配网络

　　图 8.19 所示的电路结构在实际情况中很常见，原因是该电路完成加工后也能够进行电路参数调整。改变电容的量值和电容在传输线上的位置，就可以得到较宽的电路参数调整范围。此类匹配网络的可调特性使其成了非常流行的电路原型。通常情况下，各段传输线都具有相同的宽度（即相同的特性阻抗），以便降低调整工作的难度。

　　例 8.7 介绍了采用史密斯圆图设计混合型匹配网络的方法，该网络由两段串联的 50 Ω 传输线及一个插在它们中间的并联电容构成。

### 例 8.7　采用集中参数元件和分布参数元件设计匹配网络

　　设计一个匹配网络，将 $Z_L = (30 + j10)$ Ω 的负载阻抗变换成 $Z_{in} = (60 + j80)$ Ω 的输入阻抗。要求该匹配网络只能采用两段串联传输线和一个并联电容。已知两段传输线的特性阻抗均为 50 Ω，匹配网络的工作频率 $f = 1.5$ GHz。

　　**解**：第 1 步是确定归一化负载阻抗 $z_L = 0.6 + j0.2$ 在史密斯圆图中的位置。然后，可以画出一个等驻波系数圆，该圆上的点对应于负载与 50 Ω 传输线相连后的总阻抗。总阻抗在这个等驻波系数圆上的具体位置取决于传输线的长度，正如第 3 章曾讨论过的。
第 2 步是过归一化输入阻抗 $z_{in} = 1.2 + j1.6$ 点做一个等驻波系数圆，如图 8.20 所示。从负载驻波系数圆到输入驻波系数圆的过渡点可以任选，图 8.20 中选定的过渡点为 $A$ 点，该点相应的归一化导纳值约为 $y_A = 1 - j0.6$。此时添加的并联电容将使相应的阻抗点沿 $g = 1$ 的等电导圆移动，从而将史密斯圆图上的阻抗点 $A$ 移到位于输入驻波系数圆上的 $B$ 点。利用一段串联的传输线，则可使 $B$ 点的阻抗沿等驻波系数圆移动。

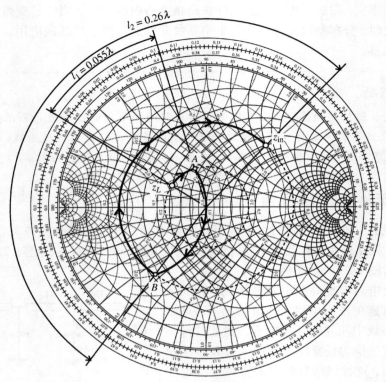

图 8.20　例 8.7 的匹配网络设计

最后一个步骤是确定传输线的电长度。这两个电长度 $l_1$ 和 $l_2$ 可根据标在史密斯圆图外边缘(见图 8.20)上的刻度(按向波源方向)读出。图 8.21 就是最终设计出的匹配网络电路原理图。

我们有必要考察这个电路结构的调谐能力。图 8.22 给出了输入阻抗的实部 $r_{in}$ 和虚部 $x_{in}$ 与电容至负载的距离 $l$ 之间的函数关系。换句话说,保持 $l_1 + l_2$ 不变,在负载端至网络输入端范围内调整电容的位置(即 $0 \leqslant l \leqslant l_1 + l_2$)。图中虚线标出的是原始设计参数。可以看出 $x_{in}$ 确实从电感(正值)变成了电容(负值)。

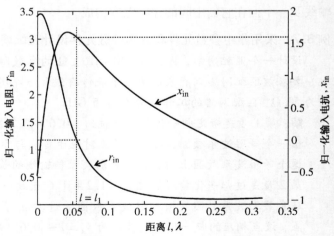

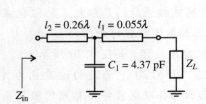

图 8.21　由串联传输线和并联
　　　　电容构成的匹配网络

图 8.22　例 8.7 中输入阻抗与并联电容位置的函数关系

在此例中设计了一个复合型匹配网络，它包括分布参数元件(传输线)和集中参数元件(电容)。这种网络的匹配特性具有相当大的调整范围，并对电容在传输线上的位置非常敏感。即使电容的位置发生很小的偏移，也会使输入阻抗发生剧烈的变化。

## 8.2.2  单节短线匹配网络

在实现网络由集中参数元件向分布参数元件转换的过程中，下一个步骤显然应该是完全取消所有集中参数元件。这就需要采用开路或短路线段来实现。

这一节将要讨论的匹配网络由串联的传输线和并联的终端开路短线或终端短路短线构成。先考察两种拓扑结构：第一种情况为负载与短线并联后再与一段串联传输线相连，如图 8.23(a)所示；第二种情况为负载与串联传输线相连后再与一段短线并联，如图 8.23(b)表示。

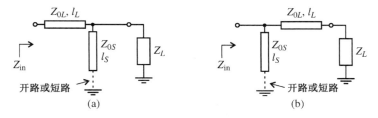

图 8.23  单节短线匹配网络的拓扑结构

图 8.23 所示匹配网络具有 4 个可调整参数：短线的长度 $l_S$ 和特性阻抗 $Z_{0S}$，传输线的长度 $l_L$ 和特性阻抗 $Z_{0L}$。

例 8.8 介绍了图 8.23(a)所示匹配网络的设计过程，其中短线特性阻抗 $Z_{0S}$ 和传输线特性阻抗 $Z_{0L}$ 均取固定值 $Z_0$，通过调整它们的长度，实现预定的输入阻抗要求。

### 例 8.8  特性阻抗恒定的单节短线匹配网络设计

已知负载阻抗 $Z_L = (60 - j45)\ \Omega$，并假设图 8.23(a)中短线和传输线的特性阻抗均为 $Z_0 = 75\ \Omega$。设计两个单节短线匹配网络，将该负载变换为 $Z_{in} = (75 + j90)\ \Omega$ 的输入阻抗。

**解：**选择短线长度 $l_S$ 的基本原则是，短线产生的容抗 $B_S$ 能够使负载导纳 $y_L = 0.8 + j0.6$ 变换到经过归一化输入阻抗点 $z_{in} = 1 + j1.2$ 的等驻波系数圆上，如图 8.24 所示。

可以看到，对应于 $z_{in} = 1 + j1.2$ 的输入驻波系数圆与等电导圆 $g = 0.8$ 有两个交点，$y_A = 0.8 + j1.05$ 和 $y_B = 0.8 - j1.05$，这就是两个可能的解。短线的两个相应的电纳值分别为 $jb_{SA} = y_A - y_L = j0.45$ 和 $jb_{SB} = y_B - y_L = -j1.65$。对第一个解而言，开路短线的长度可以通过在史密斯圆图上测量 $l_{SA}$ 求出，$l_{SA}$ 从 $y = 0$ 点(开路点)开始，沿史密斯圆图的最外圈刻度 $g = 0$ 向波源方向移动(顺时针)，到达 $y = j0.45$ 点所经过的电长度，在本例题中 $l_{SA} = 0.067\lambda$。只需将短线的长度增加 1/4 工作波长，开路短线就可以换成短路短线。在使用同轴线时，这种转换是非常必要的，因为开路同轴线的断面较大，因而会产生较大的辐射损耗。在印刷电路板设计中，采用开路短线则更加方便，因为开路不需要配置过孔，过孔是在短路短线终端形成接地状态所必需的。

类似于第一个解，由 $b_{SB}$ 可求出开路短线的长度 $l_{SB} = 0.337\lambda$ 和短路短线的长度 $l_{SB} = 0.087\lambda$。在这种情况下，可发现短路短线比开路短线的长度更短。其原因是由于开路短线的等效电纳为负值。

仿照例 8.7 介绍的方法可求出串联传输线段长度，其中第一个解为 $l_{LA} = 0.266\lambda$，第二个解为 $l_{LB} = 0.07\lambda$。

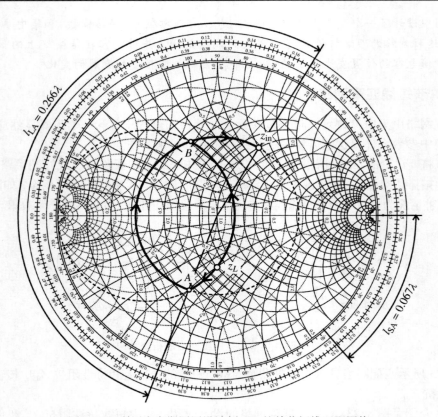

图 8.24　利用史密斯圆图设计例 8.8 的单节短线匹配网络

电路设计者常常需要尽量压缩电路板的尺寸,因而总是希望采用尽可能短的传输线单元。根据阻抗的具体情况,最短的传输线单元既可能是开路短线,也可能是短路短线。

下面的例题将介绍图 8.23(b)所示匹配网络的常规设计步骤。与前一个例题不同的是,现在固定短线和传输线单元的长度,而调整它们的特性阻抗。在微带电路设计中,通常是通过改变传输线的宽度来调整其特性阻抗。

### 例 8.9　用不同特性阻抗的传输线设计单节短线匹配网络

根据图 8.23(b)所示的匹配网络的拓扑结构,选择短线和传输线的特性阻抗,将负载阻抗 $Z_L = (120 - j20)$ Ω 变换为 $Z_{in} = (40 + j30)$ Ω 的输入阻抗。已知传输线的长度为 $l_L = 0.25\lambda$,短线的长度为 $l_S = 0.375\lambda$。确定此电路应当采用开路短线还是短路短线。

**解:** 负载阻抗与传输线串联后的总阻抗 $Z_1$ 可以根据 1/4 阻抗变换器的公式计算:

$$Z_1 = Z_{0L}^2/Z_L \tag{8.17}$$

增加开路短线后的总输入导纳为

$$Y_{in} = Y_1 + jB_S \tag{8.18}$$

其中, $Y_1 = Z_1^{-1}$ 是前面计算出的负载阻抗与传输线串联后的总导纳, $jB_S = \pm jZ_{0S}^{-1}$ 是短线的电纳。其中"正号"或"负号"分别对应于短路短线或开路短线。

由式(8.17)和式(8.18)可以求得

$$G_{in} = R_L/Z_{0L}^2 \tag{8.19a}$$

$$B_{\mathrm{in}} = X_L / Z_{0L}^{2} \pm Z_{0S}^{-1} \tag{8.19b}$$

其中，利用了输入导纳和负载阻抗的复数表达式 $Y_{\mathrm{in}} = G_{\mathrm{in}} + jB_{\mathrm{in}}$，$Z_L = R_L + jX_L$。

根据式(8.19a)可以求出传输线的特性阻抗为

$$Z_{0L} = \sqrt{\frac{R_L}{G_{\mathrm{in}}}} = \sqrt{\frac{120}{0.016}} = 86.6\ \Omega$$

将此结果代入式(8.19b)，发现只能取"负号"，即需要配置一段开路短线，其特性阻抗为

$$Z_{0S} = \frac{1}{X_L / Z_{0L}^{2} - B_{\mathrm{in}}} = 107.1\ \Omega$$

只要传输线的特性阻抗保持在大约 $20 \sim 200\ \Omega$ 的合理范围内，这个设计方案就非常容易实现。

在实际应用中，单端非平衡短线常常被图 8.25 所示的平衡型设计方案所取代。

显然，短线 *ST*1 和 *ST*2 并联后的总电纳必须等于非平衡短线的电纳。所以，每一段平衡短线的电纳应该等于非平衡短线电纳的一半。可以看出，两种短线的长度并无线性比例关系。换句话说，平衡短线的长度并不是非平衡短线长度的一半。开路平衡短线必须由

$$l_{SB} = \frac{\lambda}{2\pi} \arctan\left(2\tan\frac{2\pi l_S}{\lambda}\right) \tag{8.20}$$

计算；短路平衡短线则由

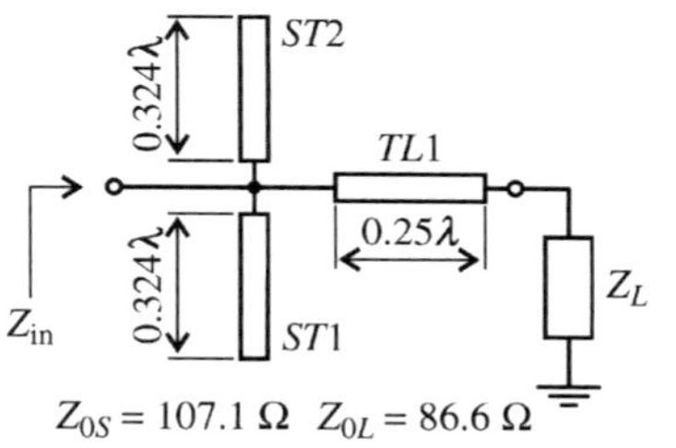

图 8.25　例 8.9 的平衡短线匹配网络

$$l_{\mathrm{SB}} = \frac{\lambda}{2\pi} \arctan\left(\frac{1}{2}\tan\frac{2\pi l_S}{\lambda}\right) \tag{8.21}$$

计算。这个结论也可以在史密斯圆图中利用图解法得到。

## 8.2.3　双短线匹配网络

前一节中讨论的单短线匹配网络具有良好的通用性，它可在任意输入阻抗与实部不为零的负载阻抗中间形成匹配。这种匹配网络的主要缺点之一就是需要在短线与输入端口或短线与负载之间插入一段长度可变的传输线。虽然这对于固定的匹配网络不会成为问题，但它将难以实现可调的匹配网络[1]。这一节将研究另一种匹配网络，由于这种网络中增加了第二个并联短线，从而解决了上述问题。图 8.26 是这种网络的常规拓扑结构，它可将任意有耗负载[2]阻抗与输入阻抗 $Z_{\mathrm{in}} = Z_0$ 匹配。

> **调配器的应用**
>
> 　　调配器采用可移动的短路器作为并联传输线的长度调节单元，可在高功率应用场合实现对不同负载阻抗的匹配。在功率放大器的设计中，采用调配器比采用集中参数元件调节更优越。

---

[1]　也称为"调配器"。——译者注

[2]　原书为"an arbitrary load impedance"即"任意负载"，不妥。——译者注

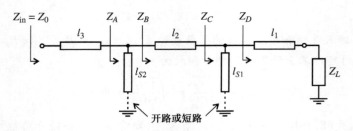

图 8.26　双短线匹配网络结构

在双短线匹配网络中,两段开路或短路短线并联在一段固定长度的传输线两端。传输线 $l_2$ 的长度通常选为 1/8 波长、3/8 波长或 5/8 波长。在高频应用中, $l_2$ 的长度通常采用 3/8 波长和 5/8 波长,以便简化可调匹配网络的结构。

以下讨论假设两个短线之间传输线的长度 $l_2 = (3/8)\lambda$。为了简化分析过程,从匹配网络的输入端开始反过来向负载端做匹配。

理想的匹配状态要求 $Z_{in} = Z_0$,即 $y_A = 1$。因为假设传输线是无损耗的,则归一化导纳 $y_B = y_A - jb_{S2}$ 应该落在史密斯圆图中 $g = 1$ 的等电导圆上。其中 $b_{S2}$ 是短线的电纳, $l_{S2}$ 是短线的相应长度。对于 $l_2 = (3/8)\lambda$ 的传输线, $g = 1$ 圆将向负载方向转过 $2\beta l_2 = 3(\pi/2)$ 弧度,即 270°(即逆时针方向,见图 8.27)。为了确保匹配,导纳 $y_C$(等于 $Z_L$ 与传输线 $l_1$ 串联后再与短线 $l_{S1}$ 并联)必须落在这个移动了的 $g = 1$ 圆(称为 $y_C$ 圆)上。

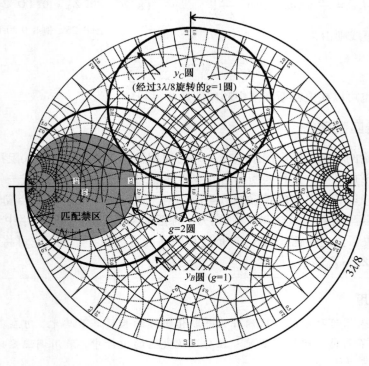

图 8.27　采用史密斯圆图分析图 8.26 所示的双短线匹配网络

通过改变短线 $l_{S1}$ 的长度,可以使点 $y_D$ 最终变换为位于旋转后的等电导圆 $g = 1$ 上的点 $y_C$。只要点 $y_D$(即 $Z_L$ 与传输线 $l_1$ 串联)落在等电导圆 $g = 2$ 之外,上述变换过程就可以实现。这也反映出了我们应当避开的匹配禁区。在实际应用中解决这个问题的方法是，双短线可调匹配网络的输入、输出传输线符合 $l_1 = l_3 \pm \lambda/4$ 的关系。这样，如果可调匹配网络不能对某一特定负载阻抗实现匹配，则只需对换可调匹配网络的输入、输出端口，而 $y_D$ 必将移出匹配禁区。

　　下面的例题将针对给定的待匹配负载阻抗介绍短线长度的计算方法。

### 例 8.10　双短线匹配网络设计

　　设图 8.26 所示双短线匹配网络中各传输线的长度 $l_3 = l_2 = 3\lambda/8$ 和 $l_1 = \lambda/8$。令所有传输线的特性阻抗均为 $Z_0 = 50\ \Omega$，若使 $Z_L = (50 + \mathrm{j}50)\ \Omega$ 的负载阻抗与 $50\ \Omega$ 的输入阻抗匹配，求短路短线的长度。

　　**解：**首先需要求出归一化导纳 $y_D$，并确认它没有落在匹配禁区内。根据史密斯圆图（见图 8.28），可以查到 $y_D = 0.4 + \mathrm{j}0.2$。由于 $g_D < 2$，所以导纳 $y_D$ 没有落在匹配禁区内。然后，仿照前面曾介绍过的方法画出旋转后的等电导圆 $g = 1$。这样就能确定旋转后的等电导圆 $g = 1$ 与过 $y_D$ 点的等电导圆的交点，该交点给出了 $y_C$ 的值。事实上得到了两个交点，分别对应于两个解。如果选择 $y_C = 0.4 - \mathrm{j}1.8$，则必须使第一段短线的电纳 $\mathrm{j}b_{S1} = y_C - y_D = -\mathrm{j}2$，由此可以确定第一段短路短线的长度 $l_{S1} = 0.074\lambda$。

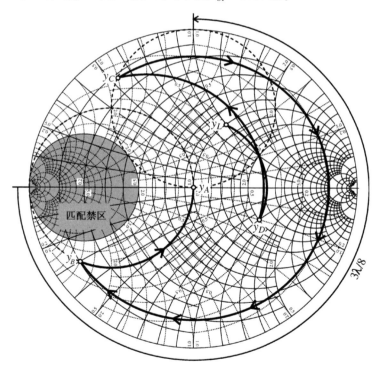

图 8.28　例 8.10 的双短线匹配网络设计

　　将 $y_C$ 沿等电导圆转过 $l_2 = 3\lambda/8$，可得 $y_B = 1 + \mathrm{j}3$，这表明必须使第二段短线的电纳 $\mathrm{j}b_{S2} = -\mathrm{j}3$，才能得到 $y_{\mathrm{in}} = y_A = 1$。根据史密斯圆图可以查到，第二段短线的长度为 $l_{S2} = 0.051\lambda$。

　　在某些实际电路中，微带短线被变容二极管所替代。这样就可以电调二极管的电容，从而实现电调并联电纳。

## 8.3　放大器的工作状态和偏置网络

所有射频电路中不可缺少的电路单元就是有源或无源偏置网络。偏置的作用是在特定的工作条件下为有源器件提供适当的静态工作点,并抑制晶体管参数的离散性,以及温度变化的影响,从而保持恒定的工作特性。

下一节将对放大器的不同工作状态进行概括的分析,这将有助于理解为什么必须正确偏置场效应晶体管和双极晶体管。

### 8.3.1　放大器的工作状态和效率

根据设计用途的不同,放大器需要有特定的偏置条件。放大器的工作状态分为几类,对应于射频电路中有源器件的不同偏置状态。

图 8.29 描述了理想晶体管传递函数的特征。假设晶体管没有进入饱和区或击穿区,而且在线性工作区内输出电流与输入电压成比例。电压 $V^*$ 对应于场效应晶体管的阈值电压或双极晶体管的基极-发射极自建电压。

不同的工作状态是根据**导通角**(conduction angle)来区别的,导通角对应于一个信号周期内有电流流过负载的时间。如图 8.29(a)所示,在**甲类**(Class A)工作状态下,整个信号周期内都有负载电流存在,即导通角 $\Theta_A = 360°$。如果晶体管在线性区内的传输特性近似于线性函数,输出信号则是没有任何失真的放大了的输入信号。然而,在实际中总会出现一定程度的非线性效应,从而产生放大器输出信号的畸变。

在图 8.29(b)所示的**乙类**(Class B)工作状态下,只有半个信号周期内有负载电流存在,这对应于 $\Theta_B = 180°$ 的导通角。在信号周期的第二个半周内,晶体管进入了截止状态,没有电流流过。图 8.29(c)所示的**甲乙类**(Class AB)工作状态结合了甲类和乙类工作状态的特点,其导通角 $\Theta_{AB}$ 的范围为 $180° \sim 360°$。这种放大器通常用于对射频信号进行大功率"线性"放大。

图 8.29(d)所示的**丙类**(Class C)放大器只在信号的半周期之内(即导通角 $0 < \Theta_C < 180°$)才有电流传输,因此输出信号的失真最大。

这样就产生了一个问题,既然甲类工作状态的信号失真最小,为什么放大器不都工作在该状态? 答案与放大器的效率有直接关系。效率 $\eta$ 的定义是:负载吸收的射频平均功率 $P_{RF}$ 与直流电源平均功率 $P_S$ 的比值,并通常用百分数表示:

$$\eta = \frac{P_{RF}}{P_S} \times 100\% \tag{8.22}$$

甲类放大器效率的最大理论值仅为 50%,而丙类放大器的效率可以接近 100%。甲类放大器的效率等于 50%,意味着直流电源功率的一半将变成热量耗散掉。这种情况对于便携式通信系统是无法接受的,因为这类系统中的大多数器件都是靠电池驱动的。在实际应用中,设计者常常选用既有最高效率又能保持射频信号信息的工作状态。虽然丙类放大器的效率高,但其输出功率却低于晶体管的额定功率。因此,又产生了其他类型(丁、戊、己)的放大器。在这些放大器中晶体管都工作在开关状态。

下面的例题将从理论上导出作为导通角函数的最大效率值 $\eta$。

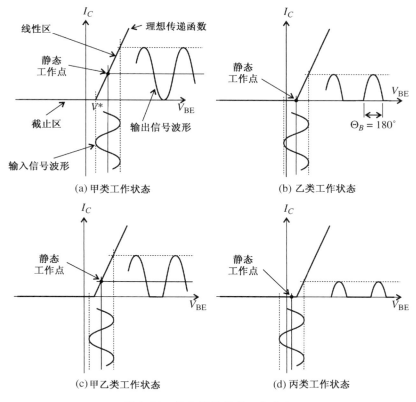

图 8.29　放大器的几种工作状态

---

**开关放大器**

　　在提高放大器的效率方面，工作在开关状态(丁、戊、己类工作状态)的晶体管结合适当的谐波滤波，可以将接近 100% 的直流功率转换为射频功率。然而，晶体管的非零开关时间和电阻性损耗通常将使放大器的效率达不到 100%。

---

### 例 8.11　放大器效率的计算

　　导出放大器效率 $\eta$ 与导通角 $\Theta_0$ 的一般函数关系，并列出甲类和乙类放大器的 $\eta$ 值。

　　**解：** 与导通角 $\Theta_0$ 对应的负载电流波形如图 8.30(a) 所示，其中余弦电流的幅度为 $I_0$。同样，电源电流 $I_S$ 的最大值等于 $I_0$ 加上静态工作电流 $I_Q$：

$$I_S = I_Q + I_0 \cos \Theta \tag{8.23}$$

在式(8.23)中令 $I_S = 0$，$\Theta = \Theta_0/2$ 可求出能够维持特定导通角 $\Theta_0$ 的静态工作电流：

$$I_Q = -I_0 \cos(\Theta_0/2) \tag{8.24}$$

电源平均电流则可通过在 $\Theta = -\Theta_0/2$ 至 $\Theta = \Theta_0/2$ 区间上的积分计算，即

$$\langle I_S \rangle = \frac{1}{2\pi} \int_{-\Theta_0/2}^{\Theta_0/2} I_S \mathrm{d}\Theta$$

$$= -\frac{I_0}{2\pi}\left[\Theta_0 \cos\left(\frac{\Theta_0}{2}\right) - 2\sin\left(\frac{\Theta_0}{2}\right)\right] \tag{8.25}$$

所以电源的平均功率为

$$P_S = V_{CC}\langle I_S \rangle = -\frac{I_0 V_{CC}}{2\pi}\left[\Theta_0 \cos\left(\frac{\Theta_0}{2}\right) - 2\sin\left(\frac{\Theta_0}{2}\right)\right] \tag{8.26}$$

其中，$V_{CC}$是电源电压。

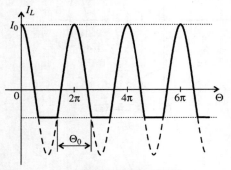

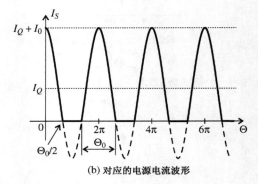

(a) 晶体管输出的负载电流波形  (b) 对应的电源电流波形

图 8.30  作为导通角函数的负载和电源波形

射频输出电流时，$I_S$的基波为

$$I_{RF} = \frac{1}{\pi}\int_{-\pi}^{\pi} I_S \cos\Theta d\Theta = \frac{1}{\pi}\int_{-\Theta_0/2}^{\Theta_0/2}(I_Q + I_0\cos\Theta)\cos\Theta d\Theta$$

其中，利用了$I_S$的偶对称性。以上积分的结果为

$$I_{RF} = \frac{1}{2\pi}\left(4I_Q \sin\left(\frac{\Theta_0}{2}\right) + I_0(\Theta_0 + \sin\Theta_0)\right)$$

代入式(8.24)消去$I_Q$，上式可简化为

$$I_{RF} = \frac{I_0}{2\pi}(\Theta_0 - \sin\Theta_0)$$

输出射频电压是在$+V_{CC}$和$-V_{CC}$之间振荡的正弦信号，如果除基波之外的所有谐波成分都被匹配网络短路，则

$$V_{RF} = V_{CC}$$

由此可得射频输出功率：

$$P_{RF} = \frac{1}{2}V_{RF}I_{RF} = \frac{I_0 V_{CC}}{4\pi}(\Theta_0 - \sin\Theta_0) \tag{8.27}$$

式(8.27)除以式(8.26)，则可得到放大器的效率：

$$\eta = -\frac{\Theta_0 - \sin\Theta_0}{2[\Theta_0\cos(\Theta_0/2) - 2\sin(\Theta_0/2)]} \tag{8.28}$$

其中，导通角 $\Theta_0$ 的单位是弧度。$\eta$ 与导通角 $\Theta_0$ 的函数关系图如图 8.31 所示。

将 $\Theta_0 = 2\pi$ 代入式(8.28)，可知甲类放大器的效率确实是 50%。若求乙类放大器的效率，则只需将导通角 $\Theta_0 = \pi$ 代入式(8.28)，其结果为

$$\eta_B = -\frac{\pi - \sin\pi}{2[\pi\cos(\pi/2) - 2\sin(\pi/2)]} = \frac{\pi}{4} = 0.785$$

由此可见，乙类放大器的效率等于 78.5%。

在需要低功耗的场合,例如需要尽量延长电池工作时间的移动通信系统,效率是一个重要的设计指标。

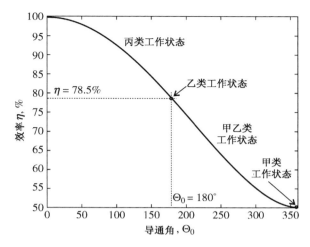

图 8.31　理想放大器最大效率的理论值与导通角的函数关系

---

**效率的测量**

　　为了更准确地测出放大器的效率,就需要考虑射频输入信号。目前有两种流行的方法可以实现这个目的,功率叠加(power-added)效率:

$$\text{PAE} = \frac{P_{\text{RFout}} - P_{\text{RFin}}}{P_{\text{DC}}} = \eta\left(1 - \frac{1}{G}\right)$$

以及总效率:

$$\eta_{\text{total}} = \frac{P_{\text{RFout}}}{P_{\text{DC}} + P_{\text{RFin}}} = \left(\frac{1}{\eta} + \frac{1}{G}\right)^{-1}$$

其中,$G$ 为放大器增益。总效率更准确,但功率相加效率仍然非常流行。

---

## 8.3.2　双极晶体管的偏置网络

　　偏置网络有两大类型:无源网络和有源网络。**无源网络**(passive network),即**自偏置网络**(self-biased network),是最简单的偏置电路,通常由电阻网络构成,它为射频晶体管提供合适的工作电压和电流。这种偏置网络的主要缺陷是对晶体管的参数变化十分敏感,并且温度稳定性较差。为了解决这些问题,人们常常采用**有源偏置网络**(active biasing network)。

　　这一节将考察几种用于射频双极晶体管的偏置网络,其中两种电路拓扑结构如图 8.32 所示。

　　如图 8.32 所示,隔直电容 $C_B$ 和连接到晶体管基极、集电极的射频扼流圈(RFC)一起,将射频信号与直流电源隔离开。在高频工作状态下,射频扼流圈通常更换为 1/4 波长的传输线,该传输线可将 $C_B$ 端口的短路状态变换为晶体管端口的开路状态。

　　下面的例题将介绍如何计算图 8.32 所示的两种偏置网络的电阻值。

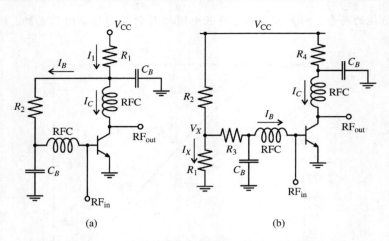

图 8.32　射频双极晶体管共发射极电路的无源偏置网络

### 例 8.12　设计双极晶体管共发射极电路的无源偏置网络

根据图 8.32(a)和图 8.32(b)为双极晶体管设计偏置网络。已知晶体管的工作状态为 $I_C = 10\ \text{mA}$，$V_{CE} = 3\ \text{V}$ 和 $V_{CC} = 5\ \text{V}$。设晶体管的电流放大系数 $\beta = 100$，$V_{BE} = 0.8\ \text{V}$。

**解：**根据图 8.32(a)，通过电阻 $R_1$ 的电流 $I_1$ 等于晶体管基极和集电极电流之和。由于 $I_B = I_C/\beta$，所以

$$I_1 = I_C + I_B = I_C(1 + \beta^{-1}) = 10.1\ \text{mA}$$

则 $R_1$ 的阻值为

$$R_1 = \frac{V_{CC} - V_{CE}}{I_1} = 198\ \Omega$$

同理，可算出基极电阻 $R_2$ 为

$$R_2 = \frac{V_{CE} - V_{BE}}{I_B} = \frac{V_{CE} - V_{BE}}{I_C/\beta} = 22\ \text{k}\Omega$$

对于图 8.32(b)所示的电路，情况要稍微复杂一点。此时通过调整分压电阻 $R_2$，可以有选择电位 $V_X$ 和电流 $I_X$ 的自由度。令 $V_X = 1.5\ \text{V}$，则基极电阻 $R_3$ 应为

$$R_3 = \frac{V_X - V_{BE}}{I_B} = \frac{V_X - V_{BE}}{I_C/\beta} = 7\ \text{k}\Omega$$

电流 $I_X$ 的值通常选为 $I_B$ 的 10 倍以上，即 $I_X = 10 I_B = 1\ \text{mA}$，此时各分压电阻的阻值为

$$R_1 = \frac{V_X}{I_X} = 1.5\ \text{k}\Omega, \qquad R_2 = \frac{V_{CC} - V_X}{I_X + I_B} = 3.18\ \text{k}\Omega$$

最后，可求出集电极电阻为

$$R_4 = (V_{CC} - V_{CE})/I_C = 200\ \Omega$$

在 1 GHz 频率点，电容 $C_B$ 和射频扼流圈的典型参数分别为 200 pF 和 200 nH。实际上，选择电压、电流的自由度将受到标准电阻值的限制。

图 8.33 是双极晶体管共发射极电路的有源偏置网络的实例，其中采用一个低频晶体管 $Q_1$ 为射频晶体管 $Q_2$ 提供所需的基极电流。如果晶体管 $Q_1$ 和 $Q_2$ 具有相同的温度特性，则这种偏置网络将具有良好的温度稳定性。

例8.13 介绍了如何确定图 8.33 所示偏置网络的各元件参数。

**脉冲测量的偏置方法**

　　有源器件常常需要在脉冲状态下进行测试，以避免热效应的影响。具有小隔直电容(约 20 pF)和小射频扼流圈(约 50 nH)的特殊偏置网络，可用于较高的测试频率(大于等于 1 GHz)和较短的脉冲持续时间(大于等于 100 ns)。

### 例8.13　设计射频双极晶体管共发射极电路的有源偏置网络

　　设计图 8.33 所示偏置网络，已知晶体管的工作状态为 $I_{C2} = 10$ mA，$V_{CE2} = 3$ V，$V_{CC} = 5$ V，两个晶体管的特性参数均为 $V_{BE} = 0.8$ V，电流放大系数 $\beta = 100$，并随温度变化在 50 到 150 之间波动。

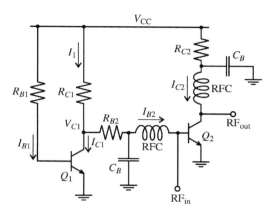

图 8.33　射频双极晶体管共发射极电路的有源偏置网络

　　**解**：首先需要确定晶体管 $Q_2$ 的偏置与 $\beta$ 的关系，根据晶体管的集电极电流公式：

$$I_{C2} = \beta I_{B2} = \beta \frac{V_{C1} - V_{BE}}{R_{B2}}$$

为了求出 $V_{C1}$，将该晶体管的负载表示为戴维南等效电压源 $V_{Th}$ 和电阻 $R_{Th}$：

$$V_{C1} = V_{Th} - R_{Th} I_{C1}$$

其中，

$$R_{Th} = R_{C1} \| R_{B2} = \frac{R_{C1} R_{B2}}{R_{C1} + R_{B2}}, \qquad V_{Th} = \frac{V_{CC} R_{B2} + V_{BE} R_{C1}}{R_{C1} + R_{B2}}$$

这是根据 $V_{CC}$ 与 $V_{B2} = V_{BE}$ 之间，由 $R_{C1}$ 和 $R_{B2}$ 构成的分压器计算的。晶体管 $Q_1$ 的集电极电流由其基极电阻确定：

$$I_{C1} = \beta I_{B1} = \beta \frac{V_{CC} - V_{BE}}{R_{B1}}$$

将上式代入 $I_{C2}$ 的表达式，化简可得

$$I_{C2} = \frac{\beta(R_{B1} - \beta R_{C1})}{R_{B1}(R_{C1} + R_{B2})}(V_{CC} - V_{BE})$$

下一步是令 $I_{C2}$ 关于 $\beta$ 的导数为零，以便减小 $\beta$ 的影响：

$$\frac{dI_{C2}}{d\beta}\bigg|_{\beta = \beta_0} = \frac{R_{B1} - 2\beta_0 R_{C1}}{R_{B1}(R_{C1} + R_{B2})}(V_{CC} - V_{BE}) = 0$$

由此可得电路的限制条件：

$$R_{C1} = \frac{R_{B1}}{2\beta_0}$$

现在就可以确定所有元件参数了。晶体管 $Q_1$ 的基极电阻由基极电流确定，它也可根据所

需要的集电极电流确定：

$$R_{B1} = \frac{V_{CC} - V_{BE}}{I_{B1}} = \frac{(V_{CC} - V_{BE})\beta_0}{I_{C1}}$$

由于可在一定的范围内选择 $I_{C1}$，我们选取它等于晶体管 $Q_2$ 基极电流的 10 倍。可以看出，减小 $I_{C1}$ 将导致 $V_{C1}$ 的下降，所以需要保留一些余量，以防 $\beta$ 值的波动。根据 $I_{C1} = 10I_{C2}/\beta_0 = 1$ mA，可求得 $R_{B1} = 420$ kΩ。根据以上导出的限制条件，$R_{C1} = 2.1$ kΩ。由于 $I_{B2} = I_{C2}/\beta_0 = 100$ μA，而且 $V_{C1} = V_{CC} - (I_{C1} + I_{B2})R_{C1} = 2.69$ V，可得

$$R_{B2} = \frac{V_{C1} - V_{BE}}{I_{B2}} = 18.9 \text{ kΩ}$$

最后可得

$$R_{C2} = \frac{V_{CC} - V_{CE2}}{I_{C2}} = 200 \text{ Ω}$$

为了观察 $\beta$ 与偏置的关系，下面列出了不同 $\beta$ 值所对应的 $I_{C2}$。

| $\beta$ | 50 | 75 | 100 | 125 | 150 |
|---|---|---|---|---|---|
| $I_{C2}$(mA) | 7.5 | 9.38 | 10 | 9.38 | 7.5 |

相对于无源偏置网络，虽然有源偏置网络具有许多优点，但它也存在一些问题：增加了电路尺寸、增加了版图布局的难度，以及增加了功率消耗。

图 8.34 所示是另一种用于双极晶体管共发射极电路的有源偏置网络。其中二极管 $D_1$ 和 $D_2$ 为两个晶体管的基极-发射极 $pn$ 结提供了恒定的参考电压。电阻 $R_1$ 可用于调整晶体管 $Q_1$ 的基极电流，电阻 $R_2$ 则用于设定调整的幅度。当然，如果要得到温度补偿的效果，则晶体管 $Q_1$ 必须与某个二极管保持相同的温度，同时另一个二极管则必须与射频晶体管 $Q_2$ 处于同一个热沉上。

作为最后的说明，必须着重指出，晶体管的射频信号工作模式(共基极、共发射极或共集电极)与上述所有偏置网络的直流电路结构无关。例如，可以将图 8.33 所示有源偏置网络调整后用于图 8.35 所示的共基极工作模式。

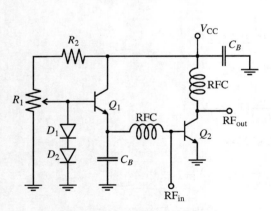

图 8.34　采用低频晶体管和两个二极管构成的有源偏置网络

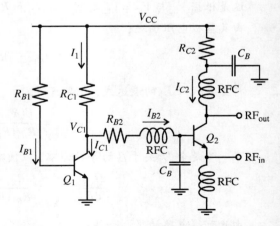

图 8.35　将图 8.33 所示有源偏置网络变为共基极射频工作方式

对于直流电流，所有的隔直电容都意味着开路，所有的射频扼流圈则为短路。因此，图 8.35 的偏置网络可以重新画为图 8.36(a)的形式，即共发射极电路结构。然而，对于射频信号，所有的隔直电容都意味着短路，而所有的射频扼流圈则为开路。如图 8.36(b)所示，晶体管的工作模式变成共基极模式。

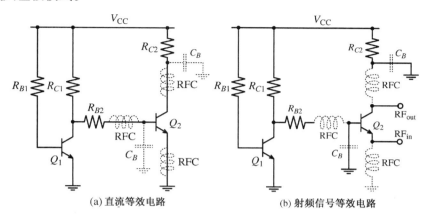

(a) 直流等效电路　　　　　　　　(b) 射频信号等效电路

图 8.36　图 8.35 所示有源偏置网络的直流、射频等效电路

### 8.3.3　场效应晶体管的偏置网络

场效应晶体管的偏置网络在许多方面与上述双极晶体管偏置网络完全相同。关键的区别是：金属半导体场效应晶体管的偏置条件中通常需要负的栅极-源极电压。

最常见的双电源场效应晶体管无源偏置网络如图 8.37 所示。这种网络的主要缺点是需要两个极性不同的电源，$V_G < 0$ 和 $V_D > 0$。如果不能得到双极性电源，则可以采用不在晶体管的栅极而在其源极加偏置的策略，此时晶体管的栅极接地。图 8.38 为这种网络的两个实例。

场效应晶体管偏置网络的温度补偿通常是采用热敏电阻实现的。

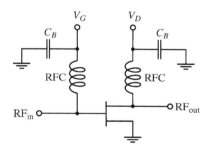

图 8.37　场效应晶体管的双极性无源偏置网络

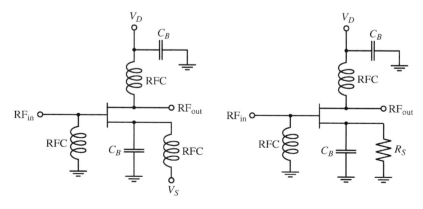

图 8.38　场效应晶体管的单极性无源偏置网络

## 应用讲座: 设计 7 GHz 高电子迁移率晶体管放大器的匹配网络和偏置网络

这一节将设计并仿真 7 GHz 高电子迁移率晶体管放大器的匹配网络和偏置网络。目标是在放大器的输入和输出端口同时获得匹配,并得到最大功率增益。

放大器选用的器件为是德科技公司的 ATF551M4,即增强型假晶高电子迁移率晶体管(E-pHEMT)。这种晶体管具有良好的噪声特性和线性度,在高达 18 GHz 频率处仍具有良好的增益。因此,这种晶体管可广泛应用于各种用途,其中包括低噪声放大器和小型发射机的功率放大器。这种晶体管的栅极–源极电压 $V_{GS}$ 被设计为正值(所以它被归于增强型晶体管),可以采用源极接地和单电源供电的简单偏置方式。为了获得高增益,晶体管需要工作在漏极电流 $I_D = 20$ mA,漏极–源极电压 $V_{DS} = 3$ V 的状态,这是该晶体管工作状态的上限。较高的漏极电压和漏极电流可提高器件的最大输出功率并改善其线性度,但是这些技术参数并不是这里要考虑的。

首先分析用于此增强型假晶高电子迁移率晶体管的偏置网络,详见图 8.39(a)。这个有源电路可以准确地为源极接地的增强型场效应晶体管或发射极接地的双极晶体管提供偏置。如果需要对双极晶体管提供偏置,则可以省去 $R_2$。偏置网络中的主晶体管 $Q_2$ 形成了一个反馈环,它控制着晶体管($X_1$)的栅极电压,以便得到需要的漏极电压 $V_{DS}$ 和漏极电流 $I_D$。晶体管 $Q_1$ 与 $R_1$ 和 $R_3$ 一起形成了晶体管($X_1$)漏极电压的参考点。另外,晶体管 $Q_1$ 还可以改善电路的温度稳定性,尽管这不是此电路的基本功能。为了分析直流偏置电路,可以将双极晶体管替换为它们的直流模型($V_{BE}$ 恒定的有源区模型),如图 8.39(b)所示。为了获得最高的偏置–温度稳定性,希望两个双极晶体管的参数是相同的,集电极电流也相等,从而有 $V_{BE1} = V_{BE2} = V_{BE}$。根据这些假设,并忽略基极电流(即假设 $\beta$ 极大),就可以直接确定相关电阻的值。可以看到,流过电阻 $R_1$,$R_2$ 和 $R_3$ 的电流都是 $I_{R3}$,而 $R_4$ 上的电流为 $I_{R4} = I_D + I_{R3}$,其中 $I_D$ 是晶体管($X_1$)需要的漏极电流。电阻 $R_3$ 和 $R_4$ 上的电压是相等的,可以表示为 $V_{R3} = V_{R4} = V_{DD} - V_D$,其中 $V_D = V_{DS}$ 是晶体管($X_1$)需要的漏极电压,而 $V_{DD}$ 就是电源电压。所以,

$$R_3 = \frac{V_{DD} - V_D}{I_{R3}}$$

$$R_4 = \frac{V_{DD} - V_D}{I_D + I_{R3}}$$

由于 $R_1$ 上的电压等于 $V_D - |V_{BE}|$,可以近似认为

$$R_1 \approx \frac{V_D - |V_{BE}|}{I_{R3}}$$

$R_2$ 上的电压就是晶体管($X_1$)需要的栅极电压 $V_G = V_{GS}$,这个近似的精度足够了(ATF551M4 手册建议 $V_{GS} \approx 500$ mV)。所以,

$$R_2 \approx \frac{V_G}{I_{R3}}$$

对图 8.39(b)的更严格的分析将导致 $R_1$ 和 $R_2$ 表达式的微小修正(见本章末习题):

$$R_1 = \frac{V_D - |V_{BE}|}{I_{R3}}\left(\frac{\beta + 1}{\beta + 2}\right)$$

$$R_2 = \frac{V_G}{I_{R3}}\left(\frac{\beta + 1}{\beta}\right)$$

可以看出，偏置几乎与 $\beta$ 无关，只有 $R_1$ 与 $V_{BE}$（它受温度影响）有关。在上述表达式中，$I_{R3}$ 是可调整的电流。为了求出 $I_{R3}$，根据图 8.39（c）所示的低频小信号模型，考察电路中的反馈环路。此处，采用具有动态发射极电阻 $r_e = V_T / I_E$ 的小信号 T 模型，其中 $V_T$ 是室温下的热电势 $V_T = kT/q \approx 26\ \text{mV}$，$I_E$ 是直流下的发射极电流。图 8.39（c）是专为测量晶体管的开环跨阻 $r = \partial v_G / \partial i_D = v_g / i_d$（增益的一种表达方式）而设计的，它描述了漏极电流发生微小变化时，反馈电路调整栅极电压的幅度。这个跨阻必须是负值，以确保获得负反馈。另外，其幅度必须足够大，以确保偏置的温度稳定性及适应器件参数的离散性。根据对图 8.39（c）的分析，开环跨阻可以表示为

$$r = \frac{v_g}{i_d} = -R_2 \frac{R_4}{R_4 + r_e + \dfrac{R_1 \| (R_3 + r_e)}{\beta + 1}} \left( \frac{\beta}{\beta + 1} \right)$$

代入前面导出的电阻值，并做一些简化和近似（如 $\beta + 1 \approx \beta$，$V_{DD} + V_T \approx V_{DD}$，$I_D + I_{R3} \approx I_D$），可得如下结果：

$$r \approx -\frac{V_G}{I_{R3} + \left( \dfrac{V_T}{V_{DD} - V_D} + \dfrac{V_D - |V_{BE}|}{\beta(V_{DD} - |V_{BE}|)} \right) I_D}$$

由此式可见，为了得到最佳的反馈增益，$I_{R3}$ 必须尽量小。然而，减小双极晶体管的集电极电流将导致其 $\beta$ 值减小，并增大泄漏电流的影响。所以，最好是保证 $I_{R3}$ 大于某个最小值。除了 $I_{R3}$，式中的分母还包括第二项，它与 $I_D$ 成比例并只与偏置参数有关。开环跨阻主要由这一项确定，这就是 $I_{R3}$ 的幅度应当远小于与 $I_D$ 成比例的分母项的原因。根据进一步分析，显然 $V_{DD} - V_D$（$R_4$ 上的电压降）不能太小，以防止反馈环路失效。

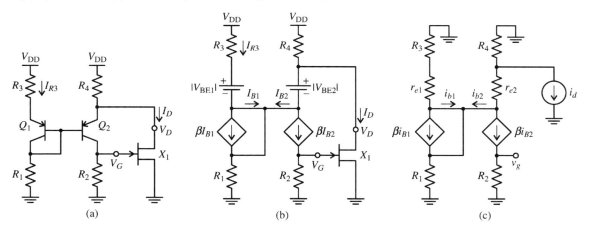

图 8.39　增强型假晶高电子迁移率晶体管的偏置网络。（a）直
流偏置电路；（b）直流模型；（c）低频小信号模型

　　然后就可以确定电阻值，根据偏置参数 $I_D = 20\ \text{mA}$，$V_D = 3\ \text{V}$，$V_G \approx 500\ \text{mV}$，电源电压 $V_{DD} = 5\ \text{V}$。假设晶体管的参数与 2N3906 的相同，且两个双极晶体管被偏置在 $\beta \approx 100$，$|V_{BE}| \approx 0.6\ \text{V}$，$V_T = 26\ \text{mV}$。根据这些参数，开环跨阻表达式中分母的第二项（$\propto I_D$）等于 369 $\mu\text{A}$，则 $r = -1.36\ \text{k}\Omega$。取 $I_{R3} = 100\ \mu\text{A}$，并为两个双极晶体管提供正常工作的偏置电流，此时开环跨阻几乎保持最佳值。$r = -1.07\ \text{k}\Omega$ 这个最佳结果意味着，漏极电流每增加 $0.1\ \text{mA}$，栅极电压将降低 $0.107\ \text{V}$。反过来，如果设定的栅极电压变动 $\pm 0.2\ \text{V}$（最大变动范围），则漏极电压将

只变动 ±0.187 mA，即 0.94%。计算可得电阻值 $R_1 = 23.77$ k$\Omega$，$R_2 = 5.05$ k$\Omega$，$R_3 = 20$ k$\Omega$，$R_4 = 99.5$ $\Omega$，然后将它们近似为最接近的 1% 误差的标准电阻值，即分别为 23.7 k$\Omega$，5.11 k$\Omega$，20 k$\Omega$ 和 100 $\Omega$。采用 ADS 电路仿真软件分析，可得 $I_D = 19.9$ mA，$V_D = 3.00$ V，这与我们的最初目标非常接近。

作为 7 GHz 放大器基本单元的微带线电路板如图 8.40 所示。必须确保偏置网络不能干扰增强型假晶高电子迁移率晶体管的工作，其直流偏置是通过 1/4 波长微带线施加的，微带线的终端用旁路大电容（$C_B$）接地。这些微带线的长度由工作波长决定，工作波长又与等效介电常数 $\varepsilon_{\text{eff}}$ 有关。在本例中打算采用 $Z_0 = 50$ $\Omega$ 的常规微带线。在式（2.46b）中代入基片材料参数 $\varepsilon_r = 3.48$，可得微带线的宽度-厚度比 $w/h = 2.266$，对应于导带宽度为 45.3 mil，基片厚度为 20 mil。根据式（2.47）计算导带厚度为 1.4 mil 时的宽度补偿量，最终求出导带的宽度为 43.4 mil。根据式（2.44）可求出等效介电常数 $\varepsilon_{\text{eff}} = 2.734$。这表明 $f = 7$ GHz 的对应波长为 $\lambda = c/(f\sqrt{\varepsilon_{\text{eff}}}) = 1019.7$ mil。则 1/4 波长偏置短线的长度为 254.9 mil。

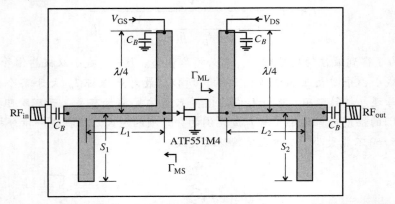

图 8.40　7 GHz 放大器的微带线电路板示意图。偏置滤波器和匹配网络采用微带线实现

现在，在上述偏置条件下，仿真非匹配条件下的增强型假晶高电子迁移率晶体管，以便确定它在 7 GHz 频率点的 $S$ 参量：

$$S_{11} = 0.550\angle 147.25°, \qquad S_{12} = 0.092\angle 14.69°$$
$$S_{21} = 3.538\angle 29.13°, \qquad S_{22} = 0.200\angle -83.87°$$

仿真结果还表明，放大器在 7 GHz 频率点是无条件稳定的，$\mu = 1.09 > 1$（见第 9 章关于稳定性的讨论）。这意味着输入、输出端口可以同时达到最大功率传输，并得到最大功率增益。第 9 章中公式的计算结果表明，当输入、输出端口同时匹配时，晶体管面对的波源反射系数必然是 $\Gamma_{\text{MS}} = 0.791\angle -145.13°$，而负载反射系数必然是 $\Gamma_{\text{ML}} = 0.650\angle 94.88°$。

实现波源端口匹配的一个方法是将所需的 50 $\Omega$ 端口阻抗变换为由 $\Gamma_{\text{MS}}$ 确定的相应波源阻抗。通常，这可以采用并联的微带短线及其随后串联的微带线段实现，如图 8.40 所示。其中开路的微带短线（当其长度小于 1/4 波长时呈现容性）将波源阻抗沿着 $g = 1$ 的圆移到史密斯圆图原点的下面，同时可以将反射系数的模调整到需要的值。插入一段串联的 50 $\Omega$ 微带线段，可以将波源反射系数的辐角旋转到任何需要的角度。将 $\Gamma_{\text{MS}}$ 画在史密斯圆图上可知，对应的波源导纳 $y_{\text{MS}} = 1.14 + j2.76$ 已经非常靠近 $g = 1$ 的圆。如果忽略这个小误差，并联短线本身就已实现了波源端口的匹配，所以可以取 $L_1 = 0$。我们采用史密斯圆图确定了并联开路短线的长度为 $0.195\lambda$，该短线抵消了 $y_{\text{MS}}$ 的虚部。并联开路短线换算后的实际长度为 $S_1 = 199$ mil。

将 $\Gamma_{ML}$ 画在史密斯圆图上，可知对应的归一化导纳 $y_{ML} = 0.440 - j0.988$。在这种情况下，并联和串联的传输线段都需要。根据 $|\Gamma| = |\Gamma_{ML}|$ 圆与 $g = 1$ 圆在史密斯圆图下半平面的交点，可确定并联短线的长度。该交点的位置是 $\Gamma = 0.650\angle -130.5°$，即 $y = 1 + j1.71$。能够抵消此导纳虚部的并联开路短线的长度是 $S_2 = 0.166\lambda = 169$ mil。最后，从交点 $\Gamma$ 的辐角中减去 $\Gamma_{ML}$ 的辐角，即可确定串联传输线对应的旋转角度，即 $-130.5° - 94.88° + 360° = 134.6°$。由于信号沿传输线传输了两次（正向和反向），反射系数的辐角旋转会加倍，所以串联传输线的电长度为 $134.6°/2 = 67.3°$，可换算为 $L_2 = 0.187\lambda = 191$ mil。另外，也可以利用史密斯圆图上的标尺，按向波源方向（Wavelengths Toward Generator），图解求出以波长为单位的 $L_2$。

图 8.41 给出了采用上述步骤设计出的放大器原理图。采用 ADS 仿真此设计方案的 $S$ 参量结果如图 8.42 所示。可以看出，该放大器的性能基本达到了设计目标，即在 7 GHz 频率点输入、输出端口同时达到了功率匹配（$S_{11} = S_{22} = 0$）。$S_{11}$ 误差的最主要原因是省略了输入端口的串联传输线段。然而，这个误差的实际影响不大，因为实际电路的制作误差远大于此。放大器的增益 $|S_{21}|^2$ 为 13.8 dB，非常接近根据 $S$ 参量计算出的晶体管在 7 GHz 频率点的最大增益 14.0 dB。需要注意的是，由于忽略了微带线的交叉点，元件焊盘（及微带线宽度的不连续）和开路短线上的边缘效应，我们的仿真存在很大的误差。ADS 软件的标准元件所具有的上述现象，在 7 GHz 处的影响都非常明显，因为这些元件的尺度相对于工作波长已相当大了。

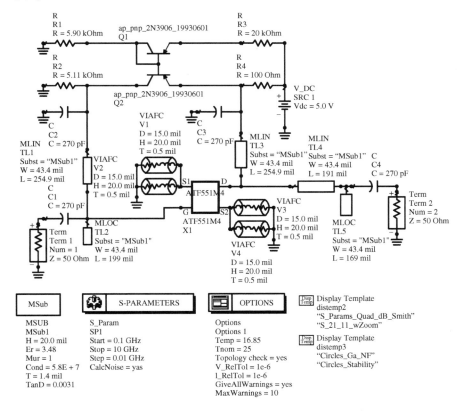

图 8.41　包括 PCB 板材参数和 $S$ 参量仿真设置的 7 GHz 放大器原理图

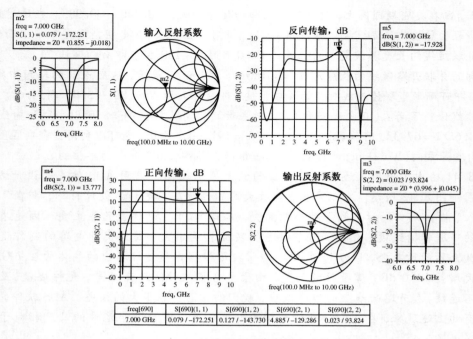

图 8.42   7 GHz 放大器的 $S$ 参量仿真计算结果

| freq[690] | S[690](1, 1) | S[690](1, 2) | S[690](2, 1) | S[690](2, 2) |
|---|---|---|---|---|
| 7.000 GHz | 0.079 / −172.251 | 0.127 / −143.730 | 4.885 / −129.286 | 0.023 / 93.824 |

## 8.4   小结

本章讨论的内容集中于研究射频和微波系统中遇到的两个关键问题：各类不同阻抗值的元件之间的连接问题；根据有源器件的工作状态设置适当的偏置条件。

为了确保在不同阻抗的系统之间实现优化的功率传输，首先讨论了双元件的 L 形匹配网络结构。通过对双端口网络的分析可知，输入和输出端口的复数共轭匹配条件可以在特定频率下实现优化的功率传输。实现复数共轭匹配条件的技术并不复杂，而且与带通或带阻滤波器的设计方法类似。如果负载阻抗落在匹配禁区中，则无法使其与给定的输入阻抗相匹配，因此必须特别注意选择恰当的 L 形匹配网络，以避开其匹配禁区。根据网络传递函数的概念，有载品质因数为

$$Q_L = \frac{f_0}{\mathrm{BW}}$$

采用类似的公式可计算节点品质因数：

$$Q_n = \frac{|X_S|}{R_S} = \frac{|B_P|}{G_P}$$

该公式可用于计算、评估匹配网络的频率特性。遗憾的是，L 形匹配网络的频率响应很难进行任何灵活的调整，因此通常只用于窄带射频电路中。为了调整匹配网络的频率响应，必须增加第三个元件，由此就产生了 T 形和 π 形匹配网络。采用这类匹配网络可以实现特定的节点品质因数，并可间接调整匹配网络的带宽。

集中参数元件电路适合于在低频频段使用，当工作频率超过吉赫频段以后，则必须采用具有分布参数的传输线元件。由于电容的容量和位置容易调整，所以采用串联形式的传输线和并联的电容构成的混合结构匹配网络，是人们非常喜欢的电路原型。如果用开路和短路传输线段代替上述电容，就形成了单短线和双短线匹配网络。

根据实际应用的不同（例如，小信号线性或大信号非线性应用），我们定义了晶体管放大器的几种工作状态。工作状态的划分标准是依据射频功率与电源功率的比值，即效率：

$$\eta = \frac{P_{RF}}{P_S} \times 100\%$$

导通角 $\Theta_0$ 定量描述了通过负载的电流，效率也可以用它来表达：

$$\eta = -\frac{\Theta_0 - \sin\Theta_0}{2[\Theta_0\cos(\Theta_0/2) - 2\sin(\Theta_0/2)]}$$

例如，甲类放大器的效率仅为 50%，它以最低效率为代价得到了最佳的线性度；乙类放大器的线性度有所降低，但其效率则提高到了 78.5%。

一旦选定了放大器的工作状态，就必须确定偏置网络，以便为晶体管提供合适的静态工作点。一般情况下，无源偏置网络更容易实现，但它们不如包含了有源器件的偏置网络灵活。偏置网络不仅要设定直流工作状态，还要通过射频扼流圈和隔直电容来确保直流偏置与射频信号相互隔离。

## 阅读文献

W. A. Davis, *Microwave Semiconductor Circuit Design*, Van Nostrand Reinhold Company, New York, 1984.

N. Dye and H. Granberg, *Radio Frequency Transistors：Principles and Practical Applications*, Butterworth-Heinemann, 1993.

G. Gonzalez, *Microwave Transistor Amplifiers：Analysis and Design*, Prentice Hall, Upper Saddle River, NJ, 1997.

P. Horowitz and W. Hill, *The Art of Electronics*, Cambridge University Press, Cambridge, UK, 1993.

D. Pozar, *Microwave Engineering*, John Wiley & Sons, New York, 1998.

P. Rizzi, *Microwave Engineering：Passive Circuits*, Prentice Hall, Englewood Cliffs, NJ, 1988.

## 习题

8.1　假设负载与归一化输入阻抗匹配（即 $z_{in} = 1$）。求图 8.1(c) 至图 8.1(f) 中双元件匹配网络的匹配禁区。

8.2　已知负载阻抗 $Z_L = (100 + j20)\ \Omega$，源阻抗 $Z_S = (10 + j25)\ \Omega$，工作频率 $f_0 = 960$ MHz。采用解析法设计一个能在负载和波源之间实现匹配的双元件匹配网络。

8.3　如果要为负载阻抗 $Z_L = (30 - j40)\ \Omega$ 和 50 $\Omega$ 的波源阻抗设计双元件匹配网络，则可能存在多少种网络拓扑结构？若要求该匹配网络在 $f_0 = 450$ MHz 频率点实现最佳匹配，求各网络元件的参数。

8.4　重复习题 8.3 的计算，其中负载阻抗改为 $Z_L = (40 + j10)\ \Omega$，最佳匹配频率点改为 $f_0 = 1.2$ GHz。

8.5　测量结果显示，习题 8.3 中的源阻抗并非纯实数，它具有寄生电感 $L_S = 2$ nH。考虑到 $L_S$ 的效应后，重新计算匹配网络的各元件参数。

8.6　一个由电阻和电感串联构成的负载 $Z_L = (20 + j10)\ \Omega$，需要与特性阻抗为 50 $\Omega$ 的微带线在 $f_0 = 800$ MHz 频率点实现匹配。设计两个双元件匹配网络，并求出各元件参数。画出网络在负载电阻处的频率响应，并计算相应的带宽。

8.7　例 8.5 讨论了一个 T 形匹配网络。当工作频率 $f_0 = 1$ GHz 时，该匹配网络可以在 $Z_L = (60 -$

j30) Ω 的负载阻抗与 $Z_{in}$ = (10 + j20) Ω 的输入阻抗之间实现匹配,并且满足 $Q_n$ < 3 的限制条件。一步步考察该设计过程,确定史密斯圆图上每个点的阻抗或导纳值,并校验图 8.16 中的最终结果。

8.8　重复例 8.6 的设计过程,找出图 8.17 中史密斯圆图上的各点,检验图 8.18 给出的网络元件参数。

8.9　重复例 8.6 的 π 形网络的设计,要求节点品质因数 $Q_n$ = 2.5。在 1 GHz < $f$ < 4 GHz 频段内,画出 $Q_n$ = 2.5 时的 $Z_{in}(f)$,并与例 8.6 中 $Q_n$ = 2 的设计结果进行对比。

8.10　在 $f_0$ = 600 MHz 频率点设计两个 T 形匹配网络,要求该网络能将负载阻抗 $Z_L$ = 100 Ω 变换为 $Z_{in}$ = (20 − j40) Ω 的输入阻抗,并且节点品质因数 $Q_n$ = 4。

8.11　在与习题 8.10 相同的条件下设计两个 π 形匹配网络。

8.12　已知为了在给定的 $Q_n$ 条件下实现匹配,匹配网络设计者所需的元件数目往往需要超过 2 甚至 3。用图解法设计一个多节匹配网络,要求该网络在 $f_0$ = 500 MHz 频率点,将 $Z_L$ = 10 Ω 变换为 $Z_S$ = 250 Ω,同时保持节点品质因数 $Q_n$ = 1。另外,此多节匹配网络必须包含一个串联的双元件单元,每个单元由串联电感和并联电容构成,如图 8.1(h)所示。

8.13　当习题 8.12 中的工作频率上升到 $f_0$ = 1 GHz 时,网络设计必须变成图 8.19 所示的混合型结构。确定实现匹配所需电容个数及传输线段的数目,并计算网络中所有元件的参数。

8.14　根据例 8.7 的电路结构和设计参数,采用 FR4 基片材料(介电常数 $\varepsilon_r$ = 4.6,厚度 $h$ = 25 mil)设计匹配网络。计算每段传输线的宽度和长度。如果电容的误差为 ± 10%,且元件自动安装设备的定位误差为 ± 2 mil(即电容可放置在设计位置 ± 2 mil 的范围内),求匹配网络输入阻抗的最大偏差。

8.15　例 8.7 表明,如果将短线的长度增加 1/4 波长,则开路短线可以由短路短线替代。由于匹配只是对单一频率而言,而在较宽的频率范围内,网络的响应可能与设计的目标阻抗值有很大差别。设计一个单短线匹配网络,将负载阻抗 $Z_L$ = (80 + j20) Ω 变换为 $Z_{in}$ = (30 − j10) Ω 的输入阻抗。在 ± 0.8$f_0$ 的频率范围内,比较开路短线及其等效短路短线两种不同电路结构的频率响应。假设匹配的中心频率 $f_0$ = 1 GHz,负载由电阻与电感串联构成。

8.16　根据图 8.23(b)所示的匹配网络,若要将 $Z_L$ = (80 − j40) Ω 的负载阻抗与 50 Ω 波源阻抗相匹配,求短线的长度 $l_s$,传输线的特性阻抗 $Z_{0L}$ 和长度 $l_L$。已知短线的特性阻抗 $Z_{0S}$ = 50 Ω。

8.17　双短线匹配网络如图 8.26 所示,已知 $l_1$ = $\lambda/8$,$l_2$ = $5\lambda/8$,$l_3$ = $3\lambda/8$,匹配网络内所有短线和传输线的特性阻抗均为 50 Ω。问:负载 $Z_L$ = (20 − j20) Ω 应当接在匹配网络的哪一端?若要该负载与 50 Ω 传输线相匹配,求短路短线的长度。

8.18　讨论用变容管与电感串联单元代替习题 8.17 中匹配网络电路结构里的短线。如果变容管的电容变化范围为 1 ~ 6 pF,试选择合适的电感值,并在 1.5 GHz 频率点上讨论负载阻抗变化时匹配网络的调配能力。

8.19　一个理想放大器的传递函数由以下方程给出:

$$V_{out} = \begin{cases} 30(V_{in} - V^*), & V_{in} \geqslant V^* \\ 0, & V_{in} < V^* \end{cases}$$

其中 $V^*$ = 60 mV。若放大器工作在甲乙类状态,且导通角 $\Theta_0$ = 270°,求静态工作点 $V_{out}^Q$ 和相应的最大效率。已知输入信号是幅度为 100 mV 的正弦波。

8.20　一个具有发射极旁路电阻 $R_3$ 的低频双极晶体管偏置网络如下图所示:

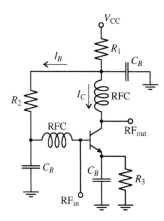

已知电源电压 $V_{CC} = 12$ V，晶体管参数为 $I_C = 20$ mA，$V_{CE} = 5$ V，$V_{BE} = 0.75$ V，$\beta = 125$。求偏置网络的元件参数。

8.21　为了防止晶体管自激，可在图 8.32(b) 所示偏置网络中的晶体管基极与集电极之间增加反馈电阻 $R_F = 1$ kΩ。已知晶体管的电流放大系数 $\beta = 100$，$V_{BE} = 0.8$ V。根据偏置条件：电源电压 $V_{CC} = 5$ V，集电极电流 $I_C = 10$ mA，集电极-发射极电压 $V_{CE} = 3$ V。计算偏置网络的所有电阻值。

8.22　根据下图设计偏置网络，要求 $I_{C2} = 10$ mA，$V_{CE2} = 3$ V，$V_{CC} = 5$ V。已知 $\beta_1 = 150$，$\beta_2 = 80$，两个晶体管的 $V_{BE}$ 均为 0.7 V。

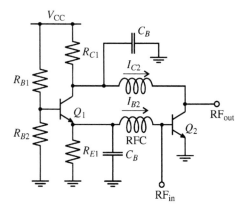

8.23　根据图 8.34，重新画出共基极和共集电极模式的有源偏置网络。

8.24　在图 8.38 所示场效应晶体管的无源偏置网络中，$V_{GS} = -4$ V，$V_{DS} = 10$ V，漏极电流 $I_D = 50$ mA。求源电阻 $R_S$ 的值。

8.25　在本章的应用讲座中导出了 $R_1$ 和 $R_2$ 的表达式：

$$R_1 = \frac{V_D - |V_{BE}|}{I_{R3}}\left(\frac{\beta+1}{\beta+2}\right)$$

$$R_2 = \frac{V_G}{I_{R3}}\left(\frac{\beta+1}{\beta}\right)$$

证明这些根据简化晶体管电路模型导出的设计公式。

# 第 9 章　射频晶体管放大器设计

射频放大器与常规低频电路的设计方法完全不同，它需要考虑一些特殊的因素。尤其是入射电压波和入射电流波都必须与有源器件良好匹配，以便降低电压驻波系数。此外，读者还将看到，如果连接特定的波源或负载阻抗，则大多数放大器都会发生振荡。利用匹配网络将波源、负载阻抗控制在合适的范围内，就可以避免放大器发生振荡。因此，稳定性分析通常作为射频放大器设计工作的第一个步骤。稳定性分析及增益圆、噪声系数圆，都是设计放大器电路所必需的基本要素，依据这些要素才能设计出符合增益、增益平坦度、输出功率、带宽和偏置条件等苛刻要求的放大器。

第 2 章和第 3 章研究了终端加载传输线的功率关系，本章是在此基础上的进一步拓展，但涉及的是与无源电路特征不同的有源器件，此时增益和反馈效应都是需要考虑的重要问题。功率增益、单向化设计法、双共轭匹配设计法等论题及其在圆图中的图解方法，构成了全面、定量分析高频晶体管放大器性能的基础。本章的内容将使读者体会到圆图的优越性。圆图使等增益圆、等驻波系数圆及稳定性判别圆能够与第 3 章所讨论的反射系数和阻抗参量相重叠。此外，放大器的噪声分析也可通过将噪声系数转换成圆图上的噪声系数圆来进行。

介绍了基本的设计方法之后，本章还将考察各种类型的功率放大器及其技术指标，如增益平坦度、带宽和交调失真。我们也将考察单级放大器和多级放大器的区别。

## 9.1　放大器的特性指标

利用单级或多级晶体管电路对输入信号进行放大，也许是模拟电路理论中最重要也最困难的任务。图 9.1 是一个插入在输入、输出匹配网络之间的常规单级放大器电路。

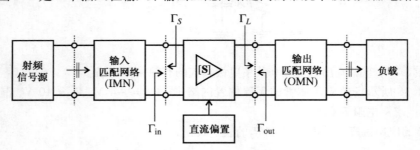

图 9.1　常规放大系统

第 8 章曾讨论过的输入、输出匹配网络用来减小反射从而增加功率流量。在图 9.1 中，放大器的指标由其在特定偏置条件下的 $S$ 参量确定。在放大器的特性指标方面，下列内容是关键参数：

- 增益及增益平坦度(单位 dB)

- 工作频率及带宽(单位 Hz)
- 输出功率(单位 dBm)
- 电源需求(单位 V 和 A)
- 输入、输出反射系数(驻波比)
- 噪声系数(单位 dB)

此外还经常需要考虑其他参数,如交调失真(IMD)、谐波、反馈及热效应,所有这些都会严重影响放大器的性能。

为了系统地了解放大器的设计过程,首先需要针对各种功率关系确定一些定义。然后,提出 4 种重要的分析方法,用于求解稳定性、增益、噪声和电压驻波系数等指标。这几种方法的共同之处在于,它们都可以用圆方程来体现,而且都可以标在圆图上。

## 9.2　放大器的功率关系

### 9.2.1　射频源

放大器的增益有多种定义,它们取决于人们对射频放大器运行机制的了解。所以,我们依据功率流关系考察图 9.1,假设两个匹配网络分别包含在信号源和负载阻抗中,则电路系统简化为图 9.2(a)所示的电路。进行功率分析的起始点是与放大器网络相连的射频信号源。参照图 9.2 中的符号规定,利用 4.4.5 节讨论的信号流[见式(4.82)和式(4.83)]概念,可得信号源电压:

$$b_S = \frac{\sqrt{Z_0}}{Z_S + Z_0} V_S = b_1' - a_1' \Gamma_S = b_1' (1 - \Gamma_{in}\Gamma_S) \tag{9.1}$$

对应于 $b_1'$ 的入射功率波为

$$P_{inc} = \frac{|b_1'|^2}{2} = \frac{1}{2}\frac{|b_S|^2}{|1 - \Gamma_{in}\Gamma_S|^2} \tag{9.2}$$

这就是放大器的入射功率。放大器输入端口的实际输入功率 $P_{in}$ 为入射功率波与反射功率波之差。引入输入反射系数 $\Gamma_{in}$,则可得

$$P_{in} = P_{inc}(1 - |\Gamma_{in}|^2) = \frac{1}{2}\frac{|b_S|^2}{|1 - \Gamma_{in}\Gamma_S|^2}(1 - |\Gamma_{in}|^2) \tag{9.3}$$

如果放大器的输入阻抗与信号源的内阻符合共轭匹配条件($Z_{in} = Z_S^*$),当采用反射系数表示时,即 $\Gamma_{in} = \Gamma_S^*$,则信号源与放大器之间有**最大功率传输**(maximum power transfer)。在最大功率传输条件下,定义**资用功率**(available power)$P_A$ 为

$$P_A = P_{in}\Big|_{\Gamma_{in} = \Gamma_S^*} = \frac{1}{2}\frac{|b_S|^2}{|1 - \Gamma_{in}\Gamma_S|^2}\Big|_{\Gamma_{in} = \Gamma_S^*}(1 - |\Gamma_{in}|^2) = \frac{1}{2}\frac{|b_S|^2}{1 - |\Gamma_S|^2} \tag{9.4}$$

这个公式表明 $P_A$ 与 $\Gamma_S$ 有关。如果 $\Gamma_{in} = 0$,而且 $\Gamma_S \neq 0$,则由式(9.2)可知 $P_{inc} = |b_S|^2/2$。

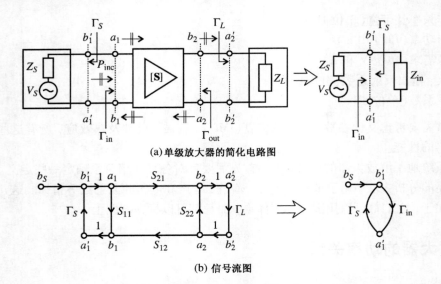

(a) 单级放大器的简化电路图

(b) 信号流图

图 9.2　单级放大器与信号源及负载构成的网络

---

**信号源的最大资用功率**

如果信号源与传输线是匹配的 $(Z_0 = Z_S)$，则有

$$P_A = \frac{|b_s|^2}{2} = \frac{|V_s|^2}{8Z_s}$$

这就是可以从信号源获得的最大资用功率。

---

## 9.2.2　转换功率增益

现在可以讨论**转换功率增益**(transducer power gain) $G_T$，转换功率增益定量地描述了插入在信号源与负载之间的放大器的增益：

$$G_T = \frac{\text{传输到负载的功率}}{\text{信号源的资用功率}} = \frac{P_L}{P_A}$$

根据 $P_L = \frac{1}{2}|b_2|^2 \cdot (1 - |\Gamma_L|^2)$，则有

$$G_T = \frac{P_L}{P_A} = \frac{|b_2|^2}{|b_s|^2}(1 - |\Gamma_L|^2)(1 - |\Gamma_S|^2) \tag{9.5}$$

在这个表达式中，还需求出比值 $b_2/b_S$。根据 4.4.5 节关于信号流图的讨论和图 9.2，可得

$$b_2 = \frac{S_{21}a_1}{1 - S_{22}\Gamma_L} \tag{9.6a}$$

$$b_S = \left[1 - \left(S_{11} + \frac{S_{21}S_{12}\Gamma_L}{1 - S_{22}\Gamma_L}\right)\Gamma_S\right]a_1 \tag{9.6b}$$

由此可得待求比值为

$$\frac{b_2}{b_S} = \frac{S_{21}}{(1 - S_{11}\Gamma_S)(1 - S_{22}\Gamma_L) - S_{21}S_{12}\Gamma_L\Gamma_S} \tag{9.7}$$

将式(9.7)代入式(9.5)，则有

$$G_T = \frac{(1 - |\Gamma_L|^2)|S_{21}|^2(1 - |\Gamma_S|^2)}{|(1 - S_{11}\Gamma_S)(1 - S_{22}\Gamma_L) - S_{21}S_{12}\Gamma_L\Gamma_S|^2} \tag{9.8}$$

定义输入、输出反射系数后(见习题9.2)，此式可化为

$$\Gamma_{\text{in}} = S_{11} + \frac{S_{21}S_{12}\Gamma_L}{1 - S_{22}\Gamma_L} \tag{9.9a}$$

$$\Gamma_{\text{out}} = S_{22} + \frac{S_{12}S_{21}\Gamma_S}{1 - S_{11}\Gamma_S} \tag{9.9b}$$

根据这两个定义式，可以再导出两个转换功率增益的表达式。首先，将式(9.9a)代入式(9.8)，可得

$$G_T = \frac{(1 - |\Gamma_L|^2)|S_{21}|^2(1 - |\Gamma_S|^2)}{|1 - \Gamma_S\Gamma_{\text{in}}|^2|1 - S_{22}\Gamma_L|^2} \tag{9.10}$$

然后，将式(9.9b)代入式(9.8)，则有

$$G_T = \frac{(1 - |\Gamma_L|^2)|S_{21}|^2(1 - |\Gamma_S|^2)}{|1 - \Gamma_L\Gamma_{\text{out}}|^2|1 - S_{11}\Gamma_S|^2} \tag{9.11}$$

经常用到的转换功率增益的近似表达式是**单向化功率增益**(unilateral power gain)$G_{\text{TU}}$，单向化功率增益忽略了放大器反馈效应的影响($S_{12} = 0$)。引入单向化功率增益的概念后，式(9.11)可简化为

$$G_{\text{TU}} = \frac{(1 - |\Gamma_L|^2)|S_{21}|^2(1 - |\Gamma_S|^2)}{|1 - \Gamma_L S_{22}|^2|1 - S_{11}\Gamma_S|^2} \tag{9.12}$$

通常采用式(9.12)作为放大器及其输入、输出匹配网络近似设计的基础，这个问题将在9.4.1节中讨论。

### 9.2.3　其他功率关系

转换功率增益的表达式是导出其他重要功率关系的基础。例如，负载端口匹配($\Gamma_L = \Gamma_{\text{out}}^*$)条件下的**资用功率增益**(available power gain)的定义是

$$G_A = G_T\big|_{\Gamma_L = \Gamma_{\text{out}}^*} = \frac{\textbf{网络的资用功率}}{\textbf{信号源的资用功率}} = \frac{P_N}{P_A}$$

利用式(9.11)则有

$$G_A = \frac{|S_{21}|^2(1 - |\Gamma_S|^2)}{(1 - |\Gamma_{\text{out}}|^2)|1 - S_{11}\Gamma_S|^2} \tag{9.13}$$

另外，**功率增益**(power gain 或 operating power gain)的定义是负载吸收功率与放大器输入功率的比值：

$$G = \frac{\textbf{传输到负载的功率}}{\textbf{放大器的输入功率}} = \frac{P_L}{P_{\text{in}}} = \frac{P_L}{P_A} \cdot \frac{P_A}{P_{\text{in}}} = G_T\frac{P_A}{P_{\text{in}}}$$

将式(9.3)、式(9.4)和式(9.10)代入上式, 可得

$$G = \frac{(1-|\Gamma_L|^2)|S_{21}|^2}{(1-|\Gamma_{\text{in}}|^2)|1-S_{22}\Gamma_L|^2} \tag{9.14}$$

值得注意的是, 若在式(9.10)中令 $\Gamma_S = \Gamma_{\text{in}}^*$, 则因为此时有 $P_{\text{in}} = P_A$, 也可得到式(9.14)。下面的例题中, 将根据已知 $S$ 参量, 计算一个放大器的某些功率增益。

### 例9.1　射频放大器的功率关系

已知射频放大器具有如下 $S$ 参量: $S_{11} = 0.3\angle-70°$, $S_{21} = 3.5\angle 85°$, $S_{12} = 0.2\angle-10°$, $S_{22} = 0.4\angle-45°$。另外, 与放大器输入端相连的电压源参数为 $V_S = 5\text{ V}\angle 0°$, 源内阻 $Z_S = 40\ \Omega$。放大器的输出端驱动一个阻抗 $Z_L = 73\ \Omega$ 的天线。假设测量 $S$ 参量时采用的传输线特性阻抗 $Z_0 = 50\ \Omega$, 求下列参数:

(a)转换功率增益 $G_T$, 单向化功率增益 $G_{\text{TU}}$, 资用功率增益 $G_A$, 功率增益 $G$。

(b)负载吸收的功率 $P_L$, 资用功率 $P_A$, 以及放大器的入射功率 $P_{\text{inc}}$。

**解:** 首先在 $Z_0 = 50\ \Omega$ 的前提下, 求出波源和负载反射系数:

$$\Gamma_S = \frac{Z_S - Z_0}{Z_S + Z_0} = -0.111, \qquad \Gamma_L = \frac{Z_L - Z_0}{Z_L + Z_0} = 0.187$$

然后, 根据式(9.9a)和式(9.9b), 求出输入、输出反射系数:

$$\Gamma_{\text{in}} = S_{11} + \frac{S_{21}S_{12}\Gamma_L}{1-S_{22}\Gamma_L} = 0.146 - j0.151$$

$$\Gamma_{\text{out}} = S_{22} + \frac{S_{12}S_{21}\Gamma_S}{1-S_{11}\Gamma_S} = 0.265 - j0.358$$

将以上计算结果和 $S$ 参量一同代入式(9.11)至式(9.14), 即可求出转换功率增益 $G_T$, 单向化功率增益 $G_{\text{TU}}$, 资用功率增益 $G_A$ 及功率增益 $G$ 如下:

$$G_T = \frac{(1-|\Gamma_L|^2)|S_{21}|^2(1-|\Gamma_S|^2)}{|1-\Gamma_L\Gamma_{\text{out}}|^2|1-S_{11}\Gamma_S|^2} = 12.56 \text{ 或 } 10.99\text{ dB}$$

$$G_{\text{TU}} = \frac{(1-|\Gamma_L|^2)|S_{21}|^2(1-|\Gamma_S|^2)}{|1-\Gamma_L S_{22}|^2|1-S_{11}\Gamma_S|^2} = 12.67 \text{ 或 } 11.03\text{ dB}$$

$$G_A = \frac{|S_{21}|^2(1-|\Gamma_S|^2)}{|1-|\Gamma_{\text{out}}|^2||1-S_{11}\Gamma_S|^2} = 14.74 \text{ 或 } 11.68\text{ dB}$$

$$G = \frac{(1-|\Gamma_L|^2)|S_{21}|^2}{|1-|\Gamma_{\text{in}}|^2||1-S_{22}\Gamma_L|^2} = 13.74 \text{ 或 } 11.38\text{ dB}$$

利用式(9.2)并结合式(9.1), 可以求出放大器的入射功率:

$$P_{\text{inc}} = \frac{1}{2}\frac{|b_S|^2}{|1-\Gamma_{\text{in}}\Gamma_S|^2} = \frac{1}{2}\frac{Z_0}{(Z_S+Z_0)^2}\frac{|V_S|^2}{|1-\Gamma_{\text{in}}\Gamma_S|^2} = 74.7\text{ mW}$$

$P_{\text{inc}}$ 通常以 dBm 为单位表示, 则有

$$P_{\text{inc}}[\text{dBm}] = 10 \log( P_{\text{inc}}/(1 \text{ mW})) = 18.73 \text{ dBm}$$

同样，根据式(9.4)可以求得波源的资用功率 $P_A = 78.1$ mW，即 $P_A = 18.93$ dBm。负载吸收的功率为资用功率与转换功率增益的乘积，即 $P_L = P_A G_T = 981.4$ mW，若以 dBm 表示则为

$$P_L[\text{dBm}] = P_A[\text{dBm}] + G_T[\text{dB}] = 29.92 \text{ dBm}$$

单向化功率增益与实际转换功率增益通常是非常接近的。采用单向化功率增益可以大幅度简化放大器的设计工作，关于这一点以后还要讨论。

## 9.3 稳定性判别

### 9.3.1 稳定性判别圆

放大器电路必须满足的首要条件之一是其在整个工作频段内的稳定性。这一点对于射频电路非常重要，因为射频电路在某些工作频率和终端条件下有产生振荡的趋势。考察电压波沿传输线的传输，可以理解这种振荡现象。如果 $|\Gamma| > 1$，则反射电压的幅度变大（正反馈），可能导致不稳定的现象。反之，若 $|\Gamma| < 1$，则会导致反射电压的幅度变小（负反馈）。

我们将放大器视为一个双端口网络，该网络的特性由 $S$ 参量及外部终端条件 $\Gamma_L$ 和 $\Gamma_S$ 确定。稳定性意味着反射系数的模小于 1，即

$$|\Gamma_L| < 1, |\Gamma_S| < 1 \tag{9.15a}$$

$$|\Gamma_{\text{in}}| = \left| \frac{S_{11} - \Gamma_L \Delta}{1 - S_{22} \Gamma_L} \right| < 1 \tag{9.15b}$$

$$|\Gamma_{\text{out}}| = \left| \frac{S_{22} - \Gamma_S \Delta}{1 - S_{11} \Gamma_S} \right| < 1 \tag{9.15c}$$

其中，$\Delta = S_{11} S_{22} - S_{12} S_{21}$ 用于化简式(9.9a)和式(9.9b)。由于 $S$ 参量对于特定频率是确定的，所以对稳定性有影响的参数就只有 $\Gamma_L$ 和 $\Gamma_S$。

考察放大器的输出端口，需要建立适当的条件以使式(9.15b)成立。为此将复数

$$S_{11} = S_{11}^R + jS_{11}^I, \quad S_{22} = S_{22}^R + jS_{22}^I, \quad \Delta = \Delta^R + j\Delta^I, \quad \Gamma_L = \Gamma_L^R + j\Gamma_L^I \tag{9.16}$$

代入式(9.15b)，整理后可得**输出端口稳定性判别圆**（output stability circle）的方程：

$$(\Gamma_L^R - C_{\text{out}}^R)^2 + (\Gamma_L^I - C_{\text{out}}^I)^2 = r_{\text{out}}^2 \tag{9.17}$$

其中，圆半径为

$$r_{\text{out}} = \frac{|S_{12} S_{21}|}{\left| |S_{22}|^2 - |\Delta|^2 \right|} \tag{9.18}$$

圆心坐标为

$$C_{\text{out}} = C_{\text{out}}^R + jC_{\text{out}}^I = \frac{(S_{22} - S_{11}^* \Delta)^*}{|S_{22}|^2 - |\Delta|^2} \tag{9.19}$$

如图 9.3(a)所示。考察放大器的输入端口，将式(9.16)代入式(9.15c)，可得**输入端口稳定性判别圆**（input stability circle）的方程：

$$(\Gamma_S^R - C_{\text{in}}^R)^2 + (\Gamma_S^I - C_{\text{in}}^I)^2 = r_{\text{in}}^2 \tag{9.20}$$

其中,

$$r_{\text{in}} = \frac{|S_{12}S_{21}|}{\left| |S_{11}|^2 - |\Delta|^2 \right|} \tag{9.21}$$

且

$$C_{\text{in}} = C_{\text{in}}^R + jC_{\text{in}}^I = \frac{(S_{11} - S_{22}^*\Delta)^*}{|S_{11}|^2 - |\Delta|^2} \tag{9.22}$$

若在 $\Gamma_S$ 平面上画出该圆,则可得到图 9.3(b)所示的结果。

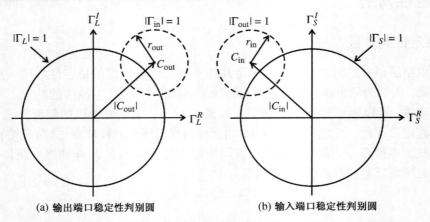

(a) 输出端口稳定性判别圆　　　　　　(b) 输入端口稳定性判别圆

图 9.3　复平面 $\Gamma_L$ 上的稳定性判别圆 $|\Gamma_{\text{in}}| = 1$,复平面 $\Gamma_S$ 上的稳定性判别圆 $|\Gamma_{\text{out}}| = 1$

　　为了正确地理解图 9.3 的意义,关键是考察图 9.3(a)所示的输出稳定性判别圆,以及输入稳定性判别圆。如果 $\Gamma_L = 0$,则 $|\Gamma_{\text{in}}| = |S_{11}|$,对应于 $|S_{11}| < 1$ 或 $|S_{11}| > 1$,则必然存在两种不同的情况。若 $|S_{11}| < 1$,则原点($\Gamma_L = 0$ 点)是稳定区的一部分,如图 9.4(a)所示。然而,若 $|S_{11}| > 1$,匹配条件 $\Gamma_L = 0$ 会导致 $|\Gamma_{\text{in}}| = |S_{11}| > 1$,则原点成为非稳定区的一部分。在这种情况下,稳定区是图 9.4(b)中输出稳定性判别圆 $|\Gamma_{\text{in}}| = 1$ 与 $|\Gamma_L| = 1$ 圆重叠部分构成的区域。

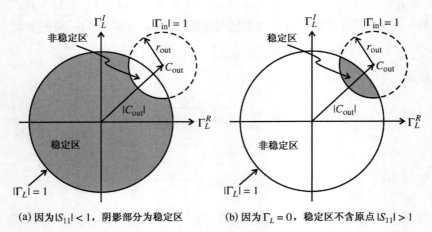

(a) 因为 $|S_{11}| < 1$,阴影部分为稳定区　　　　(b) 因为 $\Gamma_L = 0$,稳定区不含原点 $|S_{11}| > 1$

图 9.4　$\Gamma_L$ 平面上,输出稳定性判别圆划分出的稳定区与非稳定区

另外，图 9.5 标出了输入稳定性判别圆的两个稳定区。显然，若 $|S_{22}| < 1$ 成立，则中心点 $(\Gamma_S = 0)$ 必然是稳定区，否则，若 $|S_{22}| > 1$，则中心点是非稳定区。

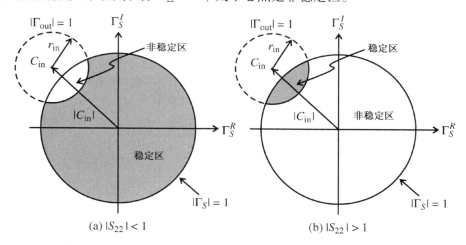

(a) $|S_{22}| < 1$　　　　　　　　　(b) $|S_{22}| > 1$

图 9.5　$\Gamma_S$ 平面上，输入稳定性判别圆划分出的稳定区与非稳定区

如果稳定性判别圆的半径大于 $|C_{in}|$ 或 $|C_{out}|$，则必须注意正确识别稳定性判别圆。图 9.6 画出了 $|S_{22}| < 1$ 情况下的输入稳定性判别圆，以及 $r_{in} < |C_{in}|$ 或 $r_{in} > |C_{in}|$ 情况下可能存在的两个稳定区。

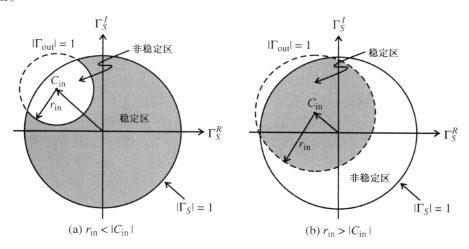

(a) $r_{in} < |C_{in}|$　　　　　　　　　(b) $r_{in} > |C_{in}|$

图 9.6　$|S_{22}| < 1$ 时，输入稳定区与 $\dfrac{r_{in}}{|C_{in}|}$ 比值的关系

## 9.3.2　绝对稳定

正如其名称所暗示的，绝对稳定是指在选定的工作频率和偏置条件下，放大器对于任意波源和负载都是稳定的。若 $|S_{11}| < 1$ 且 $|S_{22}| < 1$，则绝对稳定条件为

$$||C_{in}| - r_{in}| > 1 \tag{9.23a}$$

$$||C_{out}| - r_{out}| > 1 \tag{9.23b}$$

换句话说，稳定性判别圆必须完全落在单位圆 $|\Gamma_S| = 1$ 和 $|\Gamma_L| = 1$ 之外。下面重点讨论图 9.7(a) 中

的单位圆$|\Gamma_S| = 1$。例9.2将指出，绝对稳定条件式(9.23a)可以用稳定性因子$k$，即沃尔特(Rollett)因子来描述：

$$k = \frac{1 - |S_{11}|^2 - |S_{22}|^2 + |\Delta|^2}{2|S_{12}||S_{21}|} > 1 \tag{9.24}$$

另外，绝对稳定条件也可以通过在复平面$\Gamma_{\text{out}} = \Gamma_{\text{out}}^R + j\Gamma_{\text{out}}^I$上讨论$\Gamma_S$引出。此时要求$|\Gamma_S| \leqslant 1$的区域必须全部落在$|\Gamma_{\text{out}}| = 1$的圆内，如图9.7(b)所示。在$\Gamma_{\text{out}}$平面上画出$|\Gamma_S| = 1$的轨迹可得到一个圆，其圆心坐标为

$$C_S = S_{22} + \frac{S_{12}S_{21}S_{11}^*}{1 - |S_{11}|^2} \tag{9.25}$$

半径为

$$r_S = \frac{|S_{12}S_{21}|}{1 - |S_{11}|^2} \tag{9.26}$$

另外，还必须符合$|C_s| + r_S < 1$的条件。可以看出，式(9.25)可以改写为$C_S = (S_{22} - \Delta S_{11}^*)/(1 - |S_{11}|^2)$。考虑到$|C_s| + r_S < 1$及式(9.26)，可得

$$|S_{22} - \Delta S_{11}^*| + |S_{12}S_{21}| < 1 - |S_{11}|^2 \tag{9.27a}$$

由于$|S_{12}S_{21}| \leqslant |S_{22} - \Delta S_{11}^*| + |S_{12}S_{21}|$，则可得

$$|S_{12}S_{21}| < 1 - |S_{11}|^2 \tag{9.27b}$$

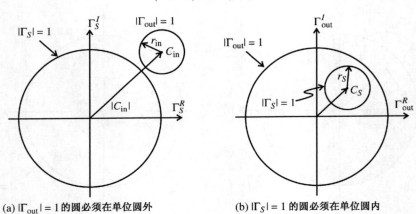

(a) $|\Gamma_{\text{out}}| = 1$ 的圆必须在单位圆外　　　　　　(b) $|\Gamma_S| = 1$ 的圆必须在单位圆内

图9.7　$|S_{11}| < 1$时，$\Gamma_{\text{out}}$和$\Gamma_S$平面上的绝对稳定条件

　　也可以采用类似的方法讨论$\Gamma_{\text{in}}$复平面上的$\Gamma_L$。在相应的圆心坐标$C_L$和圆半径$r_L$表达式中，令$|C_L| = 0$和$r_L < 1$，则有

$$|S_{12}S_{21}| < 1 - |S_{22}|^2 \tag{9.28}$$

无论如何，只要$|\Delta| < 1$，式(9.24)就是绝对稳定的充分条件。$|\Delta| < 1$的证明方法如下，将式(9.27b)与式(9.28)相加，可得

$$2|S_{12}S_{21}| < 2 - |S_{11}|^2 - |S_{22}|^2$$

代入不等式$|\Delta| = |S_{11}S_{22} - S_{12}S_{21}| \leqslant |S_{11}S_{22}| + |S_{12}S_{21}|$，则有

$$|\Delta| < 1 - \frac{1}{2}(|S_{11}|^2 + |S_{22}|^2 - 2|S_{11}||S_{22}|) = 1 - \frac{1}{2}(|S_{11}| - |S_{22}|)^2$$

由于 $(1/2)(|S_{11}| - |S_{22}|)^2 < 1$，显然式(9.27b)和式(9.28)等价于

$$|\Delta| < 1 \tag{9.29}$$

### 例 9.2　稳定性因子的导出

根据式(9.23a)导出稳定性因子 $k$(沃尔特因子)。

**解：**将式(9.21)和式(9.22)代入式(9.23a)，可得

$$\left| \frac{\left| S_{11} - S_{22}^*\Delta \right| - |S_{12}S_{12}|}{|S_{11}|^2 - |\Delta|^2} \right| > 1 \tag{9.30a}$$

将式(9.30a)求平方，整理后可得

$$2\left| S_{11} - S_{22}^*\Delta \right| |S_{12}S_{21}| < \left| S_{11} - S_{22}^*\Delta \right|^2 + |S_{12}S_{21}|^2 - \left| |S_{11}|^2 - |\Delta|^2 \right|^2 \tag{9.30b}$$

将式(9.30b)中的 $|S_{11} - S_{22}\Delta|^2$ 改写为

$$\left| S_{11} - S_{22}^*\Delta \right|^2 = |S_{12}S_{21}|^2 + (1 - |S_{22}|^2)(|S_{11}|^2 - |\Delta|^2) \tag{9.30c}$$

再将式(9.30b)求平方，整理后最终得到

$$(|S_{11}|^2 - |\Delta|^2)^2 \times \left\{ \left[ (1 - |S_{22}|^2) - (|S_{11}|^2 - |\Delta|^2) \right]^2 - 4|S_{12}S_{21}|^2 \right\} > 0 \tag{9.30d}$$

化简式中大括号内的表达式，即可得到稳定性因子式：

$$k = \frac{1 - |S_{11}|^2 - |S_{22}|^2 + |\Delta|^2}{2|S_{12}||S_{21}|} > 1 \tag{9.30e}$$

若根据式(9.23b)进行稳定性分析，则也可得到完全相同的结论。所以，稳定性因子 $k$ 对于输入、输出端口都适用。

---

**稳定性系数 $\mu$**

　　另一个关于稳定性的参数可以用几何方法导出：

$$\mu = \frac{1 - |S_{11}|^2}{\left| S_{22} - S_{11}^*\Delta \right| + |S_{21}S_{12}|}$$

条件 $\mu > 1$ 是绝对稳定的充分必要条件。$\mu$ 的实际意义是史密斯圆图的原点至 $\Gamma_L$ 平面上稳定性判别圆的最小距离；$\mu$ 越大，意味着稳定性越好。$\mu$ 为负值，则表明非稳定区包含了原点。将 $S_{11}$ 与 $S_{22}$ 对换，就是 $\Gamma_S$ 平面上的稳定性系数。

---

为了保险起见，通常要求 $|\Delta| < 1$ 和 $k > 1$ 两个条件同时成立，以确保放大器的绝对稳定。下面的例题将研究一个共发射极晶体管电路输入、输出端口的稳定性特征。

### 例 9.3　双极晶体管的稳定性判别圆与其工作频率的关系

求双极晶体管(恩智浦半导体 BFG505W)的稳定区，工作条件为 $V_{CE} = 6$ V，$I_c = 4$ mA。$S$ 参量与工作频率的对应关系列于表 9.1。

表9.1　BFG505W 的 $S$ 参量与工作频率的对应关系

| 工作频率 | $S_{11}$ | $S_{12}$ | $S_{21}$ | $S_{22}$ |
|---|---|---|---|---|
| 500 MHz | $0.70\angle-57°$ | $0.04\angle47°$ | $10.5\angle136°$ | $0.79\angle-33°$ |
| 750 MHz | $0.56\angle-78°$ | $0.05\angle33°$ | $8.6\angle122°$ | $0.66\angle-42°$ |
| 1000 MHz | $0.46\angle-97°$ | $0.06\angle22°$ | $7.1\angle112°$ | $0.57\angle-48°$ |
| 1250 MHz | $0.38\angle-115°$ | $0.06\angle14°$ | $6.0\angle104°$ | $0.50\angle-52°$ |

**解：**根据 $k$，$|\Delta|$，$C_{in}$，$r_{in}$，$C_{out}$ 和 $r_{out}$ 的定义，利用 MATLAB 可计算它们的数值(见 m-file ex9_3.m)。上述6个参数对应表9.1所列频率的计算结果都已列于表9.2中。

表9.2　BFG505W 的稳定性参数

| $f$, MHz | $k$ | $|\Delta|$ | $C_{in}$ | $r_{in}$ | $C_{out}$ | $r_{out}$ |
|---|---|---|---|---|---|---|
| 500 | 0.41 | 0.69 | $39.04\angle108°$ | 38.62 | $3.56\angle70°$ | 3.03 |
| 750 | 0.60 | 0.56 | $62.21\angle119°$ | 61.60 | $4.12\angle70°$ | 3.44 |
| 1000 | 0.81 | 0.45 | $206.23\angle131°$ | 205.42 | $4.39\angle69°$ | 3.54 |
| 1250 | 1.02 | 0.37 | $42.42\angle143°$ | 41.40 | $4.24\angle68°$ | 3.22 |

工作频率 $f=750$ MHz 和 $f=1.25$ GHz 时，输入、输出端口的稳定性判别圆如图9.8所示。可以看出，该晶体管符合 $|S_{11}|<1$ 和 $|S_{22}|<1$ 的条件。这意味着原点 $\Gamma_L=0$ 和 $\Gamma_S=0$ 都是稳定点，即圆图内和稳定性判别圆外的公共区域是稳定区。

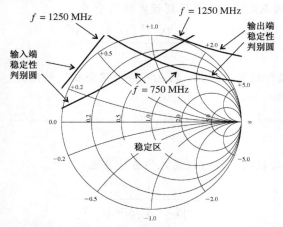

图9.8　BFG505W 的输入、输出稳定性判别圆，工作频率为 750 MHz 和 1.25 GHz

另外，根据图9.8和表9.2可见，在 $f=1.25$ GHz 频率点，该晶体管的输入、输出端口稳定性判别圆都落在 $|\Gamma|=1$ 的圆外，因而晶体管处于绝对稳定状态。在其他频率点，该晶体管存在潜在的不稳定性。

我们知道，晶体管的 $S$ 参量与特定的偏置条件相关，所以稳定性判别圆不但与工作频率有关，也与偏置条件有关。如果偏置条件甚至温度发生了变化，则必须重新进行稳定性分析。

尽管 $k$ 因子的变化范围很宽，但大多数不稳定的设计实例都符合 $0\leqslant k\leqslant1$。第10章将讨论的振荡器就是要将整个圆图都设计成非稳定区，也就是使 $k$ 成为负值。需要注意的是，如果没有输出端口到输入端口的反馈($S_{12}=0$)，那么晶体管必然是稳定的，因为稳定性因子 $k$ 将趋

于无穷大。实际上，人们常常仅考虑 $k$ 因子，而将 $|\Delta| < 1$ 的条件忽略了。这也许会带来潜在的问题，关于这个问题将在下面的例题中讨论。

**例 9.4　晶体管的稳定区和非稳定区**

考察某晶体管的稳定区，其 $S$ 参量的测量值为 $S_{11} = 0.7 \angle -70°$，$S_{12} = 0.2 \angle -10°$，$S_{21} = 5.5 \angle 85°$，$S_{22} = 0.7 \angle -45°$。

**解：**计算 $k$，$|\Delta|$，$C_{\text{in}}$，$r_{\text{in}}$，$C_{\text{out}}$ 和 $r_{\text{out}}$ 的值，结果为 $k = 1.15$，$|\Delta| = 1.58$，$C_{\text{in}} = 0.21 \angle 52°$，$r_{\text{in}} = 0.54$，$C_{\text{out}} = 0.21 \angle 27°$ 和 $r_{\text{out}} = 0.54$（见图 9.9）。尽管 $k > 1$，但是由于 $|\Delta| > 1$，则该晶体管仍然具有潜在的不稳定性。原因是输入、输出稳定性判别圆都落在圆图之内。由于 $|S_{11}|$ 和 $|S_{22}|$ 都小于 1，即圆图的原点是稳定点，另外有 $|C_{\text{in}}| < r_{\text{in}}$ 和 $|C_{\text{out}}| < r_{\text{out}}$，所以稳定性判别圆的内部是稳定区，如图 9.9 所示。

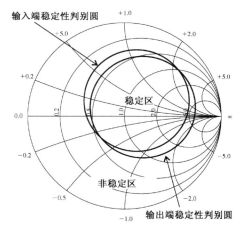

图 9.9　$k > 1$ 且 $|\Delta| > 1$ 时的稳定性判别圆

生产厂商通常会在晶体管的封装壳内配置匹配网络，从而避免晶体管同时出现 $k > 1$ 和 $|\Delta| > 1$ 的情况。可以看出，该晶体管的稳定性系数 $\mu$ 表明它是有条件稳定的（$\mu = 0.335$）。

## 9.3.3　稳定放大器的措施

如果在工作频段内，场效应晶体管或双极晶体管处于非稳定状态，则应当采取适当措施使晶体管进入稳定状态。已知 $|\Gamma_{\text{in}}| > 1$ 和 $|\Gamma_{\text{out}}| > 1$ 可以改用输入、输出阻抗表达为

$$|\Gamma_{\text{in}}| = \left| \frac{Z_{\text{in}} - Z_0}{Z_{\text{in}} + Z_0} \right| > 1, \qquad |\Gamma_{\text{out}}| = \left| \frac{Z_{\text{out}} - Z_0}{Z_{\text{out}} + Z_0} \right| > 1$$

这表明非稳定状态有 $\text{Re}(Z_{\text{in}}) < 0$ 和 $\text{Re}(Z_{\text{out}}) < 0$。所以，稳定有源器件的一个方法就是在其不稳定的端口增加一个串联或并联的电阻器。图 9.10 给出了输入端口的电路结构。这个电阻必须与 $\text{Re}(Z_S)$ 一起抵消掉 $\text{Re}(Z_{\text{in}})$ 的负值成分。因此，要求：

$$\text{Re}(Z_{\text{in}} + R'_{\text{in}} + Z_S) > 0 \text{ 或 } \text{Re}(Y_{\text{in}} + G'_{\text{in}} + Y_S) > 0 \tag{9.31a}$$

同理，图 9.11 给出了输出端口的稳定电路。相应的条件是

$$\text{Re}(Z_{\text{out}} + R'_{\text{out}} + Z_L) > 0 \text{ 或 } \text{Re}(Y_{\text{out}} + G'_{\text{out}} + Y_L) > 0 \tag{9.31b}$$

下面的例题说明了稳定晶体管的各种方法。

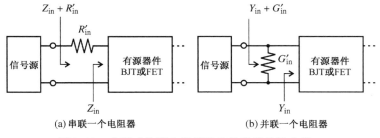

图 9.10　串联或并联电阻器稳定晶体管的输入端口

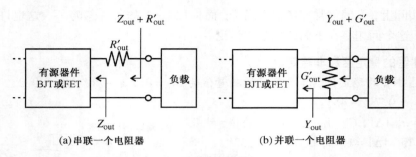

(a)串联一个电阻器          (b)并联一个电阻器

图9.11    串联或并联电阻器稳定晶体管的输出端口

## 例9.5    稳定双极晶体管的方法

在 $f=750$ MHz 频率点使用例 9.3 中的晶体管 BFG505W，$S$ 参量为 $S_{11}=0.56\angle-78°$，$S_{21}=0.05\angle33°$，$S_{12}=8.64\angle122°$，$S_{22}=0.66\angle-42°$。求能使晶体管的输入、输出端口进入稳定状态的串联或并联电阻。

**解**：根据已知的 $S$ 参量，可以求出输入、输出端口稳定性判别圆的半径和圆心坐标为：$C_{in}=62.21\angle119°$，$r_{in}=61.60$，$C_{out}=4.12\angle70°$，$r_{out}=3.44$。相应的稳定性判别圆如图 9.12 所示。阻抗圆图中的等电阻圆 $r'=0.33$ 给出了能使输入端口进入稳定状态的最小串联电阻值。如果一个无源网络与一个阻值 $R'_{in}=r'Z_0=16.5$ Ω 的电阻相串联，则总阻抗必然落在 $r'=0.33$ 等电阻圆内，因而也必然落在稳定区内。同理，只要画出等电导圆 $g'=2.8$，就可以求出能使晶体管输入端口进入稳定状态的并联电导 $G'_{in}=g'/Z_0=56$ mS。此时，任何无源网络与 $G'_{in}$ 并联后的总电导必然落在导纳圆图中的等电导圆 $g'=2.8$ 内，因而就必然落在晶体管输入端口的稳定区内。

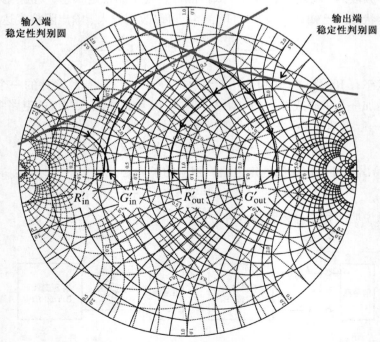

图9.12    输入、输出稳定性判别圆及求解串联和并联稳定电阻的有关圆

根据完全相同的方法和步骤，可以求出稳定输出端口的串联电阻 $R'_{\text{out}} = 40\ \Omega$，并联电导 $G'_{\text{out}} = 6.2\ \text{mS}$。

由于晶体管输入、输出端口之间的耦合效应，通常只需要稳定一个端口。具体稳定哪个端口完全取决于电路设计者。然而，应尽量避免在输入端口增加电阻元件，因为电阻产生的附加噪声将会被放大。

---

**稳定放大器的衰减器**

　　衰减器也可以用于将 $\Gamma_L = 0$ 或 $\Gamma_S$ 限制在稳定区内，并使史密斯圆图的圆点处于稳定区内。如果将衰减器插入晶体管的输出端与负载之间，则实现绝对稳定所需的最小插入损耗为

$$\alpha_{\min}\left[\,\text{dB}\,\right] = -10\log(\mu)$$

我们知道，稳定性系数 $\mu$ 是 $\Gamma_L$ 平面上原点到稳定性判别圆之间的最小距离。这种方法很容易在宽频带内实现网络的稳定状态，即只需求出 $\mu$ 的最小值。

---

用增加电阻的方法实现晶体管稳定的代价包括：阻抗匹配关系可能被破坏，会带来功率损失，由于电阻产生的附加热噪声，晶体管呈现的噪声系数通常会恶化。

# 9.4　增益恒定

## 9.4.1　单向化设计法

　　除了确保放大器的稳定，获得预定的功率增益也是放大器设计任务的一个重要考虑内容。如果忽略晶体管自身反馈的影响（$S_{12} \approx 0$），在实际情况中经常这样处理，则可以采用式（9.12）定义的单向化功率增益 $G_{\text{TU}}$。整理、改写这个公式，以使输入、输出匹配网络的贡献能被分开。根据图 9.13，则有

$$G_{\text{TU}} = \frac{1 - |\Gamma_S|^2}{|1 - S_{11}\Gamma_S|^2} \times |S_{21}|^2 \times \frac{1 - |\Gamma_L|^2}{|1 - \Gamma_L S_{22}|^2} = G_S \times G_0 \times G_L \tag{9.32}$$

其中每一项可表示为

$$G_S = \frac{1 - |\Gamma_S|^2}{|1 - S_{11}\Gamma_S|^2}, \quad G_0 = |S_{21}|^2, \quad G_L = \frac{1 - |\Gamma_L|^2}{|1 - \Gamma_L S_{22}|^2} \tag{9.33}$$

由于功率的计算通常采用 dB 为单位，式（9.32）也常常写为

$$G_{\text{TU}}[\text{dB}] = G_S[\text{dB}] + G_0[\text{dB}] + G_L[\text{dB}] \tag{9.34}$$

其中，$G_S$ 和 $G_L$ 分别是与输入、输出匹配网络有关的增益分量，$G_0$ 是晶体管的增益。由式（9.33）可见，匹配网络的增益可能大于 1。由于匹配网络是无源的，所以初看起来这有些不可思议。产生这种反常现象的原因是，如果没有匹配网络，则在放大器的输入、输出端口可能会有明显的功率损耗。$G_S$ 和 $G_L$ 降低了这种固有损耗，因而可视为增益。

　　如果 $|S_{11}|$ 和 $|S_{22}|$ 都小于 1，且输入、输出端口都匹配，即 $\Gamma_S = S_{11}^*$，$\Gamma_L = S_{22}^*$，则有最大单向化功率增益 $G_{\text{TUmax}}$。此时可得

$$G_{S\max} = \frac{1}{1 - |S_{11}|^2} \tag{9.35}$$

$$G_{L\max} = \frac{1}{1 - |S_{22}|^2} \tag{9.36}$$

$G_S$ 和 $G_L$ 对增益的贡献可以用它们的最大值来归一化，即

$$g_S = \frac{G_S}{G_{S\max}} = \frac{1 - |\Gamma_S|^2}{|1 - S_{11}\Gamma_S|^2}(1 - |S_{11}|^2) \tag{9.37a}$$

$$g_L = \frac{G_L}{G_{L\max}} = \frac{1 - |\Gamma_L|^2}{|1 - S_{22}\Gamma_L|^2}(1 - |S_{22}|^2) \tag{9.37b}$$

这两种归一化增益都符合 $0 \leqslant g_i \leqslant 1$，其中 $i = S, L$。

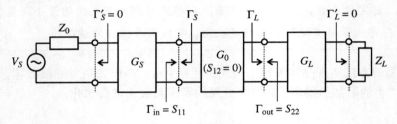

图 9.13　单向化功率增益的原理框图

尽管我们已经明确了输入、输出匹配网络的增益表达式，但这些表达式并不能直接给出恒定增益的参数曲线。问题的关键是：对于给定的 $S_{11}$(或 $S_{22}$)和要求的归一化增益 $g_S$(或 $g_L$)，$\Gamma_S$(或 $\Gamma_L$)，在什么范围内取值才能得到预定的增益值？这需要从式(9.37)的一般形式：

$$g_i = \frac{1 - |\Gamma_i|^2}{|1 - S_{ii}\Gamma_i|^2}(1 - |S_{ii}|^2) \tag{9.38}$$

中求解反射系数 $\Gamma_i$。其中，$ii = 11, 22$ 对应于 $i = S, L$。$\Gamma_i$ 的求解结果是一族圆，其圆心坐标为

$$d_{g_i} = \frac{g_i S_{ii}^*}{1 - |S_{ii}|^2(1 - g_i)} \tag{9.39}$$

圆半径为

$$r_{g_i} = \frac{\sqrt{1 - g_i}(1 - |S_{ii}|^2)}{1 - |S_{ii}|^2(1 - g_i)} \tag{9.40}$$

例 9.6 详细介绍了推导单向化等增益圆方程式(9.39)和式(9.40)的主要步骤。

### 例 9.6　等增益圆的推导

导出 $d_{g_i}$ 和 $r_{g_i}$ 的表达式(9.39)和式(9.40)。

**解**：从式(9.38)入手推导，先将其整理为

$$\begin{aligned} g_i(1 + |S_{ii}\Gamma_i|^2 - S_{ii}^*\Gamma_i^* - S_{ii}\Gamma_i) \\ = 1 - |S_{ii}|^2 - |\Gamma_i|^2 + |S_{ii}|^2|\Gamma_i|^2 \end{aligned} \tag{9.41a}$$

解出反射系数 $\Gamma_i$，则有

$$\left|\Gamma_i\right|^2 - \frac{g_i S_{ii}}{1-\left|S_{ii}\right|^2(1-g_i)}\Gamma_i - \frac{g_i S_{ii}^*}{1-\left|S_{ii}\right|^2(1-g_i)}\Gamma_i^*$$

$$+ \frac{g_i^2\left|S_{ii}\right|^2}{\left(1-\left|S_{ii}\right|^2(1-g_i)\right)^2} = \frac{(1-g_i)(1-\left|S_{ii}\right|^2)^2}{\left(1-\left|S_{ii}\right|^2(1-g_i)\right)^2} \qquad (9.41\mathrm{b})$$

此复数方程描述的是一个圆:

$$(\Gamma_i - d_{g_i})(\Gamma_i^* - d_{g_i}^*) = r_{g_i}^2 \qquad (9.41\mathrm{c})$$

其圆心坐标和半径分别为

$$d_{g_i} = \frac{g_i S_{ii}^*}{1-\left|S_{ii}\right|^2(1-g_i)}, \qquad r_{g_i} = \frac{\sqrt{1-g_i}(1-\left|S_{ii}\right|^2)}{1-\left|S_{ii}\right|^2(1-g_i)}$$

整理式(9.41c)可得我们熟悉的形式:

$$(\Gamma_i^R - d_{g_i}^R)^2 + (\Gamma_i^I - d_{g_i}^I)^2 = r_{g_i}^2 \qquad (9.41\mathrm{d})$$

其中,上标 $R$ 和 $I$ 分别表示 $\Gamma_i$ 和 $d_{g_i}$ 的实部和虚部。

由于有单向化的假设,可以分别导出输入网络和输出网络的等增益圆方程。

根据等增益圆方程式(9.39)和式(9.40),可以得到下列结论。

- 在 $\Gamma_i = S_{ii}^*$ 的条件下,即在圆心 $d_{g_i} = S_{ii}^*$,半径 $r_{g_i} = 0$ 的增益圆上,可得最大增益 $G_{i\max} = 1/(1-\left|S_{ii}\right|^2)$。

- 所有等增益圆的圆心都落在原点到 $S_{ii}^*$ 的连线上。增益值越小,则圆心 $d_{g_i}$ 越靠近原点,同时半径 $r_{g_i}$ 越大。

- 对于特殊情况 $\Gamma_i = 0$,归一化增益变为 $g_i = 1-\left|S_{ii}\right|^2$,而且 $|d_{g_i}|$ 和 $r_{g_i}$ 具有相同的数值 $|d_{g_i}| = r_{g_i} = |S_{ii}|/(1+\left|S_{ii}\right|^2)$。这表明 $G_i = 1$(即 0 dB)圆总是与 $\Gamma_i$ 平面的原点相切。

例 9.7 求出了在单向化近似条件下,放大器的输入网络增益圆。

### 例 9.7　求单向化近似法的输入网络增益圆

一个场效应晶体管的工作频率 $f = 4\,\mathrm{GHz}$,并偏置在 $S_{11} = 0.7\angle 125°$ 的状态下。假设晶体管是绝对稳定的。求输入网络最大功率增益 $G_{S\max}$,并画出不同 $G_S$ 所对应的等增益圆。

**解:** 首先利用式(9.35)求出输入网络最大增益 $G_{S\max}$。计算结果为

$$G_{S\max} = \frac{1}{1-\left|S_{11}\right|^2} = \frac{1}{1-0.7^2} = 1.96 \text{ 或 } G_{S\max} = 2.92 \text{ dB}$$

现在可以根据式(9.39)和式(9.40),以及圆心坐标 $d_{g_s}$ 和圆半径 $r_{g_s}$ 的计算值,画出等增益圆。表 9.3 列出了输入网络增益 $G_S$ 的几个值。

表 9.3　例 9.7 中输入网络等增益圆的参数

| $G_S$ | $g_S$ | $d_{g_s}$ | $r_{g_s}$ |
|---|---|---|---|
| 2.6 dB | 0.93 | 0.67∠−125° | 0.14 |
| 2 dB | 0.81 | 0.62∠−125° | 0.25 |
| 1 dB | 0.64 | 0.54∠−125° | 0.37 |
| 0 dB | 0.51 | 0.47∠−125° | 0.47 |
| −1 dB | 0.41 | 0.40∠−125° | 0.56 |

根据表9.3，$G_S = 0$ dB 的圆的半径 $r_{g_s}$ 等于圆心矢径 $d_{g_s}$ 的模，而且该圆确实经过圆图的中心。还可看出，所有 $G_S$ 圆的圆心都在 $\Theta = \angle S_{11}^* = -125°$ 的直线上，当 $G_S$ 靠近 $G_{S\max}$ 时，相应的圆半径逐渐减小为零，同时圆心坐标趋于 $S_{11}^* = 0.7 \angle -125°$。

根据表9.3的计算数据，可以绘出输入网络的几个等增益圆，如图9.14所示。该图清楚地表明，尽管输入匹配网络是无源的，其增益却可以大于 0 dB 而呈现放大功能。这一现象的物理意义在于，匹配网络使整个系统的输入反射系数减小了，从而等价于增加了"额外"的增益。

由于单向化近似法忽略了晶体管的反向增益，此例题隐含了输入匹配网络的增益与输出匹配网络无关的假设。

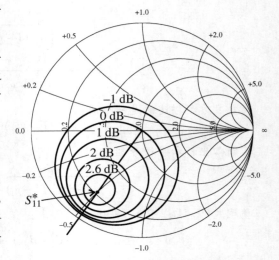

图9.14　圆图上的输入网络等增益圆

下面讨论一个需要利用等增益圆设计方法的典型实例，即按照预定的增益指标设计一个单向化放大器。

### 例9.8　设计一个工作频率为5.7 GHz，增益为18 dB 的单级金属半导体场效应晶体管放大器

已知金属半导体场效应晶体管在5.7 GHz 频率点的 $S$ 参量为 $S_{11} = 0.5 \angle -60°$，$S_{12} = 0.02 \angle 0°$，$S_{21} = 6.5 \angle 115°$，$S_{22} = 0.6 \angle -35°$。

(a)放大器是否为绝对稳定的？

(b)假设单向化条件成立($S_{12} = 0$)，求最佳反射系数条件下的最大功率增益。

(c)根据等增益圆的概念，调整输出反射系数，实现放大器的预定增益指标。

**解：**

(a)利用式(9.24)和式(9.29)，可评估晶体管的稳定性，即

$$k = \frac{1 - |S_{11}|^2 - |S_{22}|^2 + |\Delta|^2}{2|S_{12}||S_{21}|} = 2.17$$

和

$$|\Delta| = |S_{11}S_{22} - S_{12}S_{21}| = 0.42$$

由于 $k > 1$ 且 $|\Delta| < 1$，所以晶体管是绝对稳定的。

(b)计算最佳反射系数条件下的最大功率增益(即 $\Gamma_L = S_{22}^*$，$\Gamma_S = S_{11}^*$)：

$$G_{S\max} = \frac{1}{1 - |S_{11}|^2} = 1.33 \text{ 或 } 1.25 \text{ dB}$$

$$G_{L\max} = \frac{1}{1 - |S_{22}|^2} = 1.56 \text{ 或 } 1.94 \text{ dB}$$

$$G_0 = |S_{21}|^2 = 42.25 \text{ 或 } 16.26 \text{ dB}$$

则最大单向化转换功率增益为

$$G_{\mathrm{TUmax}} = G_{S\mathrm{max}}G_0 G_{L\mathrm{max}} = 88.02 \text{ 或 } 19.45 \text{ dB}$$

（c）由于输入匹配网络（$\Gamma_S = S_{11}^*$）与晶体管共产生了 17.51 dB 的增益，所以必须调整 $\Gamma_L$ 以符合 $G_L = 0.49$ dB。这就要求 $\Gamma_L$ 必须落在 $r_{g_L} = 0.38$，$d_{g_L} = 0.48\angle 35°$ 的圆上，如图 9.15 所示。如果取 $\Gamma_L = 0.03 + \mathrm{j}0.17$，则输出匹配网络就简化为一个元件（即一个电感量 $L = 0.49$ nH 的串联电感器），该元件将负载变换为与传输线特性阻抗相匹配（$Z_L = Z_0$）。

如果放大器需要工作在一个频带内，则必须根据晶体管 $S$ 参量的变化，选择适当数目的频率点，然后计算放大器在各频率点的功率增益。

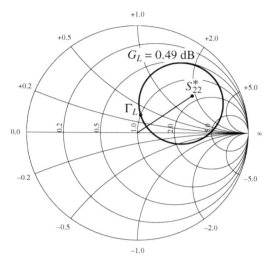

图 9.15　输出网络在圆图上的等增益圆

在 $|S_{ii}| > 1$ 的情况下（$ii = 11$ 代表输入端口，$ii = 22$ 代表输出端口），无源网络可能产生无穷大的增益 $G_i$（$i = S$ 或 $L$）。这种情况出现在 $\Gamma_i = 1/S_{ii}$ 时，这意味着，与 $\Gamma_i$ 对应的阻抗的实部在幅度上等于与 $S_{ii}$ 对应的负阻。所以，这两个电阻相互抵消从而产生了振荡，放大器则处于非稳定状态。为了避免这种情况，先画出 $|S_{ii}| > 1$ 条件下的等增益圆及相应的稳定性判别圆，然后选择适当的 $\Gamma_i$，使其既落在预定的增益圆上，也落在稳定区内。

## 9.4.2　单向化设计的误差因子

例 9.8 中讨论的单向化设计法包含了一个近似条件，即忽略了放大器的反馈效应，即反向增益（$S_{12} = 0$）。为了估计此近似条件所产生的误差，需要求出考虑了 $S_{12}$ 的转换功率增益 $G_T$ 与单向化转换功率增益 $G_{\mathrm{TU}}$ 的比值。根据定义式（9.8）和式（9.12），可得

$$\frac{G_T}{G_{\mathrm{TU}}} = \frac{1}{\left| 1 - \dfrac{S_{12}S_{21}\Gamma_L\Gamma_S}{(1 - S_{11}\Gamma_S)(1 - S_{22}\Gamma_L)} \right|^2} \tag{9.42}$$

其中，$G_T \leqslant G_{\mathrm{TU}}$。

当输入、输出端口匹配时（$\Gamma_S = S_{11}^*$，$\Gamma_L = S_{22}^*$），$G_{\mathrm{TU}}$ 有最大值，同时误差也最大。此时，式（9.42）可写为

$$\frac{G_T}{G_{\mathrm{TUmax}}} = \frac{1}{\left| 1 - \dfrac{S_{12}S_{21}S_{22}^* S_{11}^*}{(1 - |S_{11}|^2)(1 - |S_{22}|^2)} \right|^2} \tag{9.43}$$

此式可用于给出误差起伏的上、下界：

$$(1 + U)^{-2} \leqslant \frac{G_T}{G_{\mathrm{TU}}} \leqslant (1 - U)^{-2} \tag{9.44}$$

其中，$U$ 就是与频率有关的**单向化设计误差因子**（unilateral figure of merit）：

$$U = \frac{|S_{12}||S_{21}||S_{22}||S_{11}|}{(1-|S_{11}|^2)(1-|S_{22}|^2)} \tag{9.45}$$

在评估单向化放大器设计方案时,需要这个误差因子尽量小。在极限情况下,即在 $S_{12}=0$ 的理想情况下,随着 $G_T$ 趋于 $G_{TU}$,误差确实消失了(即 $U=0$)。

### 例9.9　单向化设计方法的可行性验证

针对例9.8讨论的放大器,评估采用单向化近似设计方法所产生的误差。

**解**:将各 $S$ 参量值代入式(9.45),则单向化设计误差因子为

$$U = \frac{|S_{12}||S_{21}||S_{22}||S_{11}|}{(1-|S_{11}|^2)(1-|S_{22}|^2)} = 0.0812$$

其最大误差可用式(9.44)估计:

$$0.86 \leqslant \frac{G_T}{G_{TU}} \leqslant 1.18$$

此结果表明,转换功率增益的理论值与单向化近似的偏差高达18%。然而,实际上它们的差别通常小得多。如果将例9.8的计算结果代入转换功率增益的定义式(9.8),就可以看得很清楚。通过计算可得 $G_T=62.86$ dB,即17.98 dB,这与 $G_{TU}=63.10$ dB,即18.00 dB 非常吻合。换句话说,我们引入的误差不超过1%。

单向化设计的误差因子给出了最保守的、最坏情况下的误差估计。

## 9.4.3　双共轭匹配设计法

在许多实际情况中,采用单向化设计法并不合适,因为令 $S_{12}=0$ 将导致超出误差要求的不准确结果。**双共轭匹配设计法**(bilateral design)没有忽略晶体管的反馈效应,所以与单向化设计法的匹配条件 $\Gamma_S^* = S_{11}$,$\Gamma_L^* = S_{22}$ 不同,它需要处理输入、输出端口反射系数的完整方程,见式(9.15b)和式(9.15c),

$$\Gamma_S^* = S_{11} + \frac{S_{12}S_{21}\Gamma_L}{1-S_{22}\Gamma_L} = \frac{S_{11}-\Gamma_L\Delta}{1-S_{22}\Gamma_L} \tag{9.46a}$$

$$\Gamma_L^* = S_{22} + \frac{S_{12}S_{21}\Gamma_S}{1-S_{11}\Gamma_S} = \frac{S_{22}-\Gamma_S\Delta}{1-S_{11}\Gamma_S} \tag{9.46b}$$

这需要同时的共轭匹配(simultaneous conjugate match)。此处"同时"意味着匹配信号源反射系数 $\Gamma_{MS}$ 和匹配负载反射系数 $\Gamma_{ML}$ 必须同时满足这一对耦合方程。如果晶体管具有潜在的不稳定性,则复数共轭匹配就不能同时成立。例9.10将介绍求解上述问题最佳参数的方法。**匹配信号源反射系数**(matched source reflection coefficient)$\Gamma_{MS}$ 为

$$\Gamma_{MS} = \frac{B_1}{2C_1} - \frac{1}{2}\sqrt{\left(\frac{B_1}{C_1}\right)^2 - 4\frac{C_1^*}{C_1}} \tag{9.47}$$

其中,

$$C_1 = S_{11} - S_{22}^*\Delta, \qquad B_1 = 1 - |S_{22}|^2 - |\Delta|^2 + |S_{11}|^2 \tag{9.48}$$

同理,**匹配负载反射系数**(matched load reflection coefficient)$\Gamma_{ML}$ 为

$$\Gamma_{ML} = \frac{B_2}{2C_2} - \frac{1}{2}\sqrt{\left(\frac{B_2}{C_2}\right)^2 - 4\frac{C_2^*}{C_2}} \tag{9.49}$$

其中，

$$C_2 = S_{22} - S_{11}^*\Delta, \qquad B_2 = 1 - |S_{11}|^2 - |\Delta|^2 + |S_{22}|^2 \tag{9.50}$$

在绝对稳定的前提下，可导出方程式(9.47)和式(9.49)的解。

根据式(9.47)和式(9.49)给出的 $\Gamma_{MS}$ 和 $\Gamma_{ML}$，最佳匹配条件可以表示为

$$\Gamma_{MS}^* = S_{11} + \frac{S_{12}S_{21}\Gamma_{ML}}{1 - S_{22}\Gamma_{ML}} \tag{9.51a}$$

和

$$\Gamma_{ML}^* = S_{22} + \frac{S_{12}S_{21}\Gamma_{MS}}{1 - S_{11}\Gamma_{MS}} \tag{9.51b}$$

由此可见，忽略了输入、输出耦合效应的单向化设计法是双共轭匹配设计法的一个特例。

### 例9.10　导出双共轭匹配的反射系数

导出反射系数表达式(9.47)。

**解：** 由式(9.46a)和式(9.46b)可得

$$(1 - S_{22}\Gamma_L)(\Gamma_S^* - S_{11}) = \Gamma_L S_{12}S_{21} \tag{9.52a}$$

$$(1 - S_{11}\Gamma_S)(\Gamma_L^* - S_{22}) = \Gamma_S S_{12}S_{21} \tag{9.52b}$$

从式(9.52a)中解出 $\Gamma_L$，即

$$\Gamma_L = \frac{S_{11} - \Gamma_S^*}{\Delta - S_{22}\Gamma_S^*} \tag{9.52c}$$

将式(9.52c)代入式(9.52b)，整理后则有

$$\Gamma_S^2(S_{11} - S_{22}^*\Delta) - \Gamma_S(1 + |S_{11}|^2 - |S_{22}|^2 - |\Delta|^2)$$
$$= -S_{11}^* + S_{22}\Delta \tag{9.52d}$$

引入 $C_1 = (S_{11} - S_{22}^*\Delta)$ 和 $B_1 = (1 + |S_{11}|^2 - |S_{22}|^2 - |\Delta|^2)$，可得标准二次方程：

$$\Gamma_S^2 - \frac{B_1}{C_1}\Gamma_S = -C_1^* \tag{9.52e}$$

其解为

$$\Gamma_{MS} = \frac{B_1}{2C_1} - \frac{1}{2}\sqrt{\left(\frac{B_1}{C_1}\right)^2 - 4\frac{C_1^*}{C_1}} \tag{9.52f}$$

开方根前取负号是为了确保稳定性($k > 1$)。

在负载端口采用同样的分析方法，可以得到关于 $\Gamma_L$ 的标准二次方程，该方程的解即为 $\Gamma_{ML}$。

例9.11 演示了如何使用双共轭反射系数设计具有最大增益的放大器。

### 例9.11　设计具有最大增益的放大器

已知双极晶体管的直流工作条件为 $I_C = 10$ mA，$V_{CE} = 6$ V，工作频率 $f = 2.4$ GHz，相应的 $S$

参量为 $S_{11}=0.3\angle 30°$, $S_{12}=0.2\angle -60°$, $S_{21}=2.5\angle -80°$, $S_{22}=0.2\angle -15°$。晶体管是否为绝对稳定的? 求与最大增益对应的波源反射系数和负载反射系数。

**解：** 晶体管的稳定性取决于根据式(9.24)和式(9.29)算出的 $k$ 和 $|\Delta|$，本题计算结果为 $k=1.18$, $|\Delta|=0.56$。由于 $k>1$ 且 $|\Delta|<1$，所以晶体管处于绝对稳定状态。

正如晶体管的 $S$ 参量所表明的，$S_{12}$ 的幅度相当大，采用单向化设计法设计该放大器显然不合适，因此应当采用双共轭匹配法。

利用式(9.48)和式(9.50)，可以算出参数 $C_1=0.19+j0.06$, $B_1=0.74$, $C_2=0.03+j0.07$, $B_2=0.64$。根据这些参数可算出双共轭匹配状态下的波源反射系数和负载反射系数分别为 $\Gamma_{MS}=0.30\angle -18°$ 和 $\Gamma_{ML}=0.12\angle 69°$。特别需要注意的是，上述反射系数与 $S_{11}^*$ 及 $S_{22}^*$ 的差别很大，这也正是需要引入双共轭匹配设计法的原因。

用 $\Gamma_{ML}$ 和 $\Gamma_{MS}$ 替换式(9.8)中的 $\Gamma_L$ 和 $\Gamma_S$，可以求出转换功率增益 $G_T=8.42$ dB。此值恰好也是最大转换功率增益 $G_{T\max}$。

当 $S_{11}^*$ 与 $\Gamma_{MS}$，以及 $S_{22}^*$ 与 $\Gamma_{ML}$ 的相位差较大时，单向化功率增益和双共轭匹配增益的差异则非常明显。

---

**最大功率增益**

若网络是绝对稳定的(由于 $k>1$, $|\Delta|<1$)，则双共轭匹配将产生最大功率增益，又称为最大资用增益(Maximum Available Gain, MAG)：

$$G_{A\max}=G_{T\max}=\frac{|S_{21}|}{|S_{12}|}(k-\sqrt{k^2-1})$$

当 $k<1$ 时，最大资用增益可趋于无穷，这对应于振荡条件。可以定义最大稳定增益(Maximum Stable Gain, MSG)

$$G_{MSG}=\frac{|S_{21}|}{|S_{12}|}$$

它对应于临界稳定条件($k=1$)。放大器的合理设计目标是，增益应远小于这个最大稳定增益。

---

## 9.4.4　功率增益圆和资用功率增益圆

在反向增益 $S_{12}$ 不可忽略的情况下，放大器的输入阻抗与负载反射系数有关。反过来，输出阻抗也是波源反射系数的函数。由于这种双向的耦合，9.4.1节介绍的单向化设计法不适用于设计有预定增益要求的放大器。

针对设计有预定增益要求的放大器，考虑了输入、输出端口双向耦合效应的双共轭匹配设计法，有两种设计方案可供选择。

第一个方案是采用由式(9.14)定义的功率增益 $G$。此时需要假设波源与输入反射系数处于共轭匹配状态，即 $\Gamma_S=\Gamma_{in}^*$，其中 $\Gamma_{in}$ 由式(9.9a)确定，并由此求出负载反射系数 $\Gamma_L$。这种方法将使输入电压驻波系数 $VSWR_{in}=1$。

第二个方案是利用式(9.13)定义的资用功率增益 $G_A$。此时假设放大器的输出端口处于良好匹配状态，即 $\Gamma_L = \Gamma_{\text{out}}^*$，然后通过调整波源阻抗以达到预定的增益。如果需要输出电压驻波系数为 1，即 $\text{VSWR}_{\text{out}} = 1$，则这种方案就是较好的选择。

**功率增益**

为了导出基于功率增益（并由此确保 $\text{VSWR}_{\text{in}} = 1$）的设计步骤，将式(9.14)改写为如下形式：

$$G = \frac{(1 - |\Gamma_L|^2)|S_{21}|^2}{(1 - |\Gamma_{\text{in}}|^2)|1 - S_{22}\Gamma_L|^2}$$

$$= \frac{(1 - |\Gamma_L|^2)|S_{21}|^2}{\left(1 - \left|S_{11} + \frac{S_{21}S_{12}\Gamma_L}{1 - S_{22}\Gamma_L}\right|^2\right)|1 - S_{22}\Gamma_L|^2} = g_o|S_{21}|^2 \quad (9.53)$$

其中，用式(9.9a)代换了 $\Gamma_{\text{in}}$。$g_o$ 为比例系数，其定义为

$$g_o = \frac{1 - |\Gamma_L|^2}{\left(1 - \left|S_{11} + \frac{S_{21}S_{12}\Gamma_L}{1 - S_{22}\Gamma_L}\right|^2\right)|1 - S_{22}\Gamma_L|^2} = \frac{1 - |\Gamma_L|^2}{|1 - S_{22}\Gamma_L|^2 - |S_{11} - \Delta\Gamma_L|^2} \quad (9.54)$$

仿照例9.12，可以将式(9.54)改写为负载反射系数 $\Gamma_L$ 的圆方程形式，即

$$|\Gamma_L - d_{g_o}|^2 = r_{g_o}^2 \quad (9.55)$$

其中，圆心坐标 $d_{g_o}$ 为

$$d_{g_o} = \frac{g_o(S_{22} - \Delta S_{11}^*)^*}{1 + g_o(|S_{22}|^2 - |\Delta|^2)} \quad (9.56)$$

圆半径 $r_{g_o}$ 为

$$r_{g_o} = \frac{\sqrt{1 - 2kg_o|S_{12}S_{21}| + g_o^2|S_{12}S_{21}|^2}}{|1 + g_o(|S_{22}|^2 - |\Delta|^2)|} \quad (9.57)$$

其中，$k$ 为式(9.24)定义的沃尔特稳定性因子。

**例 9.12　等功率增益圆的导出**

根据式(9.54)，导出 $\Gamma_L$ 复平面上的等功率增益圆方程(9.55)。

**解：** 首先将式(9.54)改写为

$$g_o = \frac{1 - |\Gamma_L|^2}{1 - |S_{11}|^2 + |\Gamma_L|^2(|S_{22}|^2 - |\Delta|^2) - 2\text{Re}[\Gamma_L(S_{22} - \Delta S_{11}^*)]} \quad (9.58)$$

在式(9.58)两边同乘分母并整理后，可得

$$|\Gamma_L|^2[1 + g_o(|S_{22}|^2 - |\Delta|^2)] - 2g_o\text{Re}[\Gamma_L(S_{22} - \Delta S_{11}^*)]$$
$$= 1 - g_o(1 - |S_{11}|^2) \quad (9.59)$$

在式(9.59)两边同除 $1 + g_0(|S_{22}|^2 - |\Delta|^2)$，可得

$$|\Gamma_L|^2 - \frac{2g_o\text{Re}[\Gamma_L(S_{22} - \Delta S_{11}^*)]}{1 + g_o(|S_{22}|^2 - |\Delta|^2)} = \frac{1 - g_o(1 - |S_{11}|^2)}{1 + g_o(|S_{22}|^2 - |\Delta|^2)}$$

此式已经可以化为 $|\Gamma_L - d_{g_o}|^2 = r_{g_o}^2$ 形式的圆方程，其中圆心坐标 $d_{g_o}$ 由式(9.56)确定，

圆半径 $r_{g_o}$ 可由下式求出:

$$r_{g_o}^2 = \frac{1 - g_o(1 - |S_{11}|^2)}{1 + g_o(|S_{22}|^2 - |\Delta|^2)} + \left| \frac{g_o(S_{22} - \Delta S_{11}^*)^*}{1 + g_o(|S_{22}|^2 - |\Delta|^2)} \right|^2$$

$$= \frac{[1 - g_o(1 - |S_{11}|^2)][1 + g_o(|S_{22}|^2 - |\Delta|^2)] + (g_o|S_{22} - \Delta S_{11}^*|)^2}{[1 + g_o(|S_{22}|^2 - |\Delta|^2)]^2}$$

$$= \frac{1 - g_o(1 - |S_{11}|^2 - |S_{22}|^2 + |\Delta|^2) - g_o^2 M}{[1 + g_o(|S_{22}|^2 - |\Delta|^2)]^2}$$

$$= \frac{1 - 2g_o|S_{12}S_{21}|k - g_o^2 M}{[1 + g_o(|S_{22}|^2 - |\Delta|^2)]^2}$$

其中,$k$ 为式(9.24)定义的稳定性因子,$M$ 为下式确定的常数:

$$M = (1 - |S_{11}|^2)(|S_{22}|^2 - |\Delta|^2) - |S_{22} - \Delta S_{11}^*|^2 = -|S_{12}S_{21}|^2$$

至此,可求得圆半径的平方为

$$r_{g_o}^2 = \frac{1 - 2g_o|S_{12}S_{21}|k + g_o^2 |S_{12}S_{21}|^2}{[1 + g_o(|S_{22}|^2 - |\Delta|^2)]^2}$$

上式与式(9.57)相同。

以下例题采用双共轭方法设计放大器,并利用等增益方法实现特定的目标增益。

### 例9.13　利用等增益圆设计放大器

采用与例9.11相同的双极晶体管设计一个放大器,但要求功率增益为8 dB,而不是 $G_{T\max}$ =8.42 dB。另外,要求放大器的输入端口具有良好匹配。

**解:** 与例9.11的情况相同,晶体管是绝对稳定的。根据输入端口良好匹配的设计要求,设计过程中需要借助等功率增益圆。

首先,计算比例系数 $g_o$,其值为

$$g_o = \frac{G}{|S_{21}|^2} = 1.0095$$

其中,$G = 6.31$ 等于8 dB的预定功率增益。将 $g_o$ 代入式(9.56)和式(9.57),可以在 $\Gamma_L$ 平面上求得等功率增益圆的圆心和半径。求解结果为 $d_{g_o} = 0.11\angle 69°$ 和 $r_{g_o} = 0.35$。相应的等增益圆如图9.16所示。

在保证实现功率增益 $G = 8$ dB的前提下,负载反射系数存在多种可能的选择。为了简化输出匹配网络,可以令 $\Gamma_L$ 落在等功率增益圆与等电阻圆 $r = 1$ 的交点上(见图9.16)。该点的对应值为 $\Gamma_L = 0.26\angle -75°$。求出 $\Gamma_L$ 后,就可以计算波源反射系数了,该反射系数必须与式(9.9a)确定的输入反射系数共轭:

$$\Gamma_S = \left( \frac{S_{11} - \Delta\Gamma_L}{1 - S_{22}\Gamma_L} \right)^* = 0.28\angle -55°$$

可以根据上述计算结果验证设计方案的正确性。将 $\Gamma_{in}$ 和 $\Gamma_L$ 代入式(9.10),可看出转换功率增益确实等于8 dB。

因为设计要求 $\Gamma_S = \Gamma_{in}^*$,其中 $\Gamma_{in}$ 是 $\Gamma_L$ 的函数,所以输入匹配网络的复杂程度与 $\Gamma_L$ 的选择恰当与否有直接关系。

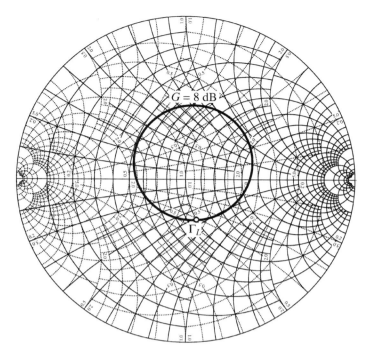

图9.16 $\Gamma_L$平面上的等功率增益圆

在例9.13中,在预定的等增益圆上任选了一个$\Gamma_L$值,计算了与$\Gamma_S = \Gamma_{\text{in}}^*$条件相对应的输入阻抗,并假设$\Gamma_S$的取值没有限制条件。遗憾的是,在许多实际应用中,$\Gamma_S$必须符合特定的约束条件(例如,符合预定的噪声特性)。这些附加条件限制了选择$\Gamma_S$的自由度,其结果又反过来限制了$\Gamma_L$的选择范围。使上述两个要求($\Gamma_L$落在适当的增益圆内,$\Gamma_S$符合预定的噪声要求)同时得到满足的方法是借助于试探-修正法,即先任选$\Gamma_L$值,然后考察相应的$\Gamma_S$是否符合预定的设计要求。这种方法相当简单,但也非常枯燥、费时。

另一种更科学的方法是将$\Gamma_L$平面上的等增益圆式(9.55)映射为$\Gamma_S$平面上的圆,即

$$\left| \Gamma_S - d_{g_S} \right| = r_{g_S} \tag{9.60}$$

其中,圆半径$r_{g_S}$和圆心$d_{g_S}$的表达式可由$\Gamma_S = \Gamma_{\text{in}}^*$的条件导出。已知$\Gamma_S$可写为

$$\Gamma_S^* = \frac{S_{11} - \Delta\Gamma_L}{1 - S_{22}\Gamma_L} \tag{9.61}$$

或

$$\Gamma_L = \frac{S_{11} - \Gamma_S^*}{\Delta - S_{22}\Gamma_S^*} \tag{9.62}$$

将式(9.62)代入式(9.55)可得

$$\left| \frac{S_{11} - \Gamma_S^*}{\Delta - S_{22}\Gamma_S^*} - d_{g_o} \right|^2 = r_{g_o}^2 \tag{9.63}$$

此式可以化为式(9.60)的形式,其中圆半径为

$$r_{g_S} = \frac{r_{g_o}|S_{12}S_{21}|}{\left| \left| 1 - S_{22}d_{g_o} \right|^2 - r_{g_o}^2 |S_{22}|^2 \right|} \tag{9.64}$$

圆心坐标为

$$d_{g_S} = \frac{(1 - S_{22}d_{g_o})(S_{11} - \Delta d_{g_o})^* - r_{g_o}^2 \Delta^* S_{22}}{|1 - S_{22}d_{g_o}|^2 - r_{g_o}^2|S_{22}|^2} \tag{9.65}$$

式(9.64)和式(9.65)的推导留作本章结尾的习题。等增益圆的映射实例将在9.5节的例9.14中进一步讨论。

**资用功率增益**

在放大器输出端口需要良好匹配的场合下(VSWR$_{out}$ = 1),必须采用资用功率增益方案,而不能采用上述功率增益方案。此时,采用导出方程式(9.55)的相同方法,可以得到等资用功率增益圆的方程。推导的结果是一个圆方程,该方程在波源反射系数和预定增益之间建立了联系:

$$|\Gamma_S - d_{g_a}| = r_{g_a} \tag{9.66}$$

其中,圆心坐标 $d_{g_a}$ 为

$$d_{g_a} = \frac{g_a(S_{11} - \Delta S_{22}^*)^*}{1 + g_a(|S_{11}|^2 - |\Delta|^2)} \tag{9.67}$$

圆半径 $r_{g_a}$ 定义为

$$r_{g_a} = \frac{\sqrt{1 - 2kg_a|S_{12}S_{21}| + g_a^2|S_{12}S_{21}|^2}}{|1 + g_a(|S_{11}|^2 - |\Delta|^2)|} \tag{9.68}$$

比例系数 $g_a$ 由下式确定:

$$g_a = \frac{G_A}{|S_{21}|^2} \tag{9.69}$$

其中, $G_A$ 是预定的资用功率增益。

类似于等功率增益圆,采用以下关系可以将等资用功率增益圆映射到 $\Gamma_L$ 平面上:

$$|\Gamma_L - d_{g_l}| = r_{g_l} \tag{9.70}$$

其中,圆半径为

$$r_{g_l} = \frac{r_{g_a}|S_{12}S_{21}|}{||1 - S_{11}d_{g_a}|^2 - r_{g_a}^2|S_{11}|^2|} \tag{9.71}$$

圆心坐标为

$$d_{g_l} = \frac{(1 - S_{11}d_{g_a})(S_{22} - \Delta d_{g_a})^* - r_{g_a}^2 \Delta^* S_{11}}{|1 - S_{11}d_{g_a}|^2 - r_{g_a}^2|S_{11}|^2} \tag{9.72}$$

可以看出,将式(9.71)和式(9.72)中的 $S_{11}$ 换为 $S_{22}$,则符合 VSWR$_{out}$ = 1 要求的 $r_{g_l}$ 和 $d_{g_l}$ 对应于符合 VSWR$_{in}$ = 1 要求的 $r_{g_S}$ 和 $d_{g_S}$。

## 9.5　噪声系数圆

对于许多射频放大器来说,在低噪声前提下对信号进行放大是系统的基本要求。遗憾的是,放大器的低噪声要求与其稳定性及增益相冲突。例如,最小噪声特性和最大增益就不能同时实现。因此，重要的是必须设法将噪声参数标在圆图上，以便观察并比较噪声、增益与稳定性之间的相互关系。

双端口网络产生的噪声可以用输入、输出端口信号信噪比（signal noise rate，SNR）的劣化来定量描述。噪声系数 $F(\geqslant 1)$ 定义为输入信号信噪比与输出信号信噪比的比值。对于实际的放大器，噪声系数可以用导纳描述：

$$F = F_{\min} + \frac{R_n}{G_S}|Y_S - Y_{\mathrm{opt}}|^2 \tag{9.73}$$

或用等价的阻抗描述：

$$F = F_{\min} + \frac{G_n}{R_S}|Z_S - Z_{\mathrm{opt}}|^2 \tag{9.74}$$

其中，$Z_S = 1/Y_S$ 是波源阻抗。

---

**噪声指数和噪声系数**

　　严格地说，噪声系数（通常表示为 NF）的单位是 dB，它与噪声指数的关系是 NF = $10\log(F)$。

　　但实际上并没有严格区分，噪声指数 $F$ 也用 dB 表示，本书中也是如此。

---

附录 H 给出了这两个表达式的导出方法。下面将看到，式（9.73）能以圆的形式标在圆图上。对于场效应晶体管或双极晶体管，4 种典型的噪声参数可以从晶体管生产厂家提供的数据手册中查到，也可以通过实验直接测得。这 4 种典型的噪声参数如下所示。

- **最小噪声系数**（minimum noise figure）（也称为最佳噪声系数）$F_{\min}$，它与偏置条件和工作频率有关。如果器件没有噪声，则 $F_{\min} = 1$。
- 器件的**等效噪声电阻**（equivalent noise resistance）$R_n = 1/G_n$。
- **最佳波源导纳**（optimum source admittance）$Y_{\mathrm{opt}} = G_{\mathrm{opt}} + jB_{\mathrm{opt}} = 1/Z_{\mathrm{opt}}$。有时不给出波源阻抗或导纳，而列出**最佳反射系数**（optimum reflection coefficient）$\Gamma_{\mathrm{opt}}$。$Y_{\mathrm{opt}}$ 和 $\Gamma_{\mathrm{opt}}$ 的关系为

$$Y_{\mathrm{opt}} = Y_0 \frac{1 - \Gamma_{\mathrm{opt}}}{1 + \Gamma_{\mathrm{opt}}} \tag{9.75}$$

由于 $S$ 参量表达方法最适合于高频电路设计，下面用反射系数替代式（9.73）中的导纳。将式（9.75）和

$$Y_S = Y_0 \frac{1 - \Gamma_S}{1 + \Gamma_S} \tag{9.76}$$

代入式（9.73）。考虑到 $G_S$ 可以表示为 $G_S = Y_0(1 - |\Gamma_S|^2)/|1 + \Gamma_S|^2$，则最终结果为

$$F = F_{\min} + \frac{4R_n}{Z_0} \frac{|\Gamma_S - \Gamma_{\mathrm{opt}}|^2}{(1 - |\Gamma_S|^2)|1 + \Gamma_{\mathrm{opt}}|^2} \tag{9.77}$$

在式（9.77）中，$F_{\min}$，$R_n$ 和 $\Gamma_{\mathrm{opt}}$ 为已知数。一般情况下，设计工程师可以通过调整 $\Gamma_S$ 来改变噪声系数。当 $\Gamma_S = \Gamma_{\mathrm{opt}}$ 时，可以得到噪声系数的最小值 $F = F_{\min}$。为了将特定的噪声系数 $F_k$ 与 $\Gamma_S$ 联系起来，将式（9.77）改写为

$$|\Gamma_S - \Gamma_{\mathrm{opt}}|^2 = (1 - |\Gamma_S|^2)|1 + \Gamma_{\mathrm{opt}}|^2 \left(\frac{F_k - F_{\min}}{4R_n/Z_0}\right) \tag{9.78}$$

等式右侧已经具有圆方程的形式。引入常数 $Q_k$

$$Q_k = |1 + \Gamma_{\text{opt}}|^2 \frac{F_k - F_{\min}}{4R_n/Z_0} \tag{9.79}$$

并重新整理式(9.78),可得

$$(1 + Q_k)|\Gamma_S|^2 - 2\text{Re}(\Gamma_S \Gamma_{\text{opt}}^*) + |\Gamma_{\text{opt}}|^2 = Q_k \tag{9.80}$$

等式两边除以$(1 + Q_k)$,经过运算后可得

$$\left|\Gamma_S - \frac{\Gamma_{\text{opt}}}{1 + Q_k}\right|^2 = Q_k \left[\frac{1}{1 + Q_k} - \frac{|\Gamma_{\text{opt}}|^2}{(1 + Q_k)^2}\right] = \frac{Q_k^2 + Q_k(1 - |\Gamma_{\text{opt}}|^2)}{(1 + Q_k)^2} \tag{9.81}$$

这就是我们需要的标准形式的圆方程,它可以标在圆图中:

$$\left|\Gamma_S - d_{F_k}\right|^2 = \left(\Gamma_S^R - d_{F_k}^R\right)^2 + \left(\Gamma_S^I - d_{F_k}^I\right)^2 = r_{F_k}^2 \tag{9.82}$$

该圆的圆心坐标 $d_{F_k}$ 由复数表示为

$$d_{F_k} = d_{F_k}^R + \text{j}d_{F_k}^I = \frac{\Gamma_{\text{opt}}}{1 + Q_k} \tag{9.83}$$

相应的圆半径为

$$r_{F_k} = \frac{\sqrt{(1 - |\Gamma_{\text{opt}}|^2)Q_k + Q_k^2}}{1 + Q_k} \tag{9.84}$$

根据式(9.83)和式(9.84),可以引出两个值得注意的结论:

- 当 $F_k = F_{\min}$ 时,可得最小噪声系数,此时圆心坐标 $d_{F_k} = \Gamma_{\text{opt}}$,而且半径 $r_{F_k} = 0$。
- 所有等噪声系数圆的圆心都落在原点与 $\Gamma_{\text{opt}}$ 的连线上。噪声系数越大,则圆心 $d_{F_k}$ 距离原点越近,而且圆半径 $r_{F_k}$ 越大。

下面的例题提出了小信号放大器增益与噪声系数的兼顾原则。

**例9.14** 设计一个具有最佳噪声系数和预定增益的小信号放大器

采用与例9.13相同的双极晶体管,设计一个低噪声功率放大器,要求增益为 8 dB,噪声系数小于 1.6 dB。设晶体管的噪声参数为 $F_{\min} = 1.5$ dB,$R_n = 4\ \Omega$,$\Gamma_{\text{opt}} = 0.5\angle 45°$。

**解:**虽然噪声系数与负载反射系数无关,但其却是波源阻抗的函数。因此,可将例9.13求出的等增益圆映射到 $\Gamma_S$ 平面上。应用式(9.64)、式(9.65)和例9.13的计算结果,可以求出映射后的等增益圆的圆心坐标和半径:$d_{g_s} = 0.29\angle -18°$ 和 $r_{g_s} = 0.18$。此圆上的任意 $\Gamma_S$ 点都能满足给定的增益要求。然而,若要符合噪声系数的指标要求,则必须保证 $\Gamma_S$ 点落在 $F_k = 1.6$ dB 的等噪声系数圆内。

等噪声系数圆的圆心和半径可分别用式(9.83)和式(9.84)计算。下面将列出它们的计算结果,以及根据式(9.79)算出的 $Q_k$:

$$Q_k = 0.2,\ \ d_{F_k} = 0.42\angle 45°,\ \ r_{F_k} = 0.36$$

符合 $G = 8$ dB,$F_k = 1.6$ dB 要求的圆都已标在图 9.17 中。

注意,在 $\Gamma_S = \Gamma_{\text{MS}} = 0.30\angle -18°$ 点上可得最大功率增益(详细计算见例9.11)。然而,在 $\Gamma_S = \Gamma_{\text{opt}} = 0.5\angle 45°$ 点上可得最小噪声系数。本例题的情况表明,最大功率增益和最小噪声系数是不能同时得到的。显然,必须采取某种折中方案。

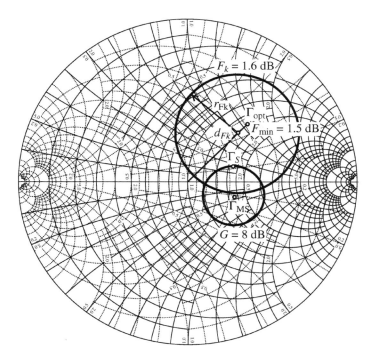

图 9.17　映射到 $\Gamma_S$ 平面上的等噪声系数圆和等增益圆

在给定的增益要求下，要减小噪声系数，则必须让波源反射系数沿等增益圆移动，并尽可能靠近 $\Gamma_{\text{opt}}$。选择 $\Gamma_S = 0.29\angle 19°$，根据式(9.62)，则相应的负载反射系数应为 $\Gamma_L = 0.45 \angle 50°$。利用式(9.77)可计算出放大器的噪声系数为

$$F = F_{\min} + \frac{4R_n}{Z_0}\frac{|\Gamma_S - \Gamma_{\text{opt}}|^2}{(1 - |\Gamma_S|^2)|1 + \Gamma_{\text{opt}}|^2} = 1.54\ \text{dB}$$

最大增益和最小噪声系数的要求不可能同时满足，只能采取两者兼顾的设计原则。

## 9.6　等驻波系数圆

在某些场合，当对放大器的输入或输出端口进行测量时，其驻波系数必须小于特定的指标。该指标通常为 $1.5 \leqslant \text{VSWR} \leqslant 2.5$。根据第 8 章中的讨论，匹配网络的主要目的是在晶体管端口降低驻波系数。而问题的复杂性在于，输入端口的驻波系数($\text{VSWR}_{\text{IMN}}$)由输入匹配网络(input matching network，IMN)确定，而该网络又受到有源器件的影响，以及由反馈效应带来的输出匹配网络(output matching network，OMN)的影响。反过来，由于反馈效应的存在，输出端口的驻波系数($\text{VSWR}_{\text{OMN}}$)既取决于输出端口的匹配网络，也与输入端口的匹配网络有关。这就是 9.4.3 节曾讨论过的所谓双共轭匹配设计法。

首先考察图 9.18 所示的电路原理框图。作为射频放大器特性参数的两个电压驻波系数为

$$\text{VSWR}_{\text{IMN}} = \frac{1 + |\Gamma_{\text{IMN}}|}{1 - |\Gamma_{\text{IMN}}|}, \qquad \text{VSWR}_{\text{OMN}} = \frac{1 + |\Gamma_{\text{OMN}}|}{1 - |\Gamma_{\text{OMN}}|} \tag{9.85}$$

反射系数 $\Gamma_{\text{IMN}}$ 和 $\Gamma_{\text{OMN}}$ 还有待于进一步求解。先重点讨论 $\Gamma_{\text{IMN}}$，由 9.2.1 节可知，输入功率 $P_{\text{in}}$

可以表示为资用功率 $P_A$ 的函数(假设 $\Gamma'_S = 0$):

$$P_{\text{in}} = P_A(1 - |\Gamma_{\text{IMN}}|^2) \tag{9.86}$$

假定匹配网络是无损耗的,则有源器件输入端口得到的功率应与无匹配网络时的情况相同:

$$P_{\text{in}} = P_A \frac{(1 - |\Gamma_S|^2)(1 - |\Gamma_{\text{in}}|^2)}{|1 - \Gamma_S \Gamma_{\text{in}}|^2} \tag{9.87}$$

令两式相等,并解出 $|\Gamma_{\text{IMN}}|$,则有

$$|\Gamma_{\text{IMN}}| = \sqrt{1 - \frac{(1 - |\Gamma_S|^2)(1 - |\Gamma_{\text{in}}|^2)}{|1 - \Gamma_S \Gamma_{\text{in}}|^2}} = \left|\frac{\Gamma_{\text{in}} - \Gamma_S^*}{1 - \Gamma_S \Gamma_{\text{in}}}\right| = \left|\frac{\Gamma_{\text{in}}^* - \Gamma_S}{1 - \Gamma_S \Gamma_{\text{in}}}\right| \tag{9.88}$$

方程(9.88)可以变换为以 $\Gamma_S$ 为自变量的圆方程,其圆心在 $d_{V_{\text{IMN}}}$,半径为 $r_{V_{\text{IMN}}}$,即

$$(\Gamma_S^R - d_{V_{\text{IMN}}}^R)^2 + (\Gamma_S^I - d_{V_{\text{IMN}}}^I)^2 = r_{V_{\text{IMN}}}^2 \tag{9.89}$$

其中,

$$d_{V_{\text{IMN}}} = d_{V_{\text{IMN}}}^R + \mathrm{j}d_{V_{\text{IMN}}}^I = \frac{(1 - |\Gamma_{\text{IMN}}|^2)\Gamma_{\text{in}}^*}{1 - |\Gamma_{\text{IMN}}\Gamma_S|^2} \tag{9.90}$$

且

$$r_{V_{\text{IMN}}} = \frac{(1 - |\Gamma_{\text{in}}|^2)|\Gamma_{\text{IMN}}|}{1 - |\Gamma_{\text{IMN}}\Gamma_S|^2} \tag{9.91}$$

此处,$d_{V_{\text{IMN}}}$ 和 $r_{V_{\text{IMN}}}$ 的下标 $V_{\text{IMN}}$ 表示输入匹配网络端口的电压驻波系数。

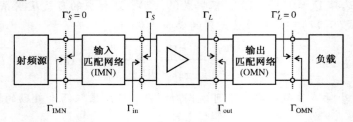

图 9.18　电路系统输入、输出端口的电压驻波系数

采用相同的方法可以导出输出端口的驻波系数圆方程:

$$|\Gamma_{\text{OMN}}| = \sqrt{1 - \frac{(1 - |\Gamma_L|^2)(1 - |\Gamma_{\text{out}}|^2)}{|1 - \Gamma_L \Gamma_{\text{out}}|^2}} = \left|\frac{\Gamma_{\text{out}} - \Gamma_L^*}{1 - \Gamma_L \Gamma_{\text{out}}}\right| = \left|\frac{\Gamma_{\text{out}}^* - \Gamma_L}{1 - \Gamma_L \Gamma_{\text{out}}}\right| \tag{9.92}$$

将式(9.92)变为以 $\Gamma_L$ 为自变量的圆方程,其圆心在 $d_{V_{\text{OMN}}}$,半径为 $r_{V_{\text{OMN}}}$,即

$$(\Gamma_L^R - d_{V_{\text{OMN}}}^R)^2 + (\Gamma_L^I - d_{V_{\text{OMN}}}^I)^2 = r_{V_{\text{OMN}}}^2 \tag{9.93}$$

其中,

$$d_{V_{\text{OMN}}} = d_{V_{\text{OMN}}}^R + \mathrm{j}d_{V_{\text{OMN}}}^I = \frac{(1 - |\Gamma_{\text{OMN}}|^2)\Gamma_{\text{out}}^*}{1 - |\Gamma_{\text{OMN}}\Gamma_L|^2} \tag{9.94}$$

且

$$r_{V_{OMN}} = \frac{(1 - |\Gamma_{out}|^2)|\Gamma_{OMN}|}{1 - |\Gamma_{OMN}\Gamma_L|^2} \tag{9.95}$$

根据上述推导可以得到关于等驻波系数圆的如下结论。

- 对于电压驻波系数的极小值(输入端口 $VSWR_{IMN} = 1$, $|\Gamma_{IMN}| = 0$; 输出端口 $VSWR_{OMN} = 1$, $|\Gamma_{OMN}| = 0$), 两圆心的坐标分别为 $d_{V_{IMN}}|_{|\Gamma_{IMN}| = 0} = \Gamma_{in}^*$ (对于输入端口) 和 $d_{V_{OMN}}|_{|\Gamma_{OMN}| = 0} = \Gamma_{out}^*$ (对于输出端口), 同时两圆的半径都为零。
- 所有等驻波系数圆的圆心都落在原点到 $\Gamma_{in}^*$ (输入端) 或 $\Gamma_{out}^*$ (输出端) 的连线上。

需要特别注意的是, 在双共轭匹配的情况下, 输入、输出反射系数都是波源和负载反射系数 ($\Gamma_S$, $\Gamma_L$) 的函数。所以, 输入端和输出端的等电压驻波系数圆不能同时画出, 而只能采用分别考察的迭代方法调整 $\Gamma_S$ 和 $\Gamma_L$。

### 例 9.15　采用等驻波系数设计法, 实现预定的功率增益和噪声系数

利用例 9.14 的结果, 在史密斯圆图的 $\Gamma_S$ 平面上画出 $VSWR_{IMN} = 1.5$ 的圆。以 $\Gamma_S$ 为自变量画出 $VSWR_{OMN}$ 的图形, 要求 $\Gamma_S$ 沿 $VSWR_{IMN} = 1.5$ 的圆移动。求放大器输出端口有最小反射系数时的 $\Gamma_S$ 值, 并计算相应的增益。

**解**: 在例 9.14 中, 已求出波源, 负载反射系数分别为 $\Gamma_S = 0.29\angle 19°$ 和 $\Gamma_L = 0.45\angle 50°$ 时可以满足预定的功率增益和噪声系数。由于当时采用的是等增益圆设计法, 在放大器的输入端口实现了最佳匹配。但是, 输出端口是不匹配的, 其电压驻波系数 $VSWR_{OMN}$ 可以根据 $|\Gamma_{OMN}|$ 求得, 由式 (9.92) 和式 (9.85) 可知 $|\Gamma_{OMN}|$ 为

$$|\Gamma_{OMN}| = \left| \frac{\Gamma_{out}^* - \Gamma_L}{1 - \Gamma_L \Gamma_{out}} \right| = 0.26$$

$VSWR_{OMN}$ 的计算结果为

$$VSWR_{OMN} = \frac{1 + |\Gamma_{OMN}|}{1 - |\Gamma_{OMN}|} = 1.69$$

为了改善 $VSWR_{OMN}$, 可以放宽对 $VSWR_{IMN}$ 的要求, 在输入端口引入一定程度的失配。如果令 $VSWR_{IMN} = 1.5$, 则相应的驻波系数圆可以画在史密斯圆图上, 如图 9.19 所示。$VSWR_{IMN} = 1.5$ 的圆的圆心和半径可分别由式 (9.90) 和式 (9.91) 求得, 其数值为 $d_{V_{IMN}} = 0.28\angle 19°$ 和 $r_{V_{IMN}} = 0.18$。

$VSWR_{IMN} = 1.5$ 的圆上的所有点都可以用极坐标表示为

$$\Gamma_S = d_{V_{IMN}} + r_{V_{IMN}} \exp(j\alpha)$$

其中, 角度 $\alpha$ 的变化范围是 $0° \sim 360°$, 改变角度 $\alpha$ 将使 $\Gamma_S$ 发生变化, 从而引起 $\Gamma_{out}$ 和 $VSWR_{OMN}$ 的变化。图 9.20 画出了这种对应关系。

如图 9.20 所示, 大约在 $\alpha = 85°$ 时, $VSWR_{OMN}$ 达到其最小值 1.37。此时, 波源反射系数、负载反射系数、转换功率增益、噪声系数如下:

$$\Gamma_S = 0.39\angle 45°, \qquad \Gamma_{out} = 0.32\angle -52°$$
$$G_T = 7.82 \text{ dB}, \qquad F = 1.51 \text{ dB}$$

我们以减小增益为代价, 使 $VSWR_{OMN}$ 得到了改善。如果增益的降低超出了可容忍的限度, 则必须同时调整波源反射系数和负载反射系数。

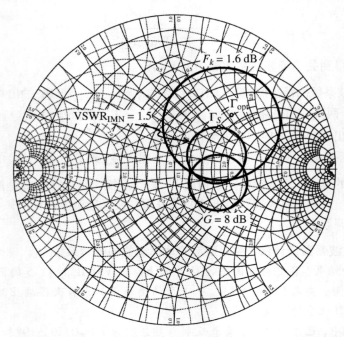

图 9.19　$\Gamma_S$ 平面上的等增益圆、等噪声系数圆、输入等驻波系数圆

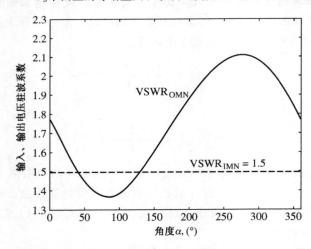

图 9.20　输入、输出电压驻波系数与角度 $\alpha$ 的函数关系

　　关于放大器设计的许多技术规范都明确规定了电压驻波系数所必须符合的最大容许范围。这在涉及多个电路单元级联的系统集成问题时将变得非常重要。

# 9.7　宽带放大器、大功率放大器和多级放大器

## 9.7.1　宽带放大器

　　许多调制电路和编码电路要求放大器具有较宽的工作频带。在射频领域中,设计宽带放大器的主要困难在于有源器件的增益-带宽乘积。正如第 7 章所述,由于寄生电容的原因,任

何有源器件的增益在工作频段的高端都具有逐渐下降的特征。其结果是,当工作频率达到晶体管的截止频率 $f_T$ 后,晶体管将失去放大功能而变成了衰减器。

由于晶体管的正向增益 $|S_{21}|$ 不可能在宽频带内保持为常数,所以必须采取补偿措施。除了正向增益 $|S_{21}|$ 降低,在设计宽带放大器方面存在的其他困难包括:

- 反向增益 $|S_{12}|$ 增加,将使放大器的整体增益进一步降低,并使器件进入振荡状态的可能性增大。
- $S_{11}$ 和 $S_{22}$ 随频率而改变。
- 在高频下,噪声系数指标将恶化。

为了解决这些问题,人们提出了两种不同的放大器设计方法:频率补偿匹配网络和负反馈技术。下面几节将讨论这两种方法。

---

**$f_T$ 和 $f_{max}$**

严格地讲,最大振荡频率 $f_{max}$ 指的是资用功率增益下降为 1 的频率点,此时晶体管不再具有放大的功能。尽管 $f_{max}$ 通常与 $f_T$ 差别不大,但它有可能明显地高于或低于 $f_T$。

---

**频率补偿匹配网络**

频率补偿匹配网络在器件的输入端口或输出端口引入一定的失配,用于补偿由于 $S$ 参量随频率变化而产生的影响。这种匹配网络的主要问题在于,它的设计相当困难,而且设计过程几乎全靠经验,而不是依据能够保证成功的完善工程设计方法。频率补偿匹配网络必须根据具体情况灵活处理。

下面的例题介绍了设计频率补偿匹配网络的一些主要步骤。

**例 9.16 采用频率补偿匹配网络的宽带放大器设计**

设计一个宽带放大器,在 2 ~ 4 GHz 频段内,要求其标称增益为 7.5 dB,增益平坦度为 ±0.2 dB。放大器采用安华高(Avago)科技的双极晶体管 AT41410,该器件的直流偏置为:集电极电流 $I_C = 10$ mA,集电极-发射极电压 $V_{CE} = 8$ V。在单向化近似条件下,晶体管在 2 GHz、3 GHz 和 4 GHz 频率点测得的 $S$ 参量如表 9.4 所示。

表 9.4 AT41410 双极晶体管的 $S$ 参量( $I_C = 10$ mA, $V_{CE} = 8$ V)

| $f$, GHz | $|S_{21}|$ | $S_{11}$ | $S_{22}$ |
|----------|-----------|----------|----------|
| 2 | 3.72 | $0.61\angle165°$ | $0.45\angle-48°$ |
| 3 | 2.56 | $0.62\angle149°$ | $0.44\angle-58°$ |
| 4 | 1.96 | $0.62\angle130°$ | $0.48\angle-78°$ |

**解:** 根据表 9.4 的数据可知,晶体管的正向增益在 $f = 2$ GHz 点,为 $|S_{21}|^2 = 11.41$ dB;在 $f = 3$ GHz 点,为 $|S_{21}|^2 = 8.16$ dB;在 $f = 4$ GHz 点,为 $|S_{21}|^2 = 5.85$ dB。要实现标称增益为 7.5 dB 的放大器,必须按以下要求设计波源匹配网络和负载匹配网络:在 $f = 2$ GHz 和 3 GHz 点,使标称增益分别降低 3.91 dB 和 0.66 dB;在 $f = 4$ GHz 频率点,使标称增益增加 1.65 dB。

波源匹配网络和负载匹配网络所能提供的最大增益可由式(9.35)和式(9.36)求出：

$$f = 2 \text{ GHz}: G_{S\max} = 2.02 \text{ dB}, G_{L\max} = 0.98 \text{ dB}$$

$$f = 3 \text{ GHz}: G_{S\max} = 2.11 \text{ dB}, G_{L\max} = 0.93 \text{ dB}$$

$$f = 4 \text{ GHz}: G_{S\max} = 2.11 \text{ dB}, G_{L\max} = 1.14 \text{ dB}$$

在一般情况下，需要同时设计波源匹配网络和负载匹配网络，但在本例题中通过波源匹配网络产生的附加增益 $G_S$ 已经可以满足放大器的指标要求，所以重点将放在波源匹配网络上，在晶体管的输出端口不加任何匹配网络。

由于晶体管的输出端口与负载直接相连，即 $G_L = 0$ dB，所以输入匹配网络必须分别在 $f = 2$ GHz、3 GHz 和 4 GHz 频率上产生( $-3.9 \pm 0.2$ ) dB、( $-0.7 \pm 0.2$ ) dB 和($1.7 \pm 0.2$) dB 的附加增益。相应的等增益圆已标在图9.21 上。

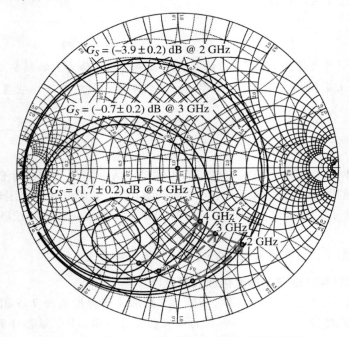

图9.21　例9.16 设计宽带放大器时采用的圆图

我们设计的输入匹配网络必须能将图9.21 中的等增益圆上的点变换到圆图的中心。能够实现这个目的的网络有许多，其中之一是由两个电容构成的，如图9.22 所示。其中一个电容与晶体管并联，另一个串联在放大器的输入端口上。根据已知的 $\Gamma_S$，并令 $\Gamma_L = 0$，则可根据式(9.10)求出转换功率增益。然后就可以求输入、输出端口

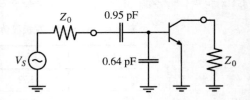

图9.22　宽带放大器电路，工作频率为2～4 GHz，增益为7.5 dB，平坦度为 ±0.2 dB

的电压驻波系数。因为 $\Gamma_L = 0$，所以 $\text{VSWR}_{\text{OMN}}$ 与 $\text{VSWR}_{\text{out}}$ 在数值上相等，其值为

$$\text{VSWR}_{\text{out}} = \frac{1 + |S_{22}|}{1 - |S_{22}|}$$

在计算输入端口的电压驻波系数时，取

$$\text{VSWR}_{\text{IMN}} = \frac{1 + |\Gamma_{\text{IMN}}|}{1 - |\Gamma_{\text{IMN}}|}$$

其中，$|\Gamma_{\text{IMN}}|$ 由式(9.88)计算：

$$|\Gamma_{\text{IMN}}| = \left| \frac{\Gamma_{\text{in}}^* - \Gamma_S}{1 - \Gamma_S \Gamma_{\text{in}}} \right| = \left| \frac{S_{11}^* - \Gamma_S}{1 - \Gamma_S S_{11}} \right|$$

全部计算结果都列于表9.5。

表9.5 宽带放大器的设计参数

| $f$, GHz | $\Gamma_S$ | $G_T$, dB | $\text{VSWR}_{\text{IMN}}$ | $\text{VSWR}_{\text{OMN}}$ |
|---|---|---|---|---|
| 2 | 0.74∠−83° | 7.65 | 13.1 | 2.6 |
| 3 | 0.68∠−101° | 7.57 | 5.3 | 2.6 |
| 4 | 0.66∠−112° | 7.43 | 2.0 | 2.8 |

由表9.5中的数值可见，以提高电压驻波系数为代价，可以实现增益的平坦性。

例9.16表明，附加的频率补偿匹配网络可以改善放大器的增益平坦度，但将导致明显的阻抗失配，从而降低了放大器的性能。为了避免这个问题，可以采用平衡放大器设计技术。

**平衡放大器设计**

图9.23(a)和图9.23(b)分别画出了采用3 dB兰格(Lange)耦合器，以及采用3 dB威尔金森功率分配器、功率合成器构成的典型平衡放大器电路原理框图。输入信号功率被一分为二，然后被放大，最后在输出端口合成起来。附录G介绍了耦合器和功率分配器的完整理论分析。

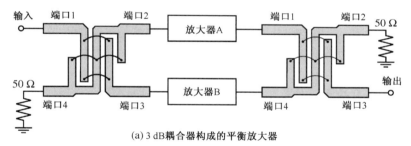

(a) 3 dB耦合器构成的平衡放大器

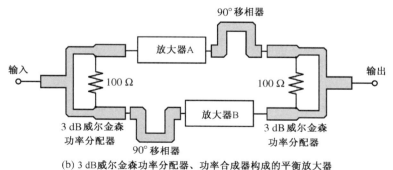

(b) 3 dB威尔金森功率分配器、功率合成器构成的平衡放大器

图9.23 宽带平衡放大器的电路框图

首先讨论图 9.23(a)所示平衡放大器的工作原理。进入输入耦合器端口 1 的功率在幅度上被等分成两部分,它们达到端口 2 和端口 3 时存在 90°的相位差。输出耦合器通过引入 90°附加相移,使放大器 A 和 B 的输出信号恢复同相,然后将它们的功率合成起来。放大器 A 的 $S$ 参量标记为 $S_{11}^A$,$S_{12}^A$,$S_{21}^A$ 和 $S_{22}^A$,同样也给放大器 B 的 $S$ 参量添加上标 B。整个放大器的 $S$ 参量与各个支路上的 $S$ 参量之间的关系为

$$
\begin{aligned}
|S_{11}| &= \frac{1}{2}\left|S_{11}^A - S_{11}^B\right| \\
|S_{21}| &= \frac{1}{2}\left|S_{21}^A + S_{21}^B\right| \\
|S_{12}| &= \frac{1}{2}\left|S_{12}^A + S_{12}^B\right| \\
|S_{22}| &= \frac{1}{2}\left|S_{22}^A - S_{22}^B\right|
\end{aligned}
\tag{9.96}
$$

其中,系数 1/2 对应于 3 dB 衰减,由于端口 3 有 90°相移,负号则表示信号两次经过端口 3 所产生的 180°总相移。

如果放大器的两个支路完全相同,则 $|S_{11}| = |S_{22}| = 0$,并且平衡放大器的正向、反向增益等于每个支路放大器的相应增益。

由见图 9.23(b)所示的威尔金森功率分配器构成的平衡放大器的工作原理也是如此。与耦合器方案的唯一区别是功率分配器没有相位差,因此需要增加 90°相移器,以便实现预期的效应。

平衡放大器的主要优点是其输入、输出端口(使两个支路放大器具有相同的特性)的阻抗匹配都非常好[1],而且即使一个放大器完全损坏了,另一个放大器仍可继续工作。平衡放大器的主要缺点包括电路尺寸较大,以及由于耦合器带宽造成的频率响应劣化。

### 负反馈电路

频率补偿网络的另一种设计思路是利用负反馈。这种方法可以得到平坦的增益响应,并可在宽频带内降低输入、输出电压驻波系数。负反馈方案的另一个优点是,它可以降低晶体管参数的离散性对放大器特性的影响。然而,这种方案限制了晶体管的最大功率增益并增加了其噪声系数。

负反馈一词意味着晶体管的部分输出信号被耦合回到输入端口,并与输入信号反相叠加,抵消了部分输入信号,使输入信号减小。如果反馈信号与输入信号同相叠加,则信号将增强,此时即可得到正反馈。用于双极晶体管和场效应晶体管的常见电阻反馈电路如图 9.24 所示,其中电阻 $R_1$ 为并联反馈,$R_2$ 为串联反馈。

第 7 章曾提到过,在低频下,图 9.24 中的两个电路都可以用图 9.25 所示的 π 形等效模型描述,其中输入电阻 $r_\pi$ 对于场效应晶体管而言为无穷大。

对于双极晶体管,如果假设:

$$
r_\pi(1 + g_m R_2) \gg R_1
\tag{9.97}
$$

则图 9.25 中的 $r_\pi$ 可用开路情况代替,而且其 **h** 参量矩阵表达式可以写为

$$
[\mathbf{h}] = \begin{bmatrix} R_1 & 1 \\ \dfrac{g_m R_1}{1 + g_m R_2} - 1 & \dfrac{g_m}{1 + g_m R_2} \end{bmatrix}
\tag{9.98}
$$

---

① 频率补偿匹配网络产生的反射波由 50 Ω 或 100 Ω 的负载吸收了。——译者注

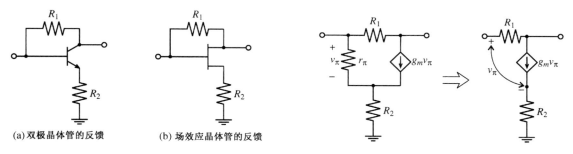

(a)双极晶体管的反馈　　　　(b)场效应晶体管的反馈

图9.24　电阻性负反馈电路　　　　　　图9.25　负反馈电路的低频模型

利用附录 D 中的矩阵变换公式，可以求出相应的 **S** 参量矩阵表达式：

$$[\mathbf{S}] = \frac{1}{\Delta}\begin{bmatrix} \dfrac{R_1}{Z_0} - \dfrac{g_m Z_0}{1 + g_m R_2} & 2 \\ 2\left(1 - \dfrac{g_m R_1}{1 + g_m R_2}\right) & \dfrac{R_1}{Z_0} - \dfrac{g_m Z_0}{1 + g_m R_2} \end{bmatrix} \tag{9.99}$$

其中，

$$\Delta = 2 + \frac{R_1}{Z_0} + \frac{g_m Z_0}{1 + g_m R_2} \tag{9.100}$$

假设理想匹配条件成立，$S_{11} = S_{22} = 0$，即输入、输出电压驻波系数为 1，则并联反馈电阻与串联反馈电阻 $R_1$ 之间的关系为

$$R_2 = \frac{Z_0^2}{R_1} - \frac{1}{g_m} \tag{9.101}$$

其中，$Z_0$ 为传输线的特性阻抗，$g_m$ 为晶体管的跨导。

将式(9.101)代入式(9.100)和式(9.99)，则有

$$[\mathbf{S}] = \begin{bmatrix} 0 & \dfrac{Z_0}{R_1 + Z_0} \\ 1 - \dfrac{R_1}{Z_0} & 0 \end{bmatrix} \tag{9.102}$$

由式(9.99)和式(9.102)可见，通过选择合适的反馈电阻 $R_1$ 和 $R_2$，可以实现良好的匹配。唯一的限制条件是式(9.101)中的 $R_2$ 必为非负值，所以 $g_m$ 必存在最小值 $g_{m_{\min}}$，即 $g_m$ 的取值范围是

$$g_m \geqslant g_{m_{\min}} = \frac{R_1}{Z_0^2} = \frac{1 - S_{21}}{Z_0} \tag{9.103}$$

任何晶体管，只要其 $g_m$ 满足式(9.103)，就可以应用于图9.24 所示的负反馈电路中。

由于忽略了电抗效应，上述关于负反馈电路的分析只适用于工作在低频频段的理想器件。在实际应用中，由于必须考虑晶体管的寄生阻抗，因此需要对反馈电阻值进行修正。此外，在射频和微波频带内，不但晶体管内部的电容、电感效应不能忽略，而且还要考虑在反馈环中额外增加的电抗性元件。最常见的情况是增加了一个与反馈电阻 $R_1$ 串联的电感。该电感的作用是减小反馈环在高频段的反馈量，以补偿 $S_{21}$ 在高频段的逐渐下降。

下面的例题介绍了如何采用负反馈技术设计宽带放大器,先求出反馈电阻的理论计算值,然后利用 CAD 软件进行调整。

### 例 9.17　负反馈宽带放大器设计

已知 BFG403W 双极晶体管的偏置条件为 $V_{CE} = 3$ V, $I_C = 3.3$ mA$(\beta = 125)$,在共发射极连接情况下的相应 $S$ 参量如表9.6所示。采用负反馈环方案设计一个宽带放大器,要求其带宽为 10 MHz 至 2 GHz,转换功率增益 $G_T = 10$ dB。

**表 9.6　例 9.17 中晶体管的 $S$ 参量**

| $f$, MHz | $|S_{11}|$ | $\angle S_{11}$ | $|S_{21}|$ | $\angle S_{21}$ | $|S_{12}|$ | $\angle S_{12}$ | $|S_{22}|$ | $\angle S_{22}$ |
|---|---|---|---|---|---|---|---|---|
| 10 | 0.877 | −0.3° | 7.035 | 179.6° | $1 \times 10^{-4}$ | 66.8° | 0.805 | −0.1° |
| 100 | 0.876 | −2.4° | 7.027 | 176.1° | $7 \times 10^{-4}$ | 85.9° | 0.805 | −1.4° |
| 250 | 0.870 | −5.9° | 6.983 | 170.2° | 0.002 | 84.3° | 0.803 | −3.4° |
| 500 | 0.850 | −11.5° | 6.834 | 160.6° | 0.003 | 80.5° | 0.797 | −6.6° |
| 750 | 0.820 | −16.9° | 6.607 | 151.4° | 0.004 | 76.0° | 0.789 | −9.8° |
| 1000 | 0.783 | −21.7° | 6.327 | 142.8° | 0.005 | 68.2° | 0.777 | −12.7° |
| 1500 | 0.700 | −29.6° | 5.711 | 127.2° | 0.007 | 74.1° | 0.755 | −18.1° |
| 2000 | 0.619 | −35.7° | 5.119 | 113.8° | 0.007 | 74.1° | 0.735 | −23.0° |

**解:**根据表9.6,在 $f = 2$ GHz 频率点,晶体管有最小增益 14.2 dB,该值远大于设计要求的功率增益 $G_T = 10$ dB。

在开始近似分析之前,必须先确认式(9.103)的条件成立。通过计算可知 $r_\pi = \beta/g_m = 984$ Ω,其中跨导 $g_m$ 的数值为 $g_m = I_C/V_T = 0.127$ S。由此可见,即使在 $R_2 = 0$ 时,式(9.103)的条件也成立,所以可以应用负反馈设计方案。

下一步是估计电阻 $R_1$ 和 $R_2$ 的阻值。由于放大器的预定增益是 $G = 10$ dB,则低频下 $S_{21}$ 参数必须等于 −3.16。其中,负号对应于共发射极连接产生的 180° 相移。将该值代入式(9.103)可得

$$R_1 = Z_0(1 - S_{21}) = 208 \text{ Ω}$$

利用式(9.101),可以计算出串联反馈电阻 $R_2$ 的阻值:

$$R_2 = \frac{Z_0^2}{R_1} - \frac{1}{g_m} = 4.1 \text{ Ω}$$

此负反馈网络的正向增益计算值列于表9.7的第2列。显然,负反馈使放大器在低频段的增益响应更加平坦,但遗憾的是数值偏低。我们预定的增益是 10 dB,设计结果为 $|S_{21}|^2$ =7.5 dB,造成这个差别的主要原因是忽略了晶体管的所有寄生阻抗。这些寄生阻抗包括基极阻抗,它与 $r_\pi$ 串联,从而降低了跨导 $g_m$ 的效能。另外,与 $R_2$ 串联的发射极阻抗也应当从 $R_2$ 的计算结果中扣除。

采用 CAD 工具在 500 MHz 以下频段优化反馈电路的参数,可得反馈电阻的如下修正值: $R_1 = 276$ Ω 和 $R_2 = 1.43$ Ω。相应的正向增益列于表9.7的第3列。

考察表9.7可见,采用优化的反馈电阻值,则晶体管的增益在低频段非常接近 10 dB 的设计要求,但在高频段则随频率的上升而迅速下降。这表明,在高频下,$R_1 = 276$ Ω 的反馈电阻太小了,因此必须加大。加大该电阻的有效方法是增加一个与 $R_1$ 串联的电感 $L_1 = 4.5$ nH($L_1$ 的电感量由 CAD 优化程序估算)。

增加电感后的增益值列于表 9.7 的最后一列。由表中可见，增加电感器改善了放大器的频率响应，并使其增益平坦度在整个频段内优于 0.1%。

表 9.7　负反馈放大器的正向增益

| $f$, MHz | $\|S_{21}\|^2$, dB | | |
| --- | --- | --- | --- |
| | $R_1 = 208\ \Omega,$ $R_2 = 4.1\ \Omega$ | $R_1 = 276\ \Omega,$ $R_2 = 1.4\ \Omega$ | $R_1 = 276\ \Omega,$ $R_2 = 1.4\ \Omega,$ $L_1 = 4.5\ \mathrm{nH}$ |
| 10 | 7.50 | 10.01 | 10.01 |
| 100 | 7.50 | 10.01 | 10.01 |
| 250 | 7.50 | 10.00 | 10.01 |
| 500 | 7.50 | 9.97 | 10.00 |
| 750 | 7.50 | 9.93 | 10.00 |
| 1000 | 7.50 | 9.88 | 10.00 |
| 1500 | 7.51 | 9.75 | 9.99 |
| 2000 | 7.54 | 9.59 | 9.99 |

随着工作频率的增加，负反馈电路更容易受到寄生参数的影响。当频率超过大约 5 GHz 时，这类采用集中参数元件的技术方案就开始失效了。

## 9.7.2　大功率放大器

在此之前一直是在线性、小信号 $S$ 参量的基础上讨论放大器的设计。然而，当涉及大功率放大器时，由于放大器工作在非线性区，所以小信号近似通常将失效，此时必须求得晶体管的**大信号**（large-signal）$S$ 参量或阻抗，以便得到合理的设计结果。小信号 $S$ 参量仍然可以用于甲类放大器的设计。此时，信号的放大基本限制在晶体管的线性区。然而，小信号 $S$ 参量不适于分析部分时间工作在截止区的甲乙类、乙类或丙类放大器。

大功率放大器的一个重要指标是功率压缩。当晶体管的输入功率达到足够高的幅度时，放大器的增益将开始下降，或者称为**增益压缩**（gain compression）。典型的输入、输出功率关系可以画在双对数坐标中，如图 9.26 所示。

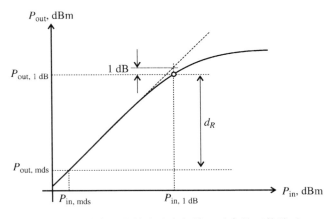

图 9.26　放大器的输出功率与输入功率的函数关系

---

**负载牵引方法**

　　简单地说,负载牵引方法用来设计功率放大器的匹配电路。该方法的基本条件是,输入端口的复数共轭匹配及一个可调的负载。可调负载可被调整为一系列离散的数值,能覆盖史密斯圆图的一部分。对应于每一个负载值,评估设计放大器所关心的特性参数,如线性度、效率、增益、稳定性和电压驻波比。设计者可由此选择最佳的负载,并给出各种折中的设计方案。

---

　　当输入功率较低时,输出功率与输入功率成比例关系。然而,当输入功率超过一定的量值之后,晶体管的增益开始下降,最终结果是输出功率达到饱和。当放大器的增益偏离常数值(即小信号增益)并降低 1 dB 时,此点就称为 **1 dB 压缩点**(1 dB compression point),并用来衡量放大器的功率容量。1 dB 压缩点的相应增益记为 $G_{1dB}$,且有 $G_{1dB} = G_0 - 1$ dB,其中 $G_0$ 是放大器的小信号增益。如果将 1 dB 压缩点的输出功率 $P_{\text{out, 1dB}}$ 用 dBm 表示,则它与相应的输入功率 $P_{\text{in,1dB}}$ 的关系为

$$P_{\text{out, 1dB}}[\text{dBm}] = G_{1dB}[\text{dB}] + P_{\text{in, 1dB}}[\text{dBm}]$$
$$= G_0[\text{dB}] - 1 \text{ dB} + P_{\text{in, 1dB}}[\text{dBm}] \tag{9.104}$$

　　放大器的另一个主要指标是其**动态范围**(dynamic range),符号为 $d_R$。动态范围用 $P_{\text{out, 1dB}}$ 与 $P_{\text{out, mds}}$ 之差描述了放大器的线性放大区,其中 $P_{\text{out, mds}}$ 为对应于**最小输入信号**(minimum detectable signal)的输出功率,其量值比输出噪声功率 $P_{n, \text{out}}$ 大 $X$ dB。在多数情况下,指标 $X$ dB 取为 3 dB。放大器的输出噪声功率为

$$P_{n, \text{out}} = kTBG_0F \tag{9.105}$$

若用 dBm 表示,则上式可变为

$$P_{n, \text{out}}[\text{dBm}] = 10\log(kT) + 10\log B + G_0[\text{dB}] + F[\text{dB}] \tag{9.106}$$

其中,在 $T = 300$ K 时,$10\log(kT) = -173.8$ dBm/Hz,$B$ 即为以 Hz 为单位的放大器带宽。

　　作为非线性电路,大功率放大器会产生**谐波失真**(harmonic distortion)(输出包含了频率为基频整数倍的信号)。这些谐波引起了基波功率的损耗。一般来说,甲类工作状态的失真系数最小。在大功率应用情况下,由于甲类工作状态的效率低而不再适用,而采用甲乙类推挽放大器则可得到与甲类放大器相当的失真指标。谐波失真是用以 dB 为单位的总谐波输出功率与基波输出功率之差来衡量的。

　　**交调失真**(intermodulation distortion, IMD)是功率放大器中的另一个有害现象。尽管交调失真在任何放大器中都会发生(正如谐波失真一样),而有源器件工作在必须考虑非线性效应的高功率状态下时,该现象则更加严重。交调失真与谐波失真不同,它对应于两个频差不大的未调制谐波信号输入到一个放大器后所产生的相应输出,如图 9.27 所示。

　　由于放大器的三阶非线性效应,输入信号 $P_{\text{in}}(f_1)$ 和 $P_{\text{in}}(f_2)$ 除了产生输出信号 $P_{\text{out}}(f_1)$ 和 $P_{\text{out}}(f_2)$,还产生了新的频率 $P_{\text{out}}(2f_1 - f_2)$ 和 $P_{\text{out}}(2f_2 - f_1)$,称为三阶交调输出。对于混频电路,这些新的频率分量可能正是我们所需的(见第 10 章)。然而,对于放大器,我们希望这种效应尽可能小。通常,输出端口有用功率与无用功率(单位 dBm)之差被定义为以 dB 为单位的交调失真,即

$$\text{IMD}[\text{dB}] = P_{\text{out}}(f_2)[\text{dBm}] - P_{\text{out}}(2f_2 - f_1)[\text{dBm}] \tag{9.107}$$

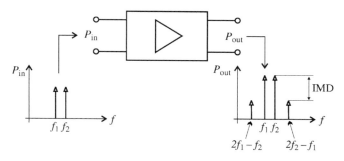

图 9.27　放大器交调失真示意图

在图 9.28 中，输出功率 $P_{\text{out}}(f_2)$ 和 $P_{\text{out}}(2f_2-f_1)$ 与输入功率 $P_{\text{in}}(f_2)$ 的对应关系已画在双对数坐标中。在线性放大区，输出功率 $P_{\text{out}}(f_2)$ 随着输入功率 $P_{\text{in}}(f_2)$ 按比例增加；然而，三阶交调输出功率 $P_{\text{out}}(2f_2-f_1)$ 却与输入功率 $P_{\text{in}}(f_2)$ 的三次幂成正比，即 $P_{\text{out}}(2f_2-f_1) \propto P_{\text{in}}^{3}(f_2)$。所以，根据式(9.107)，交调失真与输入功率的平方成正比。延伸 $P_{\text{out}}(f_2)$ 和 $P_{\text{out}}(2f_2-f_1)$ 的线性区可得三阶**交调截点**(intercept point) IP3。

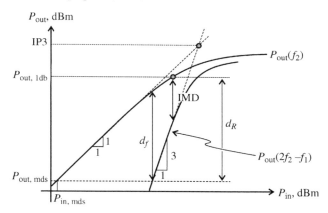

图 9.28　根据输入-输出功率关系测量交调失真

如图 9.28 所示，$d_f$ 即**无失真动态范围**(spurious free dynamic range)，其定义为

$$d_f[\text{dB}] = \frac{2}{3}(\text{IP3}[\text{dBm}] - G_0[\text{dB}] - P_{\text{in, mds}}[\text{dBm}])\tag{9.108}$$

金属半导体场效应晶体管的典型值为 $P_{\text{in,mds}} = -100$ dBm，IP3 $= 40$ dBm，$d_f = 85$ dB。

### 9.7.3　多级放大器

如果单级放大器不能实现预定的功率增益指标，则必须采用多级放大器电路。图 9.29 是一个典型的两级双极晶体管放大器电路。

除了常规的输入、输出匹配网络 $\text{MN}_1$ 和 $\text{MN}_3$，这个电路的特点是拥有一个**级间匹配网络**(interstage matching network) $\text{MN}_2$，以便对第一级的输出与第二级的输入进行匹配。级间匹配网络除了完成适当的匹配功能，还可以用于调整放大器的增益平坦度。

在网络无耗和良好匹配的前提下，可以总结出两级放大器的最主要特性参数。在线性工作条件下，两级放大器的总功率增益 $G_{\text{tot}}$ 等于每个单级放大器的增益 $G_1$ 和 $G_2$ 的乘积，如果以 dB 为单位，即

$$G_{\text{tot}}[\text{dB}] = G_1[\text{dB}] + G_2[\text{dB}] \tag{9.109}$$

则增益指标的提高伴随着噪声系数的增加(见附录 H)。准确地说，如果 $F_1$ 和 $F_2$ 分别表示第一级和第二级的噪声系数，则总噪声系数为

$$F_{\text{tot}} = F_1 + \frac{F_2 - 1}{G_1} \tag{9.110}$$

此外，如果输入端口的最小功率为 $P_{\text{in, mds}}[\text{dBm}] = k\text{TB}[\text{dBm}] + 3\ \text{dB} + F_1[\text{dBm}]$，比热噪声功率大 3 dB，则与最小输入功率对应的输出功率 $P_{\text{out, mds}}$ 为

$$P_{\text{out, mds}}[\text{dBm}] = k\text{TB}[\text{dBm}] + 3\text{dB} + F_{\text{tot}}[\text{dB}] + G_{\text{tot}}[\text{dB}] \tag{9.111}$$

另外，增益指标的提高也将使放大器的动态特性受到影响。罗德(Rhode)和布赫(Bucher)已经证明(见阅读文献)前面讨论的三阶截点将变为

$$\text{IP3}_{\text{tot}} = \frac{1}{1/\text{IP3}_2 + 1/(G_2\text{IP3}_1)} \tag{9.112}$$

其中，$\text{IP3}_1$ 和 $\text{IP3}_2$ 分别是第一级和第二级放大器的三阶截点。由此可知，总的无失真动态范围 $d_{f\text{tot}}$ 近似为

$$d_{f\text{tot}}[\text{dBm}] = \frac{2}{3}(\text{IP3}_{\text{tot}}[\text{dBm}] - P_{\text{out, mds}}[\text{dBm}]) \tag{9.113}$$

式(9.113)表明，增加第二级放大器将导致总动态范围的减小。

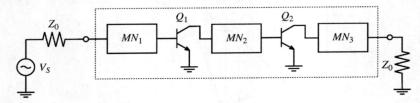

图 9.29　两级晶体管放大器

### 例 9.18　多级放大器的晶体管选择

设计一个 $P_{\text{out, 1dB}} = 18\ \text{dBm}$ 的放大器，要求功率增益不低于 20 dB。根据表 9.8 中列出的某些晶体管在 2 GHz 频率上的有关特性参数，确定放大器的级数，并为每个放大级选择合适的晶体管，并估算放大器的总噪声系数 $F_{\text{tot}}$ 和三阶截点 $\text{IP3}_{\text{tot}}$。

表 9.8　用于例 9.18 的晶体管特性参数

| 晶体管型号 | $F[\text{dB}]$ | $G_{\text{max}}[\text{dB}]$ | $P_{\text{out, 1dB}}[\text{dBm}]$ | $\text{IP3}[\text{dBm}]$ |
|---|---|---|---|---|
| BFG505 | 1.9 | 10 | 4 | 10 |
| BFG520 | 1.9 | 9 | 17 | 26 |
| BFG540 | 2 | 7 | 21 | 34 |

**解：** 由于放大器的输出功率必须达到 18 dBm，所以放大器的输出级只能采用 BFG540 晶体管。

因为放大器的输出功率 $P_{\text{out, 1dB}} = 18\ \text{dBm}$ 远小于 BFG540 的饱和功率 $P_{\text{out, 1dB}}$，所以该晶体管可以工作在其最大增益状态 $G_{\text{max}} = 7\ \text{dB}$。这表明放大器的其他部分必须能提供 20 dB − 7 dB = 13 dB 的增益。所以，这个放大器至少需要有三级。

为使最后一级具有 18 dBm 的输出功率，第二级晶体管必须能够提供 $P_{\text{out}_2}, 1\ \text{dB} = 18\ \text{dBm}$ $-7\ \text{dBm} = 11\ \text{dBm}$ 的功率输出，这使 BFG505 被淘汰出候选名单。由于 BFG540 的功率容量大大超出了第二级的需要，所以我们选用 BFG520 作为第二级。

因为 $P_{\text{out}, 1\text{dB}} = 11\ \text{dBm}$ 远小于 BFG520 的 1 dB 压缩功率，所以第二级晶体管也可以工作在远离饱和压缩点的状态，其最大增益状态将可达 $G_{\text{max}} = 9\ \text{dB}$。由此可知，第一级晶体管必须具备的最小增益为 $G = 13\ \text{dB} - 9\ \text{dB} = 4\ \text{dB}$，最小输出功率输出 $P_{\text{out}_1} = 11\ \text{dBm} - 9\ \text{dB} = 2\ \text{dBm}$。显然，BFG505 完全能够胜任 $P_{\text{out}_1} = 2\ \text{dBm}$，$G_1 = 4\ \text{dB}$ 的任务。而放大器的输入功率则为 $P_{\text{in}} = -2\ \text{dBm}$。

根据附录 H，整个放大器的噪声系数为

$$F_{\text{tot}} = F_1 + \frac{F_2 - 1}{G_1} + \frac{F_3 - 1}{G_1 G_2}$$

而且第一级的增益越高，则噪声系数越小。在此例中，BFG505 最多只能提供 6 dB 的增益（在给定的 $P_{\text{in}}$ 下），否则它将进入饱和工作状态。如果采用 BFG520 作为第一级，则可以避开这个问题。这样可以使第一级提供最大的增益，第二级则提供足够的功率去驱动输出级晶体管，还可以调整每一级的增益，以使所有晶体管都工作在非饱和状态。

放大器最终设计的原理框图如图 9.30 所示，其中各级放大器的增益是根据上述讨论结果选定的。这个放大器的噪声系数预计为

$$F_{\text{tot}} = F_1 + \frac{F_2 - 1}{G_1} + \frac{F_3 - 1}{G_1 G_2} = 2.13\ \text{dB}$$

放大器在三阶截点处的输出功率可由式(9.112)计算，而用于三级放大器的修正公式为

$$\text{IP3}_{\text{tot}} = \frac{1}{1/\text{IP3}_3 + 1/(G_3 \text{IP3}_2) + 1/(G_3 G_2 \text{IP3}_1)} = 28\ \text{dBm}$$

此修正公式可由式(9.112)导出。先用式(9.112)计算前两级放大器的 IP3，然后再将结果代入式(9.112)即可。

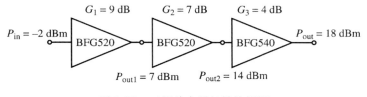

图 9.30　三级放大器的结构框图

　　上述分析实际上只是放大器设计程序中最初级的工作之一，它包括了至关重要的晶体管类型选择和放大器级数的确定。这些工作奠定了详细分析放大器特性的基础。

---

**IP3 和 $P_{\text{out}, 1\text{dB}}$**

　　可以证明，IP3 与 $P_{\text{out}, 1\text{dB}}$ 的关系为 $\text{IP3}[\text{dBm}] \approx P_{\text{out}, 1\text{dB}}[\text{dBm}] + 10\ \text{dB}$。然而，上述关系与具体的电路设计有关，实际中的偏差可高达 $\pm 3\ \text{dB}$。

## 应用讲座：中功率放大器模型性能参数的测量

这一节要测量一个商品化的单片集成射频功率放大器。我们将采用矢量网络分析仪在很宽的频率范围内测量该放大器的 $S$ 参量，并判定其稳定性。利用输入功率的连续变化，还可以确定该放大器的 1 dB 压缩点。

待测器件是恩智浦半导体(NXP)生产的微波单片集成电路(MMIC)中功率放大器 BGA6589。该微波单片集成电路的突出特点是使用非常方便，它不需要复杂的匹配网络、偏置网络及稳定网络。在 200 MHz ~ 3.5 GHz 的宽频带内，BGA6589 是绝对稳定的，而且其内部匹配网络已完成了对 50 Ω 阻抗的匹配。测量结果表明，该放大器的输出功率可达 20 dBm，可作为射频或中频缓冲放大器、振荡放大器、高线性度的小信号放大器，以及小型无线发射机的功率放大器。由于该放大器的噪声系数约为 3 dB，所以不太适合作为高性能的前置放大器。

实验中，BGA6589 被安装在生产厂家提供的测试板上，测试板及其原理图如图 9.31 所示。可以看出，直流电源通过射频扼流电感 L1，旁路电容组 C3，C4 和 C5，以及串联电阻 R1 接到放大器的输出端口上。根据该器件的数据手册，R1 电阻可确保偏置电流的温度稳定性。除了偏置电路，放大器的输入、输出端口都需要隔直电容。L1，C1，C2 和 C4 可用于在窄带内精确调整匹配状态，该放大器的数据手册中列出了它们对应于几个频率点的最佳值。

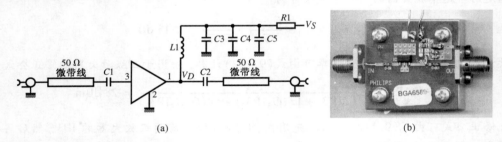

图 9.31　(a)微波单片集成电路放大器的典型应用电路原理图(恩智浦半导体公司授权)；(b)相应的电路板

在开始测试之前，首先要利用厂家提供的双端口网络校准程序，在整个频段内对矢量网络分析仪进行校准。这个校准过程可以避免连接电缆对测试结果的影响，但它不能去除放大器印刷电路板上传输线及其他电路元件的影响。所以，测试得到的 $S$ 参量是整个放大器电路单元的，而非微波单片集成电路放大器本身的。预计实测结果与放大器数据手册上列出的 $S$ 参量会有微小的偏差。

放大器由 9 V 直流电源供电，实测工作电流为 82 mA，与数据手册中给出的工作电流 73 ~ 89 mA，典型值 81 mA 相符。根据放大器应用手册的要求，矢量网络分析仪的输出功率设置为 -30 dBm。图 9.32 显示了放大器在 300 kHz ~ 3 GHz 频率范围内的实测 $S$ 参量。根据幅度曲线可看出，放大器的输入($S_{11}$)、输出($S_{22}$)端口在 300 MHz ~ 3 GHz 频率范围内匹配良好。输出端口的电压驻波系数在 2 GHz 频率点处略高于 2:1，这表明匹配不太理想。然而，根据厂家的说明，在大多数应用情况下并不需要增加额外的匹配电路。放大器的功率增益($|S_{21}|^2$)随频率上升而缓慢下降，在 1.2 GHz 处为 20 dB，在 2.3 GHz 处为 15 dB。放大器的反向增益($|S_{12}|^2$)保持在 -22 dB 以下，这符合大多数的应用要求。这也是单级或应用负反馈技术的放大器的典型反向隔离度。

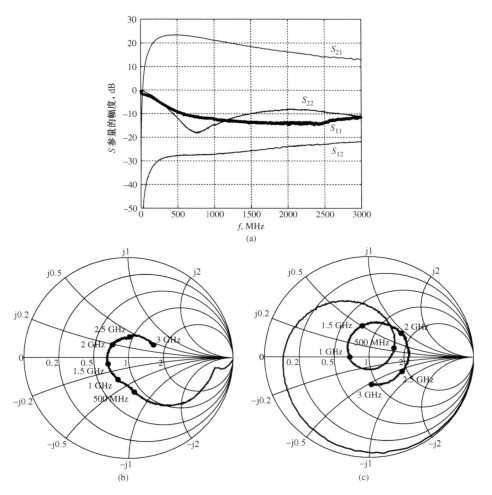

图 9.32　微波单片集成电路放大器 $S$ 参量的测量值。(a)幅度；(b)史密斯圆图上的 $S_{11}$；(c)史密斯圆图上的 $S_{22}$

　　根据以上测得的 $S$ 参量，就可以评估放大器的许多重要特性，其中最重要的是稳定性。图 9.33 给出了两种常用的稳定性参数：沃尔特稳定性因子(绝对稳定条件为 $k > 1$ 和 $|\Delta| < 1$，见 9.3 节)和稳定性系数 $\mu (\mu > 1$ 是绝对稳定条件)。正如生产厂家的介绍，BGA6589 在整个测量频段内都是绝对稳定的。沃尔特稳定性因子 $k$ 及稳定性系数 $\mu$ 从两个不同的角度反映了稳定性问题。虽然稳定性因子 $k$ 更常用(正如在 BGA6589 的数据手册中)，稳定性系数 $\mu$ 却更适合于描述相对稳定状态。根据稳定性系数 $\mu$，BGA6589 在 500 MHz 附近的稳定性最好，在低频段则逐渐变为有条件稳定状态。由稳定性因子 $k$ 和 $|\Delta|$ 就不能直接得到这个结论。

　　在固定频率下，连续改变矢量网络分析仪的输出功率，可以近似地评估器件的非线性参数。图 9.34 是 BGA6589 在 850 MHz 和 1.95 GHz 频率点的输入-输出功率之间的函数关系，数据手册中已给出了这两个频率点的非线性参数。可以清楚地看到增益压缩现象及输出功率不随输入功率增加的情况。在 850 MHz 和 1.95 GHz 频率点实测得到的 1 dB 压缩点的功率分别为 20.3 dBm 和 19.9 dBm。更复杂的测量，如三阶截点的确定，需要进行频谱分析。然而，简单的换算关系式 $IP3_{out}[dB] - P_{out, 1\,dB}[dB] \approx 10\ dB$ 可以用于近似估计三阶截点(文献中可查到更加严谨的方法)。

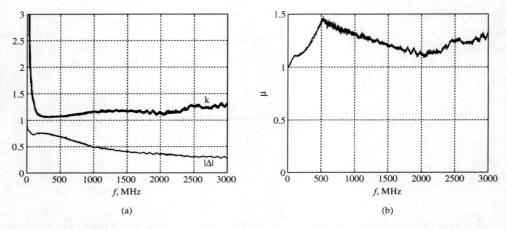

图 9.33　根据 $S$ 参量的测量值得到的稳定性系数。(a)沃尔特稳定性因子;(b)稳定性系数 $\mu$

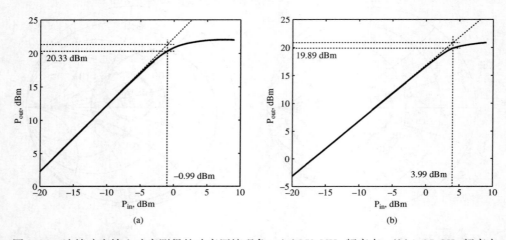

图 9.34　连续改变输入功率测得的功率压缩现象。(a)850 MHz 频率点;(b)1.95 GHz 频率点

最后,表 9.9 比较了 BGA6589 特性参数的实测数据和手册中给出的数据。由于手册中的数据仅仅针对器件本身,而实测数据针对包括了偏置网络的整个放大器,所以两者反射损耗的数据有些差距。尽管如此,实测得到的增益、稳定性因子 $k$ 都与器件手册提供的数据非常接近。在 850 MHz 频率点,实测得到的 1 dB 压缩点的增益略低于器件手册提供的数据,可能是由于偏置网络的中心工作频率点调得偏高了(使用的电感偏小了)。

表 9.9　矢量网络分析仪实测数据与器件手册数据的对比

| 参　　数 | 850 MHz | | 1.95 GHz | |
|---|---|---|---|---|
| | 器件手册值 | 实测值 | 器件手册值 | 实测值 |
| 功率增益($|S_{21}|^2$) | 22 dB | 22.1 dB | 17 dB | 16.6 dB |
| 输入端反射损耗 | 9 dB | 11.7 dB | 11 dB | 13.8 dB |
| 输出端反射损耗 | 10 dB | 17.2 dB | 13 dB | 8.4 dB |
| 稳定性因子 $k$ | 1.1 | 1.13 | 1.1 | 1.15 |
| 1 dB 增益压缩点对应的输出功率 | 21 dBm | 20.3 dBm | 20 dBm | 19.9 dBm |

## 9.8　小结

本章的内容涉及了放大器的多种设计原则。首先定义了各种功率关系，其中特别重要的是转换功率增益

$$G_T = \frac{(1 - |\Gamma_L|^2)|S_{21}|^2(1 - |\Gamma_S|^2)}{|1 - S_S\Gamma_{in}|^2|1 - S_{22}\Gamma_L|^2}$$

资用功率增益和功率增益。然后，导出了各种输入、输出稳定性判别圆的方程，考察了绝对稳定的意义。明确地说，就是采用

$$k = \frac{1 - |S_{11}|^2 - |S_{22}|^2 + |\Delta|^2}{2|S_{12}||S_{21}|} > 1, \qquad |\Delta| < 1$$

来评估有源器件的绝对稳定。如果晶体管被判定为不稳定的，则可以增加串联或并联电阻，使其稳定。随后导出了单向化等增益圆并将它标在圆图上。其圆心坐标和半径方程为

$$d_{g_i} = \frac{g_i S_{ii}^*}{1 - |S_{ii}|^2(1 - g_i)}, \qquad r_{g_i} = \frac{\sqrt{1 - g_i}(1 - |S_{ii}|^2)}{1 - |S_{ii}|^2(1 - g_i)}$$

揭示了在单向化（忽略反向增益）设计条件下特定增益值在圆图上的位置。我们引入了单向化设计误差因子来定量描述单向化设计法相对于双共轭匹配设计法的误差。如果单向化设计的误差太大，则必须采用双共轭匹配设计法。这种方法要求同时对输入、输出端口的反射系数（$\Gamma_{MS}$，$\Gamma_{ML}$）进行共轭匹配。理想匹配条件：

$$\Gamma_{MS}^* = S_{11} + \frac{S_{12}S_{21}\Gamma_{ML}}{1 - S_{22}\Gamma_{ML}}, \qquad \Gamma_{ML}^* = S_{22} + \frac{S_{12}S_{21}\Gamma_{MS}}{1 - S_{11}\Gamma_{MS}}$$

可使放大器达到最大增益。根据功率增益的表达式，可以导出波源匹配状态下的等增益圆。同样，根据资用功率增益的表达式，可以导出负载匹配状态下的等增益圆。

这一章还研究了放大器所产生的噪声现象。根据常规的双端口网络的噪声系数：

$$F = F_{min} + \frac{R_n}{G_S}|Y_S - Y_{opt}|^2$$

导出了噪声系数在史密斯圆图上的圆方程。可以利用噪声系数圆和上述等增益圆，综合考虑放大器的设计参数。

在研究如何降低输入、输出匹配网络的关键参数——电压驻波系数的过程中，导出了一系列可对匹配网络端口的电压驻波系数进行定量的圆方程：

$$\text{VSWR}_{IMN} = \frac{1 + |\Gamma_{IMN}|}{1 - |\Gamma_{IMN}|}, \qquad \text{VSWR}_{OMN} = \frac{1 + |\Gamma_{OMN}|}{1 - |\Gamma_{OMN}|}$$

综合考虑这些圆的特征，就可以依据同时标在史密斯圆图上的等增益圆、等噪声圆和等驻波系数圆，进行小信号放大器的设计。

在宽带放大器设计方面，讨论了采用频率补偿匹配网络的必要性，并引入了负反馈环路，以便在宽频带内均衡功率增益。

在大功率放大器方面，特别关注了与饱和输出功率有关的问题，因为它们制约了放大功能的动态范围。功率放大器的一个重要参数是 1 dB 压缩点：

$$P_{\text{out, 1dB}}[\text{dBm}] = G_0[\text{dB}] - 1\ \text{dB} + P_{\text{in, 1dB}}[\text{dBm}]$$

此外,另一个有害的现象是由于非线性效应而产生的交调失真。最后,我们研究了多级放大器设计中的功率饱和、噪声系数和增益问题。

## 阅读文献

P. L. D. Abrie, *Design of RF and Microwave Amplifiers and Oscillators*, Artech House, 1999, ISBN 0-89006-797-X.

S. A. Maas, *The RF and Microwave Circuit Design Cookbook*, Artech House, 1998, ISBN 0-89006-973-5.

S. Akamatsu, C. Baylis, and L. Dunleavy, "Accurate simulation models yield high-efficiency power amplifier design," *IEEE Microwave Magazine*, pp. 114-124, 2005.

I. Bahil and P. Bhartia, *Microwave Solid State Circuit Design*, John Wiley, New York, 1988.

G. Gonzalez, *Microwave Transistor Amplifiers*, *Analysis and Design*, Prentice Hall, Upper Saddle River, NJ, 1997.

K. C. Gupta, R. Garg, and R. Chada, *Computer-Aided Design of Microwave Circuits*, Artech, Dedham, MA, 1981.

Hewlett-Packard, RF Design and Measurement Seminar, Seminar Notes, Burlington, MA, 1999.

Hewlett-Packard, S-Parameter Techniques for Faster and more Accurate Network Design, Application Notes 95-1, 1968.

H. Krauss, C. Bostian, and F. Raab, *Solid Radio Engineering*, John Wiley, New York, 1980.

M. L. Edwards and J. H. Sinsky, "A new criterion for linear 2-port stability using a single geometrically derived parameter," *IEEE Transactions on Microwave Theory and Techniques*, vol. 40, pp. 2303-2311, 1992.

S. Y. Liao, *Microwave Circuit Analysis and Amplifier Design*, Prentice Hall, Englewood Cliffs, NJ, 1987.

S. J. Mason, "Power Gain in Feedback Amplifiers, *IRE Trans.*, Vol. 1, pp. 20-25, 1954.

D. Pozar, *Microwave Engineering*, John Wiley, New York, 1998.

B. Razavi, *RF Microelectronics*, Prentice Hall, Upper Saddle River, NJ, 1998.

U. L. Rohde and T. T. N. Bucher, *Communication Receivers*, *Principle and Design*, McGraw-Hill, New York, 1988.

J. M. Rollett, "Stability and Power-Gain Invariants of Linear Two-Ports," *IRE Trans.*, Vol. 9, pp. 29-32, 1962.

G. D. Vendelin, *Design of Amplifiers and Oscillators by the S-Parameter Method*, John Wiley, New York, 1982.

## 习题

9.1 用资用功率为 $P_A$ 的射频信号源驱动一个负载为 $Z_L = 80\ \Omega$ 的放大器,已知:

$$P_A = \frac{1}{2}\frac{|b_S|^2}{1 - |\Gamma_S|^2}$$

根据图 9.2(b) 右侧的信号流图,并以 $\Gamma_L$ 替换 $\Gamma_{\text{in}}$。

(a) 用 $\Gamma_L$、$\Gamma_S$ 和 $b_S$ 表示负载吸收的功率 $P_L$。

(b) 设 $Z_S = 40\ \Omega$,$Z_0 = 50\ \Omega$,$V_S = 5\ \text{V} \angle 0°$,求资用功率 $P_A$ 和负载吸收的功率 $P_L$。

9.2 根据图 9.2(b) 所示的信号流图,求证 9.2.2 节中的式(9.8)。

9.3 已知一个放大器的 $S$ 参量为 $S_{11} = 0.78 \angle -65°$,$S_{21} = 2.20 \angle 78°$,$S_{12} = 0.11 \angle -21°$ 和 $S_{22} = 0.90 \angle -29°$。放大器的输入端口接 $V_S = 4\ \text{V} \angle 0°$,阻抗 $Z_S = 65\ \Omega$ 的电压源,输出端口驱动一个阻抗为 $Z_L = 85\ \Omega$ 的天线。假设放大器的 $S$ 参量是相对于 $Z_0 = 75\ \Omega$ 的特性阻抗测得的,求下列参数:

(a) 转换功率增益 $G_T$,单向化转换功率增益 $G_{\text{TU}}$,资用功率增益 $G_A$,功率增益 $G$。

(b)负载吸收的功率 $P_L$，资用功率 $P_A$，放大器输入功率 $P_{inc}$。

9.4　某场效应晶体管的工作频率 $f = 5.5$ GHz，偏置条件为 $V_{DS} = 3.2$ V，$I_D = 24$ mA。已知晶体管的 $S$ 参量为 $S_{11} = 0.73 \angle 176°$，$S_{21} = 3.32 \angle 75°$，$S_{12} = 0.05 \angle 34°$ 和 $S_{22} = 0.26 \angle -107°$。放大器没有匹配网络，且负载为 $Z_L = 75$ Ω，源阻抗为 $Z_S = 30$ Ω，并假设传输线特性阻抗为 $Z_0 = 50$ Ω。

(a)求 $G_{TU}$，$G_T$ 和 $G_A$，并画出负载为 $10$ Ω $\leq Z_L \leq 100$ Ω 时 $G_{TU}$ 的幅度变化。

(b)在单向化条件下为输入端口做匹配，并求出 $G_{TU}$。

(c)在单向化条件下为输入、输出端口做匹配，并求出 $G_{TU} = G_{TUmax}$。

9.5　$\Gamma_{out}$ 复平面上的绝对稳定要求 $|\Gamma_S| < 1$ 的区域完全落在 $|\Gamma_{out}| = 1$ 的圆内，或者 $||C_S| - r_S| < 1$，其中，

$$C_S = S_{22} + \frac{S_{12}S_{21}S_{11}^*}{1 - |S_{11}|^2}, \qquad r_S = \frac{|S_{12}S_{21}|}{1 - |S_{11}|^2}$$

(a)导出这两个方程。

(b)求出圆方程的 $C_L$ 和 $r_L$，并证明 $|S_{12}S_{21}| < 1 - |S_{22}|^2$ 是晶体管稳定的必要条件。

9.6　证明例 9.2 中导出稳定性因子的关键恒等式：$|S_{11} - S_{22}^*\Delta|^2 = |S_{12}S_{21}|^2 + (1 - |S_{11}|^2)(|S_{22}|^2 - |\Delta|^2)$。

9.7　某双极晶体管在 4 个频率点上的 $S$ 参量如下表所示。求出它们的稳定区并标在史密斯圆图上。

| 频率 (MHz) | $S_{11}$ | $S_{12}$ | $S_{21}$ | $S_{22}$ |
|---|---|---|---|---|
| 500 MHz | 0.70∠−57° | 0.04∠47° | 10.5∠136° | 0.79∠−33° |
| 750 MHz | 0.56∠−78° | 0.05∠33° | 8.6∠122° | 0.66∠−42° |
| 1000 MHz | 0.46∠−97° | 0.06∠22° | 7.1∠112° | 0.57∠−48° |
| 1250 MHz | 0.38∠−115° | 0.06∠14° | 6.0∠104° | 0.50∠−52° |

9.8　已知某双极晶体管在特定偏置状态和工作频率下的 $S$ 参量为 $S_{11} = 0.60 \angle 157°$，$S_{21} = 2.18 \angle 61°$，$S_{12} = 0.09 \angle 77°$ 和 $S_{22} = 0.47 \angle -29°$。考察该晶体管的稳定性，如果需要，则设法使其稳定，并用该晶体管设计具有最大增益的放大器。

9.9　本章中导出了等增益圆的方程，并且知道等增益圆的半径为零时放大器有最大增益。根据这个条件，证明在绝对稳定状态下，最大转换功率增益为

$$G_{Tmax} = \frac{|S_{21}|}{|S_{12}|}(k - \sqrt{k^2 - 1})$$

其中，$k$ 为稳定性因子（$k > 1$）。

9.10　某双极晶体管的工作频率 $f = 750$ MHz，已知其 $S$ 参量为 $S_{11} = 0.56 \angle -78°$，$S_{12} = 8.64 \angle 122°$，$S_{21} = 0.05 \angle 33°$ 和 $S_{22} = 0.66 \angle -42°$。针对该晶体管的输入、输出端口，求出使其进入稳定状态的串联或并联电阻。

9.11　在例 9.2 中，由输入端口稳定性判别圆的方程导出了稳定性因子 $k$。求证，根据输出端口稳定性判别圆的方程，也可以得到与式（9.24）相同的结论。

9.12　某双极晶体管的工作频率 $f = 7.5$ GHz，在特定的偏置条件下其 $S_{11} = 0.85 \angle 105°$。假设晶体管处于绝对稳定状态，且符合应用单向化设计法的条件。求最大波源增益，并画出对应于几

个适当 $g_s$ 值的等增益圆。

9.13 工作频率为 2.25 GHz 的单级放大器采用了金属半导体场效应晶体管。在 2.25 GHz 频率点和已知偏置条件下,晶体管的 $S$ 变量为 $S_{11} = 0.83 \angle -132°$,$S_{12} = 0.03 \angle 22°$,$S_{21} = 4.90 \angle 71°$ 和 $S_{22} = 0.36 \angle -82°$。放大器增益的设计目标值为 18 dB,利用单向化假设 $S_{12} = 0$。

(a) 考察电路是否为绝对稳定的。

(b) 求最佳反射系数条件下,放大器的最大功率增益。

(c) 利用等增益圆的概念调整负载反射系数,实现设计要求的增益值。

9.14 已知某双极晶体管放大器的工作频率为 7.5 GHz。在该频率点和已知偏置条件下,晶体管的 $S$ 参量为 $S_{11} = 0.63 \angle -140°$,$S_{12} = 0.08 \angle 35°$,$S_{21} = 5.70 \angle 98°$ 和 $S_{22} = 0.47 \angle -57°$。放大器增益的设计目标值为 19 dB,根据单向化假设,

(a) 求最佳反射系数条件下,放大器的最大功率增益。

(b) 调整负载反射系数,使放大器在稳定工作状态下实现设计要求的增益指标。

9.15 已知双极晶体管小信号放大器的工作频率为 4 GHz,在正常偏置状态下,晶体管的 $S$ 参量为 $S_{11} = 0.57 \angle -150°$,$S_{12} = 0.12 \angle 45°$,$S_{21} = 2.0 \angle 56°$ 和 $S_{22} = 0.35 \angle -85°$。如果采用单向化设计法,试给出转换功率增益的误差估计。

9.16 已知双极晶体管的工作频率为 2.4 GHz,偏置条件为 $I_C = 10$ mA,$V_{CE} = 6$ V,相应的 $S$ 参量为 $S_{11} = 0.54 \angle -70°$,$S_{12} = 0.017 \angle 176°$,$S_{21} = 1.53 \angle 91°$ 和 $S_{22} = 0.93 \angle -15°$。考察晶体管是否处于绝对稳定状态,求对应于最大增益的波源反射系数和负载反射系数。

9.17 采用与习题 9.16 相同的双极晶体管设计一个放大器,要求其转换功率增益等于 $G_{T\max}$ 的 60%,而且放大器的输入端口具有良好的匹配状态。

9.18 某金属半导体场效应晶体管的工作频率为 9 GHz,在正常偏置条件下,其 $S$ 参量为 $S_{11} = 1.2 \angle -60°$,$S_{21} = 6.5 \angle 115°$,$S_{12} = 0.02 \angle 0°$ 和 $S_{22} = 0.6 \angle -35°$。设计一个放大器,要求转换功率增益等于 $G_{TU\max}$ 的 80%,而且 $VSWR_{out} = 1$。

9.19 9.4.4 节曾提到,由输入端口匹配的等增益设计可导出如下圆方程:

$$\left| \frac{S_{11} - \Gamma_S^*}{\Delta - S_{22}\Gamma_S^*} - d_{g_o} \right|^2 = r_{g_o}^2$$

求证:圆心坐标 $d_{g_S}$ 和圆半径 $r_{g_S}$ 如下:

$$r_{g_S} = \frac{r_{g_o} |S_{12}S_{21}|}{\left| |1 - S_{22}d_{g_o}|^2 - r_{g_o}^2|S_{22}|^2 \right|}$$

$$d_{g_S} = \frac{(1 - S_{22}d_{g_o})(S_{11} - \Delta d_{g_o})^* - r_{g_o}^2 \Delta^* S_{22}}{|1 - S_{22}d_{g_o}|^2 - r_{g_o}^2|S_{22}|^2}$$

9.20 已知等资用增益圆 $|\Gamma_S - d_{g_a}| = r_{g_a}$ [见式(9.66)],试证明:

$$d_{g_a} = \frac{g_a(S_{11} - \Delta S_{22}^*)^*}{1 + g_a(|S_{11}|^2 - |\Delta|^2)}, \qquad r_{g_a} = \frac{\sqrt{1 - 2kg_a|S_{12}S_{21}| + g_a^2|S_{12}S_{21}|^2}}{|1 + g_a(|S_{11}|^2 - |\Delta|^2)|}$$

9.21 已知晶体管的型号为 BFG197X,偏置条件为 $V_{CE} = 8$ V,$I_C = 10$ mA。在 1 GHz 频率下测得该晶体管的 $S$ 参量为 $S_{11} = 0.73 \angle 176°$,$S_{12} = 0.07 \angle 35°$,$S_{21} = 3.32 \angle 75°$ 和 $S_{22} = 0.26 \angle 107°$。求单向化设计误差因子,对比分别采用单向化设计法和双共轭匹配设计法得到的放大器最大转换功率增益。

9.22 已知双极晶体管 BFG33 的直流偏置状态为 $V_{CE} = 5$ V,$I_C = 5$ mA,其 $S$ 变量和噪声指标如下:

| | $S_{11}$ | $S_{12}$ | $S_{21}$ | $S_{22}$ | $F_{min}$, dB | $\Gamma_{opt}$ | $R_n$, Ω |
|---|---|---|---|---|---|---|---|
| 500 MHz | $0.72\angle-39°$ | $0.05\angle63°$ | $6.22\angle135°$ | $0.78\angle-32°$ | 2.3 | $0.64\angle5°$ | 58.5 |
| 1000 MHz | $0.45\angle-70°$ | $0.08\angle56°$ | $5.13\angle109°$ | $0.61\angle-43°$ | 2.5 | $0.56\angle13°$ | 67.5 |
| 2000 MHz | $0.18\angle-115°$ | $0.12\angle54°$ | $3.24\angle82°$ | $0.49\angle-54°$ | 3.0 | $0.52\angle39°$ | 49.7 |

设计一个低噪声的宽带放大器,要求其增益大于 10 dB,噪声系数不超过 3.5 dB。

9.23　用砷化镓场效应晶体管设计一个微波放大器,已知晶体管在 $f = 10$ GHz 频率点的 $S$ 参量为 $S_{11} = 0.79\angle100°$,$S_{12} = 0.20\angle-21°$,$S_{21} = 6.50\angle-73°$ 和 $S_{22} = 0.74\angle152°$。在 $\mathrm{VSWR_{in}} = 6.5$ 的前提下,求对应于 $\mathrm{VSWR_{out}}$ 最小值的转换功率增益。

9.24　平衡放大器中的一个单级放大器的标称参数为 $\mathrm{VSWR_{in}} = 4$,$\mathrm{VSWR_{out}} = 2.8$,$G_T = 10$ dB。如果晶体管 $S$ 参量的误差为 10%,试计算该平衡放大器的最大输入、输出电压驻波系数和增益。

9.25　9.7.3 节给出了两级放大器 IP3 参数的计算公式(9.112)。
　　(a)导出计算 $N$ 级放大器 IP3 参数的通用计算公式。
　　(b)假设放大器的各级完全相同,且 IP3 $= 35$ dBm,$F = 2$ dB,$G = 8$ dB。计算 $N$ 级放大器的总 IP3 参数和总噪声系数。

9.26　用双极晶体管设计一个增益为 15 dB 的负反馈宽带放大器。计算负反馈电阻的阻值和晶体管集电极的最小电流。假设放大器的工作温度是 $T = 300$ K,$Z_0 = 50$ Ω。

9.27　某晶体管的 $S$ 参量为 $S_{11} = 0.61\angle152°$,$S_{12} = 0.10\angle79°$,$S_{21} = 1.89\angle55°$ 和 $S_{22} = 0.47\angle-30°$。已知 $F_{min} = 3$ dB,$\Gamma_{opt} = 0.52\angle-153°$,$R_n = 9$ Ω,设计一个具有最小噪声系数的放大器。

9.28　式(9.113)给出了多级放大器的总的无失真动态范围,试证明该公式。

9.29　某放大器的转换功率增益 $G_T = 25$ dB,带宽为 200 MHz,噪声系数 $F = 2.5$ dB,1 dB 增益压缩点的输出功率 $P_{out,1dB} = 20$ dBm。假设放大器工作在室温环境下,且 IP3 $= 32$ dBm。求该放大器的动态范围和无失真动态范围。

9.30　某放大器在 1 GHz 频率点的功率增益 $G = 8$ dB,1 dB 增益压缩点的输出功率 $P_{out,1dB} = 12$ dBm,三阶截点为 $\mathrm{IP3_{tot}} = 25$ dBm。求由该放大器构成的二级、三级放大器的三阶截点 $\mathrm{IP3_{tot}}$。当级联数目趋于无穷大时 $\mathrm{IP3_{tot}}$ 为何值?

9.31　导出平衡放大器的噪声系数公式。假设每个支路放大器的功率增益和噪声系数分别是 $G_A$、$G_B$ 和 $F_A$、$F_B$,且平衡放大器的输入、输出端口均采用 3 dB 混合耦合器。

# 第10章　振荡器和混频器

随着现代电信系统和现代雷达系统的出现，我们需要在特定载波频率点建立稳定的谐波振荡，以便为调制和混频创造必要的条件。早期载波的频率大都处于 MHz 频段的低端至中段，而现代射频系统的载波频率却常常超过 1 GHz。这就需要有能够产生稳定的单频正弦波信号的特殊振荡器。振荡器设计任务之所以非常困难，原因在于我们利用了非线性电路的固有特征，而且这种特征是不能用线性系统的理论来全面描述的。例如，小信号线性电路模型无法全面描述有源器件内部复杂的反馈机制。此外，由于振荡器必然要向下一级电路输出功率，所以与工作频率有关的输出负载也常常扮演重要的角色。正是由于这些原因，目前振荡器的设计工作仍然更像是一门手艺，而不是严格的工程设计方法。特别是在高频领域内，由于寄生元件的影响可以决定整个系统的特性，上述情况则更加突出。由于受到无源电路元件寄生振荡效应的某种影响，振荡器有可能不仅在需要的频率点上工作，还可能产生频率较低或较高的谐波，某些振荡器电路甚至还会因此而完全停振。

本章第一部分重点关注负阻型谐波振荡器和反馈型谐波振荡器。掌握了产生振荡的基本原理后，首先考察基本的考毕兹（Colpitts）和哈特雷（Hartley）谐振器，然后转向讨论现代射频电路的设计方法，包括讨论有源器件在各种网络结构中的 $S$ 参量。

本章第二部分将侧重于讨论混频器具有的基本功能：频率变换。由于混频器具有广泛的应用领域，所以它有许多种不同的电路形式，本章的重点在于下变频电路。混频器的典型应用是在接收系统中将射频输入信号变换为频率较低的中频信号，以便更容易进行信号的后续调整和处理。这种变换是通过将射频信号和本振信号相混合的乘法操作实现的，这种乘法操作需要非线性的或至少包含平方项的传递函数。目前，晶体管混频器、二极管混频器都仍在使用，场效应晶体管混频器的工作频率已接近 100 GHz，二极管混频器的工作频率已经远远超过了 100 GHz。

## 10.1　振荡器的基本模型

### 10.1.1　反馈型振荡器

所有振荡器的核心都是一个能够在特定频率上实现正反馈的环路。图 10.1(a)描述了常规闭环系统的特征，图 10.1(b)给出的是双端口网络的表达方式。

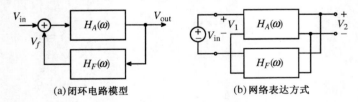

(a)闭环电路模型　　　　　　　(b)网络表达方式

图 10.1　振荡器的基本结构

一个电路发生振荡的数学条件可以由闭环传递函数导出,闭环传递函数则由放大单元的传递函数 $H_A(\omega)$ 和反馈单元的传递函数 $H_F(\omega)$ 构成。

$$\frac{V_{\text{out}}}{V_{\text{in}}} = H_{\text{CL}}(\omega) = \frac{H_A(\omega)}{1 - H_F(\omega)H_A(\omega)} \tag{10.1}$$

由于振荡器没有输入信号,即 $V_{\text{in}} = 0$,若要得到非零电压输出 $V_{\text{out}}$,则式(10.1)的分母必须为零。由此条件可得**巴克豪森判据**(Barkhausen criterion),即环路增益方程:

$$H_F(\omega)H_A(\omega) = 1 \tag{10.2}$$

如果将其中的反馈传递函数 $H_F(\omega)$ 写为复数形式,即 $H_F(\omega) = H_{\text{Fr}}(\omega) + jH_{\text{Fi}}(\omega)$,且放大器传递函数具有实数增益,即 $H_A(\omega) = H_{A0}(\omega)$,则式(10.2)可以改写为

$$H_{A0} = \frac{1}{H_{\text{Fr}}(\omega)} \tag{10.3a}$$

$$H_{\text{Fi}}(\omega) = 0 \tag{10.3b}$$

条件式(10.2)、式(10.3a)和式(10.3b)只适用于稳态情况。在振荡的初始状态,必须有 $H_{A0}(\omega)H_{\text{Fr}}(\omega) > 1$。换句话说,环路的增益必须大于 1 才能使输出电压逐步增加。然而,输出电压必须能够达到稳定状态(即最终电压幅度必须是稳定的)。由图 10.2 可见振荡器的这种非线性特征。

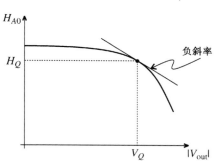

曲线的负斜率确保了增益随着输出电压的增加而下降。$H_{A0}(\omega) = H_Q(\omega) = H_{\text{Fr}}(\omega)$,$|V_{\text{out}}| = V_Q$ 所对应的点就是稳定振荡点。若电路具有稳定的谐振频率 $f_Q$,则还可以画出信号频率与环路增益的类似曲线。

图 10.2　输出电压与增益特性的关系

## 10.1.2　负阻型振荡器

振荡器也可以视为谐振器与产生"负电阻"的有源电路耦合而成。这个负阻恰好抵消了谐振器内部的电阻,使振荡在谐振频率点得以维持。图 10.3 是振荡电路的一般结构,其中阻抗为 $Z = R + jX$ 的无源谐振器与输入阻抗为 $Z_{\text{in}} = R_{\text{in}} + jX_{\text{in}}$ 的有源电路相连。我们希望电路在谐振频率点存在有限的电流 $I$。根据基尔霍夫电压定律:

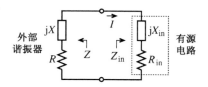

图 10.3　典型的负阻型振荡器电路

$$(Z + Z_{\text{in}})I = 0 \tag{10.4}$$

所以,要获得非零电流,需要 $Z + Z_{\text{in}} = 0$。将此方程的实部和虚部分开,则可得到振荡条件:

$$R_{\text{in}} = -R \tag{10.5a}$$

$$X_{\text{in}} = -X \tag{10.5b}$$

由于外部谐振器是无源的,即 $R > 0$,这表明在谐振条件下 $R_{\text{in}} < 0$。振荡电路只需在谐振频率附近具有负的射频电阻。第二个谐振条件,式(10.5b)确定了谐振频率。

如何形成并保持振荡所需的负的输入阻抗呢?根据图 10.4 所示的两种常规负阻电路,可以证明,采用晶体管电路可以产生小信号及准大信号负电阻。利用简化近似和电路仿真可以

看出,负电阻的值随信号的幅度而改变。如果根据其中一个电路制作振荡器,则振荡幅度将稳定在负电阻与谐振器电阻的幅度相等的状态下,所以可以预测并控制振荡的幅度。

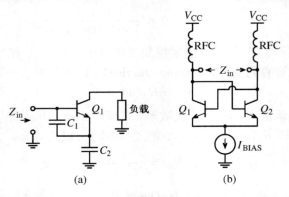

图 10.4 常规负阻型振荡器电路。(a)发射极/源极反馈(不包括偏置电路);(b)差动耦合

必须牢记,输入端口的负阻将随振荡幅度的增加而增加或减小。一般经验认为,在小信号条件下,负阻的幅值应当是外部谐振器串联阻抗的 3 倍。这个经验规律的应用条件是,有源器件的负阻应随振荡幅度的增加而下降。如图 10.5(a)所示,这种电路最适合于串联谐振器。读者将会看到,确实有一些负阻电路具有完全相反的特征,在上述经验条件成立的情况下仍然不振荡。负阻幅值随振荡幅度上升而增加的电路可以归类于"负电导"电路。此类电路特别适合于图 10.5(b)所示的并联谐振器,同时小信号负电导的幅值必须为谐振器并联电导的 3 倍。

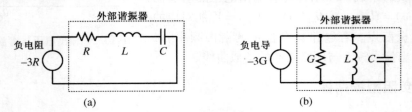

图 10.5 (a)负电阻型振荡器;(b)负电导型振荡器

### 发射极/源极反馈电路

图 10.6(a)所示电路为图 10.4(a)电路的一种具体形式,它具有理想的偏置条件。方框内的电容和电感分别表示理想的直流隔断状态和理想直流通过(射频扼流圈,RFC)状态。电源 SRC2、SRC3 和 SRC4 分别提供偏置电压、发射极电流和集电极电压。为了在小信号条件下分析这个电路,将采用晶体管的最简电路模型:理想跨导模型。这个电路的小信号模型如图 10.6(b)所示。由该电路的输入阻抗可得

$$Z_{\text{in}} = -\frac{g_m}{\omega^2 C_1 C_2} - \mathrm{j}\frac{1}{\omega}\left(\frac{1}{C_1} + \frac{1}{C_2}\right) \tag{10.6}$$

其中,$g_m = I_E/V_T$ 是晶体管的跨导,$I_E$ 是发射极直流偏置电流,$V_T \approx 26$ mV 是室温下的热电势。$Z_{\text{in}}$ 的实部对应于输入负阻,它与两个电容串联后的电抗相串联。为了构成振荡器,需要在输入端口外接一个电感(有耗的)性的阻抗。

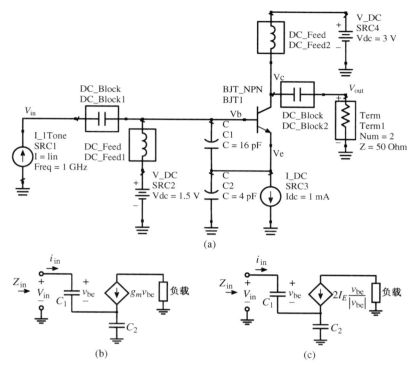

图 10.6　发射极反馈的负阻电路。(a)包含偏置电路的 ADS 原理图；(b)小信号模型；(c)基波的大信号模型

---

**关于 ADS 模型的元件的说明**

　本章涉及的 ADS 模型的电路元件：

**V_1Tone, I_1Tone**　分别为单频正弦电压源和电流源，通常用于频域分析。

**V_DC, I_DC**　分别为直流电压源和直流电流源。

**DC_Block**　直流开路，对于其他频率为短路。

**DC_Feed**　直流短路，对于其他频率为开路。

**Term**　终端负载为 $Z_0$ 的端口。通常用于计算 $S$ 参量，也可作为 $S$ 参量仿真的信号源。

**I_Probe**　电流测量点，作用类似于短路。

**OscPort**　用于分析振荡器的特殊仿真器元件，作用类似于短路。

---

　　随着振荡幅度的增加，晶体管的工作点将脱离线性的甲类工作状态，处于截止区的时间越来越长。导通角逐渐减小，直到晶体管的工作点完全处于丙类工作状态。在丙类工作状态下，当 $v_{be}$ 处于其正峰值附近时，晶体管将形成短电流脉冲。随着电流脉冲宽度的缩小，晶体管发射极电流波形将逐渐变为一个脉冲串，其直流分量等于晶体管发射极的直流偏置电流。我们将用傅里叶级数展开晶体管的发射极电流，并仅在关注的频率上分析这个电路，该频率对应于脉冲串的基波。晶体管发射极电流的基波 $i_{e(1)}$ 可采用复数表示为

$$i_{e(1)} = \frac{2}{T}\int_{-T/2}^{T/2} i_E e^{-j\omega t}dt \approx \frac{2}{T}\int_{-T/2}^{T/2} I_E\delta\left(t+\frac{\theta}{\omega}\right)e^{-j\omega t}dt \tag{10.7}$$

$$= 2I_E e^{j\theta} = 2I_E\angle\theta$$

其中，$\theta$ 是 $i_E$ 的相移。采用狄拉克(Dirac)$\delta$ 函数近似描述发射极电流的单个脉冲。可以看出，在严格的丙类工作状态下，发射极电流的基波幅度是直流偏置电流的 2 倍，而与输入信号的幅度无关。输入信号只影响相位 $\theta$，这个相位将在以后确定。

图 10.6(c)是负阻电路对应于基波频率 $\omega$ 的大信号模型(严格的丙类工作状态)。为了求解基波的输入阻抗，在电路的输入端口注入正弦测试信号 $i_{in}$。该测试电流通过电容器 $C_1$ 引起电压 $v_{be}$ 上升：

$$v_{be} = -j\frac{1}{\omega C_1}i_{in} \tag{10.8}$$

因为 $i_E$ 脉冲发生在 $v_{be}$ 的正峰值附近，所以基波 $i_{e(1)}$ 与 $v_{be}$ 同相。即相对于 $i_{in}$，$\theta = -90°$，此受控电流源可表示为

$$i_{e(1)} = -j2I_E\frac{i_{in}}{|i_{in}|} \tag{10.9}$$

求出 $v_{in}$ 并除以 $i_{in}$，则可得到对应于基波频率的输入阻抗：

$$Z_{in(1)} = -\frac{2I_E}{|i_{in}|}\frac{1}{\omega C_2} - j\frac{1}{\omega}\left(\frac{1}{C_1}+\frac{1}{C_2}\right) \tag{10.10}$$

---

**谐波平衡分析法**

　　谐波平衡分析法是一种迭代计算方法，用于对非线性系统进行仿真分析。在 ADS 仿真器中，电路被分为线性和非线性两部分。电路的非线性部分先在时域进行迭代求解，然后通过傅里叶变换转到频域，最后在频域与电路的线性部分组合起来。谐波平衡分析法的基础是任何信号都可以用有限个频率的简谐波信号叠加构成。

---

可以看出，电路仍然具有负电阻，但其幅度确与输入电流的幅度成反比。此时电路的电抗仍然与小信号的情况相同，所以谐振频率并未随振荡幅度的增加而发生变化。

利用 ADS 在 1 GHz 频率点对图 10.6(a)所示电路进行谐波平衡(大信号)仿真，画出了输入阻抗 $Z_{in} = R_{in} + jX_{in}$ 与输入电流幅度的函数关系，以及式(10.6)和式(10.10)的近似曲线，如图 10.7 所示。在小信号和大信号区，输入电阻 $R_{in}$ 的近似值与仿真值吻合得相当好，其间有个过渡区，这是我们意料中的。可以看到，在输入电流很大的情况下，随着基极-集电极 $pn$ 结开始呈现正向偏置，电路偏离了常规的丙类放大器工作特性。除了输入电流 $|i_{in}|$ 很大的情况，在几乎所有区域内，输入电抗 $X_{in}$ 都保持在式(10.6)和式(10.10)预测的 $-49.7\ \Omega$ 附近，而形成此偏差的原因与前面讨论的 $R_{in}$ 偏差原因相同。

外接具有串联电阻 $R$ 的谐振器，就可以估计振荡的幅度：

$$|i_{in}| = \frac{2I_E}{\omega C_2 R} \tag{10.11a}$$

$$|v_{in}| = |Z_{in}||i_{in}| \approx \frac{2I_E}{\omega^2 C_2 R}\left(\frac{1}{C_1}+\frac{1}{C_2}\right) \tag{10.11b}$$

电阻 $R$ 的耗散功率为

$$P = \frac{1}{2}|i_{in}|^2 R = \frac{2I_E^2}{\omega^2 C_2^2 R} \tag{10.11c}$$

以后将发现，使谐振器存储能量最大化，是减小振荡器相位噪声的关键。这可以通过增加偏置电流同时减小 $C_2$ 或 $R$ 来实现。如果遵循 $R = -R_{in}/3$（小信号条件）的经验关系，则振荡幅度为

$$|i_{in}| = 6\omega C_1 \frac{I_E}{g_m} = 6\omega C_1 V_T \tag{10.12a}$$

$$|v_{in}| \approx 6\frac{I_E}{g_m}\left(\frac{C_1}{C_2}+1\right) = 6V_T\left(\frac{C_1}{C_2}+1\right) \tag{10.12b}$$

$$P = 6\frac{I_E^2}{g_m}\frac{C_1}{C_2} = 6I_E V_T \frac{C_1}{C_2} \tag{10.12c}$$

其中，使用 $V_T$ 的公式适用于双极晶体管；使用 $g_m$ 的公式则可适用于各种晶体管。

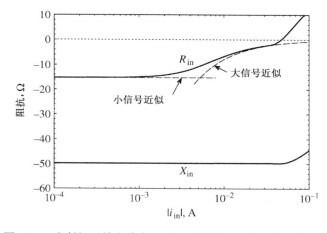

图 10.7　发射极反馈电路在 1 GHz 频率下的谐波平衡仿真结果

也可以通过增加偏置电流或 $C_1/C_2$ 的比值来增加谐振器存储的能量。另外，较高的 $C_1/C_2$ 比值可降低谐振器的串联电阻。有关考毕兹振荡器（见 10.1.5 节）的实际经验表明，$C_1/C_2$ 的恰当比值是 4，即图 10.6（a）所示电路所采用的数值。采用这个比例值，则可得到以下简化公式：

$$|v_{in}| \approx 30\frac{I_E}{g_m} = 30V_T \approx 0.78\ V \tag{10.13a}$$

$$P = 24\frac{I_E^2}{g_m} = 24I_E V_T \tag{10.13b}$$

现在可以对由此电路构成的振荡器进行仿真了。根据选择电阻的经验，将一个 5 Ω 的电阻与一个 8 nH 的电感（1 GHz 处的电抗 $X = 50.3\ \Omega$）构成的串联电路连接在图 10.6（a）所示电路的输入端。根据近似计算结果，振荡器将工作在 0.995 GHz 频率点，振荡电压幅度 $|v_{in}| = 0.78V_{pk} = 1.56\ V_{p-p}$。图 10.8 是采用谐波平衡法仿真的晶体管的基极、发射极及集电极电压波形。仿真结果表明，振荡频率为 0.9937 GHz。由直流偏置加 $v_{in}$ 构成的基极电压 $v_B$ 并非严格的正弦波。它的实际幅度为 1.457 $V_{p-p}$，而基波的幅度为 1.438 $V_{p-p}$，这与我们的估计相当接近。

必须注意的是，集电极电压 $v_C$ 与正弦波的差别很大，其原因是负载电阻上有丙类工作状态的集电极脉冲电流。

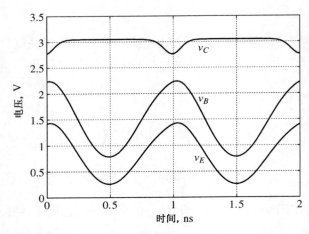

图 10.8　发射极反馈负阻型振荡器在 1 GHz 频率下的谐波平衡仿真结果

值得注意的是，当晶体管逐渐进入深度的丙类工作状态时，其偏置点将发生轻微的变化。随着输入电压幅度的增加，$v_E$ 的峰值将偏离 $v_B$ 的峰值大约 0.7 V。由于在电容器的分压作用下 $v_E$ 的摆幅小于 $v_B$ 的摆幅，所以直流电压的平均值 $V_E$ 将上升，从而降低了 $V_{CE}$。所以，如果使用发射极电阻代替电流源，为此电路提供偏置（一种常用的方法），则晶体管在振荡状态的发射极偏置电流将略大于直流分析的计算结果。

由于晶体管工作在深度的丙类状态，振荡器的基波输出功率只与晶体管的偏置电流有关：

$$P_{\text{out}(1)} = \frac{1}{2}\left|i_{\text{load}(1)}\right|^2 R_{\text{load}} = 2I_E^2 R_{\text{load}} \tag{10.14}$$

其中，$|i_{\text{load}(1)}| = 2I_E$，等于晶体管的发射极电流。在 $I_E = 1$ mA，$R_{\text{load}} = 50\ \Omega$ 的条件下，输出功率预计为 $-10$ dBm，仿真结果为 $-10.95$ dBm。

此振荡电路的一个重要特点是其负载与谐振器之间是隔离的。当振荡电路的工作频率接近晶体管的截止频率时，此隔离度将减小，同时晶体管寄生增益的影响将增大。晶体管寄生参量造成的另外一个现象是基极-发射极内部的结电容通常已足够大，因此外部电容 $C_1$ 可以省略。

关于负载，需要注意的一个问题是其阻抗必须相对偏低。否则，晶体管集电极脉冲电压（见图 10.8）幅度会过大，使晶体管的偏置点偏离丙类工作状态。另外，考虑到晶体管的寄生参量在负载和谐振器之间形成了耦合，较低的负载阻抗可降低负载电阻起伏对谐振频率的影响。

### 差动耦合电路

另一种常用的负阻电路是图 10.9 所示的差动耦合电路。通过分析此电路的小信号差动输入电阻（采用晶体管的理想跨导模型），可得

$$Z_{\text{in}} = -\frac{2}{g_m} = -\frac{4V_T}{I_{\text{BIAS}}} \tag{10.15}$$

其中，$g_m = I_{\text{BIAS}}/(2V_T)$，因为总偏置电流平均分给两个晶体管。我们发现，该电路只有负电

阻，没有电抗分量（显然，这必须忽略晶体管的寄生参数）。随着输入电压幅度的增加，晶体管的集电极电流的波形将近似于方波，在半个周期内为零电流，在另外半个周期内则等于 $I_{\mathrm{BIAS}}$。在这种特定条件下，基波的输入阻抗可表示为

$$Z_{\mathrm{in}(1)} = -\frac{\pi |v_{\mathrm{in}}|}{2 I_{\mathrm{BIAS}}} \tag{10.16}$$

可见，电路负阻的幅度随输入信号的增加而上升。所以，这个电路可视为"负电导"电路，应当与并联谐振器配合使用，如图 10.5(b) 所示。在谐振频率点，并联谐振器具有最大的并联电阻（即最小的并联电导），该频率点就是振荡电路的工作频率。

　　图 10.10 给出了采用谐波平衡仿真法分析图 10.9 电路基波(1 GHz)输入阻抗的结果，同时画出了式(10.15)和式(10.16)给出的近似结果。同样，谐波平衡仿真和近似公式在小信号区和大信号区都吻合良好，在小信号区和大信号区之间有一过渡区，当信号极大时此模型就失效了。

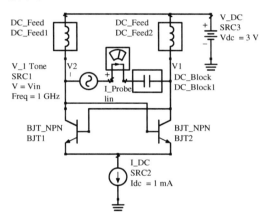

图 10.9　产生负阻的差动耦合
晶体管及偏置电路

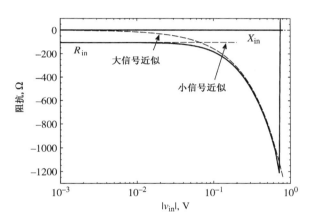

图 10.10　谐波平衡仿真法分析差动耦合
负阻电路的输入阻抗(1 GHz)

　　求出谐振器的并联电导 $G$ 后，就可以估计振荡电压和电流的幅度：

$$|v_{\mathrm{in}}| = \frac{2 I_{\mathrm{BIAS}}}{\pi G} \tag{10.17a}$$

$$|i_{\mathrm{in}}| = \frac{2}{\pi} I_{\mathrm{BIAS}} \tag{10.17b}$$

以及对应的耗散功率：

$$P = \frac{2 I_{\mathrm{BIAS}}^2}{\pi^2 G} \tag{10.17c}$$

　　如果利用负电导的经验公式 $G = -G_{\mathrm{in}}/3$（小信号下），则上式可简化为

$$|v_{\mathrm{in}}| = \frac{12 I_{\mathrm{BIAS}}}{\pi g_m} = \frac{24}{\pi} V_T \approx 0.20\ V \tag{10.18a}$$

$$P = \frac{12 I_{\mathrm{BIAS}}^2}{\pi^2 g_m} = \frac{24}{\pi^2} I_{\mathrm{BIAS}} V_T \tag{10.18b}$$

　　图 10.11 是由差动耦合负阻电路构成的振荡电路。并联谐振器由串联的电感 $L_1$ 和 $L_2$ 与电

容 $C_1$ 并联构成。此处采用了小信号下负电导的经验公式 $G = -G_{\text{in}}/3 = 0.0032\ \text{S} = (1/312)\ \Omega$。然而,这里并不存在 312 Ω 的并联电阻,只有由 5 nH 电感与 3.1 Ω 电阻串联构成的感性阻抗。在 1 GHz 频率点,此电路等效于 5.05 nH 的电感与 321 Ω 的电阻相并联。根据近似公式的计算,振荡频率为 0.992 GHz,振荡电压幅度为 $|v_{\text{in}}| = 0.20\ V_{\text{pk}} = 0.40\ V_{\text{p-p}}$。对图 10.11 电路仿真得到的电压波形如图 10.12 所示,振荡频率为 0.9913 GHz。集电极电压波形 $v_{C1}$ 和 $v_{C2}$ 几乎是完美的正弦波,$|v_{\text{in}}| = |v_{C1(1)} - v_{C2(1)}| = 0.382\ V_{\text{p-p}}$ 与近似公式的估计值也相当吻合。集电极电流波形 $i_{C1}$ 近似为所预期的方波。

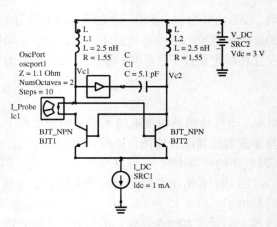

图 10.11　差动耦合振荡器。OscPort 和 I_Probe 是仿真器的元件,等效于短路

　　与前一种电路不同,由于负载将直接影响谐振器,所以差动耦合晶体管没有直接将振荡器的输出功率传递到负载。所以,在大多数应用电路中,需要在差动耦合晶体管的集电极与负载之间插入差动的或单端的缓冲级。

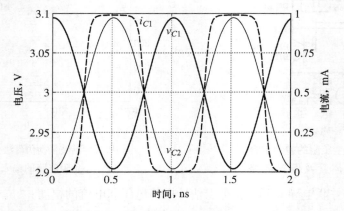

图 10.12　差动耦合振荡器(1 GHz)的谐波平衡仿真

### 负阻经验公式的导出

　　谐振器具有最大耗散功率,以及负阻与信号幅度关系的线性近似,是引出小信号负阻经验公式 $R = -R_{\text{in}}/3$ 的基础:

$$R_{\text{in}(1)} = R_{\text{in}}\left(1 - \frac{|i_{\text{in}}|}{I_{\text{max}}}\right) \tag{10.19}$$

　　上述公式清楚地表明,在小信号下负阻值从 $R_{\text{in}}$ 开始,随着输入电流幅度的增加而线性减小,直至输入电流为 $I_{\text{max}}$ 时降为零,此时振荡将停止。如果将这个负电阻与具有小信号串联电阻 $R = -R_{\text{in}(1)} < -R_{\text{in}}$ 的谐振器耦合起来,则可根据式(10.19)解出 $|i_{\text{in}}|$:

$$|i_{\text{in}}| = I_{\text{max}}\left(1 + \frac{R}{R_{\text{in}}}\right) \tag{10.20}$$

并将谐振器吸收的功率表示为

$$P = \frac{1}{2}|i_{in}|^2 R = \frac{1}{2}I_{max}^2\left(\frac{R^3}{R_{in}^2} + \frac{2R^2}{R_{in}} + R\right) \tag{10.21}$$

考察这些公式时必须注意，$R_{in}$ 是负值。为了求出谐振器吸收功率的极大值，令 $P$ 相对于 $R$ 的导数为零：

$$0 = \frac{dP}{dR} = \frac{1}{2}I_{max}^2\left(\frac{3R^2}{R_{in}^2} + \frac{4R}{R_{in}} + 1\right) \tag{10.22}$$

求解 $R$，则可得到两个解：

$$R = -R_{in}, \qquad R = -\frac{R_{in}}{3} \tag{10.23}$$

由于 $R = -R_{in}$ 时 $|i_{in}|$ 降为零，所以此解对应于一个最小点。另一个解则对应于谐振器有最佳的吸收功率。由此证明了经验公式的正确性。

　　根据前面的讨论可发现，负阻与输入电流的依赖关系更接近于式(10.10)的反比关系，而非式(10.19)的线性下降关系。谐振器吸收功率的表达式(10.11c)也并不存在相对于 $R$ 的最大值。实际上，要优化谐振器的吸收功率，串联电阻 $R$ 应当最小化。回顾图 10.7 的输入阻抗曲线，可发现式(10.10)的关系只有在 $R \approx -R_{in}/5$ 时才成立，此时振荡幅度非常大，丙类工作状态被破坏，且负阻快速降为零。如果选择不同的偏置和电抗性元件，则表达式(10.10)在 $R/R_{in}$ 的比值很小时才成立。另一个需要提醒注意的是，随着振荡幅度的增加，负阻将变小，反过来又降低了振荡幅度。正如其他反馈环路一样，这种调整机制不是瞬时的，存在可能的不稳定性。一个不稳定的反馈环路将造成信号幅度的起伏，起伏的特征是频率远低于基波频率的准正弦波。这种难于预测的现象称为"非稳定振荡"。这种现象在 $R/R_{in}$ 的比值较小，$C_1/C_2$ 的比值较大时非常明显(见图 10.6 的电路)。为了避免这些问题，我们建议远离极限状态，而采取折中的方案，即 $R \approx -R_{in}/3$ 和 $C_1/C_2 \approx 4$，尽管这样可能导致较差的相位噪声特性。

**负电阻与负电导**

　　前面已经讨论了两种负阻电路，它们的负阻值随输入信号幅度的增加而分别呈现上升或下降现象。这两种电路(及其他实用电路)都符合黑川(Kurokawa)稳定振荡条件，这个条件的推导过程不在这里讨论。

$$\left.\frac{\partial R_{in}(I_{in}, \omega_0)}{\partial I_{in}}\right|_{I_{in}=I_0} \left.\frac{dX(\omega)}{d\omega}\right|_{\omega=\omega_0} - \left.\frac{\partial X_{in}(I_{in}, \omega_0)}{\partial I_{in}}\right|_{I_{in}=I_0} \left.\frac{dR(\omega)}{d\omega}\right|_{\omega=\omega_0} > 0 \tag{10.24}$$

其中，$R_{in}$ 和 $X_{in}$ 是有源负阻电路的电阻分量和电抗分量，$R$ 和 $X$ 是谐振器的电阻和电抗，$I_{in} = |i_{in}|$ 是此有源电路输入基波电流的幅度。大多数谐振器的电阻几乎与频率无关(至少在中心工作频率附近的窄带内)，所以式(10.24)中的第二项可以忽略。因此得到了简化的稳定振荡条件：

$$\left.\frac{\partial R_{in}(I_{in}, \omega_0)}{\partial I_{in}}\right|_{I_{in}=I_0} \left.\frac{dX(\omega)}{d\omega}\right|_{\omega=\omega_0} > 0 \tag{10.25}$$

由上式可见，导数的符号至关重要。如果负阻 $R_{in}$ 随输入电流的增大而增加(绝对值变小)，则振荡器的电抗将随工作频率的上升而增加(由容性变为感性)。串联谐振器可以满足这个要求，它在低频下呈现容性，在高频下呈现感性。在 $R_{in}$ 随输入信号增加而下降(绝对值变大)的情况下，谐振器的电抗必须随频率的上升而下降（由感性变为容性）。显然，并联谐振器符合这个要求。

### 10.1.3 振荡器的相位噪声

在振荡器的各项特性参数中，相位噪声也许是最重要的。相位噪声及其在时域的等效参量——抖动，反映了振荡器输出信号相位（即频率）的随机变化。相位噪声通常是采用频谱分析仪在频域进行测量的，而频谱分析仪是不能区别幅度噪声与相位噪声的。这种测量结果仍然被称为"相位噪声"的原因是，信号幅度的起伏被振荡器的幅度反馈机制抑制了，而相位变化仍保持原样，从而使相位噪声成为载波频率附近噪声的主要成分。然而，在远离载波的频段，幅度噪声的成分仍然很大。

振荡器的相位噪声起源于振荡器电路中的各种噪声源，包括热噪声、散弹噪声及 $1/f$ 噪声。为了对相位噪声有直观的了解，考察一个理想的振荡器，它由并联谐振器、常规的噪声电导及一个完全无噪声的有源负电导电路并联构成。谐振器的电导只有热效应产生的白噪声，即约翰逊噪声，可以用诺顿（Norton）等效电流源表达，其均方谱密度为

$$\frac{I_n^2}{\Delta f} = 2kTG \tag{10.26}$$

其中，$k$ 是玻尔兹曼（Boltzmann）常数，$T$ 是温度，$G$ 是谐振器的电导，$\Delta f$ 是噪声的带宽。在谐振频率附近，有源电路的负电导完全抵消了谐振器的电导 $G$。假设振荡器的输出信号是谐振器上的电压（或者是传递到电导 $G$ 上的功率），则输出噪声就是由流过纯电抗性的并联谐振器的上述噪声电流造成的：

$$\frac{V_n^2}{\Delta f} = \frac{I_n^2}{\Delta f}|Z(\omega)|^2 \tag{10.27}$$

其中，无损耗的并联谐振器的阻抗为

$$Z(\omega) = \frac{1}{j\omega C + \dfrac{1}{j\omega L}} = j\frac{1}{GQ\left(\dfrac{\omega_0}{\omega} - \dfrac{\omega}{\omega_0}\right)} \tag{10.28}$$

在式（10.28）中，$Q$ 是无损耗的并联谐振器的固有品质因数。如果只考虑中心频率附近的频率，即 $\Delta\omega \ll \omega_0$，则并联谐振器的阻抗可以近似为

$$Z(\omega_0 + \Delta\omega) \approx -j\frac{\omega_0}{2GQ\Delta\omega} \tag{10.29}$$

将式（10.29）代入式（10.27），则有

$$\frac{V_n^2}{\Delta f} = 4kTG\left(\frac{\omega_0}{2GQ\Delta\omega}\right)^2 = \frac{4kT}{G}\left(\frac{\omega_0}{2Q\Delta\omega}\right)^2 \tag{10.30}$$

其中，$\Delta f$ 和 $\Delta\omega$ 分别表示不同的参量，即噪声带宽和距离载波的频率偏差。上式近似表达了这个振荡器的相位噪声。实际上只需要考虑这个振荡器的幅度反馈。根据热力学中的均分法则，噪声电导将产生等功率的幅度噪声和相位噪声。然而，振荡器中的幅度反馈对信号幅度的起伏有强烈的抑制效果。所以，振荡器的输出噪声只是式（10.30）计算的均方噪声的一半。

实际上，振荡器相位噪声参数的定义是其噪声功率与其载波功率的比值。典型的相位噪声参数是振荡器在偏离载波的某频率点，1 Hz 频带内的噪声功率与载波功率的比值：

$$L(\Delta\omega) = \frac{P_n/(\Delta f)}{P_c} = \frac{V_n^2 G}{\Delta f} \frac{1}{P_c} = \frac{2kT}{P_c}\left(\frac{\omega_0}{2Q\Delta\omega}\right)^2 \tag{10.31}$$

其中，$P_n$ 是噪声功率，$P_c$ 是载波功率(两者都消耗在电导 $G$ 上)。上述比值的单位通常是分贝，记为 dBc/Hz，同时要给出偏离载波的频率值。因为 1/Hz 这个量纲也取了对数，所以用 dB/Hz 作为相位噪声的单位在理论上是错误的，尽管如此，有些文献中仍采用 dB/Hz 作为相位噪声的单位。

与宽谱的热噪声不同，振荡器相位噪声的谱密度与其工作频率密切相关。振荡器的相位噪声谱密度在载波频率点趋于无穷大，并按距离载波的频差的平方衰减。在双对数坐标系中，衰减的速度为 −20 dB/decade。可以看出，在任意给定的频偏下，振荡器的相位噪声与其谐振器品质因数的平方成反比。所以，提高谐振器的品质因数是降低振荡器相位噪声的最有效措施，即提高谐振器存储的能量可降低振荡器的相位噪声。相位噪声这种特殊的噪声与载波的功率无关。最后，还可以看出，振荡器的相位噪声功率随振荡频率的平方增加。

虽然采用非常简单的方法引出了相位噪声的概念，但它的确可以作为振荡器的精确的、定量的相位噪声模型。上述关于相位噪声谱密度的描述基本上是正确的，但真实的振荡器将产生远大于式(10.31)预计的噪声。实际振荡器的有源单元是非线性的时变电路，其作用如同一个混频器，它可将载频谐波附近的噪声上变频或下变频到振荡器工作频率附近。所以，热噪声对相位噪声的贡献增大了。另外，有源器件也将产生一些白噪声，包括热噪声和各种散弹噪声。更糟糕的是，晶体管的 1/f 噪声也被上变频到了载频附近，它通常仅在非常低的频段(kHz 至 MHz 的低端)产生明显作用。最后，在距离载频相当远的频率点，相位噪声将趋于噪声本底(noise floor)。

**均分法则**

在经典的热力学与统计物理中，均分法则指出：在热平衡状态下，热能将平均分配在其各种存在形式中。例如，如果气体分子存在运动和旋转，则其运动的动能和旋转的动能的平均值是相等的。振荡器的噪声也遵循这个原则，相互正交的幅度噪声和相位噪声应具有相同的噪声功率。

李森(Leeson)导出了包括上述所有效应的振荡器相位噪声公式：

$$L(\Delta\omega) = \frac{2FkT}{P_c}\left[1 + \left(\frac{\omega_0}{2Q\Delta\omega}\right)^2\right]\left(1 + \frac{\Delta\omega_{1/f^3}}{|\Delta\omega|}\right) \tag{10.32}$$

可以看出，式(10.32)是式(10.31)的修订版。其中噪声指数 $F$ 描述了噪声的增加量，其基准是理想情况下的无噪声负电阻。在噪声谱中的 $1/(\Delta\omega)^2$ 项中增加 1 的意义对应于噪声本底，它出现在谐振器 3 dB 带宽点附近。式(10.32)右侧增加的乘积项使噪声在载频附近按 $1/(\Delta\omega)^3$(−30 dB/decade)变化。这是低频 1/f 噪声的贡献，该噪声被振荡器上变频并转换为相位噪声。噪声滚降的斜率由 −30 dB/decade 变到 −20 dB/decade 的转换点频偏是 $\Delta\omega_{1/f^3}$，它接近于晶体管 1/f 噪声的拐点频率，但并不相等。图 10.13 根据式(10.32)画出了李森相位噪声的图形，并与理想振荡器的相位噪声公式(10.31)进行了对比。

李森相位噪声模型，即式(10.32)对相位噪声频谱形状的近似非常成功，但它却没有提供从电路参数导出模型参数的方法。噪声指数 $F$ 与构成放大器的晶体管的噪声系数没有任何关系,因为振荡电路工作在大信号的强非线性状态。尽管式(10.32)表明噪声本底在谐振器 3 dB 带宽频率点形成,但实际的噪声本底却取决于振荡器的输出缓冲级。另外,相位噪声的频偏拐点 $\Delta\omega_{1/f^3}$ 并非恰好等于晶体管低频 $1/f$ 噪声的拐点。事实上,一个经过良好优化的振荡器,其相位噪声的频偏拐点 $\Delta\omega_{1/f^3}$ 可以远远低于晶体管低频 $1/f$ 噪声的拐点。

人们一直在设法根据振荡器电路导出李森模型的参数值。其中一个值得注意的进展是哈基米里(Hajimiri)的时变噪声模型。该模型试图直观且有效地描述噪声的上下变频现象,以及晶体管噪声的特性,如散弹噪声和隧道噪声。因为散弹噪声与集

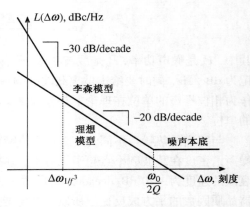

图 10.13 根据李森模型和理想振荡器模型画出的相位噪声

电极电流成比例,而集电极电流在一个振荡周期内会发生很大的变化,所以散弹噪声是时变的。在我们仿真过的所有振荡器电路中,都曾遇到过这种强烈的时变效应。

哈基米里模型的基本概念是**冲击灵敏度函数**(Impulse Sensitivity Function, ISF),它在时域中描述了噪声对振荡信号相位的冲击效应。由于谐振器的储能在谐振器的不同储能元件之间周期性地来回转移,一个单位的电流冲击(噪声)将使振荡波形的相位发生改变,而改变量与其发生的时刻有关。以一个采用理想并联谐振器的振荡器为例,若在噪声电流冲击发生的瞬间,谐振器的所有能量都存储在电容中,则将导致电压的幅度发生改变,而电压的相位不变。振荡器的幅度反馈机制将快速纠正其振荡幅度的变化。所以,在振荡周期中的这一时刻,冲击灵敏度函数为零。在另外一种情况下,如果谐振器的所有能量都存储在电感中,则冲击电流将造成振荡器无法补偿的振荡相位的改变。此时,冲击灵敏度函数达到最大值(正或负的峰值)。这表明,噪声的上、下变频可直接用冲击灵敏度函数的傅里叶级数的系数来描述。直流附近的噪声被上变频到载波附近,比例系数为冲击灵敏度函数的直流分量。载波附近的噪声则由冲击灵敏度函数的基波项倍乘。二倍于载波的频率点附近的噪声则将根据冲击灵敏度函数的二次谐波项下变频到载波附近,等等。

目前,冲击灵敏度函数还不能从振荡电路中直接导出,但哈基米里提出了 3 种估算方法。其中之一是,冲击灵敏度函数比例于振荡器输出电压的波形(即谐振器电容的电压波形)。确定冲击灵敏度函数的最佳方法是采用电路仿真软件。

冲击灵敏度函数理论的一个结论表明,为了降低相位噪声,冲击灵敏度函数的均方根值必须尽量小,这意味着振荡波形的上升、下降时间必须尽量短。提高 $P_c$ 和 $Q$ 也被预测为降低相位噪声的可靠方法,因为这将提高谐振器存储的能量,使噪声冲击对谐振器的扰动变小。另外一个结论是,减小冲击灵敏度函数的直流分量可降低 $1/(\Delta\omega)^3$ 噪声。从理论上讲,奇对称或半波对称的冲击灵敏度函数的直流分量为零。半波对称波形是指半个周期的波形是另外半个周期波形的平移再反转。奇对称信号难以直接实现,但可通过滤除半波对称信号中的偶次谐波而得到(例如,引入对所有偶次谐波频率呈现短路的 1/4 波长终端短路传输线),或者采用 CMOS 技术制作平衡的推挽晶体管对电路。

为了正确地分析散弹噪声,必须考虑到集电极电流的波形。对此类噪声源,人们已提出了一个合理的冲击灵敏度函数,即在一定的条件,用常规的冲击灵敏度函数乘以瞬时集电极电

流。由此可以得到一个推论,对于一个良好的振荡器,晶体管的电流必须是短脉冲,并与冲击灵敏度函数的零点在时间上同步(此时所有能量都存储在电容中)。如果考察图 10.8,也就是所讨论的第一种电路(反馈型负阻振荡电路)的波形,则会发现该电路恰好是这样工作的。发射极(噪声)电流脉冲出现在信号电压波形的峰值附近,此时谐振器的大部分能量都存储在电容中。因此可推测,在 $P_c$ 和 $Q$ 相同的条件下,相对于其他类型的振荡器,这种电路将具有较低的相位噪声。这个推测已被实践证实。差动耦合振荡电路的波形图 10.12 则反映出另一种现象。即在任意时刻,基极电流至少要流过两个晶体管中的某一个,不断地产生散弹噪声。所以,我们推测这种振荡器将具有相对较差的相位噪声。

在实用的振荡器中,相位噪声最差的也许就是环行振荡器。环行振荡器中有由逻辑倒相器构成的一个环路。在环行振荡器工作时,环中将形成稳定的逻辑相位变换。振荡频率由倒相器的传输时延决定。倒相器可以有容性负载,但其电路中不能有感性元件。所以,遗憾的是,这种电路的品质因数 $Q$ 大约为 1。另外,倒相晶体管在电压波形的上升、下降段控制(噪声)电流,此时(冲击灵敏度函数的峰值点)振荡信号的相位对噪声冲击非常敏感。环行振荡器也许是振荡器设计方案中最差的一种,但因为它不需要大电感,所以在集成电路中仍然有用。这种振荡器的工作频率可以由倒相器的直流驱动电压来控制。在锁相环(Phase-Locked Loop,PLL)中几乎都有环行振荡器。锁相环中的反馈机制可以有效降低振荡器载频附近的相位噪声。

> **锁相环**
>
> 锁相环产生的输出信号的频率是输入(参考)信号频率的恒定倍数,而且其相位也被锁定得与输入信号相同。锁相环的核心是一个相位/频率比较器,它控制着一个可调的振荡器,通常是压控振荡器(VCO)。除了要对比两个输入信号的频率/相位,并根据比较结果提高或降低输出频率,锁相环的工作方式类似于一个运算放大器。负反馈由输出信号通过比较器的反向输入端上的分频器(可编程计数器)形成,类似于同相放大器上的分压器。

## 10.1.4 反馈型振荡器的设计

由于图 10.14 所示的双端口反馈网络在低频振荡器及射频振荡器设计方面的重要性,我们将对它们进行重点研究。

求出反馈环的传递函数并不困难。例如,在输入、输出均为高阻抗的假设条件下,可得到 π 形网络的传递函数:

$$H_F(\omega) = \frac{V_1}{V_{out}} = \frac{Z_1}{Z_1 + Z_3} \tag{10.33}$$

放大器传递函数 $H_A(\omega)$ 的计算则复杂得多,并且与有源器件的选择及器件的等效电路模型有关。为了说明这些问题,考察一个电压增益为 $\mu_V$,输出阻抗为 $R_B$ 的低频场效应晶体管简化模型。图 10.15 所示电路的对应环路方程为

$$\mu_V V_1 + I_B R_B + I_B Z_C = 0 \tag{10.34}$$

其中, $1/Z_C = Y_C = 1/Z_2 + 1/(Z_1 + Z_3)$。

从式(10.34)中解出 $I_B$ 并与 $Z_C$ 相乘,则可得输出电压 $V_{out}$,由 $V_{out}$ 可求出电压增益为

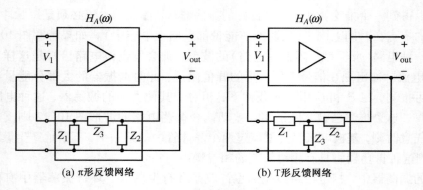

(a) π形反馈网络　　　　　　　　(b) T形反馈网络

图 10.14　采用 π 形和 T 形反馈环路的电路

$$H_A(\omega) = \frac{V_{\text{out}}}{V_1} = \frac{-\mu_V}{Y_C R_B + 1} \qquad (10.35)$$

所以，闭环传递函数则为

$$H_F(\omega)H_A(\omega) = \frac{-\mu_V Z_1 Z_2}{Z_2 Z_1 + Z_2 Z_3 + R_B(Z_1 + Z_2 + Z_3)} \equiv 1$$

$$(10.36)$$

根据这个公式调整反馈环路中的 3 个阻抗值，就可以设计出各种类型的振荡器。为了减小电阻性损耗，采用纯

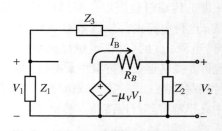

图 10.15　采用场效应晶体管电路模型的反馈型振荡器

电抗性元件 $Z_i = \mathrm{j}X_i (i = 1, 2, 3)$，这也可确保分子为实数。另外，为了使分母为实数，必须有 $X_1 + X_2 + X_3 = 0$，即其中某个电抗必须与其他两个电抗之和的数值相等，且符号相反。显然，负值电抗对应于电容，而正值电抗则为电感。例如，如果决定采用 $X_3 = -(X_1 + X_2)$，将其代入式(10.36)，则有

$$\frac{\mu_V X_1 X_2}{-X_2 X_1 + X_2(X_1 + X_2)} = \frac{\mu_V}{X_2}X_1 = 1 \qquad (10.37)$$

根据式(10.37)很容易看出，$X_1$ 和 $X_2$ 必须同号，但量值不同。表 10.1 总结了几种可能的反馈环电路。

表 10.1　对应于图 10.14(a)振荡器电路的几种反馈电路

| $X_1, X_2$ | 电感 | 电容 |
|---|---|---|
| $X_3$ | 电容 | 电感 |
| $Z_1$ $Z_3$ $Z_2$ | $L_1$ $C_3$ $L_2$ 哈特雷振荡器 | $C_1$ $L_3$ $C_2$ 考毕兹振荡器 ; $C_1$ $C_3$ $L_3$ $C_2$ 克拉普振荡器 |

**哈特雷振荡器**和**考毕兹振荡器**是两种常用的振荡器电路。如图 10.16 所示,振荡器的有源器件均为场效应晶体管;在哈特雷振荡器中,$X_1 = \omega L_1$,$X_2 = \omega L_2$,$X_3 = 1/(\omega C_3)$;在考毕兹振荡器中,$X_1 = 1/(\omega C_1)$,$X_2 = 1/(\omega C_2)$,$X_3 = \omega L_3$。电路中的电阻 $R_A$,$R_B$,$R_D$ 和 $R_S$ 用于设定晶体管的直流工作点。$C_S$ 是射频旁路电容,$C_B$ 为隔直电容。

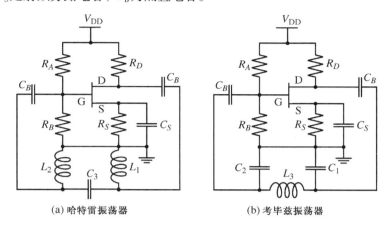

(a) 哈特雷振荡器　　　　　　　(b) 考毕兹振荡器

图 10.16　哈特雷振荡器和考毕兹振荡器

在实际中,由于 $L$ 和 $C$ 元件的各种设计方案将受到给定频率下元件的可选量值的限制,因此常常需要使用混合型结构。例如,如果电感很小,则与电感相串联的电容将形成等效的感性电抗,即**克拉普振荡器**(Clapp oscillator)。

如图 10.17 所示,除了标准的共源极(对于双极晶体管则为共发射极)电路,共栅极(共基极)和共漏极(共集电极)电路也可以构成振荡器。图 10.17 中省略了所有的直流偏置元件。

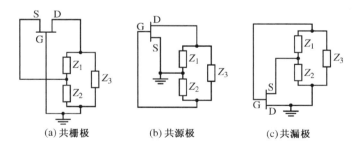

(a) 共栅极　　　　　(b) 共源极　　　　　(c) 共漏极

图 10.17　共栅极、共源极和共漏极振荡器电路

## 10.1.5　振荡器的设计步骤

设计振荡器十分困难的根本原因是,描述有源器件(双极晶体管和场效应晶体管)的非线性等效电路,随着工作频率的提高变得更加复杂。此外,由于振荡器必须要驱动其他电路,因此它必须能提供一定的功率输出。这种输出负载效应将反过来影响振荡器的频率稳定度和频谱纯度。

为了让读者概括地了解振荡器设计的最基本步骤,首先考察低频考毕兹振荡器的设计方法。图 10.18 为晶体管的 $h$ 参量模型及相应的反馈电路。包括输入、输出和反馈环路的基尔霍夫电压回路方程可以根据输出电压 $V_2 = V_{out} = I_2/h_{22} - I_1(h_{21}/h_{22})$ 建立。

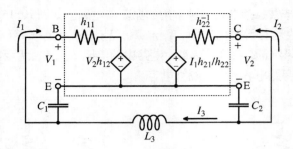

图 10.18　考毕兹振荡器电路

对于待求的电流,可由矩阵表达式描述:

$$
\begin{bmatrix}
\left(h_{11}-jX_{C1}-\dfrac{h_{12}h_{21}}{h_{22}}\right) & \dfrac{h_{12}}{h_{22}} & jX_{C1} \\[2mm]
-\dfrac{h_{21}}{h_{22}} & \left(\dfrac{1}{h_{22}}-jX_{C2}\right) & -jX_{C2} \\[2mm]
jX_{C1} & -jX_{C2} & j(X_{L3}-X_{C1}-X_{C2})
\end{bmatrix}
\begin{Bmatrix} I_1 \\ I_2 \\ I_3 \end{Bmatrix}
=
\begin{Bmatrix} 0 \\ 0 \\ 0 \end{Bmatrix}
\tag{10.38}
$$

求解该行列式,并令其虚部为零,经过复杂的运算可得

$$
f = \frac{1}{2\pi}\frac{1}{\sqrt{C_1 C_2}}\sqrt{\frac{h_{22}}{h_{11}}+\frac{C_1+C_2}{L_3}}
\tag{10.39}
$$

然后,令式(10.38)里的行列式的实部为零,并假设 $h_{12}\ll 1$,可得一个以电容比值 $C_1/C_2$ 为变量的二次方程:

$$
\frac{C_1^2}{C_2^2}(h_{11}h_{22}-h_{12}h_{21}) - \frac{C_1}{C_2}h_{21} + 1 = 0
\tag{10.40}
$$

在 $h_{21}^2 \gg 4(h_{11}h_{22}-h_{12}h_{21})$ 的假设条件下,该方程可以化简为

$$
C_1 \approx \frac{h_{21}}{h_{11}h_{22}-h_{12}h_{21}}C_2
\tag{10.41}
$$

在上述处理过程中 $h$ 参量被视为实数,这个假设在一般情况下并不成立。事实上,即使在不太高的频率范围内,$h$ 参量的幅角变化也是十分明显的。为了符合晶体管的实际频率特征,需要借助 4.3.2 节给出的方程。在这种情况下,不可能得到类似于式(10.39)和式(10.41)的简捷方程,而只能利用 CAD 软件寻找数值解。

**例 10.1　考毕兹振荡器设计**

要求设计一个振荡频率为 200 MHz 的共发射极电路双极晶体管考毕兹振荡器。已知:偏置状态为 $V_{CE}=3$ V,$I_C=3$ mA;在室温 25℃ 条件下的电路参数为 $C_{BC}=0.1$ fF,$r_{BE}=2$ kΩ,$r_{CE}=10$ kΩ,$C_{BE}=100$ fF。假设电感不超过 $L_3=L=50$ nH,求反馈环路的电容值。

**解**:首先需要确定晶体管的 $h$ 参量。可计算直流状态下的 $h$ 参量(即 $f\to 0$):

$$
h_{11} = h_{ie} = \frac{r_{BE}}{1+j\omega(C_{BE}+C_{BC})r_{BE}} = 2000 \ \Omega
$$

$$
h_{12} = h_{re} = \frac{j\omega C_{BC}r_{BE}}{1+j\omega(C_{BE}+C_{BC})r_{BE}} = 0
$$

$$h_{21} = h_{fe} = \frac{r_{BE}(g_m - j\omega C_{BC})}{1 + j\omega(C_{BE} + C_{BC})r_{BE}} = 233.32$$

$$h_{22} = h_{oe} = \frac{1}{r_{CE}} + \frac{j\omega C_{BC}(1 + g_m r_{BE} + j\omega C_{BE} r_{BE})}{1 + j\omega(C_{BE} + C_{BC})r_{BE}} = 0.1 \text{ mS}$$

在直流状态下，晶体管的 $h$ 参量是实数，所以可根据式（10.41）求出 $C_1$ 与 $C_2$ 的比值：

$$C_1 = \frac{h_{21}}{h_{11}h_{22} - h_{12}h_{21}}C_2 = 1166.6C_2$$

引入一个适当的比例常数 $K$，则有 $C_1 = KC_2$，则式（10.39）可改写为

$$f = \frac{1}{2\pi}\frac{1}{C_2\sqrt{K}}\sqrt{\frac{h_{22}}{h_{11}} + (1 + K)\frac{C_2}{L}} \tag{10.42}$$

根据式（10.39），解出谐振状态下的 $C_2$，则有

$$C_2 = \frac{\frac{1+K}{L} + \sqrt{\left(\frac{1+K}{L}\right)^2 + 16K\pi^2 f^2 \frac{h_{22}}{h_{11}}}}{8K\pi^2 f^2} = 12.68 \text{ pF}$$

其中，电感值为 $L = 50$ nH。

根据求出的 $C_2$，可以确定 $C_1 = 1166.6C_2$，即 $C_1 = 14.79$ nF。在以上设计过程中，采用了直流状态下的晶体管的 $h$ 参量。然而，在实际情况中，振荡器工作在 200 MHz 的谐振频率上。此时晶体管的 $h$ 参量如下：

$$h_{11} = h_{ie} = \frac{r_{BE}}{1 + j\omega(C_{BE} + C_{BC})r_{BE}} = (1881 - j473)\Omega$$

$$h_{12} = h_{re} = \frac{j\omega C_{BC}r_{BE}}{1 + j\omega(C_{BE} + C_{BC})r_{BE}} = 5.9 \times 10^{-5} + j2.4 \times 10^{-4}$$

$$h_{21} = h_{fe} = \frac{r_{BE}(g_m - j\omega C_{BC})}{1 + j\omega(C_{BE} + C_{BC})r_{BE}} = 219 - j55$$

$$h_{22} = h_{oe} = \frac{1}{r_{CE}} + \frac{j\omega C_{BC}(1 + g_m r_{BE} + j\omega C_{BE} r_{BE})}{1 + j\omega(C_{BE} + C_{BC})r_{BE}}$$
$$= (0.11 + j0.03) \text{ mS}$$

由此可见，晶体管 $h$ 参量在 200 MHz 频率点与在直流状态下仅有微小差别。因此，上述分析可适应用于 200 MHz 频率下的振荡器设计，而且设计结果仅需做小范围的调整。

在实际情况中，晶体管的 $h$ 参量在直流状态与在振荡频率下常常存在较大差别，因此必须对设计参数进行较大幅度的调整。工作频率越高，则晶体管 $h$ 参量与直流状态下的差别就越大。另外，假设电抗性元件无损耗，将使 $C_1/C_2$ 的比值过大。前面曾讨论过，该比值为 4 更符合实际情况。

## 10.1.6　石英晶体振荡器

与电子振荡电路相比，石英晶体谐振器具有许多优点。主要优点包括：极高的品质因数（高达 $10^5 \sim 10^6$），更好的频率稳定性，以及几乎完美的温度稳定性。遗憾的是，由于石英晶体谐振器属于机械系统，所以其谐振频率不能超过大约 250 MHz。

石英晶体具有在电场作用下会发生机械形变的压电效应。根据晶体的几何结构及切割的方向,它会具有截然不同的纵向或横向谐振频率。

典型的石英晶体等效电路模型如图 10.19 所示。在石英晶体的设计谐振频率点上,此电路近似描述了石英晶体的电学特征。

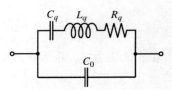

图 10.19　石英晶体谐振器的等效电路模型

图中电容 $C_q$、电阻 $R_q$ 和电感 $L_q$ 描述了晶体谐振器的机械谐振特征,$C_0$ 对应于晶体与外部相连的电极。$C_q$ 与 $C_0$ 的比值通常可以高达 1000。另外,电感 $L_q$ 的典型值在 0.1 mH 至 100 H 之间。

此模型的导纳可以表示为

$$Y = j\omega C_0 + \frac{1}{R_q + j[\omega L_q - 1/(\omega C_q)]} = G + jB \tag{10.43}$$

令导纳的虚部 $B$ 为零,则可求得谐振角频率 $\omega_0$,即

$$\omega_0 C_0 - \frac{\omega_0 L_q - 1/(\omega_0 C_q)}{R_q^2 + [\omega_0 L_q - 1/(\omega_0 C_q)]^2} = 0 \tag{10.44}$$

用泰勒级数展开的方法(保留前两项)求解这个方程(见习题 10.3),可得串联和并联谐振频率的近似表达式:

$$\omega_0 = \omega_S \approx \omega_{S0}\left[1 + \frac{R_q^2}{2}\left(\frac{C_0}{L_q}\right)\right] \tag{10.45a}$$

$$\omega_0 = \omega_P \approx \omega_{P0}\left[1 - \frac{R_q^2}{2}\left(\frac{C_0}{L_q}\right)\right] \tag{10.45b}$$

其中,$\omega_{S0} = 1/\sqrt{L_q C_q}$,$\omega_{P0} = \sqrt{(C_q + C_0)/(L_q C_q C_0)}$。下面将讨论一个具有代表性的模型。

### 例 10.2　估算石英晶体的谐振频率

一个晶体的特性参数为 $L_q = 0.1$ H,$R_q = 25$ Ω,$C_q = 0.3$ pF,$C_0 = 1$ pF。求其串联谐振频率和并联谐振频率,并将它们与式(10.43)给出的谐振频率进行比较。

**解:** 第一种方法是分别利用式(10.45a)和式(10.45b)计算石英晶体的串联和并联谐振频率:

$$f_S = f_{S0}\left[1 + \frac{R_q^2}{2}\left(\frac{C_0}{L_q}\right)\right] = \frac{1}{2\pi\sqrt{L_q C_q}}\left[1 + \frac{R_q^2}{2}\left(\frac{C_0}{L_q}\right)\right]$$

$$= 0.919 \text{ MHz}$$

$$f_P = f_{P0}\left[1 - \frac{R_q^2}{2}\left(\frac{C_0}{L_q}\right)\right] = \frac{1}{2\pi}\sqrt{\frac{C_q + C_0}{L_q C_q C_0}}\left[1 - \frac{R_q^2}{2}\left(\frac{C_0}{L_q}\right)\right]$$

$$= 1.048 \text{ MHz}$$

第二种方法是图解法。在谐振状态下,由于电路的电抗和电纳均为零,所以可画出式(10.43)给出的导纳值的虚部。该虚部的图形如图 10.20 所示,图中曲线描述了电纳的绝对值与频率的关系。

比较图解法与解析法，即式(10.45a)和式(10.45b)的结果，可见它们完全相同。

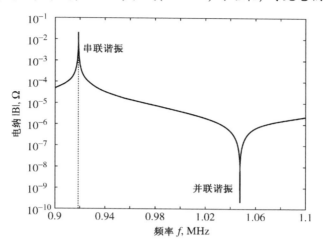

图 10.20 石英谐振器的电纳响应

由于石英晶体的多谐波特性，在使用中必须特别注意石英晶体的选择。根据晶体的不同，这些谐波的频率间距可能很小，有可能形成我们不需要的谐振频率。

## 10.2 高频振荡器电路

当工作频率接近 GHz 频段后，电压和电流的波动特性将不能被忽略。正如前几章所述，这时必须采用反射系数及对应的 $S$ 参量来描述电路的特性，因此需要从传输线的角度重新考察式(10.1)。巴克豪森(Barkhausen)判据也必须采用反射系数的形式重新描述。

为了采用传输线的概念重新表达环路增益，采用 4.4.5 节介绍过的信号流图(见图 10.21)。

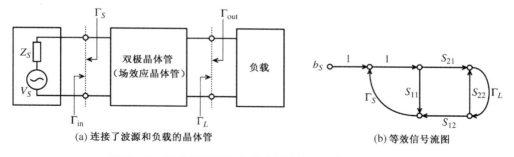

(a) 连接了波源和负载的晶体管　　　　(b) 等效信号流图

图 10.21 连接了波源和负载的晶体管及其信号流图模型

对于匹配微波源($Z_S = Z_0$)，输入反射系数为

$$\Gamma_{\text{in}} = \frac{b_1}{a_1} = S_{11} + \frac{S_{12}S_{21}}{1 - S_{22}\Gamma_L}\Gamma_L = \frac{S_{11} - \Delta\Gamma_L}{1 - S_{22}\Gamma_L} \tag{10.46}$$

其中，$\Delta = S_{11}S_{22} - S_{12}S_{21}$。这与例 4.8 给出的定义完全相同。根据波源条件 $b_S = V_G\sqrt{Z_0}/(Z_G + Z_0)$，通过计算，可定义回路增益：

$$\frac{b_1}{b_S} = \frac{\Gamma_{\text{in}}}{1 - \Gamma_S\Gamma_{\text{in}}} \tag{10.47}$$

该式意味着，如果在某个频率时有

$$\Gamma_{in}\Gamma_S = 1 \tag{10.48}$$

则电路处于非稳定状态并开始振荡。

如果考察电路的输出端口，则可得相同的振荡条件：

$$\Gamma_{out}\Gamma_L = 1 \tag{10.49}$$

如果引入稳定性因子 $k = (1 - |S_{11}|^2 - |S_{22}|^2 + |\Delta|^2)/(2|S_{12}||S_{21}|)$，见第9章，则上述振荡条件可以归纳为

$$k < 1 \tag{10.50a}$$
$$\Gamma_{in}\Gamma_S = 1 \tag{10.50b}$$
$$\Gamma_{out}\Gamma_L = 1 \tag{10.50c}$$

由于稳定性因子取决于有源器件的 $S$ 参量，所以必须首先确保式(10.50a)得到满足。如果晶体管的 $S$ 参量在需要的频率上不能确保这个要求，如下面的例题所示，则可以改用共基极或共集电极电路，或者增加正反馈，以便增加电路的不稳定性。

### 例10.3 利用增加正反馈元件的方法产生振荡

某双极晶体管的工作频率为 2 GHz，在共基极电路中的 $S$ 参量为 $S_{11} = 0.94\angle174°$，$S_{12} = 0.013\angle -98°$，$S_{21} = 1.9\angle -28°$ 和 $S_{22} = 1.01\angle -17°$。在晶体管的基极增加一个电感量为 $0 \sim 2$ nH 的电感，求该电感对沃尔特(Rollett)稳定性因子 $k$ 的影响。

**解：** 根据稳定性因子 $k$ 的定义，求出其不包括电感的值：

$$k = (1 - |S_{11}|^2 - |S_{22}|^2 + |\Delta|^2)/(2|S_{12}||S_{21}|) = -0.25$$

电感的作用可以用图10.22所示的两个网络来解释。

在这种情况下，整个网络的 $S$ 参量可用如下方法求解：首先将晶体管的 $S$ 参量变换为阻抗参量，然后将晶体管的阻抗参量与电感的阻抗参量相加，最后再将总阻抗参量变换成 $S$ 参量。

利用第4章介绍的变换公式，可得晶体管在共基极电路中的阻抗参量为

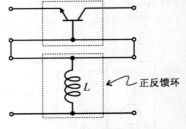

图10.22 基极接电感的双极晶体管网络结构

$$[\mathbf{Z}]_{tr} = \begin{bmatrix} -0.42 + j3.43 & -2.17 - j0.097 \\ -95.23 - j303.06 & -6.88 - j321.03 \end{bmatrix}$$

对于电感，其 $\mathbf{Z}$ 矩阵为

$$[\mathbf{Z}]_{ind} = j\omega L \begin{bmatrix} 1 & 1 \\ 1 & 1 \end{bmatrix} = \begin{bmatrix} j\omega L & j\omega L \\ j\omega L & j\omega L \end{bmatrix}$$

将 $[\mathbf{Z}]_{tr}$ 与 $[\mathbf{Z}]_{ind}$ 相加即可得到整个电路的 $Z$ 参量，它可以变换为 $S$ 参量。

为了求出沃尔特稳定性因子与反馈电感的函数关系，必须对每个 $L$ 值重复上述计算过程。全部计算结果如图10.23所示。

由图10.23可见，最不稳定的状态($k$ 为最小值)出现在基极电感等于 0.6 nH 时。

在吉赫频段内，即使是一段导线，也足以在晶体管的基极上产生所需的电感量。

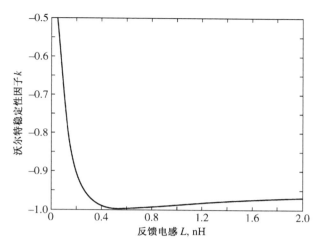

图 10.23　共基极电路中沃尔特稳定性因子($k$)与反馈电感的函数关系

有趣的是，如果输入或输出端口中的任何一个端口符合振荡条件，则该电路的两个端口都将产生振荡。通过比较输入和输出端口的反射系数，即可了解其原因。已知：

$$\frac{1}{\Gamma_{\text{in}}} = \frac{1 - S_{22}\Gamma_L}{S_{11} - \Delta\Gamma_L} \equiv \Gamma_S \qquad (10.51)$$

解出 $\Gamma_L$，则

$$\Gamma_L = \frac{1 - S_{11}\Gamma_S}{S_{22} - \Delta\Gamma_S} \qquad (10.52)$$

由于 $\Gamma_{\text{out}}$ 也可表示为

$$\Gamma_{\text{out}} = \frac{S_{22} - \Delta\Gamma_S}{1 - S_{11}\Gamma_S} \qquad (10.53)$$

所以，可证明式(10.52)和式(10.53)互为倒数，即

$$\Gamma_L = 1/\Gamma_{\text{out}} \qquad (10.54)$$

此结果与式(10.50c)的要求相同。

## 10.2.1　固定频率振荡器

振荡器的近似设计方法需要考虑两个端口的情况，首先需要选定晶体管，以使 $k < 1$ 的条件得到满足(也许需要增加电感反馈)。然后，要确定 $\Gamma_L$，以便形成 $|\Gamma_{\text{in}}| > 1$；或选择合适的 $\Gamma_S$，以便形成 $|\Gamma_{\text{out}}| > 1$。当电路进入稳定的振荡状态时，这两个条件将同时成立。例如，如果 $|\Gamma_{\text{out}}| > 1$，则必有 $|\Gamma_{\text{in}}| > 1$，反之亦然。有关证明将留作习题。一旦某个端口的负载条件确定了，就可以根据巴克豪森判据确定另一个端口的负载状态。然而必须注意，在稳定的振荡状态下，增益压缩效应将会使 $S$ 参量发生变化。借助已有的经验并采用高 $Q$ 值谐振器，就能根据线性的 $S$ 参量进行振荡器的设计。下面的例题将详细解释这些步骤。

### 例 10.4　集中参数固定频率振荡器的设计

已知在共基极电路中使用的双极晶体管是恩智浦(NXP)半导体公司生产的 BFQ65。工作频率为 1.5 GHz 的条件下测得该晶体管的 $S$ 参量为 $S_{11} = 1.47 \angle 125°$，$S_{12} = 0.327 \angle 130°$，$S_{21} =$

$2.2 \angle -63°$ 和 $S_{22} = 1.23 \angle -45°$。设计一个在 $f = 1.5$ GHz 频率点符合式（10.50a）至式（10.50c）的串联反馈振荡器。

**解**：设计程序的第一步是，必须确认晶体管至少应当具有潜在的不稳定性。这需要计算沃尔特稳定性因子：

$$k = (1 - |S_{11}|^2 - |S_{22}|^2 + |\Delta|^2)/(2|S_{12}||S_{21}|) = -0.975$$

由于 $k < 1$，所以晶体管确实具有潜在的不稳定性。

然后，画出输入端口的稳定性判别圆，并确定输入匹配网络的反射系数。输入端口的稳定性判别圆的圆心和半径可根据第 9 章导出的公式计算：

$$r_{\text{in}} = \left| \frac{S_{12}S_{21}}{|S_{11}|^2 - |\Delta|^2} \right| = 0.82$$

$$C_{\text{in}} = \frac{(S_{11} - \Delta S_{22}^*)^*}{|S_{11}|^2 - |\Delta|^2} = 0.27 \angle -57°$$

由于 $|C_{\text{in}}| < r_{\text{in}}$，$|S_{22}| > 1$，如图 10.24 所示，稳定区在阴影圆之外。

根据图 10.24，输入匹配网络反射系数的选择自由度相当大。从理论上讲，稳定性判别圆内的任何 $\Gamma_S$ 都能满足要求。然而在实际工作中，我们希望选用能够导致最大输出反射系数的 $\Gamma_S$ 值：

$$\Gamma_{\text{out}} = S_{22} + \frac{S_{12}S_{21}}{1 - S_{11}\Gamma_S}\Gamma_S \quad (10.55)$$

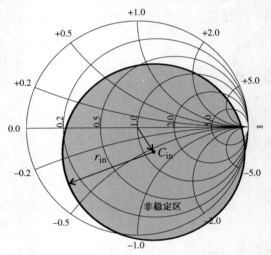

图 10.24　振荡器输入端口的稳定性判别圆

根据式（10.55）可知，当 $\Gamma_S = S_{11}^{-1}$ 时 $\Gamma_{\text{out}}$ 有最大值。在 $\Gamma_S = S_{11}^{-1}$ 的条件下，由于输出反射系数趋于无穷大，根据式（10.50c）可知 $\Gamma_L = 0$（即 $Z_L = Z_0 = 50 \, \Omega$）。这种设计思路存在一个问题，即在实际应用中要实现理想的 50 $\Omega$ 匹配几乎是不可能的。此外，如果选择 $\Gamma_S = S_{11}^{-1}$ 的条件，则振荡器将对负载阻抗的变化十分敏感。也就是说，在 $\Gamma_S = S_{11}^{-1}$ 的条件下，负载如果稍微偏离 50 $\Omega$，就会导致振荡器完全停振。因此，应使 $\Gamma_S$ 偏离 $S_{11}^{-1}$，并使 $|\Gamma_{\text{out}}|$ 足够大。

试探过几个波源反射系数值以后，最终选定 $\Gamma_S = 0.65 \angle -125°$。根据 $\Gamma_S$ 可计算出波源阻抗为 $Z_S = (13 - j25) \, \Omega$，如图 10.25 所示，它可以用 13 $\Omega$ 电阻与 4.3 pF 电容相串联实现。输出反射系数可根据式（10.55）计算，其结果为 $\Gamma_{\text{out}} = 14.67 \angle -36.85°$。利用式（10.50c）可求解输出匹配网络，并求得 $\Gamma_L = \Gamma_{\text{out}}^{-1} = 0.068 \angle 36.85°$。这对应于阻抗 $Z_L = (55.6 + j4.57) \, \Omega = -Z_{\text{out}}$，可以用 55.6 $\Omega$ 的电阻与 0.48 nH 的电感相串联来实现。

在设计过程中，必须考虑的最后一个问题是，当振荡器的输出功率开始增大时，晶体管的小信号 $S$ 参量将失效。通常，晶体管的 $S$ 参量与其输出功率有关，随着输出功率的增大，晶体管 $S$ 参量的变化将导致 $R_{\text{out}} = \text{Re}(Z_{\text{out}})$ 的负阻成分退化。因此，必须根据 $R_L + R_{\text{out}} < 0$

的条件选择 $R_L = \text{Re}(Z_L)$。在实际应用中，通常选择 $R_L = -R_{out}/3$。然而，必须特别小心，因为这种选择只适用于前面提到的 $\Gamma_S$ 远离 $S_{11}^{-1}$ 的情况。另外，$R_L \neq -R_{out}$ 还可能产生振荡频率的偏移。为了减小这种频率偏移，几乎都要使用高 $Q$ 值谐振器。本章末的应用讲座介绍了更复杂的实例，其中包括了谐振器的设计。

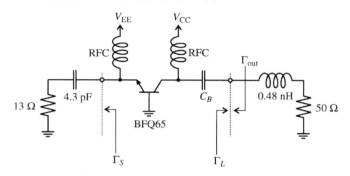

图 10.25　双极晶体管串联反馈振荡器电路

尽管所有元件值保证了振荡器的设计指标，振荡器的电特性也经过了仿真验证，但是最终制造出的电路仍将存在其他问题。考虑到电路中 0.48 nH 的电感量与印刷电路板上的过孔电感及其他元件的寄生参数的量值相当，就很容易理解这些问题。

在高频应用的场合，更容易实现的设计方法是采用分布参数元件。图 10.26 是一个采用场效应晶体管和 50 Ω 负载的典型振荡器实例。其中 TL$i$($i = 1，\cdots，6$) 为微带线。

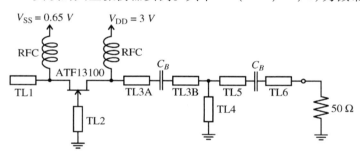

图 10.26　采用微带线实现的砷化镓场效应晶体管振荡器

下面的例题将介绍此振荡器的设计步骤，其中包括利用连接在栅极上的微带线增加晶体管的不稳定性，以及如何选择合适的微带线与负载阻抗相匹配等方面的细节。

### 例 10.5　微带线结构的砷化镓场效应晶体管振荡器的设计

已知在 10 GHz 频率下，砷化镓场效应晶体管（Avago 的 ATF13100）在共栅极电路中的 $S$ 参量测量值为 $S_{11} = 0.37\angle -176°$，$S_{12} = 0.17\angle 19.8°$，$S_{21} = 1.37\angle -20.7°$ 和 $S_{22} = 0.90\angle -25.6°$。设计一个输出阻抗为 50 Ω，基波频率为 10 GHz 的振荡器。

**解**：仿照例 10.4，首先通过计算沃尔特稳定性因子确定晶体管的稳定性：

$$k = (1 - |S_{11}|^2 - |S_{22}|^2 + |\Delta|^2)/(2|S_{12}||S_{21}|) = 0.776$$

虽然 $k < 1$ 表明晶体管具有潜在的不稳定性，仍将在晶体管的栅极上连接反馈电感，以增加其不稳定性。根据例 10.3 讨论的方法，画出稳定性因子与反馈电感的函数关系（见图 10.27）。

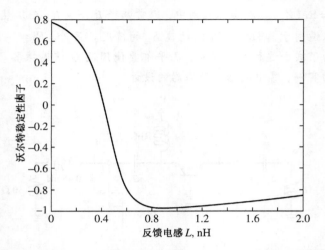

图 10.27　共栅极电路中，场效应晶体管的稳定性因子与栅极电感的函数关系

显然，当 $L = 0.9$ nH 时晶体管最不稳定。由于振荡器的工作频率很高，不宜采用集中参数元件，必须用等效的分布参数元件替代分立电感。实现分布参数元件替代分立电感的一种方法是采用短路传输线段。根据第 2 章的内容，假设传输线的特性阻抗为 50 Ω，可以求出此传输线的电长度：

$$\Theta = \beta l = \arctan\left(\frac{\omega L}{Z_0}\right) = 48.5°$$

场效应晶体管的栅极上连接了短路传输线段后的 **S** 参量矩阵为

$$[\mathbf{S}] = \begin{bmatrix} 1.01\angle 169° & 0.29\angle 148° \\ 2.04\angle -33° & 1.36\angle -34° \end{bmatrix}$$

设计程序的下一个步骤是求解输入匹配网络。在例 10.4 中曾指出，作为可实现的振荡器，必须使源反射系数接近于晶体管 $S_{11}$ 的倒数。在本例题中，选择 $\Gamma_S = 1\angle -160°$，这对应于源阻抗 $Z_S = -j8.8$ Ω，该源阻抗可用电长度为 80°，特性阻抗为 50 Ω 开路短线实现。输出反射系数的计算值为

$$\Gamma_{\text{out}} = S_{22} + \frac{S_{12}S_{21}}{1 - S_{11}\Gamma_S}\Gamma_S = 4.18\angle 26.7°$$

它等效于 $Z_{\text{out}} = (-74.8 + j17.1)$ Ω。为了满足式(10.50c)，应该选择负载阻抗 $Z_L = -Z_{\text{out}}$，但由于晶体管 S 参量与其输出功率有关(见例 10.4)，所以选择负载阻抗的实部略小于 $-R_{\text{out}}$：

$$Z_L = (70 - j17.1)\Omega$$

利用一个匹配网络将振荡器的 50 Ω 输出阻抗变换为 $Z_L$，该匹配网络由特性阻抗为 50 Ω，电长度为 67° 的串联传输线和电长度为 66° 的并联短路传输线构成。

采用例 2.5 中介绍的方法，可以由上述传输线的电参数计算出其实际尺寸。对于厚度为 40 mil 的 FR4 介质基片，传输线几何尺寸的计算结果已归纳在表 10.2 中。

根据图 10.26 所示的振荡器电路原理图，为了形成隔直电容，TL3 被分为两段：TL3A 和 TL3B。由于 TL5 和 TL6 直接与 50 Ω 负载相连，所以它们的长度可为任意值。

表 10.2　场效应晶体管振荡器中传输线的几何尺寸

| 传输线编号 | 电长度(°) | 宽度(mil) | 长度(mil) |
|---|---|---|---|
| TL1 | 80 | 74 | 141 |
| TL2 | 48.5 | 74 | 86 |
| TL3 | 67 | 74 | 118 |
| TL4 | 66 | 74 | 116 |

根据每段传输线的长度可以看出,采用微带线电路结构可以将振荡器做得非常小。

## 10.2.2　介质谐振腔振荡器

对于微带线振荡器电路,可以增加**介质谐振器**(dielectric resonator,DR)以得到极高的品质因数(高达 $10^5$),以及优于 ±10 ppm/℃ 的良好温度稳定性。这种谐振器可以放在金属屏蔽盒内的微带线上方或旁边。如图 10.28 所示,在谐振频率附近,微带线与圆柱谐振器之间的电磁场耦合可以等效为一个并联 $RLC$ 电路。调谐螺钉可以改变谐振腔的几何尺寸,从而引起谐振频率的变化。

我们不研究介质谐振器内激励起的各种波导模式(TE 模式或 TM 模式),而将重点讨论工作在 TEM 模式状态下的介质谐振器。

一般来说,介质谐振器的电路模型(见图 10.29)可以在需要的谐振角频率 $\omega_0 = 1/\sqrt{LC}$ 下,用固有品质因数 $Q$ 或 $Q_U$

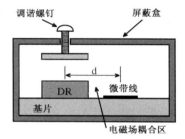

图 10.28　放置在微带线附近的介质谐振器

$$Q_U = \frac{R}{\omega_0 L} = \omega_0 RC \qquad (10.56)$$

和**耦合系数**(coupling coefficient)$\beta$:

$$\beta = \frac{R}{R_{\text{ext}}} = \frac{R}{2Z_0} = \frac{\omega_0 Q_U L}{2Z_0} \qquad (10.57)$$

描述。由于要对 $Z_0$ 形成对称的终端条件,外部电阻的阻值 $R_{\text{ext}}$ 应等于传输线阻抗的 2 倍。类似于变压器,耦合系数定量地描述了谐振器与微带线之间的电磁耦合,其典型值为 2 ~ 20。此外,$\beta$ 也用于描述固有品质因数($Q_U$)、有载品质因数($Q_L$)和外部品质因数($Q_E$)之间的联系:

$$Q_U = \beta Q_E = (1 + \beta)Q_L \qquad (10.58)$$

为了设计振荡器,需要用 $S$ 参量来描述介质谐振器的特性。图 10.29(b)是修正后的传输线电路等效模型。

根据 5.1.4 节中关于并联谐振电路的讨论,可以求出阻抗 $Z_{\text{DR}}$ 为

$$Z_{\text{DR}} = \frac{R}{1 + j\omega RC - jR/(\omega L)} = \frac{R}{1 + jQ_U(\omega/\omega_0) - jQ_U(\omega_0/\omega)} \qquad (10.59)$$

并可简化为

$$Z_{\text{DR}} = \frac{R}{1 + jQ_U\left(\dfrac{\omega^2 - \omega_0^2}{\omega\omega_0}\right)} \approx \frac{R}{1 + j2Q_U\Delta f/f_0} \qquad (10.60)$$

其中,$\Delta f = f - f_0$ 是工作频率相对于中心频率的频偏。式(10.60)仅在谐振频率附近才有效,此时 $\omega + \omega_0 \approx 2\omega_0$。将上式在谐振频率点附近相对于 $Z_0$ 归一化,则有

$$z_{DR} \approx \frac{R/Z_0}{1 + j2Q_U(\Delta f/f_0)} = 2\beta \tag{10.61}$$

再将介质谐振器两端的传输线段也包括进来,则有

$$[S]_{DR} = \begin{bmatrix} 0 & e^{-j\theta_1} \\ e^{-j\theta_1} & 0 \end{bmatrix} \begin{bmatrix} \dfrac{\beta}{\beta+1} & \dfrac{1}{\beta+1} \\ \dfrac{1}{\beta+1} & \dfrac{\beta}{\beta+1} \end{bmatrix} \begin{bmatrix} 0 & e^{-j\theta_2} \\ e^{-j\theta_2} & 0 \end{bmatrix} = \begin{bmatrix} \dfrac{\beta e^{-j2\theta_1}}{\beta+1} & \dfrac{e^{-j(\theta_1+\theta_2)}}{\beta+1} \\ \dfrac{e^{-j(\theta_1+\theta_2)}}{\beta+1} & \dfrac{\beta e^{-j2\theta_2}}{\beta+1} \end{bmatrix} \tag{10.62}$$

根据传输方向的不同,可以确定反射系数 $S_{11}^{DR}$ 和 $S_{22}^{DR}$。如果介质谐振器两端微带线的电长度相等,则有 $\theta_1 = \theta_2 = \theta = (2\pi/\lambda)(l/2)$,所以

$$\Gamma_{in}(\omega_0) = \frac{\beta}{\beta+1} e^{-j2\theta} = \Gamma_{out}(\omega_0) \tag{10.63}$$

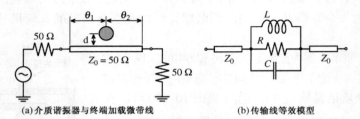

(a)介质谐振器与终端加载微带线　　　　　　(b)传输线等效模型

图 10.29　沿传输线放置的介质谐振器和求解 $S$ 参量的等效电路

通常很容易在生产厂家的网址上挑选和购买介质谐振器。设计者只要给定谐振频率和电路板参数(厚度和介电系数),生产厂家将会提供介质谐振器的直径、长度、调谐螺钉的调整范围、谐振器与微带线的距离 $d$,以及腔体材料。另外,生产厂家也会提供耦合系数、固有品质因数 $Q$,以及 CAD 仿真软件所需的并联谐振电路的集中参数元件值。

**例 10.6　介质谐振腔振荡器的设计**

采用砷化镓场效应晶体管设计一个工作频率为 8 GHz 的介质谐振腔振荡器(dielectric resonator oscillator, DRO)。已知晶体管在 $f_0 = 8$ GHz 频率点的 $S$ 参量为 $S_{11} = 1.1\angle170°$,$S_{12} = 0.4\angle-98°$,$S_{21} = 1.5\angle-163°$ 和 $S_{22} = 0.9\angle-170°$。振荡器采用的介质谐振器在谐振频率点 $f_{res} = f_0$ 的参数 $\beta = 7$,$Q_U = 5000$。假设介质振荡器的终端负载是 50 Ω 的电阻,而且介质振荡器放在微带线的中间,求场效应晶体管输入端口的 50 Ω 微带线的长度。考察对比介质振荡器与前面讨论过的常规振荡器在频率波动方面的差异。

**解:** 在 $f_0 = 8$ GHz 频率下,该场效应晶体管的输入端稳定性判别圆如图 10.30 所示。为了满足振荡条件,必须将波源反射系数选在图 10.30 中非阴影区的某处。由于介质谐振器的终端负载电阻等于微带线的特性阻抗,所以介质谐振器的输出反射系数可根据式(10.63)计算:

$$\Gamma_S = \frac{\beta}{\beta+1} e^{-j2\Theta} = 0.875 e^{-j2\Theta}$$

前一例题中曾提到,为了提高晶体管的输出反射系数,必须使 $\Gamma_S$ 接近于 $S_{11}$ 的倒数。由于 $\Gamma_S$ 的绝对值是固定不变的,最好的方法就是调整 $\Theta$ 值,使 $\Gamma_S$ 的幅角等于 $S_{11}^{-1}$ 的幅角,即 $-2\Theta = \angle S_{11}^{-1} = -\angle S_{11}$,由此可得 $\Theta = 85°$。介质振荡器输入匹配网络的最终设计电路如图 10.31 所示。

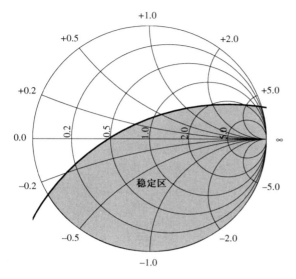

图 10.30 例 10.6 场效应晶体管输
入端的稳定性判别圆

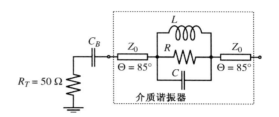

图 10.31 用介质谐振器构成的场效应晶
体管振荡器的输入匹配网络

如果晶体管的输入匹配网络中不采用介质谐振器,那么同样能在谐振频率点 $f_0$ 形成 $\Gamma_S = 0.875 \angle -170°$ 的最简单网络则为 3.35 Ω 的电阻与 4.57 pF 的电容相串联。图 10.32 绘出了 $|\Gamma_{\text{out}}|$ 的值与频率的函数关系,并给出了采用介质谐振器和不采用介质谐振器的两种情况。其中,假设场效应晶体管的 S 参量与频率无关,介质谐振器由图 10.29 所示的等效电路近似描述,电路元件参数采用式(10.56)和式(10.57)计算:

$$R = 2\beta Z_0 = 700 \ \Omega$$

$$L = R/(\omega_0 Q_U) = 2.79 \ \text{pH}$$

$$C = \omega_0^{-2} L^{-1} = 14.2 \ \text{nF}$$

由图 10.32 可清楚地看到,相对于常规振荡器而言,介质振荡器 $|\Gamma_{\text{out}}| > 1$ 的频带非常窄。通常这将导致较高的频率选择性,并能抑制振荡器的频率漂移。采用调谐螺钉可以进行小范围的频率调整,调整范围的典型值为设计振荡频率附近 $\pm 0.01 f_0$。

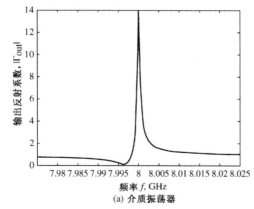

(a) 介质振荡器

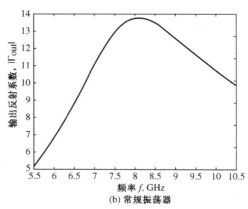

(b) 常规振荡器

图 10.32 介质振荡器和常规振荡器输出反射系数的频率响应

采用介质谐振器是提高振荡器品质因数的一种简便的低成本方法。遗憾的是,介质谐振器的尺寸与谐振频率有关,在低频段,它的尺寸通常过大。

### 10.2.3　YIG 调谐振荡器

介质振荡器的振荡频率只能在谐振频率附近做窄带调整,典型值为 0.01% ~ 1%。如果采用磁调元件,则能设计出宽带可调的振荡器,其频率调谐范围可以超过一个数量级。这种通常为球形的可调元件因**钇铁石榴石**(yittrium iron garnet, YIG)而得名,这种亚铁磁性材料的有效磁导率可以通过外加的静态偏置磁场 $H_0$ 控制。外加磁场直接影响由电导 $G_0$、电感 $L_0$ 及电容 $C_0$ 构成的并联等效谐振电路的谐振频率。图 10.33 为典型的 YIG 振荡器电路。

固有品质因数为

$$Q_U = \frac{-4\pi(M_s/3) + H_0}{H_L} \qquad (10.64)$$

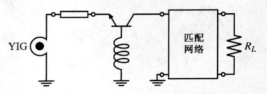

其中, $M_s$ 为 YIG 小球的饱和磁化强度, $H_L$ 为 YIG 小球的谐振线宽,其数值为 0.2 Oe[①]。磁矩的进动角频率 $\omega_m$ 与饱和磁化强度的关系为

图 10.33　基于 YIG 调谐元件的振荡器电路

$$\omega_m = 2\pi\gamma(4\pi M_s) = 8\pi^2\gamma M_s \qquad (10.65)$$

其中, $\gamma$ 是旋磁比,其数值为 2.8 MHz/Oe。小球的谐振频率取决于外加偏置磁场:

$$\omega_0 = 2\pi\gamma H_0 \qquad (10.66a)$$

根据这些公式,可以对并联谐振电路中的元件进行定量分析。准确地说,可求出电感值为

$$L_0 = \frac{\mu_0 \omega_m}{\omega_0 d^2}\left(\frac{4}{3}\pi a^3\right) \qquad (10.66b)$$

其中, $a$ 为 YIG 小球的半径。根据谐振条件 $\omega_0^2 = 1/(L_0 C_0)$ ,可确定电容 $C_0$ ,即

$$C_0 = 1/(L_0 \omega_0^2) \qquad (10.66c)$$

最后可求得电导为

$$G_0 = \frac{d^2}{\mu_0 \omega_m Q_U\left(\frac{4}{3}\pi a^3\right)} \qquad (10.66d)$$

在式(10.66a)至式(10.66c)中, $d$ 为耦合环的直径。

---

**YIG 谐振器**

　　YIG 谐振器的物理原理与生物医学领域的核磁共振成像技术类似,它利用了静磁场与介质(此处为掺杂了镓的 YIG 单晶材料)的磁共振现象,该静磁场与射频谐振场正交。YIG 谐振器的谐振频率范围为 0.5 ~ 50 GHz,取决于 YIG 小球的尺寸和材料成分。通过改变激发静态磁场的电流,就可以在宽频带内线性调谐 YIG 的谐振频率。

---

### 10.2.4　压控振荡器

第 6 章曾提到,随着外加偏置电压的变化,某些二极管的电容可以发生很大的改变。最典型的例子就是变容管,其可变电容 $C_V = C_{V0}(1 - V_Q/V_{\text{diff}})^{-1/2}$ 由反向偏置电压 $V_Q$ 决定。

---

① 1 Oe(奥斯特) = 1000/4$\pi$ A/m。——编者注

图 10.34描述了调整克拉普振荡器反馈环的方法，即将图 10.34(a)中的 $C_3$ 换为变容管。调整后的振荡电路如图 10.34(b)所示。如果采用简化的双极晶体管模型($R_L \ll h_{22}$)，则此电路很容易分析。

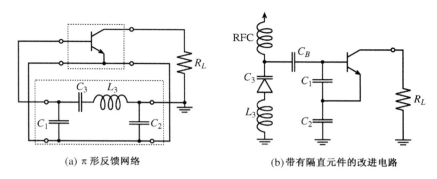

(a) π 形反馈网络　　　　　　　　　　(b)带有隔直元件的改进电路

图 10.34　变容管调谐振荡器

在图 10.35 中，变容管和传输线元件形成了振荡器输入端口的终端电路，其中传输线应具有适当的长度，以使其呈现感性。如果将变容管与传输线断开，则输入阻抗 $Z_{\text{IN}}$ 可由两个环路方程求出：

$$v_{\text{IN}} - i_{\text{IN}}X_{C1} - i_{\text{IN}}X_{C2} + i_B X_{C1} - \beta i_B X_{C2} = 0 \tag{10.67a}$$

$$h_{11}i_B + i_B X_{C1} - i_{\text{IN}}X_{C1} = 0 \tag{10.67b}$$

整理后可得

$$Z_{\text{IN}} = \frac{1}{h_{11} + X_{C1}}[h_{11}(X_{C1} + X_{C2}) + X_{C1}X_{C2}(1 + \beta)] \tag{10.68}$$

考虑到$(1 + \beta) \approx \beta$，并假设 $h_{11} \gg X_{C1}$，式(10.68)可以进一步简化为

$$Z_{\text{IN}} = \frac{1}{j\omega}\left[\frac{1}{C_1} + \frac{1}{C_2}\right] - \frac{\beta}{h_{11}}\left(\frac{1}{\omega^2 C_1 C_2}\right) \tag{10.69}$$

输入阻抗是负值，这正是以前分析的结论。所以，根据 $g_m = \beta/h_{11}$，可得

$$R_{\text{IN}} = -\frac{g_m}{\omega^2 C_1 C_2} \tag{10.70a}$$

和

$$X_{\text{IN}} = \frac{1}{j\omega C_{\text{IN}}} \tag{10.70b}$$

其中 $C_{\text{IN}} = C_1 C_2/(C_1 + C_2)$。谐振频率可根据以前确定的关系 $X_1 + X_2 + X_3 = 0$ 求出(见10.1.4 节)，即

$$j\left(\omega_0 L_3 - \frac{1}{\omega_0 C_3}\right) - \frac{1}{j\omega_0}\left[\frac{1}{C_1} + \frac{1}{C_2}\right] = 0 \tag{10.71}$$

由此可得

$$f_0 = \frac{1}{2\pi}\sqrt{\frac{1}{L_3}\left(\frac{1}{C_3} + \frac{1}{C_2} + \frac{1}{C_1}\right)} \tag{10.72}$$

根据式(10.70a)可以断定，为了形成稳定的振荡，变容管的总电阻必须等于或小于$|R_{\text{IN}}|$。

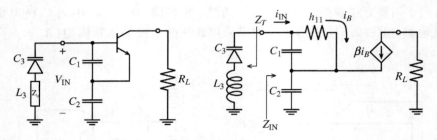

图 10.35　变容管振荡器的电路分析

**例 10.7　变容管调谐振荡器设计**

一个典型变容管的串联等效电阻为 15 Ω，当反向电压在 30 V 到 2 V 之间变化时，电容值调整范围为 10 ~ 30 pF。假设晶体管的跨导为常数 $g_m = 115$ mS。设计一个克拉普压控振荡器，要求中心振荡频率为 300 MHz，频率可调范围为 ±10%。

**解：**为了建立稳定的振荡，必须保证变容管的串联电阻在整个工作频段内等于或小于根据式(10.70a)算出的 $|R_{IN}|$ 值。根据式(10.70a)，可发现当工作频率最高时 $|R_{IN}|$ 有最小值。将 $\omega_{max} = 2\pi f_{max}$（其中 $f_{max} = 1.1 f_0 = 330$ MHz 是最高振荡频率）代入式(10.70a)，则可求得电容 $C_1$ 与 $C_2$ 的关系为

$$C_1 = -\frac{g_m}{\omega_{max}^2 R_{IN} C_2} = \frac{1}{k C_2} = \frac{1}{1.68 \times 10^{21} \text{pF}^{-2} C_2} \tag{10.73}$$

其中，$R_{IN} = -3R_S = -45$ Ω 是根据经验得到的关系，$R_S$ 是变容管的等效串联电阻。

由于变容管电容 $C_3$ 的最小值对应于振荡器的最高振荡频率，最大值对应于振荡器的最低振荡频率，则式(10.72)可改写为

$$f_{min} = \frac{1}{2\pi}\sqrt{\frac{1}{L_3}\left(\frac{1}{C_{3max}} + \frac{1}{C_2} + kC_2\right)} \tag{10.74}$$

$$f_{max} = \frac{1}{2\pi}\sqrt{\frac{1}{L_3}\left(\frac{1}{C_{3min}} + \frac{1}{C_2} + kC_2\right)} \tag{10.75}$$

其中利用了式(10.73)，以消去 $C_1$。用式(10.74)除以式(10.75)并将结果平方，可得如下关于 $C_2$ 的二次方程：

$$k(1-\alpha^2)C_2^2 + \left(\frac{1}{C_{3max}} - \frac{\alpha^2}{C_{3min}}\right)C_2 + (1-\alpha^2) = 0 \tag{10.76}$$

其中，$\alpha = f_{min}/f_{max}$。解出式(10.76)并将结果代入式(10.73)及式(10.74)或式(10.75)，即可求出所需的参数 $C_1 = 12.4$ pF，$C_2 = 48$ pF，$L_3 = 46.9$ nH。

不同于机械调谐的介质谐振器，变容管可以在更宽的频率范围内实现动态调谐。

## 10.2.5　耿氏二极管振荡器

耿氏器件可以用于制作工作频率在 1 ~ 100 GHz 频段内，功率大约 1 W 以下的小功率振荡器。1963 年耿(Gunn)发现了这种器件的独特负阻效应。当某些半导体材料中的电场逐渐加强时，其内部的电子会从能带结构的主能谷转移到(或者说传输到)边能谷中。当 90% ~ 95% 的电子积累于这些边能谷中后，将引起有效载流子迁移率的大幅度下降，并将导致一种十分有趣

的 $I\text{-}V$ 特性。具有这种能带结构的半导体材料主要是砷化镓(GaAs)和磷化铟(InP)。图 10.36 画出了耿氏器件及其电压-电流响应曲线。

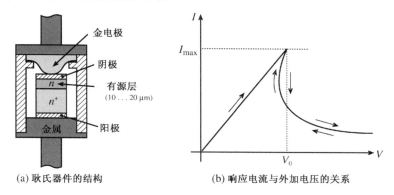

(a) 耿氏器件的结构      (b) 响应电流与外加电压的关系

图 10.36 耿氏器件及其电压-电流响应

可以看出,在直流电压作用下,当电场强度较低时耿氏器件的特征就像一个常规的欧姆接触电阻。然而,一旦电压超过了阈值 $V_0$,则在器件的阴极附近会出现由于掺杂不均匀诱发产生的**偶极区**(dipole domain)。如图 10.36(b)所示,这种偶极区的形成将会使电流减小。当偶极区从阴极向阳极渡越时,器件中的电流将保持不变。一旦偶极区在阳极被吸收后,上述过程又会重新开始。上述现象的重复频率可以用偶极区的漂移速度 $v_d \approx 10^5$ m/s 及其在耿氏器件有源区内的渡越距离 $L$ 来估计。如果器件的有源区长度为 10 μm,则

$$f = \frac{v_d}{L} = \frac{10^5 \text{ m/s}}{10 \times 10^{-6} \text{ m}} = 10 \text{ GHz} \tag{10.77}$$

如果对器件外加直流电压,则偶极区的运动将受到影响并可因此改变谐振频率。谐振频率的调整范围大约在 1% 以内。

图 10.37 是采用微带线电路制作的耿氏振荡器。其中耿氏器件与一段长度为 1/4 波长的微带线相连,该微带线又与一个介质谐振器相耦合。耿氏器件的直流电压通过一个连接在微带线上的射频扼流圈提供。

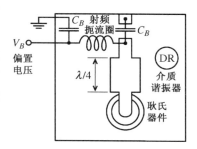

图 10.37 装有介质谐振器(DR)的耿氏器件振荡器

## 10.3 混频器的基本特征

混频器通常用于将不同频率的信号相乘,以便实现频率的变换。这样做的原因在于,要在众多密集分布、间隔很近的相邻信道中滤出特定的射频信号,需要 $Q$ 值极高的滤波器。然而,如果能在通信系统中将射频信号的载波频率降低,或者说进行下变频,则上述任务会比较容易实现。图 10.38 是**外差式接收机**(heterodyne receiver)的电路原理框图,它也许是人们最熟悉的下变频系统。

图 10.38 中的射频信号经过低噪声前置放大器(LNA)放大后输入混频器中,混频器实现输入射频信号 $f_{RF}$ 与**本地振荡器**(local oscillator, LO)信号 $f_{LO}$ 相乘。混频器的输出信号中含有 $f_{RF} \pm f_{LO}$ 的成分,经过低通滤波器可以滤出其中频率较低的**中频**(intermediate frequency, IF)分量 $f_{RF} - f_{LO}$,然后再进行后续处理。

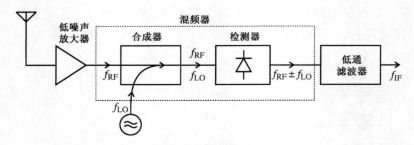

图 10.38　采用混频器的外差式接收机

混频器的两个重要组成部分是**信号合成单元**(combiner)和**信号检测单元**(detector),10.3.6 节还将了解其他形式的混频器。信号合成可以采用 90°(或 180°)定向耦合器实现。关于耦合器和合成器的问题可参阅附录 G。信号检测单元中的非线性元件通常是一个二极管。以后还会看到,双二极管的反平行结构和四个二极管的双平衡结构也很常用。除了二极管,人们已经采用双极晶体管和金属半导体场效应晶体管研制出了可以工作在 X 波段的低噪声、高转换功率增益混频器。

## 10.3.1　基本原理

在详细讨论混频器的电路设计之前,先简要说明混频器如何能在输入端口接收两个信号,并在输出端口产生多个频率分量。显然,一个线性的系统是不能实现这个任务的,必须采用诸如二极管、场效应晶体管或双极晶体管等非线性器件,它们都能产生丰富的谐波成分。图 10.39 是混频器的基本系统框图,其中混频器与射频信号 $V_{RF}(t)$ 及本振信号 $V_{LO}(t)$ 相连,本振信号又称为**泵浦信号**(pump signal)。

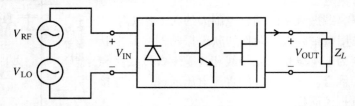

图 10.39　混频器的基本原理:用两个输入信号频率在系统的输出端口产生新的信号频率

由图 10.39 可见,射频输入电压信号与本振信号混合后施加在具有非线性传输特性的半导体器件上。二极管和双极晶体管都具有指数型传输特性,类似于第 6 章讨论的描述二极管的肖克利(Shockley)方程:

$$I = I_0(e^{V/V_T} - 1) \tag{10.78a}$$

然而,金属半导体场效应晶体管的传输特征可近似为二次曲线:

$$I(V) = I_{DSS}(1 - V/V_{T0})^2 \tag{10.78b}$$

为了简化书写,这里省略了漏极电流和栅极-源极电压的下标。输入电压由射频信号 $v_{RF} = V_{RF}\cos(\omega_{RF}t)$、本振信号 $v_{LO} = V_{LO}\cos(\omega_{LO}t)$ 及偏置电压 $V_Q$ 之和表示,即

$$V = V_Q + V_{RF}\cos(\omega_{RF}t) + V_{LO}\cos(\omega_{LO}t) \tag{10.79}$$

此电压作用在非线性器件上,所产生的输出电流响应可根据电压在 $Q$ 点附近的泰勒级数展开

求得：

$$I(V) \;=\; I_Q + V\!\left(\frac{\mathrm{d}I}{\mathrm{d}V}\right)\!\bigg|_{V_Q} + \frac{1}{2}V^2\!\left(\frac{\mathrm{d}^2 I}{\mathrm{d}V^2}\right)\!\bigg|_{V_Q} + \cdots \;=\; I_Q + VA + V^2 B + \cdots \tag{10.80}$$

其中，常数 $A$ 和 $B$ 分别为 $(\mathrm{d}I/\mathrm{d}V)|_{V_Q}$ 和 $(1/2)\,(\mathrm{d}^2 I/\mathrm{d}V^2)|_{V_Q}$。忽略直流偏置 $V_Q$ 和 $I_Q$，并将式(10.79)代入式(10.80)，可得

$$\begin{aligned}
I = {}& A(V_{\mathrm{RF}}\cos(\omega_{\mathrm{RF}}t) + V_{\mathrm{LO}}\cos(\omega_{\mathrm{LO}}t)) \\
& + B(V_{\mathrm{RF}}^2\cos^2(\omega_{\mathrm{RF}}t) + V_{\mathrm{LO}}^2\cos^2(\omega_{\mathrm{LO}}t)) \\
& + 2B V_{\mathrm{RF}} V_{\mathrm{LO}}\cos(\omega_{\mathrm{RF}}t)\cos(\omega_{\mathrm{LO}}t) + \cdots
\end{aligned} \tag{10.81}$$

根据三角恒等式 $\cos^2(\omega t) = (1/2)\{1 + \cos(2\omega t)\}$，上式中包含余弦平方的项可以展开为直流项及包含 $2\omega_{\mathrm{RF}}t$ 和 $2\omega_{\mathrm{LO}}t$ 的项。关键的是式(10.81)的最后一项，它变为

$$I \;=\; \cdots + B V_{\mathrm{RF}} V_{\mathrm{LO}}(\cos[(\omega_{\mathrm{RF}} + \omega_{\mathrm{LO}})t] + \cos[(\omega_{\mathrm{RF}} - \omega_{\mathrm{LO}})t]) \tag{10.82}$$

这个表达式清楚地表明，二极管或晶体管的非线性效应可以产生新的频率分量 $\omega_{\mathrm{RF}} \pm \omega_{\mathrm{LO}}$，而且其幅度与 $B$ 值有关，$B$ 是与器件有关的参数。

式(10.82)是泰勒级数展开式的前三项，因此只有**二阶交调产物**(second-order intermodulation product) $V^2 B$。其他高阶产物，如**三阶交调产物**(third-order intermodulation product) $V^3 C$ 都被忽略了。二极管和双极晶体管中的这类高阶谐波项对混频器性能的影响极大。然而，如果采用具有二次曲线传输特征的场效应晶体管，则输出信号中将只有二阶交调产物，所以场效应晶体管不容易产生有害的高阶交调产物。

以下例题讨论的是如何将给定射频信号频率下变频为需要的中频信号。

### 例 10.8　本振频率的选择

已知一个射频信道的中心频率为 1.89 GHz，带宽为 20 MHz，要求将其下变频为 200 MHz 的中频。选择合适的本振频率 $f_{\mathrm{LO}}$，分别求出能够滤出射频信号和中频信号的带通滤波器的品质因数 $Q$。

**解：** 由式(10.82)可见，通过非线性器件将射频信号与本振信号混频后，根据 $f_{\mathrm{RF}}$ 和 $f_{\mathrm{LO}}$ 的相对大小，可得到 $f_{\mathrm{IF}} = f_{\mathrm{RF}} - f_{\mathrm{LO}}$ 或 $f_{\mathrm{IF}} = f_{\mathrm{LO}} - f_{\mathrm{RF}}$ 的中频信号。因此，为了从 $f_{\mathrm{RF}} = 1.89$ GHz 产生 $f_{\mathrm{IF}} = 200$ MHz 的中频，可以采用

$$f_{\mathrm{LO}} = f_{\mathrm{RF}} - f_{\mathrm{IF}} = 1.69 \text{ GHz}$$
$$f_{\mathrm{LO}} = f_{\mathrm{RF}} + f_{\mathrm{IF}} = 2.09 \text{ GHz}$$

这两种方案都是可行的，实际应用中也都常被采用。如果选择 $f_{\mathrm{RF}} > f_{\mathrm{LO}}$，则称为**低本振注入**(low-side injection)混频器；如果选择 $f_{\mathrm{RF}} < f_{\mathrm{LO}}$，则称为**高本振注入**(high-side injection)混频器。由于本振信号的调谐带宽较窄，所以高本振注入方案更常用。

在下变频之前，信号带宽为 20 MHz，中心频率为 1.89 GHz，所以若要滤出该信号，则必须使用品质因数 $Q = f_{\mathrm{RF}}/\mathrm{BW} = 94.5$ 的滤波器。然而，下变频之后，信号的带宽没有变，但中心频率变为 $f_{\mathrm{IF}} = 200$ MHz，所以滤波器的品质因数只需为 $Q = f_{\mathrm{IF}}/\mathrm{BW} = 10$。

此例题清楚地表明，一旦使用混频器实现了对射频信号的下变频，则可大幅度降低对滤波器的技术指标要求。另外，中频信号频率是稳定的，而射频信号的频率与信道有关。

### 10.3.2　频域分析

在频域中讨论前一节涉及的内容有重要的意义,为此假设射频信号的中心角频率为 $\omega_{RF}$,并有两个额外的频率分量分别位于 $\omega_{RF} + \omega_W$ 和 $\omega_{RF} - \omega_W$ 处,本振信号则只有一个频率分量 $\omega_{LO}$。根据式(10.82)可知,上述信号经过混频之后,将形成两个频谱成分:**上移**(upconverted)频率分量和**下移**(downconverted)频率分量。图 10.40 是这一过程的图解说明。

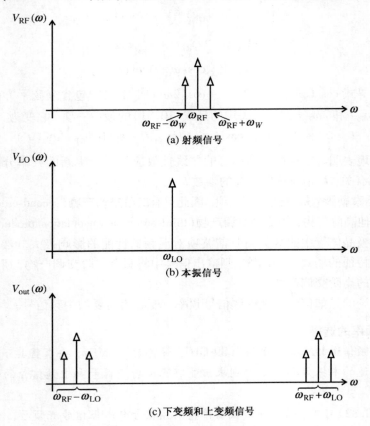

图 10.40　混频过程中的频谱图像

一般来说,上变频过程对应于**发射机**(transmitter)中的调制过程,而下变频过程则出现在**接收机**(receiver)中。当涉及调制问题时,经常会遇到以下术语:

- 下边带,即 LSB($\omega_{RF} - \omega_{LO}$);
- 上边带,即 USB($\omega_{RF} + \omega_{LO}$);
- 双边带,即 DSB($\omega_{RF} + \omega_{LO}$, $\omega_{RF} - \omega_{LO}$)。

需要考虑的一个关键问题是,如何选择本振频率,以便将射频信号转移到适当的中频频率点。

另一个相关的问题是映射到下变频信号频段的**镜频**(image frequency)。为了说明镜频问题,可考察射频信号由给定本振信号进行下变频的情况。除了需要的射频信号,再引入一个干扰信号,其频率与射频信号相对于本振信号对称(见图 10.41)。射频信号的变换关系应为

$$\omega_{RF} - \omega_{LO} = \omega_{IF} \tag{10.83a}$$

然而，镜频信号 $\omega_{IM}$ 的变换关系则为

$$\omega_{IM} - \omega_{LO} = (\omega_{LO} - \omega_{IF}) - \omega_{LO} = -\omega_{IF} \qquad (10.83b)$$

由于 $\cos(-\omega_{IF}t) = \cos(\omega_{IF}t)$，所以这两个频率都移到了相同的频段内，如图 10.41 所示。

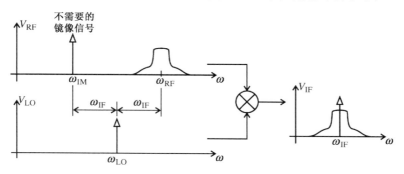

图 10.41　镜频映射问题

为了避免出现幅度可能大于射频信号的有害镜频信号，可以在混频器电路的前面增加**镜频滤波器**（image filter）来抑制镜频的影响，并提供有效的信号频谱隔离。更有效的措施则是采用镜频抑制混频器。

### 10.3.3　单端混频器设计

如图 10.42(a)所示，最简单的混频器就是由单个肖特基二极管构成的单端混频器。射频信号和本振信号被加到一个适当偏置的二极管上，二极管后面连接了一个谐振频率等于所需中频频率的谐振电路。图 10.42(b)是采用场效应晶体管的改进型混频器电路，与二极管不同的是，场效应晶体管能够对输入的射频信号和本振信号进行放大。

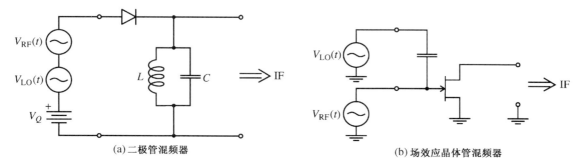

(a)二极管混频器　　　　　　　　　　　(b)场效应晶体管混频器

图 10.42　两种单端混频器

在上述两种设计方案中，射频信号和本振信号经混合后输入到具有指数（二极管）或准二次函数（场效应晶体管）传输特性的非线性器件中，该器件后面配置了带通滤波器，以便分离出中频信号。这两种截然不同的方案使我们能在设计滤波器的以下重要参数时，有对比选择的余地：

- 射频与中频之间的变频损耗或功率增益
- 噪声系数
- 本振端口与射频端口之间的隔离度
- 非线性

由于图 10.42(a)中的本振信号与射频信号没有分开,因此具有潜在的问题,如本振信号可能干扰射频信号的接收,部分本振功率甚至可能通过接收天线辐射出去。图 10.42(b)中的场效应晶体管方案与二极管混频器的区别是,它能产生信号增益。混频器的**变频损耗**(conversion loss, CL)通常定义为输入信号功率 $P_{\text{RF}}$ 与输出中频信号功率 $P_{\text{IF}}$ 的比值,单位为 dB:

$$CL\ [dB]\ =\ 10\log\left(\frac{P_{\text{RF}}}{P_{\text{IF}}}\right) \tag{10.84}$$

对于双极晶体管和场效应晶体管混频器,人们更喜欢采用上述功率比值的倒数来定义变频增益(CG)。

另外,混频器的噪声系数通常定义为

$$F\ =\ \frac{P_{n_{\text{out}}}}{CG P_{n_{\text{in}}}} \tag{10.85}$$

其中,CG 是变频增益,$P_{n_{\text{out}}}$ 是输出端口的噪声功率(在中频信号频率点),$P_{n_{\text{in}}}$ 是输入端口的噪声功率(在射频信号频率点)。一般来说,场效应晶体管比双极晶体管的噪声系数低,而且由于其准二次曲线形式的传输特性(见 7.2 节),高阶非线性项的影响也最小。相对于场效应晶体管混频器方案来说,双极晶体管混频器的应用领域是需要高变频效率和低偏置电压的场合(例如,由电池供电的系统)。

---

**接收机特性指标**

对于不同的移动电话标准,移动电话的射频接收前端的设计将涉及不同的性能参数。例如,对于典型的低噪声放大器,全球移动通信系统(GSM)的标准是:频段为 925～960 MHz,增益为 13 dB,噪声系数为 3 dB,输出端 1 dB 增益压缩点功率为 −16 dBm;而通用移动通信系统(UMTS)的标准是:频段为 1930～1990 MHz,增益为 16 dB,噪声系数为 2 dB,输出端 1 dB 增益压缩点功率为 −11 dBm。对于混频器,全球移动通信系统(GMS)和通用移动通信系统(UMTS)的标准基本相同,变频增益均为 5 dB,单边带噪声系数均为 12 dB;但输入端 1 dB 增益压缩点功率分别为 −4 dBm 和 −12 dBm。

---

混频器的非线性指标通常采用**变频压缩**(conversion compression)和**交调失真**(intermodulation distortion, IMD)来描述。变频压缩对应于中频信号与射频输入信号的函数关系开始偏离线性特征时的某一特定频率点。当上述偏离达到 1 dB 时,所对应的点就可作为混频器的特性参数。这与讨论放大器时的情况相同,交调失真与射频输入信号中的二次谐波频率成分的影响有关,它增大了失真。为了对这种影响进行定量,通常要采用双频测量法。假设 $f_{\text{RF}}$ 是所需信号,$f_2$ 是第二个输入频率,那么混频效应将产生两个新的频率成分 $2f_2 - f_{\text{RF}} \pm f_{\text{LO}}$,其中 +/− 号分别表示上变频或下变频。这种交调产物的结果可与变频压缩特性画在同一个图中(见图 10.43)。

理想线性输出响应与不需要的三阶交调失真响应曲线的交点是一个常用的评估参数,它表明了混频器抑制交调失真的能力。

混频器的其他指标包括其内部产生的**谐波交调失真**(harmonic IMD);射频与中频端口之间,本振与中频端口之间,以及中频与射频端口之间的**隔离度**(isolation)。射频与本振端口之间的隔离度取决于功率合成器(即耦合器,见附录 G)。另一个指标是**动态范围**(dynamic range),它限定了确保混频器性能不出现劣化的信号幅度。

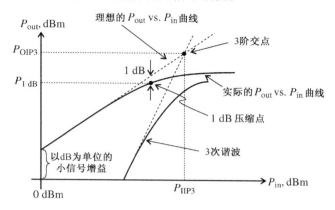

图 10.43 混频器的变频压缩与交调产物

射频混频器电路与射频放大器具有相似的设计步骤。射频信号和中频信号首先要被送入适当偏置的晶体管或二极管的输入端口。第 8 章已经介绍了输入和输出端的匹配技术,这些技术都可以直接应用在混频器中。然而,必须注意的是,输入端口的射频、本振信号与输出端口的中频信号之间存在很大的频率差别。由于两个端口都必须与常规的 50 Ω 传输线匹配,所以晶体管的端口阻抗(或 S 参量指标)在这两个不同的频率点都必须符合要求。另外,为了减小对器件输出端的干扰,输入端口必须对中频信号形成短路,而输出端口必须对射频信号形成短路(见图 10.44)。在匹配网络中实现这些要求有时是非常困难的。

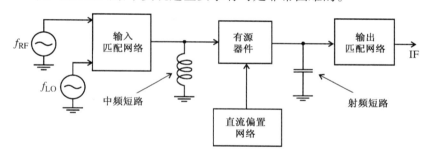

图 10.44 单端混频器设计的常规方法

这些短路条件通常会因晶体管的内部反馈机制而受到影响。在理想情况下,$\Gamma_{in}(\omega_{RF})$ 应当在输出端口短路的条件下求得,同样 $\Gamma_{out}(\omega_{IF})$ 也应在输入端口的短路条件下求解。通常情况下,输出端口上需要增加一个负载电阻,以便调整变频增益。下面的例题将会介绍混频器设计的主要步骤。

### 例 10.9 单端双极晶体管混频器的设计

根据图 10.45 所示的偏置电路拓扑和偏置条件,计算 $R_1$ 和 $R_2$ 的电阻值。以此网络为基础设计一个 $f_{RF}=1900$ MHz, $f_{IF}=200$ MHz 且元件数目最少的低本振注入混频器。已知双极晶体管在输入端短路条件下的中频输出阻抗为 $Z_{out}=(677.7-j2324)$ Ω,在输出端短路条件下的射频输入阻抗为 $Z_{in}=(77.9-j130.6)$ Ω。

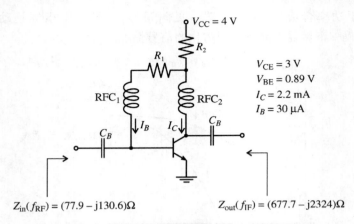

图 10.45　双极晶体管混频器电路的直流偏置网络

**解：** 由于 $R_2$ 上的电压降等于 $V_{CC}$ 与 $V_{CE}$ 之差，电流为基极电流与集电极电流之和，所以 $R_2$ 为

$$R_2 = \frac{V_{CC} - V_{CE}}{I_C + I_B} = 448 \ \Omega$$

同理，偏置电阻 $R_1$ 可由 $V_{CE} - V_{BE}$ 与基极电流的比值确定：

$$R_1 = \frac{V_{CE} - V_{BE}}{I_B} = 70.3 \ \text{k}\Omega$$

在开始设计输入匹配网络之前，必须先确定如何输入本振信号。最简单的方法如图 10.46 所示，即通过一个退耦电容直接将本振信号源与晶体管的基极相连。

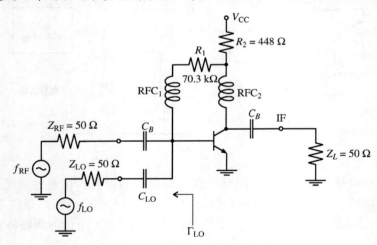

图 10.46　射频源及本振源与晶体管的连接方式

退耦电容 $C_{LO}$ 的电容量必须足够小，以防止射频信号被耦合到本振源上。这里选 $C_{LO} = 0.2 \ \text{pF}$。在这种情况下，$C_{LO}$ 与 $Z_{LO}$ 的串联阻抗所产生的射频反射损耗 $\text{RL}_{RF}$ 仅为 0.24 dB，

$$\text{RL}_{RF} = -20\log|\Gamma_{LO}(f_{RF})| = -20\log(0.9727) = 0.24 \ \text{dB}$$

遗憾的是，由于本振信号频率与 $f_{RF}$ 非常接近，所以上述电容量不但衰减了射频信号，同样也将衰减本振信号。可以计算出在 $f_{LO} = f_{IF} - f_{RF}$ 频率下，此退耦电容对本振信号的

插入损耗 $\mathrm{IL_{LO}}$ 为

$$\mathrm{IL_{LO}} = -10\log(1 - |\Gamma_{LO}(f_{LO})|^2) = 13.6\ \mathrm{dB}$$

由此可知，如果本振信号源的输出功率为 $-20\ \mathrm{dBm}$，则只有 $-33.6\ \mathrm{dBm}$ 的本振功率可到达晶体管。由于可以调整本地振荡器的输出功率，所以这种看起来很高的功率损耗是可容忍的。另外，如果担心本振功率耦合到射频端口，则可以进行滤波。

$C_{LO}$ 和 $Z_{LO}$ 的存在使我们能调整混频器的输入阻抗。新的总输入阻抗 $Z'_{in}$ 等于 $C_{LO}$ 和 $Z_{LO}$ 的串联阻抗再与晶体管的输入阻抗相并联：

$$Z'_{in} = \left(Z_{LO} + \frac{1}{\mathrm{j}\omega_{RF}C_{LO}}\right) \| Z_{in} = (47.2 - \mathrm{j}103.5)\Omega$$

输出阻抗不会发生变化，因为 $Z_{out}$ 是在输入端短路的条件下测量的。

求出了 $Z'_{in}$ 之后，就可以利用第 8 章介绍的任何一种方法设计输入匹配网络。如图 10.47 所示，由并联电感及随后的串联电容构成的电路就是可行的拓扑结构之一。其中，$C_1 = 0.8\ \mathrm{pF}$，$L_1 = 5.2\ \mathrm{nH}$，另外还添加了一个隔直电容 $C_{B1}$，用于防止直流接地短路。

图 10.47 的电路还有很多种改进方案。首先可看到，除了通过射频扼流圈为晶体管的基极提供偏置，也可以将 $R_1$ 直接连到 $L_1$ 和 $C_{B1}$ 之间。此时，仍然可通过 $L_1$ 为晶体管的基极提供偏置，而射频信号则通过 $C_{B1}$ 接地短路，从而保持了射频信号与直流电源的隔离。这种匹配网络的另一个功能是形成中频信号的短路条件。尽管电感 $L_1$ 在中频信号下的阻抗已经非常小，仍可以选择适当 $C_{B1}$ 的值，使 $L_1$ 与 $C_{B1}$ 在中频信号下发生串联谐振，从而进一步降低该串联阻抗。例如，若选择 $C_{B1} = 120\ \mathrm{pF}$，则中频信号得到了良好的接地短路，而射频信号至基极的通道仍然保持[1]。改进后的输入匹配网络如图 10.48 所示。

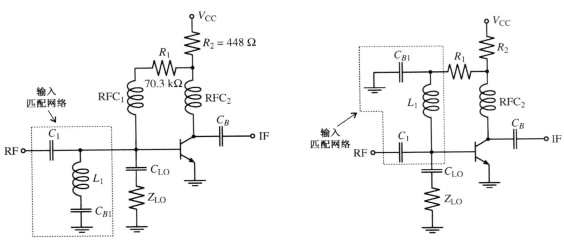

图 10.47　单端双极晶体管混频器的输入匹配网络　　　　图 10.48　改进后的输入匹配网络

如图 10.49 所示，输出匹配网络也可以采用类似的方法设计。最简单的匹配网络仍然包括并联电感 $L_2$ 及随后的串联电容 $C_2$，其值分别为 $L_2 = 416\ \mathrm{nH}$，$C_2 = 1.21\ \mathrm{pF}$。这种电路结构使我们可以省去晶体管集电极端口的射频扼流圈。然而，这种拓扑结构存在的问题是，它不能为射频信号提供接地短路，因而可能会对输出端造成干扰。为了弥补这个缺陷，用

---

[1]　原文为"and maintain the path to ground for the RF signal."疑有误。——译者注

一个等效 $LC$ 电路代替 $L_2$，增加的电容 $C_3 = 120$ pF 用于为射频信号提供良好的接地条件，$L_2$ 则调整为 5.2 nH。单端双极晶体管混频器的最终设计电路如图 10.49 所示。

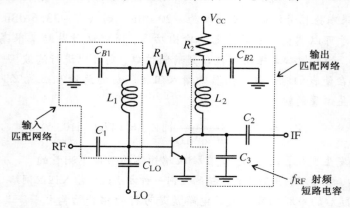

图 10.49　低本振注入的单端双极晶体管混频器电路($f_{RF} = 1900$ MHz, $f_{IF} = 200$ MHz)

上述例题表明，匹配网络可以实现多种目的，表面看起来这常常难以理解。例如，同时实现匹配功能和隔离功能就是电路设计者的重要任务。

### 10.3.4　单平衡混频器

通过上一节已了解到，单端混频器的概念最简单，但却难以实现。这种混频器的主要缺点是，如果要在宽频带内保持本振信号、射频信号及中频信号的相互隔离，则本振能量不易注入。由耦合器及平衡配置的双二极管或双晶体管构成的混频器则有能力实现上述宽带应用目标。另外，这种混频器还具有其他优点，如对噪声和寄生信号的抑制。寄生信号来源于射频和本振信号中高次谐波之间的混频，并有可能落在中频频段内。热噪声会大幅度提高接收机的噪声本底。图 10.50 画出了这种混频器的基本结构，其中包括一个 4 分支耦合器，一个双二极管检测器，以及一个作为信号合成器的电容。

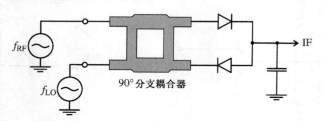

图 10.50　由混合耦合器构成的平衡混频器

除了具有优良的电压驻波系数(见附录 G)，可以证明这种混频器具有很强的噪声抑制能力，因为反向配置并具有 90° 相移的二极管电路使噪声在很大程度上相互抵消了。有关证明将在习题 10.21 中作为练习。

另一种更复杂的电路结构如图 10.51 所示，其中包括两个金属半导体场效应晶体管，一个 90° 耦合器和一个 180° 耦合器。引入 180° 相移的原因是，第二个金属半导体场效应晶体管不能像二极管那样反向连接。特别需要指出的是，这种电路的射频信号与中频信号之间却没有隔离。因此，通常要在图 10.51 的每个晶体管的输出匹配网络内部增加一个低通滤波器。为了在本振与射频之间获得良好的相互隔离，这种混频器需要采用180°耦合器而非90°耦合器。然而，这样做的代价是输入端口的驻波系数将劣化。

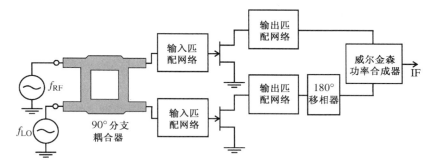

图 10.51　耦合器及功率合成器组成的单平衡金属半导体场效应晶体管混频器

## 10.3.5　双平衡混频器

　　将 4 个二极管按环形电路结构配置，就可以构成双平衡混频器。新增的二极管可以改善隔离度并增强对寄生模式的抑制。不同于单平衡混频器的是，双平衡混频器可以消去本振信号和射频信号中的所有偶次谐波。然而，其缺点是需要相当大的本振功率，并具有较大的变频损耗。图 10.52 画出了双平衡混频器的典型电路。其中所有 3 个信号通道都是相互隔离的，而且输入、输出变压器可实现射频信号与本振信号的均衡混频。

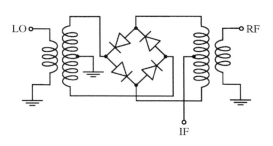

图 10.52　双平衡混频器电路

　　对于双平衡混频器的设计细节，读者可参阅本章末列出的文德林（Vendelin）和梅斯（Mass）的著作。

## 10.3.6　有源集成混频器

　　由于个人无线通信设备（如移动电话、无线局域网、蓝牙设备）的迅速普及，有源集成混频器已经得到了相当广泛的应用。这种混频器的主要优点是：有变频增益，容易采用低成本的COMS 工艺或双极晶体管 CMOS（BiCMOS）工艺实现，从而使几乎整个接收机都可以集成在单个芯片上。表 10.3 列出了有源混频器与无源混频器的优缺点，以及部分有源混频器的电路拓扑[①]。除了具有变频增益，在较低的本振注入下，相对于无源混频器，有源混频器通常还具有更好的线性度。从理论上讲，有源混频器可能具有比二极管混频器更低的噪声，但在实际混频器电路中，特别是采用 CMOS 工艺制作的混频器，有源混频器的噪声指标往往更差。另外，由于电路结构复杂，相对于二极管混频器，有源混频器的性能更难以采用仿真模型描述。

　　例 10.9 已经讨论了一种非平衡有源混频器的电路拓扑。由于其核心电路比较简单，所以这种混频器电路拓扑具有最佳的噪声指标。虽然这种混频器电路的结构比较简单，但是其最佳工作状态并不容易实现，困难在于其固有的较差的端口隔离度。针对射频与中频之间及本

---

　　①　实际表 10.3 中未列出有源混频器的电路拓扑。——译者注

振与中频之间的串扰,通常采用在中频输出端口并联电容的方法进行滤波。如例 10.9 所述,对于本振-射频隔离度较差甚至为零的混频器,需要分别在射频端口和本振端口进行充分的滤波。除了端口隔离度问题,本振信号在中频频段的相位噪声与基带信号噪声(由于 $1/f$ 噪声,它可能会很大)的混频信号,以及射频信号在中频频段的噪声与基带信号噪声的混频信号,都会使中频端口的输出噪声增大。为了降低混频器的噪声系数,本振必须在中频频段具有低的相位噪声,这可能需要对本振信号进行滤波。另外,若晶体管由射频端口信号驱动,则电容量的退化[①]效应可用于降低射频端口信号在中频频段的噪声增益,因为中频信号频率低于射频信号频率。然而,串联在晶体管发射极上的电容可能破坏混频器的稳定性,并产生振荡,所以必须特别小心。由于射频信号和本振信号是注入同一个晶体管的,所以非平衡混频器的潜在线性度指标将比其他拓扑结构的混频器差。比较复杂的混频器电路拓扑一般都具有独立的晶体管单元,可分别针对射频信号的线性放大和本振信号的非线性开关指标进行优化。

表 10.3　各种有源混频器电路的对比

| 混频器类型 | 优　点 | 缺　点 |
|---|---|---|
| 有源(相对于无源的) | ● 变频增益<br>● 较好的线性度<br>● 较低的本振功率<br>● 电路简单 | ● 较高的噪声系数<br>● 性能不稳定<br>● 工作频率低 |
| 非平衡(有源) | ● 噪声系数最低<br>● 单端输入、输出 | ● 端口隔离度差<br>● 线性度差<br>● 电路复杂 |
| 单平衡(有源) | ● 本振与射频隔离<br>● 射频与中频隔离<br>● 线性度最好<br>● 较好的噪声系数 | ● 中频信号差动输出<br>● 本振与中频不隔离 |
| 双平衡(有源) | ● 本振与射频,本振与中频,射频与中频均隔离<br>● 良好的寄生信号抑制<br>● 良好的线性度<br>● 电路简单 | ● 噪声系数高<br>● 功耗大 |

**单平衡有源混频器**

图 10.53 是单平衡有源混频器的拓扑结构,其中包括一些偏置电路元件。这种混频器的第一级是射频信号驱动级($Q_1$),它可以产生增益并能将射频信号转换为电流源形式的输出信号。所以,这一级有时被视为一个跨导。射频信号驱动级的输出电流形成了对差动晶体管对($Q_2$ 和 $Q_3$)的偏置,其输入信号是差分的本振信号。本振信号的幅度通常足够大,可以使 $Q_2$ 和 $Q_3$ 工作在良好的开关状态,从而能以准方波的形式将偏置电流在两个晶体管之间进行分配。差动形式的中频输出信号等于射频信号(包括直流偏置)乘以一个频率等于本振信号的方波。所以,这种有源混频器的特征就像一个乘法器。

单平衡有源混频器的主要优点是具有良好的噪声系数和线性度。单平衡混频器虽然比非

---

① 即电容器的电容量随工作频率的上升而下降。——译者注

平衡混频器的噪声系数差，但却比其他更复杂的混频器好。单平衡混频器的线性度可以非常高，因为该指标只与射频信号的驱动级有关，所以本振电压幅度就可以足够大，从而使差动晶体管对能够工作在良好的开关状态下。射频信号驱动级的线性度可以通过精心选择器件的参数、偏置点来优化。如果需要，还可以配置发射极负反馈电阻 $Z_e$，如图 10.53 所示。一般情况下，电感性负反馈电阻的性能最好。相对于单平衡混频器，非平衡混频器的线性度差得多；而其他复杂结构的混频器则需要消耗额外的功率，才能达到与单平衡混频器相同的线性度。

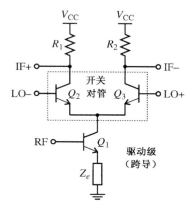

图 10.53　单平衡有源混频器及其驱动级

单平衡有源混频器还有以下特点：如果中频信号采用差动方式输出，则具有良好的射频-中频隔离度；如果本振信号采用差动方式输入，则具有良好的本振-射频隔离度。本振-射频隔离度与电路结构及本振驱动的对称性有关，我们希望该隔离度高，从而能够省去价格昂贵的滤波器。因为单端输出的本振信号源可以采用增加缓冲级的方法转变为差动输出方式，所以本振端口采用差动方式驱动并不存在严重困难。然而，中频信号端口则必须是差动输出方式。因为中频信号的频率较低，所以采用无源器件将差动输出方式转变为单端输出方式是比较困难的。由于存在大量的共模噪声，采用单端方式直接从混频器输出中频信号，具有较高的噪声系数（大于 6 dB）代价。由于单平衡有源混频器的主要优点是可以改善噪声系数，所以这种混频器的中频信号总是采用差动方式输出的。为了避免将中频信号转换为单端信号（集成芯片上单端信号之间的隔离度较差），人们已设计了差动形式的中频滤波器。

由图 10.53 可见，中频输出信号中存在很大的本振信号电流（本振-中频之间的强耦合）。这个本振信号电流必须用电容器滤除，否则它将导致中频输出信号的饱和。最后一点，与非平衡混频器的情况完全相同，本振信号在中频频段的相位噪声必须很小。否则，本振信号在中频频段的相位噪声可能与基带信号的噪声混频，并增加中频输出信号的噪声功率。幸运的是，由于射频-中频之间具有良好的隔离度，对于射频信号已不存在此类限制条件。

### 双平衡有源混频器

图 10.54 是一种双平衡有源混频器的拓扑结构（不包括偏置电路），通常称为吉尔伯特（Gilbert cell）混频器。这种混频器及其多种变形，具有许多优点，是最流行的滤波器电路结构。这种混频器具有优良的本振-射频隔离度、本振-中频隔离度及射频-中频隔离度；性能非常近似于乘法器，寄生信号幅度很低；其差动输入级可消除二阶非线性。总之，尽管电路结构看起来比较复杂，双平衡有源混频器仍是一种容易制作的性能理想的混频器。

双平衡（吉尔伯特）有源混频器是单平衡有源混频器拓扑结构的自然升级。它将共发射极上的射频驱动级改为一个差动晶体管对（$Q_1$ 和 $Q_2$），为了维持线性度和变频增益指标，需要大约 2 倍于单平衡有源混频器的偏置电流。在本振信号的驱动下，射频输出级（跨导）的差动输出电流由 4 个晶体管组成的开关单元进行整流。所以，中频输出信号就是射频输入信号与频率等于本振频率的准方波的乘积。电路拓扑的对称性消除了中频输出端口的射频信号和本振信号，也可防止本振信号泄漏到射频端口。

为了获得最佳的性能，吉尔伯特混频器的所有端口都必须为差动工作方式。然而，它也能工作在单端信号输入模式。例如，射频输入信号可以是单端信号，另一个输入端口则为射频接地状态。这样做的代价是线性度有轻微降低。本振信号也必须采用差动输入方式，以便确保良好的本振-射频隔离度。只要增加一个缓冲级，就可以将单端形式的本振信号转换为差动信号，这是获得所需本振信号的常用方法。在适当控制变频增益和噪声系数劣化的前提下，中频信号也可以直接采用单端方式输出。噪声系数劣化的原因是偏置电流源的共模噪声，它在中频信号频段是比较小的。

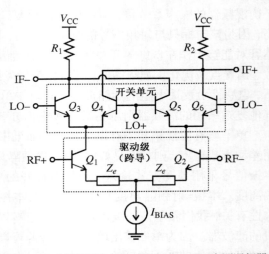

图 10.54　双平衡(吉尔伯特, Gilbert cell)有源混频器

　　吉尔伯特混频器的主要缺点是较高的噪声系数和功耗。噪声系数高的原因是产生噪声的有源器件的数量很大，但相对于其他混频器电路，吉尔伯特混频器的噪声系数并不太差。随着本振信号功率的增加，吉尔伯特混频器的噪声系数和线性度通常会得到改善。由于要控制 4 个晶体管的开关动作，相对于其他混频器，吉尔伯特混频器需要更大的本振功率，并增加了本振源的功耗。另外，吉尔伯特混频器的射频驱动级需要更大的偏置电流，才能获得与单平衡混频器相同的变频增益和线性度。

　　吉尔伯特混频器射频驱动级的负反馈(图 10.54 中的 $Z_e$)改善了混频器的线性度和阻抗匹配状态，但却降低了变频增益。电感性的负反馈可以改善噪声系数，因为它几乎不产生附加噪声，并能对射频频段高端的噪声形成衰减。由于电感性的负反馈降低了较高频段的射频增益，所以更适合于高本振注入模式，这样就可以使镜像频率比所需的射频信号频率的增益低。电阻性负反馈也很常用，尽管它将增大噪声系数。电阻性负反馈的优点是应用方便，而且能用于较宽的射频频段。由于场效应晶体管混频器的线性度都比较好，所以通常可以省略负反馈单元。

### 10.3.7　镜像隔离混频器

　　我们已经知道，基本的乘法器型混频器可将频率($\omega_{LO} - \omega_{IF}$)和频率($\omega_{LO} + \omega_{IF}$)变换为相同的中频信号 $\omega_{IF}$。在典型的高本振注入混频器中，($\omega_{LO} - \omega_{IF}$)是所需的射频信号，($\omega_{LO} + \omega_{IF}$)是镜像信号。混频后，镜像信号将无法与所需的射频信号分离。所以，必须在镜像信号到达混频器之前将其完全滤除。然而，在接收机芯片上集成高 $Q$ 值的镜像信号滤波器很困难，而外接滤波器的成本又太高。可以省略镜像信号滤波器的技术方案是镜像隔离混频器，如图 10.55 所示。这种混频器可以将所需的射频信号与镜像信号分别从不同的中频输出端口输出。技术方案之一是，在射频信号通道上配置一个 90°功率分配器，在本振信号通道上配置一个 0°功率分配器。在作为上变频(发射机)使用时，这种混频器又称为单边带调制器。

　　若元件是理想的，则可以导出镜像隔离混频器的工作原理。假设，射频电压为所需的射频信号与镜像信号的合成电压(高本振注入模式)：

$$v_{RF}(t) = V_{Sig}\cos((\omega_{LO} - \omega_{IF})t) + V_{Img}\cos((\omega_{LO} + \omega_{IF})t) \tag{10.86}$$

射频电压与两个幅度为 1、相位相差为 90°的本振信号混频后，上边的通道(即同相通道)包含电压：

$$v_I(t) = v_{RF}(t)\cos(\omega_{LO}t) = \frac{1}{2}[(V_{Sig} + V_{Img})\cos(\omega_{IF}t)$$
$$+ V_{Sig}\cos((2\omega_{LO} - \omega_{IF})t) + V_{Img}\cos((2\omega_{LO} + \omega_{IF})t)] \qquad (10.87)$$

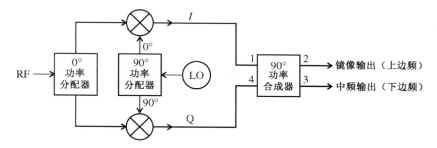

图 10.55　镜像隔离混频器

我们可以忽略($2\omega_{LO} \pm \omega_{IF}$)项，因为中频滤波器可以大幅度衰减这些带外信号，而仅保留信号与镜像相加的$\omega_{IF}$项。同样，下边的通道(也称为正交通道)包含电压：

$$v_Q(t) = v_{RF}(t)\sin(\omega_{LO}t) = \frac{1}{2}[(V_{Sig} - V_{Img})\sin(\omega_{IF}t) + \ldots] \qquad (10.88)$$

通过90°功率合成器后，两路输出信号分别为

$$v_{USB}(t) = \frac{1}{2\sqrt{2}}[(V_{Sig} + V_{Img})\cos(\omega_{IF}t - 90°) + (V_{Sig} - V_{Img})\sin(\omega_{IF}t - 180°)]$$

$$= \frac{1}{2\sqrt{2}}[(V_{Sig} + V_{Img})\sin(\omega_{IF}t) - (V_{Sig} - V_{Img})\sin(\omega_{IF}t)] \qquad (10.89)$$

$$= \frac{1}{\sqrt{2}}V_{Img}\sin(\omega_{IF}t)$$

和

$$v_{LSB}(t) = \frac{1}{2\sqrt{2}}[(V_{Sig} + V_{Img})\cos(\omega_{IF}t - 180°) + (V_{Sig} - V_{Img})\sin(\omega_{IF}t - 90°)]$$

$$= \frac{1}{2\sqrt{2}}[-(V_{Sig} + V_{Img})\cos(\omega_{IF}t) - (V_{Sig} - V_{Img})\cos(\omega_{IF}t)] \qquad (10.90)$$

$$= -\frac{1}{\sqrt{2}}V_{Sig}\cos(\omega_{IF}t)$$

这表明，频率较低的边带信号已经与频率较高的镜像信号分开了。

显然，只有当元件特性非常理想时，才能将镜像信号与所需的射频信号完全分开。这种混频器的一个重要参数是镜像隔离度，定义为中频输出端口的镜像信号与所需的射频信号的比值，通常采用 dB 为单位。计算表达式为

$$IR[dB] = 10\log\left(\frac{1 + A^2 + 2A\cos\theta}{1 + A^2 - 2A\cos\theta}\right) \qquad (10.91)$$

其中，$A$ 是电压幅度的不平衡度，用电压比值 $A = 10^{(A[dB])/20}$ 表示；$\theta$ 是相位的不平衡度。$A$ 是混频器总的幅度不平衡度，是混频器所有各级幅度不平衡度的乘积(若以 dB 为单位，则为总和)。同样，$\theta$ 是混频器所有各级相位不平衡度的总和。图 10.56 画出了混频器的镜像隔离度

与两个不平衡度参数的函数关系。可见，如果镜像隔离度要达到 40 dB(替代普通的镜像隔离滤波器所必需的指标)，则技术要求相当严格。例如，若幅度不平衡为 0.1 dB，相位不平衡为 1°，则镜像隔离度才能达到 40 dB。

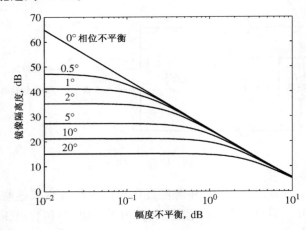

图 10.56　镜像隔离度与幅度、相位不平衡度的函数关系。注意：幅度不平衡度采用了双对数坐标(将以dB为单位的物理量标在对数坐标上)

**多相位信号**

　　多相位网络具有 $N$ 个输入端口，$N$ 个输出端口，而且相对于输入、输出端口的编号具有旋转对称性。若将这 $N$ 个输入信号视为一个以相同的相位间隔采样的复数信号，则多相位网络就像一个对正、负频率呈现非对称响应的滤波器。例如，图 10.55 所示的两个混频器的差动 $I$、$Q$ 输出就可视为一个 4 相位信号，各信号相位分别为 0°，90°，180°和 270°。此时，所需的信号分布在 −IF 周围，而镜像信号则分布在 +IF 周围。一个普通的 RC 多相位网络就能抑制 +IF 附近的正频率信号，并传输 −IF 附近的负频率信号。将若干 RC 多相位网络级联，就可以在宽的频率范围内，大幅度降低响应幅度的起伏。采用这种电路拓扑的多相位滤波器也可以用于产生 0°和 90°相移的本振信号。

　　图 10.55 中只有两个混频器，实际电路常常要共用这两个混频器的部分功能，如射频驱动级可利用它们来降低输出幅度的不平衡度。工作频率较低的接收机可以采用双频振荡器，配合 1/2 分压电路，就可以产生两路相位差为 90°的本振信号。由于频率低并且容差小，若采用无源元件制作中频正交合成器，则可能存在问题。这时，可采用电阻 − 电容相移(多相位)网络和有源加法器取代。最后需要指出，这种混频器的线性度变得更加重要，因为潜在的强镜像信号没有经过滤波，直接通过了混频器。

## 应用讲座：采用谐波平衡分析法仿真实际的振荡器

　　这一节又要讨论振荡器，并采用商用电路仿真软件 ADS 中的谐波平衡分析法研究共基极电路振荡器。将会分析两种可能的工作模式，"负电阻"模式和"负电导"模式，以及两种不同的谐振器。仿真结果将包括输出信号的波形和相位噪声。

图 10.57(a)是基极反馈负阻振荡电路,其输入阻抗由电容 $C_2$ 确定,该电路是以前讨论过的发射极反馈振荡器的变形。仿照以前的方法构建简化的小信号和大信号模型后,就可以得到振荡器在小信号条件下的输入阻抗和导纳:

$$Z_{\text{in}} = (-g_m + \mathrm{j}\omega C_1)\frac{\omega^2 L_1 C_1 - 1}{g_m^2 + \omega^2 C_1^2}, \quad Y_{\text{in}} = \frac{-g_m - \mathrm{j}\omega C_1}{\omega^2 L_1 C_1 - 1}$$

其中,$g_m = I_E/V_T$。在深度丙类工作状态(大信号情况)下,

$$Z_{\text{in}(1)} = (-g_{m(1)} + \mathrm{j}\omega C_1)\frac{\omega^2 L_1 C_1 - 1}{g_{m(1)}^2 + \omega^2 C_1^2}$$

$$Y_{\text{in}(1)} = \frac{-g_{m(1)} - \mathrm{j}\omega C_1}{\omega^2 L_1 C_1 - 1} = -\frac{2I_E}{|v_{\text{in}}|} - \mathrm{j}\frac{1}{\omega L_1 - \dfrac{1}{\omega C_1}}$$

在此定义了基波的大信号跨导:

$$g_{m(1)} = \frac{2I_E}{|v_{\text{in}}|}(\omega^2 L_1 C_1 - 1)$$

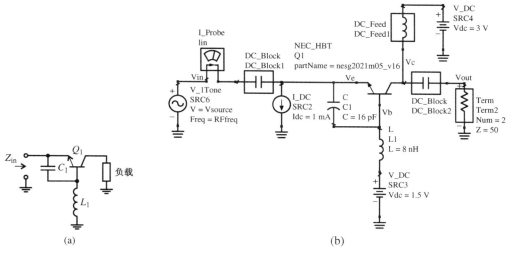

图 10.57  基极反馈负阻振荡电路。(a)简化图;(b)用于分析
输入阻抗的电路(包含偏置电路和驱动电路元件)

可以看到,只有当工作频率高于 $L_1$-$C_1$ 的串联谐振频率时,电路才具有负电阻。通过观察负阻随输入电压幅度而变化的规律,可以断定:这个电路既可以产生负电阻,也可以产生负电导,这取决于 $g_m$ 与 $\omega C_1$ 的相对大小。如果 $g_m < \omega C_1$,那么此电路是"负电阻"电路,随着信号幅度的增加,$R_{\text{in}(1)}$ 则从大负数向大正数变化。另外,如果 $g_m > \omega C_1$,那么电路的最初特征是"负电导",随着 $|v_{\text{in}}|$ 的增加,$R_{\text{in}(1)}$ 则向大负数变化,直到 $g_{m(1)}$ 小于 $\omega C_1$。此后,$R_{\text{in}(1)}$ 则开始向大正数变化。随着输入信号的增加,电路的输入电导 $G_{\text{in}(1)} = \text{Re}(Y_{\text{in}(1)})$ 的幅度总是在减小,这表明电路是一个"负电导"。然而,在符合黑川条件的前提下,正是电路的初始特征,即 $R_{\text{in}(1)}$ 决定了振荡电路应该采用串联谐振器还是并联谐振器。这个特征使得该振荡电路的应用广泛,但调试困难。这一节将考察它的两个工作模式。

如果采用足够的大电容 $C_1$，并将晶体管偏置在足够小的电流下，就能使此振荡电路工作在"负电阻"状态，并可采用串联谐振器设定振荡频率。例如，设定 $I_E = 1$ mA，$C_1 = 16$ pF，$f = 1$ GHz(与前面讨论发射极反馈电路的参数相同)，则有 $g_m = 0.0385$ S $< \omega C_1 = 0.101$ S，可以确保电路呈现纯"负电阻"。图 10.57(b) 画出了这个电路，增加了一个 8 nH 的基极反馈电感和理想的偏置电路。电路中采用的晶体管是 NEC 公司的低功耗、锗硅异质结双极晶体管(NESG2021M05)，截止频率 $f_T$ 高达 25 GHz。ADS 软件中的非线性模型可用于分析该晶体管。下一个例子将采用这种晶体管，包括 1 GHz 的低频振荡器和 5 GHz 的中频振荡器。图 10.58 是采用谐波平衡法仿真图 10.57(b)电路的输入阻抗的结果，以及解析计算的近似结果。这个简化模型很好地描述了电路的特征，特别是输入阻抗。电抗特性方面有些偏差，主要原因是晶体管内部的寄生电抗。

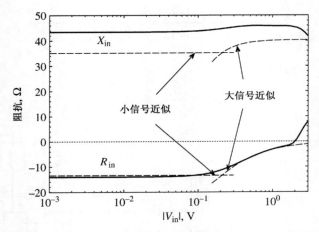

图 10.58　在 1 GHz 频率点，采用谐波平衡分析法仿真基极反馈负阻电路的结果

若给定谐振器的串联电阻 $R$，就能估计采用这个电路构成的振荡器的输出信号振荡幅度：

$$|v_{in}| \approx \frac{2I_E}{R}\left(\omega L_1 - \frac{1}{\omega C_1}\right)^2, \qquad |i_{in}| \approx \frac{2I_E}{R}\left(\omega L_1 - \frac{1}{\omega C_1}\right), \qquad P \approx \frac{2I_E^2}{R}\left(\omega L_1 - \frac{1}{\omega C_1}\right)^2$$

这样，通过增加偏置电流，减小谐振器串联阻抗或增大 $L_1$ 与 $C_1$ 的串联谐振电抗，就能提高谐振器的功率。

为了制作一个振荡器，需要在基极反馈负电阻电路的输入端配置一个 $Z = -Z_{in(1)} = (4.6 - j45.9)\Omega$ 的阻抗，这里利用了经验公式 $R = -R_{in}/3$。正如以前曾指出的，串联谐振器的品质因数必须尽量大。如果采用集中参数元件，则电感器通常将制约品质因数 $Q$。假设电感器的 $Q \approx 50$(线绕片式电感器的典型值)，则需要的总串联电感量为 $QR/\omega = 36.6$ nH，它等于 $L_1$ 与谐振器电感的串联值。可以将总电感再具体化为 $L_1 = 8$ nH，其串联电阻为 1 $\Omega$；谐振器电感 $L_2 = 28.6$ nH，其串联电阻为 3.6 $\Omega$。为了保证电路在 1 GHz 频率点具有合适的阻抗，谐振器电容 $C_2$ 必须为 0.706 pF。

图 10.59 是一个工作频率为 1 GHz 的实用振荡器电路，可用 ADS 软件中的谐波平衡分析法来仿真。理想化的偏置电路元件都已替换为现实存在的集中参数元件。晶体管的基极电位由分压器 $R_2$-$R_3$ 设定，发射极电流则由电阻 $R_1$ 控制。大电感(200 nH)和大电容(200 pF)分别用于阻断射频和直流。在更实用的电路中，还可省略 $L_3$ 和 $C_3$，但这会使 $R_1$ 影响到谐振器的 $Q$ 值。

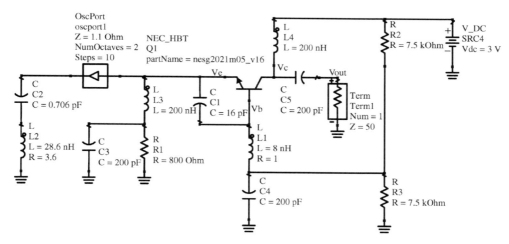

图 10.59 采用串联谐振器的基极反馈振荡器(1 GHz)

图 10.60 是采用谐波平衡法分析图 10.59 振荡器的结果,电路振荡在 1.005 GHz。输入电压(发射极)的基波幅度为 0.637 V,而采用解析法求得的数值是 0.71 V。图 10.60(a)的电压波形清楚地反映了负阻电路和串联谐振器的特性。晶体管的集电极电压 $v_C$ 约为 $-i_C R_{load} + V_C$,远非正弦波形式。可以看到晶体管的丙类工作状态(脉冲信号)和晶体管内部的寄生电抗效应(较小的次级脉冲)。晶体管发射极电压波形中包含丰富的谐波成分,这是由于发射极的脉冲电流进入了阻抗随频率上升而增加的串联 $LC$ 电路。晶体管的寄生电抗实际上衰减了输出电压波形中的高次谐波成分。振荡电路中的谐波成分既可能是有用的,也可能是有害的。

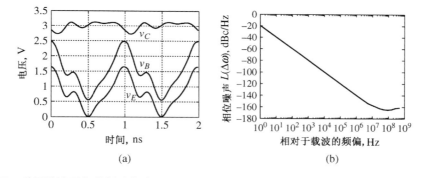

图 10.60 采用谐波平衡分析法仿真 1 GHz 振荡器的结果。(a)晶体管的电压波形;(b)相位噪声

如图 10.60(b)所示,ADS 软件的谐波平衡分析工具可以估计振荡器的相位噪声。我们可以接受李森模型给出的相位噪声基本形式,即相位噪声随着测量频率偏离载波频率而下降,频偏每增加 1 个数量级,相位噪声下降 20 dB。当测量频率远离载波频率时,就呈现出了相位噪声的本底。当测量频率靠近载波频率时,由于缺乏电路元件的 $1/f$ 噪声模型,无法得到频偏每增加 1 个数量级而相位噪声下降 30 dB 所对应的噪声谱。

这个振荡器的输出功率是 $-8.6$ dBm,略大于 $-10$ dBm 的理论计算值,原因仍然是晶体管的寄生参数。

第二个振荡器省略了电容器 $C_1$,工作频率是 5 GHz,偏置电流为 3 mA。晶体管内部基极-发射极之间的电容 $C_{BE}$ 替代了电容器 $C_1$ 的作用。在 $C_1$ 相对较小($C_1 = C_{BE}$),而且 $g_m$ 较大(偏置

电流大)的情况下,可以断定此电路将为"负电导"型电路。然而,在如此高的频率下,由于晶体管的寄生参数起到了非常重要的作用,所以我们并不期望理论分析能够得到非常精确的定量结果。图10.61标出了此电路的理想偏置元件和1 nH的基极反馈电感,其中采用了一个10 Ω负载电阻来降低晶体管的集电极电压幅度,同时减小负载对振荡器的影响。图10.62是采用谐波平衡分析法求出的振荡器输入阻抗和输入导纳。不出所料,振荡电路呈现出了负电阻,该负阻的幅度最初随着$|v_{in}|$的上升而增大。所以,这个电路是配合并联谐振器使用的"负电导"型电路。可以看出,随着$|v_{in}|$的上升,$R_{in}$最终掉头向正值方向增加。然而,随着信号幅度的增加,振荡器的输入导纳$G_{in}$向着正值方向单调增加。由于晶体管内部存在寄生电抗,所以输入电纳$B_{in}$与信号幅度有关,这与解析法得到的结论不同。为了确保电路振荡在所需的频率点,最好使用电纳在谐振频率点附近变化很快的高$Q$值谐振器。高$Q$值谐振器也有利于优化振荡器的相位噪声。

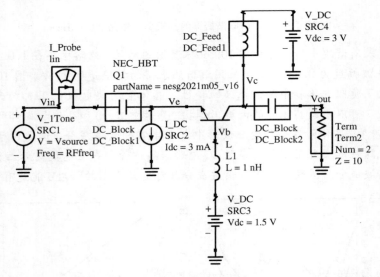

图10.61　在5 GHz频率点分析基极反馈负阻电路输入阻抗的简化电路图

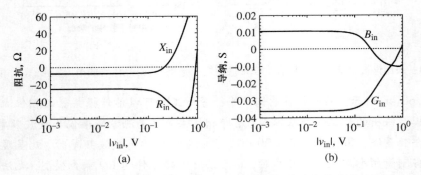

图10.62　采用谐波平衡分析法,在5 GHz频率点仿真简化的
基极反馈负阻电路。(a)输入阻抗;(b)输入导纳

对于并联谐振器,可以采用两段长度分别为$l_+ = \lambda/4 + \Delta l$和$l_- = \lambda/4 - \Delta l$的终端开路的微带线构成电路,其中$\Delta l$较小。如果传输线无损耗,则电路的输入导纳为

$$Y = j\frac{1}{Z_0}\left[\tan\left(\frac{\omega}{\omega_0}\left(\frac{\pi}{2} + \Delta\theta\right)\right) + \tan\left(\frac{\omega}{\omega_0}\left(\frac{\pi}{2} - \Delta\theta\right)\right)\right]$$

其中，$Z_0$ 是微带线的特性阻抗，$\omega_0$ 是中心工作角频率，$\Delta\theta$ 是长度为 $\Delta l$ 的微带线所对应的等效电长度。在中心频率点，两个正切项将相互抵消，形成并联谐振。

这个电路中的所有损耗都可以归结为一个并联电导 $G$（可以通过人为配置一个并联的终端电阻）。并联谐振器的品质因数通常定义为

$$Q = \frac{\omega_0}{2G}\frac{dB}{d\omega}\bigg|_{\omega = \omega_0}$$

其中，$B$ 是电纳（由 $Y = G + jB$ 确定）。由这两个表达式可得谐振器品质因数的近似值：

$$Q \approx \frac{\pi}{2GZ_0\Delta\theta^2}$$

此式要求 $\Delta\theta$ 足够小。在文献资料中，可查到一个关于传输线谐振器（包括 1/4 波长谐振器和上面提到的谐振器）的固有品质因数的有趣公式：

$$Q_U = \frac{\pi}{\alpha\lambda} = \frac{\beta}{2\alpha}$$

其中，$\alpha$ 是以 Np/m 为单位的传输线衰减系数（1 Np/m = 8.686 dB/m），$\lambda$ 是中心工作频率对应的波长。如果令谐振器工作在无外接负载电阻的最佳 $Q$ 值状态，则两个关于 $Q$ 值的表达式将相等，由此可解出并联电导：

$$G \approx \frac{\alpha\lambda}{2Z_0\Delta\theta^2}$$

按照相同的方法讨论终端短路的 1/4 波长谐振器，可得

$$G_{\lambda/4} = \frac{\alpha\lambda}{4Z_0}$$

由此可见，相对于普通的 1/4 波长谐振器，$\lambda/4 \pm \Delta l$ 谐振器的优点是：在品质因数恒定不变的前提下，其无载并联电导很容易在一个常用的范围内通过改变 $\Delta\theta$ 来调整。

为谐振器选择的印刷电路板基片的型号为罗杰斯（Rogers）4350，厚度为 0.020 英寸，介质材料的介电常数为 3.48，损耗角正切为 0.0031（测试频率为 2.5 GHz）。通过计算可得，在上述基片上，铜箔厚度 34 μm（即 1 盎司铜/英尺$^2$）的 50 Ω 微带线在 5 GHz 频率点的传输参数为 $\varepsilon_{eff} = 2.713$，衰减为 3.68 dB/m。所以，$\lambda = 36.4$ mm，$\alpha = 0.424$ Np/m，并联谐振器的固有品质因数 $Q_U = 204$。

图 10.61 电路的小信号输入电导 $G_{in} = -0.0363$ S，如图 10.62（b）所示。根据负电导的经验规律，这个谐振器的电导应当是 $G = -G_{in}/3 = 0.0121$ S。由 $G$ 的倒数可得 $\Delta\theta = 0.113$ rad = 6.47°。换算为常用的印刷电路板长度单位，则开路传输线段的长度为 $\lambda/4 \pm \Delta l = 358.3 \pm 25.8$ mil，50 Ω 微带线的宽度为 43.8 mil。

图 10.63 是一个采用了双并联开路谐振器的可实际应用的 5 GHz 振荡器，可用 ADS 软件中的谐波平衡振荡器分析工具来分析。其中，终端接大电容的窄微带线（高 $Z_0$）都是偏置电路的射频扼流圈，基极电感由适当长度的微带线替换，50 Ω 负载由单节微带线匹配网络变换为 10 Ω。理想的偏置电压源、电流源由一个 3 V 电源和几个电阻替代。大容量的电容都是用于隔直流的。需要说明的是，可以在此电路原理图中微带线的节点及器件附近增加一些由铜箔构成的图形，以便进一步改进电路性能。

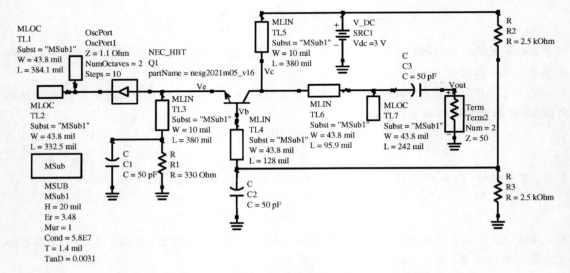

图 10.63　采用基极反馈和并联谐振器的 5 GHz 振荡器

图 10.64 是采用谐波平衡分析法仿真图 10.63 电路的部分结果。电路振荡在 5.01 GHz，稍微偏离了谐振器的中心谐振频率(这是由于有源电路的输入电纳 $B_{in}$ 不为零)。图 10.64(a)是晶体管各端口的时域电压波形。发射极电压(即谐振器上的电压)的基波分量的幅度为 0.511 V，这与图 10.62(b)中 $G_{in} = -0.0121$ S 点的 $|v_{in}|$ 十分吻合。由于晶体管存在寄生电抗，图 10.64(a)的波形中出现了其他谐波分量，即晶体管的工作状态并不是典型的工作状态。

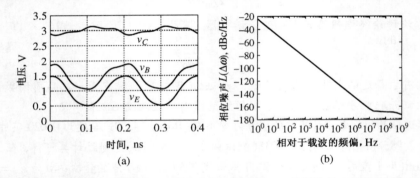

图 10.64　采用谐波平衡分析法仿真 5 GHz 振荡器的结果。(a)晶体管的电压波形；(b)相位噪声

图 10.64(b)是振荡器的相位噪声，它是测量频率与载波频率之差的函数。本例再一次验证了李森噪声模型基本趋势的正确性，包括频偏每增加 1 个数量级相位噪声下降 20 dB 的部分，以及噪声本底。但是，由于没有考虑到 $1/f$ 噪声，李森噪声模型不能反映频偏每增加 1 个数量级而相位噪声下降 30 dB 的情况。可以看到，尽管工作频率从 1 GHz 提高到了 5 GHz，此时振荡器的相位噪声却略低于图 10.60(b)中的情况。主要原因在于，谐振器的品质因数从 50 提高到了 204，另外谐振器的功率也从 0.44 mW 提高到了 1.6 mW。

根据仿真结果，此振荡器的基波输出功率是 -1.7 dBm，明显大于根据晶体管丙类工作状态近似分析法得到的预期值 -7.4 dBm。这清楚地表明，在高频率点，这种简化分析方法不再具有定量的意义。

这个完整的实例重点介绍了谐波平衡分析法的功能，也证实了谐波分量对电路性能的影响。此外，我们还了解到 $P$ 和 $Q$ 及中心工作频率是如何影响相位噪声的。振荡器设计工程师必须充分注意负电阻型电路与负电导型电路之间的性能差别。

## 10.4　小结

振荡器和混频器具有非线性的传输特征，因此比常规线性放大器更难设计。工程师们常常会遇到这样的情况，即电路的性能符合要求，但设计者却并不了解其真正的原因。当前广泛应用的 CAD 工具软件使我们逐步减少了对试探求解法的依赖。这种情况在振荡器和混频器射频电路设计中确实都存在。

振荡器设计的关键问题之一是由反馈环路方程引出的负阻条件，此条件可以定义为巴克豪森（Barkhausen）判据：

$$H_F(\omega)H_A(\omega) = 1$$

例如，采用 π 型反馈网络可设计出许多种振荡器，其中包括讨论过的哈特雷振荡器，考毕兹振荡器和克拉普振荡器振荡器电路。当工作频率达到 250 MHz 以后，振荡器中的某个无源反馈元件可以采用石英晶体来替代，石英晶体的机械振动特性可以大幅度改善振荡器的频率稳定度和温度稳定性。

若工作频率进一步升高，则 $S$ 参量又成为人们乐于采用的设计工具。对于双端口振荡器，稳定性条件和输入、输出振荡条件则是至关重要的：

$$k < 1, \quad \Gamma_{\text{in}}\Gamma_S = 1, \quad \Gamma_{\text{out}}\Gamma_L = 1$$

振荡器的常规设计步骤从考察稳定性因子 $k$ 开始，然后根据非稳定区内的特定输出负载及已知的输入反射系数，就可以确定输出反射系数。反过来，也可以在输入端口重复此设计过程。为了提高振荡器的高频性能，可以在电路中增加介质谐振器。介质谐振器的特征是具有如下归一化特性阻抗的并联谐振电路：

$$z_{\text{DR}} \approx \frac{R/Z_0}{1 + j2Q_U(\Delta f/f_0)} = 2\beta$$

除了介质谐振器，利用 YIG 元件也可以建立由磁感应控制的谐振条件。耿氏二极管可以用于设计工作频率极高的振荡器。为了增加频率调谐的灵活性，常常采用变容二极管来改善谐振电路的调谐范围。

除了振荡器，混频器是第二类直接利用二极管、双极晶体管及单极晶体管等有源固体器件非线性传输特性的实用电路。混频器的频率变换能力使其在外差式接收机和发射机电路中得到了应用。射频信号 $\omega_{\text{RF}}$ 与本振信号 $\omega_{\text{LO}}$ 混频后将产生混频输出信号：

$$I = \dots + BV_{\text{RF}}V_{\text{LO}}(\cos[(\omega_{\text{RF}} + \omega_{\text{LO}})t] + \cos[(\omega_{\text{RF}} - \omega_{\text{LO}})t])$$

其中，第一项表示上变频，第二项对应于下变频。式中第二项响应可用来作为接收机的中频输出信号。为了分离出有用的信号，需要在混频器的输入端口（镜像滤波器）和输出端口（带通）进行严格的滤波。在有源器件与波源及负载之间实现适当的阻抗匹配后，就可以设计出单端、单平衡及双平衡混频器。设计混频器中的放大器的匹配网络是一项困难的任务，它必须使射频、本振及中频端口相互隔离，最重要的是本振与射频的相互隔离。由于平衡混频器固有的端口隔离特性，它可以通过部分抵消有害谐波成分来改善输出信号的质量，但需要更复杂的电路结构，并将在噪声系数和功率消耗方面付出代价。

## 阅读文献

B. Gilbert, "A high performance monolithic multiplier using active feedback," *IEEE Journal of Solid State Circuits* (*JSSC*), *Vol. SC*-9, No. 6, 1974.

C. D. Hul and R. G. Meyer, "A systematic approach to the analysis of noise in mixers," *IEEE Trans. on Microwave Theory and Technique* (*MTT*), Vol. 40, No. 12, pp. 909-919, 1993.

T. H. Lee, *The Design of CMOS Radio-Frequency Integrated Circuits*, Cambridge Press, 2004.

A. Hajimiri and T. H. Lee, "A General Theory of Phase Noise in Electrical Oscillators," *IEEE Journal of Solid-State Circuits*, Vol. 33, pp. 179-194, 1998.

D. B. Leeson, "A simple model of feedback oscillator noises spectrum," *Proc. IEEE*, Vol. 54, pp. 329-330, 1966.

K. Kurokawa, "Some basic characteristics of broadband negative resistance oscillator circuits", *Bell System Tech. J.*, Vol. 48, pp. 1937-1955, 1969.

K. L. Fong, and R. G. Meyer, "Monolithic RF Active Mixer Design," *IEEE Trans. on Circuits and Systems II: Analog and Digital Signal Processing*, Vol. 46, pp. 231-239, 1999.

G. Watanabe, H. Lau, and J. Schoepf, "Integrated mixer design," *Proc. Second IEEE Asia Pacific Conference on ASICs*, pp. 171-174, 2000.

Y. Anand and W. J. Moroney, "Microwave Mixer and Detector Diodes," *Proceedings of IEEE*, Vol. 59, pp. 1182-1190, 1971.

R. J. Gilmore and F. J. Rosenbaum, "An Analytical Approach to Optimum Oscillator Design Using S-Parameters," *IEEE Trans. on Microwave Theory and Techniques*, Vol. 31, pp. 633-639, 1983.

G. Gonzalez, *Microwave Transistor Amplifiers*, *Analysis and Design*, Prentice-Hall, Upper Saddle River, NJ, 1997.

J. B. Gunn, "Effect of Domain and Circuit Properties on Oscillations on GaAs," *IBM Journal of Res. Development*, Vol. 10, pp. 310-320, 1966.

J. M. Manley and H. E. Rowe, "Some General Properties of Nonlinear Elements," *Proceedings of IRE*, Vol. 44, pp. 904-913, 1956.

S. A. Mass, *Microwave Mixers*, Artech House, Dedham, MA, 1986.

M. A. Smith, K. J. Anderson, and A. M. Pavio, "Decade-Band Mixer Covers 3.5 to 35 GHz," *Microwave Journal*, pp. 163-171, Feb. 1986.

G. Vendelin, A. Pavio, and U. L. Rhode, *Microwave Circuit Design Using Linear and Nonlinear Techniques*, John Wiley, New York, 1990.

G. Vendelin, *Design of Amplifiers and Oscillators by the S-Parameter Method*, John Wiley, New York, 1982.

P. C. Wade, "Novel FET Power Oscillators," *Electronics Letters*, September 1978.

## 习题

10.1　10.1.5 节采用 $h$ 参量设计了双极晶体管共发射极电路的考毕兹振荡器。按照相同的步骤设计哈特雷振荡器。用 $L_1$, $L_2$, $C_3$ 和 $h$ 参量表示谐振频率,并给出 $L_2$ 与 $L_1$ 的比值。

10.2　设计一个工作频率为 250 MHz 的考毕兹振荡器。已知在 25℃室温条件下,偏置条件为 $V_{CE} = 2.7$ V, $I_C = 2$ mA 时,电路参数为 $C_{BC} = 0.2$ fF, $r_{BE} = 3$ kΩ, $r_{CE} = 12$ kΩ, $C_{BE} = 80$ fF。如果电感值固定为 47 nH,试求反馈环路中的电容值并考察采用直流 $h$ 参量是否合适。

10.3　10.1.6 节曾介绍了石英晶体元件。证明:求解方程式(10.44)可得串联和并联电路的近似谐振条件式(10.45a)和式(10.45b)。提示：采用泰勒级数展开，并保留前两项。

10.4　石英晶体谐振器的特性通常采用其串联和并联谐振频率来描述。已知等效电路参数为 $R_q = 50\ \Omega$，$L_q = 50\ \mathrm{mH}$，$C_q = 0.4\ \mathrm{pF}$，$C_0 = 0.8\ \mathrm{pF}$，根据式(10.45a)和式(10.45b)求串联和并联谐振频率。在适当的频率范围内画出此晶体谐振器的电抗。

10.5　已知晶体振荡器工作在晶体的并联谐振模式。现将一个无耗电感与晶体谐振器并联，如果要求晶体谐振器与无耗电感并联后的总电抗仍等于晶体谐振器原来的电抗，则振荡频率应当上升还是下降？说明你的结论。

10.6　在设计振荡器时，通常需要晶体管工作在共基极(CB)模式的 $S$ 参量。然而，生产厂家提供的一般都是晶体管在共发射极模式(CE)下的 $S$ 参量测量值。因此，必须将它们转换为共基极模式的 $S$ 参量。在实际中通常的做法是，先将共发射极模式下的 $S$ 参量转换为 $Y$ 参量，然后将共发射极模式下的 $Y$ 参量转换为共基极模式，最后再将共基极模式下的 $Y$ 参量转换为 $S$ 参量。试导出 $Y$ 参量从共发射极模式到共基极模式的变换公式。

10.7　在 4 GHz 频率下，某砷化镓金属半导体场效应晶体管芯片在共源极电路中的 $S$ 参量测量值为 $S_{11} = 0.83 \angle -67°$，$S_{21} = 2.16 \angle 119°$，$S_{12} = 0.17 \angle 61°$，$S_{22} = 0.66 \angle -23°$。利用习题 10.6 导出的变换公式，计算此晶体管在共源极模式下的 $S$ 参量。设 $L = 0.5\ \mathrm{nH}$，工作频率为 4 GHz，画出有正反馈电感和无正反馈电感时，晶体管的稳定性判别圆。

10.8　10.2.1 节曾讨论过如何选择 $\Gamma_L$ 以使 $|\Gamma_\mathrm{in}| > 1$。证明，当满足振荡条件时，$|\Gamma_\mathrm{in}| > 1$ 意味着 $|\Gamma_\mathrm{out}| > 1$，反之亦然。

10.9　当采用 $S$ 参量设计振荡器时，已知必须满足条件：$k < 1$，$\Gamma_S \Gamma_\mathrm{in} = \Gamma_L \Gamma_\mathrm{out} = 1$。将输入阻抗和输出阻抗改写为 $Z_\mathrm{in} = R_\mathrm{in} + jX_\mathrm{in}$ 和 $Z_\mathrm{out} = R_\mathrm{out} + jX_\mathrm{out}$，源阻抗和负载阻抗改写为 $Z_S = R_S + jX_S$ 和 $Z_L = R_L + jX_L$，然后证明 $R_\mathrm{in} = -R_S$，$X_\mathrm{in} = -X_S$，$R_\mathrm{out} = -R_L$，$X_\mathrm{out} = -X_L$。本习题的结果表明 $S$ 参量设计法等价于负阻设计法。

10.10　某振荡器的设计频率为 3.5 GHz，双极晶体管的共基极电路 $S$ 参量为 $S_{11} = 1.1 \angle 127°$，$S_{12} = 0.86 \angle 128°$，$S_{21} = 0.94 \angle -61°$ 和 $S_{22} = 0.9 \angle -44°$。已知在晶体管的基极上连接电感可以增加不稳定性，根据沃尔特稳定性因子 $k$，求出使此双极晶体管具有最大不稳定性的电感值。

10.11　10.2.2 节引入了介质谐振器及其在谐振角频率 $\omega_0$ 下的 $S$ 参量表达式(10.62)。证明：在谐振频率附近，式(10.62)必须修正为

$$[\mathbf{S}] = \begin{bmatrix} \dfrac{\beta}{1 + \beta + j2(Q_U \Delta f / f_0)} & \dfrac{1 + j2(Q_U \Delta f / f_0)}{1 + \beta + j2(Q_U \Delta f / f_0)} \\ \dfrac{1 + j2(Q_U \Delta f / f_0)}{1 + \beta + j2(Q_U \Delta f / f_0)} & \dfrac{\beta}{1 + \beta + j2(Q_U \Delta f / f_0)} \end{bmatrix}$$

10.12　由于 $|\Gamma_\mathrm{in}| > 1$ 和 $|\Gamma_\mathrm{out}| > 1$ 的情况不能标在常规的圆图上。如果将圆图扩大以便将反射系数大于 1 的情况标在圆图上，那么此时等电阻圆会发生什么变化？

10.13　采用共发射极双极晶体管电路设计一个工作频率为 7.5 GHz 的振荡器。已知在 $V_\mathrm{CE} = 5.0\ \mathrm{V}$，$I_C = 20\ \mathrm{mA}$ 的条件下，晶体管的 $S$ 参量为 $S_{11} = 0.87 \angle -40°$，$S_{12} = 0.25 \angle -32°$，$S_{21} = 0.6 \angle 100°$ 和 $S_{22} = 1.21 \angle 165°$。画出包括直流偏置网络的电路图($\beta = 80$)。

10.14　一个双极晶体管工作在共基极模式，偏置条件为 $V_\mathrm{CE} = 3.0\ \mathrm{V}$，$V_\mathrm{BE} = 0.9\ \mathrm{V}$。此时，晶体管在 2.5 GHz 频率下的 $S$ 参量为 $S_{11} = 1.41 \angle 125°$，$S_{12} = 0.389 \angle 130°$，$S_{21} = 1.5 \angle -63°$ 和 $S_{22} = 1.89 \angle -45°$。设计一个符合式(10.50a)至式(10.50c)这三个条件的串联反馈振荡器。

10.15　在 9 GHz 频率点，采用共源极工作模式测出砷化镓场效应晶体管的 $S$ 参量为 $S_{11} = 0.30 \angle -167°$，$S_{12} = 0.15 \angle 21.3°$，$S_{21} = 1.12 \angle -23.5°$ 和 $S_{22} = 0.90 \angle -25.6°$。设计一个基波频率为 9 GHz 且与

50 Ω 负载阻抗匹配的振荡器。若微带线的基片是厚度为 40 mil 的 FR4($\varepsilon_r = 3.6$)，求微带线电路元件的宽度和长度。

10.16 要求设计一个包含变容管的可调振荡器。已知变容管的参数如下：等效串联电阻为 5 Ω，当反向电压在 30 V 至 2 V 之间变化时，电容量的变化范围为 15 ~ 35 pF。假设晶体管的跨导为常数 $g_m = 115$ mS。设计一个中心频率为 300 MHz，调频范围为 ±10% 的克拉普压控振荡器。

10.17 某振荡器输出功率的近似表达式为

$$P_{\text{out}} = P_{\text{sat}}\left[1 - \exp\left(\frac{G_0 P_{\text{in}}}{P_{\text{sat}}}\right)\right]$$

其中，$P_{\text{sat}}$ 是饱和输出功率，$G_0 = |S_{21}|^2 > 1$ 是小信号功率增益，$P_{\text{in}}$ 是输入功率。在最大输出功率情况下，应有

$$d(P_{\text{out}} - P_{\text{in}}) = 0 \quad \text{或} \quad \frac{\mathrm{d}P_{\text{out}}}{\mathrm{d}P_{\text{in}}} = 1$$

证明：由此条件可得振荡器的最大输出功率

$$P_{\text{out, max}} = P_{\text{sat}}\left(1 - \frac{1}{G_0} - \frac{\ln G_0}{G_0}\right)$$

已知，在 7 GHz 频率下，一个常规金属半导体场效应晶体管的 $G_0 = 7$ dB，$P_{\text{sat}} = 2$ W，求此振荡器的最大输出功率。

10.18 图 10.38 是最基本的下变频接收机系统。画出上变频发射机系统的类似原理框图，并说明其功能。

10.19 在制作双极晶体管及二极管混频器时，交调失真是一个重要的设计指标。在理想情况下，混频器在输入信号幅度的整个变化范围内都不应产生除基波信号之外的任何交调信号。然而，在实际混频器中交调信号却会相当大。仿照 10.3.1 节的推导方法，导出混频器在总输入电压 $V = V_{\text{RF}}\cos(\omega_{\text{RF}}t) + V_{\text{LO}}\cos(\omega_{\text{LO}}t)$ 下的一次、二次和三次谐波及交叉项。如果射频信号是 1.9 GHz，中频输出为 2 MHz，试求出混频器产生的三次谐波以下的所有频率分量。

10.20 设计图 10.45 所示的单端双极晶体管混频器。根据电源电压 $V_{CC} = 3.2$ V，偏置状态为 $V_{CE} = 2.5$ V，$V_{BE} = 0.8$ V，$I_C = 2.5$ mA 且 $I_B = 40$ μA 的条件，计算电阻 $R_1$ 和 $R_2$ 的值。已知：射频和中频分别为 $f_{\text{RF}} = 2.5$ GHz，$f_{\text{IF}} = 250$ MHz。另外，在中频频率下，输入端短路时测得的双极晶体管输出阻抗 $Z_{\text{out}} = (650 - \mathrm{j}2400)$ Ω；在射频频率下，输出端短路时测得的双极晶体管输入阻抗 $Z_{\text{in}} = (80 - \mathrm{j}136)$ Ω。

10.21 假设图 10.50 所示的二极管平衡混频器的输入电压为

$$v_{\text{RF}}(t) = V_{\text{RF}}\cos(\omega_{\text{RF}}t), \qquad v_{\text{LO}}(t) = [V_{\text{LO}} + v_n(t)]\cos(\omega_{\text{LO}}t)$$

其中，幅度常数满足 $V_{\text{RF}} \ll V_{\text{LO}}$，而且噪声电压 $v_n \ll V_{\text{LO}}$。

(a) 假设二极管的传输特性为

$$i_n = C(-1)^{n+1} v_n^2, \qquad n = 1, 2$$

其中，$C$ 为常数，$v_1$ 和 $v_2$ 分别是相应二极管上的电压。求通过上面二极管和下面二极管的电流 $i_1(t)$ 和 $i_2(t)$。

(b) 说明噪声相互抵消现象是如何产生的，并证明，经过适当的低通滤波后(在每个二极管之后)，中频电流可以表示为

$$i_{\text{IF}} = -2CV_{\text{RF}}(V_{\text{LO}} + v_n)\sin[(\omega_{\text{RF}} - \omega_{\text{LO}})t]$$
$$\approx -2CV_{\text{RF}}V_{\text{LO}}\sin(\omega_{\text{IF}}t)$$

# 附录 A  常用物理量和单位

表 A.1  物理常数

| 物　理　量 | 符　号 | 单　位 | 量　值 |
|---|---|---|---|
| 真空中的介电常数 | $\varepsilon_0$ | 法拉/米(F/m) | $8.854\ 18 \times 10^{-12}$ |
| 真空中的磁导率 | $\mu_0$ | 亨利/米(H/m) | $4\pi \times 10^{-7}$ |
| 真空中的光速 | $C$ | 米/秒(m/s) | $2.997\ 92 \times 10^{8}$ |
| 玻尔兹曼常数 | $k$ | 焦耳/开尔文(J/K) | $1.380\ 66 \times 10^{-23}$ |
| 电子的电荷 | $e$ | 库仑(C) | $1.602\ 18 \times 10^{-19}$ |
| 电子静止质量 | $m_0$ | 千克(kg) | $0.910\ 95 \times 10^{-30}$ |
| 电子伏特 | eV | 焦耳(J) | $1.602\ 18 \times 10^{-19}$ |

表 A.2  物理量、单位和符号

| 名　称 | 符　号 | 单　位 | 数　值 |
|---|---|---|---|
| 飞(femto) | f | — | $10^{-15}$ |
| 皮(pico) | p | — | $10^{-12}$ |
| 纳(nano) | n | — | $10^{-9}$ |
| 微(micro) | μ | — | $10^{-6}$ |
| 毫(milli) | m | — | $10^{-3}$ |
| 千(kilo) | k | — | $10^{3}$ |
| 兆(mega) | M | — | $10^{6}$ |
| 吉(giga) | G | — | $10^{9}$ |
| 太(tera) | T | — | $10^{12}$ |
| 密尔(mil) | mil | 1 密耳 = 0.001 英寸 | |

**国际单位制**

| 物　理　量 | 符　号 | 单　位 | 量　纲 |
|---|---|---|---|
| 电子电荷(electric charge) | C | 库仑(coulomb) | A·s |
| 电流(current) | A | 安培(ampere) | C/s |
| 电压(voltage) | V | 伏特(volts) | J/C |
| 频率(frequency) | Hz | 赫兹(hertz) = 周/每秒 | 1/s |
| 电场(electric field) | E | 伏特/米(V/m) | |
| 磁场(magnetic field) | H | 安培/米(A/m) | |
| 磁通量(magnetic flux) | Wb | 韦伯(weber) | V·s |
| 能量(energy) | J | 焦耳(joule) | N·m |
| 功率(power) | W | 瓦(watt) | J/s |
| 电容(capacitance) | F | 法拉(farad) | C/V |
| 电感(inductance) | H | 亨利(henry) | Wb/A |
| 电阻(resistance) | Ω | 欧姆(ohm) | V/A |
| 电导(conductance) | S | 西门子(siemens) | A/V |
| 电导率(conductivity) | $\sigma$ | 西门子/米(S/m) | |
| 电阻率(resistivity) | $\rho$ | 欧姆·米(Ω·m) | |

#### 表 A.3　介质材料的相对介电系数和损耗角正切

| 材　　料 | $\varepsilon_r$ | 损耗角正切 | | | |
|---|---|---|---|---|---|
| | | $f=1$ kHz | $f=1$ MHz | $f=100$ MHz | $f=3$ GHz |
| 氧化铝 | 9.8 | 0.000 57 | 0.000 33 | 0.0003 | 0.001 |
| 钛酸钡 | 37 | 0.000 44 | 0.0002 | | 0.0023 |
| 瓷 | 5 | 0.0140 | 0.0075 | 0.0078 | |
| 氧化硅 | 4.5 | 0.00075 | 0.0001 | 0.0002 | 0.000 06 |
| 环氧树脂 CN-501 | 3.35 | 0.0024 | 0.0190 | 0.0340 | 0.0270 |
| 环氧树脂 RN-48 | 3.52 | 0.0038 | 0.0142 | 0.0264 | 0.0210 |
| 泡沫聚苯乙烯 | 1.03 | <0.0002 | <0.0001 | <0.0002 | 0.0001 |
| 胶木 BM120 | 3.95 | 0.0220 | 0.0280 | 0.0380 | 0.0438 |
| 聚乙烯 | 2.3 | <0.0002 | <0.0002 | 0.0002 | 0.00031 |
| 聚苯乙烯 | 2.5 | <0.000 05 | 0.000 07 | <0.0001 | 0.00033 |
| 聚四氟乙烯 | 2.1 | <0.0003 | <0.0002 | <0.0002 | 0.00015 |
| 氯化钠 | 5.9 | <0.0001 | <0.0002 | | <0.0005 |
| 蒸馏水 | 80 | | 0.0400 | 0.0050 | 0.1570 |

#### 表 A.4　美国国家导线标准

| 线规(AWG) | 直径(mil) | 直径(mm) | 截面积(mil$^2$) | 截面积(mm$^2$) |
|---|---|---|---|---|
| 1 | 289.3 | 7.348 22 | 262 934 | 169.6345 |
| 2 | 257.6 | 6.543 04 | 208 469 | 134.4959 |
| 3 | 229.4 | 5.826 76 | 165 324 | 106.6606 |
| 4 | 204.3 | 5.189 22 | 131 125 | 84.596 82 |
| 5 | 181.9 | 4.620 26 | 103 948 | 67.062 96 |
| 6 | 162.0 | 4.1148 | 82 448.0 | 53.192 12 |
| 7 | 144.3 | 3.665 22 | 65 415.8 | 42.203 64 |
| 8 | 128.5 | 3.2639 | 51 874.8 | 33.467 52 |
| 9 | 114.4 | 2.905 76 | 41 115.2 | 26.525 85 |
| 10 | 101.9 | 2.588 26 | 32 621.1 | 21.045 81 |
| 11 | 90.7 | 2.303 78 | 25 844.2 | 16.673 70 |
| 12 | 80.8 | 2.052 32 | 20 510.3 | 13.232 44 |
| 13 | 72.0 | 1.8288 | 16 286.0 | 10.507 09 |
| 14 | 64.1 | 1.628 14 | 12 908.2 | 8.327 859 |
| 15 | 57.1 | 1.450 34 | 10 242.9 | 6.608 296 |
| 16 | 50.8 | 1.290 32 | 8107.32 | 5.230 518 |
| 17 | 45.3 | 1.150 62 | 6446.83 | 4.159 237 |
| 18 | 40.3 | 1.023 62 | 5102.22 | 3.291 754 |
| 19 | 35.9 | 0.911 86 | 4048.92 | 2.612 199 |
| 20 | 32.0 | 0.8128 | 3216.99 | 2.075 474 |
| 21 | 28.5 | 0.7239 | 2551.76 | 1.646 293 |
| 22 | 25.3 | 0.642 62 | 2010.90 | 1.297 354 |
| 23 | 22.6 | 0.574 04 | 1604.60 | 1.035 224 |
| 24 | 20.1 | 0.510 54 | 1269.23 | 0.818 860 |

续表

| 线规（AWG） | 直径（mil） | 直径（mm） | 截面积（mil²） | 截面积（mm²） |
|---|---|---|---|---|
| 25 | 17.9 | 0.454 66 | 1006.60 | 0.649 417 |
| 26 | 15.9 | 0.403 86 | 794.226 | 0.512 403 |
| 27 | 14.2 | 0.360 68 | 633.470 | 0.408 690 |
| 28 | 12.6 | 0.320 04 | 498.759 | 0.321 780 |
| 29 | 11.3 | 0.287 02 | 401.150 | 0.258 806 |
| 30 | 10.0 | 0.254 | 314.159 | 0.202 683 |
| 31 | 8.9 | 0.226 06 | 248.846 | 0.160 545 |
| 32 | 8.0 | 0.2032 | 201.062 | 0.129 717 |
| 33 | 7.1 | 0.180 34 | 158.368 | 0.102 172 |
| 34 | 6.3 | 0.160 02 | 124.690 | 0.080 445 |
| 35 | 5.6 | 0.142 24 | 98.5203 | 0.063 561 |
| 36 | 5.0 | 0.127 | 78.5398 | 0.050 671 |
| 37 | 4.5 | 0.1143 | 63.6173 | 0.041 043 |
| 38 | 4.0 | 0.1016 | 50.2654 | 0.032 429 |
| 39 | 3.5 | 0.0889 | 38.4845 | 0.024 829 |
| 40 | 3.1 | 0.078 74 | 30.1907 | 0.019 478 |

# 附录 B　圆柱导体的趋肤公式

趋肤效应分析的出发点是用微分形式的安培和法拉第定律表示的麦克斯韦方程组：

$$\nabla \times \boldsymbol{H} = \boldsymbol{J} = \sigma \boldsymbol{E} \tag{B.1a}$$

$$\nabla \times \boldsymbol{E} = -\mu\left(\frac{\partial \boldsymbol{H}}{\partial t}\right) \tag{B.1b}$$

在式(B.1a)中，导体内部的位移电流密度 $\varepsilon(\partial E/\partial t)$ 已被忽略。这是因为，即使在高频下，相对于传导电流而言，介电常数连同电场的时变率是非常小的。这些方程可用圆柱坐标系进行计算。其中只有 $E_z$，$E_r$ 和 $H_\phi$ 是非零分量。在圆柱坐标中进行旋度运算为

$$\frac{1}{r}\frac{\partial}{\partial r}(rH_\phi) = \sigma E_z \tag{B.2a}$$

$$-\frac{\partial H_\phi}{\partial z} = \sigma E_r = 0 \tag{B.2b}$$

$$\frac{\partial E_z}{\partial r} - \frac{\partial E_r}{\partial z} = \mu\frac{\partial H_\phi}{\partial t} \tag{B.2c}$$

第二个方程为零，因为 $H_\phi$ 与 $z$ 坐标无关。因此 $E_r$ 也为零。将最后一个方程对 $r$ 求微分，然后将其代入第一个方程中，可得到二阶微分方程：

$$\frac{\partial^2 E_z}{\partial r^2} + \frac{1}{r}\left(\frac{\partial E_z}{\partial r}\right) - \mu\sigma\left(\frac{\partial E_z}{\partial t}\right) = 0 \tag{B.3}$$

对于时谐场，对时间的导数可用 $j\omega$ 代替，与 $\mu\sigma$ 组合形成新的参量 $p^2 = -j\omega\mu\sigma$。最后的形式是

$$\frac{\mathrm{d}^2 E_z}{\mathrm{d}r^2} + \frac{1}{r}\left(\frac{\mathrm{d}E_z}{\mathrm{d}r}\right) + p^2 E_z = 0 \tag{B.4}$$

这是标准的贝塞尔方程，解为 $E_z = AJ_0(pr)$。其中，$A$ 是常数，$J_0$ 是零阶贝塞尔函数。将该解代入式(B.2c)可得

$$j\omega\mu H_\phi = ApJ_0{'}(pr) \tag{B.5}$$

符号"'"代表对宗量求微分。电流与 $H_\phi$ 沿导体外周界 $r = a$ 的线积分有关：$H_\phi 2\pi a = I$。所以有

$$H_\phi = A\left(\frac{p}{j\omega\mu}\right)J_0{'}(pa) = \frac{I}{2\pi a} \tag{B.6}$$

由该式可确定常数 $A$。将 $A$ 代入贝塞尔方程的解可得

$$E_z = \frac{j\omega\mu}{2\pi pa}I\left(\frac{J_0(pr)}{J_0{'}(pa)}\right) \tag{B.7}$$

贝塞尔函数的一个有趣的特性是 $J_0{'}(pa) = -J_1(pa)$，将其代入式(B.7)，并经过简单的代数运算后可得最终结果：

$$E_z = \frac{p}{2\pi\sigma a}I\left(\frac{J_0(pr)}{J_1(pa)}\right) \tag{B.8}$$

该方程曾在第 1 章中使用过。式（B.8）在零频或直流条件下的正确性很容易证明。在低频时有

$$J_0(pr) = 1 - \left(\frac{pr}{2}\right)^2 + \frac{(pr)^4}{(2 \cdot 4)^2} - \frac{(pr)^6}{(2 \cdot 4 \cdot 6)^2} + \ldots \approx 1 \tag{B.9a}$$

$$J_1(pa) = \frac{pa}{2}\left[1 - \frac{(pa)^2}{2 \cdot 4} + \ldots\right] \approx \frac{pa}{2} \tag{B.9b}$$

将式（B.9）代入式（B.8），可得出均匀电流密度 $J_z$ 情况下的欧姆定律。

$$E_z = \frac{Ip}{2\pi a\sigma}\left(\frac{2}{pa}\right) = \frac{I}{\sigma\pi a^2} \equiv \frac{J_z}{\sigma} \tag{B.10}$$

为了求出单位长度导线的电阻，采用电阻的功耗关系：

$$P = \frac{1}{2}|I|^2 R \tag{B.11}$$

以及导体内部的功率耗散密度：

$$p = \frac{1}{2}\boldsymbol{E} \cdot \boldsymbol{J}^* = \frac{1}{2}\frac{|\boldsymbol{J}|^2}{\sigma} \tag{B.12}$$

将式（B.11）改写为单位长度的形式，则单位长度的功率消耗也可以用式（B.12）表示：

$$P = \int_A p\,\mathrm{d}s = \frac{1}{2}\int_A \frac{|\boldsymbol{J}|^2}{\sigma}\mathrm{d}s \tag{B.13}$$

其中，$A$ 是导体的截面积。令式（B.11）和式（B.13）的右侧相等，则导线的单位长度电阻为

$$R = \frac{1}{|I|^2}\int_A \frac{|\boldsymbol{J}|^2}{\sigma}\mathrm{d}s \tag{B.14}$$

代入圆形导线的参数，则其单位长度的电阻为

$$R = \frac{|p|^2}{2\pi a^2 \sigma|J_1(pa)|^2}\int_0^a |J_0(pr)|^2 r\,\mathrm{d}r \tag{B.15}$$

其中的积分只能采用数值方法求解。

# 附录 C  复　　数

由于本书中反复使用了复数，所以附录 C 简要总结了有关复数的几个常用概念和定义，以及它们的运算方法。重点在于复数的基本定义，它在幅度计算方面的用途和它在圆方程中的含义。

## C.1　基本定义

一个复数 $z$，例如归一化阻抗，可以用笛卡儿坐标或极坐标形式表示：

$$z = x + \mathrm{j}y = |z|\mathrm{e}^{\mathrm{j}\Theta} \tag{C.1}$$

其幅度是

$$|z| = \sqrt{z \cdot z^*} = \sqrt{(x + \mathrm{j}y) \cdot (x - \mathrm{j}y)} = \sqrt{x^2 + y^2} \tag{C.2}$$

相位是

$$\Theta = \mathrm{atan}2(y, x) \tag{C.3}$$

其中，atan2 是定义域为 $-\pi < \Theta < \pi$ 的反正切函数。$*$ 号表示复数共轭，即 $z^* = x - \mathrm{j}y$。

## C.2　幅度的计算

首先将上述定义用于一个典型的计算，即求两个复数之和的幅度：

$$|z + w^*|^2$$

其中，$w$ 是形式为 $w = u + \mathrm{j}v$ 的复数。将 $w$ 代入上式可得

$$|z + w^*|^2 = (z + w^*) \cdot (z^* + w) = |z|^2 + |w|^2 + 2\mathrm{Re}(z \cdot w) \tag{C.4}$$

此处，利用 $z \cdot w = ux - vy + \mathrm{j}(uy + vx)$ 和 $z^* \cdot w^* = ux - vy - \mathrm{j}(uy + vx)$ 相加得到了 $2\mathrm{Re}\{z \cdot w\}$。Re($\cdots$) 表示复数的实部。

## C.3　圆方程

在射频电路中涉及复数的最常用方程之一就是圆方程：

$$|z - w| = r \ \text{或} \ |z - w|^2 = r^2 \tag{C.5}$$

该式是构成史密斯圆图的基础。根据对其模的计算，可以证明该式确实是一个圆方程：

$$|z - w|^2 = (z - w) \cdot (z - w)^* = (x - u)^2 + (y - v)^2 = r^2 \tag{C.6}$$

可见，$u$ 和 $v$ 是在复数 $z$ 平面上的圆心的坐标，$r$ 是圆的半径。如图 C.1 所示。

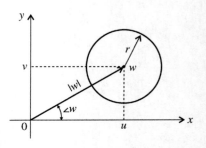

图 C.1　在复数 $z$ 平面上的圆

# 附录 D 矩阵变换

## Z, Y, h 及 A 参量之间的变换

| | [Z] | [Y] | [h] | [A] |
|---|---|---|---|---|
| [Z] | $\begin{bmatrix} Z_{11} & Z_{12} \\ Z_{21} & Z_{22} \end{bmatrix}$ | $\begin{bmatrix} \dfrac{Z_{22}}{\Delta Z} & -\dfrac{Z_{12}}{\Delta Z} \\ -\dfrac{Z_{21}}{\Delta Z} & \dfrac{Z_{11}}{\Delta Z} \end{bmatrix}$ | $\begin{bmatrix} \dfrac{\Delta Z}{Z_{22}} & \dfrac{Z_{12}}{Z_{22}} \\ -\dfrac{Z_{21}}{Z_{22}} & \dfrac{1}{Z_{22}} \end{bmatrix}$ | $\begin{bmatrix} \dfrac{Z_{11}}{Z_{21}} & \dfrac{\Delta Z}{Z_{21}} \\ \dfrac{1}{Z_{21}} & \dfrac{Z_{22}}{Z_{21}} \end{bmatrix}$ |
| [Y] | $\begin{bmatrix} \dfrac{Y_{22}}{\Delta Y} & -\dfrac{Y_{12}}{\Delta Y} \\ -\dfrac{Y_{21}}{\Delta Y} & \dfrac{Y_{11}}{\Delta Y} \end{bmatrix}$ | $\begin{bmatrix} Y_{11} & Y_{12} \\ Y_{21} & Y_{22} \end{bmatrix}$ | $\begin{bmatrix} \dfrac{1}{Y_{11}} & -\dfrac{Y_{12}}{Y_{11}} \\ \dfrac{Y_{21}}{Y_{11}} & \dfrac{\Delta Y}{Y_{11}} \end{bmatrix}$ | $\begin{bmatrix} -\dfrac{Y_{22}}{Y_{21}} & -\dfrac{1}{Y_{21}} \\ -\dfrac{\Delta Y}{Y_{21}} & -\dfrac{Y_{11}}{Y_{21}} \end{bmatrix}$ |
| [h] | $\begin{bmatrix} \dfrac{\Delta h}{h_{22}} & \dfrac{h_{12}}{h_{22}} \\ -\dfrac{h_{21}}{h_{22}} & \dfrac{1}{h_{22}} \end{bmatrix}$ | $\begin{bmatrix} \dfrac{1}{h_{11}} & -\dfrac{h_{12}}{h_{11}} \\ \dfrac{h_{21}}{h_{11}} & \dfrac{\Delta h}{h_{11}} \end{bmatrix}$ | $\begin{bmatrix} h_{11} & h_{12} \\ h_{21} & h_{22} \end{bmatrix}$ | $\begin{bmatrix} -\dfrac{\Delta h}{h_{21}} & -\dfrac{h_{11}}{h_{21}} \\ -\dfrac{h_{22}}{h_{21}} & -\dfrac{1}{h_{21}} \end{bmatrix}$ |
| [A] | $\begin{bmatrix} \dfrac{A}{C} & \dfrac{\Delta ABCD}{C} \\ \dfrac{1}{C} & \dfrac{D}{C} \end{bmatrix}$ | $\begin{bmatrix} \dfrac{D}{B} & -\dfrac{\Delta ABCD}{B} \\ -\dfrac{1}{B} & \dfrac{A}{B} \end{bmatrix}$ | $\begin{bmatrix} \dfrac{B}{D} & \dfrac{\Delta ABCD}{D} \\ -\dfrac{1}{D} & \dfrac{C}{D} \end{bmatrix}$ | $\begin{bmatrix} A & B \\ C & D \end{bmatrix}$ |

$$\Delta Z = Z_{11}Z_{22} - Z_{12}Z_{21}, \qquad \Delta Y = Y_{11}Y_{22} - Y_{12}Y_{21}$$
$$\Delta h = h_{11}h_{22} - h_{12}h_{21}, \qquad \Delta ABCD = AD - BC$$

## 从 S 参量到 Z, Y, h 及 A 参量的变换

| | |
|---|---|
| [Z] | $Z_{11} = Z_0\dfrac{(1+S_{11})(1-S_{22}) + S_{12}S_{21}}{\Psi_1}, \; Z_{12} = Z_0\dfrac{2S_{12}}{\Psi_1}, \; Z_{21} = Z_0\dfrac{2S_{21}}{\Psi_1}$<br><br>$Z_{22} = Z_0\dfrac{(1-S_{11})(1+S_{22}) + S_{12}S_{21}}{\Psi_1}$<br><br>其中 $\Psi_1 = (1-S_{11})(1-S_{22}) - S_{12}S_{21}$ |
| [Y] | $Y_{11} = \dfrac{(1-S_{11})(1+S_{22}) + S_{12}S_{21}}{Z_0\Psi_2}, \; Y_{12} = \dfrac{-2S_{12}}{Z_0\Psi_2}, \; Y_{21} = \dfrac{-2S_{21}}{Z_0\Psi_2}$<br><br>$Y_{22} = \dfrac{(1+S_{11})(1-S_{22}) + S_{12}S_{21}}{Z_0\Psi_2}$<br><br>其中 $\Psi_2 = (1+S_{11})(1+S_{22}) - S_{12}S_{21}$ |
| [h] | $h_{11} = Z_0\dfrac{(1+S_{11})(1+S_{22}) - S_{12}S_{21}}{\Psi_3}, \; h_{12} = \dfrac{2S_{12}}{\Psi_3}, \; h_{21} = \dfrac{-2S_{21}}{\Psi_3}$<br><br>$h_{22} = \dfrac{(1-S_{11})(1-S_{22}) - S_{12}S_{21}}{Z_0\Psi_3}$<br><br>其中 $\Psi_3 = (1-S_{11})(1+S_{22}) + S_{12}S_{21}$ |
| [A] | $A = \dfrac{(1+S_{11})(1-S_{22}) + S_{12}S_{21}}{2S_{21}}, \; B = Z_0\dfrac{(1+S_{11})(1+S_{22}) - S_{12}S_{21}}{2S_{21}}$<br><br>$C = \dfrac{(1-S_{11})(1-S_{22}) - S_{12}S_{21}}{2S_{21}Z_0}, \; D = \dfrac{(1-S_{11})(1+S_{22}) + S_{12}S_{21}}{2S_{21}}$ |

## 从 Z, Y, h 及 A 参量到 S 参量的变换

| | |
|---|---|
| **[Z]** | $S_{11} = \dfrac{(Z_{11} - Z_0)(Z_{22} + Z_0) - Z_{12}Z_{21}}{\Psi_4}$, $\quad S_{12} = \dfrac{2Z_{12}Z_0}{\Psi_4}$, $\quad S_{21} = \dfrac{2Z_{21}Z_0}{\Psi_4}$ <br><br> $S_{22} = \dfrac{(Z_{11} + Z_0)(Z_{22} - Z_0) - Z_{12}Z_{21}}{\Psi_4}$ <br><br> 其中 $\Psi_4 = (Z_{11} + Z_0)(Z_{22} + Z_0) - Z_{12}Z_{21}$ |
| **[Y]** | $S_{11} = \dfrac{(1 - Z_0Y_{11})(1 + Z_0Y_{22}) + Y_{12}Y_{21}Z_0^2}{\Psi_5}$, $\quad S_{12} = \dfrac{-2Y_{12}Z_0}{\Psi_5}$, $\quad S_{21} = \dfrac{-2Y_{21}Z_0}{\Psi_5}$ <br><br> $S_{22} = \dfrac{(1 + Z_0Y_{11})(1 - Z_0Y_{22}) + Y_{12}Y_{21}Z_0^2}{\Psi_5}$ <br><br> 其中 $\Psi_5 = (1 + Z_0Y_{11})(1 + Z_0Y_{22}) - Y_{12}Y_{21}Z_0^2$ |
| **[h]** | $S_{11} = \dfrac{(h_{11}/Z_0 - 1)(h_{22}Z_0 + 1) - h_{12}h_{21}}{\Psi_6}$, $\quad S_{12} = \dfrac{2h_{12}}{\Psi_6}$, $\quad S_{21} = \dfrac{-2h_{21}}{\Psi_6}$ <br><br> $S_{22} = \dfrac{(h_{11}/Z_0 + 1)(1 - h_{22}Z_0) + h_{12}h_{21}}{\Psi_6}$ <br><br> 其中 $\Psi_6 = (h_{11}/Z_0 + 1)(h_{22}Z_0 + 1) - h_{12}h_{21}$ |
| **[A]** | $S_{11} = \dfrac{A + B/Z_0 - CZ_0 - D}{\Psi_7}$, $\quad S_{12} = \dfrac{2(AD - BC)}{\Psi_7}$, $\quad S_{21} = \dfrac{2}{\Psi_7}$ <br><br> $S_{22} = \dfrac{-A + B/Z_0 - CZ_0 + D}{\Psi_7}$ <br><br> 其中 $\Psi_7 = A + B/Z_0 + CZ_0 + D$ |

# 附录 E 半导体材料的物理参量

锗、硅、砷化镓、磷化铟、四氢碳化硅、氮化镓、锗硅在 300 K 下的物理参量

| 特 性 参 数 | Ge | Si | GaAs | InP | 4H-SiC | GaN | Si$_{.5}$Ge$_{.5}$ |
|---|---|---|---|---|---|---|---|
| 介电常数 | 16 | 11.9 | 13.1 | 12.5 | 10 | 9.5 | 13.9 |
| 带隙能，eV | 0.66 | 1.12 | 1.424 | 1.344 | 3.23 | 3.39 | 0.945 |
| 本征载流子浓度，cm$^{-3}$ | $2.40 \times 10^{13}$ | $1.45 \times 10^{10}$ | $1.79 \times 10^{6}$ | $1.30 \times 10^{7}$ | $1.50 \times 10^{-8}$ | $3.00 \times 10^{10}$ | $1.20 \times 10^{13}$ |
| 本征电阻率，$\Omega \cdot cm$ | 47 | $2.30 \times 10^{5}$ | $1.00 \times 10^{8}$ | $8.60 \times 10^{7}$ | $1.00 \times 10^{12}$ | $1.00 \times 10^{10}$ | $1.15 \times 10^{5}$ |
| 少数载流子寿命，s | $1.00 \times 10^{-3}$ | $2.50 \times 10^{-3}$ | $1.00 \times 10^{-8}$ | $2.00 \times 10^{-9}$ | $1.00 \times 10^{-9}$ | $1.00 \times 10^{-9}$ | $1.75 \times 10^{-3}$ |
| 电子迁移/漂移率，cm$^{2}$/(V·s) | 3900 | 1350 | 8500 | 4600 | 1140 | 1250 | 7700 |
| 电子的归一化有效质量 | 0.55 | 1.08 | 0.067 | 0.073 | 0.29 | 0.2 | 0.92 |
| 空穴迁移/漂移率，cm$^{2}$/(V·s) | 1900 | 480 | 400 | 150 | 50 | 850 | 1175 |
| 空穴的归一化有效质量 | 0.37 | 0.56 | 0.48 | 0.64 | 1 | 0.8 | 0.54 |
| 电子饱和速度，cm/s | $6.00 \times 10^{6}$ | $1.00 \times 10^{7}$ | $1.00 \times 10^{7}$ | $1.00 \times 10^{7}$ | $2.00 \times 10^{7}$ | $2.20 \times 10^{7}$ | $1.00 \times 10^{7}$ |
| 击穿场强，V/cm | $1.00 \times 10^{5}$ | $3.00 \times 10^{5}$ | $6.00 \times 10^{5}$ | $5.00 \times 10^{5}$ | $3.50 \times 10^{6}$ | $2.00 \times 10^{6}$ | $2.00 \times 10^{5}$ |
| 电子亲和力 $\chi$，V | 4 | 4.05 | 4.07 | 4.38 | 3.7 | 4.1 | 4.025 |
| 比热，J/(g·K) | 0.31 | 0.7 | 0.35 | 0.31 | 0.69 | 0.49 | 0.505 |
| 热导率，W/(cm·K) | 0.6 | 1.5 | 0.46 | 0.68 | 3.7 | 1.3 | 0.083 |
| 热扩散率，cm$^{2}$/s | 0.36 | 0.9 | 0.24 | 0.372 | 1.7 | 0.43 | 0.63 |

# 附录 F    二极管的无限长模型和有限长模型

在外加正向偏置电压(见第 6 章)的情况下，流过二极管的电流可以根据半导体中每个区所注入的载流子的浓度进行计算。根据半导体层的长度不同，必须分别采用无限长和有限长的二极管模型。以下讨论将导出这两种模型的电流。

根据图 F.1 分析正向偏压 $V_A$ 条件下的 $pn$ 结。

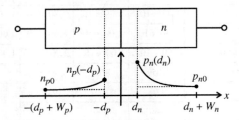

图 F.1    正向偏置电压下的 $pn$ 结

在外加电压下，$pn$ 结偏离了热平衡状态，少数载流子发生了积累效应，在 $p$ 层超过了平衡条件下的 $n_{p0}$，在 $n$ 层则超过了平衡条件下的 $p_{n0}$。根据热力学原理，可预测少数载流子密度在每个层中的积累情况：

$$p_n(d_n) = p_{n0} e^{V_A/V_T}, \qquad n_p(-d_p) = n_{p0} e^{V_A/V_T} \tag{F.1}$$

对应的额外电荷密度

$$\Delta p_n = p_n - p_{n0}, \qquad \Delta n_p = n_p - n_{p0} \tag{F.2}$$

开始扩散进入半导体层，该过程由静态扩散方程决定。在 $n$ 层中，方程式为

$$\frac{\mathrm{d}^2(\Delta p_n)}{\mathrm{d}x^2} = \frac{\Delta p_n}{D_p \tau_p} \tag{F.3}$$

其中，$D_p$ 和 $\tau_p$ 分别是空穴在 $n$ 层中的扩散常数和额外载流子的寿命($10^{-7} \sim 10^{-6}$秒量级)。通常所说的**扩散长度**(diffusion length)

$$L_p = \sqrt{D_p \tau_p}, \qquad L_n = \sqrt{D_n \tau_n} \tag{F.4}$$

对应于各个半导体层的长度，它确定了应当采用无限长还是有限长的二极管模型。式(F.3)的通解是 $\Delta p_n = C_1 e^{x/L_p} + C_2 e^{-x/L_p}$，根据半导体两端的边界条件，可确定通解中的两个未知常数。下面分两种情况进行讨论：

## F.1    无限长的二极管($W_n > L_p$，当 $x \to \infty$ 时 $\Delta p_n \to 0$)

因为额外载流子的浓度在到达该层的边界之前就衰减到零，所以 $C_1 = 0$，即只需考虑 $C_2$。利用式(F.1)作为边界条件，就能求出 $C_2$，将其代入通解中，可得

$$\Delta p_n = p_{n0}(e^{V_A/V_T} - 1)(e^{-(x - d_n)/L_p}) \tag{F.5}$$

利用同样的方法求解 $p$ 层（$W_p > L_n$，当 $x \to -\infty$ 时 $\Delta n_p \to 0$），则有

$$\Delta n_p = n_{p0}(\mathrm{e}^{V_A/V_T} - 1)(\mathrm{e}^{(x+d_p)/L_p}) \tag{F.6}$$

## F.2　有限长的二极管（$W_n < L_p$，当 $x \to d_n + W_n$ 时 $\Delta p_n \to 0$）

此时情况更复杂些，因为衰变发生在有限的距离，必须确定通解中的两个常数。现在，右侧的另一个边界条件为 $p_n(d_n + W_n) = p_{n0}$。经过数学运算最终得到

$$\Delta p_n = p_{n0}(\mathrm{e}^{V_A/V_T} - 1)\frac{\sinh[(d_n + W_n - x)/L_p]}{\sinh(W_n/L_p)} \tag{F.7}$$

该式可通过宗量近似表示的双曲正弦函数（sinh）进一步简化，只要 $n$ 层的长度小于扩散长度（$W_n < L_p$）即可，最终结果为

$$\Delta p_n = p_{n0}(\mathrm{e}^{V_A/V_T} - 1)\frac{d_n + W_n - x}{L_p} \tag{F.8}$$

同理，对于 $p$ 层（$W_p < L_p$，当 $x \to -(d_p + W_p)$ 时 $\Delta n_p \to 0$），

$$\Delta n_p = n_{p0}(\mathrm{e}^{V_A/V_T} - 1)\frac{x - (d_p + W_p)}{L_p} \tag{F.9}$$

类似于式（6.14），根据式（F.5）和式（F.6），或式（F.8）和式（F.9），可求出通过二极管的总电流为

$$I = A[J_p(d_n) + J_n(d_p)] = A\left[(-q)D_p\left(\frac{\mathrm{d}\Delta p_n}{\mathrm{d}x}\right)\Big|_{d_n} + qD_n\left(\frac{\mathrm{d}\Delta n_p}{\mathrm{d}x}\right)\Big|_{-d_p}\right] \tag{F.10}$$

将式（F.5）和式（F.6），或式（F.8）和式（F.9）代入式（F.10），最终可求出肖克利方程：

$$I = I_0(\mathrm{e}^{V_A/V_T} - 1) \tag{F.11}$$

其中，无限长二极管的反向饱和电流为

$$I_0 = A\left(\frac{qD_p p_{n0}}{L_p} + \frac{qD_n n_{p0}}{L_n}\right) \tag{F.12}$$

有限长二极管的反向饱和电流为

$$I_0 = A\left(\frac{qD_p p_{n0}}{W_n} + \frac{qD_n n_{p0}}{W_p}\right) \tag{F.13}$$

以有限长的硅二极管为例，典型参数如下：

$$A = 2\times 10^{-5}\ \mathrm{cm}^2, \quad D_n = 22\ \mathrm{cm}^2/\mathrm{s}, \quad D_p = 9\ \mathrm{cm}^2/\mathrm{s}, \quad N_A = 1.5\times 10^{16}\ \mathrm{cm}^{-3}$$

$$n_i = 1.5\times 10^{10}\ \mathrm{cm}^{-3}, \quad N_D = 3\times 10^{16}\ \mathrm{cm}^{-3}, \quad \tau_p = \tau_n = 10^{-7}\ \mathrm{s}$$

$$W_n = W_p = 25\ \mu\mathrm{m}$$

根据这些数据可求出热平衡条件下，作为少数载流的电子和空穴的浓度：

$$p_{n0} = n_i^2/N_D = 7.5\times 10^3\ \mathrm{cm}^{-3}, \quad n_{p0} = n_i^2/N_A = 15\times 10^3\ \mathrm{cm}^{-3}$$

将其代入式（F.13）可得反向饱和电流为 0.5 fA。

# 附录G 耦 合 器

因为分支线耦合器及功率分配器能以固定的参考相位分开或合成射频信号，所以它们在射频电路和测量系统中起着重要作用。特别是在第10章的混频器一节和第4章中测量器件性能的系统中，可看到它们的用途。本附录的目的是，采用S参量矩阵和特性参数讨论某些常用的耦合器和功率分配器。

## G.1 威尔金森功率分配器

图G.1所示为传输线结构及采用微带线制作的威尔金森功率分配器。此类三端口网络用矩阵表示的S参量矩阵为

$$[\mathbf{S}] = \frac{-1}{\sqrt{2}} \begin{bmatrix} 0 & j & j \\ j & 0 & 0 \\ j & 0 & 0 \end{bmatrix} \tag{G.1}$$

其特性参数包括端口1和端口2处的反射损耗：

$$\mathrm{RL}_1\,[\mathrm{dB}] = -20\,\log|S_{11}|, \qquad \mathrm{RL}_2\,[\mathrm{dB}] = -20\,\log|S_{22}| \tag{G.2}$$

端口1和端口2之间的耦合系数为

$$\mathrm{CP}_{12}\,[\mathrm{dB}] = 20\,\log|S_{21}| \tag{G.3}$$

端口2和端口3之间的隔离度为

$$\mathrm{IL}_{23}\,[\mathrm{dB}] = -20\,\log|S_{23}| \tag{G.4}$$

图G.2给出了$\mathrm{RL}_1$，$\mathrm{CP}_{12}$和$\mathrm{IL}_{23}$的典型频率响应，中心频率$f_0 = 1$ GHz。

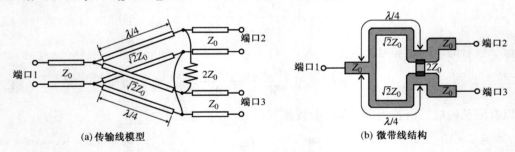

(a) 传输线模型　　　　　　　　　(b) 微带线结构

图G.1　威尔金森3 dB功率分配器

理想情况下，中心频率处反射损耗和隔离度应该趋于负无穷大，而耦合系数应该尽量接近$-3$ dB。可以看出，威尔金森耦合器不是宽带器件，典型的频率带宽不超过中心工作频率的20%。

采用偶模、奇模的概念很容易导出矩阵式(G.1)，如图G.3所示，也可以计算威尔金森耦合器的$S_{12}$系数。在端口2加上一个波源$V_s$，另外两个端口接负载$Z_0$。为了使电路具有对称性，在

端口 2 的波源 $V_S$ 由两个同相工作的 $V_S/2$ 波源的串联组成。在端口 3,两个 $V_S/2$ 源的相位差为 180°,所以它们的和等于零。另外,端口 1 的负载阻抗 $Z_0$ 由两个阻抗为 $2Z_0$ 的电阻并联组成。

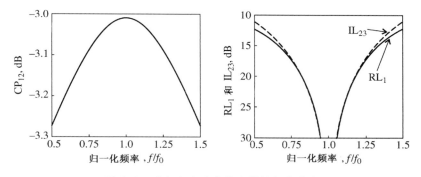

图 G.2 威尔金森功率分配器的频率响应

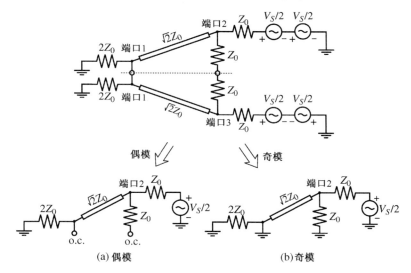

图 G.3 威尔金森功率分配器的偶模和奇模(o.c.代表开路线)

将奇模和偶模分开的原因非常直观。首先考察图 G.3(a)的电路,该图对应于偶模状态,即电路端口 2 和端口 3 的驱动信号的相位相同。在偶模情况下,两个串联的 $Z_0$ 电阻的两端具有相同的电位,所以无电流流过,即这两个电阻可以忽略。对于这种情况,在端口 2 观察到的输入阻抗是 $Z_2 = (\sqrt{2}\, Z_0)^2/(2Z_0) = Z_0$,即终端负载为 $2Z_0$,特性阻抗为 $\sqrt{2}\, Z_0$ 的 $\lambda/4$ 阻抗变换器所对应的输入阻抗。所以,在偶模激励状态下,端口 2 是完全匹配的,且端口电压是 $V_2^e = 0.5(V_S/2) = V_S/4$。根据对传输线(见第 2 章)上电压分布的讨论,可求出端口 1 的对应电压为

$$V_1^e = V^+(1 + \Gamma_0^e) \tag{G.5}$$

其中,$\Gamma_0^e = (2Z_0 - \sqrt{2}\, Z_0)/(2Z_0 + \sqrt{2}\, Z_0)$ 是端口 1 的偶模反射系数。所以,端口 1 的偶模电压是

$$V_1^e = V^+(1 + \Gamma_0^e) = \mathrm{j}V_2^e \frac{\Gamma_0^e + 1}{\Gamma_0^e - 1} = \frac{-\mathrm{j}\sqrt{2}}{4}V_S \tag{G.6}$$

其中,系数 j 是由于 $\lambda/4$ 传输线引入的。

对于奇模激励的情况,端口 2 和端口 3 的激励电压是反相的,所以图 G.3 的中线是零电位,即电路的中线是虚地。由于从端口 2 观察到的输入阻抗也是 $Z_0$[①],且端口 1 是接地的,所以可求出 $V_1^o = 0$ 和 $V_2^o = V_S/4$。

端口 1 和端口 2 的总电压等于偶模电压与奇模电压相加。相应的 $S_{12}$ 参量为

$$S_{12} = \frac{V_1}{V_2} = \frac{V_1^e + V_1^o}{V_2^e + V_2^o} = -\frac{\mathrm{j}}{\sqrt{2}} \tag{G.7}$$

采用同样的方法分析端口 3 和端口 1,可求出 $S_{13} = -\mathrm{j}\sqrt{2}$。由于功率分配器是线性无源网络,可知 $S_{21} = S_{12}$ 且 $S_{31} = S_{13}$。另外,在偶模和奇模状态中,由于电路的中线是开路或短路的,所以端口 2 与端口 3 是相互隔离的,由此可求出 $S_{23} = S_{32} = 0$。到此为止,矩阵式(G.1)中的所有非对角线项都得到了验证。

由于奇模和偶模都是匹配的,所以 $S_{22} = S_{33} = 0$。最后只须证明 $S_{11} = 0$。可以看出,当激励端口 1 时,通过端口 2 和端口 3 之间的电阻 $2Z_0$ 上的电流仍为零。所以,从端口 1 观察到的阻抗 $Z_1$ 是两个终端负载为 $Z_0$,特性阻抗为 $\sqrt{2} \, Z_0$ 的 $\lambda/4$ 阻抗变换器所对应的输入阻抗的并联:

$$Z_1 = \frac{1}{2} \frac{(\sqrt{2} Z_0)^2}{Z_0} = Z_0 \tag{G.8}$$

这表明端口 1 是匹配的(即 $S_{11} = 0$)。

## G.2　分支线耦合器

有两种重要的 3 dB 分支线耦合器。按照它们的相移特性可分为 90°(四分之一)或 180°耦合器。对于 90°耦合器,其 $S$ 参量为

$$[\mathbf{S}_{90}] = \frac{-1}{\sqrt{2}} \begin{bmatrix} 0 & \mathrm{j} & 1 & 0 \\ \mathrm{j} & 0 & 0 & 1 \\ 1 & 0 & 0 & \mathrm{j} \\ 0 & 1 & \mathrm{j} & 0 \end{bmatrix} \tag{G.9}$$

电路结构如图 G.4 所示。

除了反射损耗、耦合系数及隔离度由式(G.2)至式(G.4)给出,耦合器的方向性系数也是个关键的参数,其定义如下:

$$D_{34} [\mathrm{dB}] = -20 \log \left| \frac{S_{41}}{S_{31}} \right| \tag{G.10}$$

其中,在中心频率 $f_0$ 处,理想情况下的 $D_{34}$ 趋于无限大。

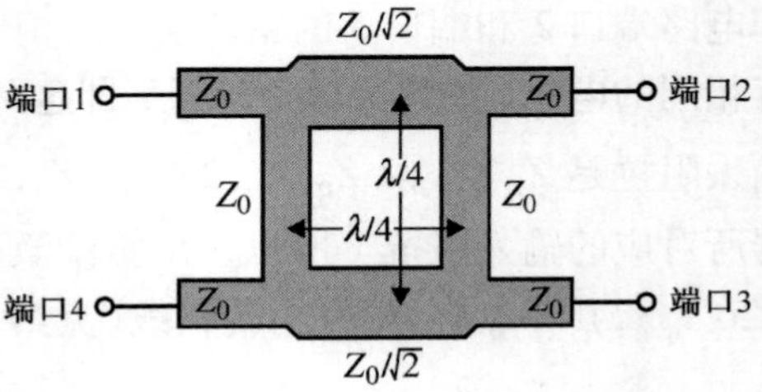

图 G.4　用微带线制作的 90°耦合器

为了导出式(G.9),采用偶模和奇模的概念分析图 G.5 所示的电路。用射频源 $V_S$ 激励耦合器网络的端口 1,其余各端口接阻抗 $Z_0$。如果将端口 1 的源电压表示为偶模电压($V_{1e}$)和奇模电压($V_{1o}$)之和,即 $V_1 = V_S = V_{1e} + V_{1o}$,且 $V_{1e} = V_S/2$,

---

① $\sqrt{2} \, Z_0$ 传输线的长度为 $\lambda/4$,它将能实现开路-短路及短路-开路的变换。——译者注

$V_{1o} = V_S/2$，则可得一个等效电路。设 $V_{4e} = V_S/2$，$V_{4o} = -V_S/2$，且 $V_4 = 0 = V_{4e} + V_{4o}$，就能使端口 4 的电压为零。

由于端口 1 输入的电压，使传输到端口 2 的总电压为

$$V_2 = (T_e + T_o)\frac{V_S}{2} = S_{21}V_S \qquad (G.11)$$

同理可得端口 3 和端口 4 的电压：

$$V_3 = (T_e - T_o)\frac{V_S}{2} = S_{31}V_S \qquad (G.12)$$

$$V_4 = (T_e - T_o)\frac{V_S}{2} = S_{41}V_S \qquad (G.13)$$

端口 1 的反射信号为

$$V_1 = (\Gamma_e + \Gamma_o)\frac{V_S}{2} = S_{11}V_S \qquad (G.14)$$

然后将设法求解 $T_e$，$T_o$，$\Gamma_e$ 和 $\Gamma_o$。图 G.5(a) 和图 G.5(b) 中的传输线电路可以用 3 个元件的模型表示，如终端开路或短路的 $\lambda/8$ 传输线段。

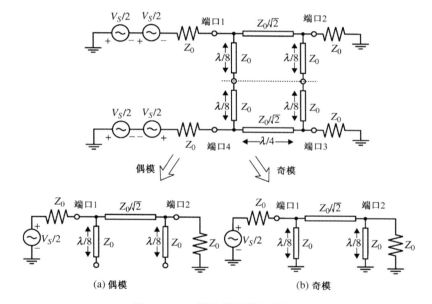

图 G.5　90° 耦合器的结构分解图

传输线段的偶模和奇模导纳分别为

$$Y_e = Y^{\text{oc}} = \frac{1}{Z_0}\tan\left(\frac{\pi}{4}\right), \qquad Y_o = Y^{\text{sc}} = \frac{-1}{Z_0}\cot\left(\frac{\pi}{4}\right) \qquad (G.15)$$

由 3 个元件构成的电路的 **A** 参量矩阵为

$$\begin{Bmatrix} V_{U1} \\ I_{U1} \end{Bmatrix} = \begin{bmatrix} 1 & 0 \\ jY_{e,o} & 1 \end{bmatrix} \begin{bmatrix} \cos(\beta l) & jY_A^{-1}\sin(\beta l) \\ jY_A\sin(\beta l) & \cos(\beta l) \end{bmatrix} \begin{bmatrix} 1 & 0 \\ jY_{e,o} & 1 \end{bmatrix} \begin{Bmatrix} V_{U2} \\ -I_{U2} \end{Bmatrix}$$

$$= \begin{bmatrix} A & B \\ C & D \end{bmatrix} \begin{Bmatrix} V_{U2} \\ -I_{U2} \end{Bmatrix} \qquad (G.16)$$

其中，$Y_A = 1/Z_A$ 是 $\lambda/4$ 传输线段的导纳。将这 3 个矩阵相乘，并将乘积转换成 $\mathbf{S}$ 参量矩阵形式，经计算可得非零系数 $S_{21} = S_{12} = -j(Z_A/Z_0)$，$S_{43} = S_{34} = -j(Z_A/Z_0)$ 和 $S_{31} = S_{13} = -[1-(Z_A/Z_0)^2]^{1/2} = S_{42} = S_{24}$。设 $Z_A = Z_0/\sqrt{2}$，则可得到矩阵式(G.9)。可以看出，耦合器的所有 4 个端口都与 $Z_0$ 相匹配。

180°耦合器可通过调整环形结构中的 4 个传输线段的长度及其阻抗来构成，如图 G.6 所示。

这种环形电路的 $\mathbf{S}$ 参量矩阵为

$$[\mathbf{S}_{180}] = \frac{-j}{\sqrt{2}}\begin{bmatrix} 0 & 1 & 1 & 0 \\ 1 & 0 & 0 & -1 \\ 1 & 0 & 0 & 1 \\ 0 & -1 & 1 & 0 \end{bmatrix} \quad (G.17)$$

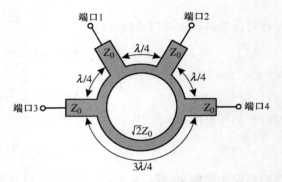

图 G.6　180°环形耦合器

## G.3　兰格(Lange)耦合器

最常用的微带线结构的 90°耦合器就是兰格耦合器，图 G.7 所示的是采用 4 段微带线的兰格耦合器结构。其他版本包括 6 段微带线和 8 段微带线的兰格耦合器。这种叉指形微带线结构使耦合器具有几何尺寸小和耦合紧密的特点。

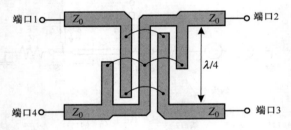

图 G.7　兰格 3 dB 耦合器

典型的耦合系数的范围是 $-5 \sim -1$ dB。通过优化微带线的长度，可实现高达 40% 的相对带宽。

## 阅读文献

P. Karmel, G. Colef, and R. Camisa, *Introduction to Electromagnetic and Microwave Engineering*, John Wiley, New York, 1998.

J. Lange, "Interdigitated Stripline Quadrature Hybrid," *IEEE Trans. on MTT*, Vol. 17, pp. 1150-1151, 1969.

# 附录 H  噪 声 分 析

本附录的目的是概述与第 9 章中的噪声系数分析有关的，最重要的噪声概念和定义。

## H.1  基本定义

广义地讲，干扰我们正在处理的主要信号的任何不需要的非正常信号，就是噪声。噪声信号的例子包括交流电源的耦合信号，电路之间的串音，电磁（EM）辐射，等等。从数学角度讲，我们用平均值为零的高斯**随机变量**（random variable）来描述噪声的性质。虽然其平均值为零，但是噪声电压信号 $v_n(t)$ 的**均方根**（RMS）值不为零，可表示为

$$V_{nRMS} = \sqrt{V_n^2} = \left( \lim_{T_M \to \infty} \frac{1}{T_M} \int_{t_1}^{t_1+T_M} [v_n(t)]^2 dt \right)^{1/2} \neq 0 \tag{H.1}$$

其中，$t_1$ 是任意时刻，而 $T_M$ 是采样间隔。

1928 年，约翰逊首先发现无电流通过的电阻也存在噪声，该噪声是导体中电荷载流子的随机运动产生的。导体中的**噪声功率**（noise power）可定量表示为

$$P_n = kT\Delta f = kTB \tag{H.2}$$

其中，$k$ 是玻尔兹曼常数，$T$ 是绝对温度（单位为 K），$\Delta f = B$ 是测量系统的**噪声带宽**（noise bandwidth）。噪声带宽的定义是：仪器的增益 $G(f)$ 在这个频段的积分，并以最大增益 $G_{max}$ 归一化：

$$B = \frac{1}{G_{max}} \int_0^\infty G(f) df \tag{H.3}$$

然后讨论噪声电压，首先考察图 H.1 所示的简化电路。

在这个电路中，噪声功率由噪声电压源激励一个无噪声的电阻 $R_S$ 产生。在 $R_S = R_L$ 的匹配条件下，电阻的噪声功率为

$$P_n = \frac{V_{nRMS}^2}{4R_S} = kTB \tag{H.4}$$

由此可求出均方根噪声电压：

$$V_{nRMS} = \sqrt{4kTBR_S} \tag{H.5}$$

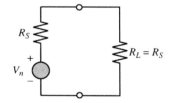

图 H.1  电路的噪声电压

为了简化符号（由于不会产生误解），下标 RMS 被略去（即 $V_{nRMS} \equiv V_n$）。通常用噪声电压源与一个无噪声的电阻 $R$ 串联，以表示一个有噪声的电阻 $R$（戴维南等效电路），或者用一个噪声电流源 $I_n = \sqrt{4kTB/R}$ 和无噪声电阻并联，如图 H.2 所示。

如果将式（H.5）中的带宽 $B$ 消去，则可定义通常所说的**电压噪声谱**（spectral noise voltage）和**电流噪声谱**（spectral noise current）：

$$\overline{V}_n = V_n/\sqrt{B}, \qquad \overline{I}_n = I_n/\sqrt{B} \tag{H.6}$$

它们的单位分别是 $V/\sqrt{Hz}$ 和 $I/\sqrt{Hz}$。

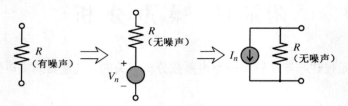

图 H.2　有噪声电阻的等效电压、电流模型

通常,**频谱密度**(spectral density)$S(f)$ 用于定量表示单位频带(1 Hz)内的噪声总量。对于电阻 $R$ 的热噪声,则有

$$S(f) = \frac{V_n^2}{B} = 4kTR \tag{H.7}$$

如果 $S(f)$ 与频率无关,则称其为**白噪声**(white noise)。当在电路中增加有噪声的元件时,需要特别注意。例如,如果电路中要增加两个有噪声的电阻 $R_1$ 和 $R_2$ 相加,则相应的噪声源 $V_{n1}$ 和 $V_{n2}$ 不能直接线性相加。合成的噪声源 $V_n$ 应为

$$V_n = \sqrt{V_{n1}^2 + V_{n2}^2} \tag{H.8}$$

表明两个噪声源 $V_{n1}$ 和 $V_{n2}$ 是**不相关的**(uncorrelated)。换句话说,只有噪声电压的垂直分量可以按功率关系相加,因为噪声电压的幅度、相位及不同的非谐波频率都是随机分布的。

如果这两个噪声源是**相关的**(correlated),则可在式(H.8)中引入相关系数 $C_{n1,n2}$,则有

$$V_n^2 = V_{n1}^2 + V_{n2}^2 + 2C_{n1,n2}V_{n1}V_{n2} \tag{H.9}$$

其中,$-1 \leqslant C_{n1,n2} \leqslant 1$。值得注意的是,如果 $V_{n1}$ 和 $V_{n2}$ 是100%相关的($C_{n1,n2}=1$),则 $V_n^2 = V_{n1}^2 + V_{n2}^2 + 2V_{n1}V_{n2} = (V_{n1}+V_{n2})^2$,即噪声电压是可相加的,这与基尔霍夫线性电路理论一致。

电阻的热噪声也可视为一种**内部噪声**(internal noise)源,因为没有施加电流时也能观察到这种噪声。然而,许多噪声的机制都在对器件施加了外电流时才能发生,这些噪声统称为**附加噪声**(excess noise)。其中最主要的是 **1/f 噪声**(1/f noise)(也称为闪烁噪声,半导体噪声,爆破噪声)和散弹噪声。在低频段,1/f 是主要噪声,而且具有与其名称一致的反比于频率的频谱分布。这种噪声最早是在真空管中遇到的,它造成了阳极板上出现的"闪烁"。**散弹噪声**(shot noise)是半导体器件中最重要的噪声,它起因于穿过 pn 结势垒的电流的不连续性。例如,在半导体二极管中,反向偏置噪声电流 $I_{Sn}$ 为

$$I_{Sn} = \sqrt{4qI_S B} \tag{H.10}$$

其中,$I_S$ 是反向饱和电流,$q$ 是电子电荷。

## H.2　有噪声的双端口网络

上述分析可以推广应用于双端口网络。图 H.3 将一个有噪声的网络等效为一个无噪声的网络,以及两个附加的噪声电流源 $I_{n1}$ 和 $I_{n2}$。

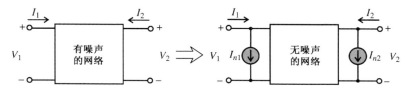

图 H.3  有噪声双端口网络及其等效电路

如果用 **Y** 参量矩阵表示，则可写为

$$\left\{\begin{matrix} I_1 \\ I_2 \end{matrix}\right\} = \begin{bmatrix} Y_{11} & Y_{12} \\ Y_{21} & Y_{22} \end{bmatrix}\left\{\begin{matrix} V_1 \\ V_2 \end{matrix}\right\} + \left\{\begin{matrix} I_{n1} \\ I_{n2} \end{matrix}\right\} \tag{H.11}$$

重新整理式（H.11）可得到更有用的表达式：

$$V_1 = -\frac{Y_{22}}{Y_{21}}V_2 + \frac{1}{Y_{21}}I_2 - \frac{1}{Y_{21}}I_{n2} \tag{H.11a}$$

和

$$I_1 = \frac{Y_{11}Y_{22} - Y_{12}Y_{21}}{Y_{21}}V_2 + \frac{Y_{11}}{Y_{21}}I_2 + I_{n1} - \frac{Y_{11}}{Y_{21}}I_{n2} \tag{H.11b}$$

定义转换的噪声电压源和噪声电流源分别为

$$V_n = -\frac{1}{Y_{21}}I_{n2}, \qquad I_n = I_{n1} - \frac{Y_{11}}{Y_{21}}I_{n2} \tag{H.12}$$

则可得到图 H.4 所示的网络模型。

作为实际应用这些噪声定义和概念的一个例子，下面研究一个简化的双极晶体管放大器。

### 例 H.1  低频双极晶体管放大器的噪声分析

在图 H.5 中，简化的双极晶体管放大器是作为双端口网络来处理的，其电路参量为 $V_S = 25$ mV，$R_S = 50\ \Omega$，$R_{in} = 200\ \Omega$，电压增益 $g_V = 50$，测量带宽 $B = 1$ MHz。厂家已给出放大器的电压和电流噪声频谱分别为 $\overline{V}_n = 9$ nV$/\sqrt{\text{Hz}}$ 和 $\overline{I}_n = 9$ fA$\sqrt{\text{Hz}}$。求证：输出端口的信噪比 SNR $= 20\log(V_2/V_{n2})$。

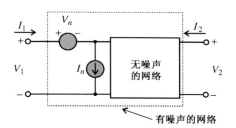

图 H.4  将噪声源转换到输入端后的网络模型

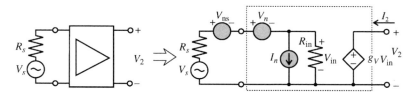

图 H.5  放大器模型及其网络表示法（含噪声源）

**解**：输出电压 $V_2 = g_V R_{in}/(R_{in} + R_S)V_S = 1$ V 可直接求出。网络的噪声源频谱则可表示为噪声电压和噪声电流的均方根值：

$$V_n = \overline{V}_n\sqrt{B} = 9\ \mu\text{V}, \qquad I_n = \overline{I}_n\sqrt{B} = 9\ \text{pA}$$

根据分压定律,由噪声电压源在电阻 $R_{in}$ 上产生的噪声电压为

$$\frac{R_{in}}{R_{in} + R_S} V_n = 7.2 \text{ nV}$$

由噪声电流源在电阻 $R_{in}$ 上产生的噪声电压为

$$\frac{R_{in} R_S}{R_{in} + R_S} I_n = 0.36 \text{ nV}$$

另外,源电阻对噪声电压的贡献为

$$\frac{R_{in}}{R_{in} + R_S} V_{ns} = 728 \text{ nV}$$

其中,假设 $T = 300$ K, $V_{ns} = \sqrt{4kTBR_S} = 910$ nV。

所以,在输出端口的总噪声电压为

$$V_{n2} = g_V \sqrt{\left(\frac{R_{in}}{R_{in} + R_S} V_n\right)^2 + \left(\frac{R_{in} R_S}{R_{in} + R_S} I_n\right)^2 + \left(\frac{R_{in}}{R_{in} + R_S} V_{ns}\right)^2}$$

$$= 36.4 \text{ μV}$$

因此信噪比为

$$\text{SNR} = 20 \log\left(\frac{V_2}{V_{n2}}\right) = 122.8 \text{ dB}$$

可以看出,噪声电压由噪声源支配。

这个例子说明了如何分别计算各种噪声电压,如何将它们相加、放大,以便求出输出噪声电压。这个过程与线性电路理论形成了鲜明的区别。

## H.3   双端口网络的噪声系数

噪声系数的定义是:网络输入、输出端口的信噪比之比值。图 H.6 画出了相应的功率流,以及源阻抗 $Z_s$ 的噪声表示方式。

噪声系数 $F$ 有多种等效表示方式,第一种方式是输入、输出端口的功率信噪比之比值:

$$F = \frac{P_1/P_{n1}}{P_2/P_{n2}} = \frac{P_{n2}/P_2}{P_{n1}/P_1} \tag{H.13}$$

根据 9.2.3 节讲的资用功率增量 $G_A$,可得 $P_2 = G_A P_1$ 和 $P_{n2} = G_A P_{n1} + P_{ni}$,则式(H.13)可改写为

$$F = 1 + \frac{P_{ni}}{G_A P_{n1}} \tag{H.14}$$

其中,$P_{ni}$ 是放大器内部产生的噪声功率。

根据图 H.6 可知信号功率 $P_1$ 为

$$P_1 = \frac{1}{2} \frac{\text{Re}(Z_{in})}{|Z_S + Z_{in}|^2} V_S^2 \tag{H.15}$$

该功率值小于源匹配($Z_S = Z_{in}^*$)状态下的功率:

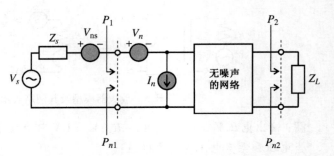

图 H.6   计算噪声系数的通用噪声模型

$$P_1\big|_{Z_S = Z_{\text{in}}^*} = \frac{1}{2}\frac{|V_S|^2}{4\mathrm{Re}(Z_{\text{in}})} \tag{H.16}$$

当源阻抗为 $Z_S = R_S + jX_S$ 时,输入端口的热噪声为

$$P_{n1} = 4kTR_S B\frac{\mathrm{Re}(Z_{\text{in}})}{|Z_S + Z_{\text{in}}|^2} = V_{\text{ns}}^2\frac{\mathrm{Re}(Z_{\text{in}})}{|Z_S + Z_{\text{in}}|^2} \tag{H.17}$$

所以,功率比为

$$P_1/P_{n1} = \frac{V_S^2}{V_{\text{ns}}^2} \tag{H.18}$$

显然,信号功率 $P_2 = G_A P_1$,其中 $P_1$ 由式(H.15)给出。对于噪声功率 $P_{n2}$,已知 $P_{n2} = G_A P_{n1} + P_{ni}$,其中,内部产生的噪声功率 $P_{ni}$ 包括了与双端口网络的 $V_n$ 和 $I_n$ 有关的噪声源,所以式(H.17)中的 $V_{\text{ns}}^2$ 必须用全部 3 种噪声源 $V_{\text{ns}}^2 + V_n^2 + (I_n|Z_s|)^2$ 替代。因为放大器的增益对信号和噪声的作用相同,所以相互抵消了,得到

$$P_2/P_{n2} = \frac{V_S^2}{V_{\text{ns}}^2 + V_n^2 + (I_n|Z_s|)^2} \tag{H.19}$$

则噪声系数具有以下形式:

$$F = \frac{V_{\text{ns}}^2 + V_n^2 + (I_n|Z_s|)^2}{V_{\text{ns}}^2} = 1 + \frac{V_n^2 + (I_n|Z_s|)^2}{4kTBR_s} \tag{H.20}$$

　　前面的分析没有考虑到 $V_n$ 和 $I_n$ 通常具有相同噪声机理的事实。其实,这些噪声源是部分相关的。可据此建立噪声模型,也就是将 $I_n$ 分解为非相关分量 $I_{nu}$ 和相关分量 $I_{nc}$。相关电流分量与噪声电压 $V_n$ 有关,即 $I_{nc} = Y_C V_n$,其中的复相关系数 $Y_C = G_C + jB_C$。因为分析网络采用噪声电流比噪声电压更方便,所以将噪声源变换为等效诺顿模型,如图 H.7 所示。

　　在输入端短电路条件下,总的均方根噪声电流 $I_{n\text{tot}}$ 可以表示为

$$I_{n\text{tot}}^2 = I_{\text{ns}}^2 + V_n^2|Y_S + Y_C|^2 + I_{nu}^2 \tag{H.21}$$

其中,$I_{nc} = Y_C V_n$ 且 $I_n = V_n Y_S$。它们由于相关性而组合在一起,所以可将式(H.20)改写为

$$F = \frac{I_{\text{ns}}^2 + V_n^2|Y_S + Y_C|^2 + I_{nu}^2}{I_{\text{ns}}^2} \tag{H.22}$$

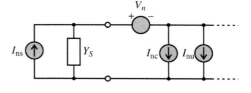

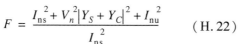

图 H.7　网络输入端口的噪声源模型

假设所有噪声源都用等效热噪声源表示,则可确定式(H.22)中的各个参量:

$$I_{\text{ns}}^2 = 4kTBG_S:\text{由源 } Y_S = G_S + jB_S \text{ 产生的噪声} \tag{H.23}$$

$$I_{nu}^2 = 4kTBG_u:\text{由等效噪声电导 } G_u \text{ 产生的噪声} \tag{H.24}$$

$$V_n^2 = 4kTBR_n:\text{由等效噪声电阻 } R_n \text{ 产生的噪声} \tag{H.25}$$

将式(H.23)至式(H.25)代入式(H.22),则有

$$F = 1 + \frac{G_u + R_n|Y_S + Y_C|^2}{G_S} = 1 + \frac{G_u}{G_S} + \frac{R_n}{G_S}[(G_S + G_C)^2 + (B_S + B_C)^2] \tag{H.26}$$

电路设计者能通过优化的源导纳 $Y_S$ 而将式(H.26)的值降至最小。通过考察源导纳的虚部,可以选择 $B_S = -B_C$ 来实现最小值。$B_S = -B_C$ 消去了式(H.26)中的 $(B_S + B_C)^2$ 项。然后,求出

式(H.26)中余下的部分相对于 $G_S$ 的最小值,即

$$\left.\frac{\mathrm{d}F}{\mathrm{d}G_S}\right|_{B_s=-B_c} = \frac{1}{G_{S\text{opt}}^2}\{R_n[2G_{S\text{opt}}(G_{S\text{opt}}+G_C)-(G_{S\text{opt}}+G_C)^2]\} = 0 \tag{H.27}$$

上式明确地给出了 $G_S$ 的最佳值:

$$G_{S\text{opt}} = \frac{1}{\sqrt{R_n}}\sqrt{R_n G_C^2 + G_u} \tag{H.28}$$

所以,优化源导纳将得到**最小噪声系数**(minimum noise figure):

$$Y_{S\text{opt}} = \left(\frac{1}{\sqrt{R_n}}\sqrt{R_n G_C^2 + G_u}\right) - jB_C \tag{H.29}$$

将式(H.28)代入式(H.26),可得

$$F_{\min} = 1 + \frac{G_u}{G_{S\text{opt}}} + \frac{R_n}{G_{S\text{opt}}}(G_{S\text{opt}}+G_C)^2 \tag{H.30}$$

用根据式(H.28)得到的 $G_u = R_n G_{S\text{opt}}^2 - R_n G_C^2$,消去式(H.30)中的 $G_u$,可得

$$F_{\min} = 1 + 2R_n(G_{S\text{opt}}+G_C) \tag{H.31}$$

最小的噪声系数通常由器件生产商提供,它与工作频率和偏置条件有关。式(H.31)可并入式(H.26),即

$$F = F_{\min} - 2R_n G_{S\text{opt}} - 2R_n G_C + \frac{G_u}{G_S} + \frac{R_n}{G_S}[(G_S+G_C)^2 + (B_S-B_{S\text{opt}})^2] \tag{H.32}$$

用 $G_u = R_n G_{S\text{opt}}^2 - R_n G_C^2$ 代替 $G_u$,重新整理后则可得出最终结果:

$$F = F_{\min} + \frac{R_n}{G_S}[(G_S-G_{S\text{opt}})^2 + (B_S-B_{S\text{opt}})^2] = F_{\min} + \frac{R_n}{G_S}|Y_S - Y_{S\text{opt}}|^2 \tag{H.33}$$

这就是9.5节中噪声圆分析法的出发点。根据传输线的特性阻抗 $Z_0 = 1/Y_0$,式(H.33)经常用归一化噪声电阻 $r_n = R_n/Z_0$,电导 $g_s = G_S/Y_0$ 和导纳 $y_S = Y_S/Y_0$, $y_{S\text{opt}} = Y_{S\text{opt}}/Y_0$ 来表示:

$$F = F_{\min} + \frac{r_n}{g_S}|y_S - y_{S\text{opt}}|^2 \tag{H.34}$$

## H.4　级联多端口网络的噪声系数

前面讨论的是单个双端口网络的噪声系数,它能扩展到图 H.8 所示的多个级联网络,其中 $P_{n1}$ 是输入噪声,而 $P_{n2} = G_A P_{n1} + P_{ni}$ 是输出噪声,

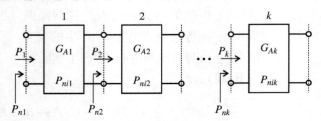

图 H.8　级联网络的表示法

根据图 H.8,我们将采用合适的符号,如 $G_{Ak}$ 和 $P_{nik}$ 代表第 $k(k=1,2,\cdots)$ 个放大器单元的

功率增益和内部噪声。所以，第二个放大器单元的噪声功率可表示为

$$P_{n3} = G_{A2}(G_{A1}P_{n1} + P_{ni1}) + P_{ni2} \tag{H.35}$$

总的噪声系数 $F_{tot}$ 为

$$F_{tot} = \frac{P_{n3}}{P_{n1}G_{A1}G_{A2}} = 1 + \frac{P_{ni1}}{P_{n1}G_{A1}} + \frac{P_{ni2}}{P_{n1}G_{A1}G_{A2}} \tag{H.36}$$

通常习惯于让多级网络中各级的噪声系数表达式与单级网络的噪声系数表达式的形式相同，即

$$F_1 = 1 + \frac{P_{ni1}}{P_{n1}G_{A1}}, \ F_2 = 1 + \frac{P_{ni2}}{P_{n2}G_{A2}}, \ \ldots, \ F_k = 1 + \frac{P_{nik}}{P_{nk}G_{Ak}} \tag{H.37}$$

根据这个规则，一个两级网络的噪声系数表示式为

$$F_{tot} = F_1 + \frac{F_2 - 1}{G_{A1}} \tag{H.38}$$

对于多个级联网络，则有

$$F_{tot} = F_1 + \frac{F_2 - 1}{G_{A1}} + \frac{F_3 - 1}{G_{A1}G_{A2}} + \ldots + \frac{F_k - 1}{G_{A1}G_{A2}\ldots G_{A(k-1)}} + \ldots \tag{H.39}$$

上述结论有很重要的实际应用。例如，如果将两个具有不同增益和噪声系数（$F_1$，$G_{A1}$ 和 $F_2$，$G_{A2}$）的放大器级联，那么如何安排它们的级联顺序才能得到最低的噪声系数？为了回答这个问题，假定放大器单元 1（$F_1$，$G_{A1}$）在放大器单元 2（$F_2$，$G_{A2}$）之前。对于这种结构，总噪声系数是

$$F_{tot}(1, 2) = F_1 + \frac{F_2 - 1}{G_{A1}} \tag{H.40}$$

另外，假如放大器 2 放在放大器 1 之前，可得

$$F_{tot}(2, 1) = F_2 + \frac{F_1 - 1}{G_{A2}} \tag{H.41}$$

假设 $F_{tot}(1, 2)$ 比 $F_{tot}(2, 1)$ 小，则下面的不等式必然成立：

$$F_1 + \frac{F_2 - 1}{G_{A1}} < F_2 + \frac{F_1 - 1}{G_{A2}} \tag{H.42}$$

整理式（H.42）可得

$$(F_1 - 1)\left(1 - \frac{1}{G_{A2}}\right) < (F_2 - 1)\left(1 - \frac{1}{G_{A1}}\right) \tag{H.43}$$

可定义

$$NM_1 < NM_2 \tag{H.44}$$

其中，$NM_1 = (F_1 - 1)/(1 - G_{A1}^{-1})$ 和 $NM_2 = (F_2 - 1)/(1 - G_{A2}^{-1})$ 分别是双级放大器 1 和 2 的**噪声参数**（noise measures）。换句话说，噪声系数和增益共同决定着噪声参数，它是比较多级放大器整体噪声特性的依据。

# 附录 I   MATLAB 简介

为了让读者能重新演算书中例题的解，我们已建立了相当数量的 MATLAB 仿真程序。另外，我们希望这些 m 文件能够引导和鼓励读者就本书涉及的与自己有关的射频问题编写程序。本附录不是 MATLAB 的使用指南，也不详细讨论书中提供的软件。本附录希望为读者提供有关 MATLAB 的充分背景知识，以便理解其程序的生成方法，以及如何编写能给出书中某些计算结果和图的程序。作为常规用途的数学工具软件，MATLAB 不能代替专业的射频、微波 CAD 软件，如 MMICAD 和 ADS，它们有很强的电路分析、优化设计，甚至还有电路板的布线功能。一般的读者可能没有机会使用这些专用的仿真软件包。由于这个原因，作者决定采用 MATLAB 这个学生容易获得且价格相对低廉的软件。

本附录首先提供一些创建 m 文件的基础知识，然后介绍如何将这些程序用于一个关于稳定性分析的简单例题(见第 9 章)。

## I.1   基本知识

MATLAB 是一个使用方便的数学软件，用户可用它编写程序，求解本书中讨论的方程，并将结果用图形输出。

运行 MATLAB，将打开工作窗口，并显示指令行符 ≫。可用命令 pwd 选择合适的目录

```
>>pwd
ans =
d:\RF\simulations
```

表示当前目录是 d 驱动器的子目录 RF\simulations。通过命令 cd 可改变到其他不同的目录，通过命令 ls 或 dir 可列出当前目录中的文件名称。

根据第 2 章的一个例题考察下面的指令串。这些指令是顺序执行的，在每行的结尾按回车键。

```
I=5
a=0.005
N=100
M=10
r=(0:N)/N*(M*a)
for k=1:N+1
    if(r(k)<=a)
        H(k)=I*r(k)/(2*pi*a*a)
    else
        H(k)=I/(2*pi*r(k))
    end
end
plot(r*1000,H,'k')
```

程序第 1 行设定了导线中的电流，第 2 行定义了导线的半径，变量 N 和 M 设定了磁场计算的点数和最大范围，该范围的起点是导线的中心。在本例中 M=10，表明设定的范围是从 0 到导线半径的 10 倍，并设计算点数 N=100。第 5 行定义了一个关于计算点的一维矩阵，它确定

了以导线中心为起点的实际位置。命令(0:N)建立了一个有 $N+1$ 个元素的矩阵，矩阵元素的数值分别为 0，1，2，3，…，N。该矩阵除以 N 后的元素数值在 0 到 1 之间。然后，将该矩阵标度为距离的变化，即从 0 至 M∗a。定义这个矩阵另一种方法是 r＝(0:m∗a/N:M∗a)，其中冒号之间的参量定义了计算的步长。

程序的下一行开始了 for 循环，范围是 k 从 1 至 N＋1。对于每个 k 值，我们取出 r 矩阵中的对应半径值，并判断该值是小于还是大于导线的半径。正如第 2 章所述，在导线内部，磁场是随计算点距离导线中心的距离而线性增加的：

$$H = \frac{Ir}{2\pi a^2}$$

然而，在导线的外部，磁场的表示式为

$$H = \frac{I}{2\pi r}$$

程序的最后一行是命令程序画出一个磁场 H 随半径 r 变化的曲线图。图中曲线采用的颜色是黑色，由 plot 命令中的最后一个参数设定。其他可选的颜色包括：黑色'k'，红色'r'，黄色'y'，蓝色'b'，绿色'g'。plot 命令的其他常用形式包括：

semilogx—logarithmic scale along *x*-axis, linear scale on *y*-axis
semilogy—logarithmic scale along *y*-axis, linear scale on *x*-axis
  loglog—logarithmic scale on both axes
    polar—polar plot.

所有程序指令都能用人机对话的方式在命令行模式下输入，也可以放在文件中，采用批处理的方式执行。例如，可将上述程序存放在文件名为 filed.m 的文件中，然后在 MATLAB 命令行模式下键入 ≫ filed，即可执行该程序。注意 .m 是 MATLAB 专用的文件扩展名。

## Ⅰ.2 计算稳定度的简单例题

MATLAB 的另一个有用的功能是建立一个函数。例如，下面列出的是一个函数，该函数利用一个 S 参量(s_param)数据矩阵，计算两个输出参量：稳定系数 $k$ 和 $|\Delta|$，分别用 k 和 delta 表示。

```
function [K,delta] = K_factor(s_param)
% Usage: [K,delta] = K_factor(s_param)
%
% Purpose: returns K factor for a given s-parameter matrix
% if K>1 and delta<1 then circuit is unconditionally stable
% otherwise circuit might be unstable

s11=s_param(1,1);
s12=s_param(1,2);
s21=s_param(2,1);
s22=s_param(2,2);

delta=abs(det(s_param));

K=(1-abs(s11).^2-abs(s22).^2+delta.^2)./(2*abs(s12.*s21));
```

程序的第 1 行定义了一个 k_factor 函数，它读入一个输入参量 s_param，输出两个由内部函数求出的计算结果：k 和 delta。不同于由命令构成的 MATLAB 程序，含有函数的文件必须使用与函数名相同的文件名,所以该函数存放在名为 k_factor.m 的文件中。

如果使用者不知道或者忘记了如何使用该函数,在 MATLAB 的指令行中键入

```
help K_factor
```

则可显示 k_factor 函数程序中第 1 行以后的说明内容。

下面的程序文件(文件名 test.m)可建立一个实际晶体管的 **S** 参量矩阵、进行稳定性判别并画出稳定性判别圆。

```
% s-parameters for hypothetical transistor
close all;

s11=0.7*exp(j*(-70)/180*pi);
s12=0.2*exp(j*(-10)/180*pi);
s21=5.5*exp(j*(+85)/180*pi);
s22=0.7*exp(j*(-45)/180*pi);

s_param=[s11,s12;s21,s22];

% check stability
[K,delta] = K_factor(s_param)

% create a Smith Chart
smith_chart;

% plot input and output stability circles
input_stability(s_param, 'r');
output_stability(s_param, 'b');

% create PostScript copy of the figure
print -deps 'fig9_8.eps'
```

这个程序不是函数,而是多个程序命令的集合(由命令构成的程序),所以可以任意命名。这里采用的文件名是 test.m。

我们知道,$S$ 参量是用幅度和幅角表示的,并存放在名为 s_param 的矩阵中。稳定性判别需要将 s_param 矩阵读入扩展名为 m 的文件 k_factor.m 中,它的任务是根据式(9.24)和式(9.29)求出稳定系数 $k$ 和 $|\Delta|$。然后,调用 3 个用户自定义的函数:

- smith_chart——创建史密斯阻抗圆图。
- input_stability——根据给定的 $S$ 参量画出输入端的稳定性判别圆。稳定性判别圆采用特定颜色(本例中为红色)画在当前的史密斯圆图上。
- output_stability——在当前的史密斯圆图上画出输出端的稳定性判别圆。

程序的最后一行生成了一个名为 fig9_8.eps 的文件,该文件中存储了一个 PostScript 格式的图。本书中大多数仿真计算的结果都采用这种图形格式。